Jared Diamond

Der dritte Schimpanse

Evolution
und Zukunft des Menschen

Aus dem Amerikanischen von
Volker Englich

S. Fischer

Die amerikanische Originalausgabe erschien 1992
unter dem Titel »The Third Chimpanzee; The Evolution
and Future of the Human Animal«
im Verlag HarperCollins Publisher, New York
© 1992 Jared Diamond
Für die deutsche Ausgabe
© 1994 S. Fischer Verlag GmbH, Frankfurt am Main
Alle Rechte vorbehalten
Umschlaggestaltung: Raphie Etgar
Satz: Wagner GmbH, Nördlingen
Druck und Bindung: F. Spiegel Buch GmbH, Ulm
Printed in Germany 1994
ISBN 3-10-013902-X

Gedruckt auf chlor- und säurefreiem Papier

Für meine Söhne
Max und Joshua,
damit sie begreifen,
woher wir kamen
und wohin unser Weg führen mag

Thema

Wie sich der Mensch innerhalb kurzer Zeit
von einer Säugetierart unter vielen
zu einem Eroberer der Welt aufschwang;
und wie wir die Fähigkeit erwarben,
all jenen Fortschritt über Nacht auszulöschen.

Inhalt

Prolog

Der Mensch unterscheidet sich unverkennbar von allen Tierarten. Ebenso unverkennbar gehören wir zu den größeren Säugetierarten, bis ins kleinste Detail unserer Anatomie und Moleküle. Dieser Widerspruch ist das faszinierendste Merkmal unserer Art. Jeder kennt ihn, und dennoch begreifen wir immer noch nicht so recht, wie es zu ihm kam und was er bedeutet.

Auf der einen Seite trennt uns von allen anderen Arten eine scheinbar unüberbrückbare Kluft, die uns erst von »Tieren« als Kategorie sprechen läßt. Demzufolge teilen Schnecken, Schlangen und Schimpansen in unseren Augen entscheidende Merkmale miteinander, jedoch nicht mit uns, und fehlen ihnen Eigenschaften, die nur wir besitzen. Zu diesen einmaligen Charakteristika des Menschen gehört unter anderem, daß wir sprechen, schreiben und komplizierte Maschinen bauen. Zum Überleben brauchen wir nicht nur unsere bloßen Hände, sondern eine ganze Reihe von Hilfsmitteln, ohne die wir verloren sind. Die meisten Menschen tragen Kleidung und haben Freude an Kunstwerken, viele glauben an eine Religion. Wir bevölkern den gesamten Erdball, verfügen über einen Großteil seiner Energie und sonstigen Ressourcen und sind dabei, auch in die Tiefe der Meere und ins Weltall vorzudringen. Einzigartig sind wir aber auch, wenn es um unheilvolle Dinge wie Völkermord, Lust an der Folter, Drogenabhängigkeit und die tausendfache Ausrottung von Pflanzen und Tieren geht. Einige Tierarten mögen zwar eine oder zwei dieser Eigenschaften ansatzweise mit uns teilen (zum Beispiel den Gebrauch von Werkzeugen), aber selbst darin übertreffen wir Tiere bei weitem.

Aus praktischer und rechtlicher Sicht gelten Menschen folglich nicht als Tiere. Als Darwin 1859 behauptete, wir stammten von Affen ab, war es kein Wunder, daß die meisten Menschen seine Theorie erst einmal für absurd hielten und darauf bestanden, daß der Mensch eine separate Schöpfung Gottes sei. Viele halten noch heute an diesem Glauben fest, in den Vereinigten Staaten sogar jeder vierte College-Absolvent.

Doch auf der anderen Seite sind wir ganz offenkundig Tiere, mit deren körperlichen Merkmalen, Molekülen und Genen. Sogar unser Platz im Tierreich läßt sich klar bestimmen. Äußerlich ähneln wir so sehr den Schimpansen, daß bereits im 18. Jahrhundert Anatomen, noch fest überzeugt von der Göttlichkeit der Schöpfung, die Gemeinsamkeiten erkannten. Stellen Sie sich nur einige ganz normale Menschen vor, die ihre Kleidung und sonstigen Habseligkeiten ablegen, ihre Sprache verlieren, nur noch grunzen könnten und in einen Zookäfig neben den Schimpansen gesperrt würden. An diesen sprachlosen Käfigmenschen könnten wir erkennen, was wir in Wirklichkeit sind: Schimpansen mit schwacher Behaarung und aufrechtem Gang. Ein Zoologe von einem fremden Stern würde nicht zögern, den Menschen als dritte Schimpansenart zu klassifizieren, neben dem Zwergschimpansen oder Bonobo von Zaire und dem gewöhnlichen Schimpansen, der im übrigen tropischen Afrika vorkommt.

Molekulargenetische Untersuchungen der letzten Jahre ergaben, daß wir über 98 Prozent unserer genetischen Anlagen mit den beiden anderen Schimpansen gemeinsam haben. Der genetische Abstand zwischen uns und den Schimpansen ist sogar noch geringer als der zwischen so eng verwandten Vögeln wie den Laubsängerarten Fitis und Zilpzalp. Somit schleppen wir den größten Teil unseres uralten biologischen Gepäcks noch immer mit uns herum. Seit Darwins Zeiten wurden die fossilen Überreste Hunderter von Lebewesen, welche die verschiedenen Übergangsstufen vom Affen zum modernen Menschen darstellen, entdeckt, so daß es heute bei vernünftiger Betrachtung unmöglich ist, das einst absurd Erscheinende zu leugnen: Die Evolution des Menschen vom Affen fand tatsächlich statt.

Doch die Entdeckung fehlender Zwischenglieder hat alles nur noch faszinierender gemacht, ohne das Rätsel ganz zu lösen. All unsere Besonderheiten müssen auf das Konto jener zwei Prozent unserer genetischen Anlagen gehen, die sich von denen der Schimpansen unterscheiden. Ziemlich rasch und vor noch gar nicht langer Zeit in unserer Evolutionsgeschichte erlebten wir mehrere geringfügige, aber höchst folgenreiche Veränderungen. Noch vor 100 000 Jahren hätte der Zoologe aus dem Weltall den Menschen als eine Säugetierart unter vielen anderen eingestuft. Es stimmt, daß wir schon damals mehrere Besonderheiten in unserem Verhalten aufwiesen, vor allem die Beherrschung des Feuers und den Gebrauch von Werkzeugen. Aber das hätte den außerirdischen Besucher wohl nicht mehr beeindruckt als das erstaunliche Verhalten von Bibern und Laubenvögeln. Innerhalb einiger zehntausend Jahre – eines für einen einzelnen Menschen unendlich lang erscheinenden, aber gemessen an unserer Stammesgeschichte sehr kurzen Zeitraums – waren jene Eigenschaften zum Vorschein gekommen, die den Menschen so einzigartig, aber auch anfällig machen.

Welches waren jene wenigen Ingredienzen, die uns zu Menschen werden ließen? Da unsere Besonderheiten erst so kürzlich auftraten und mit so geringfügigen Veränderungen einhergingen, müssen sie oder zumindest Vorläufer von ihnen bereits im Tierreich vorhanden gewesen sein. Welches waren also die tierischen Vorläufer von Kunst und Sprache, Völkermord und Drogensucht?

Unser derzeitiger biologischer Erfolg als Spezies beruht auf besonderen Merkmalen des Menschen. Von den größeren Tierarten ist keine andere auf allen Kontinenten heimisch oder bevölkert sämtliche Lebensräume, von der Wüste und dem Polargebiet bis zum tropischen Regenwald. Kein größeres Wildtier kann es zahlenmäßig mit uns aufnehmen. Doch zu unseren Besonderheiten gehören auch zwei, die unser Überleben in Frage stellen: der Hang zum gegenseitigen Töten und zur Zerstörung der Umwelt. Beides kommt auch bei anderen Arten vor: Löwen und viele andere Tiere töten Angehörige der eigenen Art, und Elefanten trampeln die Vegetation nieder. Doch beim Menschen nimmt die Bedrohung ein viel größeres Ausmaß an – wegen unserer technologischen Potenz und der Explosion unserer Zahl.

Schon oft wurde der Weltuntergang für den Fall prophezeit, daß wir keine Einsicht zeigten und uns nicht zur Umkehr entschlössen. Neu ist daran heute, daß die Vorhersage aus zwei Gründen wahrscheinlich eintrifft. Erstens gibt es Atomwaffen, mit denen die

Menschheit erstmals in ihrer Geschichte ein Mittel zur völligen
Selbstvernichtung besitzt. Und zweitens eignen wir uns bereits 40
Prozent der Nettoproduktivität der Erde (d. h. der aus der Sonneneinstrahlung gewonnenen Nettoenergie) an. Da sich die Weltbevölkerung zur Zeit im Rhythmus von 41 Jahren verdoppelt, werden
die biologischen Grenzen des Wachstums bald erreicht sein. Kriege
um die begrenzten Ressourcen unseres Planeten erscheinen dann
unausweichlich. Zudem werden bei anhaltendem Tempo der Artenausrottung im Laufe des nächsten Jahrhunderts die meisten
Pflanzen- und Tierarten ausgestorben oder vom Aussterben bedroht sein – und das, obwohl wir viele dringend zum eigenen
Überleben brauchen.

Warum soll man diese ebenso bekannten wie deprimierenden
Fakten immer wiederholen? Und welchen Nutzen hat es, die tierischen Ursprünge der destruktiven Eigenschaften des Menschen
zurückzuverfolgen? Wenn sie tatsächlich Teil unseres evolutionären
Erbes sind, dann heißt das doch nicht daß sie genetisch festgelegt
und also unveränderlich sind?

Doch in Wirklichkeit ist unsere Lage nicht hoffnungslos. Uns
mag ja der Drang zum Töten von Fremden und Geschlechtsrivalen
angeboren sein. Aber dennoch haben menschliche Gesellschaften
immer wieder – und nicht ohne Erfolg – den Versuch unternommen, diese Instinkte unter Kontrolle zu bekommen und die meisten
Menschen vor der Ermordung zu bewahren. Selbst wenn man die
beiden Weltkriege mitberücksichtigt, sind im 20. Jahrhundert in
den Industrieländern im Verhältnis viel weniger Menschen durch
Gewalt ums Leben gekommen als in steinzeitlichen Stammesgesellschaften. In vielen modernen Bevölkerungen ist die Lebenserwartung deutlich höher als in der Vergangenheit. Umweltschützer
verlieren auch nicht mehr jeden Kampf gegen Vertreter des Fortschritts um jeden Preis. Selbst eine Reihe von Erbkrankheiten, wie
das Fölling-Syndrom und die Kinderdiabetes, können heute behandelt oder geheilt werden.

Wenn ich auf die drohenden Gefahren hinweise, möchte ich deshalb nur dazu beitragen, daß wir Fehler nicht wiederholen, sondern aus der Vergangenheit lernen und unser Verhalten korrigie-
ren. Diese Hoffnung steht auch hinter der Widmung am Anfang des

Buches. Meine Zwillingssöhne sind Jahrgang 1987 und werden im Jahre 2044 so alt sein wie ich jetzt. Was wir heute tun, wird ihre Welt bestimmen.

Es geht mir in diesem Buch nicht um bestimmte Lösungsvorschläge. Es ist ja ohnehin ziemlich klar, was alles geschehen muß. Dazu gehören die Eindämmung des Bevölkerungswachstums, die Begrenzung oder besser Abschaffung der Atomwaffen, die Entwicklung friedlicher Methoden zur Beilegung internationaler Konflikte, die Verringerung der Umweltzerstörung und der Erhalt von Arten und natürlichen Lebensräumen. Viele hervorragende Bücher enthalten detaillierte Vorschläge dazu, von denen einige bereits hier und da in die Tat umgesetzt werden; nun kommt es »nur« darauf an, daß daraus der Normalfall wird. Wenn nur alle von der Richtigkeit und Wichtigkeit dieser Vorschläge überzeugt wären, könnten wir schon morgen mit ihrer Verwirklichung beginnen.

Indessen mangelt es jedoch an dem nötigen politischen Willen. Ihm nachzuhelfen ist eines der Anliegen dieses Buches. Unsere aktuellen Probleme haben tiefe Wurzeln und reichen bis zu unseren Vorfahren im Tierreich zurück. Sie wurden über die Jahrzehntausende, während sich der Mensch ausbreitete und an Macht gewann, immer größer und spitzen sich heute in dramatischer Weise zu. Wohin unser kurzsichtiges Handeln führen muß, zeigen die Erfahrungen von Gesellschaften, die sich vor uns durch Zerstörung der eigenen Rohstoffbasis um die eigene Existenzgrundlage brachten – und das mit vergleichsweise harmloseren technischen Hilfsmitteln. Historiker begründen das Studium von Staaten und Herrschern damit, daß man aus der Vergangenheit lernen könne. Das gilt um so mehr für unsere Stammesgeschichte, weil die aus ihr zu ziehenden Lehren viel einfacher und deutlicher sind.

Angesichts der Breite des Themas können nicht alle Aspekte gleich ausführlich behandelt werden. So werden sicher manche Leser ein nach ihrer Ansicht wichtiges Gebiet vermissen, andere dieses oder jenes Kapitel zu detailliert finden. Ich möchte daher, damit niemand sich getäuscht fühlt, von vornherein deutlich machen, wo meine eigenen Interessenschwerpunkte liegen und wie es zu ihnen kam.

Mein Vater ist Arzt, meine Mutter eine Musikerin mit Sprach-
begabung. Immer, wenn ich als Kind nach meinen Berufsplänen
gefragt wurde, antwortete ich, ich wolle Arzt werden wie mein Vater. Gegen Ende meiner College-Ausbildung hatte ich mich dann
aber entschieden, statt dessen in die medizinische Forschung zu
gehen. Also studierte ich Physiologie, das Fach, das ich heute an
der *University of California Medical School* in Los Angeles lehre und in
dem ich als Forscher tätig bin.

Außerdem interessiere ich mich jedoch seit dem Alter von sieben
Jahren für Vogelkunde. Und glücklicherweise ging ich auf eine
Schule, die mir die gründliche Beschäftigung mit Sprachen und
Geschichte ermöglichte. Nachdem ich meinen Doktor gemacht
hatte, erschien mir die Perspektive, mich fortan nur noch der Physiologie zu widmen, immer bedrückender. Glückliche Umstände
verhalfen mir damals zu der Gelegenheit, einen Sommer im Hochland von Neuguinea zu verbringen. Der offizielle Zweck der Reise
war die Erforschung des Nistverhaltens neuguineischer Vögel, ein
Vorhaben, das innerhalb von Wochen kläglich scheiterte, da ich im
Dschungel nicht ein einziges Vogelnest entdecken konnte. Ein voller Erfolg wurde die Reise dennoch, denn ich konnte endlich
meinen Abenteuerdurst stillen und in einem der noch wildesten
Gebiete der Erde Vögel beobachten. Was ich von der fantastischen
Vogelwelt Neuguineas sah, zum Beispiel Lauben- und Paradiesvögel, veranlaßte mich, eine parallele Karriere in Vogelökologie,
Evolution und Biogeographie anzustreben. Seit damals bin ich
wohl ein dutzendmal nach Neuguinea und auf benachbarte Pazifikinseln zurückgekehrt, um Vogelstudien zu betreiben.

Während meines Aufenthalts in Neuguinea ergab es sich angesichts der immer rascheren Zerstörung der Wälder und der damit
verbundenen Bedrohung der Vogelwelt ganz von selbst, daß ich
mich für den Artenschutz interessierte und an entsprechenden
Maßnahmen beteiligte. Ich konnte meine akademischen Studien
mit der praktischen Tätigkeit als Regierungsberater verbinden, indem ich mein Wissen über die räumliche Verteilung bestimmter
Tierarten in den Dienst der Planung von Nationalparks stellte und
die dafür vorgesehenen Gebiete begutachtete. In einem Land, in
dem alle 30 km eine Sprachgrenze verläuft und in dem die Kenntnis

der Vogelnamen in jeder der lokalen Sprachen die Voraussetzung ist, um das enorme Wissen der Einheimischen über ihre Vogelwelt anzuzapfen, war auch eine Rückkehr zu meinem früheren Interesse für Sprachen naheliegend. Vor allem aber war es fast unmöglich, die Evolution und das Aussterben von Vogelarten zu erforschen, ohne mehr über die Evolution und das mögliche Aussterben des *Homo sapiens*, der mit Abstand interessantesten Spezies von Lebewesen, erfahren zu wollen. Dies um so mehr, als Neuguinea von einer überwältigenden ethnischen und kulturellen Vielfalt geprägt ist.

Auf diese Weise entwickelte sich mein Interesse an den speziellen Aspekten der Menschheit, die das Thema dieses Buches sind. Ich muß mich dabei nicht für unangemessene Einseitigkeit entschuldigen. Viele ganz hervorragende Bücher von Anthropologen und Archäologen befassen sich mit der menschlichen Evolution unter dem Gesichtspunkt von Werkzeugen und Skeletten, so daß ich diese Bereiche relativ kurz abhandeln kann. Viel weniger Aufmerksamkeit erhielten hingegen bisher meine besonderen Interessensgebiete: der menschliche Lebenszyklus, die Bevölkerungsgeographie, unsere Einwirkung auf die Umwelt und die Betrachtung des Menschen als eines Angehörigen des Tierreichs. Diese Themen sind im Zusammenhang mit der Evolution des Menschen ebenso wichtig wie die traditionelle Beschäftigung mit Werkzeugen und Skeletten.

Was zunächst als Fülle von Beispielen aus Neuguinea erscheinen mag, ist nach meiner Ansicht eine sehr nützliche Basis. Zugegeben, Neuguinea ist nur eine Insel in einem bestimmten Gebiet der Erde, dem tropischen Pazifik, und liefert kaum einen repräsentativen Querschnitt der modernen Menschheit. Doch dafür beherbergt Neuguinea ein wesentlich breiteres Spektrum der Menschheit, als man, ausgehend von der Größe der Insel, zunächst annehmen würde. Rund tausend der weltweit etwa 5000 Sprachen der Gegenwart werden nur in Neuguinea gesprochen. Die Insel birgt auch einen großen Teil der kulturellen Vielfalt, die unserem Planeten noch geblieben ist. Alle Hochlandvölker im gebirgigen Landesinneren waren bis in die jüngste Vergangenheit hinein noch steinzeitliche Bauern, während viele der Tieflandstämme als nomadische Jäger und Sammler oder Fischer lebten, die nebenbei ein wenig

Landwirtschaft betrieben. Die Fremdenfeindlichkeit hatte, ebenso
wie die kulturelle Vielfalt, ein extrem hohes Ausmaß, und eine
Reise außerhalb des eigenen Stammesgebietes glich einem Selbst-
mordversuch. Viele der Einheimischen, mit denen ich zusammenarbeitete, waren großartige Jäger und hatten ihre Kindheit noch in
den Tagen der Steinwerkzeuge und des Fremdenhasses verbracht.
Neuguinea dürfte damit das beste noch verbliebene Beispiel für die
Verhältnisse sein, die in vielen Teilen der Welt bis vor gar nicht
langer Zeit geherrscht haben müssen.

Die Geschichte von unserem Aufstieg und Fall gliedert sich naturgemäß in fünf Teile. In Teil I (Kapitel 1 und 2) verfolge ich unseren
Werdegang von vor mehreren Jahrmillionen bis kurz vor dem Erscheinen der Landwirtschaft vor zehntausend Jahren. In den beiden Kapiteln geht es um Skelette, Werkzeuge und genetische
Anlagen – also um archäologische und biochemische Indizien, die
uns den unmittelbarsten Einblick in unsere Entwicklung geben.
Fossile Skelettreste und Werkzeuge lassen sich oft datieren, so daß
auch der Zeitpunkt von Veränderungen abgeleitet werden kann.
Wir befassen uns mit der Aussage, daß der Mensch genetisch noch
zu 98 Prozent ein Schimpanse ist, und versuchen festzustellen, was
wohl in den übrigen zwei Prozent unseren großen Sprung nach
vorn bewirkt haben mag.

   Im zweiten Teil (Kapitel 3 bis 7) geht es um Veränderungen im
menschlichen Lebenszyklus, die für das Entstehen der Sprache und
Kunst ebenso wichtig waren wie die in Teil I behandelten anatomischen Veränderungen. Für uns ist es absolut natürlich, daß wir
unsere Kinder nach der Entwöhnung von der Muttermilch weiter
mit Nahrung versorgen, statt sie sich selbst zu überlassen; daß die
meisten Männer und Frauen als Paare zusammenleben; daß die
meisten Väter genauso wie die Mütter für den Nachwuchs sorgen;
daß viele Menschen alt genug werden, um noch ihre Enkel zu erleben; und daß Frauen in die Wechseljahre kommen. Für uns ist das
alles selbstverständlich, doch nach den Maßstäben unserer engsten
Verwandten im Tierreich sind diese Verhaltensweisen höchst seltsam. Sie stellen krasse Abweichungen im Vergleich zu unseren
Vorfahren dar, wenngleich sie keinen fossilen Ausdruck finden und

wir deshalb nicht wissen, wann sie entstanden. Aus diesem Grunde erfahren sie in Schriften zur menschlichen Paläontologie viel weniger Aufmerksamkeit als Veränderungen beispielsweise unseres Hirnvolumens und der Beckengröße. Doch für die einzigartige kulturelle Entwicklung des Menschen waren sie von entscheidender Bedeutung und verdienen daher die gleiche Beachtung.

Nachdem sich Teil I und II mit der biologischen Grundlage unserer kulturellen Entfaltung beschäftigten, geht Teil III (Kapitel 8 bis 12) auf die kulturellen Merkmale ein, die uns nach eigener Auffassung von den Tieren unterscheiden. Dabei kommen einem sicher zuerst jene Eigenheiten in den Sinn, auf die wir besonders stolz sind: Sprache, Kunst, Technik und Landwirtschaft, die Wegmarken unseres Aufstiegs. Doch zu den kulturellen Besonderheiten des Menschen zählen auch negative Merkmale wie der Mißbrauch giftiger Substanzen. Es läßt sich zwar darüber streiten, ob alle der genannten Markenzeichen nur beim Menschen anzutreffen sind, aber zumindest stellen sie einen gewaltigen Fortschritt im Vergleich zu ihren Vorläufern im Tierreich dar. Denn solche Vorläufer muß es gegeben haben, da sich die genannten Eigenheiten aus evolutionsgeschichtlicher Perspektive erst vor kurzer Zeit herausbildeten. Welches waren diese Vorläufer? War ihre Entfaltung im Laufe der Geschichte des Lebens auf der Erde unvermeidlich? War sie etwa gar so unvermeidlich, daß wir mit der Existenz vieler anderer Planeten draußen im Weltall rechnen können, auf denen Geschöpfe wie wir leben?

Neben dem Mißbrauch chemischer Stoffe umfaßt unser Sündenregister zwei besonders schwerwiegende Merkmale, die uns zum Verhängnis zu werden drohen. Teil IV (Kapitel 13 bis 16) behandelt das erste: unseren Drang zum Töten von Angehörigen fremder Gruppen. Dieser Wesenszug hat direkte Vorläufer im Tierreich, nämlich die Auseinandersetzungen zwischen konkurrierenden Individuen und Gruppen, die auch bei vielen anderen Arten nicht selten tödlich enden. Der Unterschied liegt nur in unserem technischen Vermögen und unserer größeren Tötungskapazität. In Teil IV erörtern wir die Fremdenfeindlichkeit (Xenophobie) und den ausgeprägten Zustand der Isolation vor der Bildung von Staaten,

die zu größerer kultureller Homogenität beitrugen. Wir werden sehen, wie Technik, Kultur und Geographie den Ausgang zweier der
bekanntesten historischen Auseinandersetzungen zwischen verschiedenen Menschengruppen beeinflußten. Weiterhin untersuchen wir das überlieferte Wissen über Massenmord aus Fremdenhaß. Dabei handelt es sich um ein trauriges Thema, aber es soll hier
vor allem als Beispiel dafür dienen, daß die Weigerung, unserer
Vergangenheit ins Gesicht zu blicken, uns zur Wiederholung alter
Fehler in noch gefährlicherem Ausmaß verdammt.

Das andere düstere Merkmal, das unser Überleben in Frage
stellt, betrifft die immer raschere Zerstörung der Umwelt. Auch
hierfür gibt es Vorläufer im Tierreich. Schon oft versagten bei tierischen Populationen, die aus dem einen oder anderen Grund keine
natürlichen Feinde hatten und sich ungehindert vermehren konnten, auch die internen Kontrollmechanismen, so daß sich die
Vermehrung so lange fortsetzte, bis die Ernährungsgrundlage der
betreffenden Population beeinträchtigt war; zuweilen geschah es
sogar, daß sich die betreffende Art buchstäblich um die Möglichkeit zur eigenen Fortexistenz fraß und ausstarb. Diese Gefahr droht
dem Menschen in besonderer Weise, da unsere Zahl heute nicht
mehr durch natürliche Feinde in Schach gehalten wird, kein Lebensraum vor unserem Zugriff sicher ist und unser Vermögen,
Tiere zu töten und Lebensräume zu zerstören, ohne Beispiel ist.

Leider teilen noch heute viele Menschen die Vorstellung Rous-
seaus, daß dieser finstere Wesenszug des Menschen erst mit der
Industriellen Revolution auftauchte und daß wir davor in Harmonie mit der Natur lebten. Träfe dies zu, könnten wir aus der
Vergangenheit nur lernen, wie tugendhaft wir einst waren und
welch schreckliche Verwandlung wir erfahren haben. Teil V (Kapitel 17 bis 19) versucht deshalb, die Rousseausche Vorstellung
anhand der langen Geschichte der Umweltzerstörung durch den
Menschen zu widerlegen. Ebenso wie in Teil IV liegt die Betonung
in Teil V darauf, daß unsere gegenwärtige Situation nicht gänzlich
neu ist, sondern sich nur im Ausmaß von früheren unterscheidet.
Die Ergebnisse vieler früherer »Experimente«, bei denen menschliche Gesellschaften ihre Umwelt zerstörten, sollten wir nutzen, um
daraus zu lernen.

Das Buch endet mit einem Epilog, der die Fährte unseres Aufstiegs aus dem Tierreich zurückverfolgt und die immer rasantere Entwicklung der Mittel darstellt, die uns zum Verhängnis zu werden drohen. Ich hätte dieses Buch nicht geschrieben, wenn ich die Gefahr für gering hielte, aber ich hätte es auch nicht geschrieben, wenn die Menschheit für mich bereits verloren wäre. Für den Fall, daß mancher Leser wegen des Verhaltens der Menschen in der Vergangenheit und wegen der heutigen Lage so entmutigt sein sollte, daß ihm diese Botschaft entgeht, mache ich auf ein paar Hoffnungszeichen aufmerksam und auf die Wege, wie wir aus der Vergangenheit lernen können.

TEIL I
Nur eine Säugetierart wie andere

Wann, warum und auf welche Weise der Mensch begann, mehr zu sein als nur eine Säugetierart unter vielen – dafür gibt es drei Kategorien von Belegen. Teil I dieses Buches beschäftigt sich mit den traditionellen Erkenntnissen der Archäologie, also der Untersuchung von erhaltenen Skeletten und Werkzeugen, sowie mit neueren Erkenntnissen der Molekularbiologie.

Eine grundlegende Frage betrifft den genetischen Abstand zwischen Mensch und Schimpanse: Unterscheiden wir uns in 10, 50 oder gar 99 Prozent unserer genetischen Anlagen? Die bloße Betrachtung und das Addieren sichtbarer gleicher Merkmale helfen nicht weiter, da viele genetische Veränderungen überhaupt keinen sichtbaren Ausdruck finden, während andere überwältigende Folgen haben. So unterscheiden sich Hunderassen wie dänische Dogge und Pekinese im Aussehen viel stärker voneinander als Mensch und Schimpanse. Dennoch können sich alle Hunderassen untereinander fortpflanzen (sofern anatomisch möglich) und gehören zur gleichen Art. Bei bloßer Betrachtung wäre man sicher zu dem Schluß gekommen, der genetische Abstand zwischen dänischer Dogge und Pekinese sei viel größer als der zwischen Mensch und Schimpanse. Die mit dem Auge wahrnehmbaren Unterschiede zwischen verschiedenen Hunderassen, also Größe, Körperbau und Färbung des Fells, werden durch eine relativ kleine Zahl von Genen verursacht, die praktisch ohne Folgen für das Fortpflanzungsverhalten sind.

Wie läßt sich aber sonst unser genetischer Abstand vom Schimpansen bestimmen? Dieses Problem konnte erst vor wenigen Jahren von der Molekularbiologie gelöst werden. Die Antwort ist nicht nur überraschend, sondern sie hat womöglich auch praktische ethische Folgen für die künftige Behandlung des Schimpansen durch den Menschen. Wir werden sehen, daß die genetischen Unterschiede zwischen uns und den Schimpansen, wenngleich sie groß sind im

Verhältnis zu den Unterschieden zwischen menschlichen Populationen oder Hunderassen, im Vergleich zu den Unterschieden zwischen vielen anderen verwandten Arten immer noch sehr klein sind. Offenbar hatten Veränderungen an nur einem geringen Prozentsatz der Schimpansengene enorme Folgen für unser Verhalten. Es konnte außerdem ein Zusammenhang zwischen genetischem Abstand und verstrichener Zeit hergestellt werden, so daß jetzt annähernd feststeht, daß Mensch und Schimpanse sich vor sieben Millionen Jahren (plus minus einige Millionen) von ihrem gemeinsamen Ahnen auf jeweils getrennten Wegen fortentwickelten.

Diese Erkenntnisse der Molekularbiologie geben uns zwar Auskunft über den genetischen Abstand und die verstrichene Zeit, sie sagen jedoch nichts darüber, worin wir uns im einzelnen von Schimpansen unterscheiden und wann es zu diesen Unterschieden kam. Deshalb wollen wir fragen, was man noch aus den Skeletten und Werkzeugen jener Geschöpfe lernen kann, welche die verschiedenen Stufen zwischen unseren affenähnlichen Vorfahren und dem modernen Menschen markieren. Von besonderer Bedeutung waren dabei die Zunahme unseres Hirnvolumens, Skelettveränderungen in Verbindung mit dem aufrechten Gang und eine Verringerung der Schädeldicke, Zahngröße und Kiefermuskulatur.

Die Größe unseres Gehirns war sicher eine Voraussetzung für die Entwicklung der Sprache und der Innovationsfähigkeit. Man könnte deshalb erwarten, daß die Skelettfunde eine enge Parallele zwischen der Zunahme des Hirnvolumens und der Verfeinerung der Werkzeuge zeigen würden. Das war jedoch zur großen Überraschung der Evolutionsforscher nicht der Fall. Auch nachdem das Gehirnwachstum bereits weitgehend abgeschlossen war, blieben die Steinwerkzeuge noch Hunderttausende von Jahren äußerst primitiv. Noch vor 40 000 Jahren hatten die Neandertaler Gehirne, die größer waren als die des modernen Menschen, doch ihre Werkzeuge zeigten keine Spur von Neuerungen und auch keinerlei kunstvolle Verzierungen. Die Neandertaler waren immer noch eine Säugetierart wie viele andere. Bei anderen menschlichen Populationen blieben die Werkzeuge auch Zehntausende von Jahren nach Erreichen einer modernen Skelettanatomie so langweilig wie bei den Neandertalern.

Diese paradoxen Erkenntnisse werfen mehr Licht auf die Aussagen der Molekularbiologie und deren Schlußfolgerungen. Es muß also innerhalb des geringen Prozentsatzes von Genen, durch die sich Mensch und Schimpanse unterscheiden, einen noch geringeren Prozentsatz geben, der nicht an der Formung des Skeletts beteiligt ist, sondern für die unverwechselbar menschlichen Merkmale wie Innovationsfähigkeit, Kunst und die Anfertigung komplexer Werkzeuge verantwortlich ist. Zumindest in Europa traten diese Merkmale unerwartet plötzlich auf den Plan, zu einer Zeit, als der Neandertaler dem Cro-Magnon weichen mußte. Dessen Erscheinen läutete das Ende der Epoche ein, in der wir noch eine Säugetierart unter vielen waren. Am Schluß von Teil 1 werde ich einige Überlegungen dazu anstellen, welche wenigen Veränderungen die Auslöser unseres steilen Aufstiegs zum Menschentum gewesen sein mögen.

KAPITEL 1

Die Geschichte von den drei Schimpansen

Wenn Sie das nächste Mal in den Zoo gehen, schauen Sie einmal ganz bewußt bei den Affenkäfigen vorbei. Stellen Sie sich vor, die Affen hätten fast ihr ganzes Haar verloren und in einem Nachbarkäfig befänden sich einige bedauerliche, nackte Menschen, die zwar nicht sprechen könnten, aber ansonsten ganz normal wären. Nun raten Sie einmal, wie ähnlich uns die Affen genetisch sind. Würden Sie zum Beispiel vermuten, daß ein Schimpanse 10, 50 oder 99 Prozent seiner Gene mit dem Menschen teilt?

Und fragen Sie sich dann, warum Affen in Käfigen zur Schau gestellt und zu medizinischen Experimenten benutzt werden, was beides bei Menschen unzulässig ist. Angenommen, es stellte sich heraus, daß Schimpansen 99,9 Prozent ihrer Gene mit uns gemeinsam hätten und die bedeutenden Unterschiede zwischen Menschen und Schimpansen auf ganz wenigen Genen beruhten – würden Sie es dann immer noch für gerechtfertigt halten, Schimpansen in Käfige zu sperren und an ihnen Experimente vorzunehmen? Denken Sie zum Vergleich an Menschen, die das Unglück hatten, geistig behindert zur Welt zu kommen. Von ihnen besitzen manche eine viel geringere Fähigkeit als Affen, Probleme zu lösen, für sich zu sorgen, zu kommunizieren, soziale Beziehungen einzugehen und Schmerz zu empfinden. Nach welcher Logik sind medizinische Experimente an ihnen verboten, aber nicht an Affen?

Vielleicht werden Sie entgegnen, Affen seien eben »Tiere« und Menschen eben Menschen, und das reiche aus. Ein ethischer Verhaltenskodex für die Behandlung von Menschen solle nicht auf ein »Tier« übertragen werden, gleich, wieviel Prozent seiner Gene mit unseren übereinstimmen, und gleich, ob es soziale Beziehungen eingehen oder Schmerz empfinden kann. Eine solche Antwort entbehrt zwar nicht der Willkür, aber sie ist zumindest in sich stimmig und nicht leicht von der Hand zu weisen. In diesem Fall blieben

Erkenntnisse über unsere Beziehungen zu Vorfahren ohne ethische Folgen, sie würden aber immerhin unsere geistige Neugierde befriedigen, indem sie uns ein Verständnis unserer Herkunft vermitteln. Alle bisherigen Gesellschaften haben das Bedürfnis verspürt, die eigene Herkunft zu ergründen, ein Bedürfnis, das in Schöpfungsgeschichten Ausdruck fand. Betrachten Sie die Geschichte von den drei Schimpansen als Schöpfungsgeschichte unseres Zeitalters.

Seit Jahrhunderten ist bekannt, wo der Mensch im Tierreich ungefähr anzusiedeln ist. Ohne Zweifel gehören wir zu den Säugetieren, der Klasse von Wirbeltieren, zu deren Merkmalen die Behaarung und das Stillen der Jungen zählen. Innerhalb der Säugetiere wiederum gehören wir ganz offensichtlich wie die Affen und Menschenaffen zu den Primaten. Mit diesen teilen wir eine ganze Reihe von Eigenschaften, die den meisten anderen Säugetieren fehlen, zum Beispiel flache Finger- und Fußnägel statt Klauen, Greifhände, ein Daumen, der den anderen vier Fingern gegenübergestellt werden kann, und einen frei herunterhängenden statt am Unterleib anliegenden Penis. Schon im zweiten Jahrhundert n. Chr. leitete der griechische Arzt Galen aus der anatomischen Zerlegung verschiedener Tiere unsere ungefähre Stellung in der Natur richtig ab, als er feststellte, daß der Affe dem Menschen »von den Eingeweiden, den Muskeln, Arterien, Venen, Nerven und der Skelettform her am stärksten ähnelt«.

Es ist auch nicht schwer, den Platz des Menschen unter den Primaten zu bestimmen, denn wir ähneln ganz offensichtlich den Menschenaffen, unter anderem darin, daß wir anders als die übrigen Affen keinen Schwanz besitzen. Klar ist auch, daß die kleinwüchsigen Gibbons mit ihren langen Armen unter den Menschenaffen aus dem Rahmen fallen und daß Orang-Utans, Schimpansen, Gorillas und Menschen enger miteinander verwandt sind als mit den Gibbons. Hiernach wird die Bestimmung von Verwandtschaftsbeziehungen jedoch unerwartet schwierig, und die Wissenschaftler streiten intensiv über drei Fragen:

Wie genau sieht der Stammbaum der Verwandtschaftsbeziehungen von Menschen, lebenden Menschenaffen und ausgestorbenen

Affenahnen aus? Welcher der lebenden Menschenaffen ist beispiels-weise unser nächster Verwandter?

Wann lebte der letzte gemeinsame Ahne von uns und jenem Ver-wandten, welcher Affe es auch sein mag?

Welchen Teil unseres genetischen Programms haben wir mit un-serem nächsten lebenden Verwandten gemeinsam?

Die erste dieser drei Fragen, so möchte man annehmen, müßte durch die vergleichende Anatomie bereits geklärt sein. Wir besitzen eine starke äußerliche Ähnlichkeit mit Schimpansen und Gorillas, unterscheiden uns von ihnen jedoch in Merkmalen wie dem Hirn-volumen, dem aufrechten Gang, der wesentlich schwächeren Be-haarung sowie einer Vielzahl weniger deutlich sichtbarer Eigen-schaften. Bei näherer Betrachtung dieser anatomischen Fakten ist jedoch viel weniger klar, was aus ihnen folgt. Je nachdem, welche anatomischen Merkmale man für die wichtigsten hält und wie man sie interpretiert, sind Biologen unterschiedlicher Ansicht darüber, ob wir am engsten mit dem Orang-Utan verwandt sind (die Mei-nung der Minderheit) – in diesem Fall wären die Schimpansen und Gorillas von unserem Stammbaum abgezweigt, bevor wir uns von den Orang-Utans trennten – oder ob wir nicht vielmehr den Schim-pansen und Gorillas am nächsten stehen (die Mehrheitsauffas-sung), wobei dann die Vorfahren der Orang-Utans ihren eigenen Weg früher eingeschlagen hätten.

Unter den Vertretern der Mehrheitsansicht sind die meisten Bio-logen davon ausgegangen, daß Gorillas und Schimpansen einander stärker ähneln als dem Menschen, was bedeuten würde, daß unsere Linie vom Stammbaum fortführte, bevor sich Gorillas und Schim-pansen voneinander trennten. Dieser Schluß entspricht dem gesun-den Menschenverstand, demzufolge ja Schimpansen und Gorillas in eine Kategorie mit der Bezeichnung »Menschenaffen« gehören, während wir Menschen etwas ganz anderes sind. Denkbar ist je-doch auch, daß wir uns nur deshalb im Aussehen unterscheiden, weil sich Schimpansen und Gorillas seit den Tagen unseres gemein-samen Ahnen nur unwesentlich veränderten, während wir uns in wenigen besonders auffälligen Merkmalen wie dem aufrechten Gang und dem Hirnvolumen sehr stark veränderten. In diesem Fall könnte der Mensch entweder dem Gorilla oder dem Schimpansen am meisten ähneln, oder der Abstand in der allgemeinen genetischen Ausstattung könnte zwischen allen dreien ungefähr gleich sein.

Unter Anatomen herrscht also nach wie vor Uneinigkeit über die Details unseres Stammbaums. Welche Version man auch bevorzugt, anatomische Studien geben keine Antwort auf die zweite und dritte Frage nach dem Zeitpunkt unserer Abzweigung und dem genetischen Abstand von den Menschenaffen. Vielleicht könnten Fossilienfunde die Probleme mit dem Stammbaum und der Datierung lösen, allerdings nicht die Frage des genetischen Abstands. Das heißt, wenn wir nur genügend Fossilien hätten, so wäre die Hoffnung berechtigt, auf eine Serie datierter proto-menschlicher Fossilien und eine weitere Serie datierter proto-schimpansischer Fossilien zu stoßen, die vor etwa zehn Millionen Jahren auf einen gemeinsamen Ahnen zuliefen und die sich wiederum einer Serie von Proto-Gorilla-Fossilien vor zwölf Millionen Jahren näherten. Leider wurde die Hoffnung, durch Fossilien Aufschluß zu erhalten, ebenfalls enttäuscht, da für den entscheidenden Zeitraum vor fünf bis 14 Millionen Jahren in Afrika kaum Fossilien von Menschenaffen gefunden wurden.

Die Antwort auf diese Fragen nach unserer Herkunft kam aus unerwarteter Richtung, nämlich aus der Molekularbiologie in ihrer Anwendung auf die Klassifikation von Vögeln (Vogeltaxonomie). Vor rund 30 Jahren erkannten Molekularbiologen, daß die Stoffe, aus denen sich Pflanzen und Tiere zusammensetzen, wie eine Uhr zur Messung genetischer Abstände und zum Datieren evolutionsgeschichtlicher Abzweigungen dienen könnten. Dahinter steckt folgender Gedanke: Angenommen, es gibt eine Klasse von Molekülen, die in allen Arten vorkommen und deren genaue Struktur bei jeder Art genetisch festgelegt ist, und weiter angenommen, daß sich die genannte Struktur im Laufe der Jahrmillionen aufgrund genetischer Mutationen langsam verändert und daß das Tempo dieser Veränderung bei allen Arten konstant ist. Zwei vom gleichen Ahnen abstammende Arten hätten zunächst identische, von ihrem Vorfahr geerbte Molekülformen. Später würde es jedoch bei beiden unabhängig voneinander zu Mutationen und folglich Veränderungen im Molekülaufbau kommen. Wüßten wir nun, wie viele solcher Veränderungen im Durchschnitt alle Million Jahre erfolgen, so könnten wir die heutige Differenz zwischen den Strukturen des Moleküls bei zwei verwandten Tierarten wie eine Uhr benutzen und ausrechnen, wieviel Zeit vergangen ist, seit der gemeinsame Ahne beider Arten lebte.

Nehmen wir beispielsweise an, wir wüßten aufgrund von Fossilienfunden, daß Löwen und Tiger vor fünf Millionen Jahren begannen, sich auseinanderzuentwickeln. Angenommen, die Moleküle wären bei Löwen und Tigern zu 99 Prozent von identischer Struktur und nur zu einem Prozent unterschiedlich. Betrachtete man dann zwei Arten mit unbekannter fossiler Geschichte und fände heraus, daß sich die Moleküle dieser beiden Arten um drei Prozent unterschieden, dann würde die Molekularuhr besagen, sie hätten sich vor drei mal fünf Millionen Jahren, also vor 15 Millionen Jahren, auseinanderentwickelt.

So schön dieses Schema auf dem Papier aussieht, soviel Mühe mußten Biologen investieren, um seine praktische Brauchbarkeit zu testen. Vier Dinge mußten geschehen, bevor Molekularuhren funktionieren konnten: Es mußte das am besten geeignete Molekül gefunden werden; eine rasche Methode zur Messung von Veränderungen in seiner Struktur wurde benötigt; der Beweis für den gleichmäßigen Gang der Uhr mußte erbracht werden (daß sich also die Struktur des Moleküls bei allen untersuchten Arten tatsächlich im gleichen Tempo entwickelt); und es mußte ebendieses Tempo bestimmt werden.

Für die ersten beiden Punkte haben Molekularbiologen um 1970 Lösungen gefunden. Als geeignetstes Molekül erwies sich die Desoxyribonukleinsäure (abgekürzt DNS), jene berühmte Substanz, deren Struktur den bahnbrechenden Untersuchungen von James Watson und Francis Crick zufolge aus einer Doppelhelix besteht. Die DNS setzt sich aus zwei komplementären, sehr langen Strängen zusammen, von denen jeder aus vier Arten kleinerer Moleküle besteht, deren Sequenz sämtliche von den Eltern an ihre Nachkommen weitergegebenen genetischen Informationen beinhaltet. Eine schnelle Methode zur Messung von Veränderungen der DNS-Struktur besteht darin, die DNS zweier Arten zu vermischen (man spricht deshalb von der Hybridisierungstechnik) und festzustellen, um wieviel Grad der Schmelzpunkt der Misch-DNS unter dem Schmelzpunkt der reinen DNS einer der beiden Arten liegt. Wie sich herausstellte, bedeutet das Sinken des Schmelzpunktes um ein Grad Celsius (abgekürzt: Delta T = 1 °C), daß sich die beiden Arten in der DNS um etwa ein Prozent unterscheiden.

In den siebziger Jahren interessierten sich die meisten Molekularbiologen und Taxonomen kaum für das jeweils andere Arbeitsfeld. Zu den wenigen Taxonomen, die von den Möglichkeiten der neuen DNS-Hybridisierungstechnik überzeugt waren, gehörte der Ornithologe Charles Sibley, damals Professor an der Yale-Universität und Leiter des dortigen naturgeschichtlichen Museums. Die Vogeltaxonomie ist ein besonders schwieriges Fachgebiet, bedingt durch die engen anatomischen Erfordernisse der Flugfähigkeit. Es gibt nur eine begrenzte Zahl möglicher Konstruktionen, die einem Vogel beispielsweise den Insektenfang in der Luft ermöglichen, so daß sich Vögel mit ähnlichen Lebensgewohnheiten meist auch anatomisch sehr stark ähneln, unabhängig von ihrer Abstammung. Amerikanische Geier zum Beispiel ähneln in Aussehen und Verhalten stark den Altweltgeiern, obwohl Biologen herausfanden, daß erstere Verwandte der Störche, letztere der Habichte sind und daß die Ähnlichkeiten nur vom gleichen Lebensstil herrühren. Enttäuscht von den begrenzten Erfolgen beim Aufdecken der Verwandtschaftsbeziehungen zwischen Vögeln mit herkömmlichen Methoden, wandten sich Sibley und Jon Ahlquist 1973 der DNS-Uhr zu. Ihre Arbeit blieb bis heute die umfangreichste taxonomische Anwendung der Methoden der Molekularbiologie. Erst 1980 waren Sibley und Ahlquist so weit, daß sie ihre Ergebnisse veröffentlichen konnten. Insgesamt hatten sie die DNS-Uhr auf rund 1700 Vogelarten angewendet – fast ein Fünftel aller heutigen Vogelarten.

Obwohl Sibley und Ahlquist eine sensationelle Leistung vollbracht hatten, entspann sich zunächst eine heftige Kontroverse, da nur wenige andere Wissenschaftler die richtige Kombination von Fachkenntnissen besaßen, um sie zu verstehen. Hier sind ein paar typische Reaktionen, die mir gegenüber geäußert wurden:

»Ich kann davon nichts mehr hören. Ich achte gar nicht mehr darauf, was die schreiben« (ein Anatom).

»Ihre Methoden sind okay, aber wer will sich denn mit so einem langweiligen Thema wie Vogeltaxonomie beschäftigen?« (ein Molekularbiologe).

»Interessant, aber ihre Ergebnisse müssen erst noch gründlich mit anderen Methoden getestet werden, bevor wir ihnen glauben können« (ein Evolutionsbiologe).

»Ihre Ergebnisse sind eine wahre Offenbarung, davon können Sie ausgehen« (ein Genetiker).

Nach meiner Einschätzung kommt das letzte Zitat der Wahrheit am nächsten. Die Prinzipien, auf denen die DNS-Uhr beruht, sind unanfechtbar, und die von Sibley und Ahlquist angewandten Methoden entsprechen dem neuesten Stand der Wissenschaft. Außerdem bezeugt die interne Konsistenz ihrer genetischen Distanzmessungen an über 18 000 Vogelpaaren die Gültigkeit der Befunde.

So wie Darwin seine Hypothesen zur Variation zunächst an Hand von Entenmuscheln getestet hatte, bevor er das explosive Thema und seine Relevanz für den Menschen erörterte, beschränkten sich Sibley und Ahlquist während fast des gesamten ersten Jahrzehnts ihrer Forschungsarbeit mit der DNS-Uhr auf Vögel. Erst 1984 begannen sie mit der Veröffentlichung ihrer Folgerungen aus der Anwendung der gleichen DNS-Methoden für die Herkunft des Menschen. Ihre Studie beruhte auf DNS von Menschen und unseren engsten Verwandten: dem gewöhnlichen und dem Zwergschimpansen, Gorilla, Orang-Utan, zwei Arten von Gibbons und sieben Arten von Altweltaffen. Die Abbildung faßt die Ergebnisse zusammen.

Wie jeder Anatom prophezeit hätte, besteht der größte genetische Unterschied, ausgedrückt in einer starken Verringerung des DNS-Schmelzpunkts, zwischen der DNS von Affen und der von Menschen oder Menschenaffen. Damit wurde nur bestätigt, was jeder weiß, seit Menschenaffen der Wissenschaft bekannt sind. In Zahlen ausgedrückt, haben Affen 93 Prozent der DNS-Struktur mit Menschen und Menschenaffen gemein, in sieben Prozent unterscheiden sie sich.

Ebenso wenig überrascht der nächstgrößere Unterschied, näm-

STAMMBAUM DER HÖHEREN PRIMATEN

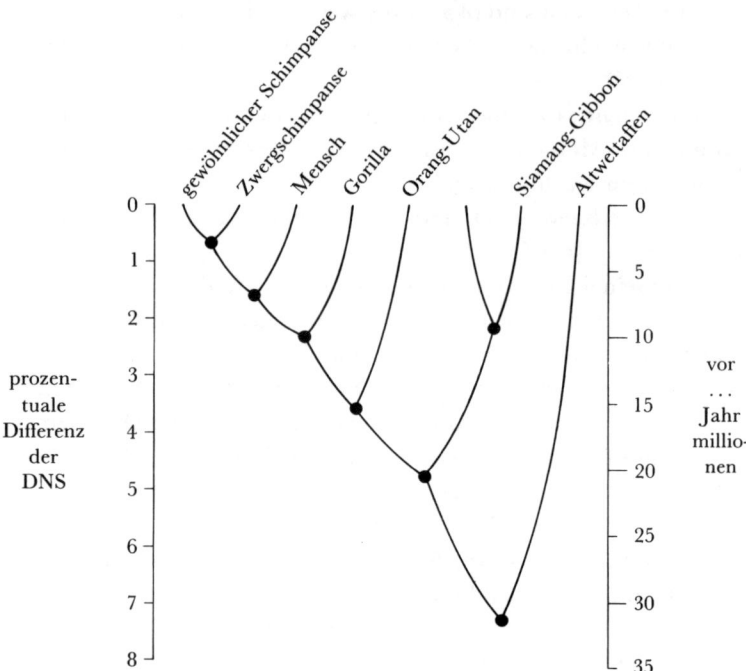

Abb. 1: Folgen Sie den Linien von einem beliebigen Paar höherer Primaten zu dem schwarzen Punkt, an dem sie sich treffen. Sie können dann links die prozentuale Differenz zwischen der DNS dieser modernen Primaten ablesen und rechts die geschätzte Zahl von Jahrmillionen, seit ein letzter gemeinsamer Vorfahre existierte. Beispielsweise unterscheiden sich der gewöhnliche und der Zwergschimpanse in etwa 0,7 Prozent der DNS und entwickelten sich vor etwa drei Millionen Jahren auseinander; der Mensch unterscheidet sich in 1,6 Prozent seiner DNS von beiden Schimpansen und divergierte vor etwa sieben Millionen Jahren vom gemeinsamen Vorfahren; der Gorilla unterscheidet sich in etwa 2,3 Prozent der DNS von uns beziehungsweise den Schimpansen und trennte sich vor rund zehn Millionen Jahren von dem gemeinsamen Vorfahren.

lich von fünf Prozent, zwischen der DNS von Gibbons und der der anderen Menschenaffen und Menschen. Dies bestätigt die verbreitete Auffassung, daß Gibbons innerhalb der Menschenaffen eine Sonderstellung einnehmen und wir die größten Gemeinsamkeiten mit Gorillas, Schimpansen und Orang-Utans haben. Unter diesen drei Menschenaffen gilt unter Anatomen der Orang-Utan als ein wenig abseits stehend, und auch dies stimmt mit den Ergebnissen der DNS-Forschung überein, die einen Unterschied von 3,6 Prozent zwischen der DNS von Orang-Utans und der von Menschen, Gorillas und Schimpansen feststellte. Geographisch trennten sich diese drei Arten bereits vor recht langer Zeit von Gibbons und Orang-Utans: Lebende und fossile Gibbons und Orang-Utans sind auf Südostasien beschränkt, während lebende Gorillas und Schimpansen sowie frühmenschliche Fossilien nur in Afrika vorkommen.

Ebensowenig Anlaß zur Überraschung bot auf der anderen Seite die Feststellung, daß die stärkste Ähnlichkeit zwischen der DNS des gewöhnlichen Schimpansen und des Zwergschimpansen besteht, die sich zu 99,3 Prozent gleichen und nur zu 0,7 Prozent unterscheiden. Beide Arten gleichen sich so sehr, daß sie erst 1929 überhaupt eigene Namen erhielten. Am Äquator in Zentral-Zaire lebende Schimpansen werden als »Zwergschimpansen« bezeichnet, da sie im Durchschnitt etwas kleiner (und von schwächerer Statur und langbeiniger) sind als die weitverbreiteten »gewöhnlichen Schimpansen«, deren Lebensraum in Afrika weiter nördlich des Äquators liegt. Aufgrund der jüngsten Fortschritte im Verständnis des Verhaltens von Schimpansen wurde jedoch klar, daß sich hinter den geringfügigen anatomischen Unterschieden zwischen Zwerg- und gewöhnlichen Schimpansen erhebliche Unterschiede im Fortpflanzungsverhalten verbergen. Im Gegensatz zu den gewöhnlichen Schimpansen nehmen die Zwergschimpansen bei der Kopulation, wie die Menschen, eine Vielzahl von Stellungen ein, unter anderem von Gesicht zu Gesicht; der Anstoß zum Geschlechtsakt kann sowohl von Weibchen als auch von Männchen kommen; die Weibchen sind die meiste Zeit paarungsbereit, nicht nur einige Tage in der Monatsmitte; außerdem gibt es starke Bande nicht nur zwischen Männchen, sondern auch zwischen Weibchen oder zwischen Männchen und Weibchen. Offenbar hat die kleine Zahl von Genen, die sich bei Zwerg- und gewöhnlichen Schimpansen unterscheiden (0,7 Prozent), bedeutende Folgen für die Sexualphysiologie und die Geschlechtsrollen. Auf dieses Thema werde ich in diesem und im nächsten Kapitel noch zurückkommen, wenn es um die genetischen Unterschiede zwischen Menschen und Schimpansen geht.

In allen bisher behandelten Fällen lagen bereits überzeugende anatomische Beweise für die Verwandtschaftsverhältnisse vor, so daß die auf der DNS beruhenden Schlüsse nur bestätigten, was Anatomen bereits herausgefunden hatten. Es gelang jedoch auch, mit Hilfe der DNS-Methode ein Problem zu lösen, an dem die Anatomie gescheitert war: die Klärung der Verwandtschaftsverhältnisse zwischen Menschen, Gorillas und Schimpansen. Wie Abb. 1 zeigt, unterscheiden sich Menschen von gewöhnlichen Schimpansen bzw. Zwergschimpansen in nur 1,6 Prozent der DNS; 98,4 Prozent sind identisch. Bei Gorillas ist der Unterschied etwas größer, er beträgt ungefähr 2,3 Prozent zu Menschen und Schimpansen.

Lassen Sie uns einen Moment innehalten und überlegen, was diese Zahlen eigentlich bedeuten.

Die Abzweigung des Gorillas von unserem gemeinsamen Stammbaum muß kurz vor unserer Trennung vom gewöhnlichen Schimpansen und vom Zwergschimpansen erfolgt sein. Nicht Gorillas, sondern Schimpansen sind unsere engsten Verwandten. Umgekehrt sind die engsten Verwandten der Schimpansen nicht Gorillas, sondern Menschen. Die herkömmliche Klassifikation beruhte dagegen auf der anthropozentrischen Sichtweise, daß der mächtige Mensch stolz und allein im Zentrum der Welt steht und daß eine fundamentale Dichotomie zwischen ihm und den Affen besteht, die samt und sonders in den Abgründen der Bestialität anzusiedeln seien. Künftig werden die Taxonomen die Dinge vielleicht etwas anders sehen müssen, nämlich aus der Perspektive des Schimpansen: Danach besteht nur eine schwache Dichotomie zwischen den ein wenig höherstehenden Menschenaffen (den *drei* Schimpansen, einschließlich des »Menschen-Schimpansen«) und den ein wenig tieferstehenden (Gorillas, Orang-Utans, Gibbons).

Die traditionelle Unterscheidung zwischen »Menschenaffen« (definiert als Schimpansen, Gorillas usw.) und Menschen entspricht nicht der Realität.

Der genetische Abstand (1,6 Prozent) zwischen uns und den Zwerg- und gewöhnlichen Schimpansen ist kaum doppelt so groß wie der Abstand zwischen Zwerg- und gewöhnlichen Schimpansen (0,7 Prozent). Er ist kleiner als der Abstand zwischen zwei Gibbonarten (2,2 Prozent) oder zwischen so eng verwandten Vogelarten wie Fitis und Zilpzalp (2,6 Prozent). Die restlichen 98,4 Prozent unserer DNS sind ganz normale Schimpansen-DNS. So ist unser Hämoglobin, das Protein, das Sauerstoff transportiert und unser Blut rot färbt, in allen seinen 287 Bestandteilen identisch mit dem Hämoglobin der Schimpansen. Auch in dieser Hinsicht sind wir nur eine dritte Schimpansenart, nicht besser und nicht schlechter ausgestattet als die beiden anderen. Was uns so sichtbar unterscheidet – der aufrechte Gang, das große Hirnvolumen, die Sprache, die spärliche Behaarung und das sonderbare Sexualverhalten – muß auf ganze 1,6 Prozent unseres genetischen Programms konzentriert sein.

Nähmen die genetischen Abstände zwischen den Arten mit der Zeit gleichmäßig zu, so hätte man in ihnen eine zuverlässig funktionierende Uhr. Alles, was man zur Umrechnung genetischer Abstände in absolute Zeiträume seit dem letzten gemeinsamen Vorfahren braucht, ist eine Eichung mit Hilfe eines Artenpaares, von dem *sowohl* der genetische Abstand *als auch* der Zeitpunkt der Auseinanderentwicklung aufgrund von Fossilienfunden bekannt ist. Und in der Tat gibt es in zwei Fällen eine solche Eichung für höhere Primaten. Zum einen weiß man von Fossilienfunden her, daß Affen und Menschenaffen sich vor 25 bis 30 Millionen Jahren auseinanderentwickelten; heute unterscheiden sie sich in ungefähr 7,3 Prozent der DNS. Zum anderen trennten sich die Orang-Utans vor zwölf bis 16 Millionen Jahren von den Schimpansen und Gorillas; sie unterscheiden sich jetzt in etwa 3,6 Prozent der DNS. Vergleicht man die beiden Beispiele, so ergibt sich, daß eine Verdoppelung der Evolutionszeit – von zwölf bis 16 auf 25 bis 30 Millionen Jahre – auch zu einer ungefähren Verdoppelung des genetischen Abstandes führt (von 3,6 auf 7,3 Prozent der DNS). Das heißt, die DNS-Uhr ist bei den höheren Primaten über die Jahrmillionen relativ gleichmäßig gelaufen.

Mit Hilfe dieser Eichung schätzten Sibley und Ahlquist den zeitlichen Ablauf der menschlichen Evolution wie folgt: Da der genetische Abstand zwischen Mensch und Schimpanse (1,6 Prozent) etwa die Hälfte des Abstands zwischen Orang-Utan und Schimpanse (3,6 Prozent) beträgt, müssen wir seit etwa der Hälfte der zwölf bis 16 Millionen Jahre, in denen sich der genetische Unterschied zwischen Orang-Utans und Schimpansen entwickelte, eigene Wege gegangen sein. Das heißt, daß die Evolutionslinien des Menschen und der »zwei anderen Schimpansen« vor sechs bis acht Millionen Jahren auseinanderliefen. Die gleiche Rechnung ergibt, daß sich der Gorilla vor ungefähr neun Millionen Jahren vom gemeinsamen Ahnen der drei Schimpansen trennte und der Zwergund der gewöhnliche Schimpanse sich vor rund drei Millionen Jahren auseinanderentwickelten. Als ich 1954 am College Anthropologie studierte, stand noch in den Lehrbüchern, der Mensch habe sich vor 15 bis 30 Millionen Jahren vom Menschenaffen getrennt. Die DNS-Uhr liefert somit gute Beweise für einen kontroversen Schluß, der auch aufgrund anderer Molekül-Uhren (auf der Grundlage von Aminosäuresequenzen von Proteinen und mitochondrialer DNS) gezogen wurde. Jede dieser Uhren zeigt an, daß der Mensch eine noch recht kurze eigene Geschichte hat, jedenfalls eine viel kürzere, als von Paläontologen immer vermutet wurde.

Was bedeuten nun diese Erkenntnisse für die Stellung des Menschen innerhalb des Tierreichs? Biologen teilen alle Lebewesen in hierarchische Kategorien ein, von denen die jeweils höheren stets größere Unterschiede aufweisen als die vorhergehenden: Unterart, Art, Gattung, Familie, Überfamilie, Ordnung, Klasse und Abteilung. In der *Encyclopedia Britannica* und in allen biologischen Texten, die ich kenne, werden Menschen und Menschenaffen in die gleiche Ordnung eingestuft, nämlich die der Primaten, und auch in die gleiche Überfamilie mit der Bezeichnung Hominoiden, jedoch in separate Familien, und zwar in Hominiden (Menschenartige) und Pongiden (»Menschenaffen«). Ob sich diese Einstufung nach den Arbeiten von Sibley und Ahlquist ändert, hängt von der Philoso-

phie der Klassifikation ab. Herkömmlicherweise ordnen Taxonomen die Arten in Kategorien ein, indem sie recht subjektive
Bewertungen der Bedeutung von Unterschieden vornehmen. Danach gehört der Mensch wegen charakteristischer Funktionsmerk-
male wie dem großen Hirnvolumen und der aufrechten Körperhaltung in eine eigene Familie, wobei die Messung genetischer
Abstände keinen Einfluß auf solche Klassifikation hat.

Eine andere Richtung in der Taxonomie fordert jedoch, bei der
Klassifikation müsse der Maßstab von Objektivität und Einheitlichkeit befolgt werden, und jede Einteilung müsse durch den
genetischen Abstand oder die Zeitdauer der entwicklungsge-
schichtlichen Trennung begründet sein. Alle Taxonomen sind sich
heute darin einig, daß Zilpzalp und Fitis zur Gattung *Phylloscopus*
gehören und die verschiedenen Gibbonarten zur Gattung *Hylobates*.
Doch die Angehörigen dieser beiden Gattungen sind genetisch weiter voneinander entfernt als der Mensch von den beiden anderen
Schimpansenarten, und auch die Zeitdauer der Auseinanderentwicklung ist länger. So gesehen bilden Menschen keine eigene
Familie, geschweige denn eine Gattung, sondern sie gehören in die
gleiche Gattung wie der gewöhnliche Schimpanse und der Zwergschimpanse. Da der Gattungsname *Homo* ältere Rechte besitzt als
die Bezeichnung *Pan* für die »anderen« Schimpansen, hat er nach
den Regeln der zoologischen Fachsprache Vorrang. Somit gibt es
heute nicht eine, sondern drei Arten der Gattung *Homo* auf der
Welt: den gewöhnlichen Schimpansen, *Homo troglodytes*, den Zwergschimpansen, *Homo paniscus*, und den dritten bzw. menschlichen
Schimpansen, *Homo sapiens*. Da der Gorilla sich nur unwesentlich
stärker unterscheidet, hat er eigentlich das Recht, als vierte Art der
Gattung *Homo* zu gelten.

Aber selbst die Verfechter von Einheitlichkeit und Objektivität
in der Taxonomie sind anthropozentrisch, so daß es auch für sie
sicher eine bittere Pille sein wird, Mensch und Schimpansen in die
gleiche Gattung einzuordnen. Es kann jedoch keinen Zweifel geben, daß spätestens dann, wenn sich die Schimpansen selbst mit
dieser Frage beschäftigen werden oder Taxonomen aus dem Weltall
die Erde besuchen, um ein Inventar ihrer Bewohner anzulegen, sie
ohne Zögern die neue Klassifikation wählen werden.

Welche Gene sind es im einzelnen, in denen sich Mensch und Schimpanse unterscheiden? Um diese Frage zu beantworten, müssen wir zunächst verstehen, was die DNS, unsere Erbsubstanz, eigentlich bewirkt.

Ein großer oder sogar überwiegender Teil von ihr hat keine bekannte Funktion und besteht womöglich nur aus »Molekül-Schrott«, das heißt aus DNS-Molekülen, die sich verdoppelt oder einstige Funktionen verloren haben und durch die natürliche Auslese nicht eliminiert wurden, weil sie uns nicht schaden. Die Hauptfunktionen der DNS hängen dagegen mit den langen Aminosäureketten zusammen, die wir Proteine nennen. Bestimmte Proteine sind am Aufbau unseres Körpers beteiligt (zum Beispiel Keratin für das Haar oder Kollagen für das Bindegewebe), während andere Proteine, Enzyme genannt, für die Synthese oder Zerlegung der meisten übrigen Moleküle unseres Körpers zuständig sind. Von der Abfolge der kleinen DNS-Moleküle, der Nukleotidbasen, hängt die Abfolge der Aminosäuren in unseren Proteinen ab. Wieder andere Teile der DNS regulieren die Proteinsynthese.

Jene unserer sichtbaren Merkmale, die sich genetisch am einfachsten verstehen lassen, sind die, welche von einzelnen Proteinen und Genen herrühren. So besteht das bereits erwähnte sauerstofftransportierende Protein unseres Blutes, Hämoglobin, aus zwei Aminosäureketten, von denen jede durch einen einzigen DNS-Abschnitt (ein »Gen«) bestimmt wird. Die beiden Gene haben keinen weiteren beobachtbaren Effekt als den genannten, also die Definition der Struktur des Hämoglobins, das bekanntlich nur in den roten Blutkörperchen vorkommt. Umgekehrt wird die Hämoglobinstruktur von diesen Genen aber vollständig definiert. Wieviel man ißt oder Sport treibt, kann zwar die erzeugte Hämoglobinmenge beeinflussen, nicht jedoch Einzelheiten seiner Struktur.

Dies ist der einfachste Sachverhalt, aber es gibt auch Gene, die Einfluß auf eine Vielzahl erkennbarer Merkmale nehmen. So ist die lebensbedrohliche Tay-Sachs-Erbkrankheit mit zahlreichen Verhaltens- und anatomischen Anomalien verbunden: Blindheit, starre Körperhaltung, gelbliche Hautfärbung, abnormes Kopfwachstum und weitere Veränderungen. In diesem Fall wissen wir, daß alle genannten Symptome durch Veränderungen eines einzigen, durch das Tay-Sachs-Gen definierten Enzyms hervorgerufen werden, aber wir wissen nicht genau wie. Da dieses Enzym an vielen Stellen im Gewebe unseres Körpers vorkommt und einen weitverbreiteten Zellbestandteil zerlegt, haben Veränderungen in diesem einen Enzym weitreichende und am Ende tödliche Folgen. Umgekehrt werden manche Merkmale, wie die Größe des Erwachsenen, gleichzeitig von einer Vielzahl von Genen und zudem von Umweltfaktoren (z. B. der Ernährung im Kindesalter) beeinflußt.

Die Wissenschaft besitzt zwar heute ein gutes Verständnis der Funktion vieler Gene, die für bekannte Einzelproteine verantwortlich sind, viel weniger weiß man jedoch über die Rolle von Genen im Hinblick auf komplex bestimmte Merkmale, wie zum Beispiel die meisten Verhaltensweisen. Es wäre absurd anzunehmen, daß so charakteristische Merkmale des Menschen wie Kunst, Sprache oder Aggression von einzelnen Genen abhingen. Verhaltensunterschiede zwischen menschlichen Individuen unterliegen offenbar in hohem Maße Umwelteinflüssen, und dabei ist die Rolle der Gene äußerst umstritten. Für Verhaltensweisen, die sich bei Schimpansen und Menschen konstant unterscheiden, sind genetische Unterschiede jedoch mit großer Wahrscheinlichkeit von Bedeutung, wenngleich die verantwortlichen Gene noch nicht identifiziert wurden. So hängt die menschliche Fähigkeit zur Sprache, im Unterschied zu Schimpansen, mit Sicherheit von Genen ab, die die Anatomie des Stimmapparates und die Nervenverbindungen im Gehirn festlegen. Ein Schimpansenkind, das im Haus eines Psychologen-Ehepaars zusammen mit ihrem gleichaltrigen Baby aufwuchs, behielt das Aussehen eines Schimpansen und lernte weder sprechen noch aufrecht gehen. Ob menschliche Sprößlinge hingegen fließend Englisch oder Koreanisch lernen, ist gen-unabhängig und einzig eine Folge der sprachlichen Umgebung im Kindesalter, was auch die sprachliche Entwicklung koreanischer Kleinkinder beweist, die von englischsprachigen Eltern adoptiert wurden.

Was läßt sich vor diesem Hintergrund über die 1,6 Prozent unserer DNS aussagen, die sich von der Schimpansen-DNS unterscheiden? Bekannt ist, daß sich die Gene für das wichtige Hämoglobin nicht unterscheiden und bestimmte andere Gene nur geringfügige Differenzen aufweisen. Bei den neun Proteinketten, die bis heute sowohl beim Menschen als auch beim gewöhnlichen Schimpansen untersucht wurden, unterscheiden sich nur fünf von insgesamt 1271 Aminosäuren: eine Aminosäure in einem Muskelprotein mit der Bezeichnung Myoglobin, eine in einer sekundären Hämoglobinkette (der sogenannten Deltakette) und drei in dem Enzym Carboanhydrase. Wir wissen jedoch noch nicht, welche Abschnitte unserer DNS für die funktionell bedeutsamen Unterschiede zwischen Mensch und Schimpanse verantwortlich sind, die in den Kapiteln 2 bis 7 behandelt werden: das unterschiedliche Hirnvolumen, die Anatomie des Beckens, des Stimmapparats und der Geschlechtsorgane, die Behaarungsdichte, der weibliche Menstruationszyklus, das Klimakterium und andere Merkmale. Diese wichtigen Veränderungen beruhen sicher nicht auf den bisher aufgedeckten Unterschieden bei fünf Aminosäuren. Heute können wir mit Gewißheit nur soviel sagen: Ein Großteil unserer DNS ist »Schrott«; das steht zumindest für einen Teil der 1,6 Prozent, die sich zwischen Mensch und Schimpanse unterscheiden, bereits fest. Die funktionell bedeutsamen Unterschiede müssen deshalb auf einen bislang noch nicht identifizierten Bruchteil der 1,6 Prozent beschränkt sein.

Innerhalb dieses kleinen Bruchteils unserer DNS haben einige Unterschiede stärkere Konsequenzen für unseren Körper als andere. Zunächst einmal lassen sich die meisten Aminosäuren von Proteinen durch mindestens zwei alternative Nukleotidbasen-Sequenzen in der DNS definieren. Veränderungen in den Nukleotidbasen von einer solchen Sequenz zu einer alternativen sind »stumme« Mutationen, die keine Veränderungen in den Aminosäure-Sequenzen von Proteinen bewirken. Selbst wenn eine Veränderung in einer Base dazu führt, daß eine Aminosäure durch eine bestimmte andere ersetzt wird, ähneln sich doch einige Aminosäuren sehr stark in ihren chemischen Eigenschaften oder sind in relativ unempfindlichen Teilen von Proteinen angesiedelt.

Andere Teile von Proteinen sind dagegen entscheidend für deren Funktion. Wird eine Aminosäure in einem solchen Teil durch eine chemisch unähnliche Aminosäure ersetzt, dürfte sich eine beobachtbare Folge einstellen. So ist beispielsweise die Sichelzellenanämie,

eine Krankheit mit oft tödlichem Verlauf, das Ergebnis einer Veränderung der Löslichkeit unseres Hämoglobins, die wiederum aus
einer Veränderung in nur einer der 287 Aminosäuren des Hämoglobins resultiert, die ihrerseits auf eine Veränderung in nur einer
der drei diese Aminosäure definierenden Nukleotide zurückgeht.
Hierdurch wird jedoch eine Aminosäure mit negativer Ladung
durch eine ohne Ladung ersetzt, was zur Folge hat, daß sich die
elektrische Gesamtladung des Hämoglobin-Moleküls ändert.

Während wir also im Hinblick auf die entscheidenden Gene noch
im Dunkeln tappen, gibt es viele Beispiele für die große Wirkung,
die einzelne oder mehrere Gene haben können. Auf die zahlreichen
auffälligen Unterschiede zwischen Tay-Sachs-Patienten und Gesunden, die alle auf eine einzige Veränderung in einem Enzym
zurückgehen, habe ich bereits hingewiesen. Dabei handelt es sich
um ein Beispiel für Unterschiede zwischen Angehörigen der gleichen Spezies. Für Unterschiede zwischen verwandten Arten bieten
die Maulbrüterfische der Familie Cichlidae im ostafrikanischen Victoriasee ein sehr anschauliches Beispiel. Die beliebten Aquariums-
fische, von denen etwa 200 Arten nur in dem einen See vorkommen,
entwickelten sich vermutlich in den letzten 200 000 Jahren von
einem einzigen Ahnen. Die heutigen 200 Arten unterscheiden sich
in ihren Ernährungsgewohnheiten voneinander nicht weniger als
Kühe von Tigern. Manche fressen Algen, andere sind Raubfische,
wieder andere leben von Schnecken, Plankton, Insekten und den
Schuppen anderer Fische oder haben sich auf den Raub von Fisch-
embryos spezialisiert. Sämtliche dieser Arten im Victoriasee unterscheiden sich jedoch nach Untersuchungsergebnissen im Durchschnitt um nur 0,4 Prozent ihrer DNS. Das bedeutet, daß weniger
genetische Mutationen erforderlich waren, um aus einem Schnek-
kenfänger einen Babykiller zu machen, als Menschen aus Menschenaffen.

Wir wollen nun fragen, ob die gewonnenen Erkenntnisse über unseren genetischen Abstand vom Schimpansen nur für die Klassifikation von Bedeutung sind oder auch darüber hinaus. Am
wichtigsten dürften hier die Folgen für unsere Vorstellung vom
Platz des Menschen und der Menschenaffen im Universum sein.

Bezeichnungen sind über ihre Zweckmäßigkeit hinaus auch Ausdruck und Ursache von Einstellungen. (Überzeugen Sie sich selbst, indem Sie Ihren Partner einmal statt mit »Liebling« im gleichen Tonfall mit »Du Schwein« anreden!) Die jüngsten Erkenntnisse über die genetische Nähe zwischen Menschen und Menschenaffen werden unsere Einstellungen sicher nachhaltig beeinflussen, aber wie bei den von Darwin in seinem Werk *Über die Entstehung der Arten* dargelegten Erkenntnissen wird es wohl viele Jahre dauern, bis es zur Übereinstimmung über die genauen Folgen kommt. Ich will nur ein kontroverses Thema nennen, das davon betroffen sein könnte: den Gebrauch, den wir von Menschenaffen machen.

Zur Zeit gehen wir von einem grundsätzlichen Unterschied zwischen Tieren (einschließlich der Menschenaffen) und Menschen aus und lassen uns davon in unserem moralischen Urteil und Handeln leiten. Wie am Kapitelanfang bereits erwähnt, wird die Haltung von Menschenaffen in Zookäfigen nicht beanstandet, während das gleiche mit Menschen undenkbar wäre. Ich frage mich, wie die Öffentlichkeit wohl reagieren würde, wenn das Schild am Schimpansenkäfig die Aufschrift »*Homo troglodytes*« trüge. Andererseits leisten Zoos auch einen wichtigen Beitrag zum Schutz von Menschenaffen in ihren Lebensräumen, da ohne die Sympathie und das Interesse, das viele von uns erst durch Zoobesuche gewinnen, die Spendenbereitschaft noch geringer und die Arbeit von Naturschutzverbänden noch schwieriger wäre.

Wie ebenfalls bereits erwähnt, gilt es als zulässig, mit Menschenaffen, nicht jedoch mit Menschen, gegen ihren Willen medizinische Experimente mit zuweilen tödlichem Ausgang durchzuführen. Das Motiv ist hierbei gerade, daß uns Menschenaffen genetisch so sehr ähneln. Mit vielen unserer Krankheiten können auch sie sich infizieren, und ihre Körper reagieren ähnlich auf die Krankheitserreger wie unsere. Deshalb sind Versuche an Menschenaffen viel aussichtsreicher als Versuche mit anderen Tierarten, wenn es um die Verbesserung der medizinischen Behandlung von Menschen geht.

Moralisch stellt sich hier ein noch schwierigeres Problem als beim Einsperren von Menschenaffen in Zookäfige. Denn schließlich werden ja auch Menschen, nämlich Straftäter, in millionenfacher Zahl unter oft schlechteren Bedingungen als denen in Zoos eingesperrt. Doch zu medizinischen Tierversuchen gibt es keine Parallele, obwohl Experimente an Menschen der Wissenschaft viel wertvollere Erkenntnisse liefern würden als solche an Schimpansen. Kommt die Rede auf die Menschenversuche in den Nazi-KZs, so wird das Handeln der beteiligten Ärzte zu Recht als eine der schlimmsten Scheußlichkeiten der Nazi-Barbarei verurteilt. Warum dürfen solche Experimente aber an Schimpansen durchgeführt werden?

Irgendwo auf der Skala zwischen Bakterien und Menschen muß festgelegt werden, wo Töten zu Morden und Essen zu Kannibalismus wird. Für die meisten von uns liegt die Trennlinie zwischen dem Menschen und allen anderen Arten. Nicht wenige haben sich jedoch entschlossen, als Vegetarier ganz auf Fleisch zu verzichten. Und eine immer lautstärkere Minderheit erhebt Einspruch gegen medizinische Versuche an Tieren – oder jedenfalls an bestimmten Tierarten. Dieser Bewegung für die Rechte von Tieren geht es vor allem um Katzen, Hunde und Primaten, weniger um Mäuse und wohl gar nicht um Insekten und Bakterien.

Das Treffen einer willkürlichen Unterscheidung zwischen Menschen und allen übrigen Lebewesen wäre Ausdruck eines blanken Egoismus bar jedes höheren Prinzips. Eine Trennlinie, beruhend auf unserer höheren Intelligenz, unseren sozialen Beziehungen und unserer Fähigkeit, Schmerz zu empfinden, würde es dagegen schwer machen, ein Entweder-Oder zu rechtfertigen, eine Trennlinie zwischen dem Menschen und allen Tieren. Vielmehr sollten für Experimente mit verschiedenen Arten auch verschiedene Maßstäbe gelten. Die Gewährung von Sonderrechten für unsere genetisch engsten Verwandten im Tierreich mag am Ende auch nur eine Form von Egoismus sein. Aber jedenfalls läßt sich aufgrund des eben Erwähnten (Intelligenz, soziale Beziehungen usw.) objektiv begründen, daß Schimpansen und Gorillas eine Sonderbehandlung vor Insekten und Bakterien verdienen. Wenn es derzeit überhaupt eine in der medizinischen Forschung verwendete Tierart gibt, für die ein völliges Verbot medizinischer Experimente gerechtfertigt wäre, so handelt es sich mit Sicherheit um Schimpansen.

Zum moralischen Dilemma der Tierversuche tritt bei den beiden
Schimpansen noch die Tatsache, daß sie als Spezies vom Aussterben bedroht sind. Die medizinische Forschung tötet also nicht nur
einzelne Lebewesen, sondern gefährdet zusätzlich das Überleben
der ganzen Art. Damit soll nicht gesagt sein, daß die Nachfrage zu
Forschungszwecken die einzige Bedrohung für wildlebende Schimpansen-Populationen darstellt; die Zerstörung der natürlichen Lebensräume und das Einfangen für Zoos spielen ebenfalls eine
schlimme Rolle. Aber es genügt schon, daß von der medizinischen
Forschung eine nicht unerhebliche Gefahr ausgeht. Das moralische
Dilemma wird noch durch die Tatsache verschärft, daß in der Regel mehrere Schimpansen sterben müssen, um nur einen einzigen
(oft ein Jungtier mit Mutter) zu fangen und zu einem Forschungs-
labor zu befördern; und auch dadurch, daß die medizinische Forschung kaum eine Rolle bei dem Bemühen um den Schutz wilder
Schimpansen-Populationen gespielt hat, obwohl sie daran ein ob-
jektives Interesse haben müßte; und nicht zuletzt dadurch, daß die
zu Forschungszwecken gefangenen Schimpansen oft unter grausamen Bedingungen gehalten werden. Dem ersten solcher Tiere, dem
ich begegnete, war ein langsam wirkender, tödlicher Virus einge-
spritzt worden, und während der Jahre seines langsamen Sterbens
wurde er einsam und allein in einem kleinen, kahlen Käfig im
Inneren eines Gebäudes der *U.S. National Institutes of Health* gehalten.

Werden Schimpansen eigens zu medizinischen Zwecken in Gefangenschaft gezüchtet, entkräftet dies zwar den Vorwurf der Ausrottung wilder Populationen. Doch das grundlegende Dilemma
wird damit nicht gelöst, jedenfalls ebenso wenig, wie die fortge-
setzte Versklavung der Nachkommen der in Amerika geborenen
Schwarzen nach dem Ende des afrikanischen Sklavenhandels im
19. Jahrhundert der Sklaverei in Amerika zur Anerkennung verhalf. Warum ist es zulässig, Versuche mit dem *Homo troglodytes*
anzustellen, nicht jedoch mit dem *Homo sapiens*? Und wird man
umgekehrt Eltern, deren Kind an einer tödlichen, zur Zeit an
Schimpansen untersuchten Krankheit leidet, überzeugen, daß das
Leben ihres Kind nicht so wichtig ist wie das von Schimpansen?
Letzten Endes müssen schwierige Entscheidungen dieser Art von

der breiten Öffentlichkeit und nicht nur von der Wissenschaft getroffen werden. Gewiß ist nur, daß unsere Einstellung zu Menschen und Menschenaffen unsere Entscheidungen bestimmen wird.

Und schließlich werden unsere Ansichten über Menschenaffen auch darüber entscheiden, ob sie überhaupt in der Natur überleben können. Die Gefahr für ihre Populationen geht heute vor allem von der Zerstörung der Regenwälder in Afrika und Asien und der legalen und illegalen Gefangennahme und Tötung aus. Sollten sich die bestehenden Trends fortsetzen, wird es Berggorillas, Orang-Utans, Schopfgibbons, Zwergsiamangs und vielleicht eine Reihe weiterer Menschenaffen in 15 bis 20 Jahren nur noch in Zoos geben. Es genügt nicht, an das moralische Pflichtgefühl der Regierenden in Uganda, Zaire und Indonesien zu appellieren und sie aufzufordern, die noch wild lebenden Menschenaffen zu schützen. Diese Länder sind arm, und die Einrichtung und Unterhaltung von Nationalparks ist ein kostspieliges Unterfangen. Wenn wir Menschen, als »dritter Schimpanse«, zu der Auffassung gelangen, daß die beiden anderen Schimpansen es wert sind, gerettet zu werden, so müssen die reicheren Länder den Hauptteil der Kosten übernehmen. Aus der Perspektive der Menschenaffen geht es also bei allem, was wir aus der Geschichte der drei Schimpansen gelernt haben, in erster Linie um unsere Bereitschaft, diese Rechnung zu begleichen.

KAPITEL 2

Der große Sprung nach vorn

Nach der Abspaltung unserer Ahnenlinie von der der Menschenaffen vor Jahrmillionen unterschied sich unsere Lebensweise die meiste Zeit über nicht wesentlich von der der Schimpansen. Noch vor 40 000 Jahren war Westeuropa von den Neandertalern besiedelt, primitiven Geschöpfen, die mit Kunst und Fortschritt kaum etwas im Sinn hatten. Dann geschah ein abrupter Wandel, als anatomisch moderne Menschen in Europa auf den Plan traten und Kunst, Musikinstrumente, Lampen, Handel und Fortschritt mitbrachten. Binnen kurzer Zeit waren die Neandertaler verschwunden.

Wahrscheinlich war der »große Sprung nach vorn« in Europa die Folge eines ähnlichen Entwicklungssprungs, der im Laufe der Jahrzehntausende zuvor im Nahen Osten und in Afrika stattgefunden hatte. Selbst ein paar Dutzend Jahrtausende sind jedoch nur ein winziger Bruchteil (weniger als ein Prozent) unserer langen Geschichte, seit wir uns von den Affen abspalteten. Sofern man überhaupt von einem bestimmten Zeitpunkt als dem unserer Menschwerdung sprechen kann, so war es der dieses Entwicklungssprunges. Nur ein paar Dutzend weitere Jahrtausende genügten uns, um Tiere zu domestizieren, die Landwirtschaft und Metallurgie zu entwickeln und die Schrift zu erfinden. Von da war es nur noch ein kleiner Schritt zu den Wahrzeichen unserer Zivilisation, die eine scheinbar unüberwindliche Kluft zwischen Mensch und Tierreich errichteten – Wahrzeichen wie die Mona Lisa und die Eroica-Sinfonie, der Eiffelturm und die Sputnik-Satelliten, die Öfen von Auschwitz und die Bombardierung Dresdens.

Es geht in diesem Kapitel um die Fragen, die mit unserem abrupten Aufstieg aus dem Tierreich verbunden sind. Was ermöglichte ihn, und warum kam er so plötzlich? Was hielt die Neandertaler zurück, und welches Schicksal erfuhren sie? Stießen

Neandertaler und moderne Völker je aufeinander? Wenn ja, wie verhielten sie sich zueinander?

Es ist nicht leicht, den »großen Sprung« zu begreifen, geschweige denn, darüber zu schreiben. Unsere direkten Kenntnisse basieren nur auf den Details von Skeletten und Steinwerkzeugen. In den Berichten von Archäologen wimmelt es leider von Ausdrücken und Begriffen, die kaum jemand versteht – wie »sagittale Stellung der Darmbeinschaufeln« und »Kyphose im Brustbereich«. Was uns im Grunde interessiert, die Lebensweise unserer verschiedenen Vorfahren und ihre menschlichen Wesenszüge, hinterließ keine direkten Spuren; man kann sie nur aus den technischen Einzelheiten von Skeletten und Werkzeugen erschließen. Es fehlt einfach an Beweisen, und nicht selten streiten die Archäologen auch noch über die Bedeutung konkreter Funde. Da es bereits zahlreiche Veröffentlichungen mit sehr detaillierten Beschreibungen von Skelettfunden gibt, wird es mir vor allem um die Folgerungen gehen, die sich aus Knochen und Werkzeugen ziehen lassen.

Der Lebensraum unserer Vorfahren war für Millionen von Jahren auf Afrika beschränkt, wo sie sich vor sechs bis zehn Millionen Jahren von den Vorfahren der Schimpansen und Gorillas in ihrer Entwicklung trennten. Zum Vergleich: Das Leben auf der Erde entstand vor mehreren Jahrmilliarden, und das Aussterben der Dinosaurier liegt rund 65 Millionen Jahre zurück. Science-fiction-Filme, in denen Höhlenmenschen vor Dinosauriern fliehen, haben also mit der Realität nichts gemein. Am Anfang wären unsere Vorfahren sicher als eine von mehreren Menschenaffenarten eingestuft worden, doch drei aufeinanderfolgende Veränderungen brachten uns auf den Weg zur modernen Menschheit. Die erste dieser Veränderungen ereignete sich vor rund vier Millionen Jahren, als unsere Vorfahren, wie Skelettfunde belegen, anfingen, auf den hinteren Gliedmaßen zu gehen. Im Unterschied dazu laufen Gorillas und Schimpansen nur gelegentlich aufrecht, sondern in der Regel auf allen vieren. Durch den aufrechten Gang wurden die vorderen Gliedmaßen unserer Vorfahren für andere Zwecke frei, von denen sich die Herstellung von Werkzeugen als der wichtigste erwies.

Die zweite Veränderung erfolgte vor etwa drei Millionen Jahren

mit der Aufspaltung der Menschenlinie in mindestens zwei verschiedene Arten. Zum besseren Verständnis sei daran erinnert, daß
zwei Tierarten, die im gleichen Gebiet leben, unterschiedliche ökologische Rollen einnehmen müssen und sich in der Regel nicht
untereinander paaren. So sind Kojoten und Wölfe offensichtlich
enge Verwandte; bis zur weitgehenden Ausrottung der Wölfe in den
USA lebten sie in vielen Gegenden Nordamerikas nebeneinander.
Wölfe sind jedoch von größerer Statur, jagen hauptsächlich Großsäugetiere wie Rehe und Elche und leben oft in großen Rudeln,
während Kojoten kleiner sind, vor allem Kleinsäuger wie Kaninchen und Mäuse jagen und paarweise oder in kleinen Rudeln
auftreten. In der Regel paaren sich Kojoten mit Kojoten und Wölfe
mit Wölfen. In Europa sind Wildkatze und Luchs enge Verwandte,
die oft im selben Gebiet leben, sich aber anders an ihre Umwelt
angepaßt haben und sich nicht miteinander paaren.

Im Gegensatz dazu kam es bei allen heutigen menschlichen Populationen zu Kreuzungen mit allen anderen, zu denen umfassen-
der Kontakt bestand. Unterschiede in der Umweltspezialisierung
sind gänzlich ein Produkt der Erziehung, da es sich ja nicht so
verhält, daß einige von uns mit scharfen Zähnen und besonderer
biologischer Ausstattung für die Rotwildjagd auf die Welt kommen,
während andere vielleicht Mahlzähne besitzen, Beeren sammeln
und auf keinen Fall Rotwildjäger heiraten würden. Deshalb sind
auch alle modernen Menschen Angehörige derselben Spezies.

Ein- oder zweimal kam es in der Vergangenheit jedoch vor, daß
sich unsere Vorfahren in verschiedene Arten auseinanderentwickelten, die so unterschiedlich waren wie Wölfe und Kojoten. Die
jüngste dieser Trennungen, auf die ich später zurückkommen
werde, mag sich zur Zeit des großen Sprungs vollzogen haben. Die
ältere erfolgte vor rund drei Millionen Jahren, und zwar in einen
Affenmenschen mit robustem Schädel und sehr großen Backenkno-
chen, der sich wahrscheinlich von einfacher Pflanzenkost ernährte
und oft als *Australopithecus robustus* (etwa »robuster südlicher Affe«)
bezeichnet wird, und in einen Affenmenschen mit leichter gebau-
tem Schädel und kleineren Zähnen, der sich vermutlich sowohl von
Fleisch als auch von Pflanzen ernährte und *Australopithecus africanus*
(»afrikanischer südlicher Affe«) genannt wird. Aus letzterem ent-

wickelte sich eine Form mit einem größeren Hirnvolumen, die den Namen *Homo habilis* (»der geschickte Mensch«) erhielt. Die Skelettfunde angeblicher männlicher und weiblicher *Homo habilis* unterscheiden sich jedoch in der Schädel- und Zahngröße so sehr voneinander, daß es in Wirklichkeit eine weitere Gabelung in unserer Entwicklung gegeben haben mag, mit dem Resultat zweier *habilis*-Arten: dem *Homo habilis* selbst und einem rätselhaften »Dritten«. Vor zwei Millionen Jahren gab es also mindestens zwei, wenn nicht drei urmenschliche Arten.

Die dritte und letzte der großen Veränderungen, die unsere Vorfahren allmählich menschenähnlicher und affenunähnlicher werden ließ, war der regelmäßige Gebrauch von Steinwerkzeugen. Dieses typische Merkmal des Menschen hat klare Vorläufer im Tierreich: Altweltgeier und Seeottern sind nur zwei der Arten, die beim Fang oder bei der Zubereitung von Nahrung ebenfalls Werkzeuge einsetzen, wenngleich keine dieser Arten so sehr von Geräten abhängig ist wie wir heutzutage. Schimpansen gebrauchen ebenfalls Werkzeuge, manchmal auch steinerne, aber niemals in solcher Zahl, daß sie über die ganze Landschaft verbreitet würden. Vor ungefähr zweieinhalb Millionen Jahren tauchten sehr grobe Steinwerkzeuge in großer Menge in verschiedenen Gegenden Ostafrikas auf, in denen die Urmenschen lebten. Da es zwei oder drei solcher Arten gab, stellt sich die Frage, von welcher die Werkzeuge stammten. Am ehesten dürfte es die Art mit dem leichteren Schädel gewesen sein, da sie zusammen mit den Werkzeugen fortbestand und sich weiterentwickelte.

Da es heute nur eine einzige menschliche Art gibt, vor ein paar Millionen Jahren aber zwei oder drei, müssen eine oder zwei Arten ausgestorben sein. Wer waren unsere Ahnen, welche Art endete auf dem Müllhaufen der Evolution, und wann geschah das? Als Sieger ging jedenfalls der *Homo habilis* hervor, dessen Hirnvolumen und Körpergröße fortan zunahmen. Vor ungefähr 1,7 Millionen Jahren hatten die Unterschiede solches Ausmaß angenommen, daß ein neuer Name vergeben wurde: *Homo erectus*, »der aufgerichtete Mensch«. (Da Skelettreste des *Homo erectus* früher gefunden wurden als ältere Fossilien, hielt man ihn zunächst für den ersten Urmenschen mit aufrechtem Gang.) Der robuste Affenmensch war vor

DER STAMMBAUM DES MENSCHEN

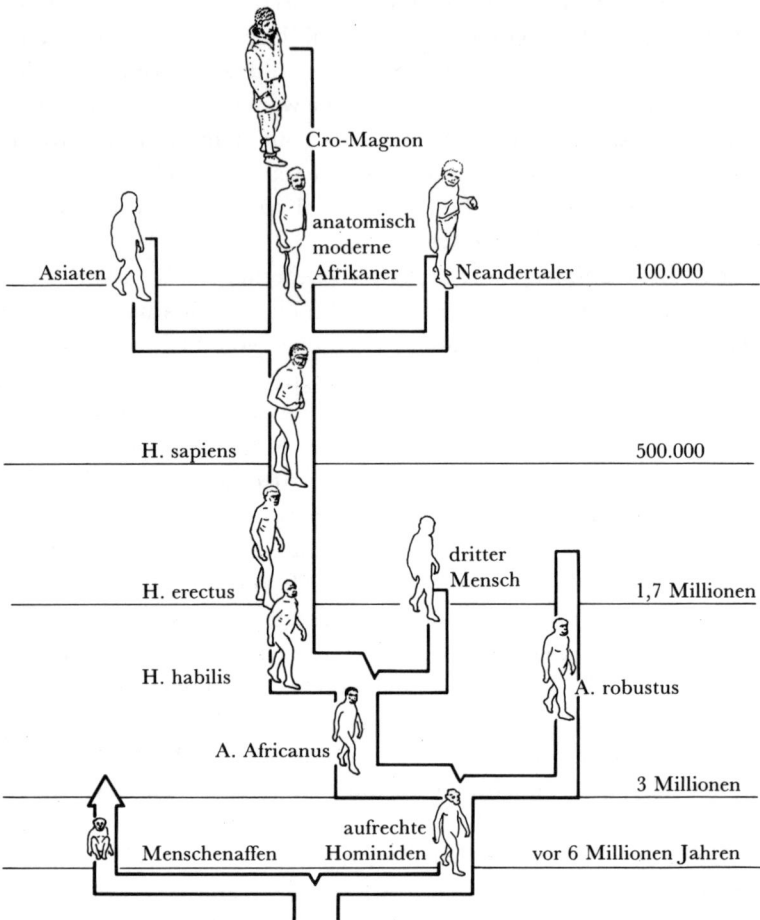

Abb. 2: Mehrere Zweige unseres Stammbaums sind ausgestorben, unter anderem der des Australopithecus robustus, des Neandertalers und möglicherweise eines »dritten Menschen«, über den nur wenig bekannt ist, sowie einer asiatischen Population von Zeitgenossen des Neandertalers. Aus Nachfahren des *Homo habilis* entwickelten sich die modernen Menschen. Nach den Veränderungen, die sich an den Fossilien ablesen lassen, wurde dieser Zweig etwas willkürlich in *Homo habilis, Homo erectus* (vor rund 1,7 Millionen Jahren) und *Homo sapiens* (vor etwa 500 000 Jahren) unterteilt. *A.* steht für den Gattungsnamen *Australopithecus, H.* für *Homo.*

etwa 1,2 Millionen Jahren verschwunden, und auch die geheimnisvolle dritte Art (falls sie je existierte) muß zu dieser Zeit bereits
ausgestorben gewesen sein. Wir können nur spekulieren, warum
der *Homo erectus* überlebte und der robuste Affenmensch nicht. Eine
plausible Erklärung wäre, daß letzterer im Konkurrenzkampf unterlag, da der *Homo erectus* sowohl Fleisch als auch pflanzliche
Nahrung verzehrte und dank seiner Werkzeuge und seines größeren Gehirns in der Lage war, mehr Pflanzen zu ernten als sein
robuster Verwandter. Denkbar ist auch, daß der *Homo erectus* direkt
für das Aussterben des *Australopithecus robustus* verantwortlich war,
indem er ihn jagte und fraß.

Alle bisher erörterten Entwicklungen spielten sich nur in Afrika
ab. Dort blieb der *Homo erectus* am Ende als einziger Urmensch
übrig. Erst vor rund einer Million Jahren begann er schließlich, auf
andere Kontinente vorzustoßen. Seine Steinwerkzeuge und Skelette beweisen, daß er den Nahen Osten erreichte, dann den Fernen
Osten (wo ihn berühmte Fossilien als Peking-Menschen und Java-
Menschen ausweisen) und Europa. Mit einer Zunahme des Hirnvolumens und der Schädelrundung entwickelte er sich weiter in
Richtung auf den modernen Menschen. Vor etwa 500 000 Jahren
ähnelten uns manche unserer Vorfahren so sehr und unterschieden
sich vom früheren *Homo erectus* dermaßen, daß sie als Angehörige
unserer eigenen Art (*Homo sapiens*, »der wissende Mensch«) eingestuft werden, wenngleich ihre Schädeldecken und Augenbrauenwülste immer noch viel massiver waren als unsere heutigen.

Mancher Leser wird vielleicht denken, das Erscheinen des *Homo
sapiens* sei gleichbedeutend gewesen mit dem »großen Sprung nach
vorn«. War unser kometenhafter Aufstieg zum *sapiens*-Status vor
einer halben Million Jahren der glänzende Höhepunkt der Geschichte unseres Planeten? Und brachen sich Künste und raffinierte Techniken nun endlich Bahn auf einem bis dahin öden
Planeten? Ganz und gar nicht. Das Erscheinen des *Homo sapiens* war
kein glanzvolles Ereignis. Höhlenmalereien, Häuser, Pfeil und Bogen lagen noch Hunderttausende von Jahren in der Zukunft. Die
verwendeten Steinwerkzeuge blieben von der gleichen groben
Machart, wie sie vom *Homo erectus* seit fast einer Million Jahre bekannt waren. Das zusätzliche Hirnvolumen jenes frühen *Homo*

sapiens hatte keinen drastischen Einfluß auf seine Lebensweise. Die gesamte Zeitspanne, in der sich *Homo erectus* und früher *Homo sapiens* außerhalb Afrikas ausbreiteten, war eine Zeit unendlich langsamen kulturellen Wandels. Der einzige wichtige Fortschritt war vermutlich die Beherrschung des Feuers, wofür Höhlen des Peking-Menschen eines der frühesten Indizien in Form von Asche, Holzkohle und verbrannten Knochen liefern. Und selbst dieser Fortschritt – falls die Höhlenfeuer tatsächlich vom Menschen entfacht waren und nicht von der Natur – wäre dem *Homo erectus* zuzuschreiben, nicht dem *Homo sapiens*.

Somit veranschaulicht das Auftauchen des *Homo sapiens* das in Kapitel 1 erörterte Paradoxon: daß unser Aufstieg aus dem Tierreich nicht direkt proportional zu Veränderungen in unserem Erbmaterial verlief. Der frühe *Homo sapiens* hatte weitaus größere anatomische als kulturelle Fortschritte auf dem Weg vom Schimpansen- zum Menschentum gemacht. Es mußte noch Entscheidendes hinzukommen, bis der dritte Schimpanse daran denken konnte, die Sixtinische Kapelle zu bemalen.

Wie und wovon lebten unsere Vorfahren während der eineinhalb Millionen Jahre, in denen *Homo erectus* und *Homo sapiens* auf den Plan traten?

Die einzigen erhaltenen Werkzeuge aus dieser Periode sind Steinwerkzeuge, die bestenfalls als sehr klobig zu beschreiben sind, vergleicht man sie mit den schönen polierten Steinwerkzeugen, die bis vor kurzem von Polynesiern, Indianern und anderen modernen Steinzeitvölkern hergestellt wurden. Die frühen Steinwerkzeuge sind von unterschiedlicher Größe und Form, nach denen die Archäologen ihnen verschiedene Bezeichnungen wie »Handaxt«, »Hackmesser« und »Hackbeil« gegeben haben. Diese Namen täuschen darüber hinweg, daß keines der frühen Werkzeuge eine genügend gleichmäßige oder charakteristische Form besaß, um auf eine spezielle Funktion hinzudeuten, wie es viel später bei den Nadeln und Speerspitzen der Cro-Magnons der Fall war. Gebrauchsspuren an den Werkzeugen erlauben den Schluß, daß sie abwechselnd zum Schneiden von Fleisch, Knochen, Häuten, Holz und Pflanzenteilen verwendet wurden. Doch anscheinend dienten für

die gleichen Zwecke Werkzeuge der unterschiedlichsten Form und
Größe, so daß die Bezeichnungen der Archäologen wenig mehr als
pragmatische Einteilungen eines Kontinuums von Steinformen
darstellen.

Viele Fortschritte, die durch Funde aus der Zeit nach dem »großen Sprung« belegt sind, waren dem *Homo erectus* und dem frühen
Homo sapiens unbekannt. Es gab keine Knochenwerkzeuge, keine
Taue zum Knüpfen von Netzen und keine Angelhaken. Sämtliche
frühen Steinwerkzeuge wurden vermutlich unmittelbar in der
Hand gehalten; es gibt kein Indiz dafür, daß sie, um Hebelwirkung
zu erzielen, an Griffe aus anderem Material montiert wurden, so
wie wir heute stählerne Axtblätter mit Holzstielen versehen.

Welche Nahrung sicherten sich die Frühmenschen mit diesen
groben Werkzeugen, und wie taten sie das? An dieser Stelle folgt in
anthropologischen Lehrbüchern meist ein langes Kapitel, das etwa
überschrieben ist mit »Der Mensch als Jäger«. Wichtig ist hierbei,
daß Paviane, Schimpansen und eine Reihe weiterer Primaten gelegentlich kleinere Wirbeltiere jagen, heute noch lebende Steinzeitmenschen (wie die Buschmänner) jedoch oft auf Großwildjagd
gehen. Es gibt jede Menge archäologische Indizien dafür, daß die
Cro-Magnons das gleiche taten. Auch unsere frühen Vorfahren
aßen zweifellos Fleisch, was sich an Spuren ihrer Steinwerkzeuge
an Tierknochen und den Gebrauchsspuren zeigt, die das Fleisch-
schneiden an den Werkzeugen hinterließ. Die Frage lautet aber:
Wie *oft* gingen die Frühmenschen auf Großwildjagd? Verbesserte
sich ihr Jagdgeschick während der vergangenen Million bis einer
halben Million Jahre Schritt um Schritt, oder begann die Jagd erst
nach dem »großen Sprung«, einen wichtigen Beitrag zur Ernährung zu leisten?

Auf diese Frage antworten Anthropologen regelmäßig, wir seien
schon lange erfolgreiche Großwildjäger gewesen. Die vermeintlichen Beweise stammen hauptsächlich von drei archäologischen
Stätten, an denen vor rund 500 000 Jahren Menschen lebten: aus
einer Höhle in Choukoutien bei Peking mit Skeletten und Werkzeugen des *Homo erectus* (»Peking-Mensch«) sowie Knochen zahlreicher
Tiere und von zwei Fundstätten unter freiem Himmel bei Torralba

und Ambrona in Spanien mit Steinwerkzeugen und Knochen von
Elefanten und anderen Großtieren. Gewöhnlich wird angenommen, die Menschen, von denen die Werkzeuge stammten, hätten
die Tiere erlegt, sie zum Fundort gebracht und dort verspeist. An
allen drei Orten wurden jedoch auch Knochen und Kotreste von
Hyänen gefunden, die ebensogut die Jäger gewesen sein könnten.
Besonders die Knochen an den Fundorten in Spanien sehen aus, als
stammten sie von einer Sammlung aufgelesener, ausgewaschener
und zertrampelter Kadaver, wie man sie heute rund um afrikanische Wasserlöcher finden kann, und nicht von einem Lager
menschlicher Jäger.

Somit wissen wir nur, daß die Frühmenschen zwar auch Fleisch
aßen, aber nicht, wieviel, und ob sie Jäger oder Aassammler waren.
Erst für einen viel späteren Zeitraum, vor etwa 100 000 Jahren, gibt
es gute Belege für das menschliche Jagdgeschick, und auch damals
waren die Ergebnisse der Großwildjagd noch keineswegs imposant.
Dies muß um so mehr für die Zeit vor 500 000 Jahren und davor
gelten.

Die geheimnisvolle Aura, die den Menschen als Jäger umgibt,
hat so tiefe Wurzeln, daß wir uns von dem Glauben an seine uralte
Bedeutung nur schwer trennen können. Heute wird das Erlegen
eines Großwilds als höchster Ausdruck der Männlichkeit gewertet.
Gefangen in dieser Vorstellungswelt, betonen auch männliche Anthropologen gern die Schlüsselrolle der Großwildjagd für die Evolution des Menschen. Angeblich war es die Großwildjagd, die
männliche Urmenschen dazu veranlaßte, miteinander zu kooperieren, die Sprache und große Gehirne zu entwickeln, sich in Horden
zusammenzuschließen und Nahrung miteinander zu teilen. Selbst
die Frauen seien durch die Großwildjagd der Männer geprägt worden: Sie unterdrückten die äußeren Zeichen des bei Schimpansen
so auffälligen monatlichen Eisprungs, um die Männer nicht in sexuelle Erregung zu versetzen und zu Rivalenkämpfen zu verleiten,
was die gemeinsame Jagd hätte stören können.

Als Beispiel für die verklärende Sichtweise in manchen Schriften
möchte ich eine Passage über die menschliche Evolution aus dem
Buch *African Genesis* von Robert Ardrey zitieren: »In einer kleinen
Schar erbärmlicher Wesen, denen es noch nicht gebührt, Menschen

genannt zu werden, trifft, irgendwo in einer verlorenen Hochebene, ein Strahlenpartikel unbekannter Herkunft auf ein Gen und verändert dieses. Das neue, folgenschwere Gen markiert die Geburtsstunde des fleischfressenden Primaten. Ob zum Guten oder Bösen, ob Tragödie oder Triumph, ob Ruhm oder Verdammnis – Intelligenz und Tötungsinstinkt schließen einen Bund, und Kain betritt die Bühne der Savanne, mit seinen Stöcken und Steinen und flinken Füßen.« Welch blühende Fantasie!

Doch männliche Autoren und Anthropologen sind nicht die einzigen mit einer übertriebenen Einstellung zur Jagd. In Neuguinea wohnte ich bei echten Jägern – Menschen, die noch vor kurzem in der Steinzeit gelebt hatten. An ihren Lagerfeuern kreisen die Gespräche stundenlang um jede einzelne Wildart, ihre Gewohnheiten, und wie man sie am besten jagt. Lauscht man meinen Freunden in Neuguinea, so muß man glauben, sie würden jeden Abend frisches Känguruhfleisch essen und kaum einer anderen Beschäftigung als der Jagd nachgehen. Zur Antwort gedrängt, gaben die meisten jedoch zu, daß sie im ganzen Leben erst ein paar Känguruhs zur Strecke gebracht hatten.

Ich erinnere mich noch genau an meinen ersten Morgen im Hochland von Neuguinea, als ich mit einem Dutzend mit Pfeil und Bogen bewaffneten Männern in den Busch zog. Als wir an einem umgestürzten Baum vorbeikamen, ertönten plötzlich aufgeregte Schreie, der Baum wurde umringt, und einige Männer spannten den Bogen, andere drangen in das Gestrüpp vor. Davon überzeugt, mir würde im nächsten Moment ein aufgebrachtes Wildschwein oder Känguruh entgegenstürmen, hielt ich nach einem Baum Ausschau, auf den ich mich notfalls retten könnte. Dann vernahm ich jedoch Triumphgeschrei und sah, wie aus dem Dickicht zwei der erfolgreichen Jäger mit ihrer stolz emporgehaltenen Beute hervorkamen: zwei Jungvögel, noch nicht ganz flügge, die je höchstens zehn Gramm wogen und prompt gerupft, geröstet und verspeist wurden. Der übrige Tagesfang bestand aus ein paar Fröschen und vielen Pilzen.

Untersuchungen an heutigen Jäger- und Sammlervölkern, die im Besitz weitaus effektiverer Waffen sind als der frühe *Homo sapiens*, zeigen, daß der größte Teil der Kalorienaufnahme einer

Familie auf die von Frauen gesammelte Pflanzenkost entfällt. Die
Männer erlegen Hasen und anderes Kleinwild, worüber an den
Lagerfeuern jedoch kaum ein Wort verloren wird. Von Zeit zu Zeit
gelingt die Erbeutung eines größeren Tieres, das dann einen wichtigen Beitrag zur Proteinversorgung leistet. Doch nur in der Arktis,
wo der Pflanzenwuchs spärlich ist, spielt die Großwildjagd für die
Ernährung die Hauptrolle. Und dorthin drang der Mensch erst
innerhalb der letzten Jahrzehntausende vor.

Ich vermute deshalb, daß die Großwildjagd nur einen bescheidenen Beitrag zur Nahrungsversorgung leistete, bevor unsere Anatomie und unsere Verhaltensweisen einen modernen Stand erreicht
hatten. Ich teile auch nicht die verbreitete Ansicht, daß die Jagd die
Triebkraft hinter der Entwicklung des menschlichen Gehirns und
der menschlichen Gesellschaft gewesen sei. Während der meisten
Zeit unserer Geschichte waren wir keine kühnen Jäger, sondern
geschickte Schimpansen, die sich mit Hilfe von Steinwerkzeugen
pflanzliche Nahrung beschafften und Kleinwild erbeuteten und zubereiteten. Gelegentlich wurde auch ein Stück Großwild erlegt,
worüber aber gerade deshalb so viel berichtet wurde, weil es so
selten vorkam.

In dem Zeitraum unmittelbar vor dem »großen Sprung« lebten
mindestens drei unterschiedliche Populationen von Menschen in
verschiedenen Teilen der Alten Welt. Es waren die letzten wirklich
primitiven Menschen, die wenig später von bereits hochmodernen
Menschen verdrängt wurden. Betrachten wir von ihnen diejenigen,
deren Anatomie am besten bekannt ist und deren Name zum Synonym für Roheit und Primitivität wurde: die Neandertaler.

Wo und wann haben sie gelebt? Ihr Ausbreitungsgebiet reichte
von Westeuropa über Südrußland und den Nahen Osten bis nach
Usbekistan in Zentralasien nahe der Grenze zu Afghanistan. (Ihren Namen haben die Neandertaler von dem Tal bei Düsseldorf, wo
eines der ersten Skelette gefunden wurde.) Der zeitliche Ursprung
der Neandertaler ist Definitionssache, da einige ältere Schädel bereits Merkmale des späteren voll entwickelten Neandertalers aufweisen. Die frühesten »ausgereiften« Exemplare stammen aus der
Zeit vor rund 130 000 Jahren, die Mehrzahl der Funde von vor

74 000 Jahren. Während die Anfänge also verschwommen sind, kam das Ende abrupt: Die letzten Neandertaler starben vor knapp 40 000 Jahren.

Während der Blütezeit der Neandertaler standen Europa und Asien unter dem Einfluß der letzten Eiszeit. Somit müssen sie an die Kälte angepaßt gewesen sein – aber nur in Grenzen. Sie kamen nicht weiter nach Norden als bis nach England, Norddeutschland, Kiew und zum Kaspischen Meer. Das Vordringen nach Sibirien und in die Arktis blieb späteren, modernen Menschen vorbehalten.

Die Neandertaler waren von so charakteristischer Gestalt, daß wir alle uns schockiert umblicken würden, wenn einer von ihnen heute, in einen flotten Anzug oder ein modisches Kostüm gekleidet, durch die Straßen von Berlin oder Frankfurt schlendern würde. Stellen Sie sich vor, Sie nähmen ein modernes Gesicht aus weichem Ton, zögen die Partie vom Nasenbein bis zum Kiefer ein Stück heraus und ließen es wieder hart werden. Das gäbe Ihnen eine ungefähre Vorstellung vom Aussehen der Neandertaler. Ihre Augenbrauen saßen auf starken knochigen Wülsten, unter denen die Augen in tiefen Höhlen lagen. Nase, Kiefer und Zähne traten stark hervor. Sie hatten eine fliehende Stirn und ein nur schwach ausgebildetes Kinn. Trotz dieser verblüffend primitiven Gesichtszüge war ihr Gehirn fast zehn Prozent *größer* als unseres!

Ein Zahnarzt wäre bei einer Gebißuntersuchung ebenfalls reif für einen Schock. Die Schneidezähne von erwachsenen Neandertalern waren außen in einer Weise abgenutzt, wie man es bei modernen Menschen nicht antrifft. Offenbar lag das an ihrer Verwendung als Werkzeuge, aber wozu genau? Vielleicht benutzten sie ihre Zähne regelmäßig zum Festhalten von Gegenständen – so wie meine Söhne es als Babys mit der Milchflasche taten, um die Hände frei zu haben. Oder vielleicht bearbeiteten sie mit ihren Zähnen auch Häute, um daraus Leder zu machen, oder Holz, um Werkzeuge herzustellen.

Würde ein Neandertaler im Anzug oder Kleid viel Aufmerksamkeit erregen, so wäre er in Shorts oder Bikini furchterregend. Seine Muskeln, besonders die Schulter- und Nackenmuskulatur, übertrafen die aller heutigen Menschen, vielleicht mit Ausnahme beson-

ders leidenschaftlicher Bodybuilder. Die Knochen seiner Gliedmaßen waren entsprechend dicker als unsere, um der Kraft dieser
großen Muskeln standhalten zu können. Seine Arme und Beine
wären uns untersetzt erschienen, da Unterschenkel und Unterarm
kürzer waren als bei uns. Selbst seine Hände waren viel kräftiger, so
daß das Händeschütteln mit einem Neandertaler uns leicht einen
Knochenbruch eintragen würde. Während seine Durchschnittsgröße nur etwa 1,63 Meter betrug, dürfte er mindestens zehn
Kilogramm mehr gewogen haben als wir, und diese Differenz beruhte zum größten Teil auf seiner Muskelfülle.

Es gibt möglicherweise einen weiteren interessanten anatomischen Unterschied, wenngleich er nicht erwiesen und seine Interpretation ungewiß ist. Der Geburtskanal der Neandertalerinnen
könnte breiter gewesen sein als bei heutigen Frauen, so daß die
Babys vor der Geburt länger im Mutterleib hätten heranwachsen
und somit größer werden können. In diesem Fall hätte die Schwangerschaft statt neun Monaten vielleicht ein Jahr gedauert.

Neben Skelettfunden sind Steinwerkzeuge eine weitere wichtige
Quelle, der wir Aufschluß über die Neandertaler verdanken. Was
ich über die Werkzeuge früherer Menschen sagte, galt auch für die
Werkzeuge der Neandertaler: Es handelte sich wohl nur um Steine
von nützlicher Form, die nicht einmal an Griffen befestigt waren
und sich nicht in Typen mit bestimmten Funktionen einteilen lassen. Es gab auch keine eindeutigen Knochenwerkzeuge, und Pfeil
und Bogen waren unbekannt. Manche der Steinwerkzeuge dienten
sicher zur Herstellung von Holzwerkzeugen, die aber als Funde
sehr rar sind. Zu den Ausnahmen zählt ein hölzerner Wurfspeer
von 2,40 Meter Länge, der in den Rippen einer lange ausgestorbenen Elefantenart an einer Ausgrabungsstelle in Deutschland gefunden wurde. Trotz dieses (zufälligen?) Erfolges waren die Neandertaler vermutlich keine besonders guten Großwildjäger, da ihre Zahl
(nach den Siedlungen zu urteilen) viel geringer war als die der
späteren Cro-Magnons und da selbst die anatomisch moderneren
Menschen, die zur gleichen Zeit in Afrika lebten, als Jäger keine
gute Figur abgaben.

Wenn Sie in Ihrem Bekanntenkreis einmal nach der ersten Assoziation beim Wort »Neandertaler« fragen, werden Sie wahrschein-

lich »Höhlenmensch« zu hören bekommen. Während die meisten Neandertaler-Relikte tatsächlich in Höhlen ausgegraben wurden, liegt hier sicher ein Trugschluß vor, da die meisten Stätten im Freien einfach stärker der Erosion preisgegeben waren. Von den Hunderten von Plätzen, an denen ich in Neuguinea mein Lager aufschlug, war nur einer in einer Höhle, und wahrscheinlich wird es dort sein, wo zukünftige Archäologen meinen Haufen weggeworfener Blechdosen intakt entdecken werden. Sie werden dann womöglich auch folgern, ich sei ein Höhlenmensch gewesen. Irgendeine Art von primitivem Schutz gegen das kalte Klima ihrer Zeit müssen sich die Neandertaler gebaut haben. Alles, was davon übriggeblieben ist, sind jedoch ein paar Steinhaufen – nichts im Vergleich zu den kunstvollen Behausungen, wie sie die Cro-Magnons später errichten sollten.

Bei den Neandertalern vermissen wir auch vieles andere, das für den heutigen Menschen typisch ist. So hinterließen sie keine eindeutigen Kunstgegenstände. Zwar müssen sie in ihrer kalten Umgebung Kleidung getragen haben, aber wohl sehr primitive, da sie keine Nadeln oder sonstiges Nähwerkzeug kannten. Offenbar besaßen sie auch keine Boote, denn auf keiner der Mittelmeerinseln wurden Funde gemacht, und auch nicht im nur 13 Kilometer von Gibraltar entfernten Nordafrika (Spanien war von Neandertalern bewohnt). Es gab auch keinen Fernhandel: Die Werkzeuge der Neandertaler wurden fast ausnahmslos aus Steinen gefertigt, die im Umkreis weniger Kilometer um die Lager zu finden waren.

Heute betrachten wir kulturelle Unterschiede zwischen den Bewohnern verschiedener Regionen als selbstverständlich. Jede menschliche Population der Gegenwart hat typische Häuser, Werkzeuge und Kunstgegenstände. Hielte man Ihnen ein paar Stäbchen, eine Flasche Guinness-Bier und ein Blasrohr vor Augen und würde Sie bitten, diese Gegenstände China, Irland und Borneo zuzuordnen, so hätten Sie sicher keine Probleme, die richtige Lösung zu finden. Für die Neandertaler hingegen liegen keine Hinweise auf das Vorhandensein solcher kulturellen Unterschiede vor; ihre Werkzeuge glichen sich weitgehend, ob in Frankreich oder Rußland.

Auch kultureller Fortschritt erscheint uns heute als Selbstverständlichkeit. Die Gegenstände, die man in einer römischen Villa, einem mittelalterlichen Schloß und einem Münchner Appartement des Jahres 1990 antrifft, unterscheiden sich erheblich. Im Jahr 2000 werden meine Söhne mit großen Augen auf den Rechenschieber blicken, den ich in den fünfziger Jahren noch benutzte, und fragen: »Papi, bist du *wirklich* schon so alt?« Doch die Werkzeuge der Neandertaler zwischen der Zeit vor 100 000 und 40 000 Jahren sahen im wesentlichen gleich aus. Kurzum, ihre Werkzeuge unterschieden sich weder im Zeitablauf noch nach der geographischen Herkunft und ließen somit das typischste aller menschlichen Wesenszüge vermissen: *Innovation.* Mit den Worten eines Archäologen hatten die Neandertaler »schöne, aber stupide hergestellte Werkzeuge«. Trotz der größeren Gehirne fehlte noch etwas Entscheidendes.

Es dürften auch nur wenige Neandertaler Großeltern geworden sein. Die Skelettfunde machen deutlich, daß wohl keiner älter als 45 Jahre wurde und viele zwischen 30 und 40 starben. Man stelle sich nur vor, wie es um die Fähigkeit unserer Gesellschaft, Wissen anzusammeln und weiterzugeben, bestellt wäre, wenn wir nicht schreiben könnten *und* keiner älter als 45 Jahre würde!

All diese Punkte, bei denen die Neandertaler als rückständig erscheinen, mußten erwähnt werden, ich möchte aber auch auf drei besonders »menschliche« Aspekte hinweisen. Erstens gab es in praktisch allen gut erhaltenen Neandertaler-Höhlen kleine Stellen mit Asche und Holzkohle, die auf einfache Feuerstellen hindeuten. Obgleich es sein kann, daß der Peking-Mensch bereits mehrere hunderttausend Jahre früher das Feuer benutzte, waren die Neandertaler doch die ersten, die eindeutige Beweise für seinen regelmäßigen Gebrauch hinterließen. Sie waren vielleicht auch die ersten, die ihre Toten stets begruben; doch dies ist umstritten, und ob es auf eine Religion schließen läßt, ist reine Spekulation. Schließlich kümmerten sie sich gewohnheitsmäßig um ihre Kranken und Alten. Die meisten erhaltenen Skelette älterer Neandertaler tragen Zeichen schwerer Beeinträchtigung, zum Beispiel durch (zwar geheilte) Knochenbrüche, ausgefallene Zähne und schwere Gelenkentzündungen. Nur die Fürsorge der Jüngeren kann es solchen

Alten ermöglicht haben, trotz der Behinderung ein höheres Alter zu erreichen. Nach der langen Aufzählung all dessen, was den Neandertalern fehlt, haben wir hier endlich etwas gefunden, das uns einen Funken geistiger Verwandtschaft mit diesen fremden Geschöpfen der letzten Eiszeit – die von fast menschlicher Gestalt, doch noch nicht von wirklich menschlichem Geist waren – empfinden läßt.

Gehörten die Neandertaler nun der gleichen Spezies an wie wir? Ob diese Frage zu bejahen oder zu verneinen ist, hängt davon ab, ob wir ein gemeinsames Kind mit einem Neandertaler bzw. einer Neandertalerin hätten haben können. In Science-fiction-Romanen werden solche Situationen gerne ausgemalt. Der Umschlagtext entsprechender Bücher liest sich etwa so: »Eine Gruppe von Forschern trifft auf einer Expedition ins schwärzeste Afrika auf eine steile Schlucht. Dort begegnen sie einem Stamm unvorstellbar primitiver Menschen, die noch auf eine Weise leben, wie sie unsere steinzeitlichen Vorfahren schon vor Jahrtausenden aufgaben. Handelt es sich um Angehörige der gleichen Spezies wie unserer? Es gibt nur eine Möglichkeit, dies festzustellen, aber welcher der kühnen Forscher (ausnahmslos Männer, versteht sich) wird es wagen, die Probe zu machen?« An dieser Stelle wird in der Regel eine der an Knochen nagenden Höhlenfrauen plötzlich als schönes Geschöpf mit primitiv-erotischer Ausstrahlung geschildert, so daß der Leser das Dilemma des Forschers durchaus nachvollziehen kann: Soll er mit ihr schlafen oder nicht?

Ob Sie es glauben oder nicht, ein Experiment dieser Art hat wirklich stattgefunden. Wie wir gleich sehen werden, geschah es vor etwa 40 000 Jahren, zur Zeit des »großen Sprungs«. Und zwar mehr als einmal.

Daß die in Europa und Westasien lebenden Neandertaler nur eine von mindestens drei menschlichen Populationen waren, die vor rund 100 000 Jahren verschiedene Teile der Alten Welt bevölkerten, habe ich bereits erwähnt. Fossilienfunde aus Ostasien zeigen deutlich, daß sich die dortigen Menschen sowohl vom Neandertaler als auch vom heutigen Menschen unterschieden, jedoch ist die Zahl der Funde für detailliertere Beschreibungen zu gering. Die am

besten erforschten Zeitgenossen der Neandertaler, von denen einige
schon praktisch eine moderne Schädelanatomie aufwiesen, lebten
in Afrika. Bedeutet das nun, daß wir dort vor 100 000 Jahren endlich den Wendepunkt der kulturellen Entwicklung erreicht
hatten?

Überraschenderweise lautet die Antwort immer noch »Gar
nicht«. Die Steinwerkzeuge dieser Afrikaner mit modernem Aussehen hatte eine starke Ähnlichkeit mit denen der eindeutig unmo-
dern wirkenden Neandertaler, weshalb wir sie als »Afrikaner der
Mittleren Steinzeit« bezeichnen. Sie verfügten immer noch nicht
über einheitliche Knochenwerkzeuge, Pfeil und Bogen, Netze und
Angelhaken. Auch Kunst war ihnen fremd, und es gab keine geo-
graphisch-kulturellen Unterschiede zwischen ihren Werkzeugen.
Trotz des weitgehend modernen Körperbaus fehlte diesen Afrikanern noch etwas, das sie uns wirklich menschlich erscheinen lassen
würde. Wieder stehen wir vor dem Rätsel, daß Skelette und Gene
allein nicht genügen, um modernes Verhalten hervorzubringen.

Mehreren vor rund 100 000 Jahren bewohnten Höhlen in Südafrika verdanken wir erstmals in der Evolution des Menschen
genaue Informationen darüber, wovon sich unsere Vorfahren er-
nährten. Die genannten Höhlen sind gefüllt mit Steinwerkzeugen,
Tierknochen mit Spuren von Steinwerkzeugen und menschlichen
Skeletten; sie enthalten jedoch nur wenige oder gar keine Knochen
von Fleischfressern wie Hyänen. Daraus ergibt sich, daß es Menschen gewesen sein müssen und keine Hyänen, welche die Knochen
dorthin schafften. Viele der Knochen stammen von Robben und
Pinguinen, außerdem wurden in den Höhlen Schaltiergehäuse
(z. B. von Napfschnecken) gefunden. Die Afrikaner der Mittleren
Steinzeit waren somit die ersten Menschen, die vermutlich auch am
Meerufer erfolgreich nach Nahrung suchten. Die Höhlen beherbergen jedoch sehr wenige Überreste von Fischen oder Seevögeln (mit
Ausnahme der Pinguine), was sicher daran lag, daß diese Menschen immer noch nicht über Angelhaken und Netze zum Fangen
von Fischen und Vögeln verfügten.

Unter den in den Höhlen gefundenen Säugetierknochen ist eine
recht große Anzahl mittelgroßer Arten vertreten, von denen die

Elenantilope am weitaus häufigsten vorkommt. Die Elenknochen stammen von Tieren jeder Altersstufe, so als ob die damaligen Höhlenbewohner eine ganze Herde gefangen und getötet hätten. Zunächst war man erstaunt über die große Häufigkeit der Elenantilope unter den Beutetieren, da die Umgebung der Höhlen sich vor 100 000 Jahren nicht wesentlich von heute unterschied und die Elenantilope inzwischen unter den größeren Tieren der Region zu den seltensten zählt. Das Erfolgsgeheimnis der Jäger war vermutlich darin begründet, daß die Elenantilope relativ zahm und harmlos ist und sich in Herden leicht treiben läßt. Demnach wäre es den Jägern zuweilen gelungen, eine ganze Herde in einen Abgrund zu treiben, was erklärt, warum die Knochenfunde in den Höhlen der Altersverteilung einer lebenden Herde entsprechen. Bei gefährlicheren Tieren wie Kaffernbüffeln, Wildschweinen, Elefanten und Nashörnern ergibt sich hingegen ein ganz anderes Bild. In den Höhlen gefundene Büffelknochen stammen vor allem von sehr jungen oder alten Tieren, während Wildschweine, Elefanten und Nashörner fast überhaupt nicht vertreten sind.

Die Afrikaner der Mittleren Steinzeit können somit zwar als Großwildjäger bezeichnet werden, aber nicht gerade als bedeutende. Gefährliche Tierarten mieden sie entweder ganz, oder sie beschränkten sich auf schwache alte oder sehr junge Tiere. Darin zeigte sich durchaus die Klugheit der Jäger, denn ihre Hauptwaffe war noch der Wurfspeer, nicht Pfeil und Bogen. Und ich kann mir kaum eine wirksamere Selbstmordmethode vorstellen, als ein Nashorn oder einen Kaffernbüffel mit einem Speer zu verletzen. Es kann den Jägern auch nicht allzuoft gelungen sein, eine Elenherde in einen Abgrund zu treiben, da diese Antilopenart nicht ausgerottet wurde, sondern weiter neben den Jägern herlebte. Ich nehme an, daß die Nahrung dieser nicht gar so erfolgreichen Jäger der Mittleren Steinzeit in der Hauptsache aus Pflanzen und Kleinwild bestand, wie bei den früheren Menschen und den steinzeitlichen Jägern unserer Tage. Ganz bestimmt waren sie bessere Jäger als Schimpansen, aber mit Buschmännern oder Pygmäen hätten sie sich keinesfalls messen können.

Vor 100 000 bis etwa 60 000 Jahren ergab sich also etwa folgendes Bild: Nach Nordeuropa, Sibirien, Australien, zu den Inseln Ozeaniens und in die Neue Welt waren noch keine Menschen vorgedrungen. In Europa und Westasien lebten die Neandertaler, in Afrika Menschen, die dem heutigen Menschen anatomisch immer stärker ähnelten, und in Ostasien Menschen, die weder den Neandertalern noch den Afrikanern glichen, aber nur von wenigen Skelettfunden her bekannt sind. Alle drei dieser Populationen waren zumindest anfänglich noch primitiv im Hinblick auf ihre Werkzeuge, ihr Verhalten und ihre begrenzte Innovationsfähigkeit. Die Voraussetzungen für den »großen Sprung« waren nun vorhanden. Welche der drei Populationen würde ihn tun?

Die deutlichsten Zeichen für einen abrupten Aufstieg stammen aus Frankreich und Spanien, und zwar aus der Spätphase des Eiszeitalters vor rund 40 000 Jahren. Wo zuvor Neandertaler lebten, traten nun Menschen mit völlig moderner Anatomie auf. (Nach der Fundstätte in Frankreich, wo ihre Skelette erstmals identifiziert wurden, bezeichnet man sie auch als Cro-Magnons.) Würde eines dieser Geschöpfe in moderner Kleidung über den Berliner Kurfürstendamm bummeln, so fiele es unter den übrigen Bewohnern der Stadt in keiner Weise auf. Ebenso faszinierend wie die Skelette der Cro-Magnons sind für Archäologen ihre Werkzeuge, die in Form und Funktion eine wesentlich größere Vielfalt aufwiesen als irgendwelche zuvor. Aus ihnen läßt sich schließen, daß sich zur modernen Anatomie jetzt auch modernes, innovatives Verhalten gesellt hatte.

Viele der Werkzeuge waren immer noch aus Stein, doch wurden sie nun aus dünnen, scharfkantigen Stücken angefertigt, die von größeren Steinen abgeschlagen wurden. Zum erstenmal gab es einheitliche Werkzeuge aus Knochen und Geweih. Das gilt auch für mehrteilige Werkzeuge, deren einzelne Elemente zusammengebunden oder verleimt wurden, zum Beispiel Speerspitzen auf einem Schaft oder Axtklingen an einem Holzstiel. Die Werkzeuge fallen in zahlreiche Kategorien mit oft klar erkennbaren Funktionen, wie Nadeln, Ahlen, Mörser und Stößel, Angelhaken, Netzsenkgewichte und Seile. Die für Netze oder Schlingen verwendeten Seile erklären die an Cro-Magnon-Fundstätten oft vorhandenen Knochen von Füchsen, Wieseln und Hasen, während die Seile, Angelhaken und

Netzsinkgewichte eine Erklärung für Fischgräten und Knochen von Flugvögeln an Fundstätten in Südafrika liefern.

Raffinierte Waffen zum Töten gefährlicher Großtiere aus sicherer Entfernung tauchten nun ebenfalls auf – zum Beispiel Harpunen mit Widerhaken, Wurfspieße, Speerschleudern und Pfeil und Bogen. Die südafrikanischen Höhlen mit Funden aus jener Zeit beherbergen Knochen solch gefährlicher Beutetiere wie ausgewachsener Kaffernbüffel und Wildschweine, während europäische Höhlen voller Knochen von Bisons, Elchen, Rentieren, Pferden und Steinböcken waren. Selbst für heutige Jäger, bewaffnet mit modernen Gewehren mit Zielfernrohr und großer Feuerkraft, ist es keine leichte Sache, Tiere wie diese zur Strecke zu bringen, so daß die Cro-Magnon-Menschen sehr genaue Kenntnisse über das Verhalten jeder Art sowie hochentwickelte gemeinschaftliche Jagdmethoden besessen haben müssen.

Verschiedene Fakten sprechen für die Errungenschaften der Menschen des späten Eiszeitalters als Großwildjäger. Ihre Siedlungen waren viel zahlreicher als die der frühen Neandertaler oder der Afrikaner der Mittleren Steinzeit, was als Zeichen für größeren Erfolg bei der Nahrungssuche zu werten ist. Viele Großtierarten, die frühere Eiszeiten überlebt hatten, starben gegen Ende der letzten Eiszeit aus, was vermuten läßt, daß menschliche Jäger mit ihrer neuen Geschicklichkeit die Todesbringer waren. Hierzu zählen die nordamerikanischen Mammute (Kapitel 18), in Europa das Wollnashorn und der Riesenhirsch, in Südafrika der Riesenbüffel und das Riesenpferd und in Australien die Riesenkänguruhs (Kapitel 19). Der glanzvollste Moment unseres Aufstiegs enthielt also schon die Saat dessen, was sich als ein Grund für unseren Niedergang erweisen könnte.

Verbesserte Techniken erlaubten es den Menschen nun, Regionen mit neuartigen Umweltbedingungen in Besitz zu nehmen und sich in den bereits bevölkerten Teilen Eurasiens und Afrikas verstärkt zu vermehren. Nach Australien gelangten die ersten Menschen vor rund 50000 Jahren; ihre Boote mußten also in der Lage sein, die etwa 100 Kilometer zwischen Ostindonesien und Australien zu überwinden. Die Besiedlung Nordrußlands und Sibiriens vor mindestens 20000 Jahren war an eine Vielzahl von Fortschritten gebunden: genähte Kleidung, auf die Nadeln mit Ösen, Höhlenmalereien und Grabornamente von Hemden und Hosen hinweisen; warme Pelze, belegt durch Fuchs- und Wolfsskelette, an denen die Pfoten fehlten (sie wurden beim Abhäuten entfernt und lagen auf einem Extrahaufen); kunstvolle Behausungen mit Kaminen, Fußbodenbelag und Mauern aus Mammutknochen; und steinerne Funzeln mit Knochenöl als Lichtspender für die langen Polarnächte. Die Eroberung Sibiriens und Alaskas zog wiederum die Eroberung Nord- und Südamerikas vor rund 11 000 Jahren nach sich (Kapitel 18).

Während sich die Neandertaler die benötigten Rohmaterialien im Umkreis von ein paar Kilometern um ihr Lager beschafften, kannten die Cro-Magnons und ihre Zeitgenossen in ganz Europa bereits den Fernhandel. Dabei wurde nicht nur mit Rohmaterialien für Werkzeuge gehandelt, sondern auch mit solchen für »nutzlosen« Schmuck. Werkzeuge aus hochwertigem Stein, wie Obsidian, Jaspis und Feuerstein, wurden Hunderte von Kilometern von ihren Abbaustellen entfernt gefunden. Bernstein von der Ostsee gelangte bis nach Südosteuropa, während Muscheln vom Mittelmeer den Weg ins Innere Frankreichs, Spaniens und bis in die Ukraine fanden. Sehr ähnliche Verhältnisse traf ich bei den modernen Steinzeitmenschen in Neuguinea an, wo die gepriesenen Kaurimuscheln von Küstenbewohnern gegen die Federn von Paradiesvögeln aus dem Hochland eingetauscht wurden und wo auch ein reger Handel mit Obsidian für Steinäxte herrschte, das aus wenigen Abbaustellen kommt.

Der Sinn für Schönheit, der sich im Schmuckhandel des späten Eiszeitalters zeigte, bringt uns zu der Errungenschaft, für die wir den Cro-Magnons die meiste Bewunderung zollen: ihrer Kunst. Am bekanntesten sind natürlich Felsmalereien in Höhlen wie der von Lascaux, wo höchst imposante mehrfarbige Zeichnungen inzwischen ausgestorbener Tierarten entdeckt wurden. Nicht minder eindrucksvoll sind aber Flachreliefs, Halsketten und Anhänger, Keramiken aus gebranntem Ton, Venusstatuetten von Frauen mit riesigen Brüsten und Pobacken sowie Musikinstrumente, von Flöten bis Rasseln.

Anders als die Neandertaler, von denen wenige älter als 40 wur-

EROBERUNG DER WELT

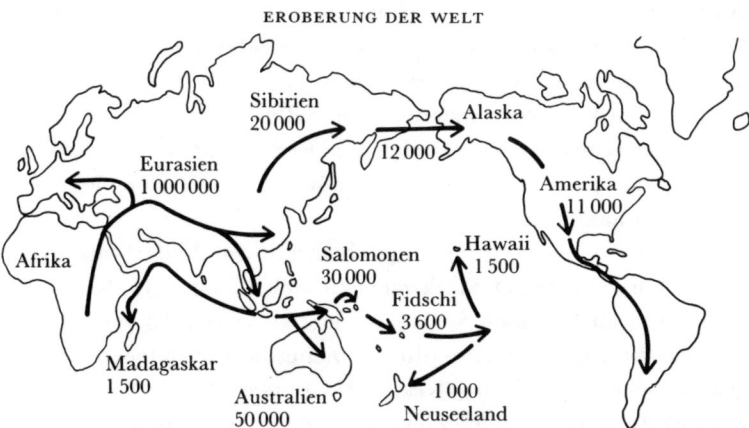

Abb.3: Die Karte veranschaulicht, in welchen Zeiträumen sich die Eroberung der Welt durch unsere Vorfahren von Afrika aus abspielte. Die Jahreszahlen geben an, wieviel Zeit seither etwa vergangen ist. Neue archäologische Fundstätten könnten aber durchaus ergeben, daß manche Regionen, wie zum Beispiel Sibirien oder die Salomonen, früher besiedelt wurden als hier dargestellt.

den, erreichten die Cro-Magnons durchaus ein Alter von 60 Jahren, wie Skelettfunde ergaben. Viele von ihnen konnten im Gegensatz zu den Neandertalern noch mit ihren Enkelkindern spielen. Für uns, die wir daran gewöhnt sind, uns aus Zeitungen oder Fernsehsendungen zu informieren, ist es schwer zu begreifen, wie wichtig ein oder zwei Alte in einer noch schriftlosen Gesellschaft sind. In den Dörfern Neuguineas führen mich junge Männer oft zum Dorfältesten, wenn sie mir eine Frage über eine seltene Vogelart oder Frucht nicht beantworten können. Als ich 1976 die Salomoninsel Rennell besuchte, gaben mir viele Inselbewohner Auskunft über die eßbaren Wildfrüchte ihrer Insel, doch nur ein alter Mann konnte mir sagen, welche man zur Not auch noch essen konnte, um nicht zu verhungern. Er wußte das noch aus der Zeit seiner Kindheit, als ein Zyklon etwa im Jahr 1905 über die Insel fegte und alle Gärten verwüstete, so daß den Menschen kaum mehr als das nackte Leben blieb. Für eine schriftlose Gesellschaft kann ein erfahrener Alter den Unterschied zwischen Tod und Überleben bedeuten. Deshalb dürfte die Tatsache, daß manche Cro-Magnons 20 Jahre älter wurden als die ältesten Neandertaler, eine wichtige Rolle bei ihrem Erfolg gespielt haben. Wie ich in Kapitel 7 zeigen werde, erforderte ein längeres Lebensalter nicht nur verbesserte Überlebenskünste, sondern auch eine Reihe biologischer Veränderungen, zu denen möglicherweise auch die Evolution des weiblichen Klimakteriums zählt.

Ich habe den »großen Sprung« bisher so geschildert, als ob die vielen Fortschritte im Werkzeuggebrauch und in der Kunst vor 40 000 Jahren auf einen Schlag aufgetreten wären. In Wirklichkeit wurden die Erfindungen natürlich nicht alle zur gleichen Zeit gemacht. Speerschleudern gab es vor Harpunen oder Pfeil und Bogen; Perlenketten und Anhänger sind älter als Höhlenmalereien. Ich habe auch bisher keine geographischen Unterschiede berücksichtigt. Von den Afrikanern, Ukrainern und Franzosen des späten Eiszeitalters stellten nur die Afrikaner Perlenketten aus Straußeneiern her, nur die Ukrainer bauten Häuser aus Mammutknochen, und nur die Franzosen malten Wollnashörner an Höhlenwände.

Diese zeitlichen und räumlichen Unterschiede stehen ganz im Gegensatz zur sich nie verändernden, monolithischen Kultur der Neandertaler. Sie stellen die bedeutendste Innovation im Zusammenhang mit unserem Aufstieg zum Menschentum dar: den Erwerb der Innovationsfähigkeit. Für uns ist heute eine Welt, in der ein Nigerianer im Jahre 1994 die gleichen Dinge besitzt wie ein Bewohner Lettlands und zugleich wie ein Römer im Jahre 50 v. Chr., gänzlich unvorstellbar, weil Innovation für uns etwas Alltägliches geworden ist. Für die Neandertaler war sie undenkbar.

Trotz spontaner Sympathie mit der Kunst der Cro-Magnon-Menschen fällt es uns jedoch wegen der Steinwerkzeuge und des Jäger- und Sammlerdaseins schwer, die Cro-Magnons nicht als primitiv anzusehen. Beim Gedanken an Steinwerkzeuge drängt sich die aus Comic-Heften vertraute Vorstellung keulenschwingender Höhlenmenschen auf, die unter Grunzlauten eine Frau in ihre Höhle zerren. Einen besseren Eindruck können wir uns aber machen, wenn wir überlegen, was künftige Archäologen wohl bei der Ausgrabung eines noch in den fünfziger Jahren bewohnten Dorfes in Neuguinea finden und was sie daraus folgern werden. Die Fundstücke dürften ein paar einfache Arten von Steinäxten sein. Praktisch alle anderen materiellen Besitztümer waren aus Holz, und von ihnen wäre deshalb nichts mehr übrig. Verschwunden wären die mehrstöckigen Häuser, die so schön gewebten Körbe, die Trommeln und Flöten, Auslegerboote und kunstvoll bemalten Skulpturen. Nichts würde auf die komplexe Sprache der Dorfbewohner, ihre Lieder, sozialen Beziehungen und ihre Kenntnisse über die Natur hindeuten.

Bis vor kurzem war die materielle Kultur der Bewohner Neuguineas aus geschichtlichen Gründen »primitiv« (d. h. steinzeitlich), doch die Menschen selbst sind voll modern. Söhne von Steinzeitvätern sind heute Flugkapitäne, arbeiten an Computern und verwalten einen modernen Staat. Könnten wir mit einer Zeitmaschine 40 000 Jahre in die Vergangenheit reisen, so würden wir Cro-Magnons als ebenso moderne Menschen erleben, die durchaus lernen könnten, Pilot eines Jets zu werden. Stein- und Knochenwerkzeuge fertigten sie aus dem einfachen Grund an, daß noch keine anderen Werkzeuge erfunden waren und sie den Umgang mit ihnen deshalb nicht erlernen konnten.

Früher dachte man, die Cro-Magnons seien in Europa aus den Neandertalern hervorgegangen. Inzwischen gilt dies als immer unwahrscheinlicher. Die letzten Neandertaler-Skelette aus der Zeit vor nicht ganz 40 000 Jahren trugen noch immer die vollständigen Merkmale dieses Menschentyps, während die ersten in Europa zur gleichen Zeit erscheinenden Cro-Magnons anatomisch bereits völlig modern waren. Da solche modernen Menschen in Afrika und im Nahen Osten bereits mehrere zehntausend Jahre früher vorkamen, erscheint es aus heutiger Sicht viel eher so, als sei Europa das Ziel einer Invasion von dort gewesen und nicht die Wiege des modernen Menschen.

Was mag wohl geschehen sein, als die Cro-Magnons bei ihrer Einwanderung auf die bereits ansässigen Neandertaler stießen? Gewißheit besitzen wir nur über das Endergebnis: Innerhalb kurzer Zeit gab es keine Neandertaler mehr. Für mich läßt dies nur den Schluß zu, daß die Ankunft des Cro-Magnons in einem ursächlichen Zusammenhang mit dem Aussterben des Neandertalers stand. Viele Archäologen schrecken vor diesem Schluß jedoch zurück und verweisen auf veränderte Umweltbedingungen. So heißt es in der 15. Ausgabe der *Encyclopedia Britannica*: »Das Verschwinden der Neandertaler läßt sich zwar noch nicht genau datieren, es hatte aber vermutlich seine Ursache darin, daß es sich um Geschöpfe der Zwischeneiszeit handelte, die den verheerenden Wirkungen einer weiteren Eiszeit nicht gewachsen waren.« Fest steht aber, daß die Neandertaler während der letzten Eiszeit ihre Blütezeit erlebten und plötzlich, 30 000 Jahre nach ihrem Beginn und ungefähr ebenso lange vor ihrem Ende, verschwanden.

Ich vermute, daß sich die Ereignisse in Europa zur Zeit des »großen Sprungs« nicht viel anders abspielten als in vielen anderen Teilen der Welt der Neuzeit, in denen ein zahlenmäßig überlegenes Volk mit fortgeschrittener Technologie in das Territorium eines zahlenmäßig und technologisch unterlegenen Volkes eindrang. Als die europäischen Siedler nach Nordamerika kamen, starben die meisten Indianer an eingeschleppten Krankheiten. Von den Überlebenden wurden die meisten entweder gleich getötet oder von ihrem Land verjagt; einige übernahmen europäische Technologien (Reitpferde und Gewehre) und leisteten noch eine Zeitlang Widerstand; von den übrigen wurden viele in Gebiete abgedrängt, an denen die Europäer kein Interesse hatten, oder sie gingen in Mischehen mit Europäern auf. Die Verdrängung der australischen Ureinwohner durch europäische Kolonisten und der südafrikanischen San-Populationen (Buschmänner) durch eisenzeitliche Bantusprecher verlief nach ähnlichem Muster.

Ganz analog dürften die Cro-Magnons mit Krankheiten, Mord und Vertreibung das Ende der Neandertaler herbeigeführt haben. Falls dies stimmt, war der Übergang vom Neandertaler zum Cro-Magnon nur ein Vorbote dessen, was noch geschehen sollte, wenn erst die Nachfahren der Sieger beginnen würden, gegeneinander zu kämpfen. Es mag zunächst paradox klingen, daß die viel muskulöseren Neandertaler den Cro-Magnons unterlegen gewesen sein sollen, aber den Ausschlag gab wohl die Bewaffnung und nicht die Körperkraft. Es sind ja heute auch nicht die Gorillas, die in Zentralafrika die Menschen auszurotten drohen. Wer große Muskelpakete hat, benötigt viel Nahrung und ist nicht im Vorteil, wenn schlanker gebaute, intelligentere Menschen mit Hilfe von Werkzeugen das gleiche ausrichten können.

Wie die Prärieindianer von den Weißen, mögen manche Neandertaler von den Cro-Magnons gelernt und ihnen eine Zeitlang widerstanden haben. Nur so kann ich mir jene rätselhafte, als Châtelperronien bezeichnete Kultur erklären, die in Westeuropa nach der Ankunft der Cro-Magnons eine kurze Zeit lang parallel zur sogenannten Aurignacien-Kultur, der eigentlichen Kultur der Cro-Magnons, existierte. Die gefundenen Steinwerkzeuge stellen eine Mischung typischer Neandertaler- und Cro-Magnon-Werkzeuge dar, doch es fehlen in der Regel die für letztere typischen Knochenwerkzeuge und Zeugnisse künstlerischen Schaffens. Die Urheber der châtelperronischen Kultur waren in Archäologenkreisen lange umstritten, bis sich ein bei Saint-Césaire zusammen mit châtelperronischen Gebrauchsgegenständen ausgegrabenes Skelett als das eines Neandertalers erwies. Es mag also manchen Gruppen von Neandertalern gelungen sein, den Umgang mit Cro-Magnon-Werkzeugen zu erlernen und länger zu widerstehen als andere.

Unklar bleibt der Ausgang des oben geschilderten, bei Sciencefiction-Autoren so beliebten Experiments. Kam es nun zur Paarung zwischen vorrückenden Cro-Magnon-Männern und Neandertalerinnen? Es gibt keine Skelettfunde, die auf solche Kreuzung hinweisen. Sollte das Verhalten der Neandertaler so primitiv und ihr Aussehen so prägnant gewesen sein, wie ich vermute, dürften nur wenige Cro-Magnons den Wunsch zur Paarung verspürt haben. Mir sind auch keine Fälle von Paarung zwischen Menschen und Schimpansen bekannt, obwohl beide heute nebeneinander existieren. Die Unterschiede zwischen Cro-Magnons und Neandertalern waren zwar viel geringer, reichten aber vielleicht immer noch aus, um das gegenseitige Verlangen nach engerem Kontakt im Keim zu ersticken. Und falls die Schwangerschaft der Neandertalerinnen zwölf Monate dauerte, hätte ein Mischlingsfötus womöglich nicht überlebt. Aufgrund dieser Überlegungen und fehlender Beweise neige ich zu der Annahme, daß es selten oder nie zur Kreuzung kam und daß die heutigen Deutschen und andere Europäer und ihre Nachfahren in anderen Erdteilen keine Neandertaler-Gene in sich tragen.

So viel zum »großen Sprung« in Westeuropa. In Osteuropa erfolgte die Ausrottung der Neandertaler durch moderne Menschen etwas früher und im Nahen Osten noch früher, wo offenbar Neandertaler und moderne Menschen in der Zeit vor 90 000 bis 60 000 Jahren bestimmte Gebiete abwechselnd bewohnten. Das langsame Tempo des dortigen Übergangs im Vergleich zu Westeuropa legt den Schluß nahe, daß sich bei den vor 60 000 Jahren im Nahen Osten lebenden, anatomisch modernen Menschen noch nicht jene modernen Verhaltensweisen herausgebildet hatten, die ihnen schließlich den endgültigen Sieg über die Neandertaler eintrugen.

Wir haben jetzt also folgendes Bild: In Afrika entwickelten sich vor über 100 000 Jahren anatomisch moderne Menschen, die jedoch zunächst die gleichen Werkzeuge wie die Neandertaler herstellten und diesen gegenüber keinerlei Vorteile besaßen. Vor vielleicht 60 000 Jahren trat zu der modernen Anatomie ein Verhaltenswandel. Dieser Wandel (mehr dazu gleich) brachte innovative, völlig moderne Menschen hervor, die sich westwärts nach Europa ausbreiteten und innerhalb kurzer Zeit die dort lebenden Neandertaler verdrängten. Vermutlich stießen die gleichen Menschen auch ostwärts nach Asien und bis Indonesien vor, wo sie an die Stelle älterer Menschengruppen traten, über die wir nur wenig wissen. Manche Anthropologen meinen, daß Schädelreste dieser frühen Asiaten und Indonesier Merkmale aufweisen, die in modernen Asiaten und australischen Ureinwohnern wiederzuerkennen sind. Falls das zutrifft, rotteten die modernen Eindringlinge die ursprünglichen Asiaten womöglich nicht gleich aus, wie sie es mit den Neandertalern machten, sondern zeugten statt dessen gemeinsame Nachkommen mit ihnen.

Vor zwei Millionen Jahren hatten mehrere Geschlechter von Urmenschen nebeneinander existiert, bis es zu Entwicklungen kam, an deren Ende nur noch ein Geschlecht stand. Jetzt erscheint es so, als ob innerhalb der letzten 60 000 Jahre eine ähnliche Auseinandersetzung stattfand und alle heutigen Menschen Nachfahren der damaligen Gewinner sind. Was war es, das unseren Vorfahren schließlich zum Sieg verhalf?

Diese Frage stellt die Archäologie vor ein Rätsel, für das noch keine allseitig akzeptierte Antwort gefunden wurde. Das gewisse Etwas, das den »großen Sprung« bewirkte, zeigt sich nicht in fossilen Skeletten. Es könnte eine Veränderung in nur 0,1 Prozent unserer Gene gewesen sein. Welcher winzige Wandel in der Erbsubstanz könnte wohl solche kolossalen Folgen gehabt haben?

Wie anderen Wissenschaftlern, die sich hierüber den Kopf zerbrachen, fällt auch mir nur eine plausible Antwort ein: die Entstehung der anatomischen Grundlage für gesprochene, komplexe Sprache. Schimpansen, Gorillas und selbst die kleineren, langschwänzigen Affenarten sind zu symbolischer Kommunikation fähig, die nicht auf dem gesprochenen Wort beruht. In Experimenten konnte Schimpansen und Gorillas beigebracht werden, mittels einer Zeichensprache zu kommunizieren; Schimpansen lernten sogar, über die Tasten einer großen computergesteuerten Konsole zu kommunizieren. Einzelne Menschenaffen meisterten auf diese Weise einen »Wortschatz« von Hunderten von Symbolen. Obwohl unter Wissenschaftlern umstritten ist, wie groß die Ähnlichkeit zwischen solcher Art von Kommunikation und der menschlichen Sprache ist, besteht doch kaum Zweifel daran, daß es sich um eine Form von symbolischer Kommunikation handelt – daß also ein bestimmtes Zeichen oder eine Computertaste etwas bestimmtes anderes symbolisiert.

Primaten sind in der Lage, nicht nur Zeichen und Computertasten als Symbole zu benutzen, sondern auch Laute. So verfügen wilde Grüne Meerkatzen über eine natürliche Form symbolischer Kommunikation auf der Grundlage von Grunzlauten, wobei leichte Unterschiede zwischen den Lauten für »Leopard«, »Adler« und »Schlange« bestehen. Ein vier Wochen altes Schimpansenbaby namens Viki, das von einem Psychologen-Ehepaar adoptiert und quasi als Tochter aufgezogen wurde, lernte es, vier Worte annähernd richtig »auszusprechen«: »Papa«, »Mama«, »cup« (Tasse) und »up« (auf, hoch). (Es war mehr ein Atmen als ein Sprechen.) Angesichts dieser Fähigkeit zu symbolischer Kommunikation mit Hilfe von Lauten stellt sich die Frage, warum Menschenaffen keine viel komplexeren natürlichen Sprachen entwickelten.

Die Antwort hängt anscheinend mit dem Kehlkopf, der Zunge

und den entsprechenden Muskeln zusammen, die uns die genaue Aussprache bestimmter Laute ermöglichen. Wie ein Uhrwerk, das in all seinen Teilen präzise konstruiert sein muß, damit es die Zeit anzeigen kann, hängt unser Stimmapparat vom präzisen Funktionieren vieler einzelner Elemente ab. Schimpansen gelten als physisch nicht in der Lage, einige der einfachsten menschlichen Vokallaute hervorzubringen. Wäre unser Repertoire ebenfalls auf nur wenige Vokale und Konsonanten beschränkt, so würde unser Wortschatz erheblich schrumpfen. Nehmen Sie zum Beispiel diesen Absatz und wandeln Sie alle Vokale außer »a« und »i« in einen von beiden um und alle Konsonanten außer »d«, »m« und »s« in einen dieser drei. Und prüfen Sie dann, inwieweit Sie den Inhalt noch verstehen.

Das fehlende Etwas könnte also in Veränderungen des Stimmapparats bestanden haben, durch die wir eine genauere Kontrolle und die Fähigkeit zum Bilden einer weitaus größeren Zahl von Lauten erlangten. Solche Veränderungen des Muskelapparates waren an Schädelfunden schwierig oder gar nicht nachweisbar.

Man kann leicht nachvollziehen, wie eine winzige anatomische Veränderung, durch die wir die Sprechfähigkeit erwarben, zu einem gewaltigen Verhaltenswandel geführt haben mag. Mit Hilfe der Sprache läßt sich binnen weniger Sekunden eine Botschaft vermitteln wie »Bieg beim vierten Baum scharf rechts ab und treib die Antilope zu dem rötlichen Felsen, hinter dem ich mit dem Speer warte.« Ohne Sprache wäre diese Botschaft überhaupt nicht mitteilbar. Es könnten ohne Sprache auch keine Einfälle zur Verbesserung von Werkzeugen oder zur Bedeutung einer Höhlenmalerei diskutiert werden. Selbst ein einzelner Urmensch hätte große Schwierigkeiten gehabt, sich über ein verbessertes Werkzeug Gedanken zu machen.

Ich behaupte nicht, daß der »große Sprung« mit den Mutationen, die zu einer geänderten Zungen- und Kehlkopfanatomie führten, sogleich begann. Es muß noch Tausende von Jahren bis zur Vollendung von Sprachstrukturen wie den unseren – mit festgelegter Wortstellung im Satz, Kasusendungen und Zeitformen – und zur Entstehung eines größeren Wortschatzes gedauert haben. Kapitel 8 enthält Überlegungen zu den möglichen Stadien der Entwicklung unserer Sprache. Wenn aber das fehlende Etwas auf Veränderungen unseres Stimmapparates beruhte, die eine genauere Lautkontrolle ermöglichten, dann mußte die Fähigkeit zur Innovation irgendwann folgen. Es war das gesprochene Wort, das uns die Freiheit gab.

Diese Interpretation erklärt in meinen Augen das Fehlen von Beweisen dafür, daß Mischlinge von Neandertalern und Cro-Magnons je existierten. Der Sprache kommt in den Beziehungen zwischen Mann und Frau und ihren Kindern eine überragende Bedeutung zu. Das heißt nicht, daß Stumme oder Taube in unserer Gesellschaft nicht lernen könnten, gut zurechtzukommen; aber ihnen gelingt es, indem sie Alternativen zu einer bereits bestehenden gesprochenen Sprache finden. Angenommen, die Neandertaler hatten eine viel einfachere Sprache als unsere oder überhaupt keine, dann überrascht es nicht, wenn Cro-Magnons kein Interesse daran hatten, Ehen mit ihnen einzugehen.

Ich sagte bereits, daß wir vor 40 000 Jahren in Anatomie, Verhalten und Sprache völlig modern waren und daß ein Cro-Magnon das Zeug gehabt hätte, Pilot zu werden. Warum verging dann aber nach dem »großen Sprung« so viel Zeit, bis die Schrift erfunden und der Parthenontempel errichtet wurde? Die Antwort dürfte ebenso lauten wie auf die Frage, warum die Römer, die doch so großartige Ingenieure waren, keine Atombombe bauten. Zum Bau einer solchen Bombe waren zweitausend Jahre technischen Fortschritts über das Niveau der Römer hinaus erforderlich, zum Beispiel die Erfindung des Schießpulvers und der höheren Rechenarten, die Entwicklung der Atomtheorie und die Gewinnung von Uran. In gleicher Weise erforderten die Erfindung der Schrift und der Bau des Parthenon Jahrzehntausende kumulativer Entwicklungen nach dem erstmaligen Auftreten des Cro-Magnons, darunter die Erfindung von Pfeil und Bogen, die Töpferei, die Domestikation von Pflanzen und Tieren und vieles mehr.

Bis zum »großen Sprung« hatte sich die menschliche Kultur über Jahrmillionen im Schneckentempo entwickelt. Jeglicher Wandel wurde vom langsamen Tempo genetischer Veränderungen bestimmt. Nach dem »großen Sprung« war es mit der Abhängigkeit

kultureller von genetischen Veränderungen vorbei. Trotz des kaum
noch wahrnehmbaren Wandels unserer Anatomie übertrifft die kulturelle Evolution der letzten 40 000 Jahre bei weitem alles, was sich
in den Jahrmillionen davor tat. Wäre ein Außerirdischer zur Zeit
der Neandertaler auf die Erde gekommen, dürften ihm die Menschen kaum als eine besonders herausragende Art erschienen sein.
Allenfalls hätte er sie zusammen mit Bibern, Laubenvögeln und
Wanderameisen als Tierart mit sonderbarem Verhalten eingestuft.
Hätte der Besucher aus dem All wohl die Veränderungen vorhersehen können, die uns bald zur ersten Spezies in der Geschichte des
Lebens auf der Erde machen sollten, die in der Lage ist, alles Leben
zu vernichten?

TEIL II

Das Tier mit dem sonderbaren Lebenszyklus

In Kapitel 2 wurde unsere Evolutionsgeschichte von den Anfängen im Tierreich bis zum Auftreten von Menschen mit völlig moderner Anatomie und modernem Verhalten geschildert. Doch das bisher Gesagte erlaubt es uns noch nicht, nun unmittelbar zu so typisch menschlichen kulturellen Errungenschaften wie der Sprache und Kunst überzugehen. Und zwar deshalb nicht, weil in Kapitel 2 vor allem von Knochen und Werkzeugen die Rede war. Es stimmt, daß größere Gehirne und aufrechter Gang Voraussetzungen für die Entwicklung von Sprache und Kunst darstellten, aber damit war es noch nicht getan. Ein menschlicher Knochenbau allein garantiert noch kein menschliches Benehmen. Vielmehr erforderte unser Aufstieg auch drastische Veränderungen im Lebenszyklus, und von ihnen handelt Teil II.

Für jede Spezies läßt sich ein sogenannter »Lebenszyklus« beschreiben. Er umfaßt Merkmale wie: die Zahl der Jungen pro Wurf bzw. Geburt; die elterliche Fürsorge, die Mutter oder Vater dem Nachwuchs angedeihen lassen (oder auch nicht); die sozialen Beziehungen zwischen erwachsenen Individuen; die Art und Weise, in der Männchen und Weibchen bei der Paarung den Partner wählen; die Häufigkeit sexueller Beziehungen; und die Lebenserwartung.

Für uns sind die Ausprägungen dieser Merkmale beim Menschen völlig selbstverständlich und normal. Doch aus tierischer Sicht ist unser Lebenszyklus in Wirklichkeit höchst sonderbar. Bei jedem der eben aufgeführten Merkmale gibt es große Unterschiede zwischen den Tierarten, und in fast jeder Hinsicht ist der Mensch ein Extremfall. Ich will nur ein paar deutliche Beispiele nennen: Die meisten Tiere bringen pro Geburt weit mehr als nur ein Baby zur Welt; männliche Tiere kümmern sich in den seltensten Fällen um die von ihnen gezeugten Jungen; und die Lebensdauer beträgt bei den meisten Tierarten nur einen Bruchteil der unseren.

Manche dieser außergewöhnlichen Merkmale haben wir mit den Menschenaffen gemein, was vermuten läßt, daß sie bereits bei unseren affenähnlichen Vorfahren so ausgeprägt waren. Zum Beispiel bringen auch Menschenaffen gewöhnlich nur ein Baby zur Zeit in mehrjährigem Abstand zur Welt und haben eine Lebenserwartung von mehreren Jahrzehnten. Beides trifft für andere uns wohlvertraute (jedoch weniger eng mit uns verwandte) Tierarten wie Katzen, Hunde, Singvögel und Goldfische nicht zu.

In anderer Hinsicht unterscheiden wir uns sogar von den Menschenaffen erheblich. Dafür einige Beispiele: Menschenbabys werden auch nach der Entwöhnung von der Muttermilch noch vollständig von den Eltern mit Nahrung versorgt, während abgestillte Menschenaffen gleich selbst ihre Nahrung sammeln. Die meisten menschlichen Väter und Mütter, bei den Schimpansen aber nur die Mütter, beteiligen sich aktiv an der Aufzucht des eigenen Nachwuchses. Ähnlich wie die Seemöwen, aber im Unterschied zu Menschenaffen oder den meisten anderen Säugetieren, leben wir in großer Zahl in »offiziell« monogamen Paaren zusammen, von denen sich manche auch auf außereheliche Sex einlassen. All diese Merkmale sind ebenso wichtig für das Überleben und die Erziehung des menschlichen Nachwuchses wie große Schädel und Gehirne. Der Grund ist, daß es unsere ausgeklügelten, auf dem Gebrauch von Werkzeugen basierenden Formen der Nahrungsbeschaffung Kleinkindern nicht gestatten, sich selbst zu ernähren. Unser Nachwuchs muß über lange Zeit mit Nahrung versorgt, erzogen und behütet werden – eine sehr viel größere Investition als bei Schimpansen oder Orang-Utans. Menschliche Väter tragen somit viel mehr zur Aufzucht ihres Nachwuchses bei als nur das Sperma, auf das sich der väterliche Beitrag eines Orang-Utans beschränkt.

Auch in weniger auffälligen, jedoch keineswegs irrelevanten Aspekten unterscheidet sich unser Lebenszyklus von dem wilder Menschenaffen. Viele von uns leben länger als die meisten Affen. Selbst bei Stämmen, die ihr Dasein als Jäger und Sammler fristen, gibt es Alte, die als Erfahrungsspeicher und Wissensfundgrube eine höchst wichtige Funktion innehaben. Die Hoden des Mannes sind wesentlich größer als beim Gorilla, aber kleiner als beim Schimpansen, wofür ich die Gründe in Kapitel 3 erläutern werde. Uns erscheinen die Wechseljahre der Frau, das Klimakterium, als etwas Unvermeidliches, und ich werde in Kapitel 7 zeigen, warum sie für Menschen sinnvoll, unter den übrigen Säugetieren aber fast ohnegleichen sind. Die engste Parallele besteht zu einigen Arten winziger, mäuseähnlicher Beuteltiere in Australien, bei denen es allerdings die Männchen sind, die das Klimakterium durchlaufen. Mithin zählten auch Langlebigkeit, Hodengröße und Klimakterium zu den Voraussetzungen der Menschwerdung.

Wieder andere Merkmale unseres Lebenszyklus unterscheiden sich weitaus drastischer von dem der Menschenaffen als unsere Hoden, wobei die Funktion dieser neuartigen Charakteristika noch heiß umstritten ist. Wir entsprechen sicher nicht der »Norm« im Tierreich, wenn wir uns zum Geschlechtsverkehr in der Regel zurückziehen und ihm dann frönen, wenn wir gerade Lust haben, statt vor den Augen der anderen und nur dann, wenn die Frau zur Empfängnis bereit ist. Weibliche Menschenaffen lassen keinen Zweifel aufkommen, wann sie einen Eisprung haben, während Frauen diesen Vorgang sogar vor sich selbst verbergen. Anatomen verstehen zwar die Bedeutung der bescheidenen Hodengröße der Männer, haben aber keine Erklärung für die relativ enorme Größe des Penis. Was all diese Merkmale auch immer bedeuten mögen, sind sie doch ebenfalls Elemente dessen, was das Menschsein ausmacht. Gewiß können wir uns nur schwer vorstellen, wie Väter und Mütter ihre Kinder in harmonischer Gemeinsamkeit aufziehen sollten, wenn die Frauen einigen Primatenweibchen darin glichen, daß sich ihre Genitalien zur Zeit des Eisprungs leuchtend rot verfärbten, sie nur zu diesem Zeitpunkt sexuell empfänglich wären, das Symbol ihrer Empfänglichkeit stolz zur Schau stellten und vor aller Augen mit jedem in Reichweite befindlichen Mann sexuell verkehrten.

Unser gesellschaftliches Zusammenleben und die Kinderaufzucht basieren also nicht allein auf den in Teil I geschilderten Skelettveränderungen, sondern auch auf den bemerkenswerten neuen Merkmalen unseres Lebenszyklus. Anders als bei den Knochen können wir jedoch die Zeitpunkte solcher Veränderungen im Laufe unserer Evolutionsgeschichte nicht zurückverfolgen, da sie keine direkten fossilen Spuren hinterließen. Aus diesem Grunde widmen paläontologische Schriften diesem Thema trotz seiner Bedeutung nur geringe Aufmerksamkeit. Archäologen entdeckten kürzlich den Zungenknochen eines Neandertalers, einen der wichtigsten Bestandteile unseres Sprechapparates; von einem Neandertaler-Penis fehlt jedoch bislang jede Spur. Wir wissen nicht, ob der *Homo erectus*, dessen großes Gehirn durch Funde gut belegt ist, bereits einen Hang zum Geschlechtsverkehr im Verborgenen entwikkelte.

Wir können nicht einmal, wie im Falle der Gehirngröße, mit Hilfe von Fossilien beweisen, daß der menschliche Lebenszyklus stärker von dem unserer Urahnen abweicht als der Lebenszyklus der heute lebenden Menschenaffen. Vielmehr müssen wir uns damit begnügen, diesen Schluß daraus zu ziehen, daß unser Lebenszyklus nicht nur im Vergleich zu dem der heutigen Menschenaffen, sondern auch im Vergleich zu anderen Primaten eine seltene Ausnahme darstellt.

Darwin fand Mitte des 19. Jahrhunderts heraus, daß die Anatomie der Tiere das Ergebnis einer Evolution durch natürliche Selektion (»Zuchtwahl«) darstellt. Biochemiker unseres Jahrhunderts verfolgten ganz analog, wie sich durch natürliche Selektion die chemische Beschaffenheit der Tiere entwickelte. Der gleiche Selektionsmechanismus prägt aber auch das Verhalten der Tiere, insbesondere im Bereich der Fortpflanzung und der sexuellen Gewohnheiten. Wie wir noch sehen werden, gibt es eine gewisse genetische Basis für die Merkmale des Lebenszyklus, die sich auch unter Angehörigen der gleichen Spezies unterscheiden. So ist die Aussicht auf eine Zwillingsgeburt für manche Frauen, bedingt durch ihre Erbanlagen, wahrscheinlicher als für andere. Wir wissen auch, daß hohes Alter in manchen Familien gehäuft vorkommt. Charakteristika des Lebenszyklus wirken sich auch auf die Weitergabe unserer Erbanlagen aus, indem sie unseren Erfolg beim Werben um einen Partner, bei der Empfängnis, bei der Babyaufzucht und beim Überleben als Erwachsener beeinflussen. So wie die natürliche Selektion tendenziell eine Anpassung an ökologische Nischen bewirkt, formt sie auch den Lebenszyklus. Wer die größte Nachkommenschaft hinterläßt, vererbt seine lebenszyklischen

Eigenschaften ebenso wie seine skelettale Beschaffenheit und biochemische Zusammensetzung.

Ein Problem liegt bei dieser Argumentation darin, daß manche Merkmale, wie das Klimakterium und das Altern, die Zahl unserer Nachkommen scheinbar verringern, statt sie zu erhöhen, und deshalb eigentlich nicht das Ergebnis natürlicher Selektion sein dürften. Oft lohnt sich der Versuch, solche scheinbaren Paradoxien im Sinne von Kompromissen zu begreifen. Im Tierreich ist nichts umsonst, und nichts ist einfach nur gut und nützlich. Alles hat Vor- und Nachteile, da es Platz, Zeit oder Energien beansprucht, die auch anders genutzt werden könnten. Natürlich denkt man zunächst, daß Frauen, wenn sie nie in die Wechseljahre kämen, mehr Nachkommen hinterlassen würden. Doch wir werden sehen, daß die Berücksichtigung der versteckten Kosten eines Verzichts auf das Klimakterium deutlich macht, warum uns die Evolution in dieser Hinsicht so und nicht anders werden ließ. Die gleichen Überlegungen erleichtern auch die Beantwortung so heikler Fragen wie der, warum wir altern und sterben und ob wir besser fahren (selbst im engen Sinne der Evolution), wenn wir unserem Ehepartner treu bleiben oder wenn wir uns auf Seitensprünge einlassen.

Ich bin bisher davon ausgegangen, daß die spezifisch menschlichen Merkmale im Zusammenhang mit dem Lebenszyklus eine gewisse genetische Basis haben. Was ich in Kapitel 1 über die Funktion von Erbanlagen im allgemeinen sagte, gilt auch hier. So wie unsere Größe und die meisten äußerlichen Merkmale nicht von einzelnen Genen herrühren, gibt es sicher auch kein spezielles Klimakteriums- oder Monogamie-Gen. In der Tat weiß man nur wenig über die genetische Grundlage lebenszyklischer Charakteristika, wobei allerdings Zuchtexperimente mit Mäusen und Schafen zeigten, welchen Einfluß Gene auf die Hodengröße haben. Offenbar sind starke kulturelle Einflüsse am Werk, die unsere Motivation zur Kinderaufzucht oder zum außerehelichen Sex beeinflussen, und es gibt keinen Grund anzunehmen, Erbanlagen würden einen signifikanten Beitrag zu den Unterschieden zwischen einzelnen Individuen leisten. Hingegen dürften genetische Unterschiede zwischen dem Menschen und den beiden anderen Schimpansenarten sehr wohl eine Rolle für die regelmäßig beobachteten Unterschiede zwischen allen menschlichen und allen Schimpansen-Populationen in bezug auf solche Merkmale spielen. Unabhängig von allen kulturellen Praktiken gibt es keine menschliche Gesellschaft, in der die Männer so große Hoden wie Schimpansen haben oder deren weibliche Mitglieder kein Klimakterium kennen. Unter den 1,6 Prozent unserer Gene, in denen wir uns von Schimpansen unterscheiden (und die überhaupt irgendeine Funktion besitzen), dürfte ein erheblicher Teil für bestimmte Merkmale unseres Lebenszyklus verantwortlich sein.

In den fünf Kapiteln von Teil II geht es um die Besonderheit des menschlichen Lebenszyklus. Kapitel 3 beschäftigt sich mit typischen Merkmalen der sozialen Organisation und der sexuellen Anatomie, Physiologie und des Sexualverhaltens. Zu den vergleichsweise unüblichen Eigenschaften gehören, wie bereits erwähnt, das Zusammenleben in Gesellschaften aus nominell monogamen Paaren, die Anatomie unserer Geschlechtsorgane und unsere ständige Bereitschaft zum Geschlechtsverkehr, der in der Regel im Verborgenen stattfindet. Ausdruck findet unser Geschlechtsleben nicht nur in der Beschaffenheit der Geschlechtsorgane, sondern auch im Verhältnis der Körpergröße von Mann und Frau (der Unterschied ist viel geringer als bei Gorillas oder Orang-Utans). Wir werden sehen, daß manche dieser wohlvertrauten Merkmale nachvollziehbare Funktionen haben, andere sich unserem Verständnis jedoch bislang entziehen.

Bei der Erörterung des menschlichen Lebenszyklus darf man es redlicherweise nicht bei der Feststellung belassen, wir seien nominell monogam. Der Wunsch und das Streben nach Sex außerhalb der Ehe hängt offensichtlich stark von der Erziehung des einzelnen und den jeweils geltenden Normen ab. Trotz solcher kulturellen Einflüsse bleibt aber zu erklären, warum in allen menschlichen Gesellschaften beides nebeneinander existiert, die Institution Ehe und der außereheliche Verkehr, während bei Gibbonaffen, die ebenfalls eine Form von »Ehe« (d. h. eine dauerhafte Paargemeinschaft zur Aufzucht der Jungen) praktizieren, »Seitensprünge« nur selten vorkommen und sich die Frage für Schimpansen gar nicht erst stellt, da sie ohnehin in keiner ehelichen Form zusammenleben. Um den menschlichen Lebenszyklus richtig zu verstehen, müssen wir also der Kombination von Ehe und außerehelichem Sex Rechnung tragen. Wie in Kapitel 4 gezeigt wird, gibt es im Tierreich Präzedenzfälle, die uns ein Verständnis unserer speziellen Kombination vermitteln können: Männer und Frauen unterscheiden sich in ihren Einstellungen gegenüber außerehelichem Sex im Prinzip nicht viel weniger als Gans und Gänserich.

Wir wenden uns dann einem weiteren typisch menschlichen Aspekt des Lebenszyklus zu, nämlich der Partnerwahl, ob in oder außerhalb der Ehe. Dieses Problem stellt sich kaum in Pavianhorden, in denen niemand wählerisch ist und alle Männchen bestrebt sind, sich mit jedem gerade läufigen Weibchen zu paaren. Gewöhnliche Schimpansen treffen zwar eine gewisse Wahl, sind aber bei weitem nicht so wählerisch wie Menschen und ähneln in ihrer Promiskuität mehr den Pavianen. Die Partnerwahl stellt innerhalb des menschlichen Lebenszyklus eine höchst folgenschwere Entscheidung dar, weil verheiratete Paare neben der Sexualität auch elterliche Pflichten teilen. Und da das Sorgen für Kinder nun einmal eine so umfangreiche und langfristige Investition darstellt, müssen wir unsere Mitinvestoren viel sorgfältiger auswählen als zum Beispiel Paviane. Dennoch lassen sich für unsere Form der Partnerwahl Beispiele im Tierreich finden; wir müssen nur den Kreis der Primaten verlassen und unsere Aufmerksamkeit Ratten und Vögeln zuwenden.

Unsere Kriterien bei der Partnerwahl spielen eine wichtige Rolle bei einem sehr umstrittenen Thema: den Unterschieden zwischen den Rassen. Menschen, die in verschiedenen Teilen der Welt beheimatet sind, unterscheiden sich in der äußeren Erscheinung auffällig voneinander, ebenso wie Gorillas, Orang-Utans und die meisten anderen Tierarten, sofern sie ein Gebiet von genügender Ausdehnung bewohnen. Zum Teil sind die Unterschiede sicher Ausdruck klimatischer Anpassung durch natürliche Selektion, ähnlich wie bei Wieseln, die in Gebieten mit Schnee im Winter ein weißes Tarnfell bekommen. Ich werde aber ausführen, daß diese sichtbaren Unterschiede zwischen Bewohnern getrennter Regionen beim Menschen in erster Linie das Ergebnis sexueller Selektion darstellen, also auf den Methoden der Partnerwahl beruhen.

Zum Abschluß der Erörterung des menschlichen Lebenszyklus

gehe ich auf die Frage ein, warum unser Leben eigentlich ein Ende haben muß. Das Altern ist ein weiteres Element unseres Lebenszyklus, das uns so vertraut ist, daß wir es einfach als gegeben hinnehmen: Natürlich wird jeder alt und stirbt einmal. Das gleiche gilt für alle Tierarten, wobei es aber große Unterschiede im Tempo des Alterns gibt. Innerhalb des Tierreichs ist der Mensch ein relativ langlebiges Wesen, besonders seit der Ablösung des Neandertalers durch den Cro-Magnon. Die Fähigkeit, ein hohes Lebensalter zu erreichen, ist von großer Bedeutung für unser Menschsein, da so die sichere Weitergabe des Erlernten von einer Generation an die nächste möglich wird. Doch einmal werden selbst Menschen alt. Warum ist das trotz unserer immensen biologischen Selbstheilungskräfte unvermeidlich?

Hier wird deutlicher als in allen anderen Kapiteln, daß die Evolution auch immer Kompromisse eingeht. Gemessen an der Zahl der Nachkommen, würde sich die zusätzliche Investition in bessere, ein längeres Leben ermöglichende Selbstheilungskräfte einfach nicht lohnen. Wie wir sehen werden, hält der Kompromißgedanke auch eine Lösung für das Rätsel des Klimateriums parat: ein paradoxerweise durch natürliche Selektion programmiertes Ende der Gebärfähigkeit mit dem Zweck, daß mehr Kinder überleben.

KAPITEL 3

Die Evolution der
menschlichen Sexualität

Keine Woche vergeht, ohne daß wieder ein Buch über Sexualität erscheint. Unser Interesse an Lektüre zu diesem Thema wird nur von dem Verlangen übertroffen, selbst zur Tat zu schreiten. Man sollte also meinen, daß die grundlegenden Fakten der menschlichen Sexualität dem Laien vertraut und von der Wissenschaft hinreichend erforscht sind. Testen Sie sich selbst und beantworten Sie die folgenden fünf einfachen Fragen:

Welche der verschiedenen Arten von Menschenaffen einschließlich dem Menschen hat mit Abstand den größten Penis? Und wozu?

Warum sind Männer größer als Frauen?

Warum spielt es keine Rolle, daß die Hoden beim Menschen viel kleiner sind als beim Schimpansen?

Warum ziehen sich Menschen zum Geschlechtsakt zurück, während ihn alle anderen gesellig lebenden Tiere vor den Augen der anderen praktizieren?

Warum gleichen Frauen nicht der überwiegenden Mehrzahl weiblicher Säugetiere darin, daß sie nur an bestimmten Tagen sexuell empfänglich sind und dies auch auf den ersten Blick erkennen lassen?

Haben Sie die erste Frage mit »der Gorilla« beantwortet, dann setzen Sie eine Narrenkappe auf – es muß richtig »der Mensch« heißen. Und falls Sie auf eine der übrigen vier Fragen eine intelligente Antwort parat haben, dann gehen Sie schleunigst hin und veröffentlichen sie – es wird nämlich in der Wissenschaft noch heftig darüber debattiert.

Die fünf Fragen illustrieren die Schwierigkeit, auch nur die offenkundigsten Merkmale unserer sexuellen Anatomie und Physiologie zu erklären. Ein Teil des Problems hängt sicher mit unseren Komplexen zusammen, wenn es um das Thema Sexualität geht: Bis jüngst wurde es nicht einmal ernsthaft erforscht, und immer noch haben Wissenschaftler Probleme mit der eigenen Objektivität. Eine weitere Schwierigkeit liegt darin, daß keine kontrollierten Experimente an Menschen über ihre Sexualpraktiken vorgenommen werden können, wie das bei der Cholesterinaufnahme oder beim Zähneputzen ohne weiteres geht. Und schließlich existieren Geschlechtsorgane nicht isoliert von anderen Lebensbereichen, sondern sind an die sozialen Gewohnheiten und den Lebenszyklus ihres Besitzers angepaßt, und die werden wiederum von dessen Gewohnheiten bei der Nahrungsbeschaffung geprägt. Beim Menschen heißt das unter anderem, daß die Evolution der Geschlechtsorgane mit der Entwicklung und dem Gebrauch von Werkzeugen, der Ausbildung eines großen Gehirns und den Praktiken der Kinderaufzucht eng verwoben war. Unsere Menschwerdung hing somit nicht nur von der Umformung von Becken und Schädel ab, sondern auch vom Wandel unserer Sexualität.

Aus der Kenntnis der Ernährungsgewohnheiten einer Tierart können Biologen nicht selten Rückschlüsse auf das Paarungsverhalten und die Geschlechtsanatomie der betreffenden Art ziehen. Um die Gründe für die heutige Form der menschlichen Sexualität zu verstehen, müssen wir deshalb bei der Evolution unserer Ernährungsgewohnheiten und unserer Form des Zusammenlebens beginnen. In den letzten Jahrmillionen wichen wir vom Vegetariertum unserer Affenvorfahren ab und wurden zu sowohl Fleisch- als auch Pflanzenfressern. Dabei blieben unsere Zähne und Pfoten jedoch die von Affen, nicht von Tigern. Unsere Tüchtigkeit als Jäger stützte sich ersatzweise auf das große Gehirn: Durch den Gebrauch von Werkzeugen und die Jagd in Gruppen konnten sich unsere Vorfahren trotz ihrer anatomischen Fehlausstattung als Jäger behaupten, wobei sie die erbeutete Nahrung stets miteinander teilten. Auch beim Wurzeln- und Beerensammeln spielten Werkzeuge eine immer wichtigere Rolle, so daß ein größeres Gehirn auch dafür von Nutzen war.

Infolge dieser Entwicklung dauerte es Jahre, bis unser Nach-

wuchs das Wissen und die Fertigkeiten erworben hatte, um als
Jäger und Sammler bestehen zu können, so wie es heute Jahre dauert, bis man Landwirt oder Computer-Programmierer geworden
ist. In der langen Zeit nach der Entwöhnung von der Muttermilch
sind unsere Kinder noch zu hilflos, um sich selbst Nahrung zu
beschaffen. Sie sind völlig darauf angewiesen, von den Eltern versorgt zu werden. All dies erscheint uns absolut natürlich, und die
meisten wissen nicht einmal, daß junge Menschenaffen gleich nach
der Entwöhnung anfangen, sich ihr Futter selbst zu suchen.

Die Gründe, warum Kleinkinder bei der Nahrungsbeschaffung
so vollständig versagen, hängen zum einen mit der mangelnden
Beherrschung des Bewegungsapparates, zum anderen mit ihrer
geistigen Entwicklung zusammen. Erstens erfordern die Herstellung und der Gebrauch der zur Nahrungsbeschaffung benötigten
Werkzeuge eine genaue Koordination der Fingerbewegungen, die
erst nach Jahren erreicht wird. So wie meine beiden vierjährigen
Söhne ihre Schnürsenkel immer noch nicht allein binden konnten,
vermag auch ein vierjähriges Jäger- und Sammlerkind keine Steinaxt zu schärfen und keinen Einbaum zu schnitzen. Zum zweiten
sind wir bei der Beschaffung von Nahrung viel stärker als andere
Tierarten auf unseren Intellekt angewiesen, da unser Nahrungsspektrum so breit ist und die angewandten Techniken viel komplizierter sind. So haben die Bewohner Neuguineas, bei denen ich
gewesen bin, Namen für rund tausend verschiedene Pflanzen und
Tierarten der näheren Umgebung. Für jede dieser Arten wissen sie
vieles über die Verbreitung, die Lebensgeschichte, Erkennungs-
merkmale, die Eßbarkeit oder sonstige Verwendbarkeit und wie
man sie am besten fängt oder erntet. Man braucht Jahre, um diesen
Wissensschatz zu erwerben.

Abgestillte Kleinkinder können nicht für sich selbst sorgen, da
sie noch nicht im Besitz dieser körperlichen und geistigen Fähigkeiten sind. Sie müssen von Erwachsenen unterrichtet und während
der zehn oder gar zwanzig Jahre, die das dauert, auch ernährt werden. Wie bei so vielem, was als typisch menschlich gilt, gibt es auch
hier wieder Parallelen im Tierreich. Bei Löwen und zahlreichen
anderen Arten müssen die Eltern den Jungen das Jagen beibringen.
Schimpansen haben ebenfalls ein breites Nahrungsspektrum, be-

dienen sich bei der Futtersuche unterschiedlicher Techniken und sind ihren Jungen beim Beschaffen von Eßbarem behilflich, wobei gewöhnliche Schimpansen (Zwergschimpansen jedoch nicht) sogar in gewissem Umfang Werkzeuge gebrauchen. Die Unterschiede sind nicht absolut, sondern graduell: Beim Menschen sind die notwendigen Fertigkeiten und die daraus resultierenden elterlichen Belastungen weitaus größer als bei Löwen oder Schimpansen.

Aufgrund dieser Bürde ist es für das Überleben des Kindes wichtig, daß sich sowohl Vater als auch Mutter um es kümmern. Orang-Utan-Väter haben für den eigenen Nachwuchs nicht mehr übrig als den Samen zur Befruchtung. Gorilla-, Schimpansen- und Gibbon-Väter gehen etwas weiter und lassen ihren Sprößlingen Schutz angedeihen. Bei menschlichen Jägern und Sammlern steuern die Väter jedoch auch einen Teil der Nahrung und endlos viele Unterrichtsstunden bei. Somit erforderte die Art unserer Nahrungsbeschaffung ein System des Zusammenlebens, in dem die Beziehung zwischen Mann und Frau über den Moment der Befruchtung hinaus Bestand hatte, damit sich die Männer an der Kinderaufzucht beteiligten. Andernfalls hätten die Kinder eine geringere Überlebenschance und die Väter eine geringere Chance, ihre Erbanlagen weiterzugeben. Das System der Orang-Utans, bei denen die Väter nach der Paarung verschwinden, würde bei uns nicht funktionieren.

Doch auch das System der Schimpansen, bei dem sich mehrere Männchen mit demselben brünstigen Weibchen paaren, wäre für den Menschen ungeeignet. Denn es führt dazu, daß ein Schimpansenvater keine Ahnung hat, welche Jungen in der Horde von ihm gezeugt wurden. Das mag ihm egal sein, da sich sein Aufwand an Bemühungen um den Nachwuchs in Grenzen hält. Für den menschlichen Vater dagegen, der einen stattlichen Beitrag zur Aufzucht des vermeintlich eigenen Kindes leistet, ist Vertrauen in die Vaterschaft sehr wichtig und zum Beispiel dadurch zu erlangen, daß er der einzige Sexualpartner der Mutter des Kindes ist. Denn sonst könnten ja seine Anstrengungen bei der Aufzucht des Kindes den Erbanlagen eines anderen zugute kommen.

Vertrauen in die Vaterschaft wäre kein Problem, würden Men-

schen wie Gibbons weitverstreut in getrennten Paaren leben, so daß
jede Frau nur selten überhaupt einen anderen Mann zu Gesicht
bekäme. Doch gibt es zwingende Gründe, die dazu führen, daß
menschliche Populationen fast immer aus Gruppen von Erwachsenen bestehen, trotz der damit verbundenen Vaterschaftsängste.
Hierzu zählt, daß das Jagen und Sammeln in vielen Fällen die
Zusammenarbeit mehrerer Männer und/oder Frauen erfordert.
Außerdem kommt ein Großteil unserer natürlichen Kost nur vereinzelt auf geballtem Raum vor und bietet eine Ernährungsgrundlage für eine große Zahl von Menschen. Und schließlich bieten
Gruppen besseren Schutz vor Raubtieren und Angreifern, besonders vor anderen Menschen.

Kurzum, die aufgrund unserer besonderen Ernährungsgewohnheiten entstandene Form des Zusammenlebens erscheint uns zwar
als ganz normal, ist aber aus der Perspektive der Menschenaffen
höchst seltsam und hat praktisch keine Parallele unter den Säugetieren. Erwachsene Orang-Utans sind Einzelgänger. Gibbons leben in getrennten monogamen Paaren. Gorillas leben in polygamen
»Harems« aus mehreren Weibchen und meist einem dominieren-
den Männchen. Gewöhnliche Schimpansen leben in relativ promiskuitiven Gemeinschaften aus einzelnen Weibchen plus einer
Gruppe von Männchen; und Zwergschimpansen bilden sogar noch
promiskuitivere Gemeinschaften aus Mitgliedern beiderlei Geschlechts. Dagegen ähneln menschliche Gemeinschaften, ebenso
wie unsere Ernährungsgewohnheiten, denen von Löwen und Wölfen: Unsere Gruppen bestehen aus einer Vielzahl erwachsener
Männer *und* Frauen. In der inneren Struktur unterscheiden sich
unsere Gemeinschaften jedoch auch von denen der Löwen und
Wölfe, da beim Menschen Männer und Frauen in Paaren zusammenleben. Im Gegensatz dazu paaren sich männliche Löwen regelmäßig mit beliebigen weiblichen Mitgliedern eines Rudels, so daß
ihre Vaterschaft für sie nicht erkennbar ist. Die engste Parallele im
Tierreich haben menschliche Gemeinschaften vielmehr in den Kolonien von Seevögeln, wie Möwen und Pinguinen, die sich ebenfalls
aus Paaren von Männchen und Weibchen zusammensetzen.

Zumindest offiziell wird in den meisten modernen Staaten mehr
oder weniger strikt das Gebot der Monogamie befolgt, während bei

der Mehrzahl der heute noch anzutreffenden Jäger- und Sammlervölker, die ein zutreffenderes Modell der Lebensweise des Menschen während der letzten Million Jahre abgeben, eine »milde
Form der Vielweiberei« herrscht. (Der außereheliche Sex, der uns
effektiv polygamer macht, sei an dieser Stelle nicht erwähnt; seine
wissenschaftlich faszinierenden Aspekte werde ich in Kapitel 4 erörtern.) Mit einer »milden Form von Vielweiberei« ist gemeint, daß
die meisten männlichen Jäger und Sammler nur eine einzige Familie ernähren können, einige besonders Starke jedoch mehrere
Frauen haben. Eine Vielweiberei im großen Stil, wie sie etwa bei
den See-Elefanten vorkommt, bei denen kräftige Männchen Dutzende von Weibchen um sich scharen, ist für männliche Jäger und
Sammler unmöglich, da sie ihrem Nachwuchs im Unterschied zu
See-Elefanten Fürsorge angedeihen lassen müssen. Große Harems,
wie sie manch berühmter Potentat unterhielt, wurden erst möglich,
nachdem eine kleine Zahl von Fürsten durch das Aufkommen der
Landwirtschaft und zentraler Regierungsgewalt ihre Untertanen
besteuern konnten, um die Babys des fürstlichen Harems durchzu-
füttern.

Wir wollen nun sehen, wie diese soziale Organisation die Körper-
gestalt von Männern und Frauen formt. Betrachten wir zunächst
die Tatsache, daß erwachsene Männer etwas größer sind als gleich-
altrige Frauen (im Durchschnitt sind sie rund 8 Prozent größer und
20 Prozent schwerer). Ein Zoologe aus dem Weltall bräuchte nur
einen kurzen Blick auf meine 1,73 Meter große Ehefrau und mich
(1,78 Meter) zu werfen und würde sofort vermuten, daß wir Angehörige einer leicht polygamen Art sind, das heißt ein bißchen zur
Vielweiberei neigen. Wie um Himmels willen, werden Sie nun fragen, kann man das Paarungsverhalten aus der relativen Körpergröße ableiten?
   Wie sich zeigt, nimmt die durchschnittliche Haremsgröße bei
polygamen Säugetieren mit dem Verhältnis der männlichen zur
weiblichen Körpergröße zu. Das heißt, die größten Harems sind
typisch für solche Arten, bei denen die Männchen viel größer sind
als die Weibchen. So haben bei den monogamen Gibbons beide
Geschlechter die gleiche Körpergröße, während Gorillamännchen

mit typischerweise drei bis sechs Haremsdamen fast doppelt soviel
wiegen wie die Weibchen. Im Durchschnitt auf nicht weniger als 48
Weibchen bringen es die Südlichen See-Elefanten, bei denen das
Gewichtsverhältnis von drei Tonnen zu 300 Kilogramm die Weibchen als Zwerge erscheinen läßt. Die Erklärung dafür lautet, daß
bei monogamen Arten jedes Männchen ein Weibchen abbekommen kann, bei sehr polygamen Arten jedoch die meisten Männchen
einsam vor sich hinschmachten, da es einer kleinen Zahl dominie-
render Männchen gelingt, sämtliche Weibchen in ihre Harems zu
lotsen. Je größer die Harems, desto heftiger ist deshalb auch der
Konkurrenzkampf der Männchen untereinander und desto wichtiger ist die männliche Körpergröße, da sie in der Regel den Kampf
entscheidet. Der Mensch paßt mit dem etwas größeren männlichen
Körper und dem leichten Hang zur Polygamie genau in dieses
Schema. (Irgendwann in der Evolution überholten jedoch Intelligenz und Persönlichkeit die Körpergröße an Bedeutung, so daß
Basketballspieler und Sumokämpfer heute meist auch nicht mehr
Ehefrauen haben als Jockeys oder Eiskunstläufer).

Da bei polygamen Arten die Konkurrenz um Paarungspartner
heftiger ist als bei monogamen Arten, unterscheiden sich Männchen und Weibchen polygamer Arten in der Regel auch in anderen
Aspekten als der Körpergröße stärker voneinander. Ich denke hier
an die sekundären Geschlechtsmerkmale, die beim Anlocken von
Paarungspartnern eine Rolle spielen. Bei den monogamen Gibbons
sieht man zwischen Männchen und Weibchen aus einiger Entfernung keinen Unterschied, während Gorillamännchen an den
Schöpfen auf ihren Köpfen und dem silbernen Rückenhaar leicht
zu erkennen sind. Auch hier ist wieder die Anatomie Abbild unserer leichten Form der Polygamie. Die äußeren Unterschiede zwischen den Geschlechtern sind zwar bei weitem nicht so ausgeprägt
wie bei Gorillas oder Orang-Utans, aber der Zoologe aus dem All
könnte Männer und Frauen sicher am Körper- und Gesichtshaar,
an dem ungewöhnlich langen männlichen Penis und den großen
Brüsten der Frauen noch vor der ersten Schwangerschaft (in dieser
Hinsicht sind wir unter den Primaten einzigartig) unterscheiden.

Wenden wir uns nun den Geschlechtsorganen selbst zu. Die männlichen Hoden wiegen beim Menschen im Durchschnitt etwa 40 Gramm (beide zusammen). Das mag einem Macho Auftrieb geben, wenn er sich den etwas leichteren Hoden eines 200 Kilogramm schweren Gorillamännchens daneben vorstellt. Aber Moment mal: Verglichen mit den über 100 Gramm schweren Hoden eines Schimpansen von 45 Kilogramm sind unsere eigenen Hoden dann doch nicht so gewichtig. Warum ist im Vergleich zum Menschen der Gorilla so kläglich und der Schimpanse so gut ausgestattet?

Die Theorie der Hodengröße ist einer der Triumphe der modernen Anthropologie. Durch Auswiegen der Hoden von 33 Primaten entdeckten britische Wissenschaftler zwei Trends. Erstens, daß häufiger kopulierende Arten größere Hoden benötigen, und zweitens, daß promiskuitivere Arten, bei denen sich mehrere Männchen regelmäßig in kurzen Abständen mit dem gleichen Weibchen paaren, besonders große Hoden brauchen (da das Männchen, das am meisten Sperma injiziert, die besten Chancen zur Eibefruchtung hat). Vergleicht man den Befruchtungsvorgang mit einer Lotterie, bedeuten größere Hoden mehr Lose.

Und so erklärt sich aus diesen Überlegungen die unterschiedliche Hodengröße von großen Menschenaffen und Mensch: Ein Gorillaweibchen wird erst drei oder vier Jahre nach der Geburt eines Jungen wieder sexuell aktiv, und das nur für ein paar Tage im Monat, bis es zu einer erneuten Schwangerschaft kommt. Deshalb erlebt selbst das erfolgreiche Gorillamännchen mit einem Harem aus mehreren Weibchen Sex als höchst seltenen Leckerbissen, der bestenfalls einige wenige Male im Jahr zu genießen ist. Solch bescheidenen Anforderungen genügen seine recht winzigen Hoden allemal. Das Geschlechtsleben eines Orang-Utan-Männchens stellt zwar ein wenig mehr, aber nicht viel höhere Anforderungen. Dagegen leben Schimpansenmännchen mit ihrer promiskuitiven, viele Weibchen zählenden Horde in einem sexuellen Schlaraffenland mit fast täglicher Gelegenheit zur Paarung (bei den Zwergschimpansen sind es sogar mehrere Paarungsakte pro Tag). Diese Häufigkeit, gepaart mit der Notwendigkeit, andere Männchen in der Samenmenge zu übertreffen, um am Ende als Befruchter des promiskuitiven Weibchens dazustehen, erklärt, warum so große

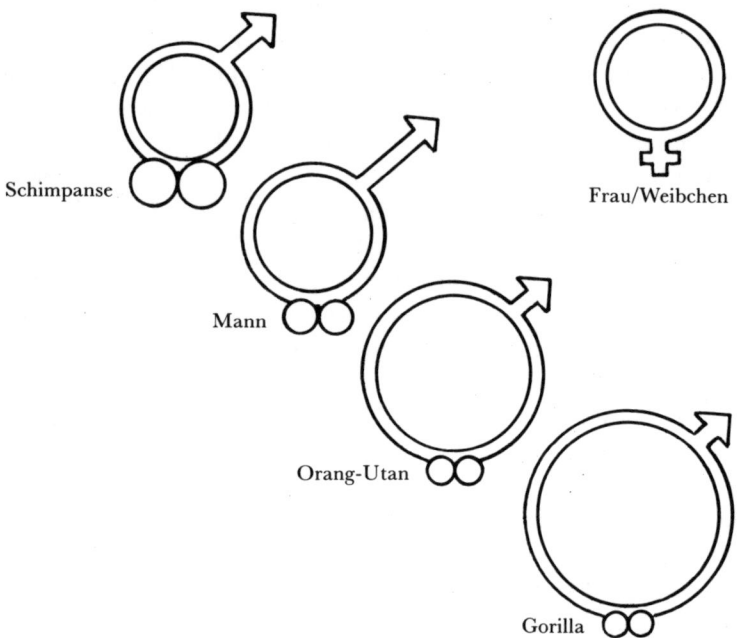

Abb. 4: Menschen und große Menschenaffen unterscheiden sich im Verhältnis der Körpergröße der Geschlechter, in der Penislänge und in der Hodengröße. Die großen Kreise repräsentieren die Körpergröße der Männer/Männchen jeder Art in Relation zu den Frauen/Weibchen der gleichen Art. Die weibliche Körpergröße (oben rechts) wird hier aus praktischen Gründen für alle Arten als gleich dargestellt. Schimpansen beiderlei Geschlechts wiegen etwa gleich viel, und Männer sind etwas größer als Frauen, während männliche Orang-Utans und Gorillas ihre Weibchen an Körpergröße weit übertreffen. Die Länge der Pfeile auf den männlichen Symbolen entspricht der Länge des aufgerichteten Penis, die kleinen Doppelkreise zeigen das Gewicht der Hoden im Verhältnis zum Körper an. Der Mensch hat den längsten Penis, Schimpansen haben die größten Hoden, und Orang-Utans und Gorillas den kürzesten Penis und die kleinsten Hoden.

FRAUEN AUS MÄNNLICHER SICHT

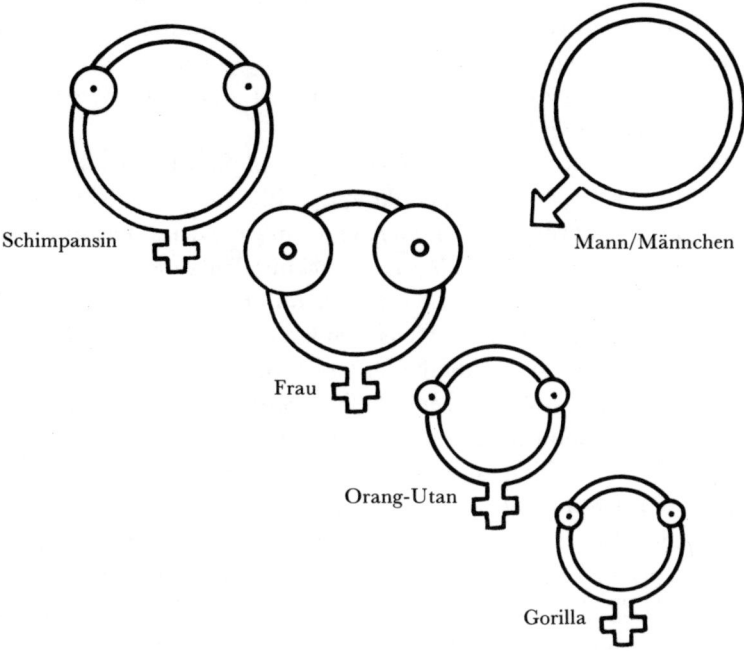

Abb. 5: Beim Menschen ist die Brustgröße der Frauen einzigartig; sie übertrifft bereits vor der ersten Schwangerschaft die von Menschenaffen bei weitem. Die großen Kreise repräsentieren die weibliche im Verhältnis zur männlichen Körpergröße bei der gleichen Art.

Hoden einen Sinn machen. Beim Menschen genügen mittelgroße Hoden, da Männer den Geschlechtsakt im Durchschnitt zwar häufiger als Gorillas oder Orang-Utans, aber seltener als Schimpansen erleben. Hinzu kommt, daß die typische Frau im typischen Menstruationszyklus nicht mehrere Männer zwingt, in Konkurrenz um ihre Befruchtung zu treten.

Die Hodengröße der Primaten stellt somit ein anschauliches Beispiel für die oben erläuterten evolutionären Kompromisse und

Abwägungen von Kosten und Nutzen dar. Für jede Art gilt, daß die
Hoden groß genug sind, um ihrer Aufgabe gerecht zu werden, aber
nicht unnötig größer. Denn dies würde nur zusätzliche Kosten
ohne entsprechenden Nutzenzuwachs bringen, indem Platz und
Energie anderen Zwecken entzogen würden und eine größere Gefahr von Hodenkrebs bestünde.

Von diesem Triumph der Wissenschaft und ihrer Erklärungskraft
begeben wir uns nun zu einem krassen Mißerfolg: dem Unvermögen, im 20. Jahrhundert endlich eine angemessene Theorie der
Penislänge zu formulieren. Die Durchschnittslänge des aufgerichteten Penis beträgt beim Gorilla drei, beim Orang-Utan vier, beim
Schimpansen 7,5 und beim Menschen knapp 13 Zentimeter. In der
optischen Auffälligkeit sind die Unterschiede ganz analog: Der Penis des Gorillas ist wegen seiner Schwarzfärbung selbst im eregier-
ten Zustand kaum zu erkennen, während sich der aufgerichtete
rosa Penis des Schimpansen vor dem Hintergrund nackter weißer
Haut deutlich abhebt. Im erschlafften Zustand ist der Penis bei
Menschenaffen überhaupt nicht zu sehen. Warum ist der menschliche Penis im Vergleich zu dem aller übrigen Primaten nur so groß
und auffällig? Bedenkt man, daß sich die Menschenaffen ebenfalls
erfolgreich fortpflanzen, stellt sich die Frage, ob der Penis beim
Menschen nicht eine überflüssige Investition von Protoplasma darstellt, das an anderer Stelle, zum Beispiel in der Großhirnrinde
oder in den Fingern, nützlicher eingesetzt wäre.

Wenn ich befreundeten Biologen dieses Rätsel aufgebe, weisen
sie meist auf bestimmte Merkmale des menschlichen Koitus hin,
die einen langen Penis ihrer Ansicht nach als nützlich erscheinen
lassen: daß wir uns beim Koitus häufig in zugewandter Position
(Antlitz zu Antlitz) befinden, daß wir eine akrobatische Vielfalt von
Stellungen einnehmen und daß der Koitus beim Menschen angeblich besonders lange dauert. Keine dieser Erklärungen hält einer
näheren Überprüfung stand. Die zugewandte Position bevorzugen
auch Orang-Utans und Zwergschimpansen, und auch Gorillas
nehmen sie gelegentlich ein. Orang-Utans wechseln zwischen zugewandter, Rücken- und seitlicher Stellung, und das alles, während
sie an Ästen hängen, was sicher mehr Penisakrobatik verlangt als
die komfortablen Bettübungen der Spezies Mensch. Unsere durch-

schnittliche Koitusdauer (bei Amerikanern rund vier Minuten) ist
zwar viel länger als bei Gorillas (eine Minute), Zwergschimpansen
(15 Sekunden) oder gewöhnlichen Schimpansen (sieben Sekunden), jedoch kürzer als bei Orang-Utans (15 Minuten) und geradezu winzig im Vergleich zum zwölfstündigen Paarungsakt der
Beutelmäuse.

Da der Grund für den großen Penis beim Menschen somit kaum
in Besonderheiten unserer Form des Koitus liegen dürfte, wurde als
alternative Erklärung vorgeschlagen, der menschliche Penis diene
als Vorzeige-Organ, ähnlich wie das Rad des Pfaus oder die Mähne
des Löwen. Diese Theorie klingt plausibel, wirft jedoch die Frage
auf, was damit wem gezeigt werden soll.

Stolze männliche Anthropologen haben die Antwort gleich parat: Es handele sich um ein attraktives Vorzeige-Organ, um Frauen
zu imponieren. Doch hier drückt sich bloßes Wunschdenken aus.
Viele Frauen sagen nämlich, daß sie die Stimme eines Mannes,
seine Beine und Schultern anregender finden als den Anblick eines
Penis. In der amerikanischen Frauenzeitschrift *Viva* wurden anfangs Photos nackter Männer veröffentlicht, nach einiger Zeit
jedoch nicht mehr, nachdem sich ein mangelndes Interesse bei den
Leserinnen gezeigt hatte. Als die Nacktphotos aus *Viva* verschwanden, stieg die Zahl der Leserinnen, während die männliche Leser-
schaft schrumpfte. Offenbar waren es Männer, die *Viva* wegen der
Nacktphotos gekauft hatten. Wir können also zwar bejahen, daß
der menschliche Penis ein Organ zum Vorzeigen darstellt, müssen
aber feststellen, daß er nicht Frauen, sondern Männer beeindruk-
ken soll.

Andere Fakten sprechen ebenfalls für die Rolle eines großen Pe-
nis als Droh- bzw. Statussymbol gegenüber anderen Männern.
Man denke nur an all die von Männern für Männer geschaffenen
Phalluskunstwerke und an die Bedeutung, die viele Männer der
Größe ihres Penis beimessen. Eine objektive Grenze wurde der
Evolution des Penis durch die Länge der weiblichen Scheide ge-
setzt: Ein erheblich größerer Penis hätte bei der Frau Verletzungen
hervorgerufen. Ich kann mir allerdings sehr gut vorstellen, wie der
Penis ohne dieses praktische Hindernis ausgefallen wäre, wenn ihn
Männer nach eigenem Gutdünken hätten gestalten können. Wahr-

scheinlich würde er eine starke Ähnlichkeit mit jenen Penisfutteralen haben, die in manchen mir aus Feldstudien bekannten Gegenden Neuguineas zur Männertracht gehören. Penisfutterale unterscheiden sich in der Länge (bis zu 60 Zentimeter), im Durchmesser (bis zu zehn Zentimeter), in der Form (gerade oder gebogen), im Körperwinkel, in der Farbe (gelb oder rot) und in der Verzierung (z. B. Fell am Ende). Jeder Mann besitzt solche »Kleidungsstücke« in unterschiedlicher Größe und Form und wählt allmorgendlich eines aus, das gerade zu seiner Stimmung paßt. Von peinlich berührten männlichen Anthropologen wurden Penisfutterale als Ausdruck von Bescheidenheit interpretiert, da der Penis in ihnen verborgen werde. Als meine Frau zum erstenmal eine solche Hülle sah, waren ihre lakonischen Worte: »Das ist ja wirklich der unbescheidenste Ausdruck von Bescheidenheit, der mir je zu Gesicht gekommen ist!«

Überraschenderweise bleiben also wichtige Funktionen des menschlichen Penis im Dunklen. Hier wartet noch ein breites Forschungsfeld darauf, beackert zu werden.

Wir wechseln nun von der Anatomie zur Physiologie und sind sofort beim sexuellen Verhaltensmuster des Menschen, das sich sehr von dem anderer Säugetierarten unterscheidet. Fast alle Säugetiere sind während der meisten Zeit sexuell inaktiv. Zur Paarung kommt es nur, wenn die Weibchen brünstig sind, das heißt wenn sie einen Eisprung haben und befruchtet werden können. Weibliche Säugetiere »wissen« offenbar, wann der Eisprung erfolgt, denn sie fördern durch Zeigen der Genitalien die Paarungsbereitschaft der Männchen. Bei den Primaten gehen viele sogar noch weiter, damit ihr Zustand auch ja nicht verkannt wird: Die Haut um die Vagina, bei manchen Arten auch das Hinterteil und die Brüste, schwellen an und färben sich rot, rosa oder blau. Diese optischen Symbole des weiblichen Paarungswillens üben auf Affenmännchen eine sehr ähnliche Wirkung aus wie eine verführerisch gekleidete Frau auf Männer. In Anwesenheit von Weibchen mit bunt geschwollenen Genitalien starren Affenmännchen viel öfter auf die Genitalien, ihr Testosteronspiegel steigt, sie machen häufigere Kopulationsversuche und dringen schneller und nach einer geringeren Zahl von

Beckenstößen ein als bei Weibchen, die weniger deutlich zeigen, was sie zu bieten haben.

Beim Menschen verhält es sich ganz anders. Frauen sind sexuell mehr oder weniger ständig empfänglich – es gibt keine scharf abgegrenzten, kurzen Phasen der Koitusbereitschaft. Obwohl etliche Studien der Frage nachgehen, ob sich die sexuelle Empfänglichkeit der Frau während des Menstruationszyklus überhaupt verändert, steht eine eindeutige Antwort noch aus. Das gleiche gilt für die Frage, in welcher Phase des Zyklus die Empfänglichkeit am größten ist, falls sie sich überhaupt verändert.

Der Eisprung der Frau ist so gründlich verborgen, daß wir erst seit etwa 1930 genaue wissenschaftliche Erkenntnisse über seinen zeitlichen Ablauf besitzen. Davor glaubten die meisten Ärzte, eine Schwängerung sei zu jedem Zeitpunkt des Zyklus möglich, oder dachten gar, daß sie am ehesten während der Menstruation erfolge. Anders als der Affenmann, der nur nach bunt geschwollenen Affendamen Ausschau halten muß, hat ein männlicher *Homo sapiens* nicht die geringste Vorstellung, welche der Frauen in seiner Umgebung gerade einen Eisprung haben und geschwängert werden könnten. Frauen selbst können zwar prinzipiell lernen, welche Empfindungen im Zusammenhang mit dem Eisprung auftreten, aber das ist selbst mit Hilfe von Temperaturmessungen und der Überprüfung von Vaginalschleim auf Spinnbarkeit keine einfache Sache. Und natürlich handelt die Frau, die auf solche Weise ihrem Eisprung nachspürt, um schwanger zu werden (oder dies zu vermeiden), aufgrund von Erkenntnissen, die sie sich bewußt aus Büchern oder Zeitschriften angeeignet hat. Ihr bleibt keine andere Wahl, da Frauen der angeborene Sinn für sexuelle Empfänglichkeit fehlt, den weibliche Säugetiere besitzen.

Der verborgene Eisprung, die permanente Empfänglichkeit und die kurze Phase der Fruchtbarkeit innerhalb des Menstruationszyklus sorgen dafür, daß der Koitus beim Menschen meist nicht zur richtigen Zeit stattfindet, um zur Empfängnis zu führen. Noch dazu schwankt die Länge des Menstruationszyklus sowohl bei verschiedenen Frauen als auch zwischen den Zyklen jeder einzelnen Frau stärker als bei anderen weiblichen Säugetieren. Das hat zur Folge, daß selbst bei Frischvermählten, die ohne Verhütungsmittel und extrem häufig miteinander schlafen, nur eine 28prozentige Empfängniswahrscheinlichkeit pro Menstruationszyklus besteht. Viehzüchter wären verzweifelt über eine derart niedrige Fruchtbarkeit bei einer Preiskuh, doch sie können ja in Ruhe einen *einzigen* Termin für eine künstliche Befruchtung ansetzen: Die Erfolgsquote liegt bei 75 Prozent.

Welches auch immer die biologische Hauptfunktion des Geschlechtsakts beim Menschen sein mag, die Empfängnis ist es jedenfalls nicht – sie ist nur ein Nebenprodukt. Eine der schlimmsten Katastrophen in unserer Epoche der Überbevölkerung ist die Behauptung der katholischen Kirche, die Empfängnis sei der natürliche Zweck des Geschlechtsakts und die Rhythmusmethode sei die einzige zu rechtfertigende Form der Verhütung. Für Gorillas und die meisten übrigen Säugetierarten wäre die Rhythmusmethode zwar denkbar gut geeignet, aber nicht für uns. Denn bei keiner Art klaffen der Zweck des Geschlechtsakts und die Empfängnis weiter auseinander als beim Menschen, und bei keiner Art ist auch die Rhythmusmethode so ungeeignet für die Verhütung.

Für Tiere ist die Paarung ein gefährlicher Luxus, da sie in dieser Zeit wertvolle Kalorien verbrennen, kein Futter sammeln, leichte Beute von Raubtieren oder Opfer machthungriger Rivalen werden können. Somit dürfen Paarung und Befruchtung so wenig Zeit wie möglich beanspruchen. Im Vergleich dazu erscheint das Geschlechtsleben des Menschen vom Standpunkt der Befruchtung als enorme Zeit- und Energieverschwendung, kurzum als Irrtum der Evolution. Wäre es beim Brunstzyklus, wie bei anderen Säugetieren, geblieben, hätten unsere Vorfahren die so gesparte Zeit besser dazu nutzen können, noch mehr Mammuts abzuschlachten. Aus dieser ergebnisorientierten Sicht wären Gruppen von Jägern und Sammlern, deren Frauen ihre fruchtbare Phase deutlich angezeigt hätten, gegenüber anderen Gruppen im Vorteil gewesen, da sie Nahrung für eine größere Zahl von Babys hätten beschaffen können.

Das am heftigsten umstrittene Problem der Evolution des menschlichen Fortpflanzungsverhaltens ist somit die Frage, warum es den versteckten Eisprung dennoch gibt und welchen Vorteil uns die vielen Geschlechtsakte zur Unzeit bringen. Für Wissenschaftler kann die Antwort nicht einfach lauten, Sex bringe eben Spaß. Das ist zwar sicher richtig, aber schließlich hat es die Evolution ja so eingerichtet. Brächten uns die vielen Geschlechtsakte zur falschen Zeit nicht erheblichen Nutzen, hätten sich schon längst menschliche Mutanten ohne Freude am Sex entwickelt und die Welt erobert.

Mit dem Paradoxon des versteckten Eisprungs hängt auch der versteckte Koitus zusammen. Alle anderen in Gruppen lebenden Tiere paaren sich vor den Augen ihrer Artgenossen, ob sie nun promiskuitiv oder monogam veranlagt sind. Seemöwen begatten sich mitten in der Kolonie; eine Schimpansin paart sich während ihres Eisprungs nicht selten der Reihe nach mit bis zu fünf Männchen in Gegenwart der anderen. Warum haben Menschen nur eine so ausgeprägte Präferenz, sich zum Geschlechtsakt zurückzuziehen?

Biologen debattieren zur Zeit mindestens sechs verschiedene Theorien, die alle den versteckten Eisprung und Geschlechtsakt zu erklären versuchen. Interessanterweise läßt sich daran, welche Haltung jemand in dieser Diskussion einnimmt, sein Geschlecht und sein allgemeiner Standpunkt ablesen. Und dies sind die Theorien und ihre Verfechter:

1. Von vielen männlichen Anthropologen mit konventionellen Ansichten bevorzugte Theorie. Hiernach entwickelten sich der versteckte Eisprung und Geschlechtsakt, damit männliche Jäger besser zusammenarbeiten könnten und weniger Aggressionen zwischen ihnen bestünden. Wie sollten Höhlenmänner auch in der Lage sein, die zum Erlegen eines Mammuts geforderte präzise Teamarbeit zu vollbringen, wenn sie am gleichen Morgen um die öffentliche Gunst eines brünstigen Höhlenweibes hätten kämpfen müssen? In dieser Theorie steckt implizit die Botschaft, die weibliche Physiologie sei in erster Linie im Hinblick auf die Beziehungen zwischen Männern, den »Herren« der Gesellschaft, von Bedeutung. Man kann die Theorie jedoch erweitern und ihr so den offen sexistischen Charakter nehmen: Sichtbare Zeichen der Fruchtbarkeit und Geschlechtsverkehr vor den Augen der anderen würden der menschlichen Gesellschaft durch Beeinträchtigung der Beziehungen von Frauen untereinander, zwischen Männern und Frauen sowie von Männern untereinander Probleme bereiten.

Stellen Sie sich zur Veranschaulichung dieser erweiterten Version der vorherrschenden Theorie bitte folgende Szene einer fiktiven Fernsehserie vor, in der gezeigt wird, wie das Leben für uns moderne Jäger und Sammler aussähe, wenn der Eisprung nicht versteckt wäre und der Koitus nicht im Verborgenen stattfände. Unsere Schauspieler heißen Bob, Carol, Ted, Alice, Ralph und Jane. Bob, Alice, Ralph und Jane arbeiten in einem Büro, in dem die Männer Aufträge jagen und die Frauen Rechnungen sammeln. Ralph ist mit Jane verheiratet. Bobs Ehefrau ist Carol, und der Ehemann von Alice ist Ted. Carol und Ted arbeiten woanders.

Eines Morgens entdecken Alice und Jane nach dem Aufwachen, daß sie als Zeichen des bevorstehenden Eisprungs und ihrer sexuellen Empfänglichkeit leuchtend rot angelaufen sind. Alice und Ted schlafen zu Hause noch einmal zusammen, bevor sie zur Arbeit gehen, jeder in eine andere Richtung. Jane und Ralph gehen gemeinsam zur Arbeit, wo sie es in Anwesenheit ihrer Kollegen gelegentlich auf dem Sofa miteinander treiben.

Bob kann nichts dagegen tun, daß es ihn nach Alice und Jane gelüstet, wenn er sie in ihrem leuchtenden Rot sieht und Jane und Ralph beim Geschlechtsverkehr beobachtet. Er kann sich nicht auf seine Arbeit konzentrieren und macht Jane und Alice immer wieder Anträge.

Ralph muß Bob von Jane wegscheuchen.

Alice ist Ted treu und weist Bob ab, aber ihre Arbeit leidet trotzdem darunter.

In einem anderen Büro schäumt Carol den ganzen Tag vor Eifersucht bei dem Gedanken an Alice und Jane, weil sie weiß, daß die beiden leuchtend rot und für Bob attraktiv sind, während sie (Carol) das nicht ist.

Im Ergebnis zieht die Firma weniger Aufträge an Land, und es werden weniger Rechnungen gesammelt. Derweil gehen die Geschäfte in anderen Büros mit verstecktem Eisprung und Koitus blendend. Das Büro von Bob, Alice, Ralph und Jane stirbt allmählich aus. Die einzigen überlebenden Büros sind die mit verstecktem Eisprung und Koitus.

Diese Parabel zeigt, daß die herkömmliche Theorie, nach der sich versteckter Eisprung und Koitus entwickelten, um die Zusammenarbeit innerhalb menschlicher Sozialgebilde zu fördern, plausibel ist. Es gibt aber noch andere, nicht minder plausible Theorien, die ich nun knapp erläutern will.

2. *Von vielen anderen männlichen Anthropologen mit konventionellen Ansichten bevorzugte Theorie.* Der versteckte Eisprung und Koitus festigen die Bande zwischen Mann und Frau, womit die Grundlage für die Familie geschaffen wird. Die Frau bleibt sexuell attraktiv und empfänglich, so daß sie den Mann jederzeit sexuell befriedigen, an sich binden und für seine Mitwirkung beim Aufziehen ihres Kindes belohnen kann. Die sexistische Botschaft lautet: Zweck der weiblichen Evolution war es, den Mann glücklich zu machen. Unerklärt läßt diese Theorie die Frage, warum Gibbonpaare, deren unerschütterliche Monogamie sie eigentlich zum moralischen Vorbild machen sollte, ständig zusammenbleiben, obwohl sie nur alle paar Jahre koitieren.

3. *Theorie eines männlichen Anthropologen mit moderneren Ansichten* (Donald Symons). Symons stellte fest, daß männliche Schimpansen nach geglückter Jagd eher bereit sind, das erbeutete Fleisch mit einem brünstigen als mit einem nicht brünstigen Weibchen zu teilen. Daraus folgerte er, daß Frauen möglicherweise im Laufe der Evolution eine permanente Koitusbereitschaft entwickelten, um von männlichen Jägern möglichst oft mit Fleisch versorgt zu werden, wofür dann Sex der Lohn wäre. Als zweite Erklärungsmöglichkeit weist Symons darauf hin, daß die Frauen der meisten Jäger- und Sammlervölker wenig Mitsprache bei der Wahl eines Ehegatten haben. In solchen Gesellschaften haben die Männer das Sagen, und ihre Clans sind sich durch Austausch heiratsfähiger Töchter gegenseitig gefällig. Durch die ständige sexuelle Attraktivität wird es jedoch selbst Frauen, die das Los eines schwachen Partners traf, möglich, einen besseren als den eigenen Mann heimlich zu verführen und seine Erbanlagen für die eigenen Kinder zu gewinnen. Symons Theorie ist zwar immer noch männerorientiert, stellt aber insofern einen Fortschritt dar, als Frauen in seiner Theorie geschickt eigene Ziele verfolgen.

4. *Gemeinsam von einem Biologen und einer Biologin formulierte Theorie*

(Richard Alexander und Katherine Noonan). Wäre der Eisprung für den Mann erkennbar, so könnte er dieses Wissen dazu nutzen, nur während dieser Phase mit seiner Frau zu verkehren und sie zu befruchten. Die übrige Zeit könnte er sich in dem sicheren Bewußtsein, daß die Zurückgelassene nicht empfänglich, wenn nicht schon befruchtet sei, als Schürzenjäger betätigen. Aus diesem Grund entwickelten Frauen den versteckten Eisprung, um Männer unter Ausnutzung ihrer Vaterschaftsängste in ein festes Eheverhältnis zu zwingen. Ohne Kenntnis des genauen Zeitpunkts des Eisprungs muß ein Mann häufig mit seiner Gattin verkehren, um ein Kind zu zeugen, und das läßt ihm weniger Zeit für neckische Spiele mit anderen Frauen. Dies ist nicht nur für die Ehefrau, sondern auch für den Ehemann von Nutzen. Er gewinnt nämlich die Gewißheit, daß die Kinder wirklich von ihm sind, und muß nicht befürchten, daß seine Gemahlin plötzlich eine Schar männlicher Rivalen anzieht, indem sie an einem bestimmten Tag rot anläuft. Endlich haben wir eine Theorie, die offenbar auf der Gleichberechtigung der Geschlechter beruht.

   5. Theorie einer Soziobiologin (Sarah Hrdy). Hrdy war davon beeindruckt, wie oft es bei Primaten – unter anderem bei Pavianen, Gorillas und gewöhnlichen Schimpansen – vorkommt, daß männliche Tiere ein Junges töten, das nicht von ihnen stammt. Die so beraubte Mutter wird dadurch wieder brünstig und paart sich nicht selten mit dem Mörder, wodurch die Zahl seiner Nachkommen wächst. (Solche Art von Gewalt war in der Geschichte des Menschen keine Seltenheit: Männliche Eroberer töteten die besiegten Geschlechtsgenossen und deren Kinder, verschonten aber die Frauen.) Als Gegenmaßnahme, so Hrdy, entwickelten Frauen den versteckten Eisprung, um die Männer zu manipulieren, indem sie Verwirrung um die Frage der Vaterschaft stifteten. Eine Frau, die ihre Gunst vielen gewährt, könnte demnach auf die Hilfe etlicher Männer beim Ernähren ihres Kindes zählen (oder wenigstens darauf, daß sie es verschonen würden), da ja jeder annehmen müßte, vielleicht sei gerade er der Vater. Ob diese Theorie nun richtig ist oder falsch, wir müssen Hrdy jedenfalls Beifall dafür zollen, daß sie den konventionellen männlichen Sexismus umkehrte und der Frau die Rolle der sexuell Mächtigen übertrug.

6. Theorie einer anderen Soziobiologin (Nancy Burley). Das neugeborene Menschenkind wiegt bei der Geburt mit durchschnittlich drei Kilogramm rund doppelt soviel wie ein Gorillajunges, während das Gewicht der Mütter in umgekehrter Relation steht. Wegen dieses ungünstigen Größen- und Gewichtsverhältnisses von Mutter und Kind ist die Geburt beim Menschen außergewöhnlich schmerzhaft und gefährlich. Vor der Ausbreitung moderner medizinischer Methoden starben viele Frauen bei der Geburt – ein Schicksal, das mir nie von weiblichen Gorillas oder Schimpansen zu Ohren kam. Nachdem die Menschen genug Intelligenz besaßen, den Zusammenhang zwischen Koitus und Empfängnis zu begreifen, hätten Frauen während ihrer fruchtbaren Phase bewußt auf Geschlechtsverkehr verzichten können, um sich die Schmerzen und Gefahren bei der Geburt eines Kindes zu ersparen. Solche Frauen hätten jedoch weniger Nachkommen hinterlassen als Frauen, denen der Eisprung verborgen blieb. Wo also männliche Anthropologen im versteckten Eisprung eine List sahen, die Frauen für Männer entwickelten (erste und zweite Theorie), sieht Nancy Burley darin eine von Frauen zur Selbsttäuschung entwickelte List.

Welche dieser sechs Theorien über die Evolution des versteckten Eisprungs mag wohl zutreffen? Nicht nur sind Biologen darüber unterschiedlicher Meinung, sondern überhaupt hat die Frage erst in den letzten Jahren ernsthaftes Interesse gefunden. Sie ist ein Beispiel für die Probleme, mit denen man es beim Aufspüren von Kausalzusammenhängen in der Evolutionsbiologie zu tun hat – wie übrigens auch in der Geschichte, Psychologie und in vielen anderen Gebieten, in denen nicht einfach Variablen verändert und Experimente unter kontrollierten Bedingungen durchgeführt werden können. Mit Hilfe von Experimenten ließen sich Ursachen und Funktionen am überzeugendsten demonstrieren. Könnten wir einen Menschenstamm schaffen, in dem die Frauen an ihren fruchtbaren Tagen sichtbare Zeichen der Koitusbereitschaft trügen, so könnten wir in aller Ruhe beobachten, ob hiermit die eheliche Kooperation am Ende wäre oder ob die Frauen ihr neues Wissen dazu nutzen würden, Schwangerschaften zu vermeiden. Da solche Experimente nun einmal nicht möglich sind, können wir nie

mit Bestimmtheit wissen, wie die menschliche Gesellschaft heute
aussähe, wenn es nicht zur Evolution des versteckten Eisprungs
gekommen wäre.

Ist es schon schwer genug, die Funktion von Vorgängen zu bestimmen, die sich heute vor unseren Augen abspielen – wieviel
schwerer ist dann erst das gleiche Unterfangen für die ferne Vergangenheit! Wir wissen, daß menschliche Knochen und Werkzeuge
vor Hunderttausenden von Jahren, als sich der versteckte Eisprung
vermutlich herausbildete, anders aussahen als heute. Wahrscheinlich unterschied sich auch die damalige menschliche Sexualität,
einschließlich der Funktion des versteckten Eisprungs, von unserer
heutigen, allerdings auf eine Weise, von der wir uns nur schwer ein
Bild machen können. Versuche, unsere Vergangenheit zu interpretieren, laufen ständig Gefahr, zu »Paläo-Poesie« auszuarten: erfun-
denen Geschichten, zu denen ein paar fossile Knochen den Anstoß
geben und die eher persönliche Vorurteile ausdrücken, als für die
Vergangenheit Gültigkeit zu besitzen.

Nachdem ich sechs plausible Theorien vorgestellt habe, bin ich
es Ihnen nun wohl doch schuldig, wenigstens den Versuch einer
Synthese zu wagen. Wieder stellt sich das Problem der Kausalität.
Komplexe Phänomene wie der versteckte Eisprung werden nur selten von einem einzigen Faktor verursacht. Es wäre deshalb genauso
töricht, nach einem einzigen Grund zu suchen, wie zu behaupten,
der Erste Weltkrieg habe nur eine Ursache gehabt. Vielmehr gab es
zwischen 1900 und 1914 eine Vielzahl weitgehend unabhängiger
Faktoren, die den Kriegsausbruch begünstigten, während andere
auf den Erhalt des Friedens hinwirkten. Der Krieg brach aus, als
die ihn begünstigenden Faktoren überhand nahmen. Das ist jedoch
keine Entschuldigung dafür, nun umgekehrt komplexe Phänomene
mit einer endlosen Liste aller nur denkbaren Faktoren »erklären«
zu wollen.

Als ersten Schritt, um unsere Liste der sechs Theorien zu verkür-
zen, sollten wir erkennen, daß unabhängig davon, welche Faktoren
in grauer Vorzeit einmal zur Evolution des besonderen menschlichen Sexualverhaltens geführt haben mögen, dieses heute nicht
mehr genauso wäre, verliehen ihm nicht bestimmte Faktoren weiter
einen Sinn. Dabei müssen die ursprünglichen Faktoren nicht mit

den heute wirksamen identisch sein. Insbesondere die in der dritten, fünften und sechsten Theorie genannten Faktoren scheinen
heute keine Rolle mehr zu spielen, auch wenn sie einst von großer
Bedeutung gewesen sein mögen. Nur eine kleine Minderheit von
Frauen bedient sich heute der Sexualität als Mittel zur Erlangung
von Nahrung oder anderer Gegenleistungen von Männern, oder
zur Stiftung von Konfusion um die Vaterschaft in der Hoffnung,
dem eigenen Kind damit die Unterstützung mehrerer Männer zu
sichern. Annahmen über die frühere Bedeutung der verschiedenen
Faktoren gehören ins Reich der »Paläo-Poesie«, mögen sie auch
noch so plausibel klingen. Begnügen wir uns lieber damit zu begreifen, warum der versteckte Eisprung und der häufige, versteckte
Koitus heute noch einen Sinn haben. Wenigstens können wir uns
dann beim Rätsellösen auf Selbstbeobachtung und die Betrachtung
unserer Mitmenschen stützen.

Die in der ersten, zweiten und vierten Theorie genannten Faktoren scheinen mir heute noch am Werk zu sein, und zwar als
verschiedene Seiten ein und desselben Paradoxons, des typischsten
Merkmals des sozialen Zusammenlebens der Menschen. Es besteht
darin, daß ein Mann und eine Frau, die das Überleben ihres Kindes (und somit die Weitergabe ihrer Erbanlagen) sichern möchten,
über einen langen Zeitraum bei der Aufzucht miteinander *und* zugleich wirtschaftlich mit vielen anderen, in der Nähe lebenden
Paaren kooperieren müssen. Fraglos festigen regelmäßige sexuelle
Beziehungen den Bund zwischen Mann und Frau, verglichen mit
den Beziehungen zu anderen, mit denen sie zwar täglich verkehren,
aber eben nicht sexuell. Der versteckte Eisprung und die dauernde
sexuelle Empfänglichkeit fördern diese »neue« Funktion der Sexualität (neu im Vergleich zu den meisten Säugetieren) als soziales
Bindemittel, nicht als bloßes Vehikel der Befruchtung. Es handelt
sich bei dieser Funktion nicht, wie in der herkömmlichen männlich-
chauvinistischen Version der ersten und zweiten Theorie, um einen
Brocken, den ein kühl berechnendes Weib einem sexhungrigen
Mann hinwirft, sondern vielmehr um einen Anreiz für beide Geschlechter. Nicht nur sind alle äußeren Zeichen des weiblichen
Eisprungs abhanden gekommen – auch der Geschlechtsakt selbst
findet im Verborgenen statt, um den Unterschied zwischen Sexual-

partnern und anderen Mitgliedern der gleichen Gruppe hervorzu-
heben. Zu dem Einwand, daß Gibbons auch ohne ständigen Sex als
Belohnung monogam bleiben, ist festzustellen, daß Gibbonpaare
fast keine sozialen und überhaupt keine wirtschaftlichen Beziehungen zu anderen Gibbonpaaren unterhalten.

Die Hodengröße beim Mann scheint mir das Ergebnis des gleichen grundlegenden Paradoxons unseres sozialen Zusammenlebens zu sein. Wir haben zwar größere Hoden als Gorillas, da wir
uns häufiger sexuell vergnügen, aber kleinere als Schimpansen,
eine Konsequenz unserer eher monogamen Lebensweise. Der statt-
liche Penis entwickelte sich möglicherweise relativ willkürlich als
Geschlechtssymbol, vergleichbar mit der Mähne des Löwen oder
den großen Brüsten der Frau. Warum bekamen nicht Löwinnen im
Verlauf der Evolution größere Brüste, Löwen einen übergroßen Penis und Männer eine Mähne? Wäre es so gekommen, hätten die
vertauschten Symbole ihre Funktion womöglich ebenso gut erfüllt.
Vielleicht war es nur ein Zufall der Evolution, eine Folge der relativen Freiheit jeder Art und jeden Geschlechts bei der Herausbildung verschiedener Merkmale, daß es heute so ist und nicht
anders.

Ein wichtiger Punkt fehlt noch in der bisherigen Diskussion. Bisher habe ich nämlich über einen Idealzustand menschlicher Sexualität gesprochen: über monogame Paare (und einige polygame
Haushalte), über Ehemänner voller Vertrauen, daß die Kinder ihrer Gemahlinnen auch wirklich von ihnen stammen, und über
Ehemänner, die ihren Frauen bei der Erziehung der Kinder bei-
springen, statt die Kleinen zu vernachlässigen und die Zeit lieber
für Seitensprünge zu nutzen. Als Rechtfertigung für die Erörterung
dieses fiktiven Ideals behaupte ich, daß die tatsächliche Verhaltens-
praxis des Menschen diesem Ideal sehr viel näherkommt als die
Praxis der Paviane oder Schimpansen. Dennoch hat das Ideal etwas Fiktives. Jedes Sozialsystem mit Verhaltensregeln für seine
Mitglieder läuft Gefahr, daß einzelne dagegen verstoßen, wenn für
sie die Vorteile von Verstößen die negativen Folgen von Sanktionen
überwiegen. Es ist also eine Frage der Quantität: Werden Regelverstöße so normal, daß das gesamte System zusammenbricht, oder
kommen Verstöße zwar vor, aber nicht so oft, um das System zum

Einsturz zu bringen, oder sind Regelverstöße höchst selten? Übertragen auf die menschliche Sexualität, lautet die Frage: Werden 90, 30 oder ein Prozent aller Kinder außerehelich gezeugt? Diese Frage und die Konsequenzen, die sich daraus ergeben, sind Gegenstand des folgenden Kapitels.

KAPITEL 4

Die Wissenschaft vom Ehebruch

Es gibt unzählige Gründe, auf die Frage, ob man Ehebruch begangen hat, falsch zu antworten. Deshalb lassen sich präzise Informationen zu diesem wichtigen Thema besonders schwer beschaffen.
Eine der wenigen zuverlässigen Datensammlungen, die wir besitzen, war das völlig unerwartete Nebenprodukt einer medizinischen
Forschungsarbeit, die vor fast einem halben Jahrhundert zu einem
ganz anderen Zweck angefertigt wurde. Ihre Ergebnisse wurden
der Öffentlichkeit nie enthüllt.

Ich selbst erfuhr erst kürzlich davon, und zwar von einem re-
nommierten Mediziner, der die Studie seinerzeit geleitet hatte. (Da
er in diesem Zusammenhang nicht genannt werden möchte, heißt
er im folgenden Dr. X.) In den vierziger Jahren beschäftigte sich
Dr. X mit den genetischen Eigenschaften menschlicher Blutgruppen, bei denen es sich um ausschließlich durch Vererbung erworbene Moleküle handelt. Jeder Mensch besitzt Dutzende entsprechender Substanzen in den roten Blutkörperchen, die alle entweder
väterlicher- oder mütterlicherseits vererbt wurden. Die Wahl fiel
auf eine sehr einfache Untersuchungsmethode: Man begebe sich
auf die Entbindungsstation eines wohlangesehenen amerikanischen
Krankenhauses, nehme Blutproben von 1000 Neugeborenen und
deren Eltern, bestimme die Blutgruppen aller Proben und ziehe
daraus entsprechend bekannter Regeln Schlüsse über die Vererbung von Blutgruppen.

Zum Entsetzen von Dr. X ergab sich aus den Blutproben, daß
fast zehn Prozent aller Babys nachweislich die Frucht von Ehebrü-
chen waren! Der Beweis lag darin, daß diese Babys eine oder
mehrere Blutgruppen aufwiesen, die beiden vermeintlichen Eltern
fehlten. Über die Mutterschaft konnte es keinen Zweifel geben: Die
Blutproben waren von den Säuglingen und ihren Müttern kurz
nach der Geburt entnommen wurden. Eine im Baby vorhandene,
aber in der Mutter nicht angetroffene Blutgruppe konnte nur vom

Vater stammen. Das Fehlen der fraglichen Blutgruppe im Ehemann der Mutter mußte deshalb bedeuten, daß das Baby von einem anderen Mann gezeugt worden war – außerehelich. Die wahre Häufigkeit außerehelichen Geschlechtsverkehrs muß dabei noch viel höher als zehn Prozent gewesen sein, da viele der heute in Vaterschaftstests berücksichtigten Blutgruppensubstanzen in den vierziger Jahren noch unbekannt waren und da ja auch nicht jeder Geschlechtsverkehr zur Empfängnis führt.

Zu der Zeit, als Dr. X seine Entdeckung machte, war die Erforschung sexueller Gewohnheiten in Amerika praktisch tabu. Er entschied sich deshalb, Stillschweigen zu bewahren und seine Ergebnisse niemals zu veröffentlichen; nur mit Mühe erhielt ich die Erlaubnis, unter Verzicht auf Namensnennung darüber zu berichten. Die von Dr. X gewonnenen Erkenntnisse wurden jedoch später durch mehrere ähnlich angelegte Vererbungsstudien bestätigt, deren Resultate auch veröffentlicht wurden. Diesen Studien zufolge sind zwischen fünf und 30 Prozent der Babys in Amerika bzw. Großbritannien das Ergebnis von Ehebruch. Der wahre Prozentsatz der Ehen, in denen Seitensprünge vorkommen, muß aus den beiden gleichen Gründen wie in der Studie des Dr. X wesentlich höher liegen.

Nun können wir also die am Ende von Kapitel 3 gestellte Frage beantworten, ob außerehelicher Sex für Menschen eine seltene Abweichung, eine häufige Ausnahme vom »normalen« Sex in der Ehe oder ein so häufiges Phänomen darstellt, daß die Ehe zu einem Schwindel wird. Als zutreffend erweist sich die mittlere Aussage. Die große Mehrzahl aller Väter zieht tatsächlich die eigenen Sprößlinge auf, und man sollte die Ehe nicht als Schwindel bezeichnen. Der Mensch ist kein promiskuitiver Schimpanse, der bloß vorgibt, etwas anderes zu sein. Klar ist aber auch, daß außerehelicher Sex einen integralen, wenngleich »inoffiziellen« Bestandteil des menschlichen Paarungsverhaltens darstellt. Ehebruch wurde bei vielen anderen Tierarten ebenfalls beobachtet, deren soziales Gefüge auf gemeinsamer Elternschaft und dauerhafter Bindung beruht. Da solche Bindungen bei gewöhnlichen und Zwergschimpansen nicht vorkommen, ergibt es keinen Sinn, bei ihnen von Ehebruch zu sprechen. Wir müssen dieses Verhalten neu erfunden haben, nachdem es für unsere schimpansenähnlichen Vorfahren bereits zur Vergangenheit gehörte. Deshalb können wir die menschliche Sexualität und die Rolle, die sie bei unserem Aufstieg aus dem Tierreich spielte, nicht erörtern, ohne uns auch sorgfältig mit der Wissenschaft vom Ehebruch zu beschäftigen.

Die meisten Erkenntnisse, die wir über die Häufigkeit von Ehebruch besitzen, verdanken wir Befragungen und nicht der Bestimmung von Blutgruppen. Seit den vierziger Jahren wurde die Legende, eheliche Untreue käme in den USA selten vor, durch eine große Zahl von Umfragen, allen voran den Kinsey-Report, widerlegt. Doch auch in den angeblich so liberalen neunziger Jahren ist die Haltung zum Ehebruch noch immer sehr zwiespältig. Er gilt als etwas Aufregendes: Kaum eine Unterhaltungsserie im Fernsehen kommt ohne ihn aus. Und es gibt auch nur wenige Themen, die mehr Anlaß zu scherzhaften Bemerkungen geben. Doch wie Freud feststellte, spielt Humor eine wichtige Rolle im Umgang mit Dingen, die uns sehr schmerzen. In der Geschichte der Menschheit war Ehebruch stets eine der Hauptursachen für Mord, Elend und Not. Bei der Behandlung dieses Themas kann man den wissenschaftlichen Ernst sicher nicht ganz bewahren, aber es fällt ebenso schwer, keinen Abscheu vor den sadistischen Institutionen zu empfinden, die von menschlichen Gesellschaften ersonnen wurden, um das »Fremdgehen« unter Kontrolle zu bekommen.

Aus welchen Motiven suchen oder meiden Verheiratete Sex mit fremden Partnern? Da Wissenschaftler für fast alles eine Theorie haben, wundert es nicht, daß auch eine Theorie des außerehelichen Geschlechtsverkehrs (abgekürzt AEV, nicht zu verwechseln mit vorehelichem Geschlechtsverkehr = VEV) erfunden wurde. Für viele Tierarten stellt sich das Problem des AEV überhaupt nicht, da sie keine Ehe praktizieren. So paart sich ein läufiges Berberaffenweibchen promiskuitiv mit jedem erwachsenen Männchen seiner Horde, wobei es im Durchschnitt alle 17 Minuten zum Koitus kommt. Manche Säugetiere und die meisten Vogelarten leben jedoch in »ehelicher Gemeinschaft«. Das bedeutet, Männchen und Weibchen gehen eine dauerhafte Bindung ein, um dem gemeinsamen Nachwuchs Fürsorge und Schutz zu gewähren. Gibt es die

Ehe erst einmal, besteht auch die Möglichkeit, dem nachzugehen, was Soziobiologen beschönigend als »kombinierte Fortpflanzungsstrategie« (abgekürzt KFS) bezeichnen. In einfachem Deutsch heißt das nichts anderes, als verheiratet zu sein und fremdzugehen.

Zwischen verschiedenen Tierarten mit einer ehelichen Form des Zusammenlebens gibt es große Unterschiede im Ausmaß, in dem sie mehrere Fortpflanzungsstrategien zugleich verfolgen. Bei den kleinen Menschenaffen, die wir als Gibbons bezeichnen, gibt es äußerst wenige bekannte Fälle von außerehelicher Paarung, während das bei Schneegänsen an der Tagesordnung ist. Menschliche Gesellschaften unterscheiden sich in dieser Beziehung ebenfalls, doch ich vermute, daß keine den treuen Gibbons auch nur nahekommt. Um all diese Unterschiede zu erklären, kamen Soziobiologen auf die Idee, spieltheoretische Überlegungen anzuwenden; danach ist das Leben ein evolutionärer Wettkampf, bei dem derjenige den Sieg davonträgt, der die meisten Nachkommen hinterläßt.

Die Wettkampfregeln ergeben sich aus den ökologischen Bedingungen und der Fortpflanzungsbiologie jeder Art. Herauszufinden gilt es dann, mit welcher Strategie der Wettkampf am ehesten zu gewinnen ist: mit strenger Treue, purer Promiskuität oder einer Mischung aus beiden. Eines muß ich von Anfang an klarstellen: So nützlich dieser Ansatz für das Verständnis ehelicher Untreue bei Tieren sein mag, so heikel ist die Frage seiner Relevanz für menschliche Seitensprünge, worauf ich noch eingehen werde.

Als erstes erkennt man, daß die optimale Spielstrategie für männliche und weibliche Angehörige derselben Art nicht gleich ist. Der Grund liegt in gewichtigen Unterschieden in der Fortpflanzungsbiologie von Männchen und Weibchen: in der erforderlichen Mindestanstrengung zur Fortpflanzung und in der Gefahr, betrogen zu werden. Betrachten wir diese uns nur allzu geläufigen Unterschiede nun etwas genauer.

Für Männer besteht der Mindestaufwand zur Zeugung eines Kindes im Geschlechtsakt, der nicht viel Zeit und Energie in Anspruch nimmt. Biologisch gesehen kann ein Mann am gleichen Tag durchaus mit zwei verschiedenen Frauen ein Kind zeugen. Dagegen besteht der Mindestaufwand für Frauen aus dem Geschlechtsakt plus der Schwangerschaft plus mehrjährigem Stillen (während des größten Teils der Menschheitsgeschichte) – also einem gewaltigen Einsatz an Zeit und Energie. Ein Mann ist deshalb potentiell in der Lage, wesentlich mehr Nachwuchs zu zeugen als eine Frau. Im 19. Jahrhundert berichtete ein Europäer, der eine Woche am Hof des indischen Potentaten, des Nizam von Haiderabat, zubrachte, daß vier seiner Gemahlinnen innerhalb von acht Tagen Kinder gebaren und neun weitere Geburten in der nächsten Woche bevorstanden. Die größte bekannte Kinderzahl eines Mannes in der Geschichte der Menschheit beläuft sich auf 888, gezeugt von dem marokkanischen Herrscher Moulay Ismail dem Blutrünstigen, während die entsprechende Zahl für eine Frau nur 69 beträgt (das schaffte im 19. Jahrhundert eine Moskowiterin, die sich auf Drillinge spezialisiert hatte). Nur wenige Frauen brachten es auf über 20 Kinder, was umgekehrt für Männer in Gesellschaften mit Vielehe nicht selten vorkommt.

Als Folge dieser biologischen Unterschiede bieten Polygamie und AEV Männern viel größere Vorteile als Frauen – sofern die Kinderzahl das einzige ist, was zählt. (Leserinnen, die das Buch nun wütend beiseite legen wollen, und Leser, die in Hurrarufe ausbrechen möchten, seien gewarnt: Lesen Sie weiter, und Sie werden herausfinden, daß es beim AEV noch um viel mehr geht.) Statistiken über AEV sind naturgemäß schwer zu bekommen, nicht jedoch über Polygamie. In der einzigen Gesellschaft mit Vielmännerei oder Polyandrie, über die ich statistische Angaben finden konnte, der Gesellschaft der Tre-ba in Tibet, haben Frauen mit zwei Ehemännern im Durchschnitt *weniger* Kinder als Frauen mit nur einem Ehemann, nicht etwa mehr. Demgegenüber zogen männliche Mormonen im 19. Jahrhundert in Amerika großen Nutzen aus der Vielweiberei: Während Männer mit nur einer Ehefrau im Durchschnitt sieben Kinder hatten, waren es bei zwei Ehefrauen im Durchschnitt 16 und bei drei Ehefrauen 20 Kinder. Insgesamt hatten polygam lebende Mormonen durchschnittlich 2,5 Frauen und 15 Kinder, mormonische Kirchenführer sogar fünf Frauen und 25 Kinder. Ganz ähnlich ist es beim Stamm der Temne in Sierra

Leone, wo die durchschnittliche Kinderzahl von eins auf fünf an-
steigt, während die Zahl der Ehefrauen parallel von eins auf fünf
wächst.

Die zweite sexuelle Asymmetrie mit einigem Gewicht für die
Spielstrategie bezieht sich auf die Gewißheit, tatsächlich biologischer Vater oder Mutter des mutmaßlichen eigenen Sprößlings zu
sein. Ein »gehörntes« Tier, das unwissentlich den Nachwuchs eines
anderen großzieht, hat das Evolutionsspiel verloren, während ein
anderer Spieler, das wirkliche Elternteil, als Sieger hervorgeht.
Sieht man von vertauschten Babys in Säuglingsstationen ab, können Frauen in dieser Hinsicht nicht betrogen werden: Sie beobachten ja, wie das Baby ihrem Körper entschlüpft. Ähnliches gilt für
Männchen bei Tierarten, bei denen die Eibefruchtung *außerhalb* des
weiblichen Körpers erfolgt. Bei manchen Fischarten zum Beispiel
schauen die Männchen den Weibchen beim Ablegen der Eier zu,
stoßen dann sofort ihr Sperma darüber aus, kehren die so befruch-
teten Eier zusammen und nehmen sie in ihre Obhut, im sicheren
Wissen um die eigene Vaterschaft. Männer und alle männlichen
Tiere, bei denen die Eibefruchtung *im* weiblichen Körper geschieht,
sind hingegen leicht zu betrügen. Denn der vermeintliche Vater
weiß mit Gewißheit ja nur, daß sein Sperma in die Mutter gelangte
und nach einiger Zeit ein Sprößling aus ihr hervorkam. Nur durch
Beobachtung der Frau bzw. des Weibchens während der gesamten
Fruchtbarkeitsphase ist die Möglichkeit auszuschließen, daß noch
anderes männliches Sperma hineingelangte und die eigentliche Befruchtung bewerkstelligte.

Eine ungewöhnliche Antwort gaben die Nayar in Südindien auf
diese schlichte Asymmetrie. In ihrer Kultur war es üblich, daß
Frauen gleichzeitig oder nacheinander zahlreiche Liebhaber besaßen, weshalb die Ehemänner kein Vertrauen in die eigene Vaterschaft hatten. Um aus ihrem Los das Beste zu machen, lebten die
Nayar-Männer nicht mit ihren Frauen zusammen und kümmerten
sich auch nicht um deren Kinder, sondern wohnten bei ihren
Schwestern und nahmen sich deren Kinder an. Bei diesen Nichten
und Neffen hatten sie wenigstens die Gewißheit, daß sie ein Viertel
ihrer Gene teilten.

Mit diesen beiden grundlegenden sexuellen Asymmetrien im

Hinterkopf wollen wir nun untersuchen, welche Spielstrategie wohl die beste ist und wann sich AEV auszahlt. Betrachten wir dazu drei Strategien, von denen jede etwas komplexer ist als die davor.

Erste Strategie: Ein Mann sollte stets nach AEV streben, weil er wenig zu verlieren und sehr viel zu gewinnen hat. Vergegenwärtigen wir uns die während der meisten Zeit der menschlichen Evolution in Jäger- und Sammlergesellschaften herrschenden Bedingungen, unter denen eine Frau im Laufe ihres Lebens kaum mehr als vier Kinder aufziehen konnte. Ein einziger Seitensprung ermöglichte es dem ansonsten treuen Gatten, seine Lebensleistung an gezeugtem Nachwuchs von vier auf fünf zu erhöhen, was einer enormen Steigerung um 25 Prozent bei einem Aufwand von nur wenigen Minuten entspricht. Was soll an dieser verblüffend einfachen Logik falsch sein?

Zweite Strategie: Man braucht nicht lange zu überlegen, um einen grundlegenden Fehler an der ersten Strategie zu entdecken, nämlich, daß sie nur die potentiellen Vorteile von AEV für den Mann ins Kalkül zieht, die potentiellen Kosten aber ignoriert. Zu letzteren zählen unter anderem: die Gefahr, vom Ehemann der zur AEV-Partnerin erkorenen Frau ertappt und verletzt oder getötet zu werden; die Gefahr, von der eigenen Frau verlassen zu werden; die Gefahr, während der Suche nach einer AEV-Partnerin von der eigenen Frau betrogen zu werden; und schließlich die Gefahr der Vernachlässigung der eigenen ehelichen Kinder. Gemäß der zweiten Strategie würde sich der Möchtegern-Casanova wie ein raffinierter Kapitalanleger bemühen, seinen Nutzen zu maximieren und seine Kosten zu minimieren. Was könnte vernünftiger sein?

Dritte Strategie: Wer so dämlich ist und sich mit der zweiten Strategie begnügt, hat offenbar noch nie eine Frau zu AEV oder VEV aufgefordert. Und schlimmer noch, er hat sich noch nie Gedanken über die statistische Seite heterosexueller Geschlechtskontakte gemacht, wonach zu jedem Akt von AEV eines Mannes auch eine Frau gehört, die AEV (oder wenigstens VEV) ausübt. Die erste Strategie macht ebenso wie die zweite den Fehler, weibliche Strategie-Überlegungen zu ignorieren, wodurch jede männliche Strategie zum Scheitern verurteilt ist. Die dritte Strategie muß deshalb die Strategien beider Geschlechter integrieren. Doch was könnte überhaupt für eine Frau an AEV oder VEV attraktiv sein, wo doch ein Ehemann völlig ausreicht, um ihr Fortpflanzungspotential voll auszuschöpfen? Diese Frage bereitet der heutigen Generation theoretischer Soziobiologen mit rein wissenschaftlichem Interesse an AEV großes Kopfzerbrechen, wie sie im übrigen während der gesamten Menschheitsgeschichte eine Herausforderung für den Erfindungsreichtum männlicher Möchtegern-Ehebrecher darstellte.

Bevor wir unsere theoretische Erörterung der dritten Strategie fortsetzen können, benötigen wir genaue Zahlen über AEV. Da Umfragen zu sexuellen Gewohnheiten im Ruf besonderer Unzuverlässigkeit stehen, wenden wir uns zunächst einigen jüngst veröffentlichten Studien an Vögeln zu, die paarweise in großen Kolonien nisten. Ihr Paarungsverhalten ähnelt dem des Menschen stärker als das unserer nächsten Verwandten, der Menschenaffen. Vögel haben zwar den Nachteil gegenüber Menschen, daß man sie nicht nach ihren Motiven befragen kann, aber das ist nicht schlimm, da unsere Antworten ohnehin oft gelogen sind. Der Vorteil von Kolonievögeln liegt für unseren Zweck darin, daß man die Vögel mit Ringen markieren und dann Stunde um Stunde genau beobachten kann, wer was mit wem treibt. Ich weiß von keinen vergleichbaren Informationen für größere menschliche Populationen.

Wichtige Erkenntnisse über »Ehebruch« bei Vögeln verdanken wir jüngst durchgeführten Beobachtungen an fünf Arten von Reihern, Möwen und Gänsen. Alle nisten in dichten Kolonien aus nominell monogamen Paaren. Ein Vogel allein ist nicht zur Aufzucht eines Jungen in der Lage, da unbewachte Nester Gefahr laufen, während der Futtersuche zerstört zu werden; ein Männchen vermag auch nicht zwei Familien gleichzeitig zu ernähren und zu schützen. Entsprechend gelten für die genannten Vogelarten folgende Grundregeln der sexuellen Strategie: Polygamie ist verboten; die Kopulation mit einem »alleinstehenden« Weibchen ergibt nur Sinn, wenn es sich kurze Zeit später mit einem Männchen paart, das für den daraus entspringenden Nachwuchs sorgt; die heimliche Befruchtung des Weibchens eines anderen Männchens ist jedoch eine mögliche Strategie.

Die erste Studie galt dem Kanadareiher und dem Silberreiher bei Hog Island in Texas. Bei beiden Arten baut das Männchen erst ein Nest und wirbt dann mit Balzbewegungen und Rufen um vorbeifliegende Weibchen. Nachdem sich zwei Vögel füreinander entschieden haben, kopulieren sie etwa 20mal. Das Weibchen legt daraufhin die Eier und verläßt das Nest, um den größten Teil des Tages mit der Futtersuche zu verbringen, während das Männchen als Wächter über Nest und Eier zurückbleibt. Während der ersten ein bis zwei Tage nach der Paarung wirbt das Männchen um jedes vorbeifliegende Weibchen, sowie das eigene Weibchen das Nest verläßt, es kommt aber dabei nicht zu AEV. Vielmehr scheint es sich bei dem halb-untreuen Verhalten des Männchens um eine Absicherung gegen eine mögliche »Scheidung« zu handeln, so daß eine Ersatzpartnerin für den Fall da ist, daß das Männchen von seinem Weibchen verlassen wird (das geschieht in bis zu 20 Prozent der Fälle). Die vorbeifliegenden »Ersatzweibchen« beantworten die Werbung aus Unwissenheit. Sie befinden sich auf der Suche nach einem Paarungspartner und erfahren erst, daß das Männchen nicht mehr »ledig« ist, wenn das Weibchen zurückkommt (was in kurzen Abständen geschieht) und sie verscheucht. Nach und nach wächst beim Männchen die Zuversicht, nicht verlassen zu werden, und es stellt die Werbung um vorbeifliegende Weibchen ein.

In der zweiten Studie, bei der es um Blaureiher in Mississippi ging, hatte ein Verhalten, dessen Zweck vielleicht ursprünglich in der Absicherung gegen eine mögliche »Scheidung« bestand, ernstere Folgen. Es wurden 62 Fälle von AEV dokumentiert, meist zwischen einem Weibchen im eigenen Nest und einem Männchen aus einem Nachbarnest, während sich der Partner des Weibchens auf Futtersuche befand. Die meisten Weibchen widersetzten sich anfangs, aber nicht lange, und am Ende hatten manche mehr AEV als ehelichen Verkehr. Um das Risiko, selbst betrogen zu werden, so gering wie möglich zu halten, blieb das ehebrecherische Männchen bei der Futtersuche nur kurze Zeit vom Nest fort, kehrte oft zurück, um sein Weibchen zu bewachen, und begab sich auf der Suche nach AEV nicht weiter fort als bis zu benachbarten Nestern. In der Regel war der AEV zeitlich so abgepaßt, daß er gerade dann erfolgte, wenn das auserkorene Weibchen noch keine Eier gelegt

hatte und noch befruchtet werden konnte. Außereheliche Kopula-
tionen waren allerdings kürzer als eheliche (acht statt zwölf Sekunden), mit der Konsequenz einer geringeren Befruchtungswahr-
scheinlichkeit; fast die Hälfte aller Nester, in denen es zu AEV
gekommen war, wurden in der Folge aufgegeben.

Die Beobachtung von Silbermöwen am Michigansee ergab, daß
35 Prozent der Männchen AEV praktizierten. Dieser Prozentsatz
entspricht fast den 32 Prozent aller jungen amerikanischen Ehemänner, die laut einer Veröffentlichung der *Playboy Press* aus dem
Jahre 1974 das gleiche tun. Ein wesentlicher Unterschied zwischen
Möwen und Menschen liegt allerdings im weiblichen Verhalten.
Während *Playboy Press* über AEV bei 24 Prozent der jungen amerikanischen Ehefrauen berichtete, wiesen sämtliche »verheirateten«
Möwen-Weibchen ehebrecherische Annäherungsversuche glattweg
zurück und gaben sich in Abwesenheit des eigenen Männchens
niemals dem Männchen im Nachbarnest hin. Vielmehr waren in
allen Fällen, in denen Männchen AEV trieben, partnerlose Weibchen beteiligt, die somit VEV praktizierten. Zur Verringerung des
eigenen Risikos, betrogen zu werden, widmete sich das Männchen
während der Fruchtbarkeitsphasen des Weibchens in stärkerem
Maße als sonst dem Verjagen von Störenfrieden. Zu der Frage, wie
das Männchen seine Partnerin dazu bewegen konnte, treu zu bleiben, während es selbst auf die Suche nach AEV ging, lautet die
Antwort, daß sein Geheimnis – wie das mancher verheirateter
Männer, die ebenfalls eine kombinierte Fortpflanzungsstrategie
verfolgen – darin bestand, sein Weibchen stets emsig zu füttern und
immer dann mit ihm zu kopulieren, wenn es dazu bereit war.

Unser letzter präziser Datensatz bezieht sich auf Schneegänse in
der kanadischen Provinz Manitoba. Wie schon für den Blaureiher
erläutert, kommt es auch bei Schneegänsen hauptsächlich auf die
Weise zu AEV, daß ein Männchen sich einem anfangs ablehnenden
Weibchen aus einem Nachbarnest, dessen Partner gerade ausgeflo-
gen ist, nähert. Der Grund für die Abwesenheit des Männchens ist
in der Regel die Suche nach Gelegenheiten, AEV zu treiben. Hier
mag der Eindruck entstehen, als würde der Gänserich ebenso viel
verlieren wie gewinnen, doch ist er nicht so dumm. Während das
Weibchen noch Eier legt, bleibt das Männchen als Bewacher da.

(Ein nistendes Weibchen wird fünfzigmal seltener »angemacht«, wenn sein Paarungspartner zugegen ist.) Erst wenn das Eierlegen abgeschlossen und die Vaterschaft gesichert ist, begibt sich das Männchen auf die Suche nach geeigneten Partnerinnen für AEV.

Diese Vogelstudien zeigen den Vorteil einer wissenschaftlichen Beschäftigung mit dem Thema Ehebruch. Es wurden eine Reihe raffinierter Strategien aufgedeckt, mit denen Männchen versuchen, beides zu erlangen: gesicherte Vaterschaft im eigenen Nest und gleichzeitiges Aussäen ihres Samens in fremden Nestern. Zu den Strategien zählen das Werben um weibliche »Singles« als Absicherung gegen das Verlassenwerden, solange noch Zweifel an der Treue des eigenen Weibchens bestehen; das Bewachen des Weibchens während der Fruchtbarkeitsphasen; reichliches Füttern des Weibchens und häufiges Kopulieren, damit es während der eigenen Abwesenheit treu bleibt; und schließlich das Begehren des Weibchens im Nachbarnest, wenn es fruchtbar ist und das eigene Weibchen nicht mehr. Doch selbst diese eindrucksvollen Beispiele für die Anwendung wissenschaftlicher Methoden genügten nicht, um zu klären, welchen Vorteil Weibchen von AEV haben mögen, sofern überhaupt einen. Eine Antwort wäre, daß Reiher-Weibchen, die sich mit der Absicht tragen, ihren Partner zu verlassen, durch AEV mögliche neue Partner kennenlernen. Denkbar ist auch, daß Möwen-Weibchen ohne Paarungspartner in Kolonien mit Weibchenüberschuß durch VEV befruchtet werden können, um dann die Jungen mit Hilfe eines anderen Weibchens in ähnlicher Lage aufzuziehen.

Der größte Schwachpunkt dieser Studien besteht darin, daß sich die Weibchen oft anscheinend nur widerwillig an AEV beteiligen. Um ein besseres Verständnis einer aktiveren weiblichen Rolle zu gewinnen, bleibt uns deshalb keine andere Wahl, als uns mit Menschen zu beschäftigen, so komplizierte Probleme dabei auch aufgrund kultureller Unterschiede, der Vorurteile von Beobachtern und der zu befürchtenden Unzuverlässigkeit der Antworten auftreten mögen.

Untersuchungen, in denen Männer und Frauen aus verschiedenen Kulturen verglichen werden, fördern meist folgende Unterschiede zutage: Männer haben mehr Interesse an AEV als Frauen; Männer sind stärker an wechselnden Sexualpartnern interessiert als Frauen, und zwar der puren Abwechslung halber; bei Frauen ist das Motiv für AEV eher Unzufriedenheit in der Ehe und/oder der Wunsch nach einer neuen dauerhaften Beziehung; Männer zeigen sich beim Eingehen rein sexueller Bekanntschaften weniger wählerisch als Frauen. Bei den Hochlandbewohnern von Neuguinea zum Beispiel erklärten mir die Männer, sie suchten AEV, weil der Sex mit der eigenen Ehefrau (oder sogar mit den eigenen Ehefrauen im Falle polygamer Männer) unweigerlich langweilig werde, während der Grund für Frauen, die AEV suchen, hauptsächlich darin besteht, daß der eigene Ehemann sie sexuell nicht befriedigen kann (zum Beispiel aus Altersgründen). In den von mehreren hundert jungen Amerikanern für eine Computer-Partnervermittlung ausgefüllten Fragebogen drückten die weiblichen Teilnehmer stärkere Partnerpräferenzen aus als die männlichen, und das in fast jeder Hinsicht: Intelligenz, Status, Tanzbereitschaft, Religion, Rasse etc. Die einzige Kategorie, in der sich die Männer wählerischer zeigten, war die körperliche Attraktivität. Nach der ersten Verabredung mußten alle erneut einen Fragebogen ausfüllen, dessen Auswertung ergab, daß sich zweieinhalbmal so viele Männer wie Frauen in ihren computer-vermittelten Partner verliebt hatten. Das zeigt, daß die Frauen wählerischer auf mögliche Partner reagierten als die Männer.

Wir befinden uns offenbar auf schwankendem Boden, wenn wir ehrliche Antworten auf Fragen zu den Einstellungen von Befragten zu AEV erwarten. Diese Einstellungen schlagen sich jedoch auch in Gesetzen und Verhaltensweisen nieder. Speziell eine Reihe weitverbreiteter heuchlerischer, oft sadistischer Merkmale von Gesellschaften sind das Ergebnis zweier grundlegender Probleme, vor die sich Männer bei der Suche nach AEV gestellt sehen: Zum einen versucht derjenige, der eine kombinierte Fortpflanzungsstrategie (KFS) verfolgt, zwei Dinge gleichzeitig zu haben: Geschlechtsverkehr mit den Frauen anderer Männer und zugleich eine treue Ehefrau (oder treue Ehefrauen) daheim. Dabei heimsen manche Männer unweigerlich einen Vorteil auf Kosten anderer ein. Zum zweiten gibt es eine realistische biologische Grundlage für die verbreitete männliche Angst, betrogen zu werden, wie wir oben sahen.

Ehebruchgesetze liefern deutliche Beispiele für die von Männern in bezug auf dieses Dilemma ersonnenen Regeln. Bis in die jüngste Vergangenheit zeichneten sich praktisch alle diese Gesetze ungeachtet ihrer Herkunft – ob hebräisch, ägyptisch, römisch, aztekisch, islamisch, afrikanisch, chinesisch oder japanisch – durch ihre Asymmetrie aus. Sie waren allein dazu bestimmt, verheirateten Männern die Gewißheit zu verschaffen, daß ihre vermeintlichen Kinder auch wirklich von ihnen stammten. Folglich ist der Familienstand der beteiligten Frau entscheidend, während dem des Mannes keine Bedeutung beigemessen wird. Beteiligt sich eine Frau an AEV, so gilt das als Verbrechen gegen ihren Ehemann, dem in der Regel Anspruch auf Schadenersatz zusteht (oft in Form brutaler Rache oder durch Scheidung unter Rückgabe des Brautpreises). Dagegen wird der AEV eines verheirateten Mannes nicht als Verbrechen gegen seine Ehefrau gewertet. Vielmehr gilt er, wenn seine Partnerin beim Ehebruch verheiratet ist, als Verbrechen gegen deren Ehemann, und wenn sie unverheiratet ist, als Verbrechen gegen ihren Vater oder ihre Brüder (da ihr Wert als künftige Braut durch die Tat gemindert wird).

Das erste Strafgesetz gegen männliche Untreue wurde erst 1810 in Frankreich erlassen, und es verbot lediglich verheirateten Männern, eine Konkubine gegen den Willen ihrer Ehefrau im gleichen Haus aufzunehmen. Aus menschheitsgeschichtlicher Perspektive sind die modernen Ehebruchgesetze des Westens mit ihrer annähernden Symmetrie eine Neuerung, die erst in den letzten 150 Jahren aufkam. Noch heute behandeln Staatsanwälte, Richter und Jurys in den USA und in England eine Tötung dann als minder schweren Fall von Totschlag (oder sprechen den Angeklagten sogar frei), wenn ein Ehemann seine Frau und deren Liebhaber in flagranti ertappt und umbringt.

Das vielleicht ausgefeilteste System, das völlige Gewißheit über die Vaterschaft schaffen sollte, wurde am Hof der chinesischen Kaiser der Tang-Dynastie erfunden. Für jede der Hunderte von kaiserlichen Ehefrauen und Konkubinen führte eine Schar von Hofdamen Buch über die genauen Daten der Menstruation, so daß der

Kaiser genau an dem Tag mit einer bestimmten Frau schlafen konnte, an dem die Wahrscheinlichkeit der Befruchtung am größten war. Diese Tage wurden ebenfalls registriert und den Frauen zusätzlich in den Arm tätowiert und in Form eines Silberrings am linken Bein vermerkt. Es versteht sich von selbst, daß mit der gleichen Gründlichkeit dafür gesorgt wurde, daß kein anderer Mann den Weg in den kaiserlichen Harem fand.

In anderen Kulturen griffen Männer zu weniger komplizierten, aber sogar noch schrecklicheren Mitteln, um ihre Vaterschaft zu gewährleisten. Solche Maßnahmen dienen dazu, den sexuellen Zugang zu Ehefrauen bzw. Töchtern oder Schwestern, die als nachweislich jungfräuliche Ware einen hohen Brautpreis einbringen würden, zu unterbinden. Zu den noch milden Maßnahmen zählt die ständige Beaufsichtigung bis hin zur Quasi-Gefangenhaltung von Frauen. Einem ähnlichen Zweck dient der rund ums Mittelmeer verbreitete Ehrenkodex, dessen Botschaft im Grunde lautet: AEV ist okay für mich, aber nicht für dich; nur letzterer würde *meine* Ehre beflecken. Zu den einschneidenderen Maßnahmen gehört die barbarische Verstümmelungspraxis, die irreführend und beschönigend als »Frauenbeschneidung« bezeichnet wird. Dabei wird die Klitoris bzw. der größte Teil der äußeren weiblichen Geschlechtsorgane operativ entfernt, um das Interesse von Frauen an Sexualität, ob ehelich oder außerehelich, zu verringern. Der Wunsch nach totaler Gewißheit brachte Männer dazu, den Genitalienverschluß zu erfinden, das fast vollständige Zusammennähen der Schamlippen, wodurch Geschlechtsverkehr unmöglich wird. Der Eingriff kann vor Geburt eines Kindes oder zur erneuten Schwängerung nach dem Abstillen wieder rückgängig gemacht und, zum Beispiel vor längeren Reisen des Ehemannes, jederzeit wiederholt werden. Frauenbeschneidung und Genitalienverschluß werden heute noch in 23 Ländern praktiziert, von Afrika über Saudi-Arabien bis Indonesien.

Wenn Ehebruchgesetze, kaiserliche Besamungsprotokolle und erzwungene Zurückhaltung nicht ausreichen, um die Vaterschaft zu sichern, ist Mord das letzte Mittel. Daß sexuelle Eifersucht einer der häufigsten Gründe für Totschlag ist, belegen Studien in vielen amerikanischen Städten und zahlreichen Ländern. Der Mörder ist

MORDE AUS SEXUELLER EIFERSUCHT IN DETROIT, 1972	*Zahl der Fälle*
Von eifersüchtigen Männern herbeigeführte Morde	
eifersüchtiger Mann tötet untreue Frau	16
eifersüchtiger Mann tötet Rivalen	17
eifersüchtiger Mann von beschuldigter Frau getötet	9
eifersüchtiger Mann von Verwandten der beschuldigten Frau getötet	2
eifersüchtiger Mann tötet untreuen homosexuellen Partner	2
eifersüchtiger Mann tötet versehentlich unbeteiligten Zuschauer	1
	47
Von eifersüchtigen Frauen herbeigeführte Morde	
eifersüchtige Frau tötet untreuen Mann	6
eifersüchtige Frau tötet Rivalin	3
eifersüchtige Frau von beschuldigtem Mann getötet	2
	11
Morde insgesamt	58

in der Regel der Ehemann, das Opfer seine untreue Gattin oder deren Liebhaber, oder der Liebhaber tötet den Ehemann. Die Tabelle auf dieser Seite enthält Angaben über 1972 in Detroit verübte Morde. Bevor Staaten gegründet wurden, die dann erhabenere Motive für Kriege lieferten, war sexuelle Eifersucht eine der häufigen Kriegsursachen in der Geschichte der Menschheit. Es war die Verführung (Entführung, Vergewaltigung) der Helena durch den Prinzen Paris, die den Trojanischen Krieg auslöste. Im Hochland von Neuguinea werden sexuelle Streitigkeiten heutzutage als Anlaß für Kriege nur durch Auseinandersetzungen über den Besitz von Schweinen übertroffen.

Asymmetrische Ehebruchgesetze, die Tätowierung von Frauen nach der Besamung, die Haltung von Frauen in Quasi-Gefangenschaft, die Verstümmelung weiblicher Geschlechtsorgane – all dies kommt allein beim Menschen vor und ist für ihn nicht weniger charakteristisch als die Erfindung des Alphabets. Genauer gesagt handelt es sich um neuere Methoden zur Erreichung des alten Evolutionsziels der Männer, für die Verbreitung ihrer Erbanlagen zu sorgen. Manche der anderen Methoden, die wir mit dem gleichen Zweck anwenden, sind uralt und auch bei vielen Tierarten anzutreffen, darunter Mord aus Eifersucht, Kindestötung, Vergewaltigung, Krieg und eben Ehebruch. Beim Genitalienverschluß nähen Männer ihrer Frau die Vagina zu; das gleiche Resultat erzielen manche Tiere, indem sie nach der Kopulation die Vagina zukleistern.

Die Soziobiologie besitzt heute ein gutes Verständnis der ausgeprägten Unterschiede zwischen einzelnen Tierarten im Hinblick auf die Details dieser Praktiken. Die Ergebnisse neuerer Forschungen brachten Einigkeit darüber, daß Tiere aufgrund der natürlichen Selektion solche Verhaltensmuster und anatomischen Strukturen entwickelten, die zu einer Maximierung der Zahl ihrer Nachkommen beitragen. Nur wenige Wissenschaftler bezweifeln, daß die natürliche Selektion auch die Anatomie des Menschen formte. Es hat jedoch bisher keine Theorie so erbitterte Auseinandersetzungen unter heutigen Biologen hervorgerufen wie die, daß die natürliche Selektion auch für die Herausbildung unseres Sozialverhaltens verantwortlich sei. Die meisten der in diesem Kapitel erörterten Verhaltensweisen gelten in modernen westlichen Gesellschaften als barbarisch. Manche Biologen richten ihre Empörung nicht nur auf solche Verhaltensweisen selbst, sondern auch auf soziobiologische Erklärungen für ihre Evolution. Denn die »Erklärung« von Verhalten scheint einer Rechtfertigung beunruhigend nahezukommen.

Wie die Atomphysik und überhaupt jedes Wissen bietet auch die Soziobiologie Möglichkeiten zum Mißbrauch. Es hat zwar nie an Vorwänden gefehlt, um die Mißhandlung oder Tötung anderer Menschen zu rechtfertigen, doch seit Darwin seine Evolutionstheorie formulierte, wurden auch seine Thesen und Denkansätze in solcher Art mißbraucht. Der soziobiologischen Erörterung der menschlichen Sexualität kann unterstellt werden, sie rechtfertige den Mißbrauch von Frauen durch Männer, analog den zur Rechtfertigung des Verhaltens Weißer gegenüber Schwarzen oder der Behandlung der Juden durch die Nationalsozialisten vorgebrachten biologischen »Begründungen«. In der Kritik mancher Biologen an der Soziobiologie tauchen zwei Befürchtungen immer wieder auf: daß der Hinweis auf eine evolutionäre Grundlage für ein barbarisches Verhalten dieses zu rechtfertigen scheine und daß der Hinweis auf eine genetische Basis des betreffenden Verhaltens impliziere, daß alle Versuche, es zu ändern, scheitern müßten.

In meinen Augen sind beide Befürchtungen unbegründet. Zur ersten will ich sagen, daß man sehr wohl versuchen kann, die Entstehung eines Verhaltens zu begreifen, ganz gleich, ob man es bewundert oder abscheulich findet. Die meisten Bücher über die Motive von Mördern wurden nicht geschrieben, um Mord als solchen zu rechtfertigen, sondern um seine Ursachen zu verstehen und ihm besser vorbeugen zu können. Zur zweiten Befürchtung meine ich, daß wir keine Sklaven unserer einmal entwickelten Eigenschaften sind, nicht einmal der genetisch erworbenen. Die moderne Zivilisation hat mit recht großem Erfolg alte Verhaltensweisen wie die Kindestötung abgeschafft. Und eines der Hauptziele der modernen Medizin ist die Eliminierung der Wirkung schädlicher Gene und Mikroben, obgleich man sehr wohl weiß, warum es für diese Gene und Mikroben ganz natürlich ist, eine tendenziell tödliche Wirkung gegen uns zu entfalten. An unserer Ablehnung der Praxis des Genitalienverschlusses ändert sich auch nichts durch die Einsicht, daß sie für die betreffenden Männer genetisch vorteilhaft sein mag. Vielmehr verurteilen wir sie, da die Verstümmelung eines Menschen durch einen anderen aus ethischen Gründen zu verabscheuen ist.

Obwohl uns die Soziobiologie zwar ein Verständnis des menschlichen Sozialverhaltens im Kontext der Evolution zu geben vermag, sollten wir uns vor einer Überstrapazierung dieses Ansatzes hüten. Das Ziel allen menschlichen Handelns läßt sich nicht darauf reduzieren, möglichst viele Nachkommen zu hinterlassen. Nachdem die menschliche Kultur einmal fest etabliert war, gesellten sich neue Ziele zu den alten. Heute stellen nicht wenige Paare in Frage, ob sie überhaupt Kinder wollen. Viele widmen ihre Zeit und Energie lieber anderen Dingen. Eine ähnliche Einschätzung werden wir in späteren Kapiteln in bezug auf andere, ebenso menschentypische Attribute wie unsere Sexualität gewinnen, zum Beispiel Kunst und Drogenmißbrauch. Auch dafür lassen sich Vorläufer im Tierreich finden und die ursprüngliche Rolle für das Überleben und die Weitergabe von Erbanlagen bestimmen, wobei sich aber später eine Eigendynamik entwickelte. Ich behaupte also nur, daß evolutionstheoretische Ansätze für das Verständnis des Ursprungs menschlicher Verhaltensweisen wie der obigen von großem Wert sind, aber nicht unbedingt den einzigen Zugang zum Verständnis ihrer heutigen Ausprägungen liefern.

Kurzum, die Entwicklung des Menschen erfolgte, wie die anderer Tiere auch, vor dem Hintergrund des Ziels, im Fortpflanzungsspiel zu gewinnen. Das einzige Ziel lautet dabei, so viele Nachkommen wie möglich zu hinterlassen. Viel von der alten Spielstrategie ist noch in uns. Aber wir haben auch neue ethische Ziele definiert, die mit den Zielen und Methoden des sexuellen Wettkampfs in Konflikt geraten können. In der Möglichkeit, zwischen mehreren Zielen zu wählen, liegt einer der radikalsten Unterschiede zwischen uns und anderen Tieren.

KAPITEL 5

Wie wir unsere Partnerwahl treffen

Gibt es universell gültige Regeln für gutes Aussehen und Sex-Appeal, die von so unterschiedlich aussehenden Menschen wie Chinesen, Schweden und Fidschianern akzeptiert werden? Wenn nicht, ist unser persönlicher Geschmack dann bereits in den Genen programmiert oder erlernen wir ihn durch Betrachtung anderer Mitglieder unserer Gesellschaft? Wie wählen wir unseren Partner für Ehe und Bett wirklich aus?

Es mag Sie überraschen, daß sich dieses Problem während der Evolution des Menschen neu stellte – oder wenigstens für uns sehr viel größere Bedeutung erlangte als für die beiden anderen Schimpansenarten. Wie wir in Kapitel 3 erfuhren, ist unser Paarungsverhalten, das ja im Idealfall auf dauerhaften Zweierbeziehungen beruht, eine Erfindung des Menschen. Zwergschimpansen führen uns das Gegenteil sexueller Selektivität vor Augen: Weibchen paaren sich der Reihe nach mit zahlreichen Männchen, und zudem kommt es häufig zu sexuellen Handlungen zwischen Weibchen sowie zwischen Männchen. Gewöhnliche Schimpansen sind nicht ganz so promiskuitiv – Beziehungen können schon mal ein paar Tage dauern –, doch nach menschlichen Maßstäben müssen sie allemal als promiskuitiv gelten. Im Gegensatz dazu sind wir sexuell viel wählerischer, da das Aufziehen eines Kindes ohne Mitwirkung des Vaters eine sehr schwere Aufgabe ist (wenigstens für Jäger und Sammler) und weil Sexualität zu einem Bestandteil des Zusammenhalts wird, durch den sich Elternpaare von anderen Männern und Frauen ihrer näheren Umgebung unterscheiden. Eigentlich ist die Partnerwahl weniger eine menschliche Erfindung als die Wiedererfindung einer Praxis vieler anderer (nominell) monogamer Tiere mit dauerhaften Paarbeziehungen, die bei unseren schimpansenähnlichen Vorfahren verlorenging. Zu diesen wählerischen Tieren zählen viele Vogelarten sowie unser entfernter Verwandter unter den Menschenaffen, der Gibbon.

In Kapitel 4 sahen wir, daß die Idealform menschlicher Gesellschaften, bestehend aus lauter monogamen Paaren, mit einem nicht geringen Maß an außerehelichem Sex koexistieren muß. Auch das letztere Verhalten beinhaltet die Wahl von Sexualpartnern, wobei ehebrechende Frauen in der Regel wählerischer sind als ehebrechende Männer. Die Wahl von Gatten und Sexualpartnern ist somit ein weiteres wichtiges Element des Menschseins, das nicht minder eng mit unserem Aufstieg vom Schimpansenstatus verbunden ist als die so ausführlich beschriebene Veränderung des Beckenknochens. Im nächsten Kapitel werden wir erfahren, daß unser wählerisches Verhalten im Sexualbereich vielleicht ausschlaggebend war für die Entstehung der meisten äußerlichen Unterschiede zwischen heute lebenden Menschengruppen. Das bedeutet, daß die meisten der Unterschiede im Aussehen, die wir als rassische Merkmale wahrnehmen, möglicherweise als Nebenprodukt der Schönheitsmaßstäbe entstanden, die wir unserer sexuellen Partnerwahl zugrunde legen.

Abgesehen von theoretischem Interesse ist die Frage unserer Partnerwahl von großem persönlichen Gewicht. Sie beschäftigt die meisten Menschen während eines großen Teils ihres Lebens. Wer noch ungebunden ist, verbringt täglich Stunden mit Träumereien darüber, mit wem er wohl eine Beziehung oder Ehe eingehen könnte. Noch interessanter wird es, wenn wir den Geschmack unterschiedlicher Angehöriger derselben Kultur vergleichen. Denken Sie einmal an die Männer bzw. Frauen, die Sie sexuell attraktiv finden. Wenn Sie ein Mann sind, mögen Sie dann beispielsweise lieber Blondinen oder Brünette, flachbrüstige oder dralle Frauen, groß- oder kleinäugige? Und wenn Sie eine Frau sind, gefallen Ihnen bärtige Männer besser oder glattrasierte, große oder kleine, lächelnde oder finster dreinblickende? Es dürfte Ihnen jedenfalls nicht einerlei sein, und bestimmt fühlen Sie sich nur von bestimmten Typen angezogen. Fast jeder von uns kennt jemanden, der sich nach einer Scheidung als neuen Ehepartner ein genaues Abbild des ersten suchte. Ein Kollege von mir probierte es mit einer ganzen Reihe schlanker, braunhaariger, rundgesichtiger Freundinnen, bis er schließlich die eine fand, mit der er sich verstand und die ihn heiratete. Wie Ihr persönlicher Geschmack auch sein mag, Sie haben sicher schon bemerkt, daß manche Ihrer Freunde ihn ganz und gar nicht teilen.

Das Idealbild, dem jeder von uns nachstrebt, ist ein Beispiel für ein »Suchbild« (ein geistiges Bild, mit dem wir Objekte und Personen in unserer Umgebung vergleichen, um etwas rasch zu erkennen, zum Beispiel eine Perrier-Flasche zwischen all den anderen Sorten Mineralwasser im Supermarkt oder das eigene Kind inmitten all der anderen auf dem Spielplatz). Auf welche Weise entwickelt sich das individuelle Partner-Suchbild? Halten wir Ausschau nach jemandem mit vertrautem, uns ähnelndem Aussehen, oder begeistert uns eher das Exotische? Würden die meisten europäischen Männer wirklich eine Polynesierin heiraten, wenn sie die Gelegenheit dazu hätten? Suchen wir jemanden, der uns ergänzt, so daß unsere Bedürfnisse ganz erfüllt werden? Sicher gibt es anlehnungsbedürftige Männer, die einen mütterlichen Typ heiraten, aber wie typisch sind solche Beziehungen?

Psychologen bemühten sich um Aufschluß hierüber, indem sie in Untersuchungen mit einer großen Zahl von Ehepaaren alle erdenklichen äußerlichen und sonstigen Merkmale registrierten und die Ergebnisse dann vor dem Hintergrund der ja bereits erfolgten Partnerwahlen interpretierten. Eine einfache Möglichkeit, die Ergebnisse mit einer Zahl auszudrücken, bietet der Korrelationskoeffizient, ein statistischer Kennwert. Bringt man 100 Ehemänner nach einem bestimmten Merkmal, zum Beispiel der Körpergröße, in eine Rangordnung und tut das gleiche mit den 100 Ehefrauen dieser Männer, dann gibt der Korrelationskoeffizient Auskunft darüber, ob ein Mann innerhalb der Rangordnung der Männer tendenziell an gleicher Position steht wie seine Gemahlin in der Rangordnung der Frauen. Ein Korrelationskoeffizient von $+1$ würde auf eine völlige Entsprechung hinweisen: Der größte Mann heiratet die größte Frau, der Mann auf Platz 37 der männlichen Rangordnung heiratet die Frau auf Platz 37 der weiblichen und so weiter. Ein Korrelationskoeffizient von -1 würde dagegen eine völlig entgegengesetzte Entsprechung anzeigen: Der größte Mann heiratet die kleinste Frau, der zweitgrößte Mann die zweitkleinste Frau und so weiter. Und ein Korrelationskoeffizient von Null würde schließlich bedeuten, daß sich die Ehepartner im Hinblick auf die Körpergröße rein zufällig zusammenfinden: Ein großer Mann heiratet mit gleicher Wahrscheinlichkeit eine kleine wie eine große Frau. Ein Korrelationskoeffizient läßt sich natürlich nicht nur für die Körpergröße, sondern auch für alle anderen Merkmale berechnen, wie zum Beispiel das Einkommen und den IQ.

Erhebt man genügend Daten über eine genügend große Zahl von Ehepaaren, so bekommt man folgendes Resultat: Der höchste Korrelationskoeffizient von ungefähr +0,9 ergibt sich, wie nicht anders zu erwarten, für Religion, ethnische Zugehörigkeit, sozioökonomischen Status, Alter und politische Einstellung. Das bedeutet, daß die meisten Eheleute der gleichen Religionsgemeinschaft, ethnischen Gruppe und so weiter angehören. Genausowenig dürfte es Sie überraschen, daß die zweithöchsten Korrelationskoeffizienten von etwa +0,4 für Merkmale der Persönlichkeit und Intelligenz, wie Extrovertiertheit, Ordentlichkeit und IQ, gemessen wurden. Schlampen heiraten meist Schlampen, wenngleich die Chancen für eine Schlampe, eine Person mit Sauberkeitszwang zu heiraten, nicht so schlecht stehen wie die Aussichten eines Reaktionärs auf Ehelichung einer linken Emanze.

Und wie passen die körperlichen Merkmale zusammen? Die Antwort springt nicht gleich ins Auge, wenn man nur wenige Ehepaare betrachtet. Das liegt daran, daß wir unsere eigenen Partner nicht so sorgfältig nach körperlichen Kriterien aussuchen, wie wir es bei Zuchthunden, Rennpferden und Mastrindern tun. Doch eine Auswahl treffen wir dennoch. Bezieht man nur genügend viele Ehepaare in die Untersuchung ein, kristallisiert sich eine unerwartet simple Antwort heraus: *Im Durchschnitt* ähneln Ehegatten einander in fast jedem untersuchten Körpermerkmal zwar nur schwach, aber doch signifikant.

Dies gilt für all jene Merkmale, an die man zuerst denkt, wenn man seinen idealen Partner beschreiben soll: die Größe, das Gewicht, die Haar-, Augen- und Hautfarbe. Doch es trifft auch für eine erstaunliche Zahl anderer Eigenschaften zu, an die Sie bei Ihrer Beschreibung des perfekten Sexualpartners wahrscheinlich nicht gedacht hätten. Dazu zählen so verschiedenartige Merkmale wie die Nasenbreite, die Länge des Ohrläppchens und des Mittelfingers, der Augenabstand und sogar das Lungenvolumen. Experimente bestätigten diesen Sachverhalt an so unterschiedlichen Orten wie in Polen, im US-Bundesstaat Michigan und im afrikanischen Tschad. Falls Sie Zweifel haben, legen Sie doch beim nächsten Besuch einer größeren Party eine Liste über die Augenfarben der erschienenen Paare an (oder messen Sie die Ohrläppchen aus) und errechnen Sie dann mit dem Taschenrechner den Korrelationskoeffizienten.

Für Körpermerkmale beträgt der Wert des Koeffizienten im Durchschnitt +0,2; er liegt damit unter dem Wert für Persönlichkeitsmerkmale (+0,4) und Religion (+0,9), aber immer noch deutlich über Null. Für einzelne Merkmale ist die Korrelation noch stärker als +0,2 – zum Beispiel verblüffende +0,61 für die Länge des Mittelfingers. Zumindest unbewußt hat die Länge des Mittelfingers also größere Bedeutung für die Partnerwahl als die Haarfarbe oder Intelligenz!

Tendenziell heiraten also Partner mit ähnlichen Merkmalen, getreu der Regel: Gleich und gleich gesellt sich gern. Eine naheliegende Erklärung hierfür lautet, daß viele von uns in Wohngebieten leben, die durch den sozioökonomischen Status, die Religion und die ethnische Zugehörigkeit ihrer Bewohner bestimmt sind. So gliedern sich zum Beispiel amerikanische Großstädte meist recht deutlich in reiche und arme Gegenden, in jüdische, chinesische, italienische und schwarze Viertel und so weiter. Mitglieder der gleichen Religionsgemeinschaft treffen sich beim Kirchgang, und bei vielen Alltagsaktivitäten kommen wir mit Menschen mit gleichem sozioökonomischen Status und ähnlichen politischen Ansichten zusammen. Da wir somit viel öfter Gelegenheit haben, Menschen zu treffen, die uns in dieser Hinsicht ähneln, als solche, die sich von uns unterscheiden, ist natürlich auch die Wahrscheinlichkeit größer, daß wir jemanden mit gleicher Religion, sozioökonomischer Stellung und so weiter heiraten. Doch die gleiche Ohrläppchenlänge tritt zum Beispiel nicht räumlich gehäuft auf, so daß es noch eine andere Erklärung dafür geben muß, daß sich Ehepartner auch in dieser Hinsicht ähneln.

Ein weiterer naheliegender Grund, warum sich tendenziell Per-

sonen mit ähnlichen Merkmalen heiraten, ist der, daß bei der
Eheschließung nicht bloß ein Partner seine Wahl trifft, sondern daß
ein Einigungsprozeß vorausgeht. Wir gehen nicht auf die Suche, bis
wir jemanden mit der richtigen Augenfarbe und Mittelfingerlänge
gefunden haben, und erklären dann: »Du heiratest mich.« Für die
meisten folgt die Ehe auf einen Antrag und nicht auf eine einseitige
Verkündung; der Antrag stellt wiederum das Ergebnis irgendeiner
Form von Verhandlung dar. Je mehr sich ein Mann und eine Frau
in ihren politischen Ansichten, ihrer Religion und ihren Charakter-
zügen ähneln, desto reibungsloser läuft diese Verhandlung ab.
Deshalb ist die Entsprechung der Persönlichkeitsmerkmale auch
im Durchschnitt bei verheirateten Paaren größer als bei frischge-
backenen, bei glücklich Verheirateten größer als bei unglücklich
Verheirateten und bei erfolgreichen Ehen größer als bei geschiede-
nen. Aber das erklärt immer noch nicht die Ähnlichkeit von
Ehepartnern in puncto Ohrläppchenlänge, die höchst selten als
Scheidungsgrund angeführt wird.

Es bleibt als Faktor, der die Heiratsentscheidung beeinflußt, neben räumlicher Häufung und reibungsloser Einigung also die
sexuelle Attraktivität aufgrund der körperlichen Erscheinung. Das
kann an sich nicht überraschen. Die meisten von uns sind sich ihrer
Vorliebe bei sichtbaren Merkmalen wie Größe, Figur und Haarfarbe wohl bewußt. Was zunächst verblüfft, ist die Bedeutung so
zahlreicher anderer Körpermerkmale, die wir gewöhnlich gar nicht
bewußt wahrnehmen, wie Ohrläppchen, Mittelfinger und Augenabstand. Trotzdem tragen all diese Merkmale unbewußt zu der
Entscheidung bei, die wir blitzschnell treffen, wenn wir jemanden
kennenlernen und eine innere Stimme uns sagt: »Das ist mein
Typ!«

Hier ist ein Beispiel. Als meine Frau und ich uns kennenlernten,
fand ich Marie sofort attraktiv und sie mich auch. Im nachhinein
kann ich auch verstehen, warum: Wir haben beide braune Augen,
sind etwa gleich groß, von ähnlicher Statur, haben die gleiche
Haarfarbe und so weiter. Andererseits hatte ich aber das Gefühl,
daß etwas an Marie nicht ganz meiner Idealvorstellung entsprach,
fand aber nicht heraus, was es genau war. Jedenfalls nicht vor unserem ersten gemeinsamen Ballettbesuch. Ich lieh Marie mein

Opernglas, und als sie es mir zurückgab, fiel mir auf, daß sie die beiden Okulare so weit zusammengedrückt hatte, daß ich nicht hindurchsehen konnte, bevor ich sie wieder auseinandergeschoben hatte. Daran erkannte ich, daß Marie einen im Vergleich zu mir engeren Augenabstand hat und daß die meisten Frauen, mit denen ich vorher zusammen war, einen ähnlich großen Augenabstand hatten wie ich. Dank Maries Ohrläppchen und anderer Vorzüge konnte ich darüber hinwegkommen, daß wir in dieser Hinsicht nicht zusammenpassen. Doch die Episode mit dem Opernglas machte mir erstmals klar, daß ein großer Augenabstand für mich unbewußt immer sehr anziehend war.

Wir neigen also dazu, jemanden zu heiraten, der so ähnlich aussieht wie wir selbst. Aber Moment mal. Sind nicht die Männer, die einer Frau am stärksten ähneln, die mit der Hälfte ihrer Gene, also ihr Vater oder Bruder? Und ist nicht entsprechend die passendste Partnerin für einen Mann seine Mutter oder Schwester? Doch die meisten von uns halten sich ja an das Inzesttabu und verzichten auf Ehelichung des Vaters oder Bruders bzw. der Mutter oder Schwester. Worauf ich hinaus will, ist vielmehr, daß wir dazu neigen, jemanden zu heiraten, der *so aussieht wie* unser Elternteil oder Geschwister vom jeweils anderen Geschlecht.

Der Grund dafür, warum wir unserem Partner tendenziell ähneln, liegt darin, daß viele von uns sich jemanden suchen, der uns an ein Elternteil oder ein Geschwister erinnert, das wiederum Ähnlichkeit mit uns hat. Schon als Kinder beginnen wir, ein Suchbild des künftigen Sexualpartners zu entwickeln, und dieses Bild wird stark von denjenigen Personen des anderen Geschlechts beeinflußt, die wir am häufigsten zu Gesicht bekommen. Das sind für die meisten von uns die Mutter (bzw. der Vater) und die Schwester (bzw. der Bruder); hinzukommen enge Freunde aus der Kindheit.

An dieser Stelle begeben Sie sich wahrscheinlich, mit einem Maßband bewaffnet, zu Ihrem Ehegatten oder Partner, um ein krasses Mißverhältnis zwischen Ihren und seinen (bzw. ihren) Ohrläppchen festzustellen. Oder vielleicht haben Sie ein Photo Ihrer Mutter oder Schwester herausgesucht und stellen nicht die geringste Ähnlichkeit fest, wenn Sie es neben Ihre Gattin halten. Womöglich sind Sie kurz davor, das Buch aus dem Fenster zu werfen, weil es ihnen als purer Blödsinn erscheint. Aber bitte lesen Sie weiter, auch wenn Ihre Ehefrau Ihrer Mutter nicht aufs Haar gleicht, und glauben Sie auch bitte nicht, daß Sie wegen ihres krankhaften Suchbilds zum Psychiater gehen müßten. Halten Sie sich stets folgende Punkte vor Augen:

1. Untersuchungen haben immer wieder ergeben, daß Faktoren wie Religion und Persönlichkeit bei der Gattenwahl eine viel größere Rolle spielen als die körperliche Erscheinung. Ich sage lediglich, daß physische Merkmale einen *gewissen* Einfluß haben. Ich würde sogar so weit gehen, einen viel höheren Korrelationskoeffizienten für physische Merkmale bei rein sexuellen Bekanntschaften als in Ehen zu prognostizieren. Und zwar deshalb, weil wir reine Sexualpartner ausschließlich nach Kriterien der körperlichen Attraktivität auswählen können, ohne religiöse oder politische Einstellungen zu beachten. Diese Prognose wartet noch darauf, getestet zu werden.

2. Bedenken Sie auch, daß Ihr Suchbild von mehreren Angehörigen des anderen Geschlechts beeinflußt worden sein kann, die Sie in Ihrer Kindheit regelmäßig zu Gesicht bekamen. Dazu gehören Spielkameraden und Geschwister ebenso wie die Eltern. Vielleicht ähnelt Ihre Ehegattin eher dem kleinen Mädchen von nebenan als Ihrer Mutter.

3. Zu guter Letzt will ich daran erinnern, daß zahlreiche völlig unterschiedliche Körpermerkmale in unser Suchbild eingehen, so daß die meisten Menschen am Ende zwar eine leichte Ähnlichkeit mit ihrem Partner in einer ganzen Reihe von Merkmalen aufweisen, ihm aber nur in wenigen Zügen stark ähneln. Dieser Gedankengang liegt der »Theorie der drallen Rothaarigen« zugrunde. Sind Mutter und Schwester eines Jungen beide drall und rothaarig, so findet der heranwachsende Jüngling diesen Typ später womöglich sehr erregend. Doch Rothaarige sind relativ selten, und dralle Rothaarige noch seltener. Zudem wird die Präferenz eines Mannes selbst in bezug auf reine Sexualpartner wahrscheinlich noch von anderen Körpermerkmalen abhängen, und seine Präferenz für eine Ehepartnerin wird mit Sicherheit auch von deren Ansichten über

Kinder, Politik und finanzielle Dinge beeinflußt werden. Aus einer Gruppe von Söhnen draller Rothaariger werden daher nur wenige Glückspilze ein Mädchen finden, daß in beiden Merkmalen der Mutter ähnelt, während sich einige mit einer drallen Nichtrothaarigen und die meisten mit ganz normalen Brünetten begnügen müssen.

Sie können an dieser Stelle einwenden, das Gesagte träfe ja nur auf Gesellschaften mit freier Gattenwahl zu. Wie mir indische und chinesische Freunde rasch versicherten, handelt es sich dabei nur um eine sonderbare europäische und amerikanische Sitte des 20. Jahrhunderts. Sie galt in Amerika und Europa in der Vergangenheit nicht und wird auch heute im größten Teil der Welt noch nicht angewandt, wo Ehen statt dessen von den beteiligten Familien arrangiert werden. Braut und Bräutigam lernen sich oft erst am Tag der Hochzeit kennen. Wie könnten meine Behauptungen auf solche Ehen zutreffen?

Natürlich können sie es nicht, wenn man nur von legalen Ehen spricht. Doch sie träfen immer noch für die Wahl außerehelicher Sexualpartner zu, die für die Zeugung einer gar nicht so unerheblichen Zahl von Kindern verantwortlich sein dürften, wie Blutgruppenuntersuchungen an amerikanischen und britischen Kindern ergaben. Ich gehe sogar davon aus, daß außereheliche Vaterschaften in Gesellschaften mit fremdvermittelten Ehen noch häufiger vorkommen als in Gesellschaften, in denen die Frauen ihre sexuelle Präferenz bei der Ehegattenwahl frei ausüben können.

Es ist folglich nicht einfach so, daß Neuguinea-Männer Neuguinea-Frauen Kalifornierinnen vorziehen und umgekehrt: Unsere Suchbilder sind viel präziser. Doch trotz dieser Einsichten bleiben noch immer Fragen offen. Ist mein Suchbild nun angeboren oder erlernt? Könnte ich zwischen Sex mit meiner Schwester oder mit einer Fremden wählen, so würde ich mit Sicherheit das Angebot meiner Schwester und wahrscheinlich auch das meiner Cousine ersten Grades ablehnen, aber würde ich meiner Cousine zweiten Grades den Vorzug vor einer Fremden geben (da mir die Cousine wahrscheinlich stärker ähnelt)? Diese Fragen ließen sich experimentell eindeutig beantworten – zum Beispiel, indem man einen Mann mit seinen Cousinen ersten, zweiten, dritten, vierten und fünften Grades in einen großen Käfig sperrte und Buch darüber führte, wie oft er mit jeder von ihnen sexuell verkehrte; natürlich müßte das Experiment mit vielen Männern (bzw. Frauen) und ihren Cousinen (bzw. Cousins) wiederholt werden. Doch für solche Experimente geben sich Menschen nun einmal nicht her. Dafür wurden sie an mehreren Tierarten durchgeführt, wobei sehr interessante Ergebnisse herauskamen. Ich will nur Beispiele von Wachteln, Mäusen und Ratten anführen. (Unsere nächsten Verwandten, die Schimpansen, sind nicht geeignet, da sie so wenig wählerisch sind.)

Schauen wir uns zunächst die japanischen Wachteln an, reizende Vögel mit einem braunen oder weißen Gefieder. Im Normalfall wachsen sie bei ihren biologischen Eltern und Geschwistern auf. Man kann jedoch auch Eier aus verschiedenen Nestern vor dem Ausschlüpfen der Jungen vertauschen. Auf diese Weise bringt man »Pflegeeltern« dazu, ein Wachteljunges zusammen mit seinen »Pseudogeschwistern« aufzuziehen, das heißt mit seinen Nestgefährten, mit denen es zur gleichen Zeit aus dem Ei schlüpft, aber nicht verwandt ist.

Um die Präferenzen männlicher Wachteln zu testen, sperrte man ein Männchen zusammen mit zwei Weibchen in einen Käfig und beobachtete dann, mit welchem Weibchen das Männchen mehr Zeit verbrachte bzw. kopulierte. Es stellte sich heraus, daß Männchen bei Weibchen immer die Farbe bevorzugten, die sie von ihren Nestgefährtinnen kannten. Und weiter, wenn ein Männchen mit Braunpräferenz zwischen mehreren braunen Weibchen wählen konnte, die er noch nie gesehen hatte (obgleich manche seine Verwandten waren, von denen man ihn vor dem Ausschlüpfen getrennt hatte), bevorzugte es die Cousine ersten Grades vor der Cousine dritten Grades oder einem nicht mit ihm verwandten Weibchen, doch es bevorzugte auch die Cousine ersten Grades vor der eigenen Schwester. Offenbar prägen sich männliche Wachteln während des Aufwachsens das Bild ihrer Schwestern (oder Mutter) ein und suchen dann eine Paarungsgefährtin, die diesem Bild sehr ähnelt, aber auch nicht *zu* sehr. Wie so manches im Leben ist Inzucht anscheinend in Maßen gut – ein wenig Inzucht bitte sehr, aber nicht zuviel. So bevorzugt ein Männchen, das die Wahl zwischen mehreren nicht mit ihm verwandten braunen Weibchen hat, ein fremdes gegenüber einem vertrauten Weibchen, mit dem es im gleichen Nest aufgewachsen war (also einer »Pseudoschwester«, die beim Männchen den »Nicht-zuviel-Inzest-Alarm« auslöst).

Mäuse und Ratten lernen ebenfalls bereits als Junge, worauf es ihnen bei späteren Paarungspartnern ankommt. Allerdings treffen sie ihre Wahl eher nach dem Geruch als nach dem Aussehen. Weibliche Mäusejunge, deren Eltern mehrfach mit Parfüm der Marke Violetta di Parma besprüht worden waren, suchten sich nach dem Eintritt ins Erwachsenenalter vorzugsweise ebenfalls parfümierte Männchen als Paarungspartner. In einem anderen Experiment wurden männliche Rattenjunge von Müttern aufgezogen, die an Brustwarzen und Scheide mit Zitrone parfümiert worden waren; bei Erreichen des Erwachsenenalters wurden die Männchen jeweils zusammen mit einem nach Zitrone duftenden oder parfümierten Weibchen in einen Käfig gesperrt. Jede dieser ersten sexuellen Begegnungen wurde mit der Videokamera gefilmt, beim späteren Bandabspielen notierte man die Dauer bestimmter Schlüsselereignisse. Es stellte sich heraus, daß Männchen mit parfümierter Mutter das Weibchen schneller bestiegen und ejakulierten, wenn sie mit einem parfümierten Weibchen zusammengesperrt waren als mit einem nicht parfümierten, während das Gegenteil für Männchen mit nicht parfümierter Mutter zutraf. Söhne parfümierter Mutterratten wurden beispielsweise durch einen parfümierten Sexualpartner so stark erregt, daß sie nach nur elfeinhalb Minuten ejakulierten, während sie bei einem nicht parfümierten Weibchen über 17 Minuten brauchten. Söhne nicht parfümierter Mutterratten benötigten hingegen über 17 Minuten bei einem *parfümierten* Partner und nur zwölf Minuten bei einem *nicht parfümierten* Partner. Offenbar hatten es die Männchen gelernt, sich von einem Geruch wie dem der Mutter (oder dessen Fehlen) erregen zu lassen; eine Vererbung lag nicht vor.

Was zeigen uns diese Experimente mit Wachteln, Mäusen und Ratten? Die Botschaft ist eindeutig. Tiere der genannten drei Arten

lernen während des Aufwachsens, ihre Eltern und Geschwister zu
erkennen, und werden dann so programmiert, daß sie später ein
dem Elternteil oder Geschwister des anderen Geschlechts relativ
ähnliches Individuum auswählen – nicht aber die Mutter oder
Schwester selbst. Mag sein, daß ein allgemeines Suchbild, wie
überhaupt eine Ratte aussieht, *vererbt* wird. Was jedoch im einzelnen eine schöne, als Partner in Betracht kommende Ratte ausmacht, wird offenbar im frühen Stadium *erlernt*.

Uns ist sogleich klar, welche Experimente den unschlagbaren
Beweis dafür liefern würden, daß diese Theorie auch für Menschen
zutrifft. Man nehme eine ganz normale, glückliche Familie, be-
sprühe Tag für Tag Vati mit Violetta di Parma und Muttis Brustwarzen während des Stillens mit Zitronenwasser und warte sodann
20 Jahre ab, wen wohl die Söhne und Töchter heiraten werden.
Ach, wie schrecklich viele Hindernisse stellen sich doch dem in den
Weg, der nur die Wahrheit über den Menschen herausfinden will.
Zum Glück können wir uns ihr dank einer Reihe von Beobachtungen und Zufallsexperimenten auf Zehenspitzen nähern.

Betrachten wir das Inzesttabu. Es ist noch umstritten, ob es
beim Menschen zum Instinkt gehört oder erlernt wird. In diesem
Kapitel geht es aber um etwas anderes. Uns soll nicht näher interessieren, wie wir das Inzesttabu erwerben, sondern ob wir lernen,
auf wen es anzuwenden ist, oder ob uns dieses Wissen angeboren
ist. In der Regel wachsen wir zusammen mit unseren nächsten Verwandten (Eltern und Geschwister) auf, so daß die spätere Vermeidung dieser Personen als Sexualpartner ebensogut angeboren wie
erlernt sein könnte. Adoptivbrüder und -schwestern neigen jedoch
ebenfalls zur Vermeidung von Inzestbeziehungen, was auf eine er-
lernte Haltung schließen läßt.

Bestärkt wird dieser Schluß durch interessante Beobachtungen
aus israelischen Kibbuzim – Gemeinschaftssiedlungen, deren zahlreiche Mitglieder zusammen wohnen und ihre Kinder gemeinsam
zur Schule schicken und aufziehen. Kibbuzkinder leben von der
Geburt an bis ins junge Erwachsenenalter in enger Gemeinschaft,
praktisch wie eine Riesenfamilie aus lauter Brüdern und Schwestern. Wären Nähe und Gelegenheit Hauptfaktoren unserer Heiratsentscheidung, müßten die meisten Kibbuzkinder daher inner-

halb ihres Kibbuz heiraten. Wie eine Untersuchung über 2769 Ehen von Personen ergab, die in Kibbuzim aufgewachsen waren, wurden davon nur 13 Ehen zwischen Kindern aus dem gleichen Kibbuz geschlossen. Alle anderen heirateten nach Erreichen der Ehefähigkeit außerhalb des eigenen Kibbuz.

Und selbst diese 13 Fälle erwiesen sich als Ausnahmen, die nur die Regel bestätigen: Bei allen handelte es sich um Paare, bei denen ein Partner erst nach dem Alter von sechs Jahren in den Kibbuz gezogen war! Unter den Kindern, die seit der Geburt derselben Kleingruppe Gleichaltriger angehört hatten, kam es nicht nur zu keinen Eheschließungen, sondern es fanden auch weder in der Jugend noch im Erwachsenenalter irgendwelche heterosexuellen Aktivitäten statt. Dies ist eine erstaunliche Zurückhaltung seitens der fast 3000 jungen Männer und Frauen, denen sich fast täglich Gelegenheit zum Sammeln sexueller Erfahrungen miteinander bot und die außerhalb ihrer Gruppen viel weniger Gelegenheit dazu besaßen. Dieses Ergebnis veranschaulicht auf dramatische Weise, daß der Zeitraum zwischen der Geburt und dem Alter von sechs Jahren eine entscheidende Bedeutung für die Herausbildung unserer sexuellen Präferenzen darstellt. Wir *lernen*, wie unbewußt auch immer, daß unsere engen Gefährten aus diesem Lebensabschnitt als Sexualpartner nicht in Betracht kommen, nachdem wir geschlechtsreif geworden sind.

Auch den Teil unseres Suchbildes, der die positiven Suchkriterien enthält, scheinen wir zu erlernen, nicht nur den mit den negativen. So war eine meiner chinesischen Bekannten in einem Umfeld aufgewachsen, in dem nur weiße Familien lebten. Als Erwachsene zog sie in eine Gegend mit vielen Chinesen und ging eine Zeitlang sowohl mit chinesischen als auch mit weißen Männern aus, erkannte dann aber, daß sie weiße attraktiver fand. Sie heiratete zweimal, beide Male einen Weißen. Durch die eigenen Erfahrungen neugierig geworden, befragte sie ihre chinesischen Freundinnen nach deren Hintergrund. Es stellte sich heraus, daß die meisten von ihnen, die in weißen Enklaven aufgewachsen waren, ebenfalls weiße Männer geheiratet hatten, während diejenigen, die in chinesischer Umgebung groß geworden waren, einen chinesischen Ehemann hatten – wobei es keiner an Auswahl unter Männern beider Rassen gefehlt hatte. Es prägen demnach diejenigen Personen des anderen Geschlechts, die sich während des Aufwachsens in unserer Nähe befinden, unsere Schönheitsmaßstäbe und unser Suchbild, wenngleich sie selbst als spätere Partner nicht in Frage kommen.

Überlegen Sie einmal: Welche Sorte von Männern bzw. Frauen finden Sie selbst körperlich attraktiv, und wie ist Ihr Geschmack entstanden? Ich denke, die meisten sind wie ich in der Lage, ihre Präferenzen auf das Aussehen ihrer Eltern oder Geschwister oder Kindheitsfreunde zurückzuführen. Lassen Sie sich also von den ganzen Alltagsweisheiten über Sex-Appeal – »Blondinen werden bevorzugt«, »Brillenträgerinnen haben bei Männern wenig Chancen« usw. – nicht entmutigen. Jede dieser »Regeln« trifft nur auf einige von uns zu, und es gibt genügend Männer, die eine kurzsichtige Brünette zur Mutter hatten. Zum Glück für meine Frau und mich – wir sind beide brünette Brillenträger mit ebensolchen Eltern – ist Schönheit im Auge des Betrachters.

KAPITEL 6

Sexuelle Selektion und der Ursprung der menschlichen Rassen

»White man! Lookim this-feller line three-feller man. This-feller number-one he belong Buka Island, na 'nother-feller number-two he belong Makira Island, na this-feller number-three he belong Sikaiana Island. Yu no savvy? Yu no enough lookim straight? I think, eye-belong-yu he bugger-up finish?« (»Weißer Mann! Kukken die drei Männer in Reihe dort drüben. Nummer-eins-Mann von Buka-Insel, Nummer-zwei-Mann von Makira-Insel, Nummer-drei-Mann von Sikaiana-Insel. Du nix kapieren? Du nix kucken scharf? Ich glauben, du Auge kaputt fertig?«)

Nein, verflucht. Meine Augen waren nicht völlig kaputt. Es war mein erster Besuch auf den südpazifischen Salomoninseln, und ich erklärte meinem erbosten Führer in Pidgin-Englisch, daß ich sehr wohl die Unterschiede zwischen den drei Männern erkennen konnte, die dort drüben nebeneinander standen. Der erste war pechschwarz und hatte krauses Haar, der zweite war viel hellhäutiger und hatte ebenfalls krauses Haar, und der dritte hatte glatteres Haar und leichte Schlitzaugen. Was mit mir los war? Nichts, außer daß ich keinerlei Erfahrung damit hatte, wie die Bewohner jeder der Salomoninseln aussahen. Am Ende meiner ersten Tour durch die Inseln konnte auch ich die Einheimischen nach ihrer Haut, ihren Haaren und Augen der richtigen Herkunftsinsel zuordnen.

Was solche variablen Merkmale betrifft, sind die Salomoninseln ein Mikrokosmos der Menschheit. Durch bloßes Anschauen eines Menschen können selbst Laien oft sagen, aus welchem Teil der Erde er kommt, und versierte Anthropologen mögen es sogar fertig bringen, ihn einem bestimmten Land oder gar Landesteil zuzuordnen. Bei einem Schweden, Nigerianer und Japaner hätte beispielsweise niemand die geringsten Schwierigkeiten, auf einen Blick zu bestimmen, wer woher kommt. Am auffälligsten unterscheiden sich bekleidete Menschen natürlich in der Hautfarbe, der Farbe und Form der Augen und des Haares, der Körperform und (bei Männern) der Stärke des Bartwuchses. Trügen die zu identifizierenden Personen keine Kleidung, würden wir auch Unterschiede in der Körperbehaarung, der Größe, Form und Farbe der weiblichen Brüste und Brustwarzen, der Form ihrer Ohrläppchen und Pobakken sowie der Größe und des Winkels des männlichen Penis feststellen. All diese variablen Merkmale sind Teil dessen, worin sich Rassen unterscheiden.

Diese geographischen Unterschiede haben schon lange eine Faszination auf Reisende, Anthropologen, Politiker und auch uns Normalbürger ausgeübt. Da die Wissenschaft inzwischen so viele geheimnisvolle Fragen zu obskuren, unbedeutenden Tierarten gelöst hat, werden Sie mit Recht erwarten, daß sie auch für eine der naheliegendsten Fragen über uns selbst eine Antwort parat hat: die Frage nach den Gründen für das unterschiedliche Aussehen von Menschen unterschiedlicher Herkunft. Unser Verständnis des Prozesses, in dessen Verlauf sich die Unterschiede zwischen Menschen und anderen Tieren herausbildeten, bliebe unvollständig, würden wir nicht auch danach fragen, wie es in seinem Verlauf zu den deutlich sichtbaren Unterschieden zwischen einzelnen menschlichen Populationen kam. Doch das Thema Rassen ist so brisant, daß Darwin es in seinem berühmten, 1859 veröffentlichten Buch *Über die Entstehung der Arten* völlig ausklammerte. Selbst heute wagen es nur wenige Wissenschaftler, sich mit den Ursprüngen der Rassen zu beschäftigen, da sie fürchten müssen, schon wegen ihres Interesses an diesem Thema als Rassisten abgestempelt zu werden.

Es gibt noch einen weiteren Grund, warum wir uns so schwer tun, die Bedeutung der rassischen Unterschiede zu begreifen, und zwar, weil es sich um ein unerwartet kompliziertes Problem handelt. Zwölf Jahre nachdem Darwin sein Buch schrieb, in dem er den Ursprung der Arten auf die natürliche Selektion zurückführte, verfaßte er ein weiteres Werk von 898 Seiten Umfang, in dem er den Ursprung der menschlichen Rassen von unseren im letzten Kapitel erörterten sexuellen Präferenzen ableitete und einen Einfluß der

144

Das Tier mit dem sonderbaren Lebenszyklus

natürlichen Selektion völlig zurückwies. Trotz seiner klaren Äußerungen waren viele Leser nicht überzeugt. Bis heute ist Darwins
Theorie der sexuellen Selektion heftig umstritten. Die meisten Biologen verweisen auf die natürliche Selektion, wenn es um die
Erklärung der sichtbaren rassischen Unterschiede geht – vor allem
der Unterschiede in der Hautfarbe, deren Zusammenhang mit der
Intensität der Sonnenstrahlen so einleuchtend erscheint. Doch Einigkeit herrscht unter Biologen nicht einmal darüber, warum die
natürliche Auslese in den Tropen zu dunkler Haut geführt haben
soll. Ich werde noch erläutern, warum ich der Meinung bin, daß
die natürliche Selektion für die Ursprünge der menschlichen Rassen nur eine untergeordnete Rolle spielte und warum mir Darwins
Hinweis auf die sexuelle Selektion als richtig erscheint. Nach
meiner Auffassung sind die sichtbaren rassischen Unterschiede in
der Hauptsache ein Nebenprodukt der Umgestaltung des menschlichen Lebenszyklus, der Gegenstand von Teil II dieses Buches
war.

Um die Dinge zunächst in die richtige Perspektive zu rücken, sollten wir uns klarmachen, daß es unterschiedliche Rassen beileibe
nicht nur beim Menschen gibt. Die meisten Pflanzen- und Tierarten mit genügend großem Verbreitungsraum, darunter alle höheren Menschenaffen mit Ausnahme des Zwergschimpansen, dessen
Lebensraum recht eng umrissen ist, weisen ebenfalls eine geographische Variation auf. Bei manchen Vogelarten, wie der nordamerikanischen Dachsammer und der Schafstelze Eurasiens, ist sie so
ausgeprägt, daß ein erfahrener Vogelkundler den ungefähren Geburtsort eines Vogels anhand der Musterung seines Gefieders bestimmen kann.

Bei den Menschenaffen sind viele der geographisch variierenden
Merkmale die gleichen wie beim Menschen. So haben von den drei
Gorilla-Rassen die westlichen Tieflandgorillas den kleinsten Körper und eher graues oder braunes Haar, während Berggorillas die
längsten Haare haben und östliche Tieflandgorillas ebenso wie die
Berggorillas schwarzes Haar. Die verschiedenen Rassen des Weißhandgibbons unterscheiden sich entsprechend in der Haarfarbe
(schwarz, braun, rötlich oder grau), Haarlänge, Zahngröße, dem

Hervorstehen des Kiefers und der Dicke der Augenbrauenwülste. Alle diese Merkmale variieren auch von einer menschlichen Population zur anderen.

Wie läßt sich nun feststellen, ob es sich bei erkennbar unterschiedlichen Tierpopulationen aus verschiedenen Gebieten um getrennte Arten handelt oder lediglich um unterschiedliche Rassen (man spricht auch von Unterarten) ein und derselben Art? Wie wir aus dem zweiten Kapitel wissen, entscheidet man diese Frage danach, ob sich Angehörige der betrachteten Populationen unter normalen Umständen miteinander paaren: Bei der gleichen Art trifft dies normalerweise zu, wenn sich die Gelegenheit ergibt, für Angehörige unterschiedlicher Arten jedoch nicht. (Bei eng verwandten Arten, die sich in freier Natur gewöhnlich nicht untereinander vermehren, wie Löwen und Tiger, kann es allerdings im Zoo durchaus dazu kommen, wenn man sie zusammensperrt und ihnen somit keine Wahl läßt.) Gemessen an diesem Kriterium, gehören alle heutigen menschlichen Populationen zur gleichen Art, da es überall, wo Menschen verschiedener Herkunft miteinander in Berührung kamen, auch zu sexuellen Kontakten kam – selbst wenn es sich um Angehörige von äußerlich so verschieden aussehenden Völkern wie den afrikanischen Bantu-Stämmen und den Pygmäen handelte. Wie bei anderen Arten auch, können menschliche Populationen graduell ineinander übergehen, so daß der Definition mehrerer Populationen als Rasse eine gewisse Willkür anhaftet. Nach dem gleichen Kriterium der Paarung zählen die großen, als Siamangs bezeichneten Gibbons zu einer anderen Art als die kleineren Gibbons, da beide zusammen in freier Natur leben, ohne daß es zu Kreuzungen kommt. Auf diese Weise läßt sich wohl auch der Neandertaler als Angehöriger einer anderen Art als der *Homo sapiens* klassifizieren, da trotz offenkundiger Kontakte zwischen Cro-Magnons und Neandertalern (s. Kapitel 2) keine Skelettfunde auf Mischlinge hindeuten.

Die Existenz unterschiedlicher Rassen gehört seit mindestens ein paar tausend Jahren zu den Kennzeichen des Menschen, vielleicht auch viel länger. Bereits um das Jahr 450 v.Chr. berichtete der griechische Geschichtsschreiber Herodot über Pygmäen in Westafrika, schwarzhäutige Äthiopier und einen blauäugigen, rothaarigen Stamm in Rußland. Alte Gemälde, Mumien aus Ägypten und Peru sowie in europäischen Torfmooren konservierte Leichen bestätigen, daß sich die Menschen vor mehreren tausend Jahren in der Haarfarbe und den Gesichtszügen ähnlich unterschieden wie heute. Der Ursprung der modernen Rassen läßt sich noch weiter zurückverfolgen, auf die Zeit vor mindestens zehntausend Jahren, da nämlich Schädelfossilien aus verschiedenen Teilen der Erde in sehr ähnlicher Weise variieren wie moderne Schädel gleicher Herkunft. Umstrittener sind anthropologische Studien, nach denen seit Hunderttausenden von Jahren eine Kontinuität der Schädelmerkmale verschiedener Rassen besteht. Sollte dies zutreffen, gehen manche der heutigen Rassenunterschiede noch auf die Zeit vor dem »großen Sprung« zurück, vielleicht sogar auf die Zeiten des *Homo erectus*.

Beschäftigen wir uns nun mit der Frage, ob die natürliche oder die sexuelle Selektion mehr zu den sichtbaren geographischen Unterschieden unter den Menschen beigetragen hat. Als erstes wollen wir die Argumente für die natürliche Selektion betrachten, die Selektion von Merkmalen, welche die Überlebenschancen steigern. Kein Wissenschaftler leugnet heute mehr, daß die natürliche Selektion für eine große Zahl von Unterschieden zwischen den Arten verantwortlich ist, zum Beispiel dafür, daß Löwen Tatzen mit Klauen haben und Menschen Greiffinger. Ferner leugnet auch niemand, daß die natürliche Selektion einen Teil der geographischen (»rassischen«) Variation mancher Tierarten erklärt. So wechselt das Fell arktischer Wiesel, die in Regionen mit Winterschnee leben, von braun im Sommer zu weiß im Winter, während südlicher lebende Wiesel das ganze Jahr über ein braunes Fell behalten. Durch diese rassischen Unterschiede wird die Überlebenschance erhöht, da weiße Wiesel in brauner Umgebung viel zu leicht von ihren natürlichen Feinden erkannt würden, ebenso wie braune Wiesel in verschneiter Umgebung.

Genauso erklärt die natürliche Selektion sicher auch *einen Teil* der geographischen Variation beim Menschen. Viele Schwarzafrikaner, aber keine Schweden, sind Träger eines speziellen Gens, des Sichelzellen-Hämoglobin-Gens, das vor Malaria schützt, einer

Tropenkrankheit, an der sonst noch mehr Afrikaner sterben müßten. Beispiele für andere lokale Merkmale, die mit Sicherheit auf die natürliche Selektion zurückgehen, sind der große Brustkorb der Anden-Indianer (zweckmäßig, um in dünner Gebirgsluft genügend Sauerstoff zu atmen), die gedrungene Figur der Eskimos (bessere Wärmespeicherung), die schlanke Figur der südlichen Sudanesen (hilfreich beim Abführen von Wärme) und die Schlitzaugen der Nordasiaten (Schutz der Augen vor Kälte und grellen Sonnenlichtspiegelungen im Schnee). All dies sind einleuchtende Beispiele.

Lassen sich mit natürlicher Selektion wohl auch diejenigen rassischen Unterschiede erklären, an die wir zuerst denken, nämlich in der Hautfarbe, Augenfarbe und dem Haar? Wenn ja, so möchte man meinen, daß das gleiche Merkmal (zum Beispiel blaue Augen) in verschiedenen Teilen der Erde mit ähnlichem Klima auftreten müßte und die Wissenschaftler darin übereinstimmen, wozu es gut ist.

Das am leichtesten zu erklärende Merkmal ist scheinbar die Hautfarbe. Sie reicht von Schwarzschattierungen über braun, kupferfarben und gelblich bis hin zu rosa, mit und ohne Sommersprossen. Dies wird mit Hilfe der natürlichen Selektion gewöhnlich so erklärt: Die Bewohner des sonnengesegneten Afrika haben eine schwärzliche Haut. Ebenso (angeblich) die Bewohner anderer Gebiete mit intensiver Sonneneinstrahlung, wie Südindien und Neuguinea. Es heißt, die Haut der Menschen werde blasser, je weiter man sich vom Äquator nach Norden oder Süden entferne, bis man in Nordeuropa auf die blassesten Erdenbürger treffe. Offenbar entwickelte sich die dunkelste Haut dort, wo sie der Sonne am stärksten ausgesetzt war. Das ist wie mit der Haut von Weißen, die sich in der Sommersonne (oder auf Sonnenbänken!) bräunen, nur daß diese Bräunung eine vorübergehende Reaktion auf die Sonne darstellt, keinen irreversiblen genetischen Vorgang. Ganz naheliegend ist auch der Vorteil einer dunklen Haut in Gebieten mit intensiver Sonnenstrahlung: Sie schützt vor Sonnenbrand und Hautkrebs. Weiße, die viel Zeit in der Sonne verbringen, erkranken eher an Hautkrebs, und zwar gerade an solchen Körperstellen, die der Sonne besonders stark ausgesetzt sind, wie dem Kopf und den Händen. Ergibt das nicht alles viel Sinn?

Leider ist in Wirklichkeit alles wieder viel komplizierter. Zuallererst führen Hautkrebs und Sonnenbrand zu keiner sonderlich starken körperlichen Schwächung und nur selten zum Tod. Als Faktoren der natürlichen Selektion haben sie, verglichen mit Infektionskrankheiten im Kindesalter, eine fast zu vernachlässigende Wirkung. Deshalb wurden viele andere Theorien bemüht, um das angebliche Farbgefälle vom Äquator zu den Polen zu erklären.

Eine der beliebtesten stützt sich darauf, daß die UV-Strahlen der Sonne die Bildung von Vitamin D in einer unter der Pigmentschicht gelegenen Hautschicht fördern. Deshalb könnten die Bewohner tropischer Gebiete eine dunklere Haut als Schutz gegen Nierenerkrankungen, hervorgerufen durch zuviel Vitamin D, entwickelt haben, während die Bewohner Skandinaviens mit seinen langen, dunklen Wintern eine blasse Haut bekamen, um sich gegen Rachitis zu schützen, die bei Mangel an Vitamin D auftreten kann. Zwei weitere beliebte Theorien lauten, daß dunkle Haut die inneren Organe gegen zu starke Erwärmung durch die Infrarotstrahlen der Tropensonne schützt oder – genau umgekehrt – daß dunkle Haut dazu beiträgt, Bewohner der Tropen bei fallender Temperatur warmzuhalten. Und falls Ihnen diese vier Theorien noch nicht reichen – hier sind noch vier weitere: Dunkle Haut dient als Tarnung im Dschungel. Helle Haut ist weniger anfällig für Erfrierungen. Dunkle Haut schützt vor Berylliumvergiftung in den Tropen. Helle Haut ruft in den Tropen einen Mangel an einem weiteren Vitamin (Folsäure) hervor.

Bei mindestens acht Theorien im Rennen können wir wohl kaum behaupten, daß wir verstehen, warum Bewohner sonniger Regionen dunkelhäutig sind. Dies widerlegt an sich noch nicht die Aussage, die natürliche Selektion habe auf irgendeine Weise zur Evolution dunkler Haut unter sonnigen Klimabedingungen geführt. Schließlich könnte eine dunkle Hautfarbe eine Vielzahl von Vorteilen besitzen, die von der Wissenschaft noch im einzelnen zu klären wären. Das schwerwiegendste Argument gegen eine auf natürlicher Selektion beruhende Theorie ist vielmehr die Tatsache, daß der Zusammenhang zwischen dunkler Haut und sonnigem Klima höchst unvollkommen ist. So gibt es Gebiete mit relativ wenig Sonnenschein, aber sehr dunkelhäutigen Bewohnern, zum Beispiel Tasmanien, während die Bewohner sonniger tropischer Regionen in Südostasien nur eine mittlere Hautfarbe aufweisen. Kein Indianer hat eine schwarze Haut, nicht einmal in den sonnigsten Teilen der Neuen Welt. Berücksichtigt man zusätzlich den Faktor Bewölkung, so zählen zu den lichtärmsten Gebieten der Erde mit im Durchschnitt weniger als dreieinhalb Stunden Sonnenlicht pro Tag sowohl Teile von Äquatorial-Westafrika, Südchina als auch Skandinavien, und dort sind jeweils die schwärzesten, gelbsten und hellhäutigsten Völker der Erde beheimatet! Auf den Salomoninseln, auf denen überall das gleiche Klima herrscht, leben in kurzem räumlichen Abstand voneinander pechschwarze und hellhäutigere Menschen. All dies zeigt deutlich, daß das Sonnenlicht nicht der einzige Selektionsfaktor gewesen sein kann, der über unsere Hautfarbe entschied.

Diese Einwände erwidern Anthropologen gleich mit einem Gegeneinwand: dem Zeitfaktor. Mit ihm versuchen sie wegzuerklären, warum in den Tropen auch hellhäutige Völker leben – sie seien dort vor zu kurzer Zeit eingewandert, um schon eine schwarze Haut zu entwickeln. So erreichten die Vorfahren der Indianer die Neue Welt vermutlich erst vor 11 000 Jahren (Kapitel 18), was ihnen nicht genug Zeit gelassen haben mag, um im tropischen Mittel- und Südamerika dunkelhäutig zu werden. Doch wer sich auf den Zeitfaktor beruft, um die Einwände gegen die Klimatheorie der Hautfarbe vom Tisch zu wischen, muß ihn auch für Völker gelten lassen, die diese Theorie angeblich untermauern.

Zu den Hauptstützen der Klimatheorie zählen die hellhäutigen Bewohner des kalten, dunklen, nebligen Skandinavien. Leider wohnen die Skandinavier in ihrer jetzigen Heimat erst seit kürzerer Zeit als die Indianer am Amazonas. Bis vor rund 9000 Jahren war Skandinavien von Eis bedeckt und als Lebensraum für Menschen gleich welcher Hautfarbe deshalb ungeeignet. Die heutigen Bewohner trafen erst vor rund 4000 oder 5000 Jahren in Skandinavien ein, und zwar im Zuge des Vorstoßes bäuerlicher Völker aus dem Nahen Osten und Sprechern indogermanischer Sprachen aus Südrußland. Entweder erwarben die Skandinavier ihre helle Hautfarbe also viel früher in einem Gebiet mit ganz anderem Klima, oder sie erwarben

sie in Skandinavien innerhalb der Hälfte der Zeit, welche die Indianer am Amazonas verbrachten, ohne daß sie eine dunkle Haut
bekamen.

Das einzige Volk der Erde, von dem wir sicher wissen, daß es
während der letzten 10 000 Jahre am gleichen Ort lebte, waren die
Ureinwohner Tasmaniens. Diese südlich von Australien in den gemäßigten Breiten auf vergleichbarer Höhe wie Chicago oder Wla-
diwostok gelegene Insel war einst mit dem australischen Festland
verbunden, bis ein Anstieg des Meeresspiegels vor 10 000 Jahren
die Verbindung abschnitt und Tasmanien eine Insel wurde. Da die
Einheimischen zur Zeit der Ankunft der Europäer keine Boote besaßen, mit denen sie sich weiter als einige Kilometer aufs Meer
hinauswagen konnten, wissen wir, daß sie die Nachfahren von
Siedlern waren, die zu Fuß nach Tasmanien gekommen waren, als
die Verbindung zu Australien noch bestand, und dort ununterbro-
chen lebten, bis sie von den britischen Kolonisten im 19. Jahrhundert ausgerottet wurden. Wenn je ein Volk der natürlichen
Selektion genügend Zeit ließ, um seine Hautfarbe an die örtlichen
Klimaverhältnisse anzupassen, dann waren es die Tasmanier. Ihre
Haut war jedoch schwärzlich, also vermeintlich an den Äquator
angepaßt.

Wenn es schon bei der Hautfarbe schwierig ist, die natürliche
Selektion zur Erklärung heranzuziehen, so ist es bei der Haar- und
Augenfarbe praktisch unmöglich. Es gibt keine konsistente Korrelation mit dem Klima und keine auch nur halbwegs plausiblen
Theorien über die angeblichen Vorteile, die jeder Farbtyp bietet.
Blondes Haar ist im kalten, feuchten, lichtarmen Skandinavien
ebenso verbreitet wie bei den Aborigines der heißen, trockenen,
sonnigen Wüste im Inneren Australiens. Was haben diese beiden
Gebiete aber gemeinsam, und wie erleichtert wohl das Blondsein
sowohl den Schweden als auch den Aborigines das Überleben? Helfen Sommersprossen und rotes Haar den Iren beim Koboldfangen?
Blaue Augen sind in Skandinavien die Regel, und angeblich erhöhen sie die Sichtweite bei trübem, schwachem Licht, aber das ist
eine unbewiesene Spekulation; jedenfalls können meine Freunde
und Bekannten in den noch lichtärmeren, nebligeren Bergen Neuguineas mit ihren dunklen Augen ganz ausreichend sehen.

Vollends absurd wird es, wenn man versucht, mit der natürlichen Selektion rassische Unterschiede in der Form der primären und sekundären Geschlechtsmerkmale zu erklären. Stellen kugelförmige Brüste nun eine Anpassung an Regen im Sommer und kegelförmige Brüste an Nebel im Winter dar oder umgekehrt? Werden die Frauen der Buschmänner durch ihre vorstehenden Unterlippen vor angreifenden Löwen geschützt, oder wird so ihr Wasserverlust in der Kalahari-Wüste gesenkt? Sie denken doch sicher nicht, daß Männer mit behaarter Brust in der Arktis mit freiem Oberkörper umherwandern und trotzdem warm bleiben können, oder etwa doch? Wenn ja, erklären Sie bitte, warum Frauen nicht ebenfalls behaarte Brüste haben – oder müssen sie nicht warm bleiben?

Einsichten wie diese brachten Darwin an den Rand der Verzweiflung, als er sich bemühte, rassische Unterschiede mit seinem Konzept der natürlichen Selektion in Einklang zu bringen. Schließlich verwarf er diesen Ansatz, indem er kurz und bündig feststellte: »Kein einziger der äußerlichen Unterschiede zwischen den Rassen des Menschen ist für ihn von direktem oder speziellem Nutzen.« In Darwins später vorgetragener Theorie zu diesem Thema sprach er von »sexueller Selektion« im Unterschied zu natürlicher Selektion; ihr widmete er ein ganzes Buch.

Der Grundgedanke seiner neuen Theorie ist leicht zu erfassen. Darwin beobachtete zahlreiche Merkmale bei Tieren, die keinen erkennbaren Wert für das Überleben hatten, aber bei der Partnersuche klar von Bedeutung waren, entweder durch Anlockung von Mitgliedern des anderen Geschlechts oder durch Einschüchterung von gleichgeschlechtlichen Rivalen. Bekannte Beispiele sind das Schwanzgefieder der Pfauen, die Mähnen der Löwen und die leuchtend roten Hinterteile brünstiger Pavian-Weibchen. Ist ein Männchen beim Anlocken von Weibchen oder beim Einschüchtern männlicher Rivalen besonders erfolgreich, so hinterläßt es eine größere Zahl von Nachkommen, an die es seine genetischen Anlagen und Körpermerkmale vererbt – als Ergebnis sexueller, nicht natürlicher Selektion. Das gleiche gilt für weibliche Merkmale.

Damit die sexuelle Selektion funktionieren kann, muß die Evolution zwei Veränderungen simultan hervorrufen: Ein Geschlecht muß ein neues Merkmal ausbilden, und das jeweils andere muß Gefallen daran finden. Pavian-Weibchen könnten es sich kaum leisten, ihre roten Hinterteile emporzurecken, wenn der Anblick Pavian-Männchen bis zur Impotenz abstoßen würde. Solange das Weibchen ein Merkmal trägt und das Männchen Gefallen daran findet, können durch sexuelle Selektion beliebige Merkmale entstehen, wobei überlebenswichtige Funktionen natürlich nicht allzusehr beeinträchtigt werden dürfen. In der Realität erscheinen denn auch viele durch sexuelle Selektion hervorgerufene Merkmale recht willkürlich. Ein Besucher aus dem All, der noch nie einen Menschen erblickt hat, könnte sicher nicht vorhersagen, daß Männer und nicht Frauen Bärte tragen und daß die Bärte im Gesicht und nicht über dem Bauchnabel sitzen – und daß Frauen keine rotblauen Hinterteile haben.

Daß sexuelle Selektion wenigstens bei Vögeln tatsächlich funktioniert, konnte der schwedische Biologe Malte Andersson mit einem eleganten Experiment an afrikanischen Hahnschweifwidas zeigen. Bei dieser Vogelart wächst das Schwanzgefieder des Männchens während der Brutsaison auf über 50 Zentimeter Länge, während das des Weibchens nur knapp acht Zentimeter lang ist. Manche Männchen sind polygam und bringen es auf bis zu sechs Weibchen – auf Kosten anderer Männchen, die keins abbekommen. Biologen vermuteten, daß das lange Schwanzgefieder als Signal dient, mit dem Männchen Weibchen anlocken und sie in ihren Harem einladen. Anderssons Experiment bestand darin, bei neun Männchen einen Teil des Schwanzgefieders abzuschneiden, so daß es nur noch 15 Zentimeter lang war. Die abgeschnittenen Reste klebte er an das Schwanzgefieder von neun anderen Männchen an, das dadurch eine Länge von 75 Zentimeter erhielt. Dann wartete er nur noch ab, wo die Weibchen ihre Nester bauen würden. Es stellte sich heraus, daß die Männchen mit dem künstlich verlängerten Schwanzgefieder im Durchschnitt über viermal so viele Weibchen anlockten wie die Männchen mit dem künstlich verkürzten Gefieder.

Als erste Reaktion auf Anderssons Experiment denken wir vielleicht: diese dummen Vögel! Man stelle sich vor, ein Weibchen wählt ein Männchen als Vater für seinen Nachwuchs bloß deshalb aus, weil sein Schwanzgefieder länger ist als das anderer Männchen! Doch wir täten besser daran, uns noch einmal zu vergegenwärtigen, was wir im letzten Kapitel über unser eigenes Verhalten bei der Partnersuche erfahren haben. Sind unsere Kriterien wirklich so gute Indikatoren für genetische Qualität? Legen nicht manche Männer und Frauen übersteigerten Wert auf die Größe oder Form bestimmter Körperteile, die wirklich nur ganz willkürliche Signale der sexuellen Selektion darstellen? Wie kam es überhaupt, daß wir einem schönen Gesicht, das doch im Kampf ums Überleben völlig nutzlos ist, solche Bedeutung beimessen?

Bei den Tieren sind manche der Merkmale, die sich von einer Rasse zur anderen unterscheiden, das Ergebnis sexueller Selektion. So variieren Löwenmähnen in der Länge und im Farbton. Bei den neuguineischen Paradiesvögeln der Gattung *Astrapia* haben die Männchen ein hübsches Schwanzgefieder, um den Weibchen zu imponieren, doch unterschiedliche Populationen entwickelten Gefieder unterschiedlicher Formen und Farben. Duchquert man die Insel von West nach Ost, so kann man breite violette, kurze weißliche, sehr lange weiße, lange violette und schließlich wieder breite violette Schwanzgefieder beobachten. Ähnlich gibt es bei Schneegänsen zwei unterschiedliche Färbungen, eine bläuliche mit stärkerer Verbreitung in der westlichen und eine weiße mit stärkerer Verbreitung in der östlichen Arktis. Vögel beider Farbtypen bevorzugen bei der Partnerwahl Angehörige des gleichen Typs. Könnte die Brustform und Hautfarbe beim Menschen ebenfalls das Ergebnis sexueller Vorlieben sein, die sich von Region zu Region willkürlich unterscheiden?

Nach 898 Seiten hatte sich Darwin selbst davon überzeugt, daß die Antwort auf diese Frage ein lautes »Ja« sein mußte. Er bemerkte, daß wir Brüsten, Haaren, Augen und Hautfarbe übermäßige Beachtung bei der Partnerwahl schenken. Er stellte außerdem fest, daß Menschen in unterschiedlichen Teilen der Erde schöne Brüste, Haare, Augen und eine schöne Haut nach dem definieren, was ihnen vertraut ist. Somit wachsen Fidschianer, Hottentotten und Schweden jeweils mit ihren eigenen erlernten, willkürlichen Schönheitsmaßstäben auf, was tendenziell zur Folge hat, daß sich jede Population konform zu diesen Maßstäben entwickelt, da zu sehr von ihnen abweichende Einzelpersonen mehr Schwierigkeiten bei der Partnersuche haben.

Darwin starb, bevor seine Theorie durch strenge Untersuchungen des tatsächlichen menschlichen Verhaltens bei der Partnerwahl überprüft werden konnte. In den vergangenen Jahrzehnten wurden jedoch eine ganze Reihe solcher Studien durchgeführt, deren Ergebnisse ich in Kapitel 5 zusammengefaßt habe. Demnach neigen wir dazu, solche Personen als Partner zu wählen, die uns in jeder erdenklichen Hinsicht ähneln, unter anderem in der Haar-, Augen- und Hautfarbe. Zur Erklärung dieses scheinbaren Narzißmus argumentierte ich, daß bei der Entwicklung unserer Schönheitsmaßstäbe eine Prägung auf diejenigen Personen erfolgt, die wir in der Kindheit am meisten zu Gesicht bekommen – vor allem also unsere Eltern und Geschwister. Ihnen ähneln wir zugleich äußerlich am stärksten, da wir ihre genetischen Anlagen teilen. Wenn Sie also hellhäutig, blauäugig und blond sind und in einer Familie hellhäutiger, blauäugiger Blonder aufwuchsen, dürften Sie diesen Personentyp von allen am schönsten finden und als Partner bevorzugen. Indessen lernten meine dunkelhäutigen, dunkelhaarigen Freunde in Neuguinea, die unter ihresgleichen aufwuchsen, hellhäutige, blauäugige, blonde Menschen als furchtbar häßlich anzusehen.

Um die Prägungstheorie der Partnerwahl einem strengen Test zu unterziehen, müßten wir Experimente wie dies anstellen: Man bringt einige schwedische Babys zu Adoptiveltern in Neuguinea oder sorgt dafür, daß ein paar schwedische Eltern dauerhaft schwarze Gesichter und Körper bekommen. Dann wartet man 20 Jahre, bis aus den Babys Erwachsene geworden sind, und untersucht, ob sie als Sexualpartner Schweden oder Neuguineaner bevorzugen. Wieder einmal scheitert die Suche nach der Wahrheit an praktischen Problemen. Doch zum Glück können solche Tests an Tieren mit ganzer experimenteller Strenge durchgeführt werden.

Zum Beispiel an Schneegänsen mit ihrer bläulichen oder weißen Färbung. Ist die Präferenz für weiße oder bläuliche Gänse erlernt oder angeboren? Kanadische Biologen legten frisch ausgeschlüpfte Gänse aus Eiern, die im Brutapparat ausgebrütet worden waren, in ein Nest von »Pflegeeltern«. Nachdem die Jungen aufgewachsen waren, wählten sie Paarungspartner mit der gleichen Färbung wie der der Pflegeeltern. Gänsejunge, die in einer größeren, gemischten Schar aus bläulich gefärbten und weißen Gänsen groß geworden waren, zeigten später keinerlei Präferenz für Blau oder Weiß. Und noch ein Experiment führten die Wissenschaftler durch: Sie färbten einige der Gänse rosa, woraufhin der Nachwuchs eine Präferenz für rosa gefärbte Gänse entwickelte. Mithin ist Gänsen die Farbpräferenz nicht angeboren, sondern sie wird durch Prägung auf die Eltern (sowie Geschwister und Spielgefährten) gelernt.

Wie kam es also nach meiner Ansicht zu den Unterschieden zwischen den Bewohnern verschiedener Teile der Erde? Das Innere unseres Körpers blieb für uns unsichtbar und wurde durch die natürliche Selektion gestaltet, beispielsweise mit dem Ergebnis, daß Afrikaner und nicht Schweden als Schutz gegen Malaria das Sichelzellen-Hämoglobin-Gen entwickelten. Viele unserer äußerlichen Merkmale gehen ebenfalls auf die natürliche Selektion zurück. Doch wie bei den Tieren hatte die sexuelle Selektion einen großen Einfluß auf die Formung jener äußerlichen Merkmale, die bei der Partnerwahl eine Rolle spielen.

Beim Menschen handelt es sich dabei vor allem um die Haut, die Augen, das Haar, die Brüste und Geschlechtsorgane. In allen Teilen der Welt entwickelten sich diese Merkmale parallel zu den durch Prägung entstandenen ästhetischen Präferenzen, wobei im Ergebnis Unterschiede im Aussehen standen, die ein gutes Maß an Willkür beinhalten. Welche Population am Ende gerade eine bestimmte Augen- oder Haarfarbe hatte, könnte zum Teil auch auf einem Zufall beruhen, den Biologen als »Gründereffekt« bezeichnen. Damit ist folgendes gemeint: Wenn eine kleine Zahl von Individuen ein unbesiedeltes Gebiet kolonisiert, in dem sich später ihre Nachkommen vermehren und ausbreiten, dann dominieren die genetischen Anlagen der wenigen Gründungsindividuen die spätere Population immer noch für viele Generationen. So wie manche Paradiesvögel ein gelbes Gefieder haben und andere ein schwarzes, so haben manche menschlichen Populationen blondes Haar und andere schwarzes, manche blaue Augen und andere grüne, manche orange Brustwarzen und andere braune.

Damit will ich nicht sagen, daß Klimabedingungen und Hautfarbe überhaupt nichts miteinander zu tun haben. Ich gestehe ein, daß die Bewohner tropischer Regionen im Durchschnitt dunkler sind als die Bewohner gemäßigter Zonen, wenngleich mit vielen Ausnahmen, und daß dies wahrscheinlich das Ergebnis der natürlichen Selektion ist, wobei wir den genauen Mechanismus nicht kennen. Ich weise aber darauf hin, daß die sexuelle Selektion immerhin stark genug war, um für eine recht unvollkommene Korrelation zwischen Hautfarbe und Sonneneinstrahlung zu sorgen.

Falls Sie immer noch skeptisch sind, wie sich äußerliche Merkmale und ästhetische Präferenzen zusammen zu verschiedenen, willkürlichen Endpunkten hin entwickeln konnten, denken Sie doch nur an die wechselnde Mode. Als ich in den frühen fünfziger Jahren die Schule besuchte, fanden die Frauen Männer mit Bürstenhaarschnitt und Glattrasur besonders attraktiv. Seither haben wir eine ganze Parade von Herrenmoden erlebt – Bärte, lange Haare, Ohrringe, lila gefärbtes Haar und den Irokesen-Haarschnitt, um einige aufzuzählen. Hätte irgendein Mann in den fünfziger Jahren gewagt, sich derart zu präsentieren, so wären die Frauen so abgestoßen gewesen, daß er kaum Erfolg bei der Partnersuche gehabt hätte. Und das nicht, weil Bürstenhaarschnitte besser an die Klimaverhältnisse während der letzten Jahre Stalins angepaßt wären oder ein lila Irokesen-Haarschnitt bessere Überlebenschancen in der Ära nach Tschernobyl böte. Vielmehr veränderten sich das männliche Aussehen und der weibliche Geschmack parallel, wobei die Veränderungen viel rascher aufeinander folgten als die der Hautfarbe im Zuge der Evolution, da es ja keiner genetischen Mutationen bedurfte. Entweder gefiel den Frauen auf einmal der Bürstenhaarschnitt, weil gute Männer ihn trugen, oder die Männer legten sich diesen Haarschnitt zu, weil er guten Frauen gefiel, oder es handelte sich um eine Kombination aus beidem. Gleiches gilt umgekehrt für das weibliche Aussehen und den Geschmack der Männer.

Für Zoologen ist die sichtbare geographische Variabilität, beim Menschen durch sexuelle Selektion hervorgerufen, sehr beeindruckend. Ich habe in diesem Kapitel deutlich gemacht, daß ein Großteil unserer Variabilität das Nebenprodukt eines speziellen

Merkmals des menschlichen Lebenszyklus ist, und zwar des wählerischen Verhaltens bei der Partnerwahl. Ich weiß von keiner wildlebenden Tierart, bei der die Augenfarbe in unterschiedlichen Populationen grün, blau, grau, braun oder schwarz sein kann, während die Hautfarbe regional von fast weiß bis schwarz variiert und als Haarfarbe rot, blond, braun, schwarz, grau oder weiß in Frage kommt. Vielleicht gibt es, abgesehen von der benötigten Evolutionszeit, keine Grenzen dafür, mit welchen Farben uns die sexuelle Selektion schmücken kann. Für den Fall, daß die Menschheit weitere 20 000 Jahre überlebt, prophezeihe ich hiermit, daß es Frauen mit naturgrünem Haar und roten Augen geben wird – und dazu Männer, die auf solche Frauen fliegen.

KAPITEL 7

Warum müssen wir alt werden und sterben?

Tod und Altern stellen uns vor ein Rätsel, über das wir als Kinder oft Fragen stellen, um es dann in der Jugend zu verleugnen und im Erwachsenenalter nur widerstrebend zu akzeptieren. Als College-Student machte ich mir kaum Gedanken über das Altern. Heute, mit 57 Jahren, kommt mir das Thema viel interessanter vor. Die Lebenserwartung weißer Erwachsener liegt in den USA derzeit bei 78 Jahren (Männer) bzw. 83 Jahren (Frauen). Nur wenige von uns werden 100 Jahre alt. Warum ist es so leicht, 80 zu werden, so schwer, die 100 zu erreichen, und fast unmöglich, 120 zu werden? Warum werden Menschen mit Zugang zur besten medizinischen Versorgung, warum werden Tiere in Käfigen mit jeder Menge Futter und ohne natürliche Feinde unweigerlich gebrechlich und sterben? Wir haben es hier mit der augenfälligsten Tatsache des Lebens zu tun, aber eine augenfällige Erklärung gibt es dafür nicht.

In der nackten Tatsache des Alterns und Sterbens gleichen wir allen anderen Tieren. Doch im Detail haben wir im Laufe unserer Evolutionsgeschichte erhebliche Fortschritte gemacht. Von keiner einzigen Menschenaffenart ist bekannt, daß je die gegenwärtige Lebenserwartung weißer Amerikaner erreicht wurde, und nur höchst selten wird ein Menschenaffe einmal 50. Mithin altern wir langsamer als unsere nächsten Verwandten. Dieser Unterschied mag sich zum Teil erst kürzlich eingestellt haben, um die Zeit des »großen Sprungs«; es wurden nämlich nicht wenige Cro-Magnons über 60, während Neandertaler nur selten die Vierzig überschritten.

Das langsame Altern hat für den menschlichen Lebensstil entscheidende Bedeutung, da er auf der Weitergabe von Wissen beruht. Durch die Evolution der Sprache wurde es möglich, eine viel größere Menge an Wissen weiterzugeben als zuvor. Bis zur Erfindung der Schrift dienten die Alten als Speicher und Fundgrube von Wissen und Erfahrungen, wie sie es in Stammesgesellschaften noch heute sind. Unter den Lebensbedingungen der Jäger und Sammler konnte der Wissensschatz einer einzigen Person von über 70 Jahren über das Überleben oder Verhungern bzw. die Niederlage des gesamten Clans entscheiden. Unsere lange Lebensspanne war somit eine wichtige Voraussetzung für unseren Aufstieg aus dem Tierreich.

Offensichtlich hing unsere Fähigkeit, ein hohes Alter zu erreichen, letzten Endes von kulturellen und technischen Fortschritten ab. Man kann sich gegen einen Löwen besser mit einem Speer als mit einem Stein in der Hand verteidigen, und noch besser mit einer Schußwaffe. Doch kulturelle und technische Fortschritte allein hätten nicht ausgereicht, wenn sich nicht auch Veränderungen in unserem Körper vollzogen hätten, um ein höheres Alter zu ermöglichen. Kein Menschenaffe in einem Zookäfig, der die Früchte der modernsten Technik und Tiermedizin genießt, wird 80 Jahre alt. Ich werde in diesem Kapitel darlegen, daß eine Anpassung unserer biologischen Beschaffenheit an die durch kulturellen Fortschritt ermöglichte höhere Lebenserwartung erfolgte. Insbesondere möchte ich die Vermutung äußern, daß die Werkzeuge der Cro-Magnons nicht der einzige Grund dafür waren, daß sie im Durchschnitt älter wurden als die Neandertaler. Vielmehr muß sich unsere Biologie um die Zeit des »großen Sprungs« so geändert haben, daß sich das Altern verlangsamte. In diese Zeit mag auch die Evolution des Klimakteriums fallen, jenes Begleitumstands des Alterns, der paradoxerweise die weibliche Lebensspanne verlängert.

Die Art und Weise, wie Wissenschaftler über das Altern nachdenken, hängt davon ab, ob sie ein Interesse an unmittelbaren oder grundsätzlichen Erklärungen haben. Diesen Unterschied will ich anhand der Frage verdeutlichen, warum Stinktiere stinken. Ein Chemiker oder Molekularbiologe würde etwa diese Antwort geben:

»Weil Stinktiere chemische Verbindungen mit bestimmtem Molekülaufbau absondern. Aufgrund der Prinzipien der Quantenmechanik resultieren diese in schlechtem Geruch. Der schlechte Geruch dieser Sekrete ist unabhängig davon, welche biologischen Funktionen er haben mag.«

Ein Evolutionsbiologe würde dagegen so argumentieren: »Der Grund ist darin zu suchen, daß Stinktiere leichte Beute wären, würden sie sich nicht durch ihren Gestank verteidigen. Durch die natürliche Selektion erwarben sie die Fähigkeit zur Absonderung stinkender Sekrete; dabei überlebten am ehesten die Stinktiere mit dem übelsten Geruch und konnten die größte Nachkommenschaft hinterlassen. Der Molekülaufbau dieser Stoffe ist ein rein zufälliges Detail; andere übelriechende Stoffe wären den Stinktieren ebenso recht.«

Der Chemiker gab eine unmittelbare Erklärung, indem er auf den für die zu erklärende Beobachtung unmittelbar verantwortlichen Mechanismus verwies. Der Evolutionsbiologe trug dagegen eine grundsätzliche Erklärung vor, indem er die Funktion bzw. Ereigniskette erläuterte, die der Existenz des Mechanismus zugrunde liegt. Beide, Chemiker und Evolutionsbiologe, würden die Antwort des jeweils anderen zurückweisen, da sie »nicht die wirkliche Erklärung« enthalte.

In ähnlicher Weise werden Untersuchungen über das Altern von zwei wissenschaftlichen Disziplinen angestellt, zwischen denen kaum Kontakt besteht. Die eine bemüht sich um eine unmittelbare, die andere um eine grundsätzliche Erklärung. Evolutionsbiologen versuchen zu begreifen, wie die natürliche Selektion zulassen konnte, daß Lebewesen überhaupt altern, und meinen, darauf eine Antwort gefunden zu haben. Physiologen hingegen erforschen die Zellmechanismen, die dem Alterungsprozeß zugrunde liegen, und räumen ein, daß ihnen die Antwort noch fehlt. Ich werde begründen, warum sich das Altern nach meiner Ansicht nicht verstehen läßt, sofern nicht nach beiden Arten von Erklärungen parallel gesucht wird. Insbesondere gehe ich davon aus, daß die (grundsätzliche) evolutionstheoretische Erklärung uns dabei helfen wird, auch die physiologische (unmittelbare) Erklärung für das Altern, die sich der Wissenschaft bisher entzogen hat, ausfindig zu machen.

Bevor ich diesen Gedankengang näher erläutere, will ich lieber Einwänden meiner physiologischen Kollegen zuvorkommen. Sie neigen zu der Ansicht, daß etwas an unserer Physiologie das Altern irgendwie unvermeidlich macht und evolutionstheoretische Überlegungen deshalb belanglos sind. Eine dieser Theorien führt beispielsweise das Altern auf die angeblich wachsenden Schwierigkeiten unseres Immunsystems zurück, zwischen eigenen und fremden Zellen zu unterscheiden. Physiologen, die sich diesen Standpunkt zu eigen machen, treffen implizit die Annahme, daß die natürliche Selektion nicht zu einem Immunsystem ohne solche verhängnisvolle Schwäche führen konnte. Ist dieser Glaube gerechtfertigt?

Zur Beurteilung dieses Einwands wollen wir uns die biologischen Reparaturmechanismen näher ansehen, denn das Altern läßt sich ja vereinfacht als Ausbleiben von Reparaturen bzw. als sich verschlechternder Gesamtzustand beschreiben. Unsere erste Assoziation beim Wort »Reparatur« bezieht sich wahrscheinlich auf jene Reparaturen, die uns am meisten Ärger bereiteten, nämlich Autoreparaturen. Auch unsere Autos werden alt und müssen sterben, aber wir geben viel Geld aus, um ihr unausweichliches Schicksal hinauszuschieben. Ähnlich sind wir auch unbewußt, aber doch ständig damit beschäftigt, uns selbst zu reparieren, und zwar auf jeder Ebene, von den Molekülen über das Gewebe bis hin zu ganzen Organen. Unsere Selbstheilungsmechanismen sind wie bei der Zuwendung, die wir dem Auto angedeihen lassen, von zweierlei Art: Schadensbehebung und periodische Erneuerung.

Ein Beispiel für Schadensbehebung am Auto ist das Ersetzen einer demolierten durch eine neue Stoßstange; wir wechseln die Stoßstange nicht etwa bei jedem Ölwechsel aus. Das offenkundigste Beispiel für Schadensbehebung an unserem Körper ist die Heilung von Verletzungen, also die Reparatur von Schäden an unserer Haut. Viele Tiere vollbringen viel imposantere Leistungen: Eidechsen lassen sich einen abgetrennten Schwanz nachwachsen, Seesterne und Krebse ihre Glieder, Seegurken ihre Eingeweide und Schnurwürmer ihre Giftstilette. Auf der für uns unsichtbaren Ebene der Moleküle erfolgt die Reparatur unserer Erbsubstanz, der DNS, ausschließlich auf dem Weg der Schadensbehebung. Wir besitzen dafür Enzyme, die beschädigte Stellen in der DNS-Helix erkennen und reparieren, während der intakte Rest ignoriert wird.

Der andere Reparaturtyp, die periodische Erneuerung, ist ebenfalls jedem Autobesitzer wohlbekannt. In regelmäßigen Abständen wechseln wir das Öl, den Luftfilter und andere Verschleißteile, ohne erst auf eine Panne zu warten. Ähnlich werden in der Welt der Lebewesen Zähne regelmäßig auf vorprogrammierte Weise ersetzt: Menschen bekommen zweimal ein Gebiß, Elefanten sechsmal und Haie immer und immer wieder. Während wir mit dem Skelett, das uns bei der Geburt mit auf den Weg gegeben wurde, durchs ganze Leben gehen, erneuern Hummer und andere Gliederfüßer ihr Außenskelett regelmäßig, indem sie das alte abwerfen und sich ein neues wachsen lassen. Ein gutes Beispiel für vorprogrammierte Reparaturen ist auch das ständige Nachwachsen unseres Haars: Wie kurz wir es auch schneiden, es wächst immer wieder nach.

Die periodische Erneuerung macht auch vor der mikroskopischen und submikroskopischen Ebene nicht halt. Viele unserer Zellen werden ständig erneuert: Darmzellen etwa einmal alle paar Tage, Harnblasenzellen alle zwei Monate und rote Blutkörperchen alle vier Monate. Auf der Ebene darunter erfahren unsere Proteinmoleküle eine fortwährende Erneuerung, mit unterschiedlichem Tempo je nach Protein; dadurch vermeiden wir, daß es zu einer Anhäufung beschädigter Moleküle kommt. Wenn Sie das Aussehen eines Ihnen nahestehenden Menschen heute mit einem Photo von vor einem Monat vergleichen, dann sieht er vielleicht noch genauso aus, aber viele der Moleküle, aus denen sich sein Körper zusammensetzt, sind andere. Die Natur nimmt uns Tag für Tag auseinander und setzt uns immer wieder zusammen.

Ein Großteil des tierischen Körpers kann also bei Bedarf repariert werden oder wird ohnehin periodisch erneuert, doch wieviel im einzelnen erneuerbar ist, unterscheidet sich je nach Körperteil und Spezies erheblich. Das beschränkte Reparaturvermögen des Menschen ist aus physiologischer Sicht keineswegs zwangsläufig. Wenn Seesterne sich amputierte Glieder nachwachsen lassen können, warum dann wir nicht? Was hält uns davon ab, wie ein Elefant sechsmal Zähne zu bekommen statt nur zweimal in jungen Jahren? Das würde uns Füllungen, Kronen und Prothesen ersparen. Warum beugen wir nicht der Arthritis vor? – Wir müßten doch lediglich unsere Gliedmaßen periodisch wie Krebse erneuern. Warum schützen wir uns nicht vor Herzkrankheiten, indem wir unser Herz von Zeit zu Zeit erneuern, so wie Schnurwürmer ihre Giftstilette ersetzen? Man würde doch annehmen, daß die natürliche Selektion denjenigen favorisieren würde, der nicht im Alter von 80 an einer Herzkrankheit stirbt, sondern weiterlebt und Nachwuchs produziert, bis er 200 Jahre alt ist. Warum können wir also nicht alles in unserem Körper reparieren oder ersetzen?

Die Antwort hängt sicher mit den Kosten der Reparaturen zusammen. Wieder bietet sich der Vergleich mit dem Auto an. Schenkt man Mercedes-Benz Glauben, dann sind die Autos dieser Marke so solide gebaut, daß sie jahrelang ihren Dienst verrichten, auch wenn man auf jegliche Wartung verzichtet – also nicht einmal das Öl wechselt. Danach wird natürlich auch ein Mercedes wegen der angesammelten, nicht mehr zu reparierenden Schäden den Geist aufgeben. Mercedes-Besitzer entscheiden sich deshalb im allgemeinen für eine regelmäßige Wartung ihres Fahrzeugs. Mercedes-Fahrer aus meiner Bekanntschaft erzählen mir, daß die Wartung bei dieser Marke sehr teuer ist und jeder Werkstattbesuch ein paar hundert Dollar verschlingt. Dennoch finden sie, daß sich die Ausgabe lohnt. Ein gewarteter Mercedes hält viel länger als ein ungewarteter, und es kommt einen wesentlich billiger zu stehen, einen alten Mercedes regelmäßig zu warten, als ihn abzustoßen und alle paar Jahre einen neuen anzuschaffen.

So jedenfalls argumentieren Mercedes-Besitzer in Deutschland und Amerika. Aber nehmen Sie einmal an, Sie lebten in Port Moresby, der Hauptstadt von Papua-Neuguinea und der Stadt mit den relativ meisten Autounfällen weltweit, wo jedes Auto mit hoher Wahrscheinlichkeit innerhalb eines Jahres zu Schrott gefahren wird, egal wie man es pflegt und wartet. Viele Autobesitzer in Neuguinea ersparen sich die Wartungskosten und legen das Geld lieber für den unvermeidlichen Kauf ihres nächsten Autos beiseite.

Analog hängt es von den Kosten der Reparaturen und von einem Vergleich der zu erwartenden Lebensdauer mit und ohne Reparaturen ab, wieviel ein Tier in seine Selbstheilungskräfte investieren »sollte« (vom Standpunkt der Evolution). Doch Fragen dieser Art gehören in den Bereich der Evolutionsbiologie, nicht der Physiologie. Die natürliche Selektion maximiert tendenziell die Zahl der überlebenden Nachkommen, die wiederum selbst Nachwuchs hinterlassen. Die Evolution läßt sich somit als Strategiespiel auffassen, in dem das Individuum gewinnt, dessen Strategie in der größten Nachkommenschaft gipfelt. Folglich erweisen sich spieltheoretische Überlegungen als nützlich, wenn wir herausfinden wollen, wie wir so wurden, wie wir sind.

Das Problem der Lebensdauer und der Investition in Selbstheilungskräfte gehört seinerseits zu einer noch breiteren Klasse evolutionstheoretischer Probleme, auf die sich die Spieltheorie anwenden läßt: das Rätsel, wie eigentlich für ein vorteilhaftes Merkmal eine obere Begrenzung festgelegt wird. Außer der Lebensdauer gibt es zahlreiche andere biologische Merkmale, welche die Frage aufwerfen, warum die natürliche Selektion sie nicht länger oder größer, schneller oder häufiger werden ließ. Beispielsweise haben große, intelligente und flinke Menschen offenkundige Vorteile gegenüber kleinen, dummen und trägen Menschen – was besonders während des größten Teils der menschlichen Evolution galt, als wir uns noch vor Löwen und Hyänen schützen mußten. Warum wurden wir also nicht im Durchschnitt noch größer, intelligenter und schneller, als wir es jetzt sind?

Diese Konstruktionsprobleme der Evolution sind weniger simpel, als sie zunächst erscheinen mögen, und zwar aufgrund folgender Komplikation: Die natürliche Selektion wirkt auf ganze Individuen, nicht nur auf einzelne Teile von ihnen. Wer überlebt und Nachwuchs hinterläßt oder auch nicht, das sind Sie insgesamt, nicht nur Ihr großes Hirn oder Ihre flinken Beine. Die Vergrößerung eines bestimmten Körperteils könnte zwar in einer Hinsicht zweckmäßig sein, aber in anderer schädlich. So wäre es denkbar, daß es zu Problemen im Zusammenspiel mit anderen Körperteilen kommt oder daß diesen zuviel Energie entzogen wird.

Für Evolutionsbiologen lautet das Zauberwort im Zusammenhang mit dieser Komplikation »Optimierung«. Die natürliche Selektion gestaltet tendenziell jedes Merkmal so, daß dabei diejenige Größe, Geschwindigkeit oder Anzahl herauskommt, die das Überleben und den Fortpflanzungserfolg insgesamt maximiert, ausgehend vom grundlegenden körperlichen Design des jeweiligen Tieres. Es tendiert also nicht jedes Einzelmerkmal zum Maximalwert. Vielmehr erfolgt eine Konvergenz auf einem optimalen mittleren, weder zu großen noch zu kleinen Wert. Dadurch ist das Tier insgesamt erfolgreicher, als wenn das betreffende Merkmal größer oder kleiner wäre.

Sollte Ihnen diese Argumentation zu abstrakt erscheinen, dann denken Sie statt an Tiere an die Maschinen unseres Alltagslebens. Grundsätzlich gelten die gleichen Prinzipien für die Konstruktion von Maschinen durch Menschen wie für die evolutionäre Gestaltung von Tieren durch die natürliche Selektion. Nehmen wir zum Beispiel meinen VW Käfer von 1962, Wonne meines Herzens und immer noch das einzige Auto, das ich je besaß. (Autofans erinnern sich vielleicht, daß 1962 das Jahr war, in dem der Käfer seine große Heckscheibe bekam.) Auf glatter, ebener Fahrbahn und mit etwas Rückenwind läuft er bis etwa 100 km/h. BMW-Fahrer mögen das ausgesprochen suboptimal finden. Warum verschrotte ich nicht einfach meine kümmerliche Vierzylinder-Maschine mit nur 40 PS und ersetze sie durch eine Zwölfzylinder-Maschine mit 296 PS aus dem BMW 750 IL meines Nachbarn, damit ich mit fast 300 Sachen über die Autobahn brausen kann?

Selbst jemand mit so wenig Ahnung von Autos wie ich weiß, daß das nicht klappen würde. Zunächst einmal paßt die große BMW-Maschine gar nicht in den kleinen Motorraum meines Käfers, er müßte also vergrößert werden. Außerdem gehört die BMW-Maschine nach vorne, während der Motorraum beim Käfer hinten ist, was Änderungen am Getriebe, an der Kraftübertragung und so weiter erforderlich machen würde. Auch die Stoßdämpfer und Bremsen müßten ersetzt werden, denn sie sind ja dazu ausgelegt, mein Fahrzeug bei 100 km/h zu federn und zu stoppen, aber nicht bei fast 300 km/h. Bis ich meinen VW derart modifiziert hätte, daß die BMW-Maschine zu ihm passen würde, wäre von meinem ursprünglichen Käfer nicht mehr viel übrig, und die Umbauten hätten mich einen Haufen Geld gekostet. Ich vermute, meine kümmerliche 40-PS-Maschine ist insofern optimal, als ich die Fahrgeschwindigkeit nicht steigern kann, ohne andere Leistungsmerkmale meines Autos zu opfern – und andere kostspielige Gewohnheiten, die Teil meines Lebensstils geworden sind.

Am freien Markt haben zwar technische Monster wie ein VW mit

BMW-Maschine letzten Endes keine Chance, wir können uns aber an viele derartige Ungeheuerlichkeiten erinnern, die ziemlich lange brauchten, um von der Bildfläche zu verschwinden. Besonders für diejenigen Leser, die sich wie ich für Seekriegführung interessieren, sind die britischen Schlachtkreuzer ein gutes Beispiel. Vor und während des Ersten Weltkriegs ließ die britische Marine 13 Kriegsschiffe mit der Bezeichnung »Schlachtkreuzer« (battle-cruisers) bauen, die so groß und mit so vielen Geschützen ausgerüstet sein sollten wie Schlachtschiffe, dabei aber viel schneller. Mit der Maximierung von Geschwindigkeit und Feuerkraft weckten die Schlachtkreuzer sofort die Aufmerksamkeit der Öffentlichkeit und wurden zu einer propagandistischen Sensation. Wenn man aber bei einem Schlachtschiff von 28 000 Tonnen das Gewicht der schweren Geschütze nahezu konstant läßt und wesentlich schwerere Maschinen einbaut, das Gesamtgewicht aber bei etwa 28 000 Tonnen läßt, muß unweigerlich anderswo Gewicht eingespart werden. Die Schlachtkreuzer sparten vor allem an der Panzerung, aber auch am Gewicht der kleineren Geschütze, der Innenwände und der Flugabwehrkanonen.

Die Folgen dieser suboptimalen Konstruktion ließen nicht auf sich warten. Im Jahre 1916 gingen die Schiffe *H. M. S. Indefatigable*, *H. M. S. Queen Mary* und *H. M. S. Invincible* in der Schlacht vor dem Skagerrak nach den ersten Treffern fast sofort in Flammen auf. *H. M. S. Hood* wurde 1941 zerstört, ganze acht Minuten nach Gefechtsbeginn mit dem berühmten deutschen Schlachtschiff *Bismarck*. *H. M. S. Repulse* wurde von japanischen Bombern wenige Tage nach dem Angriff auf Pearl Harbor versenkt und erlangte zweifelhaften Ruhm als erstes großes Kriegsschiff, das in einem Seegefecht aus der Luft zerstört worden war. Konfrontiert mit diesen betrüblichen Beweisen dafür, daß einige aufsehenerregende Details kein optimales Ganzes ergeben, ließ die britische Marine die Gattung Schlachtkreuzer aussterben.

Kurzum, Ingenieure können nicht isoliert vom Rest an einzelnen Teilen herumbasteln, da jedes Teil Investitionen in Form von Geld, Raum und Gewicht beinhaltet, die auch in andere Teile hätten fließen können. Zu fragen ist vielmehr, welche *Kombination* die Effizienz einer Maschine optimiert. Ganz ähnlich kann die Evolution nicht mit einzelnen Körpermerkmalen unabhängig vom Rest des jeweiligen Lebewesens herumexperimentieren, da jedes Körperteil, jedes Enzym und jedes Teil der DNS Energie und Platz zu Lasten möglicher Alternativen verbraucht. Statt dessen gab die natürliche Selektion derjenigen Merkmalskombination den Vorzug, die zur größten Zahl von Nachkommen führte. Ingenieure müssen wie Evolutionsbiologen bei allen Veränderungen nach den damit verbundenen Vorteilen fragen und diese gegen die Kosten abwägen.

Eine offensichtliche Schwierigkeit bei der Übertragung dieser Argumentation auf unseren Lebenszyklus besteht darin, daß er viele Merkmale enthält, die unsere Fähigkeit zur Produktion von Nachwuchs scheinbar verringern, anstatt sie zu maximieren. Altern und Sterben sind hierfür nur ein Beispiel; andere sind das weibliche Klimakterium, die Geburt von normalerweise nur einem Baby zur selben Zeit, nur höchstens etwa einmal im Jahr und das auch erst ab einem Alter von zwölf bis 17 Jahren. Müßte die natürliche Auslese nicht eigentlich eine Frau begünstigen, die im Alter von fünf in die Pubertät käme, nur drei Wochen schwanger wäre, regelmäßig Fünflinge zur Welt brächte, nie in die Wechseljahre käme, viel von ihrer biologischen Energie in die Selbstheilung des eigenen Körpers investierte, 200 Jahre alt würde und auf diese Weise Hunderte von Nachkommen hinterließe?

Stellt man die Frage in dieser Form, tut man jedoch so, als könne die Evolution an unserem Körper einen Teil nach dem anderen verändern, und ignoriert die versteckten Kosten. Eine Frau könnte gewiß nicht die Dauer der Schwangerschaft auf drei Wochen reduzieren, ohne auch andere Dinge an sich selbst oder an ihrem Baby zu verändern. Bedenken Sie, daß uns nur eine begrenzte Energiemenge zur Verfügung steht. Selbst Menschen, die schwere körperliche Arbeit verrichten und sich reichhaltig ernähren – zum Beispiel Holzfäller oder Marathonläufer im Training – können täglich kaum mehr als 10 000 Kalorien umwandeln. Welche Aufteilung dieser Kalorien zwischen der Selbstheilung unseres eigenen Körpers und der Babyaufzucht wäre wohl am geeignetsten, wenn unser Ziel darin besteht, eine so große Zahl von Babys wie möglich aufzuziehen?

Betrachten wir zunächst das eine Extrem, nämlich, daß wir alle Energie in unsere Babys und gar keine in die Selbstheilung stecken würden. Die Folge davon wäre, daß wir noch vor der Aufzucht unseres ersten Babys altern und sterben würden. Am anderen Extrem würden wir alle uns verfügbare Energie darein investieren, unseren Körper in Form zu halten. In diesem Fall könnten wir auf ein langes Leben hoffen, aber es bliebe uns keine Energie für die anstrengende Aufgabe, Babys in die Welt zu setzen und aufzuziehen. Die Aufgabe der natürlichen Selektion besteht im Ausbalancieren der relativen Energieausgaben für Selbstheilung einerseits und Fortpflanzung andererseits im Sinne einer Maximierung der durchschnittlichen Zahl von Nachkommen über die gesamte Lebensdauer. Die Lösung dieses Problems ist für jede Tierart verschieden und hängt von Faktoren wie dem Risiko des zufälligen Todes, der Fortpflanzungsbiologie und den Kosten der verschiedenen Reparaturarten ab.

Mit dieser Sichtweise lassen sich nachprüfbare Vorhersagen darüber treffen, welche Unterschiede zwischen verschiedenen Tierarten im Hinblick auf ihre Heilungsmechanismen und ihr Alterungstempo bestehen müßten. Der Evolutionsbiologe George Williams präsentierte 1957 verblüffende Erkenntnisse über das Altern, die nur vor dem Hintergrund der Evolutionstheorie zu verstehen sind. Wir wollen einige von Williams' Beispielen betrachten und sie in die physiologische Sprache der Selbstheilung übersetzen, indem wir langsames Altern als Zeichen für starke Selbstheilungskräfte interpretieren.

Im ersten Beispiel geht es um das Alter, in dem ein Tier erstmals Nachwuchs bekommt. Die Unterschiede zwischen den verschiedenen Arten sind beträchtlich: Nur wenige Menschen sind so frühreif, daß sie mit unter zwölf Jahren ein Kind bekommen, während hingegen jede Maus, die nur etwas auf sich hält, bereits mit zwei Monaten Junge in die Welt setzt. Tierarten, bei denen wie beim Menschen die erste Fortpflanzung relativ spät erfolgt, müssen der Selbstheilung viel Energie widmen, um sicherzustellen, daß sie bei Erreichen des fortpflanzungsfähigen Alters überhaupt noch am Leben sind. Folglich lautet unsere Annahme, daß die Investitionen in die Selbstheilung mit dem Alter der ersten Fortpflanzung zunehmen.

Damit, daß Menschen mit der ersten Geburt viel länger warten als Mäuse, hängt beispielsweise zusammen, daß wir auch viel langsamer altern als diese, so daß anzunehmen ist, daß wir unseren Körper viel wirksamer heilen. Selbst bei reichhaltiger Ernährung und bester medizinischer Betreuung kann sich eine Maus glücklich schätzen, ihren zweiten Geburtstag zu erleben, während wir Pech hätten, würden wir nicht 72 Jahre alt werden. Der evolutionstheoretische Hintergrund ist der, daß ein Mensch, der nicht mehr von seiner Energie in die Selbstheilung investierte als eine Maus, lange vor Erreichen der Pubertät dahingeschieden wäre. Insofern stellt die Selbstheilung beim Menschen eine lohnendere Investition dar als bei der Maus.

Woraus mag diese angenommene zusätzliche Energieausgabe des Menschen wohl konkret bestehen? Auf den ersten Blick erscheinen die menschlichen Selbstheilungskräfte nicht sehr imposant. Wir sind nicht in der Lage, uns einen amputierten Arm nachwachsen zu lassen, und wir erneuern auch nicht regelmäßig unser Skelett, wie es manch kurzlebiges Tier aus dem Reich der Wirbellosen zu tun pflegt. Doch solche spektakulären, aber selten zu erbringenden Leistungen sind wahrscheinlich nicht der größte Posten im Selbstheilungsbudget. Vielmehr ist der größte Posten jene unsichtbare Erneuerung einer gigantischen Zahl von Zellen und Molekülen, wie sie sich bei uns permanent wiederholt. Selbst wenn Sie nur im Bett herumliegen, benötigen Sie täglich 1640 Kalorien als Mann bzw. 1430 Kalorien als Frau nur dafür, Ihren Körper zu erhalten. Ein Großteil dieses Erhaltungsstoffwechsels entfällt auf unsere besagte unsichtbare Erneuerung. Deshalb würde ich vermuten, daß wir in dem Sinne mehr kosten als eine Maus, daß wir einen größeren Teil unserer Energie in die Selbstheilung investieren und einen kleineren Teil für andere Zwecke verausgaben, wie die Warmhaltung unseres Körpers oder die Babypflege.

Im zweiten Beispiel, das ich erörtern will, geht es um das Risiko irreparabler Verletzungen. Manche biologischen Schäden sind potentiell reparabel, aber daneben gibt es Schäden, die garantiert mit dem Tod enden (zum Beispiel, von einem Löwen gefressen zu werden). Wenn die Wahrscheinlichkeit besteht, daß Sie morgen von einem Löwen gefressen werden, ergibt es keinen Sinn, heute einem Zahnarzt Geld für teure kieferorthopädische Arbeiten in den Rachen zu werfen. Am besten wäre es, Sie ließen Ihre Zähne verfaulen und fingen sofort damit an, für Nachwuchs zu sorgen. Doch wenn das Risiko für ein Tier gering ist, Unfälle mit irreparablen Schäden zu erleiden, hätte es einen potentiellen Vorteil in Form einer längeren Lebensdauer davon, Energie in kostspielige Selbstheilungsmechanismen zu investieren, die den Prozeß des Alterns verlangsamen. Dieser Gedankengang veranlaßt Mercedes-Besitzer in Deutschland und den USA, nicht jedoch in Neuguinea, ihre Autos warten zu lassen.

Eine Analogie aus der Biologie ist die, daß das Risiko, Opfer von Raubtieren zu werden, für Vögel niedriger ist als für Säugetiere (sie können eben einfach davonfliegen) und für Schildkröten niedriger als für die meisten anderen Reptilien (da ihnen der Rückenschild Schutz bietet). Folglich haben Vögel und Schildkröten im Gegensatz zu flugunfähigen Säugetieren und ungepanzerten Reptilien, die ohnehin bald von Raubtieren gefressen werden, durch aufwendige Selbstheilungsmechanismen viel zu gewinnen. Stellt man Vergleiche zwischen der Lebensdauer verschiedener wohlgenährter Haustiere an, die alle keine Räuber zu fürchten brauchen, dann stellt sich heraus, daß Vögel in der Tat länger leben (also langsamer altern) als gleichgroße Säugetiere und daß Schildkröten ein höheres Alter erreichen als ungepanzerte Reptilien ähnlicher Größe. Die am besten vor Raubtieren geschützten Vogelarten sind Seevögel wie Sturmvogel und Albatros, die auf entlegenen Inseln im Ozean nisten, wo sie keine natürlichen Feinde haben. Ihr gemächlicher Lebenszyklus ähnelt durchaus dem des Menschen. Manche Albatrosse legen erst nach zehn Lebensjahren Eier. Wie alt sie genau werden, weiß man bis heute nicht, aber jedenfalls älter als die Metallringe, die ihnen Biologen vor einigen Jahrzehnten an den Beinen anbrachten, um diese Frage zu klären. In den zehn Jahren, die vergehen, bis ein Albatros sein erstes Junges schlüpfen sieht, kann eine Mäusepopulation schon 60 Generationen durchlaufen haben.

Als drittes Beispiel wollen wir männliche und weibliche Angehörige der gleichen Art vergleichen. Zu erwarten ist ein größerer potentieller Vorteil aus Selbstheilungsmechanismen und langsamerer Alterung für das Geschlecht, dessen Angehörige seltener auf unnatürliche Weise ums Leben kommen. Bei vielen oder sogar den meisten Arten ist diese Form der Sterblichkeit bei männlichen Tieren höher als bei weiblichen, was zum Teil darauf beruht, daß sie sich durch Kämpfe und auffällig zur Schau gestellte Merkmale größeren Gefahren aussetzen. Beim Menschen gilt dies ebenfalls – heute und wahrscheinlich während unserer gesamten Geschichte als Spezies. Männer sterben eher in Kriegen gegen Geschlechtsgenossen anderer Sippen oder in Einzelkämpfen innerhalb der eigenen Sippe. Bei vielen Tierarten sind die Männchen zudem größer als die Weibchen, wobei Untersuchungen an Rothirschen und Drosseln ergaben, daß sie dadurch eher umkommen, wenn die Nahrung knapp wird.

Im Zusammenhang mit dieser größeren Häufigkeit unnatürlicher Todesfälle steht, daß Männer auch schneller altern und eine höhere natürliche Todesrate als Frauen aufweisen. Zur Zeit liegt die Lebenserwartung von Frauen etwa sechs Jahre über der von Männern; zum Teil erklärt sich diese Diskrepanz dadurch, daß mehr Männer rauchen, aber auch unter Nichtrauchern zeigt sich ein geschlechtsspezifischer Unterschied in der Lebenserwartung. Er legt die Vermutung nahe, daß die Evolution uns so programmiert hat, daß Frauen mehr Energie in die Selbstheilung ihres Körpers investieren, während Männer mehr Energie dafür benötigen, gegeneinander zu kämpfen. Mit anderen Worten lohnt die Selbstheilung eines Mannes weniger als die einer Frau. Damit soll das kriegerische Verhalten von Männern noch nicht einmal verunglimpft werden, denn es erfüllt im Sinne der Evolution einen nützlichen Zweck für den Mann: Frauen zu gewinnen und für seine Kinder und seine Sippe Ressourcen zu sichern – auf Kosten anderer Männer und deren Kinder und Sippe.

Beim letzten meiner verblüffenden Beispiele, die nur vor dem Hintergrund der Evolution zu begreifen sind, geht es um das charakteristisch menschliche Phänomen, daß wir nach Überschreiten des fortpflanzungsfähigen Alters weiterleben, also insbesondere nach dem weiblichen Klimakterium. Da die Vererbung genetischer

Anlagen an die nächste Generation die treibende Kraft hinter der Evolution ist, leben Angehörige anderer Tierarten selten länger als bis zum Ende des fortpflanzungsfähigen Alters. Die Natur hat es vielmehr so eingerichtet, daß der Tod mit dem Ende der Fruchtbarkeit zusammenfällt, da sich kein evolutionärer Nutzen daraus ergibt, den Körper weiter in gutem Zustand zu erhalten. Daß Frauen nach dem Klimakterium noch Jahrzehnte weiterleben, stellt eine erklärungsbedürftige Ausnahme dar, und ebenso, daß Männer ein Alter erreichen, in dem die meisten lange nicht mehr damit beschäftigt sind, Babys zu zeugen.

Doch die Erklärung ist rasch gefunden. Beim Menschen ist die Phase intensiver elterlicher Fürsorge ungewöhnlich lang und erstreckt sich über fast zwei Jahrzehnte. Selbst die Älteren, deren Kinder bereits erwachsen sind, haben noch eine enorme Bedeutung für das Überleben nicht nur ihrer Kinder, sondern der gesamten Sippe. Besonders vor der Verbreitung der Schrift dienten sie als Träger von unentbehrlichem Wissen. Deshalb hat uns die Natur mit der Gabe versehen, unseren übrigen Körper auch dann noch in relativ gutem Gesundheitszustand zu erhalten, wenn die weiblichen Fortpflanzungsanlagen schon lange verkümmert sind.

Umgekehrt müssen wir uns fragen, warum die natürliche Selektion überhaupt das Klimakterium in die Frauen hineinprogrammierte. Ebenso wie das Altern läßt sich auch das Klimakterium nicht als zwangsläufige physiologische Tatsache vom Tisch wischen. Die meisten Säugetiere, einschließlich männlicher Exemplare der Spezies Mensch sowie Schimpansen und Gorillas beider Geschlechter, erleben im Gegensatz zum abrupten Ende der Fruchtbarkeit bei Frauen nur einen allmählichen Rückgang und schließlich ein Ausklingen ihrer Fortpflanzungsfähigkeit. Wie kam es zu dieser scheinbar kontraproduktiven Besonderheit des Menschen? Müßte die natürliche Selektion nicht diejenige Frau favorisieren, die bis zum Ende ihrer Tage fruchtbar bleibt?

Das weibliche Klimakterium ist vermutlich die Folge zweier weiterer menschlicher Charakteristika: der außergewöhnlichen Gefahr, welche die Geburt eines Kindes für die Mutter darstellt, und der Gefahr, die der Tod der Mutter für die Kinder darstellt. Rufen Sie sich in Erinnerung, was ich über die enorme Größe des menschlichen Babys bei der Geburt im Verhältnis zur Größe seiner Mutter sagte: Unsere sechspfündigen Babys, die dem Leib von Müttern entstammen, die vielleicht 90 Pfund wiegen, stehen den zweipfündigen Gorilla-Babys gegenüber, deren Mütter über 180 Pfund schwer sind. Die Geburt eines Kindes birgt deshalb Gefahr für die Mutter. Besonders vor dem Aufkommen moderner Techniken der Geburtshilfe verloren viele Frauen bei der Entbindung das Leben, während dies bei Gorillas und Schimpansen so gut wie nie vorkommt.

In Kapitel 3 beschrieb ich auch die extreme Abhängigkeit menschlicher Babys von ihren Eltern und besonders der Mutter. Da ihre Entwicklung so langsam vorangeht und sie sich, anders als die Jungen von Menschenaffen, nach der Entwöhnung von der Muttermilch nicht einmal selbst ernähren können, wäre der Tod der Mutter unter den Lebensbedingungen der Jäger und Sammler mit großer Wahrscheinlichkeit auch für ihren Nachwuchs fatal, und zwar bis in ein höheres Lebensalter als bei irgendwelchen anderen Primaten. Folglich setzte eine Frau mit mehreren Kindern deren Leben bei jeder weiteren Geburt aufs Spiel. Da die Investitionen in ihre früher geborenen Kinder mit der Zeit immer größer wurden und ihr eigenes Risiko, bei der Geburt eines weiteren Kindes zu sterben, ebenso wuchs, wurden die Aussichten, daß sich ihr Wagnis auszahlen würde, mit der Zeit immer schlechter. Warum sollte eine Frau, die bereits drei lebende, aber noch von ihr abhängige Kinder hat, diese drei für ein viertes aufs Spiel setzen?

Die sich verschlechternden Aussichten führten wahrscheinlich durch natürliche Selektion zum Klimakterium und zum Ende der weiblichen Fruchtbarkeit, um die früheren Investitionen der Mutter in ihre Kinder zu schützen. Da die Geburt von Kindern für Männer nicht mit einer Todesgefahr verbunden ist, entwickelte sich bei ihnen kein Klimakterium. Ebenso wie das Altern liefert das Klimakterium ein anschauliches Beispiel dafür, wie ein evolutionstheoretischer Ansatz Merkmale unseres Lebenszyklus erhellt, die sich sonst dem Verständnis entziehen würden. Vielleicht entwickelte sich das Klimakterium sogar erst innerhalb der letzten 40 000 Jahre, als Cro-Magnons und andere anatomisch moderne Menschen immer öfter ein Alter von 60 Jahren oder darüber erreichten.

Neandertaler und ältere menschliche Vorfahren starben ohnehin, bevor sie 40 waren, so daß das Klimakterium den Frauen keinen Nutzen gebracht hätte, wenn es denn im gleichen Alter aufgetreten wäre wie bei der modernen *Femina sapiens*.

Somit beruht die im Vergleich zu Menschenaffen längere Lebensdauer des modernen Menschen nicht nur auf kulturellen Errungenschaften wie zum Beispiel der Erfindung von Werkzeugen zur Nahrungsbeschaffung und zur Abwehr von Raubtieren. Sie basiert ebenfalls auf zwei biologischen Umstellungen, nämlich dem Klimakterium und der Steigerung der Investitionen in die Selbstheilungsmechanismen unseres Körpers. Ob sich diese biologischen Umstellungen nun genau zur Zeit des »großen Sprungs« ergaben oder schon früher, ist nicht so wichtig. Fest steht jedenfalls, daß sie zu den Veränderungen in unserem Lebenszyklus zählen, welche die Menschwerdung des dritten Schimpansen erst ermöglichten.

Die letzte Folgerung, die ich aus dem evolutionstheoretischen Ansatz zur Erklärung des Alterns ziehen möchte, ist die, daß er den seit langem in der physiologischen Altersforschung beherrschenden Ansatz unterminiert. Die gerontologische Literatur ist geradezu besessen von der Suche nach *der* Ursache des Alterns – also möglichst einer einzigen, gewiß aber nicht mehr als einigen wenigen Hauptursachen. Während der Zeit, in der ich selbst Biologe war, wetteiferten hormonale Veränderungen, eine graduelle Schwächung des Immunsystems und eine neurale Degeneration um den Titel *der Grund*, ohne daß bis heute überzeugende Beweise für einen der Kandidaten erbracht worden wären. Evolutionstheoretischen Überlegungen zufolge muß diese Suche auch künftig vergeblich bleiben. Es ist gar nicht *zu erwarten*, daß es einen einzigen oder auch nur einige wenige physiologische Mechanismen des Alterns gibt. Vielmehr dürfte die natürliche Selektion so wirken, daß die Alterungsgeschwindigkeit in allen physiologischen Systemen etwa gleich ist, mit dem Resultat, daß der Prozeß des Alterns unzählige simultane Veränderungen umfaßt.

Diese Einschätzung beruht auf folgender Überlegung. Es ergibt wenig Sinn, einen Teil des Körpers auf kostspielige Weise instandzuhalten, wenn andere Teile raschem Verschleiß unterliegen.

Umgekehrt sollte es die natürliche Selektion nicht zulassen, daß einige wenige Systeme ihren Dienst lange vor allen anderen versagen, da in dem Fall zusätzliche Reparaturen an diesen wenigen Systemen eine bedeutende Erhöhung der Lebenserwartung zur Folge hätten und somit lohnend wären. Analog sollten Mercedes-Besitzer keine billigen Lager installieren lassen, wenn sie im übrigen an ihrem Fahrzeug an nichts sparen. Wer wirklich so dumm wäre, hätte die Lebensdauer seines teuren Gefährts verdoppeln können, nur indem er ein paar Mark mehr für bessere Lager ausgegeben hätte. Andererseits würde es sich aber auch nicht lohnen, die Kosten für den Einbau von Diamantlagern zu berappen, wenn das ganze übrige Auto lange vor dem Verschleiß der Lager bereits verrostet wäre. Die optimale Strategie lautet deshalb für Mercedes-Besitzer und uns, alle Teile unserer Autos bzw. Körper in solchem Tempo zu reparieren, daß schließlich der Zusammenbruch an allen Stellen gleichzeitig erfolgt.

Mir scheint, als fände diese deprimierende Vorhersage Bestätigung und als käme die menschliche Realität dem Evolutionsideal näher als jener Hauptursache des Alterns, der Physiologen schon so lange auf der Spur zu sein meinen. Anzeichen des Alterns lassen sich überall finden, wo man nach ihnen sucht. Ich selbst spüre schon sehr genau den Verschleiß meiner Zähne, die erheblich verminderte Muskelleistung und die merkliche Verschlechterung meines Hör-, Seh-, Geruchs- und Tastsinns. Bei jedem dieser Sinne sind Frauen Männern gleichen Alters überlegen, egal, welche Altersgruppe man betrachtet. Vor mir habe ich die bekannte Litanei: Schwächerwerden des Herzens, Arterienverkalkung, zunehmende Knochenbrüchigkeit, Verschlechterung der Ausscheidungsfunktion der Nieren, reduzierte Widerstandskraft des Immunsystems und Rückgang der Gedächtnisleistung. Die Liste ließe sich fast beliebig verlängern. In der Tat scheint es die Evolution so eingerichtet zu haben, daß alle unsere Körperfunktionen an Kraft verlieren und wir nur genausoviel in die Selbstheilung investieren, wie wir wert sind.

Aus praktischer Sicht ist dieser Schluß enttäuschend. Gäbe es nur eine Hauptursache des Alterns, hätte man dafür eine Kur finden und uns einen Jungbrunnen erschließen können. Diese Vorstel-

lung aus der Zeit, als man das Altern weitgehend für ein
hormonales Phänomen hielt, veranlaßte manchen Senior, sich Hor-
mone spritzen oder Geschlechtsdrüsen implantieren zu lassen, alles
in der Hoffnung, die Jugend auf wunderbare Weise zurückzugewin-
nen. Ein solcher Versuch war auch Gegenstand der Erzählung »Der
Mann, der auf allen vieren lief« des berühmten Schriftstellers Sir
Arthur Conan Doyle, in welcher der alternde Professor Presbury,
betört von einer jungen Frau, verzweifelt versucht, sich zu verjün-
gen, statt dessen aber am Ende wie ein Affe umherläuft. Der Grund
bleibt dem großen Sherlock Holmes natürlich nicht verborgen: Der
Professor hatte sich in der Hoffnung auf eine Verjüngungskur das
Serum von Languren injiziert.

Ich hätte dem Professor gleich sagen können, daß ihn sein kurzsichtiges Streben in die Irre führen würde. Hätte er die grundsätzliche Wirkungsweise der Evolution berücksichtigt, wäre ihm klar
gewesen, daß die natürliche Selektion uns nie gestattet hätte, nur
durch einen einzigen Mechanismus zu altern, wogegen sich eine
simple Kur finden ließe. Vielleicht ist es auch besser so. Sherlock
Holmes machte sich jedenfalls große Sorgen, was wohl geschehen
würde, wenn ein solches Lebenselixir gefunden wäre: »Gerade
darin liegt die Gefahr – eine wesentliche Gefahr für die Menschheit.
Stell dir vor, Watson, gerade die materiellen, sinnlichen, weltlich
eingestellten Leute würden ihr wertloses Leben verlängern ... Nur
die windigen Taugenichtse blieben übrig. Was für eine stinkende
Abfallgrube würde da aus unserer armen Welt?«

Sherlock Holmes wäre erfreut zu hören, daß seine Sorgen aus
heutiger Sicht unbegründet erscheinen.

TEIL III

Wie einzigartig ist der Mensch?

In Teil I und II ging es um die genetisch festgelegten Fundamente unserer kulturellen Besonderheiten. Wie wir sahen, zählen dazu die typischen Merkmale unseres Skelettbaus wie die große Schädeldecke und die anatomischen Voraussetzungen für den aufrechten Gang. Ferner gehören zu diesen Fundamenten die Besonderheiten unseres Gewebes, unseres Verhaltens und der endokrinen Drüsen, die für die Fortpflanzung und die soziale Organisation von Bedeutung sind.

Wären solche genetisch definierten Merkmale jedoch das einzige, was der Mensch an Besonderheiten vorzuweisen hätte, so würden wir nicht wirklich aus dem Tierreich herausragen und auch keine Gefahr für das Überleben unserer eigenen und anderer Spezies darstellen. Straußen gehen wie wir aufrecht auf zwei Beinen. Andere Tiere haben ein relativ großes Gehirn, wenngleich unseres größer ist. Wieder andere leben monogam in Kolonien (beispielsweise viele Seevögel) oder können sehr alt werden (wie Albatrosse und Schildkröten).

Unsere Besonderheit besteht vielmehr in jenen kulturellen Merkmalen, die auf diesen genetischen Fundamenten beruhen und uns unsere Macht verleihen. Zu ihnen zählen die gesprochene Sprache, die Kunst, Technik und Landwirtschaft. Diese kurze Aufzählung vermittelt jedoch ein allzu selbstgefälliges, einseitiges Bild. Denn die erwähnten Eigenarten sind ja nur die, auf die wir stolz sind. Doch archäologische Funde zeigen beispielsweise, daß die Einführung der Landwirtschaft ein durchaus zweifelhafter Fortschritt war, der den einen Menschen nützte, den anderen aber schadete. Ein eindeutig negatives Merkmal unserer Spezies ist der Drogenmißbrauch, der aber wenigstens keine Gefahr für unser Überleben darstellt wie zwei weitere kulturelle Praktiken des Menschen: der Genozid und der Massenmord an anderen Arten. Es bringt uns in Verlegenheit, wenn wir entscheiden sollen, ob es sich hierbei um gelegentliche krankhafte Abweichungen handelt oder um Merkmale, die genauso zum Wesen des Menschen gehören wie jene, auf die wir so stolz sind.

Sämtliche dieser kulturellen Wesenszüge, die den Menschen ausmachen, scheinen bei den Tieren zu fehlen, selbst bei unseren nächsten Verwandten. Folglich müssen sie sich herausgebildet haben, nachdem unsere Vorfahren vor rund sieben Millionen Jahren die Gesellschaft der anderen Schimpansen verließen. Zwar können wir nicht wissen, ob die Neandertaler sprechen konnten oder Drogen nahmen und Genozid verübten, aber klar ist, daß sie nichts von Landwirtschaft oder Kunst verstanden und auch keine Radios bauen konnten. Bei diesen Eigenarten muß es sich deshalb um Innovationen handeln, die erst innerhalb der letzten Jahrzehntausende erfolgten. Doch aus dem Nichts können sie auch nicht entstanden sein. Es muß Vorläufer im Tierreich geben, die wir nur zu entdecken brauchen.

Für jede unserer kulturellen Besonderheiten müssen wir also die Frage nach den möglichen Vorläufern stellen. Wann erreichte sie innerhalb unserer Ahnenreihe seine moderne Form? Welches waren die Frühstadien dieser Evolution, und lassen sich diese archäologisch zurückverfolgen? Wir sind sicher etwas Besonderes auf der Erde, aber wie einzigartig sind wir eigentlich im Universum?

In diesem Teil geht es um einige der oben aufgeworfenen Fragen im Hinblick auf unsere noblen, zweischneidigen oder nur maßvoll zerstörerischen Eigenarten. Kapitel 8 fragt nach dem Ursprung der gesprochenen Sprache, die, wie ich oben erwähnte, Auslöser des »großen Sprungs« gewesen sein könnte und auf jeden Fall zu den wichtigsten Unterscheidungsmerkmalen zwischen Mensch und Tieren gehört. Auf den ersten Blick erscheint es als Ding der Unmöglichkeit, die Entwicklung der menschlichen Sprache zurückzuverfolgen. Vor der Erfindung der Schrift hinterließ die Sprache keine Spuren für Archäologen, anders als unsere frühen Experimente mit Kunst, Landwirtschaft und Werkzeugen. Anscheinend ist keine simple menschliche Sprache (oder Tiersprache) übriggeblieben, die als Beispiel für die Frühstadien dienen könnte.

In Wirklichkeit gibt es unzählige Vorläufer im Tierreich, nämlich die von etlichen Arten entwickelten lautlichen Kommunikationssysteme. Wir fangen gerade erst an, die Differenziertheit mancher von ihnen zu begreifen. Ferner werden wir sehen, daß es doch einige simple Sprachen gibt, die von modernen Menschen unwillkürlich erfunden wurden und die überraschend aufschlußreich sind.

Kapitel 9 handelt vom Ursprung der Kunst, der edelsten aller menschlichen Erfindungen. Wieder scheint es eine unüberwindliche Kluft zwischen der Kunst des Menschen, die vermeintlich nur erfunden wurde, um Vergnügen zu stiften, und die nichts mit der Verbreitung unserer Gene zu tun hat, und jedem tierischen Verhalten zu geben. Dennoch gleichen Malereien und Zeichnungen in Zoos lebender Menschenaffen und Elefanten, unabhängig von den Motiven dieser eingesperrten Künstler, menschlichen Arbeiten so sehr, daß selbst Kunstsammler getäuscht werden konnten, die diese Werke kauften. Tut man schon solche Ergebnisse künstlerischen Schaffens von Tieren mit dem Hinweis ab, sie seien ja nicht auf natürliche Weise entstanden, will man doch nicht etwa auch jene sorgfältig arrangierten Farbkunstwerke, wie sie ganz normale männliche Laubenvögel präsentieren, von der Hand weisen? Die bunt geschmückten Lauben spielen zweifellos eine entscheidende Rolle bei der Weitergabe von Genen. Ich werde zeigen, daß die menschliche Kunst ursprünglich ebenfalls diesen Zweck hatte und ihm auch heute noch vielfach dient. Da Kunstwerke im Gegensatz zur Sprache archäologische Spuren hinterlassen, wissen wir, daß die Kunst erst zur Zeit des »großen Sprungs« ihren Vormarsch begann.

Für die Landwirtschaft, Gegenstand von Kapitel 10, gibt es im Tierreich einen Präzedenzfall, wenn auch keinen Vorläufer, und das sind die Gärten der Blattschneiderameisen, die weit von unserem Stammbau entfernt angesiedelt sind. Archäologischen Erkenntnissen zufolge geschah die »Wiedererfindung« der Landwirtschaft durch den Menschen innerhalb der letzten 10 000 Jahre, also lange nach dem »großen Sprung«. Der Übergang vom Jäger- und Sammlerdasein zur Landwirtschaft wird gemeinhin als bedeutender Einschnitt unseres Werdegangs angesehen, da wir durch sie eine stabile Nahrungsmittelversorgung und erstmals freie Zeit erlangten, was als Voraussetzung für die großen Errungenschaften der modernen Zivilisation gilt. Bei sorgfältiger Untersuchung jenes Übergangs kommt man aber zu einem ganz anderen Schluß: Für die meisten Menschen brachte die Landwirtschaft Infektionskrankheiten, Fehlernährung und eine verkürzte Lebenserwartung. Zu den allgemeinen Veränderungen zählte, daß sich das relative Los der Frauen verschlechterte und die Klassengesellschaft begründet wurde. Mehr als jeder andere Meilenstein entlang dem Pfad vom Schimpansen- zum Menschentum vereint die Landwirtschaft untrennbar die Ursachen für unseren Aufstieg und Niedergang.

Der Mißbrauch toxischer Substanzen ist als weitverbreitete Eigenart des Menschen nur für die letzten 5000 Jahre belegt, seine Wurzeln könnten aber durchaus bis zu einer Zeit lange vor der Einführung der Landwirtschaft zurückreichen. Anders als bei dieser handelt es sich beim Drogenmißbrauch nicht um eine zweischneidige Errungenschaft, sondern um ein Übel in Reinkultur, das eine Bedrohung für das Überleben von Individuen, wenn auch nicht das unserer Spezies darstellt. Wie bei der Kunst denkt man auch beim Drogenmißbrauch zunächst weder an tierische Vorläufer noch an biologische Funktionen. In Kapitel 7 werde ich jedoch zeigen, daß sich der Drogenmißbrauch in ein breites Spektrum tierischer Körpermerkmale und Verhaltensweisen einfügt, die für den Träger gefährlich sind, deren Funktion aber paradoxerweise gerade auf dieser Gefahr beruht.

Während sich also tierische Vorläufer für fast jedes unserer typischen Merkmale finden lassen, handelt es sich dennoch um Besonderheiten, da wir die einzigen Lebewesen auf der Erde sind, die sie derart auf die Spitze trieben. Wie einzigartig sind wir aber im Universum? Wie wahrscheinlich ist die Entstehung intelligenter Lebensformen mit hochentwickelter Technik, wenn ein Planet die Voraussetzungen dafür einmal erfüllt? War ihre Entstehung auf der Erde geradezu zwangsläufig? Und ist mit ihnen auch auf unzähligen anderen Planeten zu rechnen, die um fremde Sterne kreisen?

Es läßt sich nicht direkt nachweisen, daß Geschöpfe mit der Fähigkeit zur Entwicklung von Sprache, Kunst, Landwirtschaft und Drogenmißbrauch auch an anderen Orten des Universums vorkommen, da uns die Möglichkeit fehlt, von der Erde aus Planeten anderer Sonnensysteme nach ihnen abzusuchen. Jedoch könnten wir die Existenz von Lebewesen mit hochentwickelter Technologie im Universum nachweisen, wenn diese wie wir die Fähigkeit besäßen, Sonden ins All zu schießen und interstellare elektromagnetische Signale auszusenden. Kapitel 11 beschäftigt sich mit der gegenwärtigen Suche nach extraterrestrischem intelligenten Leben. Wie ich zeigen werde, geben Erkenntnisse aus einem ganz anderen Forschungsgebiet, nämlich Studien über die Evolution der Spechte auf der Erde, Aufschluß über die Unvermeidlichkeit der Evolution intelligenten Lebens und somit auch über unsere Einzigartigkeit – nicht nur auf der Erde, sondern auch im näheren Universum.

KAPITEL 8

Brücken zur menschlichen Sprache

Das Geheimnis der Ursprünge der menschlichen Sprache ist von entscheidender Bedeutung, wenn wir verstehen wollen, wie es zu unserer Einzigartigkeit als Menschen kam. Denn schließlich ist es ja die Sprache, die es uns erlaubt, wesentlich präziser miteinander zu kommunizieren als jede Tierart. Dank der Sprache sind wir in der Lage, gemeinsam Pläne zu schmieden, einander Dinge beizubringen und aus den Erfahrungen anderer Menschen an anderen Orten oder in der Vergangenheit zu lernen. Mit ihrer Hilfe können wir genaue Abbilder der Welt in uns speichern und Informationen wesentlich effektiver kodieren und verarbeiten als irgendein Tier. Ohne Sprache hätte es weder die Kathedrale von Chartres noch die V2-Rakete gegeben. Aufgrund dieser Überlegungen äußerte ich in Kapitel 2 die Vermutung, daß der »große Sprung«, also jene Epoche der Menschheitsgeschichte, in der Innovation und Kunst schließlich ihren Vormarsch begannen, erst durch die Entstehung einer gesprochenen Sprache in der uns bekannten Form ermöglicht wurde.

Zwischen der Sprache des Menschen und der Lautbildung bei Tieren klafft eine scheinbar unüberwindliche Kluft. Seit Darwin ist aber bekannt, daß das Geheimnis der Ursprünge der menschlichen Sprache eine Frage der *Evolution* darstellt: Wie also wurde die unüberwindliche Kluft überbrückt? Geht man davon aus, daß wir uns aus Tieren entwickelten, die keine Sprache wie die des Menschen besaßen, dann muß es eine Evolution unserer Sprache unter stetiger Verbesserung gegeben haben, parallel zur Entwicklung unseres Beckens und Schädels, unserer Werkzeuge und Kunst. Es muß Sprachstadien gegeben haben, die ein Bindeglied zwischen den Grunzlauten von Affen und Shakespeares Sonetten bildeten. Darwin selbst führte eifrig Buch über die sprachliche Entwicklung seiner Kinder und machte sich Gedanken über die Sprachen »pri-

mitiver« Völker – alles in der Hoffnung, dieses Rätsel der Evolution
zu lösen.

Leider sind die Ursprünge der Sprache schwerer zurückzuverfolgen als die des menschlichen Beckens und Schädels, unserer Werkzeuge und der Kunst. Während es von letzteren fossile Überreste
gibt, die man nur zu finden und zu datieren braucht, löst sich das
gesprochene Wort sofort wieder in Luft auf. In meinem Frust
träume ich oft von einer Zeitmaschine, die es mir erlaubt, in die
graue Vorzeit zu reisen und Kassettenrekorder in den Lagern von
Hominiden aufzustellen. Vielleicht würde ich entdecken, daß Urmenschen aus der Gruppe der *Australopithecinae* Grunzlaute ausstie-
ßen, die sich wenig von denen der Schimpansen unterschieden.
Und daß der *Homo erectus* erkennbare einzelne Laute benutzte, aus
denen im Laufe einer Million Jahre Sätze, bestehend aus je zwei
Wörtern, wurden. Und daß der *Homo sapiens* vor dem »großen
Sprung« in den Besitz der Fähigkeit geriet, längere Wortstränge zu
bilden, die aber immer noch wenig Grammatik enthielten. Und
daß erst mit dem »großen Sprung« eine Syntax und das ganze
Spektrum moderner Laute auf den Plan traten.

Bedauerlicherweise gibt es diesen magischen Kassettenrekorder
nicht, und auch keine Aussicht darauf. Wie um Himmels willen
lassen sich die Ursprünge der Sprache ohne Zeitmaschine zurückverfolgen? Bis vor kurzem hätte ich geantwortet, man könne eben
nur spekulieren. In diesem Kapitel will ich mich aber mit den Erkenntnissen zweier rasch expandierender Wissensgebiete auseinandersetzen, die es vielleicht ermöglichen werden, von beiden Seiten
Brücken über die Kluft zwischen tierischen und menschlichen Lauten zu bauen.

Ausgeklügelte neue Untersuchungen zur Lautbildung bei freilebenden Tieren, vor allem bei unseren Verwandten, den Primaten,
bilden den Brückenkopf auf der tierischen Seite der Kluft. Es war
stets klar, daß Tierlaute Vorläufer der menschlichen Sprache gewesen sein müssen, aber erst jetzt fangen wir an zu begreifen, wie weit
manche Tiere bereits auf dem Weg zur Erfindung eigener »Sprachen« fortgeschritten sind. Demgegenüber war unklar, wo der
Brückenkopf auf der menschlichen Seite lag, da alle heutigen
menschlichen Sprachen im Vergleich zu Tierlauten unendlich weit

fortgeschritten zu sein scheinen. Es konnte jedoch kürzlich gezeigt werden, daß eine gar nicht so geringe Zahl menschlicher Sprachen, die von den meisten Linguisten nicht zur Kenntnis genommen wurden, echte Beispiele für zwei primitive Stadien auf der menschlichen Seite der Brücke darstellen.

Viele freilebende Tiere verständigen sich mit Lauten, von denen uns Vogelgezwitscher und Hundegebell wohl am vertrautesten sind. Die meisten von uns verbringen den größten Teil ihres Lebens in Hörweite Laute ausstoßender Tiere. Seit Jahrhunderten werden Tierlaute von Wissenschaftlern erforscht. Doch trotz dieser langen Geschichte des engen Miteinanders hat unser Wissen über diese allgegenwärtigen, vertrauten Laute erst kürzlich sprunghaft zugenommen, und zwar dank der Anwendung neuer Techniken: der Aufzeichnung von Tierlauten mit Hilfe von Kassettenrekordern; der elektronischen Analyse dieser Laute, um feine Variationen zu erkennen, die dem menschlichen Ohr sonst entgehen; dem Wiederabspielen aufgezeichneter Laute und der Beobachtung der Reaktion darauf; der Untersuchung der Reaktionen auf elektronisch veränderte Laute. Diese Methoden brachten die Erkenntnis, daß die lautliche Kommunikation der Tiere unserer Sprache viel mehr entspricht, als irgend jemand noch vor 30 Jahren vermutet hätte.

Die am höchsten entwickelte der bisher untersuchten »Tiersprachen« ist die der weitverbreiteten afrikanischen Grünen Meerkatzen. Diese Tiere, die in Bäumen und auf dem Boden der Savannen und Regenwälder gleichermaßen beheimatet sind, zählen zu den Affenarten, die Besucher der ostafrikanischen Wildparks am ehesten zu Gesicht bekommen. Sie müssen den Afrikanern während der Jahrhunderttausende unserer Geschichte als *Homo sapiens* vertraut gewesen sein. Gut möglich, daß sie schon vor über 3000 Jahren als Haustiere nach Europa gelangten. Gewiß waren sie jedenfalls europäischen Biologen bekannt, die seit dem 19. Jahrhundert Afrika erforschten. Viele, die nie einen Fuß auf afrikanischen Boden setzten, kennen den Anblick der Grünen Meerkatze aus dem Zoo.

Ebenso wie andere Tiere geraten freilebende Meerkatzen regelmäßig in Situationen, in denen eine effektive Verständigung ihnen das Leben retten würde. Rund drei Viertel aller Grünen Meerkatzen fallen früher oder später ihren natürlichen Feinden zum Opfer. Für eine Grüne Meerkatze ist es von entscheidender Bedeutung, zwischen einem Steppenadler, der zu den wichtigsten ihrer natürlichen Feinde gehört, und einem Weißrückengeier, der ungefähr gleich groß ist und ebenfalls am Himmel kreist, aber nur Aas frißt und keine Gefahr für lebende Affen darstellt, unterscheiden zu können. Es ist eine Sache von Leben oder Tod, bei Auftauchen des Adlers das Richtige zu tun und seine Verwandtschaft zu warnen. Erkennt man den Adler nicht, stirbt man. Warnt man seine Verwandten nicht, sterben sie und mit ihnen die eigenen Gene. Und flüchtet man wie vor einem Adler, wenn nur ein Geier seine Kreise zieht, verschwendet man Zeit, während Artgenossen in aller Ruhe weiter der Futtersuche nachgehen.

Grüne Meerkatzen sind aber nicht nur ständig auf der Hut vor natürlichen Feinden, sondern pflegen auch komplexe soziale Beziehungen untereinander. Die kleinen Horden, in denen sie leben, konkurrieren mit anderen Horden um Reviere. Folglich ist es auch sehr wichtig, den Unterschied zwischen einem Eindringling von einer fremden Horde, einem nicht verwandten Mitglied der eigenen Horde, der einem vielleicht Nahrung stiehlt, und einem engen Verwandten innerhalb der eigenen Horde, mit dessen Unterstützung man rechnen kann, zu kennen. In Schwierigkeiten geratene Meerkatzen müssen ihren Verwandten mitteilen können, daß sie es sind, die Hilfe brauchen, und niemand anders. Ferner müssen sie Futterquellen kennen und sich mit anderen darüber verständigen können: zum Beispiel, welche der Tausende von Pflanzen- und Tierarten der Umgebung eßbar und welche ungenießbar sind und wo und wann man die eßbaren findet. Aus all diesen Gründen würden die Meerkatzen von einer effektiven Verständigung über ihre Welt sehr profitieren.

Trotz des langen, engen Miteinanders von Mensch und Grüner Meerkatze wußten wir bis Mitte der sechziger Jahre nichts über ihr komplexes Weltwissen und ihre Lautsysteme. Seither ergaben Verhaltensstudien, daß die Grünen Meerkatzen fein abgestufte Unterscheidungen zwischen verschiedenen Arten von Raubtieren sowie untereinander treffen. Es werden völlig verschiedene Verteidigungsmaßnahmen ergriffen, je nachdem, ob Gefahr von einem Leoparden, Adler oder einer Schlange droht. Die Meerkatzen reagieren unterschiedlich auf dominante und untergeordnete Mitglieder der eigenen Horde, auf Mitglieder verschiedener rivalisierender Horden sowie auf ihre Mutter, Großmutter mütterlicherseits, Geschwister und nicht verwandte Mitglieder der eigenen Horde. Sie wissen, wer mit wem verwandt ist: Schreit ein Meerkatzenbaby, dreht sich seine Mutter zu ihm hin, während die anderen Mütter zur Mutter des Babys schauen und warten, was sie wohl tun wird. Es ist, als hätten die Grünen Meerkatzen Namen für verschiedene Raubtierarten und mehrere Dutzend einzelne Mitglieder der eigenen Art.

Der erste Hinweis darauf, wie sich die Meerkatzen diese Informationen mitteilen, stammte von Beobachtungen des Biologen Thomas Struhsaker im kenianischen Amboseli-Nationalpark. Er fand heraus, daß drei Arten von Raubtieren verschiedene Abwehrmaßnahmen und Alarmrufe auslösten, wobei sich letztere so deutlich unterschieden, daß Struhsaker keine aufwendige elektronische Analyse vorzunehmen brauchte. Bei Begegnungen mit einem Leoparden oder einer anderen großen Wildkatze geben die Männchen eine Folge bellender Laute und die Weibchen ein hohes Piepsen von sich, woraufhin alle Artgenossen in Hörweite geschwind auf einen Baum klettern. Beim Anblick eines über ihnen kreisenden Kronen- oder Steppenadlers geben Grüne Meerkatzen beiderlei Geschlechts einen kurzen zweisilbigen Hustlaut von sich, woraufhin in der Nähe befindliche Artgenossen aufblicken oder gleich Schutz in einem Busch suchen. Erspäht eine Grüne Meerkatze eine Python oder eine andere gefährliche Schlange, stößt sie wieder einen anderen Laut aus, woraufhin sich in der Nähe befindliche Meerkatzen auf die Hinterbeine stellen und am Boden nach der Schlange Ausschau halten.

Im Jahre 1977 begann ein zweiköpfiges Forschungsteam, das Ehepaar Robert Seyfarth und Dorothy Cheney, den Beweis zu erbringen, daß diese Rufe tatsächlich die von Struhsaker vermutete Funktion hatten. Für ihre Experimente wählten sie folgende Vorgehensweise: Zunächst zeichneten sie einen der Rufe, deren Funktion von Struhsaker beobachtet worden war (zum Beispiel den »Leopardenruf«), auf Tonband auf. An einem späteren Tag, nach Lokalisierung derselben Horde, versteckte Cheney oder Seyfarth das Bandgerät und den Lautsprecher in einem Busch ganz in der Nähe, während der jeweils andere damit begann, die Meerkatzen mit einer Film- oder Videokamera zu filmen. Nach 15 Sekunden spielte einer der beiden Wissenschaftler das Band ab, während der andere die Kamera noch eine Minute laufen ließ, um zu sehen, ob sich die Meerkatzen in einer der vermuteten Funktion des Rufs angemessenen Weise verhielten (zum Beispiel, ob sie auf einen Baum kletterten, wenn ihnen der »Leopardenruf« vorgespielt wurde). Das Ergebnis war, daß der »Leopardenruf« tatsächlich die erwartete Reaktion zeitigte und daß »Adler-« und »Schlangenruf« ebenfalls zu dem Verhalten führten, das unter natürlichen Bedingungen damit verbunden schien. Folglich war der Zusammenhang zwischen dem beobachteten Verhalten und den Rufen kein zufälliger.

Mit den erwähnten drei Rufen ist der Wortschatz einer Grünen Meerkatze aber noch lange nicht erschöpft. Neben den lauten und häufig ertönenden Alarmrufen dürfte es noch wenigstens drei schwächere Alarmrufe geben, die seltener zu hören sind. Einer wird durch Paviane ausgelöst und veranlaßt zu größerer Wachsamkeit. Ein zweiter gilt Säugetieren wie Schakalen und Hyänen, die nur selten Meerkatzen jagen, und veranlaßt diese, das Tier im Auge zu behalten und sich vielleicht langsam auf einen Baum zuzubewegen. Der dritte der schwächeren Alarmrufe ertönt als Reaktion auf das Erscheinen fremder Menschen und bewirkt, daß die Meerkatzen leise in einem Busch verschwinden oder sich in einen Baumwipfel begeben. Die postulierten Funktionen dieser drei schwächeren Alarmrufe wurden jedoch bislang noch nicht mit Tonbandexperimenten getestet und sind somit unbewiesen.

Auch in der Interaktion miteinander werden Grunzlaute ausgestoßen. Selbst für Wissenschaftler, die sich jahrelang mit den Grünen Meerkatzen beschäftigten, klingen diese »sozialen Grunzlaute« alle gleich. Als man sie aufzeichnete und eine elektronische Lautanalyse vornahm, schienen sich die Frequenzspektren auf dem Bildschirm zu gleichen. Erst bei genauer Ausmessung der Spektren konnten Cheney und Seyfarth (manchmal, aber nicht immer!)

durchschnittliche Unterschiede zwischen den in vier sozialen Situationen ausgestoßenen Grunzlauten ermitteln: Wenn sich eine Meerkatze einer dominanten Meerkatze nähert, wenn sie sich einer untergeordneten nähert, wenn sie eine andere beobachtet und wenn sie eine konkurrierende Horde erblickt.

Als die Forscher den Meerkatzen die aufgezeichneten Grunzlaute aus den vier verschiedenen Kontexten vorspielten, zeigten diese feine Unterschiede in ihrem Verhalten. Zum Beispiel blickten sie in Richtung des Lautsprechers, wenn der Grunzlaut ursprünglich im Kontext »Annäherung an dominante Meerkatze« aufgezeichnet worden war, während sie in die Richtung schauten, in die der Ruf abgespielt wurde, wenn er ursprünglich im Kontext »Erblicken einer konkurrierenden Horde« aufgezeichnet worden war. Weitere Beobachtungen der Meerkatzen in der Natur ergaben, daß ihre natürlichen Rufe ebenfalls diese feinen Verhaltensunterschiede hervorriefen.

Grüne Meerkatzen erkennen jede Nuance in den Rufen natürlich viel genauer als wir. Ihnen bloß zuzusehen und zuzuhören, ohne ihre Rufe aufzuzeichnen und ihnen vorzuspielen, ergab keinen Hinweis darauf, daß sie über mindestens vier verschiedene Grunzlaute – und vielleicht noch weit mehr – verfügen. Wie Seyfarth schreibt, ähnelt die Beobachtung von Meerkatzen, die sich gegenseitig angrunzen, sehr der Beobachtung von Menschen, die in eine Konversation vertieft sind, ohne daß man hören kann, was sie sagen. Es gibt keine offensichtlichen Reaktionen oder Erwiderungen auf die Grunzlaute, so daß alles sehr mysteriös wirkt, jedenfalls so lange, bis man die Laute aufzeichnet und ihnen vorspielt. Aus diesen Entdeckungen wird deutlich, wie leicht der Umfang des Laut-Repertoires von Tieren unterschätzt wird.

Die Grünen Meerkatzen aus dem Amboseli-Park besitzen *mindestens* zehn »Wörter«, und zwar für »Leopard«, »Adler«, »Schlange«, »anderes gefährliches Säugetier«, »unbekannter Mensch«, »dominante Meerkatze«, »untergeordnete Meerkatze«, »Beobachtung einer anderen Meerkatze« und »Erblicken einer konkurrierenden Horde«. Doch fast jede Entdeckung von Elementen menschlicher

Sprache bei Tieren stößt auf die entschiedene Skepsis vieler Wissenschaftler, die von der sprachlichen Kluft zwischen Mensch und Tier überzeugt sind. Es ist, als würde es ihnen bequemer erscheinen, den Menschen weiter als einzigartig anzusehen und jedem mit einer anderen Meinung die Beweislast aufzubürden. Solange kein hieb- und stichfester Beweis erbracht ist, wird jede Hypothese über sprachähnliche Elemente bei Tieren als überflüssig erachtet und abgelehnt. Mir persönlich kommen dagegen die Alternativhypothesen, mit denen die Skeptiker versuchen, tierisches Verhalten zu erklären, nicht selten viel komplizierter vor als die simple und oft plausible Erklärung, daß der Mensch eben nicht so einzigartig ist.

Man könnte eigentlich meinen, es sei doch nicht unbescheiden, die verschiedenen Rufe, mit denen die Grünen Meerkatzen auf Leoparden, Adler und Schlangen reagieren, so zu verstehen, daß sie sich tatsächlich auf diese Tiere beziehen oder als Botschaften an Artgenossen gerichtet sind. Doch die Skeptiker gehen lieber davon aus, daß nur Menschen in der Lage seien, absichtlich Signale auszusenden, die sich auf äußere Objekte oder Ereignisse beziehen. Entsprechend wurde als Erklärung angeboten, die Alarmrufe seien nur eine unfreiwillige Bekundung der jeweiligen emotionalen Befindlichkeit (»Ich habe tierische Angst!«) oder einer Absicht (»Gleich hüpf' ich auf 'n Baum«). Schließlich treffen solche Erklärungen ja für einige unserer eigenen »Rufe« zu. Wenn ich einen Leoparden auf mich zukommen sähe, würde ich vielleicht ebenfalls aus Reflex einen Schrei von mir geben, auch wenn niemand da wäre, um ihn zu hören. Und bei mancher körperlichen Anstrengung ächzen wir unwillkürlich, zum Beispiel beim Heben schwerer Gegenstände.

Nehmen wir an, Zoologen von einem fremden Stern mit einer hochentwickelten Zivilisation würden beobachten, wie ich beim Anblick eines Leoparden einen viersilbigen Schrei, zum Beispiel »Aah, Leopard«, ausstieße und auf einen Baum kletterte. Die Zoologen könnten durchaus Zweifel haben, ob ein Angehöriger einer so niederen Spezies wie ich zu etwas anderem als Grunzlauten der Emotion oder Absicht fähig ist – jedenfalls gewiß nicht zu symbolischer Kommunikation. Um ihre Hypothese zu testen, würden sie

Experimente anstellen und genaue Beobachtungen vornehmen. Würde ich unabhängig davon schreien, ob sich jemand anders in Hörweite befindet, bestätigte das die Theorie, es handele sich nur um die Bekundung von Emotion oder Absicht. Würde ich nur in Anwesenheit einer anderen Person schreien und auch nur dann, wenn sich ein Leopard und kein Löwe näherte, wäre das ein Anzeichen für eine Kommunikation mit einem ganz bestimmten äußeren Bezugsobjekt. Und wenn ich den Schrei in Anwesenheit meines Sohnes ausstieße, aber still bliebe, wenn sich der Leopard an einen Mann anpirschte, mit dem man mich oft streiten sah, so hätten die Zoologen aus dem All die Gewißheit, daß es sich um eine zielbewußte Kommunikation handelte.

Ganz ähnliche Beobachtungen überzeugten irdische Zoologen von der Verständigungsfunktion der Alarmrufe der Grünen Meerkatzen. Eine von einem Leoparden fast eine Stunde lang verfolgte Grüne Meerkatze blieb die ganze Zeit über still. Muttertiere stoßen mehr Alarmrufe in Begleitung ihrer Jungen als in Begleitung nicht mit ihnen verwandter Meerkatzen aus. Gelegentlich ertönt der »Leopardenruf« auch, wenn weit und breit kein Leopard zu sehen ist, aber ein Kampf mit einer anderen Horde tobt, in dem die eigene dabei ist, den kürzeren zu ziehen. Durch den falschen Alarm wird ein »Waffenstillstand« ermogelt, da alle Kampfteilnehmer erst einmal auf den nächsten Baum flüchten. Ein solcher Ruf ist eindeutig als absichtliche Kommunikation einzustufen, nicht etwa als automatische Bekundung von Furcht beim Anblick eines Leoparden. Und es handelt sich auch nicht bloß um einen beim Baumerklettern unwillkürlich ausgestoßenen Grunzlaut, denn das rufende Tier zeigt je nach den Umständen ein sehr unterschiedliches Verhalten: Es klettert auf einen Baum, springt von ihm herab oder tut gar nichts.

Die Annahme, daß ein genau definiertes äußeres Bezugsobjekt vorhanden ist, wird beim »Adlerruf« besonders deutlich. Von den großen, breitschwingigen Habichtvögeln reagieren die Meerkatzen mit diesem Ruf gewöhnlich auf den Steppen- und den Kronenadler, die beiden gefährlichsten ihrer gefiederten Feinde. Fast nie reagieren sie damit hingegen auf den Anblick eines Schlangenadlers oder Weißrückengeiers, die beide nicht als Meerkatzenräuber in Erscheinung treten. Von unten sehen Steppen- und Schlangenadler ziemlich ähnlich aus, was zeigt, daß die Meerkatzen sich gut auskennen müssen. Kein Wunder, denn schließlich hängt ja ihr Leben davon ab!

Bei den Alarmrufen handelt es sich keineswegs um unwillkürliche Angst- oder Absichtsbekundungen. Ihr äußeres Bezugsobjekt ist oft recht präzise definiert. Die Rufe der Meerkatzen sind als zielgerichtete Botschaften zu verstehen, die eher dann in ehrlicher Absicht ausgesandt werden, wenn dem Rufer am Empfänger der Botschaft etwas liegt; Feinde können mit ihnen getäuscht werden.

Ein weiteres Argument, mit dem sich Skeptiker gegen Analogien zwischen Tierlauten und menschlicher Sprache wehren, bezieht sich darauf, daß der Mensch seine Sprache erlernt, während viele Tiere mit der instinktiven Fähigkeit geboren werden, arttypische Laute von sich zu geben. Junge Grüne Meerkatzen scheinen jedoch sehr wohl zu lernen, wie man Laute ausstößt und angemessen auf sie reagiert, ganz so wie Kleinkinder. Die Grunzlaute eines Meerkatzenjungen klingen anders als die des erwachsenen Tieres. Die »Aussprache« wird allmählich besser, bis sie im Alter von etwa zwei Jahren, also wenn das Jungtier etwa die Hälfte des Pubertätsalters erreicht hat, praktisch so klingt wie beim erwachsenen Tier. Das ist so, als würden unsere Kinder im Alter von fünf Jahren die Aussprache von Erwachsenen erlangen. Meine fast vierjährigen Söhne sind hingegen manchmal noch schwer zu verstehen. Bevor Meerkatzenjunge sechs oder sieben Monate alt sind, haben sie noch nicht gelernt, stets richtig auf die Rufe von Erwachsenen zu reagieren. So kann es passieren, daß sie bei Ertönen des Schlangenalarms in einen Busch springen, was beim Anblick eines Adlers die richtige Reaktion wäre, als Reaktion auf eine Schlange aber tödlich sein kann. Erst im Alter von zwei Jahren stößt das Jungtier in jeder Situation den richtigen Alarmruf aus. Davor ruft es »Adler!« vielleicht nicht nur, wenn ein Steppen- oder Kronenadler über seinem Kopf fliegt, sondern auch, wenn es irgendeinen anderen Vogel am Himmel erblickt oder sogar, wenn ein Blatt von einem Baum fällt. Kinderpsychologen sprechen von »Übergeneralisierung«, wenn unsere Kinder ein solches Verhalten zeigen, also beispielsweise nicht nur Katzen mit »miau« begrüßen, sondern auch Hunde oder Tauben.

Bis hierher habe ich menschliche Begriffe wie »Wörter« und »Sprache« nur locker auf die Lautbildung bei den Grünen Meerkatzen übertragen. Lassen Sie uns nun einen engeren Vergleich zwischen den Lautsystemen des Menschen und der anderen Primaten ziehen. Dabei geht es vor allem um drei Fragen: Handelt es sich bei den Lauten der Meerkatzen um echte »Wörter«? Wie groß ist der »Wortschatz« von Tieren? Gibt es tierische Lautsysteme mit einer »Grammatik«, und verdienen sie die Bezeichnung »Sprache«?

Zur ersten Frage, nach den Wörtern, läßt sich wenigstens klar sagen, daß jeder der Alarmrufe der Grünen Meerkatzen sich auf eine wohldefinierte Klasse äußerer Gefahren bezieht. Das heißt natürlich nicht, daß der »Leopardenruf« für sie die gleichen Tiere bezeichnet wie das Wort »Leopard« für einen ausgebildeten Zoologen – nämlich ein Tier einer bestimmten Art, definiert als Menge zur Zeugung gemeinsamen Nachwuchses fähiger Individuen. Wie wir bereits wissen, reagieren die Meerkatzen mit dem »Leopardenruf« nicht nur auf Leoparden, sondern auch auf zwei andere mittelgroße Raubkatzenarten (Servale und Karakale). Falls es sich bei dem »Leopardenruf« überhaupt um ein Wort handelte, würde es deshalb nicht »Leopard« bedeuten, sondern vielmehr »mittelgroße, uns normalerweise angreifende Raubkatze mit bestimmter Jagdweise, vor der man am besten auf einen Baum flüchtet«. Doch auch in der menschlichen Sprache werden viele Wörter in ähnlich allgemeiner Weise benutzt. Zum Beispiel verwenden die meisten von uns, von Ichthyologen und Berufsfischern abgesehen, das Wort »Fisch« für jedes kaltblütige Tier mit Flossen und Rückgrat, das im Wasser schwimmt und möglicherweise eine leckere Mahlzeit abgibt.

Die eigentliche Frage lautet, ob der Leopardenruf ein Wort (»Mittelgroße Raubkatze, die ... usw.«), eine Aussage (»Da schleicht eine mittelgroße Raubkatze«), einen Ausruf (»Vorsicht vor der mittelgroßen Raubkatze!«) oder einen Verhaltensvorschlag (»Klettern wir doch auf einen Baum oder tun sonst etwas, um dieser mittelgroßen Raubkatze zu entgehen«) enthält. Noch ist unklar, welche dieser Funktionen der Leopardenruf erfüllt oder ob es sich um eine Kombination handelt. Zum Vergleich fällt mir dazu ein, wie aufgeregt ich war, als mein damals einjähriger Sohn Max plötzlich »Saft« sagte, was ich stolz für eines seiner ersten Wörter hielt. Für Max war die Silbe »Saft« aber nicht bloß eine wissenschaftlich korrekte Bezeichnung für ein äußeres Bezugsobjekt mit bestimmten Eigenschaften, sondern auch ein Verhaltensvorschlag: »Gib mir etwas Saft!« Erst Monate später fügte Max zusätzliche Silben hinzu, etwa »will Saft«, um auf diese Weise Vorschläge von reinen Wörtern zu unterscheiden. Es gibt keine Anzeichen dafür, daß die Meerkatzen dieses Stadium schon erreicht hätten.

Die zweite Frage betrifft den Umfang des »Wortschatzes«. In dieser Hinsicht scheinen selbst die am höchsten entwickelten Tierarten nicht im entferntesten mit uns mithalten zu können, geht man vom heutigen Stand unseres Wissens aus. Ein Mensch benutzt im Durchschnitt ein Alltagsvokabular von rund tausend Wörtern; mein Kompaktwörterbuch enthält angeblich 142 000 Worteinträge. Dagegen wurden selbst für die Grüne Meerkatze, das am intensivsten erforschte Säugetier, nur zehn verschiedene Rufe ermittelt. Doch so sehr sich Tiere und Menschen demnach im Umfang ihres Wortschatzes unterscheiden, so unklar ist, ob der Unterschied wirklich so groß ist, wie er anmutet. Man bedenke, wie lange es gebraucht hat, bis wir die Meerkatzenrufe einzeln unterscheiden konnten. Erst 1967 fand man heraus, daß diese weitverbreiteten Tiere *überhaupt* Rufe mit unterschiedlicher Bedeutung haben. Und selbst die erfahrensten Beobachter scheitern ohne elektronische Analyse daran, manche dieser Rufe auseinanderzuhalten, und sogar mit Hilfe dieser modernen Technik sind einige der zehn noch umstritten. Daraus folgt, daß es bei den Grünen Meerkatzen (und anderen Tieren) noch viele Rufe geben könnte, die uns bisher einfach entgangen sind.

Daß wir Probleme haben, tierische Laute zu unterscheiden, ist auch gar kein Wunder, bedenkt man, welche Schwierigkeiten uns schon menschliche Laute bereiten. Kinder verbringen in den ersten Lebensjahren viel Zeit damit zu lernen, Unterschiede in den Äußerungen der Erwachsenen um sie her zu erkennen und wiederzugeben. Im Erwachsenenalter verlagern sich die Probleme auf die

Unterscheidung von Lauten in menschlichen Sprachen, die uns nicht vertraut sind. Dafür, daß ich in der Schule vier Jahre Französisch hatte, ist es direkt peinlich, wie schlecht ich gesprochenes Französisch im Vergleich zu vierjährigen französischen Kindern verstehe. Doch Französisch ist eine leichte Sprache, vergleicht man sie mit der Iyau-Sprache, die im Seentiefland Neuguineas gesprochen wird und in der ein einziger Vokal je nach Tonhöhe über acht verschiedene Bedeutungen haben kann. Eine leichte Veränderung der Tonhöhe verwandelt die Bedeutung des Iyau-Worts für »Schwiegermutter« in »Schlange«. Natürlich käme es für einen Iyau-Mann dem Selbstmord gleich, seine Schwiegermutter mit »geliebte Schlange« zu titulieren. Iyau-Kinder lernen denn auch, die unterschiedlichen Tonhöhen sicher herauszuhören und wiederzugeben. Eine ausgebildete Linguistin hingegen, die jahrelang ihre ganze Zeit dem Studium der Iyau-Sprache widmete, geriet immer wieder in Konfusion. In Anbetracht der Probleme, die wir mit fremden menschlichen Sprachen haben, wäre es geradezu überraschend, würden wir keine Unterschiede im Vokabular der Meerkatzen übersehen.

Unwahrscheinlich ist jedoch, daß uns Studien an Grünen Meerkatzen die Grenzen der lautlichen Kommunikation von Tieren vor Augen führen werden, da eher Menschenaffen an diese Grenzen stoßen dürften. Die Laute von Schimpansen und Gorillas mögen in unseren Ohren wie undifferenziertes Gegrunze und Gekreische klingen, aber das galt auch für die Meerkatzen, bevor man sie näher erforschte. Selbst menschliche Sprachen, von denen wir kein Wort verstehen, können sich wie reines Geschnatter anhören.

Leider ist die lautliche Kommunikation freilebender Schimpansen und anderer Menschenaffen noch nie mit den gleichen Methoden erforscht worden wie die der Grünen Meerkatzen, und zwar aus logistischen Gründen. Während das Revier einer Meerkatzenhorde typischerweise eine Ausdehnung von weniger als 600 Meter hat, sind es bei Schimpansen gleich mehrere Kilometer, was die Ausführung von Tonbandexperimenten mit Videokameras und versteckten Lautsprechern erheblich erschweren würde. Solche Probleme sind auch nicht umgehbar, indem man Menschenaffen untersucht, die in der Wildnis eingefangen und dann in Zookäfige gesperrt wurden, da es sich hierbei in der Regel um bunt zusammengewürfelte, künstliche Gemeinschaften von Tieren handelt, die an verschiedenen Orten Afrikas gefangen wurden und dann zufällig im gleichen Käfig landeten. Ich werde in diesem Kapitel noch darauf eingehen, wie sich Sklaven aus verschiedenen Teilen Afrikas mit ursprünglich verschiedenen Sprachen in einer Weise verständigten, die fast jeder Grammatik entbehrte und nur ein schwaches Abbild menschlicher Sprache war. Ähnlich müssen Zooaffen ziemlich wertlos für das Studium des ganzen Spektrums lautlicher Kommunikation in einer Gemeinschaft freilebender Menschenaffen sein. Das Problem wird so lange ungelöst bleiben, bis jemand einen Weg weist, wie sich für Schimpansen die gleichen Erkenntnisse gewinnen lassen, die Cheney und Seyfarth für die wildlebenden Grünen Meerkatzen zutage förderten.

Mehrere Teams von Wissenschaftlern bemühten sich dennoch über Jahre, gefangenen Gorillas, gewöhnlichen und Zwergschimpansen das Verständnis und den Gebrauch künstlicher Sprachen beizubringen, wozu sie sich Plastikchips unterschiedlicher Größe und Farbe, Handzeichen wie denen von Taubstummen und überdimensionaler Computertastaturen, deren Tasten mit Symbolen markiert waren, bedienten. Wie berichtet wurde, konnten die Tiere auf diese Weise die Bedeutung von bis zu einigen hundert Symbolen erlernen, und über einen Zwergschimpansen hieß es gar, er würde eine ganze Menge gesprochenes Englisch verstehen (aber natürlich nicht selbst sprechen). Diese Studien an Menschenaffen zeigen zumindest, daß die intellektuelle Fähigkeit zur Meisterung eines großen Wortschatzes bei ihnen vorhanden ist, wobei sich natürlich die Frage stellt, ob sie nicht in freier Natur auch selbst solche Vokabularien entwickelten.

Es kommt einem doch verdächtig vor, wenn die Mitglieder einer wilden Gorillahorde längere Zeit zusammensitzen und sich auf scheinbar undifferenzierte Weise gegenseitig angrunzen, bis dann plötzlich alle aufstehen und sich in gleicher Richtung davonbewegen. Man fragt sich, ob in dem ganzen Gegrunze nicht doch eine Transaktion verborgen lag. Da Menschenaffen aufgrund der Anatomie ihres Stimmapparats nicht in der Lage sind, eine solche Vielzahl von Vokalen und Konsonanten zu erzeugen wie Menschen, dürfte ihr Wortschatz dem unseren kaum nahekommen. Trotzdem würde es mich wundern, wenn wilde Schimpansen und Gorillas die Meerkatzen *nicht* überträfen und über einige Dutzend »Wörter« verfügten, womöglich auch Namen für einzelne Tiere. Dieses spannende Forschungsfeld, in dem immer schneller neue Erkenntnisse gewonnen werden, sollten wir gut im Auge behalten. Es bleibt abzuwarten, als wie groß sich die Kluft im Wortschatz von Menschenaffen und Menschen am Ende erweist.

Die letzte noch offene Frage ist die, ob die lautliche Kommunikation von Tieren so etwas wie eine Grammatik oder Syntax aufweist. Menschen besitzen nicht nur einen Wortschatz aus mehreren tausend Wörtern mit unterschiedlicher Bedeutung, sondern wir fügen diese Wörter auch zu Sätzen zusammen und verändern ihre Formen nach grammatischen Regeln, welche die Bedeutung festlegen. Mit Hilfe der Grammatik können wir also aus einer endlichen Zahl von Wörtern eine theoretisch unendliche Zahl von Sätzen bilden. Betrachten Sie dazu die beiden folgenden Sätze, deren Wörter und Endungen sich zwar exakt gleichen, aber verschieden angeordnet sind:

> *»Der hungrige Hund biß dem alten Mann ins Bein.«*
> *oder*
> *»Der hungrige Mann biß dem alten Hund ins Bein.«*

Gäbe es keine Grammatik, hätten beide Sätze exakt die gleiche Bedeutung. Die meisten Linguisten würden lautlichen Kommunikationssystemen von Tieren mit auch noch so großem Wortschatz nicht die Bezeichnung Sprache zubilligen, wenn sie nicht auch grammatische Regeln enthielten.

Die Studien an Meerkatzen ergaben bis heute keinen Hinweis auf eine Syntax. Die meisten der Grunzlaute und Alarmrufe werden isoliert ausgestoßen. Immer wenn Meerkatzen eine Folge von zwei oder mehr Lauten von sich gaben, stellte sich bei nachträglicher Analyse heraus, daß es sich nur um die Wiederholung des ersten Lauts handelte; das gleiche war der Fall, als aufgezeichnet wurde, wie eine Meerkatze den Ruf einer anderen erwiderte. Kapuziner-

affen und Gibbons haben Rufe aus mehreren Elementen, die nur in
bestimmter Kombination oder Folge verwendet werden; die Bedeutung dieser Kombinationen bleibt aber – jedenfalls für uns Menschen – noch zu entschlüsseln.

Ich bezweifle, daß irgend jemand, der sich mit den Lautsystemen von Primaten befaßt, erwartet, selbst bei freilebenden Schimpansen auf eine Grammatik zu stoßen, die der des Menschen – mit
Präpositionen, Tempora und Interrogativpronomen – auch nur
entfernt ähnelt. Offen bleibt aber vorerst die Frage, ob es eine Tierart mit eigener Syntax gibt. Die zu ihrer Klärung erforderlichen
Studien an den Tieren, bei denen am ehesten mit einer Grammatik
zu rechnen ist, nämlich Zwerg- und gewöhnlichen Schimpansen,
wurden einfach noch nicht begonnen.

Während zwischen der lautlichen Kommunikation von Menschen und Tieren also zweifellos eine breite Kluft besteht, erfahren
wir zur Zeit doch immer mehr darüber, welche Brücken von der
Seite des Tierreichs zum Teil darüber gebaut wurden. Im folgenden
soll es darum gehen, welche Brücke von menschlicher Seite über die
Kluft ragt. Nachdem wir bereits komplexe tierische »Sprachen«
entdeckt haben, fragen wir jetzt danach, ob es noch immer wirklich
primitive menschliche Sprachen gibt.

Um leichter zu erkennen, wie eine primitive menschliche Sprache
vielleicht klingen würde, wenn es sie gäbe, wollen wir uns noch
einmal vor Augen führen, wie sich die normale menschliche Sprache von der lautlichen Kommunikation der Meerkatzen unterscheidet. Ein Unterschied liegt in der Grammatik. Im Gegensatz zu
den Meerkatzen besitzen Menschen eine Grammatik, womit Variationen in der Wortstellung, Vor- und Nachsilben sowie Änderungen
am Wortstamm (wie »der«, »den«, »dem«), die einen Bedeutungs-
wandel bewirken, gemeint sind. Der zweite Unterschied besteht
darin, daß die Laute der Meerkatzen, wenn es sich denn um Wörter
handelt, nur für konkrete Dinge oder ausführbare Handlungen stehen. Man könnte argumentieren, daß Meerkatzenrufe in der Tat
das Äquivalent von Substantiven (»Adler«) und Verben oder Ver-
balphrasen (»Gib acht auf den Adler«) darstellen. Unser Wortschatz umfaßt dagegen klar voneinander getrennte Substantive,

Verben und Adjektive. Diese drei Sprachelemente beziehen sich auf bestimmte Objekte, Handlungen oder Eigenschaften. Bis zur Hälfte aller Wörter haben jedoch normalerweise eine rein grammatikalische Funktion ohne konkretes Bezugsobjekt.

Dazu zählen Präpositionen, Konjunktionen, Artikel und Modalverben (Wörter wie »können«, »dürfen«, »sollen« und »wollen«). Im Vergleich zu den Wörtern mit konkretem Bezugsobjekt ist es viel schwerer, ihre Entstehung zu begreifen. Wenn jemand kein Deutsch versteht, können Sie auf Ihre Nase zeigen und ihm so die Bedeutung des Wortes »Nase« klarmachen. Menschenaffen könnten sich vielleicht ganz ähnlich über die Bedeutung von Grunzlauten einigen, die als Substantive, Verben oder Adjektive fungieren. Aber wie soll man jemandem, der des Deutschen nicht mächtig ist, die Bedeutung von »durch«, »weil«, »der« oder »wollte« erklären? Durch welchen Zufall könnten Menschenaffen auf solche grammatikalischen Begriffe gekommen sein?

Ein weiterer Unterschied zwischen der lautlichen Kommunikation von Menschen und Meerkatzen liegt darin, daß unsere Sprache über eine hierarchische Struktur verfügt, so daß aus einer bescheidenen Menge von Elementen auf einer Ebene eine größere Menge auf der nächsthöheren wird. Unsere Sprache hat viele verschiedene Silben, die alle auf den gleichen wenigen Dutzend Lauten beruhen. Aus ihnen bilden wir Tausende von Wörtern. Diese werden nicht aufs Geratewohl aneinandergehängt, sondern zu Satzteilen zusammengefügt (beispielsweise Präpositionalphrasen). Daraus läßt sich wiederum durch Zusammenfügung eine theoretisch unendliche Zahl von Sätzen bilden. Die Rufe der Meerkatzen sind demgegenüber nicht aus einzelnen Elementen aufgebaut und entbehren jeglicher hierarchischer Organisation.

Als Kinder meistern wir diese komplexe Struktur menschlicher Sprache, auch ohne ihre expliziten Regeln zu erlernen. Dazu werden wir erst in der Schule beim Studium der eigenen oder einer fremden Sprache gezwungen. Die Struktur unserer Sprache ist so komplex, daß viele ihrer heute von Linguisten postulierten Regeln erst in den letzten Jahrzehnten entdeckt wurden. Diese breite Kluft zwischen der menschlichen Sprache und tierischen Lautsystemen erklärt, warum die meisten Linguisten nie der Frage nachgehen, wie sich unsere Sprache aus Vorläufern im Tierreich entwickelt haben könnte. Sie halten es für unmöglich, eine Antwort zu finden, und suchen deshalb gar nicht erst danach.

Die frühesten Schriftsprachen aus der Zeit vor 5000 Jahren standen den heutigen an Komplexität nicht nach. Die menschliche Sprache mußte schon viel früher ihren heutigen Komplexitätsgrad erreicht haben. Können wir wenigstens Übergangsformen der Sprachentwicklung entdecken, wenn wir uns auf die Suche nach primitiven Völkern begeben, deren einfache Sprachen vielleicht Frühstadien der sprachlichen Evolution verkörpern? Immerhin verwenden manche Jäger- und Sammlerstämme noch heute Steinwerkzeuge, die ebenso einfach sind wie jene, die vor Zehntausenden von Jahren überall auf der Welt in Gebrauch waren. Die Reisebücher des 19. Jahrhunderts waren voller Berichte über primitive Stämme, die angeblich nur einige hundert Wörter kannten oder überhaupt keine verständlichen Laute hatten, sondern nur »Uh-uh« hervorbrachten und zur Verständigung Gesten zur Hilfe nahmen. Diesen ersten Eindruck hatte Darwin auch von der Sprache der Indianer in Feuerland. Doch erwiesen sich all diese Berichte als reine Märchen. Darwin und andere Reisende aus dem Westen fanden es ebenso schwer, für sie ungewohnte Laute zu unterscheiden wie Nicht-Westler die Laute westlicher Sprachen und Zoologen die Laute der Meerkatzen.

In Wirklichkeit gibt es keinen Zusammenhang zwischen sprachlicher und sozialer Komplexität. Völker mit primitiver Technologie sprechen nicht auch primitive Sprachen, wie ich bereits am ersten Tag bei den Foré im Hochland Neuguineas erfuhr. Die Grammatik der Foré-Sprache erwies sich als äußerst kompliziert, mit Postpositionen wie im Finnischen, Dual- sowie Singular- und Pluralformen wie im Slowenischen und Tempora und Satzbau wie in keiner anderen mir bis dahin bekannten Sprache. Ich erwähnte ja bereits die acht Vokaltöne der ebenfalls neuguineischen Iyau-Sprache, deren kaum wahrnehmbare Unterschiede sich selbst ausgebildeten Linguisten jahrelang entzogen.

Während also manche Völker der modernen Welt nach wie vor primitive Werkzeuge benutzen, behielt keines eine primitive Sprache. An archäologischen Fundstätten von Cro-Magnon-Siedlungen wurden jede Menge gut erhaltener Werkzeuge ausgegraben, aber Wörter fand man leider nicht. Das Fehlen sprachlicher Übergangsformen beraubt uns der vielleicht besten Möglichkeit, den Ursprung der Sprache zu ergründen. Und es zwingt uns, auf indirektere Weise nach ihm zu forschen.

Als erstes wollen wir fragen, ob es jemals dazu kam, daß sich Kinder, die nie Kontakt mit einer unserer modernen Sprachen hatten, spontan eine primitive Sprache ausdachten. Der griechische Geschichtsschreiber Herodot weiß vom Experiment des ägyptischen Königs Psammetich zu berichten, mit dem dieser herausfinden wollte, welches die älteste Sprache der Welt sei. Der König ließ zwei Neugeborene in die Obhut eines Schafhirten geben, dem aufgetragen wurde, sie unter vollkommenem Stillschweigen aufzuziehen und darauf zu achten, welche Wörter sie als erstes sprechen würden. Wie ihm befohlen, berichtete der Hirte, daß beide Kinder die ersten zwei Jahren nichts als unverständliches Geplapper von sich gegeben hatten und dann eines Tages zu ihm gelaufen waren und anfingen, wieder und immer wieder *Bekos* zu sagen. Da dieses Wort im Phrygischen, der damals in Inneranatolien gesprochenen Sprache, »Brot« bedeutet, soll Psammetich den Phrygiern zugestanden haben, das älteste Volk der Welt zu sein.

Herodots kurze Schilderung des Psammetichschen Experiments konnte Skeptiker nicht überzeugen, daß es wirklich unter so strengen Bedingungen stattgefunden hatte, wie behauptet. Dies mag illustrieren, warum manche Historiker Herodot eher als »Vater der Lügen« denn als »Vater der Geschichtsschreibung« tituliert sehen wollen. Gewiß ist es so, daß Kinder, die wie der berühmte Wolfsjunge von Aveyron in völliger sozialer Isolation aufwuchsen, praktisch stumm bleiben und weder eine Sprache erfinden noch entdecken. Eine Variante des Experiments des Psammetich hat jedoch im modernen Zeitalter dutzendfach stattgefunden. Dabei wurden ganze Kinderpopulationen mit einer Sprachform der Erwachsenen in ihrer Umgebung konfrontiert, die durch grobe Vereinfachung und große Flexibilität gekennzeichnet ist und insofern eine gewisse Ähnlichkeit mit der normalen kindlichen Sprechweise im Alter von etwa zwei Jahren besitzt. Unbewußt entwickelten die Kinder daraus ihre eigene Sprache, die zwar weit über dem lautlichen Kommunikationssystem der Grünen Meerkatzen steht, aber wesentlich einfacher ist als normale menschliche Sprachen. Das Ergebnis waren neue Sprachen, die als Pidgin und Kreolisch bezeichnet werden. Sie können uns vielleicht als Muster der fehlenden Übergangsformen in der Evolution der menschlichen Sprache dienen.

Meine erste Erfahrung mit einer kreolischen Sprache sammelte ich mit der neuguineischen *Lingua franca*, bekannt als »Neomelanesisch« oder »Pidgin-English«. (»Pidgin-English« ist eigentlich verkehrt, da es sich bei Neomelanesisch nicht um eine Pidgin-, sondern um eine aus einer höheren Pidgin-Sprache abgeleitete kreolische Sprache handelt – den Unterschied erkläre ich später – und um nur eine von vielen getrennt voneinander entstandenen Sprachen, die fälschlich mit der Bezeichnung Pidgin-English versehen werden.) In Papua-Neuguinea wurden auf einer Fläche von der Größe Schwedens etwa 700 einheimische Sprachen registriert, von denen keine von mehr als drei Prozent der Bevölkerung gesprochen wird. Da überrascht es nicht, daß eine *Lingua franca* gebraucht wurde. Sie entstand nach der Ankunft englischsprechender Händler und Seeleute Anfang des 19. Jahrhunderts. Heute dient Neomelanesisch in Papua-Neuguinea nicht nur zur Konversation, sondern es wird auch in vielen Schulen, Zeitungen, Rundfunksendern und im Parlament verwendet. Die Reklame im Anhang zu diesem Kapitel vermittelt einen Eindruck von dieser neuentstandenen Sprache.

Als ich zum erstenmal nach Papua-Neuguinea kam und Neomelanesisch hörte, reagierte ich spöttisch. Es erschien mir wie umständliches kindliches Gebabbel ohne jede Grammatik. Ich erwiderte mit meiner Vorstellung von Kindergebabbel und mußte verstört feststellen, daß mich die Einheimischen nicht verstanden. Auch meine Annahme, neomelanesische Wörter würden das gleiche bedeuten wie englische Wörter mit ähnlichem Klang, brachte mich des öfteren in Verlegenheit, besonders einmal, als ich mich bei einer Frau in Begleitung ihres Mannes dafür entschuldigen wollte, daß ich sie angerempelt hatte, und sich herausstellte, daß das neomelanesische Wort *pushim* nicht das gleiche bedeutet wie das englische Wort »push« (stoßen, schubsen), sondern »mit jemandem Geschlechtsverkehr haben«.

Ich fand heraus, daß Neomelanesisch genauso strenge grammatikalische Regeln hat wie das Englische. Es ist eine präzise Sprache, in der sich alles ausdrücken läßt, was man auch auf englisch ausdrücken kann. Es sind sogar Unterscheidungen möglich, die im Englischen plumper Umschreibungen bedürfen. So wirft das englische Pronomen »we« (wir) zwei recht verschiedene Situationen in einen Topf: »der Sprecher und der oder die Angesprochenen« bzw. »der Sprecher samt einer oder mehrerer Personen unter Ausschluß des oder der Angesprochenen«. Im Neomelanesischen wird diesen beiden unterschiedlichen Bedeutungen mit zwei Wörtern Rechnung getragen: *jumi* und *mipela*. Wenn ich mich, nachdem ich Neomelanesisch einige Monate lang gesprochen habe, mit jemandem unterhalte, der Englisch spricht und von »we« redet, frage ich mich oft, ob ich wohl auch gemeint bin oder nicht.

Die trügerische Einfachheit und dennoch hohe Präzision des Neomelanesischen fußt zum einen auf dem Wortschatz, zum anderen auf der Grammatik. Der Wortschatz basiert auf einer relativ kleinen Zahl von Kernwörtern mit kontextabhängiger Bedeutung, die auch im übertragenen Sinne verwendet werden. So kann das neomelanesische Wort *gras* die Bedeutung des englischen Worts »grass« (Gras) haben (wovon *gras bilong solwara [salt water]*, Seegras, abgeleitet wurde), aber auch die von »hair« (Haar) (mit der Ableitung *man i no gat gras long head bilong em*, Glatzkopf).

Die Ableitung des neomelanesischen *banis bilong susu* als Wort für »BH« veranschaulicht die Geschmeidigkeit der Kernworte. *Banis*, abgeleitet vom englischen Wort »fence« (Umzäunung), hat im Neomelanesischen die gleiche Bedeutung, zum Beispiel in dem Ausdruck *banis pik* für »pigpen« (Schweinestall). *Susu*, aus dem Malaiischen stammend, bedeutet »Milch«, aber im weiteren Sinne auch »Brust«. Die letztere Bedeutung führt zu den Ausdrücken für »Brustwarze« (*ai [eye] bilong susu*, Auge der Brust), »vorpubertäres Mädchen« (*i no gat susu bilong em*, noch kein Busen), »junges Mädchen« (*susi i sanap* [stand up], strammer Busen) und »ältere Frau« (*susi i pundaun pinis* [fall down finish], erschlaffter Busen). Die Kombination dieser beider Wurzeln, *banis bilong susu*, bezeichnet einen BH, also eine Umzäunung des Busens, so wie *banis pik* eine Umzäunung für Schweine bezeichnet.

Die neomelanesische Grammatik kommt uns so trügerisch einfach vor, weil ihr vieles fehlt bzw. durch Umschreibung ausgedrückt wird. Dazu gehören eine Reihe uns selbstverständlich erscheinender Grammatikformen wie der Plural und die Kasusendungen der Substantive, die Beugungs- und Passivformen der Verben sowie die meisten Präpositionen und Tempora. Dennoch hat sich Neomelanesisch in vielerlei Hinsicht weit über das Stadium von Kindergebabbel und Meerkatzenlauten hinaus entwickelt, zum Beispiel in seinen Konjunktionen, Hilfsverben und Pronomen sowie in der Art, wie Verbmodi ausgedrückt werden. In der hierarchischen Organisation von Phonemen, Silben und Wörtern kann es mit anderen komplexen Sprachen voll mithalten. Neomelanesisch ist zur hierarchischen Anordnung von Phrasen und Sätzen sogar so gut geeignet, daß es die Wahlreden der Politiker von Neuguinea in ihrer Verschachtelung mit Thomas Manns Prosa aufnehmen können.

Anfangs hielt ich Neomelanesisch in meiner Unwissenheit für eine erquickliche Abnormität unter den Sprachen der Welt. Es war offenbar in den 170 Jahren, seit die ersten englischen Schiffe vor Neuguinea ankerten, entstanden, und ich nahm an, daß es sich irgendwie aus einer Kindersprache entwickelt hatte, in der die weißen Kolonisten mit den Eingeborenen redeten, denen sie natürlich nicht zutrauten, Englisch zu lernen. In Wirklichkeit gibt es Dutzende von Sprachen, die dem Neomelanesischen von der Struktur her ähneln. Sie alle entstanden unabhängig voneinander in den verschiedensten Teilen der Welt mit einem weitgehend aus dem Englischen, Französischen, Holländischen, Spanischen, Portugiesischen, Malaiischen oder Arabischen abgeleiteten Wortschatz. Wichtige Entstehungsorte waren die Umgebungen von Plantagen, Forts und Handelsniederlassungen, wo unterschiedliche Sprachen aufeinandertrafen und es einer Verständigung bedurfte, die sozialen Umstände jedoch den sonst üblichen Weg, daß jede Gruppe die Sprache der anderen erlernt, verhinderten. In vielen Fällen war es in tropischen Gebieten Mittel- und Südamerikas und Australiens sowie auf tropischen Inseln im Pazifischen und Indischen Ozean so, daß europäische Kolonisten Arbeitskräfte in großer Zahl von weit her und mit vielen verschiedenen Sprachen heranschafften. Andere Europäer errichteten Forts oder Handelsniederlassungen in bereits dichtbevölkerten Gebieten Chinas, Indonesiens oder Afrikas.

Die sozialen Barrieren zwischen der herrschenden Schicht von Kolonisten und den importierten Arbeitskräften bzw. der örtlichen Bevölkerung hatten zur Folge, daß erstere unwillig und letztere unfähig waren, die jeweils andere Sprache zu lernen. Gewöhnlich blickten die Kolonisten auf die Eingeborenen herab, doch in China war die Verachtung gegenseitig: Als englische Kaufleute 1664 in Kanton eine Handelsniederlassung errichteten, ließen sich die Chinesen ebensowenig dazu herab, die Sprache der ausländischen Teufel zu erlernen oder ihnen Chinesisch beizubringen, wie die Engländer von den heidnischen Chinesen lernen oder sie unterrichten wollten. Selbst ohne soziale Barrieren hätten die Arbeiter wenig Gelegenheit zum Erlernen der Sprache der Kolonisten gehabt, da sie so stark in der Überzahl waren. Umgekehrt hätten es die Kolonisten schwer gefunden, die Sprache »der« Arbeiter zu lernen, da es unter ihnen ja Sprecher so vieler verschiedener Sprachen gab.

Aus dem zeitweiligen sprachlichen Chaos, das auf die Gründung von Plantagen oder Forts folgte, entstanden einfache, aber stabile neue Sprachen. Nehmen wir als Beispiel die Evolution des Neomelanesischen. Nachdem englische Schiffe um das Jahr 1820 begonnen hatten, melanesische Inseln östlich von Neuguinea anzulaufen, wurden Inselbewohner als Arbeitskräfte auch zu den Zuckerplantagen von Queensland und Samoa gebracht, wo auf die Weise viele Sprachen bunt zusammengewürfelt wurden. Dieses Babel war die Wiege des Neomelanesischen, dessen Wortschatz zu 80 Prozent aus dem Englischen stammt, zu 15 Prozent aus dem Tolai (einer melanesischen Sprache, die von vielen der Arbeitskräfte gesprochen wurde) und im übrigen aus dem Malaiischen, Deutschen und anderen Sprachen.

Linguisten unterscheiden zwei Entstehungsstadien einer neuen Sprache: primitive Behelfssprachen (sogenannte Pidgin-Sprachen) und später die komplexeren sogenannten kreolischen Sprachen. Pidgin-Sprachen entwickeln sich als Zweitsprache von Kolonisten und Arbeitskräften mit unterschiedlicher Muttersprache, die sich miteinander verständigen müssen. Beide Gruppen (Kolonisten und Arbeitskräfte) behalten ihre Muttersprache und gebrauchen sie innerhalb der eigenen Gruppe. Die Verständigung mit der jeweils anderen Gruppe erfolgt in Pidgin; außerdem können die Arbeitskräfte einer vielsprachigen Plantage mit anderssprachigen Arbeitskräften in der Behelfssprache kommunizieren.

Verglichen mit normalen Sprachen sind Pidgin-Sprachen sehr arm an Lauten, Wörtern und syntaktischen Regeln. Sie enthalten in der Regel nur die Laute, die in beiden (oder allen) zusammengeworfenen Sprachen vorkommen. So finden es viele Neuguineer schwer, die englischen Konsonanten *f* und *v* richtig auszusprechen, während englische Muttersprachler Probleme mit den Vokaltönen und Nasallauten vieler neuguineischer Sprachen haben. Solche Laute wurden von den Pidgin-Sprachen Neuguineas und der später aus ihnen entstandenen kreolischen Sprache Neomelanesisch weitgehend verbannt. Die Wörter von Pidgin-Sprachen im Frühstadium bestehen fast nur aus Substantiven, Verben und Adjektiven, während Artikel, Hilfsverben, Konjunktionen, Präpositionen oder Pronomen kaum darunter sind. In grammatikalischer Hinsicht zeichnen sich Pidgin-Sprachen im Frühstadium durch kurze Wortketten mit unregelmäßiger Wortstellung, ohne Nebensätze und Beugungsformen aus. Zur grammatikalischen Armut kommen noch krasse Abweichungen im Sprachgebrauch einzelner Sprecher oder sogar ein und derselben Person, die geradezu das Markenzeichen von Pidgin-Sprachen im Frühstadium darstellen, was den Eindruck einer sprachlichen Anarchie hervorruft.

Pidgin-Sprachen, die nur von Zeit zu Zeit von Erwachsenen, die ansonsten ihrer Muttersprache treu bleiben, gebraucht werden, verharren auf diesem niedrigen Niveau. So entstand in der Arktis eine Pidgin-Sprache mit der Bezeichnung Russonorsk, welche die Abwicklung des Tauschhandels zwischen russischen und norwegischen Fischern, die sich dort begegneten, erleichterte. Diese *lingua franca* hatte das ganze 19. Jahrhundert über Bestand, entwickelte sich aber nicht weiter, da sie nur während kurzer Besuche gesprochen wurde, um einfache Tauschgeschäfte zu tätigen. Die Fischer aus beiden Ländern brachten die meiste Zeit damit zu, mit ihren Landsleuten Russisch oder Norwegisch zu sprechen. In Neuguinea hingegen wurde das Pidgin im Laufe vieler Generationen immer konstanter und komplexer, da es tagtäglich von vielen Menschen gesprochen wurde, wenngleich die meisten Kinder neuguineischer Arbeitskräfte bis nach dem Zweiten Weltkrieg als Erstsprache noch die Muttersprache ihrer Eltern lernten.

Eine rasche Evolution von einer Pidgin- zu einer kreolischen Sprache erfolgt allerdings dann, wenn eine Generation einer der zu dem Pidgin beisteuernden Gruppen anfängt, das Pidgin selbst als Muttersprache zu begreifen. Das bedeutet, daß die Pidgin-Sprache bei allen sozialen Anlässen gebraucht wird, nicht bloß zur Erörterung von Plantagenangelegenheiten oder zur Abwicklung von Tauschgeschäften. Gegenüber Pidgin-Sprachen zeichnen sich kreolische Sprachen durch ihr umfangreicheres Vokabular, ihre wesentlich kompliziertere Grammatik und die Einheitlichkeit des Sprachgebrauchs aus. Mit ihnen läßt sich praktisch jeder Gedanke ausdrücken, der auch in einer normalen Sprache ausgedrückt werden kann, während Pidgin-Sprachen regelmäßig denjenigen zur Verzweiflung bringen, der einen auch nur etwas komplexeren Zusammenhang beschreiben möchte. Selbst ohne eine *Académie Française* zur expliziten Regelfestlegung vervollständigen sich Pidgin-Sprachen nach und nach, um schließlich als einheitliche Sprachen auf höherem Niveau Stabilität zu erlangen.

Dieser Prozeß der Kreolisierung war quasi ein natürliches Experiment in Sachen sprachlicher Evolution, das im modernen Zeitalter viele Dutzend Male unabhängig voneinander stattfand. Die Orte des Experiments waren so verschieden wie Südamerika, Afrika und die Inselwelt des Pazifik. Bei den Arbeitskräften handelte es sich mal um Afrikaner, mal um Portugiesen, mal um Chinesen und mal um Neuguineer. Unter den Kolonisten waren Engländer und Spanier ebenso wie Afrikaner und Portugiesen. Und die Zeitspanne reichte mindestens vom 17. bis zum 20. Jahrhundert. Verblüffend ist, daß all diese separaten Experimente im Ergebnis so viele Ähnlichkeiten aufweisen, sowohl im Hinblick darauf, was ihnen fehlt, als auch darauf, was sie besitzen. Auf der negativen Seite sind kreolische Sprachen simpler als normale Sprachen, und zwar in dem Sinne, daß sie sich gewöhnlich durch das Fehlen der Verbkonjugation nach Tempora und Person, der Substantivdeklination nach Kasus und Numerus, der meisten Präpositionen und der Unterscheidung von Vergangenheit und Gegenwart auszeichnen. Auf der positiven Seite sind die kreolischen den Pidgin-Sprachen in vielerlei Hinsicht weit überlegen: einheitlicher Satzbau, Pronomen für die erste, zweite und dritte Person Singular und Plural; Relativsätze; Möglichkeit zum Anzeigen eines vorhergehenden Tempus (zur Beschreibung von Handlungen vor der jeweils zur Diskussion stehenden Zeit, gleich, ob es sich um das Präsens handelt oder nicht); Partikel oder Hilfsverben, die vor dem Hauptverb stehen und Verneinung, ein vorhergehendes Tempus, einen Konditionalmodus oder andauernde im Gegensatz zu vollendeten Handlungen anzeigen. Außerdem stimmen die meisten kreolischen Sprachen in der Reihenfolge Subjekt-Prädikat-Objekt überein sowie in der Reihenfolge von Partikeln oder Hilfsverben, die vor dem Hauptverb stehen.

Welche Faktoren für diese bemerkenswerte Annäherung verantwortlich sind, ist unter Linguisten noch umstritten. Es ist, als zöge man ein Dutzend Spielkarten fünfzigmal aus einem gut gemischten Haufen und hätte am Ende jedesmal weder Herz noch Karo, dafür aber einen König, einen Buben und zwei Asse auf der Hand. Am überzeugendsten erscheint mir die Erklärung des Linguisten Derek Bickerton, der viele der Gemeinsamkeiten kreolischer Sprachen auf ein Grundmuster für Sprache zurückführt, das im Erbgut des Menschen angelegt sei.

Bickerton gewann diese Auffassung bei Untersuchungen über die Kreolisierung in Hawaii, wo Zuckerpflanzer gegen Ende des 19. Jahrhunderts Arbeitskräfte von den Philippinen, aus China, Japan, Korea, Portugal und Puerto Rico importierten. Aus diesem sprachlichen Durcheinander entwickelte sich nach der Annexion Hawaiis durch Amerika 1898 aus einem Pidgin mit Englisch als Grundlage eine ausgewachsene kreolische Sprache. Die Immigranten selbst gebrauchten weiterhin ihre Muttersprachen. Sie lernten auch das Pidgin, das sie vorfanden, verbesserten es aber trotz seiner groben Mängel als Verständigungsmittel nicht. Das wiederum stellte ein schweres Problem für die in Hawaii geborenen Kinder der Einwanderer dar. Selbst wenn sie das Glück hatten, im elterlichen Haushalt eine normale Sprache zu hören, weil Mutter und Vater der gleichen ethnischen Gruppe angehörten, taugte diese doch nicht zur Verständigung mit den Mitgliedern anderer ethnischer Gruppen. Viele Kinder hatten aber sogar das Pech, daß auch zu Hause nur Pidgin gesprochen wurde, da die Eltern aus verschiedenen ethnischen Gruppen stammten. Wegen der sozialen Barrieren, die sie und ihre Eltern von den englischsprechenden Plantagenbesitzern trennten, gab es kaum Möglichkeiten zum Englischlernen. Auf diese Weise mit einer inkonsistenten Behelfssprache konfrontiert, bauten die Immigrantenkinder von Hawaii das Pidgin innerhalb einer Generation zu einer konsistenten und komplexen kreolischen Sprache aus.

Mitte der siebziger Jahre konnte Bickerton die Geschichte dieser Kreolisierung noch zurückverfolgen, indem er Interviews mit zwischen 1900 und 1920 geborenen Hawaiianern aus dem Arbeitermilieu führte. Diese hatten, wie jeder Mensch, in der Kindheit sprachliche Fertigkeiten entwickelt, waren dann aber an einem Punkt stehengeblieben, so daß ihre Sprache im Alter Auskunft darüber gab, wie in ihrer Jugend in ihrer Umgebung gesprochen wurde. Die in den siebziger Jahren interviewten hawaiischen Senioren verschiedenen Alters lieferten Bickerton deshalb praktisch Momentaufnahmen verschiedener Stadien des Übergangs von der Pidgin- zur kreolischen Sprache, je nach Geburtsjahr des Interviewten. Auf diese Weise konnte Bickerton folgern, daß die Kreolisierung um 1900 begonnen hatte, bis 1920 abgeschlossen war und auf der Leistung von Kindern beruhte, die diese im Zuge des eigenen Spracherwerbs vollbrachten.

Die Kinder von Hawaii wurden in der Tat einem Experiment wie dem des Königs Psammetich, nur in abgeschwächter Form, unterworfen. Anders als damals in Ägypten hörten die hawaiischen Kinder Erwachsene sprechen, und sie konnten auch Wörter erlernen. Doch im Unterschied zu normalen Kindern bekamen sie wenig Grammatik zu hören, und was sie hörten, war bruchstückhaft und inkonsistent. Statt dessen schufen sie selbst eine Grammatik. Daß diese wirklich ihre eigene Schöpfung war und nicht aus der Sprache der chinesischen Arbeiter oder der englischen Plantagenbesitzer geborgt, ergibt sich aus den vielen Merkmalen, in denen sich das hawaiische Kreolisch vom Englischen und von den Sprachen der Arbeitskräfte unterscheidet. Das gleiche gilt für das Neomelanesische: Sein Wortschatz beruht weitgehend auf dem Englischen, aber seine Grammatik enthält viele dem Englischen fremde Elemente.

Ich will nicht behaupten, die kreolischen Sprachen ähnelten sich grammatikalisch so sehr, daß sie im Grunde alle gleich sind. Es gibt Unterschiede, die mit den sozialen Umständen jeder Kreolisierung zu tun haben – insbesondere mit dem ursprünglichen Zahlenverhältnis von Plantagenbesitzern (oder Kolonisten) und Arbeitskräften, wie schnell und wie weit sich dieses Verhältnis verschob und über wie viele Generationen das anfängliche Pidgin den vorhandenen Sprachen nach und nach Komplexität entlehnen konnte. Doch viele Ähnlichkeiten bleiben bestehen, vor allem zwischen solchen kreolischen Sprachen, die sich binnen kurzer Zeit aus Pidgin-Sprachen im Frühstadium entwickelten. Wie konnten sich die Kinder so schnell auf eine Grammatik einigen, und wie kam es, daß sie in den verschiedensten Teilen der Welt immer wieder im Prinzip die gleichen grammatikalischen Elemente erfanden?

Der Grund ist nicht darin zu suchen, daß sie etwa den leichtesten oder einzigen Weg zur Konstruktion einer Sprache einschlugen. So verfügen kreolische Sprachen, wie zum Beispiel auch das Englische, über Präpositionen (kurze, Substantiven vorangestellte Wörter), während andere Sprachen zugunsten von Postpositionen (nachgestellt) auf sie verzichten oder mit Kasusendungen an Substantiven arbeiten. Auch in der Reihenfolge Subjekt-Prädikat-Objekt ähneln die kreolischen Sprachen dem Englischen, aber eine Entlehnung kann nicht der Grund sein, da auch solche kreolischen Sprachen, die aus Sprachen mit anderer Satzbauweise abgeleitet wurden, die gleiche Reihenfolge aufweisen.

Diese Ähnlichkeiten zwischen kreolischen Sprachen beruhen

möglicherweise auf einem genetischen Grundmuster für den
Spracherwerb während der Kindheit, das in unserem Gehirn bereits vorhanden ist. Von einem solchen Grundmuster gehen viele
Wissenschaftler aus, seit der Linguist Noam Chomsky behauptete,
die Struktur der menschlichen Sprache sei viel zu komplex, als daß
sie ein Kind ohne fest vorprogrammierte Instruktionen in wenigen
Jahren meistern könnte. Meine Söhne zum Beispiel begannen im
Alter von zwei Jahren gerade erst damit, einzelne Wörter zu gebrauchen. Während ich dies schreibe, bloß 20 Monate später und
noch einige Monate vor ihrem vierten Geburtstag, beherrschen sie
bereits die meisten Grundregeln der englischen Grammatik, die
erwachsene Einwanderer mit fremder Muttersprache oft in Jahrzehnten nicht lernen. Und selbst vor ihrem zweiten Geburtstag
hatten meine Zwillinge bereits gelernt, das auf sie einströmende,
zunächst unverständliche Geschwätz der Erwachsenen irgendwie
zu deuten und die Anordnung mehrerer Silben in Wörter zu erkennen und diese trotz unterschiedlicher Aussprache der jeweiligen
Sprecher auseinanderzuhalten.

Diese Probleme brachten Chomsky zu der Überzeugung, daß
Kinder beim Ersterwerb einer Sprache vor einer unmöglichen Auf-
gabe stünden, wäre nicht ein Großteil ihrer Struktur bereits im
Gehirn vorprogrammiert. Er folgerte, wir kämen mit einer »univer-
sellen Grammatik« im Kopf auf die Welt, die das ganze Spektrum
von Grammatikmustern der verschiedenen Sprachen enthielte.
Diese vorprogrammierte Grammatik gliche einem Satz Schaltern
mit verschiedenen möglichen Stellungen, wobei jede Stellung beim
Aufwachsen in der Weise festgelegt würde, wie es die jeweilige
Sprache erforderte.

Bickerton geht jedoch noch einen Schritt weiter als Chomsky
und zieht den Schluß, wir seien nicht nur auf eine universelle
Grammatik mit einstellbaren Schaltern, sondern sogar auf einen
bestimmten Satz von Schalterstellungen vorprogrammiert, nämlich jene, die in der Grammatik kreolischer Sprachen immer wieder
auftauchen. Diese vorprogrammierten Stellungen können gelöscht
werden, wenn sie im Gegensatz zu dem stehen, was das Kind in der
Sprache seiner Umwelt wahrnimmt. Registriert das Kind jedoch
überhaupt keine lokalen Schalterstellungen, da es mit der struktur-

losen Anarchie einer Pidgin-Sprache aufwächst, haben die kreolischen Schalterstellungen Bestand.

Falls Bickerton recht haben sollte und wir tatsächlich mit kreolischen Schalterstellungen zur Welt kommen, die durch spätere
Erfahrungen gelöscht werden können, müßten Kinder eigentlich
kreolische Elemente ihrer jeweiligen Sprache schneller und leichter
erlernen als solche, die im Widerspruch zur kreolischen Grammatik
stehen. Diese Überlegung mag die allbekannten Schwierigkeiten
erklären, die Kinder in englischsprachigen Ländern mit der Verneinung haben: Sie bestehen oft auf doppelter Verneinung wie im
Kreolischen, zum Beispiel »Nobody don't have this« (Niemand hat
das nicht). Ähnlich ließen sich die Probleme englischsprechender
Kinder mit der Wortstellung in Fragesätzen erklären.

Bevor wir auf letzteres Beispiel eingehen, sei noch einmal daran
erinnert, daß Englisch zu den Sprachen zählt, die sich in Aussagesätzen der kreolischen Wortstellung Subjekt-Prädikat-Objekt bedienen, wie zum Beispiel in »I want juice« (Ich will Saft). Viele
Sprachen einschließlich der kreolischen behalten diese Wortstellung auch in Fragesätzen bei, die nur an der Betonung als solche zu
erkennen sind (»You want juice?«). Im Englischen gilt für Frage-
sätze jedoch eine andere Regel. Sie weichen von der kreolischen
Wortstellung ab, indem die Reihenfolge von Subjekt und Prädikat
umgekehrt (»Where are you?« statt »Where you are?«) oder das
Subjekt zwischen ein Hilfsverb (zum Beispiel »do«) und das
Hauptverb gestellt wird (»Do you want juice?«). Meine Frau und
ich haben auf unsere Söhne seit ihrer frühesten Kindheit grammatikalisch einwandfreie englische Frage- und Aussagesätze nieder-
prasseln lassen. Dabei dauerte es nicht lange, bis sie die richtige
Wortstellung in Aussagesätzen aufgeschnappt hatten, doch bis
heute gebrauchen beide in Fragesätzen noch die verkehrte kreolische Wortstellung, trotz der Fülle korrekter Beispiele, mit denen
meine Frau und ich sie täglich konfrontieren. Aktuelle Kostproben
der Äußerungen von Max und Joshua sind zum Beispiel »Where it
is?«, »What that letter is?«, »What the handle can do?« und »What
you did with it?« Es scheint, als wollten sie ihren Ohren noch nicht
trauen, sondern sich lieber weiter auf die Richtigkeit ihrer vorprogrammierten kreolischen Regeln verlassen.

Wir wollen nun versuchen, aus den Ergebnissen dieser Untersuchungen an Tieren und Menschen ein klares Bild davon zu gewinnen, wie unsere Vorfahren den langen Weg von primitivem
Gegrunze bis zu Shakespeares kunstvollen Sonetten bewältigten.
Ein gründlich untersuchtes Frühstadium ist das Lautsystem der
Grünen Meerkatzen mit mindestens zehn verschiedenen Rufen, die
absichtlich ausgestoßen werden, zur Verständigung dienen und äußere Bezugsobjekte haben. Die Bedeutung dieser Rufe mögen
Wörter, Erklärungen, Verhaltensvorschläge oder alles zugleich
sein. Aufgrund der bisherigen Schwierigkeiten der Wissenschaftler
bei der Identifizierung dieser zehn Rufe ist damit zu rechnen, daß
noch mehr der Entdeckung harren; zur Zeit ist uns der wahre
Umfang des Wortschatzes dieser Meerkatzenart noch nicht
bekannt. Inwieweit andere Tiere die Meerkatzen überflügelten, ist
ebenfalls ungeklärt, da die lautliche Kommunikation der beiden
Arten, von denen ein höherer sprachlicher Entwicklungsstand am
ehesten zu erwarten wäre, der gewöhnlichen und Zwergschimpansen, noch auf eine Erforschung in der Natur wartet. Wenigstens im Labor haben Schimpansen bewiesen, daß sie Hunderte
von Symbolen meistern können, was auf das Vorhandensein des
geistigen Rüstzeugs zur Beherrschung auch eigener Symbole
schließen läßt.

Von Kleinkindern benutzte Einzelwörter wie das »juice« (Saft)
meines Sohnes Max stellen ein nächsthöheres Stadium als tierische
Grunzlaute dar. Wie die Meerkatzenrufe mag auch »juice« eine
Kombination von Wort, Erklärung und Verhaltensvorschlag sein.
Max hat jedoch einen entscheidenden Schritt weiter getan als die
Meerkatzen, indem er das Wort »juice« aus Vokalen und Konso-
nanten als kleineren Einheiten zusammensetzte und so die unterste
Stufe modularer sprachlicher Organisation nahm. Aus wenigen
Dutzend solcher phonetischer Einheiten läßt sich durch immer
wieder neue Anordnung eine gewaltige Zahl von Wörtern erzeugen,
zum Beispiel die 142 000 in dem Englischwörterbuch auf meinem
Schreibtisch. Dieses Prinzip der modularen Organisation erlaubt
uns weit mehr Unterscheidungen als den Meerkatzen. So benennen
diese nur sechs Arten von Tieren, während wir Bezeichnungen für
an die zwei Millionen haben.

Einen weiteren Schritt in Richtung Shakespeare verdeutlichen zweijährige Kinder, die in allen menschlichen Gesellschaften spontan vom Einzelwortstadium dazu übergehen, erst zwei und dann mehrere Wörter aneinanderzureihen. Dabei handelt es sich aber noch um Wortketten mit wenig Grammatik, und die verwendeten Wörter sind immer noch Substantive, Verben und Adjektive mit konkretem Bezugsobjekt. Wie Bickerton darlegt, ähneln diese Wortketten den Pidgin-Sprachen, wie sie Erwachsene bei Bedarf spontan erfinden. Eine Ähnlichkeit besteht auch zu den Symbolketten gefangener Menschenaffen, die in deren Gebrauch trainiert wurden.

Von den Pidgin- zu den kreolischen Sprachen bzw. von den Wortketten Zweijähriger zu den vollständigen Sätzen Vierjähriger ist es wiederum ein Riesenschritt. Er beinhaltet, daß Wörter ohne äußeres Bezugsobjekt mit rein grammatikalischer Funktion hinzukommen, grammatikalische Elemente wie Wortstellung, Vor- und Nachsilben und außerdem weitere Ebenen der hierarchischen Organisation zur Bildung von Satzteilen und Sätzen. Vielleicht war dieser Schritt der Auslöser des in Kapitel 2 diskutierten »großen Sprungs«. Dabei enthalten die kreolischen Sprachen der Neuzeit mit ihren Umschreibungen von Präpositionen und anderen grammatikalischen Elementen durchaus Hinweise darauf, wie diese Fortschritte zustande gekommen sein mögen.

Wenn sie die neomelanesische Reklame weiter unten mit einem Sonett von Shakespeare vergleichen, werden Sie vielleicht feststellen, daß beide noch immer eine gewaltige Kluft trennt. Ich behaupte aber, daß mit einer Reklame wie *Kam insait long stua bilong mepela* 99,9 Prozent des Weges von den Meerkatzenrufen bis zu Shakespeare zurückgelegt sind. Unter den kreolischen Sprachen sind bereits solche mit großer Komplexität und Ausdruckskraft. So gibt es im Indonesischen, das von einer kreolischen zur Alltags- und Amtssprache des Landes mit der fünftgrößen Bevölkerung der Welt wurde, heute auch eine bedeutende Literatur.

Die Kluft zwischen der Kommunikation von Tieren und der menschlichen Sprache galt einst als unüberbrückbar. Inzwischen haben wir nicht nur Teile von Brücken gefunden, die von beiden Seiten über die Kluft ragen, sondern auch eine Reihe von Zwischenstücken. Wir beginnen, in groben Zügen zu verstehen, wie das wichtigste Merkmal, das uns von Tieren unterscheidet, aus Vorläufern im Tierreich entstand.

Neomelanesisch in einer Lektion

Für Leser mit Englischkenntnissen dürfte diese Kaufhausreklame in neomelanesischer Sprache recht interessant sein. Versuchen Sie einmal, den folgenden Text zu verstehen:

> *»Kam insait long stua bilong mepela – stua bilong salim olgeta samting – mipela i-ken helpim yu long kisim wanem samting yu laikim bikpela na liklik long gutpela prais. I-gat gutpela kain kago long baiim na i-gat stap long helpim yu na lukautim yu long taim yu kam insait long dispela stua.«*

Falls Ihnen manche der Wörter merkwürdig bekannt vorkommen, aber keinen richtigen Sinn ergeben, dann sollten Sie den Text noch einmal laut lesen, nur auf den Klang achten und die Schreibweise nicht beachten. Hier kommt der gleiche Text in englischer Schreibweise:

> *Come inside long store belong me-fellow – store belong sellim altogether something – me-fellow can helpim you long catchim what-name something you likim, big-fellow na liklik, long good-fellow price. He-got good-fellow kind cargo long buyim, na he-got staff long helpim you na lookoutim you long time you come inside long this-fellow store.*

Ein paar Erklärungen sollten genügen, um die verbliebene Unklarheit zu beseitigen. Fast alle Wörter in diesem Beispiel sind aus dem Englischen abgeleitet, mit Ausnahme von *liklik* für »klein«, das einer der Sprachen Neuguineas (Tolai) entstammt. Das Neomelanesische hat nur zwei reine Präpositionen: *bilong* mit der Bedeutung »of« oder »in order to« und *long* mit der Bedeutung fast jeder anderen englischen Präposition. Der englische Konsonant *f* wird zu *p*, wie in *stap* für »staff« und *pela* für »fellow«. Die Nachsilbe *-pela* wird an einsilbige Adjektive angehängt (also *gutpela* für »good«, *bikpela* für »big«) und verwandelt zudem die Singularpronomen »me« und »you« in ihre Pluralformen (»we« und »you«). *Na* bedeutet »and«. Auf Englisch lautet die Reklame demnach:

> »Come into our store – a store for selling everything – we can help you get whatever you want, big and small, at a good price. There are good types of goods for sale, and staff to help you and look after you when you visit the store.«

(»Kommen Sie in unseren Laden – ein Laden, in dem es alles zu kaufen gibt – wir können Ihnen alles besorgen, was Sie wünschen, ob groß oder klein, zu einem vernünftigen Preis. Hier sind Waren von guter Qualität zu kaufen, und das Personal hilft Ihnen und berät Sie, wenn Sie den Laden besuchen.«)

KAPITEL 9

Wie die Kunst im Tierreich entsprang

Siris Zeichnungen brachten ihr großes Lob ein, sobald andere namhafte Künstler sie zu Gesicht bekamen. »Sie haben so ein Flair, so eine Endgültigkeit und Originalität«, lautete die erste Reaktion von Willem de Kooning, dem berühmten Urheber abstrakter expressionistischer Gemälde. Jerome Witkin, eine Autorität auf dem Gebiet des abstrakten Expressionismus und Kunstprofessor an der *Syracuse University*, war noch überschwenglicher: »Diese Zeichnungen sind höchst sensibel, positiv und spannungsgeladen. Die Energie darin ist so kompakt und beherrscht, es ist unglaublich ... Diese Zeichnung ist so elegant, so delikat ... Sie verrät ein Gespür für das Innerste der Gefühle.«

Witkin applaudierte Siris Balance von positivem und negativem Raum und der Anordnung und Ausrichtung der von ihr verwendeten Bildelemente. Nachdem er die Zeichnungen gesehen hatte, ohne etwas über den Urheber zu wissen, riet er korrekt, daß der Künstler weiblich war und ein Interesse für asiatische Kalligraphie hatte. Worauf er nicht kam, war, daß Siri zweieinhalb Meter groß und vier Tonnen schwer war, nämlich ein Asiatischer Elefant, der mit dem Bleistift im Rüssel zeichnete.

Mit Siris wahrer Identität konfrontiert, rief de Kooning aus: »Ein verdammt talentierter Elefant!« In Wirklichkeit war Siris Leistung nach Elefantenmaßstäben gar nicht außergewöhnlich. Freilebende Elefanten vollführen oft mit dem Rüssel Zeichenbewegungen im Staub, und in Zoos kann man beobachten, wie sie spontan mit einem Stock oder Stein Zeichen in die Erde ritzen. Viele Arzt- und Anwaltspraxen schmücken die Gemälde einer Elefantendame namens Carol, von deren Werken Dutzende für bis zu 500 Dollar das Stück verkauft wurden.

Angeblich ist Kunst das edelste unter den spezifisch menschlichen Attributen – etwas, worin wir uns mindestens so sehr von den Tieren, die nichts entfernt Vergleichbares aufzubieten haben, unterscheiden wie im gesprochenen Wort. Kunst gilt als noch edler als Sprache, da letztere im Grunde »nur« einen Fortschritt, wenn auch einen gewaltigen, gegenüber tierischen Verständigungsweisen darstellt, offenkundig eine biologische Funktion im Überlebenskampf erfüllt und aus den von anderen Primaten erzeugten Lauten hervorgegangen sein dürfte. Demgegenüber erfüllt Kunst keine durchsichtige Funktion, und ihren Ursprung umgibt die Aura des Geheimnisvollen. Die Kunst der Elefanten könnte aber durchaus Folgen für unser Kunstverständnis haben. Zumindest handelt es sich ja um eine ähnliche körperliche Aktivität mit Resultaten, die selbst Experten nicht von menschlichen Werken mit der amtlichen Bezeichnung »Kunst« zu unterscheiden vermochten. Natürlich gibt es enorme Unterschiede zwischen Siris Kunst und unserer. Einer davon, und sicher nicht der geringste, liegt darin, daß Siri nicht die Absicht verfolgte, anderen Elefanten etwas mitzuteilen. Dennoch läßt sich ihre Kunst nicht so leicht als Marotte und Einzelfall von der Hand weisen.

In diesem Kapitel will ich mich außer mit den kunstähnlichen Aktivitäten von Elefanten auch mit denen einiger anderer Tierarten befassen. Solche Vergleiche machen es leichter, die ursprünglichen Funktionen menschlicher Kunst zu begreifen. Mögen Kunst und Wissenschaft auch oft als Gegensätze verstanden werden, erscheint mir eine Wissenschaft von der Kunst doch als gar nicht so abwegig.

Um deutlicher zu machen, daß es Vorläufer der Kunst im Tierreich geben muß, will ich zunächst daran erinnern, daß sich unser Weg erst vor rund sieben Millionen Jahren von dem unserer nächsten lebenden Verwandten, der Schimpansen, trennte. Mag dieser Zeitraum auch nach menschlichen Maßstäben als sehr lang erscheinen, so stellt er doch in Wahrheit nur knapp ein Prozent der Geschichte höherer Lebensformen auf der Erde dar. Immer noch gleichen sich die Erbanlagen von Mensch und Schimpanse zu über 98 Prozent. Die Kunst und jene anderen Merkmale, die wir für Besonderheiten des Menschen halten, müssen auf einen winzigen Bruchteil unserer Gene zurückzuführen sein. Nach den

Maßstäben der Evolution liegt ihre Entstehung erst wenige Augenblicke zurück.

Moderne Verhaltensstudien an Tieren haben die Liste der Eigenschaften, die man einst dem Menschen vorbehalten glaubte, so weit zusammenschrumpfen lassen, daß die meisten Unterschiede zwischen uns und den sogenannten Tieren heute nur noch als graduell erscheinen. So schilderte ich in Kapitel 8, daß bei Grünen Meerkatzen Ansätze einer eigenen Sprache zu beobachten sind. Es mag schwerfallen, sich Fledermäuse als edle Wesen vorzustellen, doch immerhin praktizieren die Angehörigen der Familie der Blattnasen altruistische Verhaltensweisen (natürlich nur gegenüber Artgenossen). Was die Schattenseiten unseres Wesens betrifft, so wurde Mord inzwischen bei unzähligen Tierarten nachgewiesen, Genozid bei Wölfen und Schimpansen, Vergewaltigung bei Enten und Orang-Utans und organisierte Kriegführung und Sklaverei bei Ameisen.

Als absolute Unterscheidungsmerkmale zwischen uns und dem Tierreich bleiben nach diesen Entdeckungen außer der Kunst nur wenige Merkmale übrig, und in den ersten 6 960 000 Jahren seit unserer Trennung von den Schimpansen kamen wir ja auch ohne sie aus. Die frühesten Kunstformen mögen Holzschnitzereien und Körperbemalungen gewesen sein, aber genau wissen wir das natürlich nicht, da sie keine Spuren hinterließen. Die ersten erhaltenen, wenngleich umstrittenen Hinweise auf menschliche Kunst sind Blumenreste an Skeletten von Neandertalern und Einritzungen an Tierknochen, die man an ihren Lagerstätten fand. Ob es sich dabei um bewußt vollbrachte Leistungen handelte, steht jedoch in Frage. Erst für die Zeit nach dem Aufstieg der Cro-Magnon-Menschen vor rund 40 000 Jahren besitzen wir unwiderlegbare Beweise künstlerischen Schaffens, und zwar in Gestalt der berühmten Höhlenmalereien von Lascaux, von Figuren, Halsketten und Musikinstrumenten.

Wer behauptet, Kunst käme nur beim Menschen vor, muß auch sagen, wodurch sie sich denn von zunächst gleich erscheinenden Werken von Tieren, zum Beispiel dem Gesang der Vögel, unterscheidet. Drei Unterschiede werden oft genannt: Die menschliche Kunst verfolge keine praktischen Zwecke, diene nur dem ästhe-

tischen Genuß und werde durch Lernen statt durch Vererbung
weitervermittelt. Diese Aussagen wollen wir näher betrachten.

Zum ersten Unterschied bemerkte Oscar Wilde einmal: »Alle
Kunst ist ziemlich unnütz.« Für den Biologen enthält dieses Bon-
mot die Feststellung, daß menschliche Kunst nach dem engeren
Verständnis der Tierverhaltensforschung und Evolutionsbiologie
ohne praktischen Zweck sei. Das heißt, sie trägt nicht zum Überle-
ben oder zur Weitergabe von Genen bei, was den klar erkennbaren
Funktionen der meisten tierischen Verhaltensweisen entspricht.
Natürlich verfolgt die Kunst im allgemeinen doch einen Zweck,
nämlich die Übermittlung einer Botschaft des Künstlers an seine
Mitmenschen, aber die Weitergabe von Gedanken an die nächste
Generation ist nicht gleichzusetzen mit der Weitergabe von Genen.
Im Gegensatz dazu dient der Vogelgesang offenkundig dem Anlok-
ken von Artgenossen zur Paarung, der Verteidigung des Reviers
und somit der Verbreitung der eigenen Erbanlagen.

Und nun zum zweiten behaupteten Unterschied, nämlich, daß
das Bedürfnis nach ästhetischem Genuß die Antriebskraft menschlicher Kunst sei. Ein renommiertes amerikanisches Wörterbuch,
Webster's Dictionary, definiert Kunst als »Anfertigung oder Ausführung von Dingen, die Form oder Schönheit besitzen«. Wir können
zwar Amseln und Nachtigallen nicht fragen, ob sie die Form oder
Schönheit ihres Gesangs ebenso genießen, aber es ist schon suspekt,
daß sie vor allem in der Brutsaison singen, woraus man folgern
kann, daß ihr Gesang wahrscheinlich nicht nur dem ästhetischen
Genuß dient.

Zur dritten Besonderheit menschlicher Kunst ist zu sagen, daß
jedes Volk seinen eigenen Kunststil besitzt und das Wissen darüber
nicht durch Vererbung, sondern durch Lernen erworben wird. Beispielsweise lassen sich die typischen Lieder, die heute in Tokio und
Paris gesungen werden, leicht voneinander unterscheiden. Die Unterschiede im Stil sind aber nicht in unseren Erbanlagen programmiert, was ja zum Beispiel für die Unterschiede in der Augenform
von Franzosen und Japanern gilt. Viele Franzosen und Japaner, die
als Besucher in das jeweils andere Land kommen, lernen dabei
auch ein paar Lieder. Demgegenüber gibt es viele Vogelarten, die
instinktiv den Gesang ihrer Art beherrschen und wissen, welches

die angemessene Reaktion auf ein bestimmtes Lied ist. Jeder dieser
Vögel würde den richtigen Gesang selbst dann hervorbringen,
wenn er ihn noch nie gehört hätte oder sogar bisher von dem Gesang anderer Arten umgeben gewesen wäre. Das ist so, als würde
ein von japanischen Eltern adoptiertes französisches Kind, das als
Baby nach Tokio gebracht wurde und dort seine ersten Lebensjahre
verbrachte, spontan die Marseillaise anstimmen.

An dieser Stelle mag es so aussehen, als trennten uns Lichtjahre
von der Kunst der Elefanten. Aber hier ist zu bedenken, daß Elefanten ja evolutionsgeschichtlich nicht zu unseren engeren Verwandten zählen. Von größerer Bedeutung sind da schon die
Kunstwerke zweier im Zoo lebender Schimpansen namens Congo
und Betsy, eines Gorillas namens Sophie, eines Orang-Utans namens Alexander und eines Affen namens Pablo. Diese Primaten
meisterten die Techniken der Pinsel- und Fingermalerei, des Blei-
stift-, Kreide- und Buntstiftzeichnens. Congo malte bis zu 33 Bilder
pro Tag – offenbar zur eigenen Befriedigung, denn er zeigte seine
Werke nie einem anderen Schimpansen und bekam jedesmal einen
Wutanfall, wenn man ihm den Bleistift wegnahm. Für menschliche
Künstler gibt es keinen besseren Beweis für den Erfolg als eine
One-man-Show oder Einzelausstellung. Congo und Betsy wurden
1957 immerhin mit einer Zwei-Schimpansen-Show ihrer Bilder im
Londoner *Institute of Contemporary Art* geehrt. Im Jahr darauf hatte
Congo eine Einzelausstellung in der Londoner *Royal Festival Hall*.
Und nicht zu verschweigen: Fast sämtliche der ausgestellten Bilder
wurden verkauft (an Menschen), ein Erfolg, von dem viele Künstler der Spezies *Homo sapiens* nur träumen können. Andere Bilder
von Menschenaffen wurden heimlich in Kunstausstellungen ge-
schmuggelt und von nichtsahnenden Kritikern stürmisch gefeiert –
wegen ihrer Dynamik, ihres Rhythmus und ihrer Ausgewogen-
heit.

Keinen Verdacht schöpften auch Kinderpsychologen, denen die
Bilder von Schimpansen aus dem Zoo von Baltimore mit der Bitte
übergeben wurden, eine Diagnose der Persönlichkeitsprobleme ihrer Urheber zu erstellen. Die Psychologen tippten, daß es sich bei
dem Bild eines dreijährigen Schimpansen um das eines aggressiven
sieben- bis achtjährigen Jungen mit paranoiden Zügen handelte.

Zwei Bilder eines einjährigen Schimpansenmädchens wurden zwei
verschiedenen zehnjährigen Mädchen zugeschrieben, wobei das
eine Bild nach Ansicht der Psychologen auf ein streitlustiges Mädchen mit schizoidem Charakter hindeutete, das andere auf ein
paranoides Mädchen mit starker Vateridentifikation. Es spricht für
die beauftragten Psychologen, daß sie das Geschlecht der Künstler
in allen Fällen richtig bestimmten und sich nur in der Spezies irr-
ten.

Diese Werke unserer nächsten Verwandten verwischen in der Tat
die Grenzen zwischen menschlicher Kunst und tierischem Treiben.
Ebenso wie Gemälde aus Menschenhand dienten die Bilder der
Menschenaffen keinem praktischen Zweck im engeren Sinne, also
der Weitergabe von Genen, sondern wurden nur so zum Spaß angefertigt. Man könnte einwenden, daß die Menschenaffen, wie Siri
der Elefant, ihre Bilder nur zum eigenen Vergnügen malten, während die Menschen mit Kunstwerken in der Regel anderen etwas
mitteilen wollen. Nicht einmal zur eigenen Erbauung bewahrten
die Menschenaffen ihre Bilder auf, sondern warfen sie einfach fort.
Ich halte diesen Einwand jedoch nicht für wichtig, da erstens die
einfachste Form menschlicher Kunst (»Männchen malen«) ebenfalls regelmäßig im Papierkorb landet und zweitens einer der besten
Kunstgegenstände, die ich besitze, eine Holzfigur ist, die von
einem neuguineischen Dorfbewohner geschnitzt und dann achtlos
in den Raum unter seinem Pfahlhaus geworfen wurde. Selbst manche später berühmt gewordenen menschlichen Kunstwerke wurden
zum Privatvergnügen ihrer Urheber geschaffen: Der Komponist
Charles Ives veröffentlichte nur wenige seiner Kompositionen, und
Franz Kafka verbot seinem Testamentsvollstrecker sogar ausdrücklich die Veröffentlichung seiner drei großen Romane. (Zum Glück
gehorchte der nicht, so daß Kafkas Romane wenigstens posthum
eine Kommunikationsfunktion erhielten.)

Es gibt jedoch einen wichtigeren Einwand dagegen, eine Parallele zwischen der Kunst von Menschen und Menschenaffen zu
ziehen, nämlich den, daß es sich bei der Malerei der Menschenaffen um eine unnatürliche Aktivität in Gefangenschaft lebender
Tiere handelt. Man könnte darauf beharren, ein unnatürliches Verhalten sei nicht geeignet, Aufschluß über die tierischen Ursprünge

der Kunst zu geben. Wir wollen uns deshalb einem unleugbar natürlichen, aufschlußreichen Verhalten zuwenden: dem Laubenbau der Laubenvögel. Dabei handelt es sich um die kunstvollsten Bauten, die außer von Menschen von irgendeiner Tierart errichtet und geschmückt werden.

Hätte ich nicht bereits von den Lauben gehört, so hätte ich, wie die Forschungsreisenden des 19. Jahrhunderts in Neuguinea, die erste Laube, die ich zu Gesicht bekam, für ein Werk von Menschenhand gehalten. Ich war an jenem Morgen in einem neuguineischen Dorf aufgebrochen, einer kleinen Welt für sich aus runden Hütten, mit sauber angelegten Blumenbeeten, perlengeschmückten Erwachsenen und Kindern mit Pfeil und Bogen im Miniaturformat als Nachahmung der Waffen ihrer Väter. Im Dschungel stieß ich plötzlich auf eine wunderschön geflochtene, runde Hütte von zweieinhalb Meter Durchmesser und über einem Meter Höhe, deren Eingang groß genug war, um ein Kind durchzulassen. Vor der Hütte lag ein gesäuberter Rasen aus grünem Moos, auf dem Hunderte bunter Objekte offenbar absichtlich plaziert worden waren. Es handelte sich hauptsächlich um Blumen, Früchte und Blätter, aber auch Schmetterlingsflügel und Pilze waren darunter. Die Objekte waren nach Farben geordnet, so daß zum Beispiel rote Früchte neben roten Blättern lagen. Die größten Dekorationen waren ein beachtlicher Haufen schwarzer Pilze gegenüber dem Eingang und ein Haufen orangefarbener Pilze ein paar Schritte weiter weg. Alle blauen Objekte befanden sich in der Hütte, rote draußen, und gelbe, violette, schwarze und ein paar grüne an anderen Orten.

Die Hütte war aber kein Kinderspielplatz. Sie war das Werk eines ansonsten wenig imposanten Vogels von der Größe eines Eichelhähers mit der Bezeichnung Laubenvogel, Angehöriger einer Familie von 18 Arten, deren Verbreitungsgebiet auf Neuguinea und Australien beschränkt ist. Die Lauben werden von Männchen mit dem ausschließlichen Zweck errichtet, darin Weibchen zu verführen, die danach allein für den Nestbau und die Aufzucht der Jungen verantwortlich sind. Die Männchen sind polygam und versuchen, so viele Weibchen wie möglich zur Paarung anzulocken.

Diese erhalten von ihnen nichts als ihren Samen. Die Weibchen
fliegen, oft in Gruppen, zwischen den Lauben hin und her und
begutachten alle, die sich in der Nähe befinden, bevor sie sich für
eine entscheiden und zur Paarung dorthin begeben. Mich erinnert
das stark an die Szenen, die sich allabendlich am *Sunset Strip*, nur
wenige Kilometer von meinem Haus in Los Angeles entfernt, in der
Welt der Menschen abspielen.

Weibliche Laubenvögel wählen ihren Bettgefährten nach der
Qualität seiner Laube, der Zahl ihrer Verzierungen und der Übereinstimmung mit lokalen Regeln, die je nach Art und Population
unterschiedlich sind. Manche Populationen bevorzugen blaue Dekorationen, andere rote, grüne oder graue. In manchen Gegenden
treten auch ein oder zwei Türme an die Stelle der runden Hütte, ein
Gang mit Seitenwänden oder ein viereckiger Raum. Bei einigen
Populationen werden die Lauben mit Hilfe zerquetschter Blätter
oder selbst ausgeschiedener Öle angemalt. Diese unterschiedlichen
lokalen Regeln sind offenbar nicht angeboren, sondern werden von
den Jungvögeln durch Beobachtung der Altvögel während des Aufwachsens – und das dauert bei Laubenvögeln etliche Jahre –
gelernt. Die Männchen eignen sich an, wie die Lauben gebaut und
verziert werden, und die Weibchen lernen die gleichen Regeln, um
danach später ihre Wahl zu treffen.

Auf den ersten Blick mag uns all das absurd erscheinen. Denn es
geht den Weibchen ja schließlich darum, einen guten Paarungspartner zu finden. Der Sieger im Wettkampf um die beste Partnerwahl ist aber im Sinne der Evolution dasjenige Weibchen, dessen
Wahl auf das Männchen fällt, das es ihm ermöglicht, am meisten
Nachkommen zu hinterlassen. Was nützt es da, wenn es sich den
Kerl mit den blauen Früchten angelt?

Bei der Partnerwahl stehen alle Tiere vor ähnlichen Schwierigkeiten. Betrachten wir nun einmal die Vogelarten, bei denen die
Männchen exklusive Reviere markieren, zu denen sie Rivalen den
Zutritt verwehren und die sie später mit einem Weibchen teilen (die
meisten europäischen und nordamerikanischen Singvögelarten gehören dazu). Das Revier enthält den Nistplatz, aber auch die
Nahrung, die dem Weibchen bei der Aufzucht der Jungen zur Verfügung steht. Folglich besteht ein Teil der Aufgabe des Weibchens

darin, die Qualität der Reviere aller männlichen Kandidaten zu begutachten. Im anderen Falle, wenn das Männchen beim Füttern und Beschützen der Jungen mithilft und gemeinsam mit dem Weibchen jagt, geht es für beide Partner darum, die Geschicke des jeweils anderen als Elternteil und Jäger sowie die Qualität ihrer Beziehung abzuschätzen. All diese Urteile sind schwer zu fällen, aber noch schwerer wird es für das Weibchen, wenn das Männchen ihm nichts als Samen und Erbanlagen bietet, wie im Falle des Laubenvogels. Wie um alles in der Welt soll ein Tier die Gene eines möglichen Paarungspartners beurteilen, und was haben blaue Früchte damit zu tun?

Tiere haben nicht die Zeit, mit jedem potentiellen Paarungspartner zehn Junge in die Welt zu setzen und das Ergebnis, das heißt die Zahl überlebender Sprößlinge, zu vergleichen. Sie müssen deshalb eine Abkürzung einschlagen und sich auf Paarungssignale wie Gesänge oder ritualisierte Darbietungen verlassen. In der Tierverhaltensforschung wird zur Zeit heiß diskutiert, ob und warum diese Paarungssignale überhaupt in versteckter Form Auskunft über die Güte der Erbanlagen geben. Wir brauchen aber nur an unsere eigenen Schwierigkeiten bei der Wahl eines Partners und bei der Beurteilung seines wahren Reichtums, seiner Eignung als Vater oder Mutter und seiner genetischen Qualitäten zu denken.

Überlegen Sie vor diesem Hintergrund, was es heißt, wenn ein Laubenvogel-Weibchen ein Männchen mit einer guten Laube findet. Es weiß sofort, daß das Männchen kräftig ist, da die Laube hundertmal soviel wiegt wie es selbst und manche der Dekorationselemente, die es aus zig Meter Entfernung herbeischleppen mußte, halb so schwer sind wie sein eigener Körper. Das Weibchen weiß auch, daß das Männchen genügend Geschicklichkeit besitzt, um Hunderte von Stöcken und Zweigen zu einer Hütte, einem Turm oder Wänden zu verflechten. Es muß ein gutes Gehirn besitzen, um das komplizierte Design korrekt auszuführen. Seine Augen und sein Gedächtnis müssen gut funktionieren, wenn es ihm gelang, die Hunderte erforderlicher Dekorationselemente im Dschungel zu finden. Es muß überhaupt gut im Leben zurechtkommen, um so alt zu werden, daß es all diese Fertigkeiten zur Perfektion bringen konnte. Außerdem muß es anderen Männchen überlegen sein – diese verbringen nämlich einen großen Teil ihrer Zeit damit, andere Lauben zu demolieren und zu berauben, so daß am Ende nur die besten Männchen intakte Lauben mit einer großen Zahl von Dekorationen aufweisen.

Der Laubenbau stellt mit anderen Worten einen umfassenden Test für die Güte der männlichen Gene dar. Es ist so, als würde eine Frau jeden ihrer Verehrer der Reihe nach einer Prüfung im Gewichtheben, Nähen, Schachspielen, Boxen und Sehen unterziehen und dann mit der Nummer eins ins Bett steigen. Verglichen mit Laubenvögeln, nehmen sich unsere eigenen Versuche, einen Partner mit guten Genen zu finden, kümmerlich aus. Wir orientieren uns an Lappalien wie den Gesichtszügen und der Länge des Ohrläppchens, am Sex-Appeal oder daran, ob jemand einen Porsche fährt, was alles ohne wirkliche genetische Relevanz ist. Denken Sie nur an all das menschliche Leid, das daraus folgt, daß sexy Frauen oder gutaussehende Porschefahrer in anderer Hinsicht oft jämmerliche Gene besitzen. Kein Wunder, daß so viele Ehen geschieden werden, nachdem zu spät erkannt wurde, wie schlecht die Wahl und wie dürftig die Kriterien waren.

Wie aber kamen die Laubenvögel dazu, auf so kluge Weise die Kunst für einen so wichtigen Zweck einzusetzen? Bei den meisten Vogelarten werben die Männchen durch Zurschaustellung ihres bunten Körpers, durch Gesang, ritualisierte Darbietungen oder Nahrungsangebote – als schwache Indikatoren ihrer genetischen Qualität – um Weibchen. Bei zwei Gruppen von Paradiesvögeln in Neuguinea gehen sie einen Schritt weiter und säubern den Dschungelboden, wie Laubenvögel, damit ihre Darbietungen mehr Wirkung erzielen und ihr prächtiges Gefieder besser zur Geltung kommt. Bei einer dieser Paradiesvogelarten gehen die Männchen sogar noch weiter und dekorieren die gesäuberten Flächen mit Objekten, die für ein nistendes Weibchen von Nutzen sind: Schlangenhaut für den Nestbau, Kalk oder Säugetierkot als mineralienhaltiges Futter und Früchte als Kalorienquelle. Irgendwann lernten die Laubenvögel, daß auch an sich nutzlose Objekte als Indikatoren der Güte ihrer Erbanlagen von Wert sein konnten, sofern es nur schwer war, sie zu finden und ihren Besitz zu verteidigen.

Dieses Konzept läßt sich unschwer auf den Menschen übertragen. Oft genug sieht man in der Werbung, wie ein gutaussehender Mann einer jungen, sichtlich gebärfähigen Frau einen Diamantring schenkt. Diamanten kann man nicht essen, aber die Frau weiß, daß ein solcher Ring als Geschenk viel mehr über den Wohlstand aussagt, über den ihr Verehrer gebietet (und den er vielleicht ihr und ihrem Nachwuchs widmen würde), als ein Kasten Pralinen. Sicher, Pralinen enthalten nützliche Kalorien, aber sie sind schnell alle, und jeder Depp kann sich einen Kasten davon leisten. Dagegen hat der Mann, der einen Diamantring kaufen kann, Geld, um für die Frau und ihre Kinder zu sorgen, und er hat außerdem die Gene (für Intelligenz, Ausdauer, Energie usw.), deren es bedurfte, um dieses Geld zu verdienen oder jedenfalls seinen Besitz zu wahren.

Im Zuge der Evolution der Laubenvögel haben die weniger prachtvoll ausgestatteten Männchen also die Aufmerksamkeit der Weibchen von festen Bestandteilen ihres Körpers weg und auf künstlich zusammengetragene Verzierungen gelenkt. Während die sexuelle Selektion bei den meisten Arten Unterschiede zwischen Männchen und Weibchen in der Körperdekoration hervorgebracht hat, entschied sie sich bei den Laubenvögeln dafür, männliche Ornamente getrennt vom Körper in den Mittelpunkt zu rücken. So gesehen haben die Laubenvögel durchaus etwas Menschliches. Denn auch wir werben selten um eine Frau (jedenfalls nicht gleich am Anfang), indem wir die Schönheit unserer nackten, ungeschmückten Körper zur Schau stellen. Statt dessen hüllen wir uns in bunte Kleidung, besprühen oder beschmieren uns mit Parfüm, Farbe oder Puder und steigern unsere Schönheit mit allem möglichen Schmuckwerk, von Juwelen bis hin zu Sportwagen. Womöglich ist die Parallele zwischen Laubenvögeln und Menschen sogar noch enger: Einige meiner Bekannten, die sich mit solchen Dingen auskennen, versicherten mir, daß sich die weniger tollen Jünglinge oft besonders schicke Sportwagen zulegen.

Nun wollen wir uns, im Licht des über die Laubenvögel Gesagten, noch einmal mit den drei Kriterien, die angeblich die Kunst des Menschen von allen tierischen Aktivitäten unterscheiden, befassen. Die jeweiligen Laubenstile sind ebenso wie unsere Kunststile erlernt und nicht angeboren, so daß kein Unterschied im Hinblick auf das dritte Kriterium besteht. Beim zweiten Kriterium, dem rein ästhetischen Genuß, ist eine Antwort unmöglich. Schließlich können wir Laubenvögel nicht danach fragen, ob ihnen ihre Kunst Genuß bereitet. Ich hege allerdings auch den Verdacht, daß viele Menschen, die das für sich bejahen, ein bißchen heucheln. Bleibt also nur das erste Kriterium: Oscar Wildes Bemerkung, Kunst sei im engen biologischen Sinne unnütz. Für die Kunst der Laubenvögel mit ihrer sexuellen Funktion trifft dies eindeutig nicht zu. Aber es ist auch absurd, so zu tun, als entbehre die Kunst des Menschen jeder biologischen Funktion. Vielmehr ist sie uns auf verschiedene Weise im Daseinskampf und bei der Weitergabe unserer Gene nützlich.

Zum einen bringen Kunstwerke ihrem Besitzer oft direkten sexuellen Nutzen. Es ist ja nicht bloß ein Witz, daß manche Männer, die eine Frau verführen wollen, sie zum »gemeinsamen Aquarell-Anschauen« zu sich nach Hause einladen. Tanz, Musik und Poesie bilden oft den Auftakt zu sexuellen Begegnungen.

Zum anderen, und das ist viel wichtiger, sind Kunstwerke ihrem Besitzer indirekt von Nutzen. Kunst ist ein sofortiger Statusanzeiger und öffnet den Weg zu Nahrungsquellen, Land und Sexualpartnern – in menschlichen nicht anders als in tierischen Gesellschaften. In der Tat gebührt den Laubenvögeln das Verdienst, entdeckt zu haben, daß Ornamente außerhalb des eigenen Körpers flexiblere Statussymbole darstellen als solche, die man sich erst wachsen lassen muß. Aber es war der Mensch, der dieses Prinzip so recht zur Entfaltung brachte. Cro-Magnons dekorierten ihre Körper mit Armreifen, Anhängern und Ocker. Dorfbewohner in Neuguinea schmücken sich noch heute mit Muscheln, Pelz und Federn von Paradiesvögeln. Neben diesen Kunstformen zur Selbstverzierung produzierten Cro-Magnons ebenso wie Neuguineer auch größere Kunstwerke (Schnitzereien und Gemälde) von Weltrang. In Neuguinea, das wissen wir, signalisiert Kunst Überlegenheit und Wohlstand, da Paradiesvögel schwer zu erlegen sind, die Anfertigung schöner Figuren Talent erfordert und sowohl Federn als auch Figuren sehr teuer sind, wenn man sie kauft. Für jede Eheschließung sind diese Statussymbole in Neuguinea eine Grundvoraussetzung: Bräute werden gekauft, und ein Teil des

Brautpreises wird in Form kostbarer Kunstgegenstände entrichtet. Auch anderswo gilt Kunst oft als Zeichen von Talent, Geld oder beidem.

In einer Welt, in der Kunst in Sex umgemünzt wird, ist es kein weiter Schritt zu ihrer Verwandlung auch in Nahrung. Ganze Gesellschaften lebten von der Anfertigung von Kunstgegenständen, die sie für Lebensmittel eintauschten. So bestanden die Siasi-Insulaner, die winzige Eilande ohne ausreichenden Platz für Gemüseanbau bewohnten, den Kampf ums Überleben auf ihre Weise, nämlich, indem sie kostbare Schalen schnitzten, die anderen Stämmen gefielen und als Brautpreis gegen Lebensmittel eingetauscht wurden.

Die gleichen Prinzipien haben in der modernen Welt noch mehr an Geltung gewonnen. Wo wir unseren Status einst mit Federn im Haar oder einer Riesenvenusmuschel in der Hütte demonstrierten, tun wir das gleiche nun mit Diamanten am Körper oder einem Picasso an der Wand. Verkauften die Siasi-Insulaner geschnitzte Schalen für den Gegenwert von 20 Dollar, so baute sich Richard Strauss mit den Einnahmen aus seiner Oper *Salome* ein schönes Haus und verdiente mit dem *Rosenkavalier* ein Vermögen. Man liest heute immer öfter von Kunstwerken, die auf Auktionen für zig Millionen Dollar den Besitzer wechseln, und natürlich von Kunstraub. Kurzum, Kunst läßt sich gerade wegen ihrer Funktion als Signal für gute Gene und Wohlstand in noch mehr Gene und Wohlstand ummünzen.

Bislang habe ich meinen Blick nur auf den Nutzen der Kunst für den einzelnen gerichtet, aber sie wirkt darüber hinaus identitätstiftend für Gruppen. Menschen haben sich stets zu rivalisierenden Gruppen zusammengeschlossen, deren Bestand die Voraussetzung dafür war, daß sich ihre Mitglieder fortpflanzen konnten. Die Geschichte der Menschheit besteht weitgehend daraus, wie sich Gruppen gegenseitig umbrachten, in die Sklaverei zwangen oder vertrieben. Der Siegreiche nahm dem Unterlegenen das Land, manchmal auch die Frauen und damit die Gelegenheit zur Verbreitung seiner Gene. Der Gruppenzusammenhalt hing auch von einer eigenen Kultur ab – besonders der Sprache, Religion und Kunst (wozu auch Legenden und Tänze zählen). Deshalb spielte die

Kunst eine wichtige Rolle für das Überleben der Gruppe. Denn selbst jemand, der bessere Gene hat als die meisten seiner Stammesgenossen, hat nichts davon, wenn der ganze Stamm von einem anderen ins Jenseits geschickt wird, und er mit ihm.

Vielleicht finden Sie, ich sei mit der Nützlichkeit der Kunst ein Stück zu weit gegangen. Was ist denn mit all denen, mögen Sie fragen, die sich an Kunstwerken einfach nur erfreuen, ganz ohne Hintergedanken an Status oder Sex? Und was ist mit all den Künstlern, die in sexueller Enthaltsamkeit leben? Gibt es wirklich keine einfachere Möglichkeit, jemanden zu verführen, als zehn Jahre Klavierunterricht zu nehmen? Ist die persönliche Erbauung nicht ein (der?) Hauptgrund für unsere Kunst, gerade so wie bei Siri und Congo?

Ja, sicher. Diese Ausdehnung von Verhaltensweisen über die ursprüngliche Funktion hinaus ist typisch für Tierarten, deren Effizienz bei der Futtersuche ihnen viel Freizeit läßt und die ihre Existenzprobleme im Griff haben. Laubenvögel und Paradiesvögel haben viel Freizeit, weil sie groß sind und sich von wilden Obstbäumen ernähren, aus denen sie kleinere Vögel verscheuchen können. Wir Menschen haben viel Freizeit, weil wir uns zur Nahrungsbeschaffung diverser Geräte bedienen. Tiere können ihre Freizeit dazu nutzen, sich verschwenderische Symbole für den Konkurrenzkampf mit Artgenossen zuzulegen. Solche Verhaltensweisen können dann für andere Zwecke umfunktioniert werden, beispielsweise zur Informationsvermittlung (eine mögliche Funktion der Cro-Magnon-Höhlenbilder mit Tiermotiven), als Mittel gegen Langeweile (ein echtes Problem von Zooaffen und -elefanten), zur Kanalisierung neurotischer Energie (ein Problem für sie wie für uns) oder nur zum Vergnügen. Auf der Nützlichkeit der Kunst zu beharren heißt nicht, ihr den genußstiftenden Charakter abzusprechen. Im Gegenteil: Wären wir nicht darauf programmiert, Kunst zu genießen, könnte sie die meisten ihrer nützlichen Funktionen gar nicht erfüllen.

Vielleicht können wir jetzt die Frage beantworten, warum Kunst in der uns bekannten Form für den Menschen und kein anderes Tier charakteristisch ist. Wenn gefangene Schimpansen zeichnen, warum dann keine freilebenden? Ich schlage als Antwort vor, daß freilebende Schimpansen immer noch zuviel Zeit mit der Futtersuche und der Abwehr von Raubtieren und rivalisierenden Schimpansenhorden verbringen müssen. Hätten sie mehr Freizeit und die Mittel zur Herstellung von Farben, so würden sie auch malen. Der Beweis für meine Theorie sind wir ja selbst, mit unseren 98 Prozent Schimpansengenen.

KAPITEL 10

Das zweischneidige Schwert
der Landwirtschaft

Wir verdanken der Wissenschaft etliche einschneidende Änderungen an unserem eitlen Selbstbild. Die Astronomie lehrte uns, daß die Erde nicht der Mittelpunkt des Universums ist, sondern nur einer von neun Planeten, der eine von Milliarden Sonnen umkreist. Von der Biologie erfuhren wir, daß der Mensch keine separate Schöpfung Gottes darstellt, sondern sich im Zuge der Evolution zusammen mit zig Millionen anderer Arten entwickelte. Nun geht die Archäologie daran, eine weitere Glaubensfeste zu zerstören: daß die Geschichte des Menschen während der letzten Million Jahre eine einzige Geschichte des Fortschritts gewesen ist.

Insbesondere führen neuere Entdeckungen zu dem Schluß, daß der Übergang zur Landwirtschaft (und Viehzucht), angeblich der entscheidende Schritt auf dem Weg zu einem besseren Leben, in Wirklichkeit ein Meilenstein in doppelter Hinsicht war, nämlich zum Schlechten wie zum Guten. Die Landwirtschaft brachte nicht nur eine drastische Steigerung der Lebensmittelerzeugung und -lagerung, sondern mit ihr kamen auch krasse soziale Ungleichheiten, die Ungleichheit von Mann und Frau, Krankheiten und Tyrannei – kurzum, die Kehrseiten unserer modernen Existenz. Somit steht die Landwirtschaft unter den in Teil III behandelten kulturellen Markenzeichen des Menschen auf halbem Wege zwischen den edlen Zügen aus Kapitel 8 und 9 (Kunst und Sprache) und unseren eindeutigen Lastern, die in vielen der übrigen Kapitel erörtert werden (Drogenmißbrauch, Genozid, Umweltzerstörung).

Amerikanern und Europäern des 20. Jahrhunderts erscheinen die Beweise, die für steten Fortschritt in der Vergangenheit und gegen diese neue Interpretation sprechen, als unwiderlegbar. Unser Los ist in fast jeder Hinsicht besser als das der Menschen im Mittelalter, die es wiederum leichter hatten als eiszeitliche Höhlenmenschen, die immer noch besser dran waren als Affen. Zählen Sie nur all die Vorteile auf, die wir genießen. Wir verfügen über sehr reichliche und vielfältige Nahrung, die besten Werkzeuge und materiellen Güter, das längste und gesündeste Leben in der Geschichte der Menschheit. Die meisten von uns müssen weder Hunger noch Raubtiere fürchten. Unsere Energie bekommen wir überwiegend von Öl und Maschinen, nur selten ist unser Schweiß gefragt. Wer wollte da, in der Nachfolge der Maschinenstürmer des 19. Jahrhunderts, sein Leben heute gegen das eines Untertanen im Mittelalter, eines Höhlenmenschen oder Affen eintauschen?

Während des größten Teils der menschlichen Geschichte war unsere Lebensweise primitiv: Als »Jäger und Sammler« jagten wir Wild und sammelten wilde Pflanzenkost. Viele Anthropologen beschreiben das Jäger- und Sammlerdasein als »gefährlich, roh und kurz«. Da keine Nahrung angebaut und nur ein geringer Teil aufbewahrt wurde, gab es (nach dieser Auffassung) keine Unterbrechung im zeitraubenden Kampf gegen das Verhungern, der jeden Tag von vorne anfing. Unsere Flucht aus diesem Elend begann erst nach dem Ende der letzten Eiszeit, als Menschen unabhängig voneinander in verschiedenen Teilen der Welt begannen, Pflanzen und Tiere zu domestizieren. Schritt für Schritt breitete sich die landwirtschaftliche Revolution über die Erde aus, bis nur noch wenige Stämme von Jägern und Sammlern übrigblieben.

Aus der unkritischen Fortschrittsperspektive, mit der ich aufgewachsen bin, stellt sich gar nicht die Frage, warum fast alle unsere Jäger-und-Sammler-Vorfahren zur Landwirtschaft übergingen. Natürlich taten sie das, weil die Landwirtschaft eine wirksame Methode ist, um mit weniger Arbeit mehr Nahrung zu bekommen. Die Pro-Hektar-Erträge unserer Anbaupflanzen sind weit höher als die wilder Beeren und Wurzeln. Stellen Sie sich einmal vor, wie solche Wilde, erschöpft von der Suche nach Nüssen und Beutetieren, plötzlich eine Obstplantage kurz vor der Ernte oder eine Weide voller Schafe erblickten. Welchen Bruchteil einer Sekunde würde es wohl dauern, bis sie begriffen, wo die Vorteile der Landwirtschaft liegen?

Die Vertreter der Fortschrittsperspektive gehen noch weiter und bezeichnen die Landwirtschaft als Voraussetzung für die Entste-

hung der Kunst, jener edelsten Blüte des menschlichen Geistes. Da
landwirtschaftliche Erzeugnisse gelagert werden können und es weniger Zeit kostet, sie selbst anzubauen, als im Dschungel nach
ihnen zu suchen, bescherte uns die Landwirtschaft freie Zeit, die
Jäger und Sammler nie besaßen. Freie Zeit ist jedoch eine Vorbe-
dingung für die Schaffung und den Genuß von Kunstwerken.
Letztlich war es deshalb die Landwirtschaft, die uns als größte
Geschenke den Parthenon-Tempel und die h-Moll-Messe bescherte.

Unter den Hauptmerkmalen unserer Kultur ist die Landwirtschaft
noch recht jungen Datums – sie tauchte erst vor 10 000 Jahren auf.
Keiner unserer Verwandten unter den Primaten praktiziert etwas
auch nur entfernt Vergleichbares. Vielmehr besteht die engste Parallele im Tierreich zu den Ameisen, die nicht nur die Domestikation
von Pflanzen, sondern auch von Tieren erfanden.

   Die Domestikation von Pflanzen ist das Merkmal etwa eines
Dutzends verwandter Arten von Neuwelt-Ameisen. Diesen ist ge-
mein, daß sie alle bestimmte Pilze (unter anderem Hefepilze) in
Beeten im Innern ihrer Nester anbauen. Statt normale Erde dafür
zu nehmen, bereitet jede Art einen speziellen Kompost: Manche
verwenden Raupenkot, andere Insektenleichen oder abgestorbene
Pflanzenteile und wieder andere (die sogenannten Blattschneiderameisen) frische Blätter, Stengel und Blumen. Dazu ein Beispiel:
Die Blattschneiderameisen zerteilen abgeschnittene Blätter in
Stücke, kratzen fremde Pilze und Bakterien ab und schaffen sie in
ihre unterirdischen Nester. Dort werden die Blattfragmente zu
feuchten, breiigen Kügelchen zerdrückt und mit Ameisenspeichel
und -kot gedüngt. Danach säen die Ameisen darauf die bevorzugten Pilzarten aus, die ihnen als Haupt- oder ausschließliche Nahrung dienen. Ähnlich wie beim Unkrautjäten im Garten sind die
Ameisen ständig damit beschäftigt, Sporen anderer Pilzarten zu
entfernen, die auf dem Blattbrei wachsen. Fliegt eine Königin davon, um eine neue Kolonie zu gründen, trägt sie eine Anfangskultur
des kostbaren Pilzes mit sich. Das erinnert an menschliche Pioniere, die Saat mit auf die Reise nehmen.
   Was die Domestikation von Tieren betrifft, so beschaffen sich

Ameisen »Honigtau«, ein konzentriertes, zuckerhaltiges Sekret von diversen Insekten, darunter Raupen, Blatt- und Schildläusen. Als Gegenleistung für den Honigtau schützen die Ameisen ihre »Milchkühe« vor natürlichen Feinden und Parasiten. Manche Blattläuse entwickelten sich quasi zum insektären Gegenstück unserer Haustiere: Sie verloren alle offensiven Körpermerkmale, scheiden aus dem Anus Honigtau aus und haben eine spezielle Anusanatomie, die den Ameisen das Trinken des Sekrets erleichtert. Zum Melken ihrer Kühe und zur Ingangsetzung des Honigtauflusses schlagen die Ameisen die Blattlaus mit den Fühlern. Einige Ameisen sind dafür eigens abgestellt, den Winter über im Nest für die Blattläuse zu sorgen; im Frühling tragen sie sie dann im richtigen Entwicklungsstadium aus dem Nest und plazieren sie im richtigen Teil der richtigen Nahrungspflanze. Wenn ihnen schließlich Flügel wachsen und sie sich auf die Suche nach einer neuen Heimat machen, haben einige das Glück, von Ameisen entdeckt und »adoptiert« zu werden.

Natürlich haben wir die Domestikation von Pflanzen und Tieren nicht direkt von den Ameisen übernommen, sondern neu erfunden. Eigentlich ist »Erfunden« aber nicht der richtige Ausdruck, da es sich bei unseren ersten Schritten in Richtung Landwirtschaft nicht um bewußte Experimente mit klarem Ziel handelte. Vielmehr erwuchs die Landwirtschaft aus menschlichen Verhaltensweisen und pflanzlichen und tierischen Reaktionen oder Veränderungen, die ungewollt zur Domestikation führten. Bei Tieren kam es zum Teil deshalb dazu, weil Wildtiere als Heimtiere gehalten wurden, und zum Teil, weil Tiere lernten, Vorteile aus der Nähe des Menschen zu ziehen (so wie Wölfe oft Jägern folgen, um verwundete Beutetiere reißen zu können). Ähnlich war es im Frühstadium der Pflanzenkultivierung, als Wildpflanzen geerntet und ihre Samen fortgeworfen wurden, mit der Folge einer zufälligen »Aussaat«. Das unvermeidliche Resultat war die unbewußte Auslese solcher Pflanzen- und Tierarten und -individuen, die für den Menschen am nützlichsten waren. Erst später folgte die bewußte Auslese.

Wenden wir uns nun wieder der landwirtschaftlichen Revolution zu, dem angeblichen Inbegriff des Fortschritts. Wie zu Beginn des

Kapitels dargelegt, gehen wir gewohnheitsmäßig davon aus, daß uns der Übergang vom Jäger- und Sammlerdasein zur Landwirtschaft bessere Gesundheit, ein längeres Leben, mehr Sicherheit, Freizeit und die edle Kunst brachte. Hierfür *scheint* zwar alles zu sprechen, der Beweis ist jedoch schwer zu erbringen. Wie soll man denn auch zeigen, daß sich das Los der Menschen vor 10 000 Jahren verbesserte, als sie die Jagd aufgaben und zu Bauern wurden? Bis vor kurzem war der Archäologie eine direkte Untersuchung dieser Frage verwehrt. Es standen nur indirekte Methoden zur Verfügung, deren Ergebnisse jedoch zur Überraschung vieler nicht mit der Vorstellung übereinstimmten, die Landwirtschaft sei ein reiner Segen gewesen.

Hier ist ein Beispiel für einen solchen indirekten Test. Wären die Vorteile der Landwirtschaft so offenkundig, dürfte man erwarten, daß sie sich nach ihrem ersten Erscheinen wie ein Lauffeuer ausbreitete. Archäologische Funde zeigen aber, daß die Landwirtschaft in Europa buchstäblich im Schneckentempo vorankam, nämlich um weniger als 1000 Meter im Jahr! Vom Nahen Osten, wo sie gegen 8000 v. Chr. erstmals auf den Plan trat, kroch sie nordwestwärts, erreichte um 6000 v. Chr. Griechenland und erst 2500 Jahre später England und Skandinavien. Das zeugt nicht gerade von einem Sturm der Begeisterung. Noch im 19. Jahrhundert entschieden sich die Indianer Kaliforniens, des heutigen Obstgartens von Amerika, für die Beibehaltung ihrer Lebensweise als Jäger und Sammler, obwohl sie durch den Handel mit bäuerlichen Indianern in Arizona von der Landwirtschaft wußten. Waren sie wirklich nur zu blind? Oder besaßen sie die Klugheit, hinter der glitzernden Fassade der Landwirtschaft auch die Nachteile zu erkennen?

Ein weiterer indirekter Test, dem sich die unkritische Haltung zur Landwirtschaft unterziehen muß, ist die Klärung der Frage, ob das Los der überlebenden Jäger und Sammler des 20. Jahrhunderts wirklich schlechter ist als das von Bauern. Über den ganzen Erdball verstreut, gibt es noch mehrere Dutzend sogenannter »primitiver Stämme«, die wie die Buschmänner der Kalahari-Wüste noch heute als Jäger und Sammler leben, zumeist in Gegenden mit schlechten Böden. Überrascht stellte man fest, daß diese Jäger in der Regel über Freizeit verfügen, viel schlafen und nicht mehr arbeiten als ihre bäuerlichen Nachbarn. So sollen die Buschmänner im Durchschnitt 12 bis 19 Stunden pro Woche für die Nahrungsbeschaffung aufwenden. Ich möchte wissen, wie viele der Leser mit einer so kurzen Arbeitswoche prahlen können. Ein Buschmann erwiderte auf die Frage, warum er nicht auch Landwirtschaft betreibe wie die Nachbarstämme: »Wozu etwas anpflanzen, wenn die Welt so voller Mongongo-Nüsse ist?«

Natürlich füllt die Nahrungsbeschaffung allein noch nicht den Magen, da es noch der Zubereitung bedarf, und die kann zum Beispiel bei Mongongo-Nüssen viel Zeit kosten. Man soll also nicht den entgegengesetzten Fehler begehen und das Jäger- und Sammlerdasein als Leben in Muße betrachten. Es wäre jedoch auch falsch zu meinen, es erfordere härtere Arbeit als die bäuerliche Lebensweise. Verglichen mit den Ärzten und Anwälten meines Bekanntenkreises oder mit meinen Großeltern, kleinen Ladenbesitzern am Anfang unseres Jahrhunderts, besitzen Jäger und Sammler wirklich mehr Freizeit.

Während Bauern vornehmlich Pflanzen mit hohem Kohlenhydratgehalt wie Reis und Kartoffeln anbauen, ist der Speiseplan heutiger Jäger- und Sammlervölker proteinreicher; die Kombination von Wildpflanzen und -tieren sorgt für eine ausgewogenere Nährstoffversorgung. Bei den Buschmännern beträgt die durchschnittliche tägliche Nahrungsaufnahme 2140 Kalorien und 93 Gramm Protein; damit liegt sie erheblich über den amerikanischen Richtwerten für Personen ihres kleinen Wuchses und ihrer körperlich anstrengenden Tätigkeit. Jäger und Sammler sind gesunde Menschen, die selten krank werden, sich sehr abwechslungsreich ernähren und keine periodischen Hungersnöte erleben, von denen Bauern, die sich auf nur wenige Anbaupflanzen stützen, heimgesucht werden. Für Buschmänner, die sich von 85 eßbaren Wildpflanzen ernähren, ist es kaum vorstellbar zu verhungern, wie es etwa einer Million irischen Bauern samt Familien um 1840 erging, als ein Schädling ihr Hauptanbaugewächs und Grundnahrungsmittel, die Kartoffel, befiel.

Wenigstens für die modernen Jäger und Sammler trifft es also nicht zu, daß ihr Leben »gefährlich, roh und kurz« ist, obgleich sie

von Bauern auf die wertlosesten Böden der Welt abgedrängt wurden. In der Vergangenheit, als ihnen noch fruchtbare Ländereien
gehörten, kann es ihnen kaum schlechter ergangen sein als heute.
Allerdings unterlagen alle modernen Jäger- und Sammlervölker
jahrtausendelang dem Einfluß Ackerbau treibender Nachbarvöl-
ker, so daß sie uns keine Auskunft über das Jäger- und Sammlerdasein in der Zeit vor der landwirtschaftlichen Revolution geben
können. Die Vertreter der Fortschrittsperspektive treffen jedoch
eine Aussage über die ferne Vergangenheit: daß sich das Los der
Menschen durch den Übergang von der Jagd zur Landwirtschaft
überall in der Welt verbesserte. Den Zeitpunkt dieses Übergangs
können Archäologen bestimmen, indem sie die Überreste von
Wildpflanzen und -tieren in prähistorischen Abfallgruben von den
Überresten von Haustieren unterscheiden. Wie aber kann man auf
die Gesundheit jener prähistorischen Müllproduzenten schließen
und so direkt untersuchen, was es mit den vermeintlichen Segnungen der Landwirtschaft auf sich hatte?

Diese Frage läßt sich erst seit wenigen Jahren beantworten, und
zwar dank der neuen Wissenschaft der »Paläopathologie«: der Suche nach Krankheitszeichen (Pathologie) an Angehörigen vor- und
frühgeschichtlicher oder späterer Völker (vom griechischen Wort
für »alt«, wie in Paläontologie). In einzelnen Glücksfällen steht
dem Paläopathologen fast soviel Material für Untersuchungen zur
Verfügung wie dem Pathologen. So fanden Archäologen in den Wüsten Chiles guterhaltene Mumien, deren gesundheitliche Verfas-
sung zum Todeszeitpunkt durch Autopsie ebenso genau bestimmt
werden konnte wie bei einer frischen Leiche im Krankenhaus. Fä-
kalien lange verstorbener Indianer, die in trockenen Höhlen im
heutigen US-Bundesstaat Nevada gelebt hatten, waren gut genug
erhalten, um sie auf Hakenwürmer und andere Parasiten zu untersuchen.

   In der Regel sind Paläopathologen jedoch auf Skelette angewiesen, die allerdings verblüffend viel Aufschluß über den Gesundheitszustand lange Verstorbener geben. Zunächst einmal läßt
sich vom Skelett das Geschlecht der betreffenden Person ablesen,
ihr Gewicht und ungefähres Alter zum Todeszeitpunkt. Skelette

ermöglichen dadurch, sofern in genügender Zahl vorhanden, die Ableitung von Sterblichkeitstabellen ähnlich denen, die Lebensversicherungen zur Berechnung der Lebenserwartung und Sterbewahrscheinlichkeit für jedes beliebige Alter verwenden. Paläopathologen können darüber hinaus die Wachstumsgeschwindigkeit von Kindern und Jugendlichen durch Messung der Knochen von Personen verschiedenen Alters ermitteln, Zähne auf Löcher (Zeichen für eine kohlenhydratreiche Ernährung) oder Schäden am Zahnschmelz (Zeichen für Mangelernährung in jungen Jahren) untersuchen und Spuren entdecken, die viele Krankheiten wie Anämie, Knochen- und Gelenkentzündung, Tuberkulose und Lepra an Knochen hinterlassen.

Ein einfaches Beispiel für das, was Paläopathologen von Skeletten erfuhren, ist die Veränderung der Körpergröße im Laufe der Geschichte. In der jüngeren Vergangenheit konnte vielfach gezeigt werden, daß eine verbesserte Ernährung im Kindesalter zu größerem Wuchs führt. So müssen wir uns oft bücken, um uns in alten Burgen, die für kleinere, schlechter ernährte Menschen gebaut waren, durch einen Eingang zu zwängen. Bei der Untersuchung frühgeschichtlicher Skelette aus Griechenland und der Türkei stießen Paläopathologen auf eine verblüffende Parallele. Die Durchschnittsgröße der in dieser Region lebenden Jäger und Sammler betrug gegen Ende des Eiszeitalters nicht weniger als 1,78 Meter (Männer) bzw. 1,68 Meter (Frauen). Mit dem Aufkommen der Landwirtschaft fiel sie und erreichte gegen 4000 v. Chr. ihren niedrigsten Wert von nur 1,60 Meter (Männer) bzw. 1,54 Meter (Frauen). Im klassischen Altertum nahm die Größe langsam wieder zu, aber bis heute haben Griechen und Türken nicht den Stand ihrer gesund lebenden Jäger-und-Sammler-Vorfahren erreicht.

Ein weiteres Beispiel für die Arbeit der Paläopathologen ist die Untersuchung Tausender von Indianerskeletten aus Grabhügeln in den Tälern der Flüsse Ohio und Illinois. Dort wurde um 1000 n. Chr. Mais, erstmals vor mehreren tausend Jahren in Mittelamerika zur Kulturpflanze gemacht, zur Grundlage intensiv betriebenen Ackerbaus. Vor diesem Zeitpunkt waren die Skelette der indianischen Jäger und Sammler »so gesund, daß es etwas frustrierend war, mit ihnen zu arbeiten«, wie ein Paläopathologe klagte. Erst nach der Ankunft der Maispflanze wurden die Indianerskelette plötzlich interessante Untersuchungsobjekte. Die durchschnittliche Zahl der Löcher in den Zähnen von Erwachsenen stieg sprunghaft von weniger als einem auf fast sieben, Zahnlücken und Abszesse grassierten. Schäden am Schmelz von Milchzähnen ließen darauf schließen, daß schwangere und stillende Mütter stark unterernährt waren. Die Zahl der Anämieerkrankungen vervierfachte sich. Tuberkulose wurde epidemisch. Die Hälfte der Menschen litt an der Hautkrankheit Frambösie oder an Syphilis, zwei Drittel an Knochen- und Gelenkentzündungen oder anderen Verfallserscheinungen. Die Sterblichkeit nahm in allen Altersgruppen zu, mit der Folge, daß nur ein Prozent der Bevölkerung über 50 Jahre alt wurde, während es in der guten alten Zeit vor Einführung der Maispflanze noch fünf Prozent waren. Fast ein Fünftel der Gesamtbevölkerung starb vor Erreichen des fünften Lebensjahres; vermutlich wurden abgestillte Kleinkinder Opfer von Fehlernährung und Infektionskrankheiten. Im Widerspruch zu der landläufigen Meinung, die in Mais eine der Segnungen der Neuen Welt sieht, war diese Pflanze in Wirklichkeit eine Katastrophe vom Standpunkt der Volksgesundheit. Ähnliche Schlüsse für den Übergang vom Jagen und Sammeln zum Ackerbau ergeben sich aus Skeletten in anderen Teilen der Welt.

Es lassen sich mindestens drei Arten von Gründen nennen, warum die Landwirtschaft der Gesundheit schadete. Erstens war die Ernährung der Jäger und Sammler abwechslungsreich, und ihr Speiseplan enthielt genügende Mengen von Protein, Vitaminen und Mineralien, während der größte Teil der bäuerlichen Nahrung stärkehaltigen Pflanzen entstammte. Man kann es auch so ausdrücken, daß durch die Landwirtschaft billige Kalorien auf Kosten einer ausgewogenen Ernährung erkauft wurden. Heute gehen über 50 Prozent der von der Menschheit insgesamt konsumierten Kalorien auf das Konto nur dreier kohlenhydratreicher Pflanzen – Weizen, Reis und Mais.

Zweitens liefen die Bauern im Vergleich zu Jägern und Sammlern wegen ihrer Abhängigkeit von nur einer oder wenigen Anbaupflanzen größere Gefahr, bei Ernteausfall zu verhungern. Die

Hungersnot der irischen Kartoffelbauern ist nur eines von vielen Beispielen dafür.

Und drittens konnten sich die meisten der wichtigsten heutigen Infektionskrankheiten und Parasiten der Menschheit erst nach dem Aufkommen der Landwirtschaft einnisten. Diese Todbringer halten sich nur in fehlernährten, seßhaften und auf engem Raum lebenden Bevölkerungen, in denen sich die Menschen ständig gegenseitig anstecken, unter anderem über das Abwasser. Die Cholerabakterie kann beispielsweise außerhalb des menschlichen Körpers nur kurze Zeit überleben. Ihre Ausbreitung von einem Opfer zum nächsten erfolgt durch fäkalienverseuchtes Trinkwasser. Masern sterben in kleinen Populationen nach Tötung oder Immunisierung der meisten potentiellen Wirte rasch aus; nur in Populationen von mindestens ein paar hunderttausend Menschen können sie sich auf unbegrenzte Zeit halten. Massenepidemien dieser Art waren bei den kleinen Gruppen von Jägern und Sammlern, die oft das Lager wechselten, einfach nicht möglich. Tuberkulose, Lepra und Cholera mußten auf den Aufstieg der Landwirtschaft warten, während Pocken, Beulenpest und Masern erst mit dem Aufstieg der Städte in den letzten paar tausend Jahren in Erscheinung traten.

Neben Fehlernährung, Hunger und Krankheitsepidemien brachte die Landwirtschaft noch einen weiteren Fluch über die Menschheit – die Entstehung sozialer Klassen. Jäger und Sammler besitzen nur wenige oder gar keine eingelagerten Nahrungsüberschüsse und auch keine konzentrierten Nahrungsquellen wie Obstplantagen oder Viehherden. Sie leben vielmehr von dem, was sie täglich sammeln oder erbeuten. Außer Kleinkindern, Kranken und Alten sind alle an der Nahrungssuche beteiligt. Deshalb gibt es bei ihnen keine Könige oder Individuen, die einen spezialisierten Beruf ausüben, keine Klasse sozialer Schmarotzer, die sich auf Kosten anderer Fett anfressen.

Nur in bäuerlichen Gesellschaften konnten sich Gegensätze zwischen krankheitsgeplagten Massen und kerngesunden, müßiggehenden Herrschaftsschichten herausbilden. Skelette aus griechischen Grabstätten in Mykene aus der Zeit um 1500 v. Chr. lassen darauf schließen, daß die Herrscher besser genährt waren als ihre Untertanen. An ihren Skeletten ließ sich ablesen, daß sie nicht nur fünf bis acht Zentimeter größer im Wuchs waren, sondern auch bessere Zähne hatten (im Durchschnitt ein Loch oder eine Zahnlücke statt sechs). Bei den Mumien von chilenischen Friedhöfen aus der Zeit um 1000 v. Chr. unterschieden sich die Angehörigen der Herrschaftsschicht nicht nur durch den Grabschmuck, sondern auch durch eine viermal so niedrige Zahl von Knochenverletzungen aufgrund von Infektionskrankheiten.

Solche Hinweise auf Gesundheitsunterschiede in bäuerlichen Gemeinschaften treten in der modernen Welt in globalem Maßstab auf. Für die meisten amerikanischen und europäischen Leser klingt die Behauptung, es würde der Menschheit, wären wir alle Jäger und Sammler geblieben, im Durchschnitt besser gehen als heute, einfach lächerlich, da sich die Menschen in den Industriegesellschaften überwiegend einer besseren Gesundheit erfreuen als die meisten Jäger und Sammler. Doch Amerikaner und Europäer stellen in der heutigen Welt eine Oberschicht dar, die von Öl und anderen Produkten aus Ländern mit armer Bevölkerung und viel niedrigerem Gesundheitsstandard abhängig ist. Ließe man Ihnen die Wahl, ob Sie ein Mittelschichtsamerikaner, ein Buschmann oder ein äthiopischer Bauer sein wollen, so wäre die erste Wahl sicher die gesündeste, die dritte aber womöglich die ungesündeste.

Während die Landwirtschaft also erstmals zur Entstehung sozialer Klassen führte, verschärfte sie womöglich auch die bereits vorhandene Ungleichheit der Geschlechter. Frauen wurden mit ihrer Einführung oft in die Rolle von Packeseln gedrängt, durch häufigere Schwangerschaften entkräftet (siehe unten) und dadurch kränklicher. Bei den chilenischen Mumien aus der Zeit um 1000 n. Chr. stellte man bei den Frauen öfter Knochen- und Gelenkentzündungen und Knochenverletzungen aufgrund von Infektionskrankheiten fest als bei Männern. In neuguineischen Bauerndörfern sehe ich oft Frauen unter schwindelnden Lasten von Gemüse und Feuerholz schwanken, während Männer mit leeren Händen neben ihnen einherschreiten. Einmal bot ich einigen Dorfbewohnern eine Entlohnung dafür an, daß sie Vorräte von der Flugzeugpiste zu meinem Lager in den Bergen trügen. Mehrere Männer, Frauen und Kinder fanden sich dazu bereit. Der schwerste Gegenstand war ein Sack mit 100 Pfund Reis. Ich zurrte ihn an einem Holzstab fest und wies vier Männer an, ihn gemeinsam zu schultern. Als ich die Gruppe nach einiger Zeit eingeholt hatte, trugen die Männer leichte Lasten, während eine Frau von kleinem Wuchs, die sicher weniger als der Sack Reis wog, unter dessen Gewicht gebeugt dahertrottete, mit einer Schläfenschnur zum besseren Halt.

Zu der Behauptung, die Landwirtschaft habe das Fundament für die Kunst gelegt, indem sie uns Freizeit bescherte, sei bemerkt, daß neuzeitliche Jäger und Sammler im Durchschnitt mindestens genausoviel Freizeit haben wie Bauern. Ich räume ein, daß manche Bewohner von Industrie-und Agrargesellschaften über mehr Freizeit verfügen als Jäger und Sammler, jedoch nur auf Kosten der vielen anderen, auf deren Arbeit ihr Wohlstand fußt und die sich an weit weniger Freizeit erfreuen. Zweifellos ermöglichte erst die Landwirtschaft die Miternährung von Personen, die sich ausschließlich dem Handwerk oder der Kunst widmeten und ohne die es Großprojekte wie die Sixtinische Kapelle und den Kölner Dom nicht gegeben hätte. Mir erscheint jedoch das ganze Gerede über Freizeit als entscheidenden Faktor bei der Erklärung von Unterschieden in der Kunst verschiedener menschlicher Kulturen als irreführend. Es ist schließlich nicht Zeitmangel, was uns davon abhält, heute schönere Bauwerke als den Parthenon-Tempel zu errichten. Während der technische Fortschritt seit der landwirtschaftlichen Revolution zwar neue Kunstformen ermöglichte und die Erhaltung von Kunstwerken erleichterte, wurden großartige Gemälde und Skulpturen in kleinerem Maßstab als dem des Kölner Doms auch schon von Cro-Magnons, also Jägern und Sammlern, vor 15 000 Jahren angefertigt. Noch in der Neuzeit brachten Jäger- und Sammlervölker wie Eskimos und Indianer große Kunstwerke hervor. Wir sollten zudem bei der Aufzählung all der Spezialisten, deren Miternährung durch das Aufkommen der Landwirtschaft möglich wurde, nicht nur an Michelangelo und Shakespeare denken, sondern auch an die stehenden Heere von Berufskillern.

Mit dem Aufkommen der Landwirtschaft verbesserte sich also die Gesundheit einer kleinen Schicht, während das Los der meisten schlechter wurde. Ein Zyniker könnte, im Widerspruch zur unkritischen Mehrheitsmeinung, fragen, wie es kam, daß wir in die Falle der Landwirtschaft tappten, obwohl doch ihre Segnungen so fragwürdig sind.

Die kurze Antwort lautet, daß Macht eben Recht schafft. Von der Landwirtschaft konnten wesentlich mehr Menschen leben als von der Jagd, egal, ob dabei im Durchschnitt mehr Nahrung pro Kopf herauskam oder nicht. (Bei Jägern und Sammlern ist die Bevölkerungsdichte normalerweise niedriger als eine Person pro Quadratkilometer, bei Bauern aber mindestens zehnmal so hoch.) Das liegt teilweise daran, daß ein Hektar Ackerboden einen Ertrag von vielen Tonnen Nahrung hervorbringen und somit viel mehr Mäuler stopfen kann als ein Hektar Wald mit hier und da ein paar eßbaren Wildpflanzen. Zum Teil liegt es auch daran, daß Jäger- und Sammlernomaden darauf achten müssen, daß immer vier Jahre zwischen zwei Kindern liegen (sie bedienen sich als Mittel dazu unter anderem der Kindestötung), weil die Mutter das Kleinkind so lange mit sich herumtragen muß, bis es alt genug ist, um mit den Erwachsenen Schritt halten zu können.

Da sich dieses Problem seßhaften Bauern nicht stellt, können sie ruhig alle zwei Jahre ein Kind in die Welt setzen. Der Hauptgrund, warum es uns so schwerfällt, die herkömmliche, rundum positive Sicht der Landwirtschaft abzuschütteln, mag der sein, daß ja zweifellos höhere Hektarerträge möglich wurden. Dabei wird leicht vergessen, daß auch mehr Mäuler gestopft werden mußten und Gesundheit und Lebensqualität gerade davon abhängen, wieviel Nahrung für jeden einzelnen da ist.

Als die Bevölkerungsdichte der Jäger und Sammler gegen Ende des Eiszeitalters langsam zunahm, mußten die einzelnen Sippen »wählen«, bewußt oder unbewußt, ob sie mehr Mäuler stopfen wollten, indem sie erste Schritte in Richtung Landwirtschaft unternahmen, oder aber das Wachstum irgendwie begrenzen. Unfähig, die Nachteile im Gefolge der Landwirtschaft vorauszuahnen, folgten manche der Versuchung des Nahrungsmittelüberflusses (er wurde allerdings schon bald durch das Bevölkerungswachstum wieder zunichte gemacht) und entschieden sich für die erste Lösung. Die Folge war, daß sie sich rascher vermehrten als jene, die sich für eine Fortsetzung des Nomadentums entschieden hatten, und diese vertrieben oder töteten – im Kampf sind zehn fehlernährte Bauern einem gesunden Jäger immer noch überlegen. Die Jäger und Sammler gaben ihre Lebensweise nicht etwa auf. Vielmehr wurden jene, die vernünftig genug waren, ihr treu zu bleiben, gewaltsam aus allen Gebieten bis auf jene vertrieben, an denen kein Bauer ein Interesse hatte. Heute leben Jäger und Sammler nur vereinzelt dort, wo eine landwirtschaftliche Nutzung nicht in Frage kommt, wie in der Arktis, in Wüsten und Regenwäldern.

Es entbehrt nicht einer gewissen Ironie, daß so häufig geklagt wird, die Archäologie sei nichts als teurer Luxus und beschäftige sich mit der fernen Vergangenheit, ohne Lehren für die Gegenwart anzubieten. Nach einer Analyse des Aufstiegs der Landwirtschaft rekonstruierten Archäologen für uns eine Phase, in der wir eine der wichtigsten Entscheidungen der Menschheitsgeschichte trafen. Vor die Wahl gestellt, das Bevölkerungswachstum zu begrenzen oder mehr Nahrung zu erzeugen, entschieden wir für uns für letzteres und müssen seither mit Hunger, Kriegen und Tyrannei leben. Heute stehen wir wieder vor der gleichen Wahl, nur mit dem Unterschied, daß wir diesmal aus der Vergangenheit lernen können.

Die Lebensweise der Jäger und Sammler war die erfolgreichste und dauerhafteste in der Geschichte unserer Spezies. Seit wir sie aufgaben, ringen wir mit den Problemen, die wir uns mit der Landwirtschaft einbrockten und deren Lösung noch in den Sternen steht. Nehmen wir einmal an, ein archäologischer Besucher aus dem All wollte seinen Kollegen daheim einen Vortrag über die Geschichte der Menschheit halten. Vielleicht würde er zur Illustration eine 24-Stunden-Uhr nehmen, auf der jede Stunde 100 000 Jahre Vergangenheit darstellt. Hätte die Geschichte der menschlichen Rasse um Mitternacht begonnen, stünden wir jetzt fast am Ende des ersten Tages, von dem wir die meiste Zeit als Jäger und Sammler verbrachten – von frühmorgens bis spät in die Nacht. Erst um 23.54 Uhr begannen wir mit der Landwirtschaft. Rückblickend war die Entscheidung unvermeidlich, die Frage einer Umkehr stellt sich nicht. Aber wird jetzt, wo der Zeiger zum zweiten Mal auf Mitternacht geht, das Elend der verarmten Bauernmassen Afrikas bald unser aller Schicksal sein? Oder wird es uns gelingen, den verführerischen Segen, den wir hinter der glitzernden Fassade der Landwirtschaft erahnen und der uns bisher mehr oder weniger versagt blieb, endlich zu genießen?

KAPITEL 11

Warum wir rauchen, trinken und giftige Substanzen einnehmen

Tschernobyl, Formaldehyd, Asbest, Bleivergiftung, Smog, Exxon Valdez, Ölkatastrophen, Agent Orange ... Kaum ein Monat vergeht, in dem wir nicht von einer neuen giftigen Gefahr für uns und unsere Kinder erfahren. Die Empörung der Öffentlichkeit, das Gefühl der Hilflosigkeit und die Forderung nach Abhilfe schaffen sich zunehmend Gehör. Warum tun wir uns aber selbst genau das an, was wir anderen heftig verwehren? Wie ist das Paradoxon zu erklären, daß viele Menschen willentlich giftige Substanzen wie Alkohol, Kokain und Tabakrauch konsumieren, injizieren oder inhalieren? Warum gehört die bewußte Selbstzerstörung in ihren verschiedenen Formen in vielen Kulturen der Gegenwart, von primitiven Stämmen bis zu urbanen High-Tech-Gesellschaften, zum Alltag? Die Wurzeln solchen Verhaltens reichen jedenfalls so weit in die Vergangenheit zurück, wie wir schriftliche Aufzeichnungen besitzen. Der Mißbrauch giftiger Substanzen ist ebenso wie das, was in den drei letzten Kapiteln behandelt wurde, eine praktisch einzigartige Besonderheit unserer Spezies.

Das Problem liegt nicht so sehr darin zu verstehen, warum wir weiter giftige Substanzen einnehmen, nachdem wir einmal damit begonnen haben. Denn zum Teil handelt es sich ja um Suchtdrogen. Das größere Rätsel ist vielmehr, was uns eigentlich dazu treibt, damit anzufangen. Die gesundheitsschädigenden oder sogar tödlichen Folgen des Alkohol-, Kokain- und Tabakgenusses sind ja inzwischen hinlänglich bekannt. Nur ein starkes Gegenmotiv könnte erklären, warum diese Gifte freiwillig und eifrig konsumiert werden. Es ist, als veranlaßten uns unbewußt abgespulte Programme zu Handlungen, deren Gefährlichkeit uns wohlbewußt ist. Was für Programme könnten das sein?

Natürlich gibt es nicht nur eine Erklärung: Die Motive sind je nach Individuum und Gesellschaft unterschiedlich gewichtet.

Manche trinken, um Hemmungen zu überwinden, andere, um Gefühle zu unterdrücken oder Sorgen zu ertränken, wieder andere, weil sie alkoholische Getränke einfach mögen. Natürlich liefern auch die Unterschiede in den Möglichkeiten, die einzelne Populationen und soziale Schichten bei der Verwirklichung von Lebenszielen haben, einen großen Teil der Erklärung für die beobachteten geographischen und sozioökonomischen Unterschiede. Es wundert niemanden, daß Alkoholismus in Irland dort, wo die Arbeitslosigkeit am schlimmsten ist, ein größeres Problem darstellt als im dynamischen Südosten von England und daß es im heruntergekommenen New Yorker Stadtteil Harlem mehr Kokain- und Heroinabhängige gibt als in den wohlhabenden Vororten. Man ist deshalb versucht, Drogenmißbrauch als menschliche Besonderheit mit offensichtlichen sozialen und kulturellen Ursachen abzutun, für die sich die Suche nach Parallelen im Tierreich erübrigt.

Keines der aufgeführten Motive geht jedoch dem Paradoxon, daß wir Substanzen einnehmen, um deren Gefährlichkeit wir wissen, auf den Grund. In diesem Kapitel werde ich daher ein weiteres Motiv vorschlagen, daß einen Beitrag zu seiner Erklärung leisten kann. Es stellt unsere Giftanschläge auf uns selbst in den umfassenderen Kontext scheinbar selbstzerstörerischer Verhaltensweisen von Tieren und einer allgemeinen Theorie des tierischen Signalverhaltens. Es bezieht sich auf ein breites Spektrum von Phänomenen unserer Kultur, von Rauchen und Alkoholmißbrauch bis hin zur Drogensucht, und besitzt potentiell kulturübergreifende Gültigkeit, da es nicht nur Phänomene der westlichen Welt zu erklären vermag, sondern auch manch rätselhafte Sitte in ganz anderen Kulturkreisen, zum Beispiel die des Kerosintrinkens indonesischer Kung-Fu-Kämpfer. Ich werde auch in die Vergangenheit zurückgehen und die Theorie auf die scheinbar bizarre Praxis des zeremoniellen Einlaufs bei den alten Mayas anwenden.

Lassen Sie mich zuerst erläutern, wie ich auf diese Idee kam. Eines Tages verblüffte mich ganz plötzlich, daß Hersteller giftiger, für den menschlichen Konsum bestimmter Substanzen für ihre Produkte auch noch ausdrücklich werben. Man könnte meinen, das sei der sichere Weg in den Bankrott. Doch während Reklame für Kokain verboten ist, sind Anzeigen für Tabak und Alkohol so weit verbreitet, daß wir uns über sie nicht mehr wundern. Erst nachdem ich etliche Monate mit neuguineischen Jägern im Dschungel verbracht hatte, weit weg von jeder Werbung, kam mir das merkwürdig vor.

Meine neuguineischen Freunde hatten mich jeden Tag mit Fragen nach westlichen Sitten gelöchert, und durch ihre erstaunten Reaktionen hatte ich erkannt, wie unsinnig viele sind. Dann endete die monatelange Feldforschung mit einem jener abrupten Übergänge, wie sie moderne Verkehrsmittel ermöglichen. Am 25. Juni hatte ich noch im Dschungel einen bunten Paradiesvogel beobachtet, wie er mit seinem Schwanz von fast einem Meter Länge im Schlepp über eine Lichtung flatterte, und am 26. Juni saß ich bereits in einer Boeing 747 und erfuhr aus Zeitschriften die neuesten Wunder der westlichen Zivilisation.

Beim Blättern im ersten Heft fiel mein Blick auf das Photo eines zäh aussehenden Mannes auf einem Pferd, der offenbar damit beschäftigt war, Rinder zu treiben, und auf den Namen der Zigarettenmarke, der in großen Lettern darunter prangte. Der Amerikaner in mir verstand, worum es auf dem Photo ging, aber ein Teil von mir war noch im Dschungel und betrachtete das Photo mit naiven Augen. Vielleicht können Sie meine Reaktion besser verstehen, wenn Sie sich einmal vorstellen, die westliche Zivilisation wäre Ihnen völlig fremd und Sie sähen die Reklame zum erstenmal. Versuchen Sie dann zu ergründen, welcher Zusammenhang wohl zwischen dem Rindertreiben und dem Zigarettenrauchen (oder Nichtrauchen) besteht.

Der naive Teil von mir, dem Dschungel frisch entstiegen, dachte: Welch famose Anzeige gegen das Rauchen! Jeder weiß, daß Rauchen die sportliche Leistung mindert und zu Krebs und vorzeitigem Tod führt. Cowboys haben ein sportliches Image und werden bewundert. Diese Reklame mußte also ein zugkräftiger neuer Appell der Anti-Raucher-Bewegung sein, in etwa mit der Aussage, daß nicht Cowboy sein kann, wer Zigaretten dieser Marke raucht. Welch eine starke Botschaft an die Adresse der Jugend!

Doch dann wurde mir klar, daß die Anzeige von der Zigarettenfirma selbst in Auftrag gegeben war, offenbar in der Hoffnung, die

Leser würden ihr genau die umgekehrte Botschaft entnehmen. Warum in aller Welt hatte sich die Firma von ihrer PR-Abteilung so katastrophal in die Irre leiten lassen? Sicher würde diese Anzeige jeden, der sich um seinen Körper und sein Selbstbild sorgt, davon abhalten, Raucher zu werden.

In Gedanken noch immer halb im Dschungel, blätterte ich weiter. Mein Blick fiel nun auf ein Bild mit einer Whiskyflasche, einem Mann, der an einem Glas mit vermutlich dem gleichen Inhalt wie dem der Flasche nippte, und einer offenkundig gebärfähigen jungen Dame, die den Mann bewundernd anhimmelte, als ob sie kurz vor der sexuellen Kapitulation stünde. »Wie kann das angehen?« fragte ich mich. Jeder weiß doch, daß Alkohol die Geschlechtsfunktion beeinträchtigt, Männer nicht selten impotent macht, Betrunkene taumeln läßt, die Urteilsfähigkeit vermindert und der Leberzirrhose und anderen schweren Krankheiten Vorschub leistet. Der Pförtner in Shakespeares Macbeth beschrieb es mit unsterblichen Worten so: »Es [das Trinken] befördert das Verlangen und dämpft das Tun.« Ein Mann mit solchen Handikaps sollte alles daransetzen, sie vor den Augen der Frau, die er zu verführen sucht, zu verbergen. Warum stellt der Mann auf dem Photo sie bloß so bewußt zur Schau? Glauben Firmen, die Whisky herstellen, etwa, Photos eines derart beeinträchtigten Individuums würden den Absatz steigern? Man könnte meinen, die Vereinigung gegen Alkohol am Steuer stecke hinter solchen Anzeigen und Whiskyfirmen würden vor Gericht ziehen, um ihren Abdruck zu unterbinden.

Seite um Seite sprangen mir weitere Anzeigen ins Auge, in denen der Konsum von Zigaretten oder Schnaps in vorteilhaftem Licht präsentiert wurde. Darunter waren sogar Bilder, auf denen junge Leute in Gegenwart attraktiver Angehöriger des jeweils anderen Geschlechts rauchten, so als ob gesagt werden sollte, Raucher hätten auch die besseren sexuellen Chancen. Doch wie jeder Nichtraucher weiß, der einmal von einem Raucher geküßt wurde (oder versucht hat, einen zu küssen), ist Raucheratem dem Sex-Appeal höchst abträglich. Die Anzeigen implizierten paradoxerweise nicht nur sexuellen Gewinn, sondern auch platonische Freundschaften, geschäftliche Gelegenheiten, Vitalität, Gesundheit und Glück, und das alles, obwohl die unmittelbare Aussage der Anzeigen das genaue Gegenteil war.

Während die Tage vergingen und ich wieder in die westliche Zivilisation eintauchte, hörte ich nach und nach auf, ihre völlig sinnlosen Werbebotschaften wahrzunehmen. Ich zog mich zur Analyse meiner Felddaten zurück und richtete meine Neugier nun auf ein ganz anderes Paradoxon, das mit der Evolution der Vögel zusammenhing. Durch die Beschäftigung mit ihm ging mir schließlich auf, welches Prinzip hinter all den Anzeigen für Zigaretten und Whisky steht.

Bei dem neuen Paradoxon ging es um die Frage, warum bei Paradiesvögeln die Männchen eine Behinderung, wie sie ein fast einen Meter langer Schwanz darstellt, entwickelt hatten. Bei anderen Paradiesvogelarten haben die Männchen andere merkwürdige Behinderungen, zum Beispiel lange Federn, die ihnen aus den Augenbrauen wachsen, die Gewohnheit, kopfüber an Ästen zu hängen, ein leuchtendes Gefieder und laute Rufe, die sicher auch Raubvögel anlocken. All diese Merkmale schmälern ihre Überlebenschancen, aber zugleich dienen sie den Männchen als Werbung um Weibchen. Wie viele Biologen vor mir fragte ich mich, warum die Männchen solche Handikaps als Werbung einsetzen und was Weibchen daran attraktiv finden.

Dann stieß ich auf einen bemerkenswerten Aufsatz des israelischen Biologen Amotz Zahavi, der eine allgemeine Theorie über die Funktion kostspieliger bzw. selbstzerstörerischer Signale bei Tieren entwickelt hatte. Unter anderem versuchte Zahavi zu erklären, warum bestimmte Merkmale männlicher Tiere Weibchen gerade deshalb anlocken, weil sie Handikaps darstellen. Nach einigem Überlegen kam ich zu dem Urteil, daß Zahavis Hypothese auch für die von mir untersuchten Paradiesvögel zutreffen könnte. In helle Erregung versetzte mich dann aber der Gedanke, daß seine Theorie vielleicht auch die Erklärung für das Paradoxon unseres Gebrauchs giftiger Substanzen und der lautstarken Reklame dafür liefern könnte.

Die von Zahavi vorgeschlagene Theorie bezog sich auf das breite

Gebiet tierischer Kommunikation. Alle Tiere benötigen schnelle, leicht verständliche Signale, um Botschaften an Paarungspartner, potentielle Paarungspartner, Nachkommen, Eltern, Rivalen und natürliche Feinde zu übermitteln. Denken Sie zum Beispiel an eine Gazelle, die einen sich anschleichenden Löwen bemerkt. Es wäre in ihrem Interesse, ein Signal auszusenden, das dem Löwen etwa bedeuten würde: »Ich bin eine besonders flinke Gazelle! Du wirst mich nie kriegen und brauchst gar nicht erst die Zeit und Energie zu verschwenden.« Selbst wenn die Gazelle tatsächlich schnell genug wäre, einem Löwen davonzulaufen, würde sie dennoch Zeit und Energie sparen, wenn sie ihn durch ein Signal von seinem Vorhaben abbringen könnte.

Doch wie soll sie dem Löwen unmißverständlich klarmachen, daß sein Unterfangen hoffnungslos ist? Sie kann nicht jedesmal, wenn ein Löwe auftaucht, zur Demonstration einen 100-Meter-Sprint hinlegen. Vielleicht könnten sich Gazellen auf irgendein kurzes Signal einigen, das Löwen nach einiger Zeit verstehen würden, zum Beispiel, daß das Scharren mit dem linken Hinterbein bedeutet: »Ich behaupte, ich bin schnell!« Allerdings öffnet ein rein willkürliches Signal dieser Art der Mogelei die Pforten, da es von jeder Gazelle nachgeahmt werden kann, ganz gleich, ob sie schnell ist oder langsam. Die Löwen würden also bald den vielen langsamen Gazellen, die das Gegenteil signalisieren, auf die Schliche kommen und das Signal künftig ignorieren. Es ist folglich in beider Interesse, der Löwen wie der flinken Gazellen, daß das Signal glaubhaft ist. Aber was für ein Signal könnte einen Löwen von der Ehrlichkeit einer Gazelle überzeugen?

Das gleiche Dilemma ist uns von der in früheren Kapiteln erörterten sexuellen Selektion und Partnerwahl bekannt. Dabei ging es vor allem darum, daß ein Weibchen (bzw. eine Frau) ein Männchen (bzw. einen Mann) als Paarungspartner wählt, da ja Weibchen größere Opfer für die Fortpflanzung bringen, mehr zu verlieren haben und deshalb wählerischer sein müssen. Im Idealfall sollte ein Weibchen ein Männchen wegen seiner guten Gene wählen, die es ihrem Nachwuchs vererben würde. Da Gene selbst aber schwer zu beurteilen sind, muß das Weibchen nach Schnellindikatoren für gute männliche Gene suchen, und ein überlegenes Männchen sollte sie auch vorweisen können. In der Praxis dienen Merkmale wie Färbungen des Gefieders, Gesang und ritualisierte Darbietungen als verheißungsvolle männliche Indikatoren. Warum setzen Männchen ganz bestimmte Indikatoren als Mittel der Werbung ein? Warum sollten Weibchen der Ehrlichkeit eines Männchens trauen, warum seine Indikatoren attraktiv finden? Und warum sind diese ein Zeichen für gute Gene?

Ich habe das Problem jetzt so geschildert, als würde sich eine Gazelle oder ein auf Freiersfüßen wandelndes Männchen bewußt einen von vielen möglichen Indikatoren aussuchen und als würde ein Löwe oder ein Weibchen eine bewußte Entscheidung treffen, ob der Indikator wirklich Schnelligkeit oder gute Gene signalisiert. In Wirklichkeit haben wir es natürlich mit genetisch festgeschriebenen Ergebnissen der Evolution zu tun. Weibchen, die nach Indikatoren ihre Wahl treffen, die tatsächlich gute männliche Gene anzeigen, und Männchen, die unzweideutige Indikatoren guter Gene für die Partnerwerbung verwenden, hinterlassen in der Regel mehr Nachwuchs. Ebenso wie Gazellen und Löwen, die sich unnötige Verfolgungsjagden ersparen.

Viele der Werbungssignale von Tieren ähneln in ihrer Paradoxie letztendlich der Zigarettenwerbung. Sie weisen oft scheinbar nicht auf Schnelligkeit oder gute Gene hin, sondern stellen Handikaps, Kosten oder Gefahrenquellen dar. Zum Beispiel ist das Signal einer Gazelle an einen Löwen, dessen Herannahen sie wahrnimmt, ein seltsames Verhalten, bei dem sie, statt geschwind davonzurennen, ein kurzes Stück langsam läuft und dabei mehrere hohe Luftsprünge vollführt. Warum in aller Welt sollte eine Gazelle ein anscheinend selbstmörderisches Schauspiel wie dieses vorführen, mit dem sie Zeit und Energie verschwendet und den Löwen dichter herankommen läßt? Oder denken Sie an die Männchen vieler Tierarten, die große, die Bewegungsfreiheit einschränkende Körperteile zur Schau stellen, wie zum Beispiel Pfauen oder Paradiesvögel mit ihrem langen Gefieder. Bei vielen Arten locken die Männchen mit bunten Farben, lautem Gesang oder auffälligen Darbietungen auch Raubtiere an. Warum sollte ein Männchen sein Handikap stolz vorführen, und warum sollte ein Weibchen auch noch Gefallen daran finden? Die hierin liegende Paradoxie bleibt ein wichtiges ungeklärtes Problem der Tierverhaltensforschung.

Zahavis unter Biologen umstrittene Theorie zielt auf den Kern des Paradoxons. Seiner Theorie zufolge sind jene hinderlichen Körperteile und Verhaltensweisen gültige Indikatoren für die Ehrlichkeit des signalisierenden Tiers bei der Behauptung der eigenen Überlegenheit, und zwar gerade *weil* diese Merkmale Handikaps darstellen. Ein Signal ohne Kosten bietet sich zum Mißbrauch geradezu an, da es selbst von langsamen, unterlegenen Tieren ausgesandt werden kann. Nur kostspielige oder gefährliche Signale bürgen für Ehrlichkeit. So würde eine langsame Gazelle, die vor einem herannahenden Löwen Luftsprünge vollführte, statt rasch davonzurennen, ihr eigenes Todesurteil unterschreiben, während eine flinke Gazelle dem Löwen selbst dann noch entkommen könnte. Mit dem geschilderten Verhalten signalisiert sie ihm: »Ich bin so schnell, daß ich dir trotz des Vorsprungs, den ich dir hiermit gewähre, noch davonlaufen kann.« Dem Löwen wird die Ehrlichkeit der Gazelle dadurch glaubhaft, und beiden ist geholfen, da sie nun keine Zeit und Energie für eine Verfolgungsjagd mit von vornherein klarem Ausgang verschwenden.

Auf die an weibliche Adressaten gerichteten Darbietungen von Männchen bezogen, lautet die Aussage von Zahavis Theorie, daß jedes Männchen, dem es gelang, trotz des Handikaps eines langen Schwanzes oder auffälliger, Raubtiere anlockender Gesänge zu überleben, in anderer Hinsicht über phantastische Gene verfügen muß. Es beweist, daß es *besonders* gut darin sein muß, natürlichen Feinden zu entwischen, Futter zu finden und Krankheiten abzuwehren. Je größer das Handikap, desto strenger der bestandene Test. Das Weibchen, dessen Wahl auf ein solches Männchen fällt, handelt ähnlich wie jenes mittelalterliche Fräulein, das seine ritterlichen Verehrer auf die Probe stellte, indem es sie gegen Drachen kämpfen ließ. Als sie einen Einarmigen erblickte, der dennoch einen Drachen besiegte, wußte sie, daß sie endlich den Mann mit den besten Genen gefunden hatte. Durch Zurschaustellung seiner Behinderung zeigte er im Grunde seine Überlegenheit.

Mir erscheint es, als träfe Zahavis Theorie auf viele kostspielige und gefährliche Verhaltensweisen des Menschen zu, die auf Prestige im allgemeinen oder sexuelle Vorteile im besonderen abzielen. Zum Beispiel sagen Männer, die mit teuren Geschenken und anderen Reichtumsbekundungen um eine Frau werben, im Grunde nichts anderes als:»Ich besitze viel Geld, um für dich und Kinder zu sorgen, und du kannst es mir glauben, denn du siehst ja, wieviel Geld ich hier ausgebe, ohne mit der Wimper zu zucken.« Wer mit teuren Juwelen, Sportwagen oder Kunstwerken prahlt, gewinnt Prestige, weil das Signal nicht gefälscht sein kann und jedermann weiß, wieviel solche Prunkobjekte kosten. Bei einem Indianerstamm im Nordwesten Amerikas bemaß sich der soziale Status danach, wer bei den sogenannten Potlatch-Zeremonien am meisten verschenkte. Vor dem Triumphzug der modernen Medizin waren Tätowierungen nicht nur schmerzhaft, sondern wegen des Infektionsrisikos auch gefährlich. Deshalb demonstrierten Tätowierte gleich zwei Seiten ihrer Stärke: daß sie Krankheiten widerstehen und Schmerzen aushalten konnten. Männer auf der Pazifikinsel Malekula sind für die wahnwitzige Sitte bekannt, hohe Türme zu errichten und dann kopfüber hinabzuspringen. Dabei steckt ihr Fuß in einer Schlinge aus einer festen Kletterpflanze, deren anderes Ende oben am Turm festgebunden ist. Die Länge dieses Pflanzenseils ist so bemessen, daß der Sturz gerade noch aufgefangen wird, bevor der Wagemutige mit dem Kopf auf den Boden prallt. Wer den Sprung lebend übersteht, hat bewiesen, daß er Mut besitzt, richtig rechnen kann und ein guter Baumeister ist.

Zahavis Theorie läßt sich auch auf den Mißbrauch chemischer Substanzen durch Menschen anwenden. Besonders in der Zeit des Heranwachsens und im jungen Erwachsenenalter, also in der Lebensphase, in der Drogenmißbrauch am ehesten beginnt, widmen wir einen großen Teil unserer Energie der Gewinnung von Prestige. Ich glaube, in uns wohnt der gleiche unbewußte Instinkt, der Vögel zu ihren gefährlichen Darbietungen treibt. Vor zehntausend Jahren forderten wir Löwen oder Stammesfeinde zum Kampf heraus. Heute streben wir das gleiche Ziel der Prestigegewinnung auf andere Weise an, zum Beispiel durch schnelles Fahren oder die Einnahme gefährlicher Substanzen.

Die Botschaften von damals und heute sind die gleichen: Ich bin stark und überlegen. Selbst wenn ich nur ein- oder zweimal giftige

Substanzen einnehme, muß ich stark genug sein, um das Brennen und Würgen beim ersten Zigarettenzug oder meinen ersten Kater zu überstehen. Wenn ich zum regelmäßigen Konsumenten werde und trotzdem gesund und am Leben bleibe, muß ich besser sein als andere (so stelle ich es mir jedenfalls vor). Die Botschaft ist an unsere Rivalen, engeren Freunde, potentiellen Partner und uns selbst gerichtet. Der Kuß des Rauchers mag scheußlich schmecken und der Trinker im Bett impotent sein, aber beide hoffen, mit der impliziten Botschaft der Überlegenheit bei ihren Freunden Eindruck zu schinden oder gar einen Partner anzulocken.

Leider ist die Botschaft, die bei Vögeln richtig sein mag, bei uns sicher falsch. Wie so viele tierische Instinkte in uns stellt auch dieser in der Welt von heute eine Fehlanpassung dar. Wer nach dem Genuß einer Flasche Whisky noch gerade gehen kann, beweist damit vielleicht, daß er viel Alkoholdehydrogenase in der Leber hat, aber das bedeutet noch keine generelle Überlegenheit. Wer als langjähriger Kettenraucher nicht an Lungenkrebs erkrankt, mag ein Gen haben, das ihn davor bewahrt, aber dieses Gen bewirkt weder Intelligenz noch Geschäftstüchtigkeit noch die Fähigkeit, Ehepartner und Kinder glücklich zu machen.

Tieren mit kurzer Lebensspanne und entsprechend wenig Zeit für die Partnerwerbung bleibt nichts anderes übrig, als Schnellindikatoren zu entwickeln, da sie nicht genügend Zeit haben, um potentielle Partner genau zu studieren und sich ein Urteil zu bilden. Wir langlebigen Geschöpfe hingegen, mit unserer langwierigen Partnersuche und der langfristigen Zusammenarbeit im Berufsleben, haben reichlich Zeit, einander zu beschnuppern, und sind daher nicht auf oberflächliche, irreführende Indikatoren angewiesen. Der Mißbrauch giftiger Substanzen ist ein klassisches Beispiel für einen einst nützlichen Instinkt (Orientierung an Handikap-Signalen), der seinen Sinn verloren hat. Doch eben jenen alten Instinkt machen sich die Tabak- und Whiskyhersteller in ihren cleveren Anzeigen zunutze. Würde Kokain legalisiert, kämen auch die Drogenbarone bald mit Anzeigen, die an den gleichen Instinkt appellierten. Man stelle sich das etwa so vor: der Cowboy auf seinem Pferd oder der feschen Jüngling mit der hübschen Jungfer, darunter dezent das Päckchen mit weißem Pulver.

Lassen Sie uns nun zum Testen meiner Theorie einen Sprung von der westlichen Industriegesellschaft zur anderen Seite der Erde machen. Der Mißbrauch giftiger Substanzen begann nicht erst mit der Industriellen Revolution. Tabak war ja schließlich eine Kulturpflanze der Indianer, alkoholische Getränke werden seit eh und je vielerorts in der Welt gebraut, und auch Kokain und Opium kamen aus fremden Kulturen zu uns. Schon der älteste überlieferte Gesetzeskodex, die Rechtssammlung des babylonischen Königs Hammurabi (1792-1750 v. Chr.), enthielt einen Abschnitt über Trinkhäuser. Falls meine Theorie richtig ist, sollte sie deshalb auch auf andere Gesellschaften anwendbar sein. Als Beispiel ihrer kulturübergreifenden Erklärungskraft möchte ich eine Sitte schildern, von der Sie vielleicht noch nie gehört haben: das Kerosintrinken von Kung-Fu-Kämpfern.

Ich erfuhr davon, während ich in Indonesien mit einem großartigen jungen Biologen namens Ardy Irwanto zusammenarbeitete. Ardy und ich mochten und bewunderten einander, und jeder kümmerte sich um des anderen Wohlbefinden. Als wir einmal in eine unruhige Gegend kamen und ich die Sorge äußerte, wir könnten gefährlichen Typen über den Weg laufen, beruhigte mich Ardy: »Kein Problem, Jared. Ich hab den achten Meistergrad in Kung-Fu.« Er erklärte mir, daß er diesen orientalischen Kampfsport schon sehr lange praktizierte und so weit war, daß er mit einer Hand acht Angreifer abwehren konnte. Zum Beweis zeigte er mir eine Narbe auf seinem Rücken, die vom Angriff einer Gang aus acht Schlägern stammte. Einer hatte ihn mit einem Messer verletzt, woraufhin Ardy zweien die Arme brach und einem dritten den Schädel einschlug, bevor der Rest floh. Ich brauchte mich in Ardys Begleitung also vor nichts zu fürchten, versicherte er mir.

Eines Abends im Lager ging Ardy mit seiner Tasse zu unseren Kanistern. Wie gewöhnlich hatten wir zwei verschiedene mit: einen blauen für Wasser und einen roten für Kerosin, das wir für die Drucklampe benötigten. Zu meinem Entsetzen beobachtete ich, wie Ardy seine Tasse aus dem roten Kanister füllte und zum Trinken ansetzte. Ich mußte an einen schrecklichen Moment während einer Gebirgsexpedition denken, als ich aus Versehen einen Schluck Kerosin getrunken hatte und den ganzen nächsten Tag damit verbrachte, es wieder auszuhusten, und schrie auf, um Ardy zu warnen. Aber er hob nur die Hand und sagte ruhig: »Kein Problem, Jared. Ich hab den achten Meistergrad in Kung-Fu.«

Ardy erklärte mir, daß Kung-Fu ihm Kraft gab, die er und seine Kung-Fu-Kollegen einmal im Monat testeten, indem sie eine Tasse Kerosin tranken. Ohne Kung-Fu würde Kerosin einen schwächeren Menschen natürlich krank machen. Ich, Jared, sollte es um Himmels willen nicht probieren. Doch ihm, Ardy, konnte es nichts anhaben, da er ja Kung-Fu hatte. Er zog sich in sein Zelt zurück, schlürfte in aller Ruhe das Kerosin und war am nächsten Morgen so glücklich und bei so gutem Befinden wie immer.

Ich kann kaum glauben, daß das Kerosin Ardys Gesundheit nicht schadete. Kannte er denn keine harmlosere Methode, seine körperliche Form periodisch zu testen? Doch für Ardy und die anderen Kung-Fu-Meister diente das Kerosintrinken als Indikator ihrer Kraft und ihres fortgeschrittenen Leistungsstands im Kung-Fu. Nur ein wahrhaft robuster Mensch konnte den Test überstehen. Das Kerosintrinken veranschaulicht die Handikap-Theorie des Gebrauchs giftiger Substanzen in einer Form, die uns ungefähr genauso bestürzt, wie Zigaretten und Alkohol Ardy mit Abscheu erfüllen.

Im letzten Beispiel will ich meine Theorie nun auch auf die Vergangenheit ausdehnen, und zwar auf die Zivilisation der Mayas, die vor ein- bis zweitausend Jahren in Mittelamerika in Blüte stand. Archäologen waren fasziniert davon, daß mitten im tropischen Regenwald eine hochentwickelte Gesellschaft entstanden war. Viele Errungenschaften der Mayas wie ihr Kalender, ihre Schrift, ihre astronomischen Kenntnisse und ihre Landwirtschaft sind weitgehend erforscht. Gerätselt wurde jedoch lange über den Zweck jener dünnen Röhren, die immer wieder bei Ausgrabungen auftauchten.

Ihre Bedeutung wurde erst ersichtlich, als man bemalte Vasen fand, auf denen Szenen abgebildet waren, in denen die Röhren vorkamen: Sie dienten zur Verabreichung rauscherzeugender Einläufe. Auf den Vasenbildern erhielt eine ranghohe Persönlichkeit, offenbar ein Priester oder Prinz, vor den Augen anderer einen zeremoniellen Einlauf. Die Einlaufröhre führt zu einem Behälter mit einem schaumigen, bierähnlichen Getränk, das vermutlich Alkohol oder Halluzinogene oder beides enthält, worauf die Praktiken anderer Indianerstämme hindeuten. Viele mittel- und südamerikanische Stämme hatten ähnliche Bräuche, als die ersten europäischen Entdecker eintrafen, und manche halten noch heute daran fest. Das Spektrum verwendeter Substanzen reicht von Alkohol (hergestellt durch Fermentierung von Agavensaft oder einer Baumrinde) über Tabak bis hin zu Peyotl (Mesalin), LSD-Derivaten und aus Pilzen gewonnenen Halluzinogenen. Der zeremonielle Einlauf gleicht somit der bei uns üblichen oralen Einnahme von Rauschmitteln; es sprechen jedoch vier Gründe dafür, daß ein Einlauf ein viel wirksamerer Indikator für Stärke ist als das Trinken.

Erstens kann man sich zum Trinken an einen abgeschiedenen Ort begeben und so die Gelegenheit verpassen, anderen seinen hohen Rang zu signalisieren. Dagegen ist es für einen einzelnen viel mühsamer, sich das gleiche Getränk ohne fremde Hilfe als Einlauf zu verabreichen. Einläufe eignen sich eher als Gruppenerlebnis und schaffen so automatisch Gelegenheit zur Selbstdarstellung. Zweitens erfordert es mehr Stärke, Alkohol als Einlauf zu konsumieren, als ihn zu trinken, da er ja vom Darm direkt in die Blutbahn gelangt, statt erst im Magen mit vorher Gegessenem verdünnt zu werden. Drittens passieren im Dünndarm absorbierte Stoffe bei Nahrungsaufnahme durch den Mund zunächst die Leber, wo viele entgiftet werden, bevor sie das Gehirn und andere empfindliche Organe erreichen können. Im Unterschied dazu umgehen rektal in den Körper gelangende Substanzen die Leber. Und viertens sind der mündlichen Flüssigkeitsaufnahme durch den Brechreiz Grenzen gesetzt, ebenfalls im Unterschied zum Einlauf. Das alles zeigt, daß sich Einläufe viel besser zur Signalisierung von Überlegenheit eignen als das, was in der bekannten Whiskyreklame gezeigt wird. Ich kann dieses Konzept jeder ambitionierten PR-Agentur, die das Werbebudget einer großen Schnapsbrennerei im Visier hat, daher nur wärmstens empfehlen.

Lassen Sie uns nun einen Schritt zurücktreten und ein Fazit ziehen. Die regelmäßige Anwendung chemischer Substanzen gegen den

eigenen Körper mag zwar eine Besonderheit des Menschen sein, sie
fügt sich jedoch in ein breites Muster tierischer Verhaltensweisen
ein und hat somit zahllose Parallelen im Tierreich. Alle Arten standen vor dem Problem, Signale zur schnellen Übermittlung von
Botschaften an andere Tiere zu entwickeln. Handelte es sich um
solche, die jedes Tier meistern oder erwerben konnte, war es um die
Glaubwürdigkeit schlecht bestellt. Um wirksam und glaubhaft zu
sein, muß ein Signal die Ehrlichkeit des Signalgebers verbürgen,
und das geschieht am besten, indem es mit Kosten, Gefahren oder
Belastungen verbunden ist, die sich nur überlegene Individuen leisten können. Viele Tiersignale, die uns sonst kontraproduktiv
erschienen – wie das seltsame Sprungverhalten der Gazellen oder
die aufwendigen Körperteile und gefährlichen Darbietungen, mit
denen Männchen um Weibchen werben –, erhalten vor diesem
Hintergrund ihren Sinn.

Mir scheint, dieser Sachverhalt steht nicht nur hinter der Evolution der Kunst, sondern auch hinter dem Mißbrauch chemischer
Substanzen durch den Menschen. Beides sind typische Merkmale
unserer Spezies, die aus den meisten Kulturen bekannt sind. Und
beide sind erklärungsbedürftig, da es nicht unmittelbar einleuchtet,
wie sie über die natürliche Selektion zum Überleben oder über die
sexuelle Selektion zur Partnergewinnung beitragen. In Kapitel 9
hatte ich ausgeführt, daß Kunst oft als Indikator für das Prestige
oder die Überlegenheit eines Individuums dient, da man bestimmte Fähigkeiten besitzen muß, um Kunstwerke selbst zu produzieren, bzw. Prestige und Reichtum, um sie zu erwerben. Dabei
gewinnen Individuen, denen von anderen Prestige zugeschrieben
wird, wiederum leichteren Zugang zu Ressourcen und Partnern.
Ich habe in diesem Kapitel dargelegt, daß Menschen neben der
Kunst noch auf vielerlei andere kostspielige Weise nach Prestige
trachten und daß manchmal (wie beim Springen von Türmen,
schnellen Fahren und beim Mißbrauch chemischer Substanzen)
überraschend große Gefahren im Spiel sind. Dabei signalisieren die
kostspieligen Darbietungen Prestige und Wohlstand, während die
gefährlichen die Überlegenheit des Individuums beweisen sollen,
das sie übersteht.

Ich behaupte allerdings nicht, daß sich Kunst und Mißbrauch

chemischer Substanzen auf diese Weise vollständig erklären ließen. Wie ich bereits in Kapitel 9 über die Kunst sagte, entwickeln komplexe Verhaltensweisen ein Eigenleben, das sich vom ursprünglichen Zweck (falls es ihn je gab) oft weit entfernt, oder sie hatten von vornherein mehrere Funktionen. Ebenso wie Kunst heute viel stärker durch den Wunsch nach Erbauung motiviert ist als durch die Notwendigkeit, etwas zu signalisieren, hat auch der Mißbrauch chemischer Substanzen eindeutig mehr als nur eine Signalfunktion. Man baut Hemmungen ab, ertränkt seine Sorgen oder hat einfach nur Freude am Geschmack.

Ich will auch nicht abstreiten, daß selbst aus evolutionsgeschichtlicher Perspektive ein grundlegender Unterschied zwischen dem menschlichen Mißbrauch chemischer Substanzen und den Parallelen im Tierreich besteht. Die Sprünge der Gazelle beim Herannahen eines Löwen, lange Vogelschwänze und all die anderen erwähnten Beispiele sind mit Kosten verbunden. Ihnen steht allerdings immer ein größerer Nutzen gegenüber, der ja erst das Fortbestehen dieser Verhaltensweisen ermöglicht. Die Gazelle mag zwar einen Teil ihres Vorsprungs verlieren, erzielt aber andererseits einen Vorteil, da die Wahrscheinlichkeit sinkt, daß der Löwe sie überhaupt ernsthaft verfolgt. Ein langer Schwanz mag ein Vogelmännchen bei der Futtersuche und der Flucht vor natürlichen Feinden behindern, doch dieser durch natürliche Selektion entstandene Nachteil im Daseinskampf wird durch die Vorteile bei der Balz aufgrund der sexuellen Selektion mehr als wettgemacht. Im Endeffekt sind mehr Nachkommen da, die seine Gene tragen, nicht weniger. Tierische Merkmale wie diese sind also nur scheinbar selbstzerstörerisch; in Wirklichkeit fördern sie die Verbreitung der Erbanlagen ihres Trägers.

In unserem Fall ist es jedoch anders: Die Kosten des Mißbrauchs chemischer Stoffe sind höher als der Nutzen. Drogenabhängige und Trinker leben nicht nur kürzer, sondern verlieren zudem in den Augen potentieller Partner an Attraktivität und büßen die Fähigkeit ein, für Kinder zu sorgen. Daß diese Verhaltensweisen dennoch fortbestehen, liegt nicht an versteckten Vorteilen, die ihre Nachteile aufwiegen, sondern hauptsächlich an ihrer suchterzeugenden Wirkung. Alles in allem handelt es sich um selbstzerstörerische Verhaltensweisen, die der Ausbreitung der Gene der Betroffenen nur im Wege stehen. Gazellen mögen sich bei ihren Hüpfmanövern zuweilen verrechnen, aber sie begehen nicht etwa Selbstmord, weil sie süchtig nach der beim Hüpfen empfundenen Erregung wären. In dieser Hinsicht unterscheidet sich der Mißbrauch chemischer Substanzen durch Menschen von seinen Vorläufern im Tierreich und darf getrost als typisch menschlich bezeichnet werden.

KAPITEL 12

Allein in einem überfüllten Universum

Wenn Sie sich das nächste Mal in einer klaren Nacht außerhalb der Dunstglocke einer Großstadt befinden, schauen Sie einmal zum Himmel hinauf und vergegenwärtigen Sie sich die Milliarden und Abermilliarden von Sternen, die dort stehen. Suchen Sie dann mit einem Fernglas die Milchstraße und stellen Sie fest, wie viele Sterne dem bloßen Auge entgehen. Schließlich sollten Sie sich noch ein Photo des Andromeda-Nebels, aufgenommen durch ein starkes Teleskop, anschauen. Sie werden erkennen, wie unermeßlich die Zahl der Sterne ist, die Ihnen auch noch mit dem Fernglas entging.

Lassen Sie das alles eine Weile auf sich einwirken und stellen Sie sich dann die Frage, was wohl dafür sprechen könnte, daß die Menschheit etwas Einzigartiges im Universum darstellt. Wie viele Zivilisationen aus intelligenten Wesen wie uns selbst müssen wohl von dort oben zu uns herabblicken? Und wie lange wird es noch dauern, bis wir mit ihnen kommunizieren, bevor wir sie oder sie uns besuchen?

Auf der Erde sind wir gewiß einzigartig. Keine andere Art besitzt eine Sprache, Kunst oder Landwirtschaft von einem Komplexitätsgrad, der unserem auch nur nahekommt. Keine andere Art mißbraucht Drogen. Doch wir sahen in den letzten vier Kapiteln auch, daß es für jede dieser menschlichen Besonderheiten etliche Parallelen oder gar Vorläufer im Tierreich gibt. Gehen Sie einen Moment davon aus, das Universum sei voll von anderen Planeten, auf denen sich ebenfalls Leben entwickelte. Muß man da nicht vermuten, daß manche Arten auf manchen Planeten ebenfalls ein Maß an Intelligenz, technischem Know-how und Kommunikationsvermögen besitzen wie wir selbst? Während sich zum jetzigen Zeitpunkt auf der Erde keine Art außer unserer darüber den Kopf zerbricht, ob es wohl auf fremden Sternen Leben gibt, muß es solche Arten doch anderswo geben.

Leider hinterlassen die meisten menschlichen Besonderheiten keine Spuren, die über Entfernungen von vielen Lichtjahren zu entdecken wären. Gäbe es auf den Planeten selbst unserer Nachbarsterne Geschöpfe, die sich an Kunst erfreuten oder drogensüchtig wären, so würden wir es nie erfahren. Doch zum Glück gibt es zwei Signale intelligenten Lebens im All, die wir von der Erde aus im Prinzip wahrnehmen können: Raumsonden und Funksignale. Wir selbst sind bereits in der Lage, beides auszusenden, so daß wir annehmen können, daß für andere intelligente Wesen das gleiche gilt. Wo bleiben also die fliegenden Untertassen?

Für mich ist das eines der großen Rätsel der Wissenschaft. In Anbetracht der Milliarden Sterne einerseits und der von unserer Spezies entwickelten Fähigkeiten andererseits müßten wir eigentlich Ufos entdecken oder wenigstens Funksignale empfangen. Daß es Milliarden von Sternen gibt, steht außer Zweifel. Was an uns selbst mag es also sein, das das Fehlen der Ufos erklären könnte? Sind wir womöglich doch nicht nur auf der Erde, sondern auch im näheren Bereich des Universums einzigartig? Ich werde in diesem Kapitel erläutern, wie wir ein neues Verständnis unserer Einzigartigkeit gewinnen können, indem wir einen genauen Blick auf einige andere einzigartige Kreaturen bei uns auf Erden werfen.

Mit Fragen wie diesen beschäftigt sich die Menschheit seit langer Zeit. Schon um 400 v. Chr. schrieb der Philosoph Metrodorus: »Die Erde als einzige belebte Welt in der Unendlichkeit des Alls zu betrachten ist so absurd wie die Annahme, es würde in einem ganzen mit Hirse gesäten Feld nur ein einziges Saatkorn aufgehen.« Erst 1960 unternahm die Wissenschaft jedoch den ersten ernsthaften Versuch, eine Antwort zu finden, indem (vergeblich) nach Funksignalen von zwei Nachbarsternen gefahndet wurde. Im Jahre 1974 bemühten sich Astronomen des riesigen Arecibo-Radioteleskops um einen interstellaren Dialog, indem sie starke Funksignale in Richtung auf den Sternenhaufen M13 im Sternbild Herkules ausstrahlten. Darin wurde für die Herkules-Bewohner geschildert, wie wir Erdenbürger aussehen, wie viele wir an der Zahl sind und wo der Platz unseres Planeten innerhalb unseres Sonnensystems ist. Zwei Jahre später war die Suche nach außerirdischem Leben auch das Hauptmotiv für die Viking-Flüge zum Mars, deren Kosten von rund einer Milliarde Dollar sämtliche Ausgaben der amerikanischen Wissenschaftsstiftung *National Science Foundation* seit ihrer Gründung für die Klassifizierung des Lebens auf der Erde weit übertraf. Vor wenigen Jahren machte die US-Regierung weitere 100 Millionen Dollar dafür locker, Funksignale von intelligenten Lebewesen außerhalb unseres Sonnensystems aufzufangen. Mehrere Raumfahrzeuge befinden sich zur Zeit auf dem Weg aus unserem Sonnensystem und haben, für den Fall einer Begegnung mit Außerirdischen, Tonbänder und Photos von unserer Zivilisation an Bord.

Es leuchtet ein, warum für Laien ebenso wie für Biologen die Entdeckung außerirdischen Lebens die wohl aufregendste wissenschaftliche Entdeckung aller Zeiten wäre. Stellen Sie sich nur vor, welchen Einfluß es auf unser Selbstbild hätte, wenn wir erfahren würden, daß es im Universum noch andere intelligente Wesen mit komplexen Gesellschaften, Sprachen und erlernten kulturellen Traditionen gibt, die sich mit uns verständigen könnten. Die meisten von uns, die an ein Leben nach dem Tode und an einen strengen Herrgott glauben, sind sich darin einig, daß ein Leben nach dem Tode zwar auf Menschen, aber nicht auf Käfer (oder selbst Schimpansen) wartet. Der Schöpfungsglaube geht mit der Vorstellung von einem separaten Ursprung unserer Spezies einher. Aber nehmen wir einmal an, wir entdeckten auf einem anderen Planeten eine Gesellschaft siebenfüßiger Kreaturen mit höherer Intelligenz und Moral als unserer und mit der Fähigkeit, sich mit uns zu verständigen, allerdings mit einem Funkempfänger und -sender statt mit Augen und Ohren. Sollten wir etwa glauben, es gäbe für diese Kreaturen (aber nicht für Schimpansen) ein Leben nach dem Tode und sie seien wie wir Kinder Gottes?

Viele Wissenschaftler haben versucht, die Wahrscheinlichkeit der Existenz intelligenten Lebens im All zu bestimmen. Ihre Berechnungen ließen ein neues wissenschaftliches Fachgebiet, die Exobiologie, entstehen – die einzige Disziplin, für deren Gegenstand noch nicht bewiesen ist, ob er überhaupt existiert. Beschäftigen wir uns nun mit den Zahlen, auf die sich die Zuversicht der Exobiologie stützt.

Die Anzahl hochentwickelter technischer Zivilisationen im Universum wird von Exobiologen mit Hilfe der sogenannten *Green Bank*-Formel errechnet, in der eine Reihe von Schätzwerten miteinander multipliziert werden. Manche dieser Werte lassen sich mit ziemlicher Genauigkeit schätzen. Wir wissen, daß es Milliarden von Galaxien gibt, von denen jede wiederum aus Milliarden von Sternen besteht. Astronomen gehen davon aus, daß viele Sterne wahrscheinlich von einem oder mehreren Planeten umkreist werden und daß auf vielen dieser Planeten geeignete Bedingungen für die Entstehung von Leben herrschen. Nach Ansicht von Biologen entwickelt sich dort, wo geeignete Bedingungen vorliegen, früher oder später auch Leben. Multipliziert man all diese Wahrscheinlichkeiten bzw. Schätzwerte miteinander, so ergibt sich, daß wir es mit Milliarden und Abermilliarden von Planeten zu tun haben dürften, auf denen irgendeine Form von Leben existiert.

Wir wollen nun versuchen zu schätzen, auf wie vielen dieser belebten Planeten wohl intelligente Lebewesen mit einer hochentwickelten technischen Zivilisation wohnen. (Darunter sollen hier Zivilisationen verstanden werden, die zu einer interstellaren Funkkommunikation in der Lage sind; das stellt geringere Ansprüche, als wenn man fliegende Untertassen zum Kriterium machen würde; unsere eigene Entwicklung läßt ja vermuten, daß interstellarer Funkverkehr der interstellaren Raumfahrt vorausgeht.) Zwei Argumente sprechen dafür, daß ihr Anteil erheblich sein dürfte. Erstens entwickelte sich eine hochentwickelte Zivilisation auf dem einzigen Planeten, von dem wir sicher wissen, daß dort Leben entstand, nämlich auf der Erde. Wir haben bereits mehrere interplanetare Sonden ins All geschossen. Auch haben wir einigen Fortschritt mit Techniken des Einfrierens und Wiederauftauens von Leben sowie der Herstellung von Leben aus DNS erzielt – wichtige Techniken, wenn es um die Erhaltung von Leben während der langen Dauer einer Reise zu anderen Sonnensystemen geht. Der technische Fortschritt verlief in den letzten Jahrzehnten in so rasantem Tempo, daß interstellare Expeditionen mit Sicherheit in höchstens ein paar Jahrhunderten möglich sein werden. Manche unserer unbemannten interplanetaren Raumfahrzeuge sind ja bereits dabei, unser Sonnensystem zu verlassen.

Dieses erste Argument dafür, daß es eine Vielzahl von Planeten mit hochentwickelter technischer Zivilisation gibt, ist jedoch nicht sehr überzeugend. Um die Sprache der Statistik zu bemühen, hapert es an der viel zu geringen Stichprobengröße (wie läßt sich denn von einem Fall auf alle anderen schließen?) und an der fehlerhaften Zufallsauswahl (der eine Fall wurde ja gerade ausgewählt, weil auf der Erde eine hochentwickelte technische Zivilisation entstanden ist).

Ein zweites, gewichtigeres Argument lautet, daß das Leben auf der Erde durch eine Eigenart gekennzeichnet ist, die Biologen als konvergierende Evolution bezeichnen. Damit ist gemeint, daß viele Gruppen von Lebewesen einander ähnlich wurden, egal welche ökologische Nische oder physiologische Anpassung man auch betrachtet, indem sie unabhängig voneinander Anpassungen erwarben oder Eigenschaften entwickelten, welche die jeweiligen Nischen ausnutzten. Ein anschauliches Beispiel ist die eigenständige Evolution der Flugfähigkeit bei Vögeln, Fledermäusen, Flugsauriern und Insekten. Andere spektakuläre Fälle sind die getrennte Evolution von Augen und selbst von Vorrichtungen zur Tötung von Beutetieren durch elektrischen Schlag, über die viele Tiere verfügen. In den letzten zwei Jahrzehnten wiesen Biochemiker konvergierende Evolution auch auf der Ebene von Molekülen nach, zum Beispiel die mehrfache Evolution der gleichen proteinzerlegenden Enzyme. Man kann heute kaum eine biologische Fachzeitschrift aufschlagen, ohne auf weitere Beispiele zu stoßen. Konvergierende Evolution ist in der Anatomie, Physiologie, Biochemie und Verhaltensforschung ein so alltäglicher Begriff geworden, daß Biologen jedesmal, wenn sie eine Ähnlichkeit zwischen zwei Arten feststellen, erst einmal danach fragen, ob die Ähnlichkeit wohl auf gemeinsamer Abstammung oder Konvergenz beruht.

Die anscheinende Allgegenwart konvergierender Evolution hat nichts Überraschendes an sich. Wenn Millionen von Arten über Jahrmillionen den gleichen Selektionskräften ausgesetzt sind, ist natürlich zu erwarten, daß immer wieder ähnliche Lösungen auftauchen. Wir wissen also, daß es unter den Arten der Erde viel Konvergenz gegeben hat. Nach dem gleichen Gedankengang ist zu vermuten, daß es auch zwischen den irdischen Pflanzen- und Tierarten und denen auf anderen Planeten eine erhebliche Konvergenz geben dürfte. Deshalb ist die Funkkommunikation, obgleich zunächst einmal auf diesem Planeten evoluiert, auf vielen anderen Planeten ebenfalls zu erwarten. Die *Encyclopaedia Britannica* schreibt dazu: »Es ist kaum denkbar, daß auf anderen Planeten Leben entstanden sein soll, ohne sich in Richtung höherer Intelligenz zu entwickeln.«

Dieser Schluß bringt uns zu dem anfangs erwähnten Rätsel zurück. Wenn viele oder gar die meisten Sterne ein Planetensystem haben und viele dieser Systeme wenigstens einen Planeten mit Bedingungen aufweisen, die für die Entstehung von Leben geeignet sind, und wenn sich das Leben auf solchen Planeten tatsächlich entwickelte und auf rund einem Prozent der belebten Planeten eine hochentwickelte technische Zivilisation entstand – dann gibt es allein in unserer Galaxie etwa eine Million Planeten mit hochentwikkelten technischen Zivilisationen. Im Umkreis von nur ein paar Dutzend Lichtjahren gibt es aber mehrere hundert Sterne, von denen manche (die meisten?) gewiß Planeten wie unseren haben, mit Leben. Wo bleiben dann bloß all die zu erwartenden Ufos? Wo sind die intelligenten Geschöpfe, die uns besuchen oder wenigstens Radiosignale an die Menschheit senden? Das Schweigen ist betäubend.

Irgend etwas muß an den Berechnungen der Astronomen nicht stimmen. Sie wissen, worüber sie reden, wenn sie die Anzahl der Planetensysteme und der Planeten, auf denen Leben zu vermuten ist, schätzen. Die genannten Zahlen kommen mir plausibel vor. Das Problem scheint vielmehr in der Annahme zu liegen, daß dank konvergierender Evolution auf einem signifikanten Teil der belebten Planeten hochentwickelte technische Zivilisationen entstanden seien. Wir wollen deshalb etwas genauer schauen, wie es um die Zwangsläufigkeit solcher Konvergenz bestellt ist.

Damit sind wir bei den Spechten. Ihre ökologische Nische besteht darin, lebende Baumstämme auszuhöhlen und unter der Rinde nach Futter zu suchen. Diese Nahrungsquelle ist sehr ergiebig, viel besser als fliegende Untertassen oder Funkgeräte. Deshalb könnte man erwarten, daß viele Arten im Verlauf konvergierender Evolution unabhängig voneinander die Specht-Nische besetzten. Sie bietet zuverlässige Futterbestände in Form von Insekten, die unter der Baumrinde oder im Stamm leben, und Saft. Da Baumstämme das ganze Jahr über Insekten und Saft enthalten, bleiben den Besetzern der Specht-Nische saisonale Wanderungen erspart.

Der zweite Vorteil der Specht-Nische ist ihre erstklassige Eignung zum Nestbau. Eine Bruthöhle in einem Baum bedeutet eine stabile Umwelt mit relativ konstanter Temperatur und Luftfeuchtigkeit, Schutz vor Wind, Regen, Austrocknung und Temperaturschwankungen und ein Versteck vor natürlichen Feinden. Andere Vogelarten sind zwar in der Lage, abgestorbene Bäume auszuhöhlen, eine geringere Leistung, aber natürlich gibt es viel weniger tote als lebende Bäume.

All das bedeutet, daß, wenn wir schon auf eine konvergierende Evolution der Funkkommunikation setzen, wir gewiß mit einer konvergierenden Evolution des Spechttums rechnen können. Kein Wunder, daß Spechte sehr erfolgreiche Vögel sind. Es gibt fast 200 Arten, von denen viele eine weite Verbreitung haben. Ihre Größe reicht vom Spatzen- bis zum Krähenformat. Mit wenigen Ausnahmen, auf die ich noch eingehen werde, kommen sie fast überall auf der Welt vor.

Wie schwer mag es sein, durch Evolution zum Specht zu werden? Zwei Gedanken legen die Antwort nahe: »Nicht sehr schwer.« Spechte sind keine extrem besondere, alte Artengruppe ohne enge Verwandte, wie etwa eierlegende Säugetiere. Vielmehr stimmen Ornithologen seit langem darin überein, daß die nächsten Verwandten der Spechte die afrikanischen Honiganzeiger, die Tukane und Bartvögel der tropischen Alten Welt sind, denen die Spechte ziemlich stark ähneln, sieht man von den Anpassungen für ihre spezielle Lebensweise ab. Spechte besitzen eine Vielzahl solcher Anpassungen, von denen aber keine so außergewöhnlich ist wie der Bau von Funkgeräten, und alle sind leicht als Erweiterungen von Anpassungen erkennbar, die auch andere Vögel besitzen. Sie lassen sich in vier Gruppen einteilen.

Die erste Gruppe von Anpassungen ist am auffallendsten und dient dem Bohren von Löchern in Holz. Dazu zählen der kräftige, gerade, meißelförmige Schnabel mit harter, horniger Spitze, Federn zum Schutz der Nasenlöcher vor eindringendem Sägemehl, ein dicker Schädel, eine kräftige Kopf- und Nackenmuskulatur, eine breite Schnabelbasis und ein Gelenk zwischen ihr und der Schädelvorderseite, um die Erschütterungen beim Hacken zu verteilen, und möglicherweise eine Gehirn-/Schädelkonstruktion wie bei einem Fahrradhelm, um das Gehirn vor Erschütterungen zu schützen. Diese Merkmale lassen sich viel leichter zu Merkmalen anderer Vogelarten zurückverfolgen als Funkgeräte auf primitive Vorläufer bei den Schimpansen. Viele andere Vögel, zum Beispiel Papageien, hacken oder beißen Löcher in totes Holz. Manche Bartvögel bringen sogar Höhlen in lebendem Holz zustande, sind dabei allerdings viel langsamer und ungeschickter als Spechte und hakken von der Seite statt von vorn. Innerhalb der Spechtfamilie gibt es große Unterschiede im Hackvermögen – manche Arten können überhaupt keine Höhlen bohren, viele sind auf weichere Holzsorten spezialisiert und manche eben auf Hartholz.

Eine zweite Gruppe von Anpassungen erlaubt es dem Specht, an Bäumen mühelos auf- und abwärts zu klettern. Dazu zählen die steifen Schwanzfedern als Stützvorrichtung, starke Muskeln zur Kontrolle des Schwanzes, kurze Beine, lange Zehen mit stark gekrümmten Krallen und eine Mauserung des Schwanzgefieders, bei der das zum Abstützen unentbehrliche Paar Schwanzfedern erst ganz zuletzt abgeworfen wird. Die Evolution dieser Anpassungen läßt sich noch leichter zurückverfolgen als die Anpassungen an das Bohren von Löchern in Stämmen. Selbst von den Angehörigen der Spechtfamilie besitzen nicht alle steife Schwanzfedern zum Abstützen. Viele Arten, die nicht zu den Spechten zählen, zum Beispiel Baumläufer und Zwergpapageien, haben andererseits steife Schwanzfedern, mit denen sie sich auf der Rinde Halt verschaffen.

Die dritte Anpassung ist die extrem lange, weit vorstreckbare Zunge, die bei manchen Spechtarten der des Menschen in der Länge nicht nachsteht. Ist ein Specht an einer Stelle in das Tunnelsystem holzbewohnender Insekten eingedrungen, kann er mit seiner Zunge viele Verzweigungen auslecken, ohne jedesmal ein neues Loch bohren zu müssen. Manche Spechtarten haben an der Zungenspitze kleine Widerhaken zum Aufspießen von Insekten, wieder andere besitzen große Speicheldrüsen, mit denen sie ihre Zunge klebrig machen und so Insekten fangen. Für die Zungen der Spechte gibt es viele Parallelen bei anderen Tierarten, zum Beispiel die ähnlich langen und ebenfalls zum Insektenfang dienenden Zungen der Frösche, Ameisenbären und Erdferkel.

Viertens und letztens haben Spechte eine robuste Haut, die sie vor Insektenstichen und den vom Hämmern und den starken Muskeln ausgehenden Belastungen schützt. Jeder, der Erfahrungen mit dem Abziehen von Vogelhaut besitzt, weiß, daß manche Arten eine viel kräftigere Haut haben als andere. Tierpräparatoren fluchen, wenn man ihnen eine Taube gibt, deren papierdünne Haut schon beim Angucken fast zerreißt, freuen sich hingegen über jeden Specht, Habicht oder Papagei.

Spechte sind zwar auf vielfältige Weise an ihre spezielle Lebensweise angepaßt, aber die meisten dieser Anpassungen gibt es auch bei anderen Vogel- oder Tierarten, und für die Besonderheiten ihres Schädelbaus lassen sich wenigstens Vorläufer finden. Man könnte deshalb erwarten, daß das ganze Bündel von Anpassungen, die bei Spechten zu beobachten sind, im Zuge der Evolution wiederholt entstand, und daß es deshalb viele Gruppen von Tieren gibt, die, um Futter zu suchen oder Bruthöhlen zu bauen, Löcher in Bäume hacken. Manche Tierarten, die aufgrund ihrer besonderen Ernährungsweise gleich klassifiziert wurden, erwiesen sich später als polyphyletisch, das heißt mehrstämmig: Tiere unterschiedlicher stammesgeschichtlicher Herkunft entwickelten ähnliche Anpassungen. Man weiß heute von Geiern, daß sie polyphyletisch sind, und vermutet es von Fledermäusen und Robben. Aber für eine Polyphylie der Spechte fehlt jeder Hinweis, auch aus der Molekularbiologie. Alle heutigen Spechtarten sind enger miteinander verwandt als mit irgendwelchen anderen Arten. Ihre spezielle Lebensweise entwickelte sich anscheinend nur einmal. Selbst auf entlegenen Landmassen im Ozean, wie Australien, Neuguinea und Neuseeland, die der Specht nie erreichte, brachte die Evolution kein anderes Lebewesen hervor, das die prächtigen Möglichkeiten nutzt, welche die Lebensweise des Spechts bietet. Zwar höhlen einige Vögel und Säugetiere jener Regionen totes Holz aus oder bohren in Baumrinde, doch das ist nur eine schwache Entschuldigung für das Fehlen von Spechten. Auch kann keines dieser Tiere Holz aushöhlen, das noch lebt. Hätte die Evolution nicht jenes eine Mal entweder in der Alten oder in der Neuen Welt Spechte hervorgebracht, wäre eine erstklassige Nische auf der ganzen Welt unbesetzt geblieben.

Ich habe den Spechten so viel Raum gewidmet, um zu zeigen, daß Konvergenz kein universelles Phänomen ist und daß nicht jede vorhandene Gelegenheit auch tatsächlich ergriffen wird. Das gleiche hätte ich auch anhand anderer, ebenso geeigneter Beispiele verdeutlichen können. Die für Tiere am leichtesten zugängliche Nahrung sind zweifellos Pflanzen, und die bestehen zum wesentlichen Teil aus Zellulose. Dennoch gelang es noch keinem höherstehenden Tier, ein Enzym zur Verdauung von Zellulose zu entwickeln. Diejenigen Pflanzenfresser, die sich von Zellulose ernähren, müssen vielmehr die Dienste von Mikroben in Anspruch nehmen, die in ihren Gedärmen wohnen. Keiner dieser Pflanzenfresser erreicht auch nur annähernd die Effizienz von Wiederkäuern, zum Beispiel Kühen. Auch der Anbau eigener Nahrung böte Tieren einen offensichtlichen Vorteil, wie wir in Kapitel 10 sahen. Doch die einzigen Tiere, die vor dem Debüt der Landwirtschaft vor 10 000 Jahren auf diesen Dreh kamen, waren Blattschneiderameisen und ihre Verwandten nebst einigen weiteren Insekten, die Pilze anbauen bzw. Blattlaus-»Kühe« halten.

Es erwies sich somit als außerordentlich schwierig, selbst so offenkundig nützliche Anpassungen zu entwickeln wie die Lebensweise der Spechte, die effiziente Verdauung von Zellulose und den Anbau von Nahrung. Funkgeräte bringen viel weniger Nutzen für die Ernährung, und die Wahrscheinlichkeit ihres Auftauchens während der Evolution dürfte deshalb noch viel geringer sein. Haben wir demnach einen Zufallstreffer gelandet, der im Weltall vermutlich sondergleichen ist?

Was lehrt uns die Biologie über die Zwangsläufigkeit der Evolution des Funks auf der Erde? Wäre der Bau von Funkgeräten mit dem Spechttum vergleichbar, so hätten wohl manche Arten bestimmte Funkelemente entwickelt, obgleich nur einer Art die Entwicklung des gesamten Bündels gelang. Beispielsweise hätten wir dann womöglich entdeckt, daß Truthähne Sender bauen, aber keine Empfänger, während Känguruhs das Umgekehrte tun. Fossilien würden uns vielleicht zeigen, daß Dutzende inzwischen ausgestorbener Tierarten über die letzte halbe Milliarde Jahre mit Metallurgie und immer komplexeren elektronischen Schaltkreisen experimentierten, mit dem Ergebnis, daß elektrische Toaster im Trias, batteriebetriebene Rattenfallen im Oligozän und schließlich Funkgeräte im Holozän auftauchten. Womöglich fänden wir fossile 5-Watt-Sender, gebaut von Trilobiten, 200-Watt-Sender zwischen den Knochen der letzten Dinosaurier und 500-Watt-Sender von Säbelzahntigern, bis schließlich der Mensch kam und die Sendeleistung so weit steigerte, daß er der erste wurde, der auch ins Weltall senden kann.

Doch nichts von alledem geschah. Weder Fossilien noch lebende Tiere – nicht einmal unsere nächsten Verwandten, die gewöhnlichen und die Zwergschimpansen – besaßen auch nur so etwas wie entfernte Vorläufer von Funkgeräten. Aufschlußreich sind auch die Erfahrungen der Menschheit selbst. Weder *Australopithecinae* noch der frühe *Homo sapiens* entwickelten Funkgeräte. Bis vor 150 Jahren hatte der moderne *Homo sapiens* noch nicht einmal die Ideen gehabt, die schließlich zum Bau von Funkgeräten führten. Die ersten praktischen Experimente fanden erst um 1888 statt, und seit Marconi den ersten Sender mit weniger als zwei Kilometern Reichweite baute, sind noch keine 100 Jahre vergangen. Auch heute senden wir noch keine Signale zu anderen Sternen, wenngleich das Arecibo-Experiment von 1974 ein erster dahingehender Versuch war.

Ich erwähnte an früherer Stelle in diesem Kapitel, daß die Existenz von Funkgeräten auf dem einzigen uns bekannten Planeten zunächst nahezulegen schien, daß es sie mit großer Wahrscheinlichkeit auch auf anderen Planeten geben muß. Bei genauerer Betrachtung belegt die Geschichte der Erde jedoch das genaue Gegenteil. Die Wahrscheinlichkeit für eine Evolution des Funks war verschwindend gering. Nur eine der Milliarden Arten auf der Erde zeigte überhaupt eine entsprechende Neigung, und auch das erst im letzten Siebzigtausendstel ihrer sieben Millionen Jahre

langen Geschichte. Wäre ein Besucher aus dem All im Jahre 1800
n. Chr. zur Erde gekommen, so hätte er die Aussichten für die
Entwicklung des Funks auf diesem Planeten sicher gleich Null
geschätzt.

Sie mögen einwenden, daß ich bei der Suche nach frühen Vorläufern des Funks zu strenge Maßstäbe anlege und lieber Ausschau
nach den beiden Eigenschaften halten sollte, die als Voraussetzung
notwendig sind: Intelligenz und handwerkliches Geschick. Aber
auch da ist die Situation nicht ermutigender. Aufgrund der jüngsten evolutionsgeschichtlichen Erfahrungen unserer eigenen Spezies sind wir so arrogant anzunehmen, daß Intelligenz und
Geschicklichkeit der beste Weg zur Beherrschung der Welt seien
und ihre Entwicklung zwangsläufig erfolge. Denken Sie ruhig noch
einmal über den Satz aus der *Encyclopaedia Britannica* nach: »Es ist
kaum denkbar, daß auf anderen Planeten Leben entstanden sein
soll, ohne sich in Richtung höherer Intelligenz zu entwickeln.« Die
Geschichte der Erde belegt nämlich genau den umgekehrten
Schluß. Nur eine verschwindend kleine Zahl von Tierarten scherte
sich auf unserem Planeten um Intelligenz oder Geschicklichkeit.
Kein Tier besitzt auch nur von einer dieser beiden Eigenschaften
annähernd so viel wie wir; jenen Arten, die wenigstens von einer
Eigenschaft ein wenig abbekamen (kluge Delphine, geschickte
Spinnen), fehlt es an der anderen gänzlich; und die einzigen Arten
außer uns, die von beiden Eigenschaften ein gewisses Maß erwarben (gewöhnliche und Zwergschimpansen), waren nicht gerade
erfolgreich im Daseinskampf. Wirklichen Erfolg hatten dagegen
dumme, ungeschickte Ratten und Käfer, die bessere Weg zu ihrer
gegenwärtigen Vorherrschaft fanden.

Bleibt noch die letzte Variable der *Green Bank*-Formel zur Berechnung der Anzahl von Zivilisationen im Universum, die zu interstellarer Funkkommunikation in der Lage sind: die Lebensdauer
solcher Zivilisationen. Intelligenz und Geschicklichkeit, für den
Bau von Funkgeräten erforderlich, sind auch für andere Dinge
nützlich, und zwar für solche, die schon viel länger Markenzeichen
unserer Spezies sind als die Kommunikation per Funk: Massenver-
nichtung und Umweltzerstörung. Wir haben es in beidem so weit

gebracht, daß wir allmählich beginnen, in den Säften unserer Zivilisation zu schmoren. Dabei bleibt uns der Luxus eines langsamen Endes vielleicht verwehrt. Ein halbes Dutzend Länder besitzen bereits die Mittel, der ganzen Menschheit in Null Komma nichts den Garaus zu machen, und weitere Länder streben eifrig danach, es ihnen gleichtun zu können. Erfahrungen mit der Unvernunft der Regierungschefs atomwaffenbesitzender Staaten in der Vergangenheit und der Herrscher heute nach Atomwaffen strebender Länder geben wenig Anlaß zu dem Glauben, daß es auf der Erde noch lange Funkgeräte geben wird.

Es war ein extrem seltener Zufall, daß wir überhaupt Funkgeräte entwickelten, und ein noch größerer Zufall, daß dies geschah, bevor wir die Technologien entwickelten, die uns einem langsamen Ende entgegenschmoren oder in einem großen Knall enden lassen. Die Geschichte der Erde begründet somit wenig Hoffnung, daß anderswo Funk-Zivilisationen existieren. Sie legt überdies nahe, daß etwaige solcher Zivilisationen recht kurzlebig wären.

Und wir haben Glück, daß es so ist. Ich finde es geradezu wahnwitzig, daß all die Astronomen, die ganz wild darauf sind, ein paar hundert Millionen Dollar für die Suche nach außerirdischem Leben auszugeben, nie ernsthaft über die naheliegendste Frage nachgedacht haben: Was geschähe eigentlich, wenn wir es fänden oder wenn es uns fände? Stillschweigend wird angenommen, daß wir und die kleinen grünen Männchen einander freundlich willkommen heißen und uns über faszinierende Dinge unterhalten würden. Auch hier vermittelt unsere eigene Erfahrung auf der Erde nützliche Einsichten. Wir haben bereits zwei Arten entdeckt, die sehr intelligent, aber technisch hinter uns zurück sind – den gewöhnlichen und den Zwergschimpansen. War unsere Reaktion etwa, sich hinzusetzen und zu versuchen, mit ihnen zu kommunizieren? Natürlich nicht. Statt dessen schossen wir auf sie, stopften sie aus, sezierten sie, schnitten ihnen die Hände als Trophäen ab, steckten sie in Zookäfige, spritzten ihnen das AIDS-Virus zu Testzwecken und zerstörten ihren Lebensraum oder ergriffen selbst von ihm Besitz. Diese Reaktion war vorhersehbar, da menschliche Eroberer jedesmal, wenn sie auf technisch rückständige Menschen stießen, diese abknallten, ihre Populationen durch eingeschleppte Krankheiten dezimierten und ihren Lebensraum zerstörten oder in Besitz nahmen.

Jeder Außerirdische, der die Menschheit entdeckte, würde uns gewiß ebenso behandeln. Denken Sie unter diesem Gesichtspunkt noch einmal an die Astronomen, die Funksignale von Arecibo ins All sendeten und darin beschrieben, wo die Erde liegt und wer sie bewohnt. In seiner selbstmörderischen Torheit war dieser Akt mit der Tat des letzten Inkaherrschers Atahualpa vergleichbar, der den goldgierigen Spaniern, die ihn gefangennahmen, den Reichtum seiner Hauptstadt schilderte und ihnen Führer für die Reise dorthin überließ. Sollte es tatsächlich Funk-Zivilisationen in Hörweite der Erde geben, sollten wir um Himmels willen unsere Sender abschalten und versuchen, der Entdeckung zu entrinnen, oder uns droht der Untergang.

Zum Glück umgibt uns im Weltall absolute Funkstille. Es stimmt, daß da draußen Milliarden von Galaxien mit Milliarden von Sternen sind. Es muß auch irgendwo ein paar Sender geben, aber nicht viele, und keiner ist von langer Dauer. Wahrscheinlich sind unsere eigenen Sender in unserer Galaxie die einzigen, gewiß aber im Umkreis von ein paar hundert Lichtjahren. Was uns die Spechte über Ufos lehren, ist, daß wir wohl kaum je eins zu Gesicht bekommen werden. Praktisch gesehen sind wir einzigartig und allein in einem überfüllten Universum. Gott sei Dank!

TEIL IV
Eroberer der Welt

In Teil III ging es um einige unserer kulturellen Besonderheiten und ihre Parallelen bzw. Vorläufer im Tierreich. Die kulturellen Markenzeichen der Menschheit – vor allem Sprache, Landwirtschaft und Technik – waren die Ursachen für unseren Aufstieg. Sie erst schufen die Voraussetzung dafür, daß wir uns über den Globus ausbreiten und die Welt in Besitz nehmen konnten.

Es ging bei dieser Ausbreitung jedoch nicht nur um die Eroberung noch unbesiedelter Gebiete, sondern auch darum, daß manche Populationen andere unterwarfen, vertrieben oder umbrachten. Wir eroberten nicht nur die Welt, sondern auch unseresgleichen. Somit war die Ausbreitung des Menschen von einer weiteren Besonderheit unserer Spezies gekennzeichnet, die zwar Vorläufer im Tierreich hat, aber von uns weit über die Grenzen alles bisher Gekannten gesteigert wurde: dem Hang zum massenhaften Umbringen Angehöriger unserer eigenen Spezies. Nebst der Zerstörungswut, mit der wir der Umwelt begegnen, ist dieser Hang eine der beiden potentiellen Ursachen für unseren möglichen Niedergang.

Um zu begreifen, was unser Aufstieg zu Eroberern der Welt bedeutet, müssen wir uns vor Augen führen, daß die meisten Tierarten nur ein recht kleines Verbreitungsgebiet haben. So beschränkt sich der Lebensraum des Hamilton-Frosches auf ein 15 Hektar großes Waldstück und einen Steinhaufen von 600 Quadratmetern in Neuseeland. Der neben dem Menschen am weitesten verbreitete Landsäuger war einst der Löwe, der noch vor 10 000 Jahren den größten Teil Afrikas, viele Gebiete Eurasiens, Nordamerikas und des nördlichen Südamerika bewohnte. Doch selbst in seiner besten Zeit erreichte er niemals Südostasien, Australien, den Süden von Südamerika, die Polarregionen oder Inseln im Meer.

Der Mensch bewohnte einst ein säugetiertypisches, beschränktes

Verbreitungsgebiet in warmen, unbewaldeten Gegenden Afrikas. Noch vor 50 000 Jahren lebten wir ausschließlich in tropischen Regionen Afrikas und Eurasiens mit mildem Klima. Dann aber brachen wir auf und begaben uns Zug um Zug nach Australien und Neuguinea (vor rund 50 000 Jahren), in kalte Gegenden Europas (vor 30 000 Jahren), nach Sibirien (vor 20 000 Jahren), Nord- und Südamerika (vor rund 11 000 Jahren) und Polynesien (vor 3600 bis 1000 Jahren). Inzwischen hat der Mensch nicht nur alle Landflächen besiedelt oder doch wenigstens besucht, sondern er ist auch dabei, den Grund der Meere zu erforschen und ins All vorzustoßen.

Im Verlauf dieses Eroberungsprozesses vollzog sich innerhalb unserer Spezies ein grundlegender Wandel in den Beziehungen zwischen einzelnen Populationen. Bei den Tieren gliedern sich Arten mit genügend großer geographischer Verbreitung in Populationen, die zwar mit benachbarten Populationen in Kontakt stehen, aber wenig oder gar keinen Kontakt mit entfernten Populationen haben. Auch in dieser Hinsicht war der Mensch eine Säugetierart unter vielen. Bis vor relativ kurzer Zeit verbrachten die meisten Menschen ihr ganzes Leben im Umkreis weniger Dutzend Kilometer um ihren Geburtsort und hatten keine Gelegenheit, auch nur von der Existenz von Menschen in weiter entfernten Gebieten zu erfahren. Die Beziehungen zwischen benachbarten Stämmen kennzeichnete eine gespannte Balance zwischen Interesse am Handel und der Feindseligkeit gegenüber fremden Artgenossen.

Verstärkt wurde diese Zersplitterung noch durch den Hang jeder menschlichen Population zur Ausbildung einer eigenen Sprache und Kultur. Die gewaltige räumliche Expansion unserer Spezies vergrößerte zunächst die sprachliche und kulturelle Vielfalt in gigantischem Ausmaß. Allein in Neuguinea und Nord- und Südamerika – beides Gebiete, die erst innerhalb der letzten 50 000 Jahre von Menschen besiedelt wurden – entstand etwa die Hälfte aller modernen Sprachen. Ein großer Teil der überlieferten kulturellen Vielfalt verschwand in den letzten 5000 Jahren mit dem Aufkommen zentralistischer Staatsgebilde. Die Reisefreiheit, eine Erfindung der Neuzeit, trägt das ihre zur sprachlichen und kulturellen Angleichung bei. In wenigen Teilen der Welt, insbesondere in Neu-

guinea, hielten sich Steinzeittechnik und traditionelle Fremdenfeindlichkeit jedoch bis ins 20. Jahrhundert und vermitteln uns ein
letztes Bild davon, wie es auch im Rest der Welt einst war.

Der Ausgang von Konflikten zwischen expandierenden menschlichen Populationen war in starkem Maße von kulturellen Diskre-
panzen bestimmt. Von besonderer Bedeutung waren Unterschiede
in der Militär- und Schiffahrtstechnik, in der politischen Ordnung
und in der Landwirtschaft. Wer über die leistungsfähigere Landwirtschaft verfügte, hatte den militärischen Vorteil einer größeren
Bevölkerung, konnte ein stehendes Heer unterhalten und besaß
Immunität gegen Infektionskrankheiten, die sich in spärlicheren
Populationen nicht entwickeln konnte.

All diese kulturellen Unterschiede wurden früher auf eine genetische Überlegenheit der vordringenden, »höher entwickelten« Völker über die eroberten »Wilden« zurückgeführt. Dafür fehlt
indessen jeder Beweis. Daß Erbanlagen die ihnen zugedachte Rolle
spielen könnten, wird schon durch die Leichtigkeit widerlegt, mit
der Menschen unterschiedlichster Abstammung fremde kulturelle
Techniken meistern, wenn sie nur die Gelegenheit bekommen, sie
zu erlernen. Neuguineer, deren Eltern noch in der Steinzeit lebten,
fliegen heute moderne Jets, und Amundsen und sein norwegisches
Team konnten den Südpol nur erreichen, weil sie den Eskimos ab-
geguckt hatten, wie man mit Hundeschlitten reist.

Es stellt sich also vielmehr die Frage, warum manche Völker
auch ohne nachweisbare genetisch bedingte Überlegenheit die kulturellen Vorteile erwarben, die sie zu Herren über andere Völker
werden ließen. War es zum Beispiel purer Zufall, daß die aus Äqua-
torialafrika stammenden Bantu-Völker die Khoisaniden (Hottentotten und Buschmänner) in den meisten Teilen des südlichen
Afrikas verdrängten und nicht umgekehrt? Zwar können wir bei
Eroberungen kleineren Ausmaßes nicht erwarten, die letztlich entscheidenden Umweltfaktoren ausfindig zu machen, aber wenn wir
unser Augenmerk auf größere, über längere Zeiträume erfolgte Be-
völkerungsverschiebungen richten, dürfte der Zufall weniger ins
Gewicht fallen, und die wirklich ursächlichen Faktoren sollten
deutlicher zum Vorschein treten. In Kapitel 14 und 15 werden zwei
der größten solcher Verschiebungen in der jüngeren Geschichte un-

tersucht: das Vordringen der Europäer nach Amerika und Australien und das große Rätsel, wie die indogermanischen Sprachen
einen so großen Teil Eurasiens von ihrer ursprünglich begrenzten
Ausgangsbasis aus überrennen konnten. Wir werden im ersten Fall
klar erkennen und im zweiten eher Spekulationen darüber anstellen, wie die Kultur und Wettbewerbsposition jeder Gesellschaft von
ihrem biologischen und geographischen Erbe geprägt ist, insbesondere davon, welche Pflanzen- und Tierarten sich zur Domestikation
anboten.

Die Rivalität unter Artgenossen ist keine Besonderheit des Menschen. Bei allen Tierarten sind die größten Rivalen zwangsläufig
die Angehörigen der gleichen Art, da sie die stärkste ökologische
Ähnlichkeit aufweisen. Starke Unterschiede gibt es jedoch in den
Formen, die der Konkurrenzkampf annimmt. In der einfachsten
Form fressen sich Rivalen gegenseitig das Futter weg, ohne daß
offene Aggression ausbricht. Um eine milde Eskalation handelt es
sich bei rituellen Darbietungen oder beim Verjagen von Rivalen.
Als letztes Mittel wird der Gegner umgebracht, ein inzwischen bei
vielen Arten nachgewiesenes Verhalten.

Erhebliche Unterschiede bestehen auch darin, wer an den Auseinandersetzungen beteiligt ist. Bei den meisten Singvögeln, zum
Beispiel beim Rotkehlchen, kämpfen einzelne Männchen oder
Paare gegeneinander. Bei Löwen und gewöhnlichen Schimpansen
ziehen kleine Gruppen von Männchen, oft Brüder, gemeinsam in
den Kampf, der auch tödlich enden kann. Wölfe und Hyänen liefern sich rudelweise Gefechte, während Ameisenstaaten regelrecht
Krieg gegen andere Staaten führen. Kämpfe dieser Art mögen zwar
für einzelne Tiere mit dem Tod enden, aber es gibt keine Tierart,
deren Überleben als ganze durch sie auch nur im entferntesten
gefährdet wäre.

Wie die meisten Tierarten konkurrieren auch Menschen um
Raum. Da wir in Gemeinschaften leben, spielt sich der Konkurrenzkampf zum Großteil in Form kriegerischer Auseinandersetzungen zwischen benachbarten Gemeinschaften ab, gleicht also eher
den Kriegen zwischen Ameisenstaaten als den Kämpfen der Rotkehlchen. Ähnlich wie bei Wölfen und gewöhnlichen Schimpansen
waren auch bei uns die Beziehungen zwischen Nachbarstämmen

traditionell von Ablehnung gegenüber Fremden gekennzeichnet, unterbrochen nur durch den gelegentlichen Austausch von Gatten (bei unserer Spezies auch von Gütern). Fremdenfeindlichkeit ist beim *Homo sapiens* besonders naheliegend, da unser Verhalten so stark kulturell und nicht genetisch bestimmt ist und so ausgeprägte kulturelle Unterschiede zwischen menschlichen Populationen bestehen. Diese Merkmale machen es uns, im Gegensatz zu Wölfen und Schimpansen, leicht, Mitglieder fremder Gemeinschaften auf einen Blick an der Kleidung oder Haartracht als solche zu erkennen.

Was den Fremdenhaß beim Menschen weitaus gefährlicher macht als bei jeder Tierart, ist unser Besitz von Massenvernichtungswaffen, die aus weiter Entfernung eingesetzt werden können. Jane Goodall beschrieb zwar einmal, wie die Männchen einer Horde gewöhnlicher Schimpansen nach und nach die Mitglieder einer Nachbarhorde umbrachten und deren Revier in Besitz nahmen, doch sie verfügten weder über die Mittel, Artgenossen einer weiter entfernt lebenden Gemeinschaft zu töten, noch alle Schimpansen der Welt (einschließlich sich selbst) auszulöschen. Der Mord aus Fremdenhaß hat unzählige Vorläufer im Tierreich, aber wir sind als erste imstande, unsere ganze Spezies zu vernichten. Diese Gefährdung der eigenen Existenz ist neben Kunst und Sprache ein weiteres Markenzeichen des Menschen geworden. Kapitel 16 befaßt sich mit der Geschichte des Genozids, um zu verdeutlichen, in welch häßlicher Tradition die Gaskammern von Dachau und die moderne atomare Kriegführung stehen.

Die letzten Erstkontakte

Am 4. August 1938 machte eine biologische Forschungsexpedition des *American Museum of Natural History* eine Entdeckung, die eine lange Phase der Menschheitsgeschichte ihrem Ende ein großes Stück näherbrachte. Es war der Tag, an dem die Vorhut der dritten Archbold-Expedition, benannt nach ihrem Leiter Richard Archbold, das Grand Valley des Balim-Flusses im vermeintlich unbewohnten westlichen Innern von Neuguinea betrat, in das noch nie Fremde vorgedrungen waren. Zum Erstaunen aller stellte sich heraus, daß das Grand Valley dicht besiedelt war – von 50 000 in der Steinzeit lebenden Papuas, von denen der Rest der Menschheit noch nichts gehört hatte und die selbst nicht dachten, daß es außer ihnen noch Menschen gab. Auf der Suche nach unentdeckten Vögeln und Säugetieren war Archbold auf eine unentdeckte menschliche Gesellschaft gestoßen.

Um die Folgenschwere dieses Ereignisses zu begreifen, müssen wir uns über die Bedeutung des Phänomens »Erstkontakt« klar sein. Ich erwähnte bereits, daß die meisten Tierarten ein sehr beschränktes Verbreitungsgebiet haben. Bei den Arten, die wie Löwen und Grislybären auf mehreren Kontinenten heimisch sind, kommt es nicht zu gegenseitigen Besuchen. Vielmehr hat jeder Kontinent und für gewöhnlich sogar jede Region eine eigene charakteristische Population, die zwar in Berührung mit eng benachbarten, aber nicht mit entfernt lebenden Artgenossen kommt. (Zugvögel stellen eine Ausnahme dar. Bei ihren Wanderungen zwischen den Kontinenten folgen sie allerdings immer festen Routen, und die sommerlichen Brutgebiete sind ebenso wie der winterliche Lebensraum einer Population relativ eng umrissen.)

Die Treue der Tiere zu ihren angestammten Gebieten spiegelt sich auch in der in Kapitel 6 erörterten geographischen Variabilität wider. Populationen derselben Art entwickeln sich bei räumlicher

Trennung tendenziell zu Unterarten mit jeweils eigenem Aussehen, da die Paarung hauptsächlich innerhalb der gleichen Population erfolgt. So ward noch nie ein ostafrikanischer Tieflandgorilla in Westafrika gesehen oder ein westafrikanischer Flachlandgorilla umgekehrt in Ostafrika, obwohl sich beide Unterarten deutlich unterscheiden, so daß Biologen Wanderer leicht erkennen würden, wenn es welche gäbe.

In dieser Hinsicht war der Mensch während des größten Teils seiner Evolution ein ganz typisches Tier. Auch jede menschliche Population ist genetisch an das Klima und die Krankheiten ihrer heimatlichen Umgebung angepaßt, wobei sprachliche und kulturelle Barrieren Menschen viel stärker als Tiere davon abhalten, sich einfach unter andere Populationen zu mischen. Anthropologen können die Herkunft eines Menschen anhand seines (unbekleideten) Äußeren grob bestimmen, Sprachwissenschaftler und Modekenner sogar noch viel präziser. Das läßt erkennen, wie seßhaft menschliche Populationen gewesen sind.

Während wir uns selbst gern als große Reisende betrachten, waren wir während der Jahrmillionen unserer Evolution fast das genaue Gegenteil. Keine Population wußte etwas von der Welt außerhalb der Grenzen des eigenen Territoriums und des Territoriums der unmittelbaren Nachbarn. Erst in den letzten Jahrtausenden verschaffte der politische und technische Wandel einer kleinen Zahl von Menschen die Möglichkeit, regelmäßig weite Reisen zu unternehmen, fremden Völkern in entfernten Ländern zu begegnen und aus erster Hand über Orte und Völker zu erfahren, die sie nie zuvor gesehen hatten. Dieser Prozeß erfuhr mit der Reise des Kolumbus im Jahre 1492 eine jähe Beschleunigung, so daß heute nur noch wenige Stämme in Neuguinea und Südamerika auf einen Erstkontakt mit Außenstehenden harren. Die Ankunft der Archbold-Expedition im Grand Valley wird als einer der letzten solcher Begegnungen mit einer großen menschlichen Population in Erinnerung bleiben. Sie war ein Meilenstein im Prozeß des Übergangs der Menschheit von der Zersplitterung in Tausende winziger Gesellschaften, die zusammen nur einen Bruchteil des Globus bewohnten, zu Welteroberern mit Weltwissen.

Wie konnte es angehen, daß ein so großes Volk wie das der 50 000

Papuas im Grand Valley bis 1938 völlig unentdeckt blieb? Wie konnten umgekehrt die Papuas ohne jede Kenntnis der Außenwelt leben? Wie veränderten Erstkontakte menschliche Gesellschaften? Ich werde zeigen, daß die Welt vor dem Zeitalter der Erstkontakte, das noch in unserer Generation zu Ende gehen wird, den Schlüssel zu den Ursprüngen kultureller Vielfalt birgt. Jetzt, wo wir als Eroberer der Welt dastehen, sind wir eine Spezies von über fünf Milliarden, verglichen mit nur zehn Millionen vor dem Aufkommen der Landwirtschaft. Ironischerweise erlebte unsere kulturelle Vielfalt im gleichen Zuge einen jähen Rückgang.

Wer noch nie in Neuguinea war, muß die lange Verborgenheit von 50 000 Menschen als unvorstellbar empfinden. Schließlich liegt das Grand Valley nur 185 Kilometer sowohl von der Nord- als auch Südküste der Insel entfernt. Neuguinea wurde 1526 von Europäern entdeckt, holländische Missionare ließen sich 1852 dort nieder, und europäische Kolonialregierungen wurden 1884 eingesetzt. Warum brauchte man noch 54 Jahre, um das Grand Valley zu entdecken?

Die Gründe – Terrain, Nahrung, Träger – werden klar, sobald man Neuguinea betritt und versucht, sich abseits der Pfade zu bewegen. Sümpfe im Tiefland, endlose Reihen messerscharfer Kämme im Gebirge und der alles bedeckende Dschungel erlauben im günstigsten Fall eine Tagesleistung von ein paar Kilometern. Auf meiner Expedition in die Kumawa-Berge im Jahre 1983 brauchten meine zwölf neuguineischen Begleiter und ich zwei Wochen, um nur elf Kilometer ins Landesinnere vorzudringen. Und dabei hatten wir es noch leicht, verglichen mit den britischen Ornithologen der *Jubilee Expedition*. Sie waren am 4. Januar 1910 an der Küste Neuguineas vor Anker gegangen und von dort zu den schneebedeckten Bergen aufgebrochen, die sie in nur 160 Kilometer Entfernung erspäht hatten. Am 12. Februar 1911 gaben sie schließlich auf und kehrten um, nachdem sie in 13 Monaten weniger als die Hälfte der Strecke (70 Kilometer) zurückgelegt hatten.

Zu dem schwierigen Terrain kommt noch hinzu, daß es in Neuguinea kein Großwild gibt und so die Möglichkeit entfällt, während des Marsches für frischen Proviant zu sorgen. Im Dschungel des Tieflands wächst die Sagopalme, die den Neuguineern als Hauptnahrungsmittel dient. Aus ihrem Mark wird eine scheußlich schmeckende, gummiartige Substanz gewonnen. Doch nicht einmal die Einheimischen können in den Bergen genügend Nahrung zum Überleben finden. Dies wurde durch den schrecklichen Anblick illustriert, der sich dem britischen Entdecker Alexander Wollaston bot, als er auf einem Dschungelpfad aus dem Gebirge herabstieg und auf die Leichen von 13 gerade gestorbenen Neuguineern und zwei im Sterben liegende Kinder stieß, die auf der Rückkehr vom Tiefland zu ihren Gemüsegärten im Gebirge verhungert waren, weil sie nicht genug Proviant mitgenommen hatten.

Das spärliche Nahrungsangebot des Dschungels zwingt Forschungsreisende, die in unbesiedelte Gebiete vordringen oder nicht damit rechnen können, Nahrung aus den Gärten der Einheimischen zu beziehen, zum Mitführen eigenen Proviants. Ein Träger kann 35 Pfund tragen, etwa das Gewicht der Lebensmittel, von denen er sich 14 Tage ernähren kann. Bevor Flugzeuge den Abwurf von Proviant aus der Luft ermöglichten, mußten deshalb alle Expeditionen in Neuguinea, deren Ziel weiter als sieben Tagesmärsche (14 Tage hin und zurück) von der Küste entfernt lag, Trägermannschaften hin und her marschieren lassen, um unterwegs Lebensmitteldepots anzulegen. Ein typischer Plan sah so aus: 50 Träger brechen an der Küste mit 700 Tagesrationen auf, deponieren 200 fünf Tagesmärsche entfernt im Landesinneren und kehren in fünf weiteren Tagen zur Küste zurück, wobei ihr Gesamtverbrauch 500 Tagesrationen (50 Mann à zehn Tage) beträgt. Als nächstes marschieren 15 Träger zum ersten Depot, beladen sich mit den dortigen 200 Tagesrationen, deponieren 50 davon weitere fünf Tagesmärsche entfernt und kehren zum ersten, inzwischen aufgefüllten Depot zurück, wobei ihr Gesamtverbrauch 150 Tagesrationen beträgt. Als nächstes ...

Die Kremer-Expedition von 1921–1922, die der Entdeckung des Grand Valley vor Archbold am nächsten kam, verfügte über 800 Träger und 200 Tonnen Lebensmittel, die in zehn Monaten nach und nach ins Landesinnere geschafft wurden, um es vier Entdekkungsreisenden zu ermöglichen, gerade ein Stück weiter ins Landesinnere vorzudringen als bis zum Grand Valley. Kremer hatte nur das Pech, daß seine Route ein paar Kilometer westlich an dem Tal, von dessen Existenz er wegen der davorliegenden Bergkämme und des Dschungels nichts ahnte, vorbeiführte.

Abgesehen von diesen natürlichen Hindernissen schien es im Innern Neuguineas wenig zu geben, das Missionare oder Kolonialherren reizen konnte, denn man ging ja davon aus, daß es so gut wie menschenleer war. Europäische Forschungsreisende, die an der Küste oder in Flüssen an Land gingen, stießen im Tiefland auf viele Stämme, die von Sago und Fisch lebten, aber nur auf wenige Einheimische, die in den steilen Vorbergen mühsam ihr Dasein fristeten. Von der Nord- wie auch von der Südküste präsentiert die schneebedeckte Zentralkordillere, das Rückgrat der Insel, steile Felswände. Man glaubte damals, Nord- und Südwand würden in einem Kamm zusammenlaufen. Was man von der Küste nicht sehen konnte, waren die breiten, für landwirtschaftlichen Anbau geeigneten Täler, die sich hinter diesen Felswänden verbargen.

Für das östliche Neuguinea wurde die Annahme eines menschenleeren Landesinneren am 26. Mai 1930 als Legende entlarvt, als zwei australische Bergarbeiter, Michael Leahy und Michael Dwyer, den Kamm des Bismarckgebirges auf der Suche nach Gold erklommen und nachts mit Erschrecken feststellten, daß unten im Tal unzählige kleine Feuer brannten: die Kochstätten von Tausenden. Für das westliche Neuguinea war das Ende der Legende mit Archbolds zweitem Vermessungsflug am 23. Juni 1938 gekommen. Nach mehrstündigem Flug über den Dschungel, bei dem er wenig Spuren von Menschen entdeckte, staunte Archbold nicht schlecht beim Anblick des Grand Valley, das aus der Luft an Holland erinnerte: eine säuberlich gerodete Landschaft, von Bewässerungsgräben durchzogen und ordentlich in kleine Felder unterteilt, dazwischen hier und da ein kleines Dorf. Es dauerte noch sechs Wochen, bis Archbold Camps am nächstgelegenen See und Fluß mit Landemöglichkeit für sein Wasserflugzeug errichten konnte und von diesen Camps ausgesandte Spähtrupps das Grand Valley erreichten, um ersten Kontakt mit seinen Bewohnern herzustellen.

Aus diesen Gründen hatte die Außenwelt bis 1938 nichts vom Grand Valley gehört. Und warum wußten die Talbewohner, heute Dani genannt, nichts von der Außenwelt?

Zum Teil liegt das natürlich an den gleichen logistischen Problemen, vor denen die Kremer-Expedition bei ihrem Marsch ins Landesinnere stand, nur eben in umgekehrter Richtung. Doch solche Probleme würden in Regionen mit sanfterem Terrain und größerem Angebot der Natur an Wildfrüchten und -tieren als in Neuguinea weniger ins Gewicht fallen, und sie erklären auch nicht, warum alle übrigen Gesellschaften der Welt ebenfalls in relativer Abgeschiedenheit voneinander lebten. Wir sollten uns an dieser Stelle vor Augen führen, daß die modernen Anschauungen, die uns als selbstverständlich erscheinen, in Neuguinea eine relativ kurze Geschichte haben und vor 10 000 Jahren noch nirgendwo auf der Welt anzutreffen waren.

Vergegenwärtigen wir uns, daß heute die gesamte Erde in Staaten aufgeteilt ist, deren Bürger ein mehr oder weniger großes Maß an Reisefreiheit innerhalb und außerhalb ihrer jeweiligen Heimatländer genießen. Wer Zeit, Geld und Lust hat, kann fast jedes Land besuchen, von ein paar traurigen Ausnahmen wie Nordkorea einmal abgesehen. Als Folge dieser Freiheit erfolgte eine Ausbreitung und Vermischung von Menschen und Waren rund um den Globus, und viele Güter wie zum Beispiel Coca-Cola sind heute fast überall erhältlich. Mir wird immer noch heiß vor Verlegenheit, wenn ich an meinen Besuch auf Renell im Jahre 1976 zurückdenke. Die Pazifikinsel konnte dank ihrer Abgelegenheit, der steilen Felsküste ohne Strände und der zerfurchten Korallenlandschaft ihre polynesische Kultur bis in die jüngste Vergangenheit unverändert bewahren. Ich brach morgens an der Küste auf und marschierte durch den Dschungel, ohne irgendwelche Spuren von Menschen zu entdekken. Als ich am Spätnachmittag eine weibliche Stimme vernahm und eine kleine Hütte vor mir erblickte, schwirrten mir lauter Phantasien von einer zauberhaften, unverdorbenen, barbusigen polynesischen Schönheit mit Grasröckchen durch den Kopf, die mich an dieser abgelegenen Stelle dieser abgelegenen Insel erwartete. Schlimm genug, daß die Lady korpulent war und einen Ehemann besaß. Was meinen Stolz als wackerer Forscher wirklich verletzte, war, daß sie ein Sweatshirt mit dem Aufdruck »University of Wisconsin« trug.

Im Gegensatz dazu war Reisefreiheit in der Geschichte der Menschheit mit Ausnahme der letzten 10 000 Jahre ein Fremdwort, und die Verbreitung von Sweatshirts hielt sich in sehr engen Grenzen. Jedes Dorf und jede umherziehende Sippe bildeten eine politische Einheit, die mit Nachbardörfern und -sippen mal Krieg führte, mal in Frieden lebte, mal Bündnisse einging und mal Handel trieb. Die Bewohner des Hochlands von Neuguinea verbrachten ihr ganzes Leben im Umkreis von 30 Kilometern um ihren Geburtsort. Es kam wohl vor, daß sie das Land benachbarter Stämme in Kriegszeiten heimlich oder im Frieden nach vorheriger Erlaubnis betraten, doch für weitere Reisen fehlten die sozialen Voraussetzungen. Die Duldung nichtverwandter Fremder war ebenso unvorstellbar wie der Gedanke, daß ein Fremder es wagen könnte, einfach so aufzutauchen.

Selbst heute noch ist diese Abschottungsmentalität in vielen Teilen der Welt lebendig. Jedesmal, wenn ich in Neuguinea bin, um Vögel zu beobachten, hole ich mir dafür erst im nächsten Dorf die Erlaubnis. Zweimal, als ich diese Vorsichtsmaßnahme ausgelassen bzw. im falschen Dorf gefragt hatte und mit dem Boot flußaufwärts gefahren war, fand ich den Fluß bei meiner Rückkehr versperrt mit Kanus steinewerfender Dorfbewohner, die über mein Eindringen in ihr Territorium äußerst erzürnt waren. Als ich bei den Elopis im westlichen Teil Neuguineas lebte und von dort das Gebiet des benachbarten Fayu-Stammes durchqueren wollte, um zu einem nahegelegenen Berg zu gelangen, erklärten mir die Elopis, daß mich die Fayus bei dem Versuch töten würden. Aus neuguineischer Sicht erschien das ganz normal und verständlich. Natürlich würden die Fayus jeden Eindringling umbringen. Oder glauben Sie, daß sie so dumm wären, einen Fremden auf ihr Territorium zu lassen? Fremde würden doch nur das Wild jagen, die Frauen belästigen, Krankheiten einschleppen und das Terrain erkunden, um später als Angreifer zurückzukehren.

Die meisten Völker und Stämme, die noch keinen Kontakt mit der Außenwelt hatten, unterhielten Handelsbeziehungen zu ihren Nachbarn, aber viele glaubten auch, sie wären die einzigen Men-

schen auf der Welt. Vielleicht bewies Rauch am Horizont oder ein
leeres Kanu, das auf einem Fluß trieb, daß es noch andere Menschen gab. Aber das eigene Territorium zu verlassen, um diesen
Fremden zu begegnen, kam Selbstmord gleich, selbst wenn es nur
um ein paar Kilometer ging. Ein neuguineischer Hochländer schilderte sein Leben vor der Ankunft der ersten Weißen im Jahre 1930
so: »Wir hatten keine weit entfernten Orte gesehen. Wir kannten
nur das Gebiet diesseits der Berge. Und wir glaubten, wir waren die
einzigen Menschen.«

Diese Isolation war der Nährboden für eine große genetische
Vielfalt. Jedes Tal in Neuguinea besitzt nicht nur seine eigene Sprache und Kultur, sondern auch spezifische genetische Anomalien
und Krankheiten. Das erste Tal, in dem ich arbeitete, war die Heimat der Foré, die der Wissenschaft vor allem durch eine tödliche
Viruskrankheit bekannt wurden, die nur sie befällt. *Kuru*, die Lach-
krankheit, war für über die Hälfte aller Sterbefälle (besonders bei
Frauen) verantwortlich und führte dazu, daß es in manchen Foré-
Dörfern dreimal so viele Männer wie Frauen gab. In Karimui,
knapp hundert Kilometer westlich des Foré-Gebiets, ist *Kuru* völlig
unbekannt; die Bewohner leiden statt dessen unter der höchsten
Lepraquote der Welt. Wieder andere Stämme zeichnen sich durch
eine hohe Zahl von Taubstummen, penislosen männlichen Herm-
aphroditen, Frühgreisen oder Spätpubertierenden aus.

Heute vermittelt uns das Fernsehen ein Bild von Regionen der
Welt, die wir noch nicht gesehen haben. Auch aus Büchern können
wir darüber erfahren. Für jede der großen Sprachen der Welt gibt
es Wörterbücher, und in den meisten Dörfern, in denen unbedeu-
tendere Sprachen gesprochen werden, gibt es einige Bewohner, die
einer der großen Sprachen mächtig sind. So erlernten Missionare
während der letzten Jahrzehnte Hunderte neuguineischer und süd-
amerikanischer Indiosprachen, und ich fand selbst in den abgele-
gensten Dörfern Neuguineas stets jemanden, mit dem ich mich auf
Indonesisch oder Neomelanesisch unterhalten konnte. Sprachbar-
rieren vereiteln den weltweiten Informationsfluß heute nicht mehr.
Fast jedes Dorf der Erde hat auf diese Weise inzwischen einigermaßen direkte Erfahrungen mit der Außenwelt gesammelt und auch
einigermaßen direkt über sich selbst Auskunft gegeben.

Demgegenüber besaßen Völker, denen ein Erstkontakt mit Fremden noch bevorstand, keine Möglichkeit, sich ein Bild von der Außenwelt zu machen oder direkt etwas über sie zu erfahren. Was sie wußten, war über eine lange Kette von Sprachen zu ihnen gekommen, wobei die Genauigkeit der Informationen mit jeder Sprache etwas abnahm – wie in dem Spiel »Stille Post«, bei dem Kinder im Kreis sitzen und eine Botschaft weiterflüstern, die am Ende mit der ursprünglichen nichts mehr gemein hat. Entsprechend hatten neuguineische Hochländer keine Vorstellung vom nur 150 Kilometer entfernten Ozean, und sie wußten nichts von den weißen Männern, die sich schon mehrere Jahrhunderte an ihren Küsten herumtrieben. Als sich die Hochländer Gedanken darüber machten, warum die ersten weißen Ankömmlinge Hosen und Gürtel trugen, lautete eine ihrer Theorien, daß die Kleidungsstücke dazu dienten, einen enorm langen, um die Hüften gerollten Penis zu verbergen. Manche Dani glaubten, daß die Angehörigen eines ihrer Nachbarstämme Gras fraßen und daß ihre Hände auf dem Rücken zusammengewachsen waren.

Die traumatische Wirkung des Erstkontakts können wir heute nur schwer nachvollziehen. Die von Michael Leahy in den dreißiger Jahren »entdeckten« neuguineischen Hochländer erinnerten sich, 50 Jahre später danach befragt, noch genau an das, was sie in jenem Moment gerade getan hatten. Die engste Parallele in der modernen Welt der Amerikaner und Europäer ist vielleicht die Erinnerung an ein bedeutendes politisches Ereignis, das wir selbst miterlebten. Die meisten Amerikaner meiner Generation erinnern sich noch sehr gut an jenen Augenblick des 7. Dezember 1941, als sie vom japanischen Angriff auf Pearl Harbor erfuhren. Uns war schlagartig klar, daß unser Leben auf Jahre sehr anders sein würde. Doch selbst die Auswirkungen von Pearl Harbor und des Zweiten Weltkrieges auf die amerikanische Gesellschaft waren gering im Vergleich zu den Folgen, die der Erstkontakt mit Weißen für die neuguineischen Hochländer hatte. An jenem Tag änderte sich ihre Welt ein für allemal.

Die Vorhut der Fremden revolutionierte die materielle Kultur der Hochländer durch die mitgebrachten Stahlaxte und Streichhölzer, deren Überlegenheit über Steinäxte und Reibhölzer sofort jedem klar war. Die Missionare und Verwaltungsbeamte, die bald folgten, verboten eingewurzelte Sitten und Bräuche wie Kannibalismus, Vielweiberei, Homosexualität und Kriegführung. Andere Bräuche wurden von den Stammesangehörigen spontan zugunsten neuer, die sie nun kennenlernten, aufgegeben. Doch es fand noch eine viel tiefgreifendere Erschütterung der Vorstellungswelt der Hochländer statt: Sie und ihre Nachbarn waren nun nicht mehr die einzigen Menschen auf der Welt, mit der einzigen Lebensweise.

Ein Buch von Bob Conolly und Robin Anderson mit dem Titel *First Contact* schildert auf ergreifende Weise jenen Moment in der Geschichte der Bewohner des östlichen Hochlands aus der Erinnerung inzwischen gealterter Neuguineer und Weißer, die sich dort in den dreißiger Jahren als junge Erwachsene oder Kinder begegneten. Zu Tode erschrockene Hochländer hielten die Weißen für zurückkehrende Geister, bis sie den Kot der Fremden ausgegraben und untersucht hatten; sie schickten verängstigte junge Mädchen zu den Eindringlingen, um mit ihnen zu schlafen, und entdeckten, daß auch die Weißen ihren Darm entleerten und Menschen waren wie sie. Leahy schrieb in seine Tagebücher, daß die Hochländer einen schlechten Geruch ausströmten; diese fanden umgekehrt, daß die Weißen sonderbar und furchteinflößend rochen. Leahys Goldbesessenheit erschien den Hochländern ebenso bizarr wie ihm deren Besessenheit von ihrer eigenen Form des Reichtums und ihrer Währung, den Kaurimuscheln. Im Falle der Überlebenden der Dani aus dem Grand Valley und der Mitglieder der Archbold-Expedition, die sich 1938 begegneten, wartet so ein Bericht noch darauf, niedergeschrieben zu werden.

Ich sagte zu Beginn, daß Archbolds Ankunft im Grand Valley nicht nur für die Dani einen Wendepunkt markierte, sondern auch für die Menschheit insgesamt Teil eines Wendepunktes war. Welchen Unterschied macht es, daß einst alle menschlichen Gemeinschaften relativ isoliert voneinander waren, ohne je mit Fremden konfrontiert zu werden, und daß dies heute nur noch für ganz wenige gilt? Die Antwort ergibt sich, wenn wir diejenigen Gegenden der Welt, in denen der Zustand der Isolation schon vor langer Zeit endete, mit anderen vergleichen, wo er bis in die jüngste Vergangenheit fortdauerte. Wir können auch den rapiden Wandel untersuchen, der auf historische Erstkontakte folgte. Vergleiche dieser Art zeigen, daß der Kontakt zwischen weit voneinander entfernt lebenden Völkern nach und nach einen Großteil der in jahrtausendelanger Isolation entstandenen kulturellen Vielfalt vernichtete.

Nehmen wir die Kunst als Beispiel. Innerhalb Neuguineas gab es von Dorf zu Dorf beträchtliche Unterschiede im Stil von Bildhauerei, Musik und Tanz. Aus Dörfern am Lauf des Sepik-Flusses und in den Asmat-Sümpfen stammen Schnitzereien, die wegen ihrer hohen Qualität Weltruhm erlangten. Doch der Druck auf die Dorfbewohner, ihre künstlerischen Traditionen aufzugeben, nahm immer mehr zu. Als ich 1965 einen isoliert lebenden Stamm mit nur 578 Angehörigen bei Bomai besuchte, hatte der Missionar, der die Aufsicht über den einzigen Laden innehatte, die Bevölkerung gerade dazu gebracht, alle Kunstgegenstände zu verbrennen. Die Ergebnisse von Jahrhunderten eigenständiger kultureller Entwicklung (»heidnische Artefakte«, wie der Missionar sie nannte) waren an einem einzigen Vormittag Opfer der Flammen geworden. Bei meinem ersten Besuch in abgelegenen neuguineischen Dörfern im Jahre 1964 hörte ich Baumtrommeln und traditionelle Gesänge; bei späteren Besuchen in den achtziger Jahren empfing mich dagegen der Klang von Gitarren und Rockmusik aus batteriebetriebenen Krachmachern. Jeder, der im New Yorker *Metropolitan Museum of Art* Asmat-Schnitzereien bewundert oder den atemberaubend schnellen Baumtrommel-Duetten gelauscht hat, begreift, welche Tragödie dieser Verlust von Kunst darstellt, zu dem es durch die Kontakte mit der Außenwelt kam.

Auf sprachlichem Gebiet setzte ebenfalls ein massiver Schwund ein. So gibt es in Europa heute nur rund 50 Sprachen, von denen die meisten auch noch der gleichen, nämlich indogermanischen Sprachfamilie angehören. Dagegen wurden in Neuguinea, das weniger als ein Zehntel der Fläche Europas einnimmt und weniger als ein Hundertstel seiner Bevölkerung hat, etwa 1000 Sprachen registriert, von denen viele mit keiner anderen bekannten Sprache Neuguineas oder anderer Länder verwandt sind! Neuguineische Sprachen haben im Durchschnitt nur wenige tausend Sprecher, die in einem Gebiet von rund 10 Kilometer Durchmesser leben. Als ich einmal die 60 Kilometer von Okapa nach Karimui in Neuguineas östlichem Hochland zurücklegte, hatte ich es mit nicht weniger als sechs Sprachen zu tun, angefangen mit Foré (einer Sprache mit Postpositionen wie im Finnischen) und endend mit Tudawhe (einer Tonsprache mit Nasalvokalen wie im Chinesischen).

Neuguinea zeigt uns, wie es früher überall auf der Erde war, als noch jeder isoliert lebende Stamm seine eigene Sprache hatte. Erst das Aufkommen der Landwirtschaft schuf für einige Stämme die Möglichkeit, zu expandieren und die eigene Sprache über große Gebiete zu verbreiten. Erst vor rund 6000 Jahren begann die indogermanische Expansion, die zur Auslöschung aller früheren westeuropäischen Sprachen mit Ausnahme des Baskischen führte. Damit vergleichbar ist das Vorrücken der Bantusprachen innerhalb der letzten Jahrtausende, das die meisten sonstigen Sprachen Afrikas südlich der Sahara verschwinden ließ. Ganz ähnlich war das, was sich in Indonesien und auf den Philippinen im Zuge der austronesischen Expansion abspielte. Allein in der Neuen Welt starben in den letzten Jahrhunderten mehrere hundert Indianersprachen aus.

Soll man aber den Sprachenschwund nicht eigentlich begrüßen, da doch weniger Sprachen die Verständigung unter den Völkern der Welt erleichtern? Vielleicht ja, aber es sind auch Nachteile zu nennen. Sprachen unterscheiden sich in der Struktur und im Wortschatz, darin, wie Kausalzusammenhänge, Gefühle und persönliche Verantwortung ausgedrückt werden, und folglich auch darin, wie sie unsere Gedanken formen. So etwas wie die »beste« Sprache schlechthin gibt es nicht; vielmehr sind verschiedene Sprachen für verschiedene Zwecke geeignet. So mag es kein Zufall gewesen sein, daß Plato und Aristoteles Griechisch schrieben und Kant Deutsch. Die grammatischen Partikel dieser beiden Sprachen und die Leichtigkeit der Bildung von Komposita in ihnen trugen vielleicht mit zu ihrer überragenden Bedeutung für die westliche Philosophie bei. Ein weiteres Beispiel, das allen ehemaligen Lateinschülern bekannt sein dürfte, ist die Fähigkeit stark flektierender Sprachen (in denen bereits die Wortendungen Aufschluß über den Satzbau geben), mittels Variationen der Wortstellung feine Bedeutungsunterschiede auszudrücken. Im Englischen unterliegt die Wortstellung dagegen

wegen ihrer wichtigen Funktion für den Satzbau erheblichen Be-
schränkungen. Die Rolle des Englischen als Weltsprache ist jedenfalls nicht darauf zurückzuführen, daß es sich am besten als
Sprache der Diplomatie eignen würde.

Auch die Vielfalt kultureller Bräuche übertraf in Neuguinea das
Spektrum in vergleichbaren Teilen der modernen Welt, da isolierte
Stämme soziale Experimente ausleben konnten, die andere zutiefst
unakzeptabel gefunden hätten. Formen der Selbstverstümmelung
und des Kannibalismus variierten von Stamm zu Stamm. Zur Zeit
des Erstkontakts gingen die Angehörigen vieler Stämme nackt, andere verbargen die Geschlechtsorgane und waren extrem prüde,
wieder andere (darunter die Dani im Grand Valley) brachten Penis
und Hoden mit diversen Requisiten besonders stark zur Geltung.
Praktiken der Kindererziehung reichten von extremer Toleranz
(Foré-Babys durften sogar heiße Gegenstände berühren und sich
die Finger verbrennen) über die Bestrafung schlechten Betragens
durch Einreiben des Gesichts mit Brennesseln (bei den Baham) bis
hin zu maßloser Unterdrückung, die bei den Kukukuku nicht selten Kinder in den Selbstmord trieb. Bei den Barua praktizierten die
Männer eine institutionalisierte Bisexualität; zusammen mit den
Jungen des Stammes lebten sie in großen homosexuellen Gemein-
schaftshäusern, während jeder außerdem über ein kleines hetero-
sexuelles Haus verfügte, in dem seine Frau, Töchter und Söhne im
Kleinkindalter wohnten. Die Tudawhes besaßen dagegen zweistök-
kige Häuser, in denen Frauen, Kleinkinder, unverheiratete Mädchen und Schweine das untere Stockwerk bewohnten und verheiratete und junge ledige Männer das obere, zu dem eine Leiter
separaten Zugang bot.

Wir würden das Schrumpfen der kulturellen Vielfalt nicht be-
trauern, brächte sie nur das Ende von Selbstverstümmelung und
Kinderselbstmord. Die Gesellschaften, deren kulturelle Bräuche
heute beherrschend sind, erwarben diese Position jedoch allein aufgrund ihres wirtschaftlichen und militärischen Erfolgs. Und das
müssen nicht unbedingt die Qualitäten sein, die menschlichem
Glück und langfristigem Überleben förderlich sind. Unser Waren-
konsum und die Ausplünderung der Natur mögen uns in der
Gegenwart Nutzen bringen, für die Zukunft verheißen sie nichts

Gutes. Eine ganze Reihe von Merkmalen unserer Kultur werden schon heute von fast jedermann als katastrophal eingestuft, zum Beispiel der Umgang mit älteren Menschen, die Unzufriedenheit der Jugend, der Mißbrauch von Drogen und Psychopharmaka sowie die krasse soziale Ungleichheit. Für jeden dieser Problembereiche gibt (bzw. gab) es zahlreiche neuguineische Kulturen, die weit bessere Lösungen fanden.

Es ist bedauerlich, daß alternative Gesellschaftsmodelle so rapide dahinschwinden und die Zeit vorbei ist, in der neue Modelle in der Isolation erprobt werden können. Gewiß gibt es heute nirgends mehr unberührte Populationen von auch nur annähernd der Größe wie der, auf die Archbolds Vorhut an jenem denkwürdigen Tag im August 1938 stieß. Als ich 1979 an der Rouffaer, einem Fluß in Neuguinea, arbeitete, hatten Missionare in der Nähe gerade einen Stamm von mehreren hundert Nomaden entdeckt, die von einem weiteren bisher unbekannten Stamm fünf Tagereisen flußaufwärts berichteten. Kleinere Gruppen kamen auch in abgelegenen Teilen Perus und Brasiliens noch mehrfach zum Vorschein. Wir können aber davon ausgehen, daß es noch vor Beginn des 21. Jahrhunderts zum letzten Erstkontakt kommen wird und damit zum Ende des letzten eigenständigen Experiments zur Gestaltung des menschlichen Zusammenlebens.

Dieser letzte Erstkontakt bedeutet zwar nicht das Ende der kulturellen Vielfalt, die sich als weitgehend resistent gegen Fernsehen und Tourismus erweist, aber gewiß ein drastisches Schmälerwerden des Spektrums. Dieser Verlust ist aus den genannten Gründen beklagenswert. Doch unsere Feindseligkeit gegenüber Fremden war nur so lange tolerierbar, wie die Waffen, mit denen wir uns gegenseitig umbringen, noch nicht ausreichten, um unseren Untergang als Spezies herbeizuführen. Wenn ich mir vorzustellen versuche, warum Atomwaffen im Zusammenspiel mit unserem Hang zum Genozid nicht unausweichlich die in der ersten Hälfte des 20. Jahrhunderts aufgestellten Rekorde brechen werden, erscheint mir der beschleunigte Prozeß der kulturellen Homogenisierung als einer der Hauptgründe für Optimismus. Mag sein, daß die kulturelle Vielfalt der Preis für das Überleben der Menschheit ist.

KAPITEL 14

Zufällige Eroberer

Zuweilen sind es die alltäglichsten Sachverhalte, die Wissenschaftler vor die schwierigsten Fragen stellen. Wenn Sie sich heute in den USA oder in Australien umblicken, werden Sie fast überall feststellen, daß die meisten Menschen europäischer Abstammung sind. Hätten Sie die gleichen Orte vor 500 Jahren besucht, wären Ihnen ausnahmslos Indianer bzw. australische Ureinwohner begegnet. Wie kam es, daß die Europäer fast gänzlich den Platz der eingeborenen Populationen Nordamerikas und Australiens einnahmen und nicht umgekehrt Indianer oder Australier an die Stelle der ursprünglichen europäischen Population traten?

Diese Frage läßt sich auch so formulieren: Warum verlief die technologische und politische Entwicklung in vergangenen Epochen am schnellsten in Eurasien, langsamer in Nord- und Südamerika (und in Afrika südlich der Sahara) und am langsamsten in Australien? Im Jahre 1492 benutzte ein Großteil der Bevölkerung Eurasiens Eisenwerkzeuge, verfügte über eine Schrift, kannte die Landwirtschaft, lebte in großen Staatsgebilden mit zentralistischer Herrschaftsstruktur, deren Schiffe die Meere befuhren, und stand an der Schwelle zur Industrialisierung. In Nord- und Südamerika gab es nur Landwirtschaft, wenige größere zentralistische Staaten, ein einziges Gebiet mit einer Schrift und weder ozeantüchtige Schiffe noch Eisenwerkzeuge; technologisch und politisch lag der Doppelkontinent Jahrtausende hinter Eurasien zurück. In Australien kannte man weder Landwirtschaft noch Schrift, Staaten oder Schiffe; die verwendeten Steinwerkzeuge glichen denen, die in Eurasien mehr als zehntausend Jahre zuvor verbreitet waren. Solche technologischen und politischen Unterschiede – nicht etwa biologische wie jene, die im Tierreich über den Ausgang von Wettkämpfen zwischen Populationen entscheiden – waren es, die den Europäern das Vordringen zu anderen Kontinenten ermöglichten.

Die Europäer des 19. Jahrhunderts hatten für solche Fragen eine einfache, rassistische Antwort parat. Sie meinten, daß ihr kultureller Vorsprung auf höherer Intelligenz beruhte und es deshalb ihre Bestimmung war, »niedere« Völker zu unterwerfen, zu vertreiben oder zu töten. Diese Antwort war nicht nur selbstgerecht und beschämend, sondern auch schlicht falsch. Wie jeder weiß, unterscheiden sich Menschen je nach den Umständen ihres Aufwachsens sehr stark in der Art und im Grad des erworbenen Wissens. Doch trotz großer Anstrengungen wurden noch keine schlagenden Beweise für genetisch bedingte Unterschiede in der geistigen Begabung der Völker gefunden.

Aufgrund dieser rassistischen Hypothek ist es noch heute anrüchig, sich überhaupt mit Unterschieden im kulturellen Entwicklungsstand zu beschäftigen. Es sprechen jedoch gute Gründe dafür, warum dieses Thema einer ordentlichen Erklärung bedarf. Die erwähnten technologischen Unterschiede waren in den letzten 500 Jahren Ursache schwerer Tragödien, und ihr Vermächtnis von Kolonialismus und Unterwerfung prägt noch heute unsere Welt. Bis es gelingt, eine überzeugende alternative Erklärung zu finden, wird der Verdacht weiterschwelen, an den rassistischen Theorien könnte doch etwas dran sein.

Ich werde in diesem Kapitel darlegen, daß Unterschiede zwischen den Kontinenten im kulturellen Entwicklungsstand auf die Folgen geographischer Gegebenheiten für die Ausbildung unserer kulturellen Besonderheiten zurückzuführen und keineswegs genetisch bedingt sind. Die Kontinente unterschieden sich in den für die Entwicklung der Zivilisation wesentlichen Ressourcen – hauptsächlich den wilden Pflanzen- und Tierarten, die sich zur Domestikation eigneten. Unterschiede gab es auch darin, wie leicht oder schwer sich domestizierte Arten von einem Gebiet ins andere ausbreiten konnten. Selbst heute ist Amerikanern und Europäern schmerzlich bewußt, welchen Einfluß geographische Besonderheiten in entfernten Regionen, wie dem Persischen Golf oder dem Isthmus von Panama, auf unser Leben haben. Doch Geographie und Biogeographie prägten das Leben des Menschen über Hunderttausende von Jahren noch sehr viel tiefgreifender.

Warum ich soviel Wert auf Pflanzen- und Tierarten lege? Der

Biologe J. B. S. Haldane bemerkte einmal: »Die Zivilisation gründet nicht nur auf Menschen, sondern auch auf Pflanzen und Tieren.« Ackerbau und Viehzucht hatten zwar auch die in Kapitel 10 erörterten Nachteile, sie erlaubten es jedoch einer viel größeren Zahl von Menschen, sich pro Hektar Land zu ernähren, als zuvor auf der gleichen Fläche allein vom Angebot der Natur leben konnten. Die Lagerung der Überschüsse der bäuerlichen Produktion ermöglichte es anderen, sich ganz der Metallurgie, dem Handwerk, der Schriftstellerei – oder dem Dienst in Berufsarmeen zu widmen. Domestizierte Tiere lieferten nicht nur Fleisch und Milch, sondern auch Wolle und Fell für die Kleidung sowie Energie für den Transport von Personen und Gütern. Außerdem dienten sie als Zugtiere für Pflüge und Lastkarren und bewirkten so eine erhebliche Steigerung der landwirtschaftlichen Produktivität gegenüber früher, als noch die Muskelkraft des Menschen allein zählte.

Infolge dieser Entwicklung wuchs die Weltbevölkerung von rund zehn Millionen um 10000 v. Chr., als noch die ganze Menschheit vom Jagen und Sammeln lebte, auf über fünf Milliarden in der Gegenwart. Eine hohe Bevölkerungsdichte war die Voraussetzung für die Entstehung zentralistischer Staatsgebilde. Sie förderte auch die Evolution von Infektionskrankheiten, die bei den betroffenen Bevölkerungen die Bildung von Abwehrkräften auslöste, bei anderen jedoch nicht. All diese Faktoren entschieden darüber, wer wen kolonisierte und unterwarf. Die Gründe für die Eroberung Amerikas und Australiens durch Europäer waren nicht deren bessere Gene, sondern ihre schlimmeren Krankheitserreger (vor allem Pokken), höherentwickelten Technologien (besonders Waffen und Schiffe), ihre schriftliche Informationsspeicherung und politischen Organisationsformen – alles letztlich Folgen geographischer Unterschiede zwischen den Kontinenten.

Beginnen wir mit den Unterschieden bei den Haustieren. Um 4000 v. Chr. besaß das westliche Eurasien bereits seine fünf klassischen Haustiere, die noch heute die wichtigste Rolle spielen: Schaf, Ziege, Schwein, Rind und Pferd. In Ostasien wurden vier weitere Rinderarten domestiziert: Yak, Wasserbüffel, Gaur und Banteng. Wie bereits gesagt, lieferten diese Tiere Nahrung, Energie und Kleidung, und das Pferd war überdies von unschätzbarem militärischen Wert. (Bis ins 19. Jahrhundert war es Panzer, Lastwagen und Jeep zugleich.) Warum machten es die Indianer nicht wie die Eurasier, indem sie vergleichbare amerikanische Säugetiere wie Bergschaf, Schneeziege, Nabelschwein, Bison und Tapir domestizierten? Warum fielen nicht Indianer auf Tapiren und Australier auf Känguruhs in Eurasien ein und terrorisierten seine Bewohner?

Die Antwort lautet, daß es bis heute nicht gelungen ist, mehr als nur einen winzigen Bruchteil aller Säugetierarten, die es auf der Erde gibt, zu domestizieren. Man braucht sich bloß die vielen gescheiterten Versuche vor Augen zu führen. Unzählige Arten nahmen die erste Hürde und wurden als zahme Haustiere gehalten. In den Dörfern Neuguineas sehe ich immer wieder zahme Opossums und Känguruhs, und in Indianerdörfern im Amazonasgebiet stieß ich auf zahme Affen und Wiesel. Die alten Ägypter hielten zahme Gazellen, Antilopen, Kraniche und sogar Hyänen, vielleicht auch Giraffen. In Angst und Schrecken wurden die Römer von den Afrikanischen Elefanten versetzt, mit denen Hannibal die Alpen überquerte (es handelte sich übrigens *nicht* um Asiatische Elefanten, wie wir sie aus dem Zirkus kennen).

Doch all diese anfänglichen Zähmungsversuche scheiterten. Seit der Domestikation des Pferdes um 4000 v. Chr. und des Rentiers ein paar tausend Jahre später wurde unser Repertoire erfolgreicher Domestikationen um kein einziges größeres europäisches Säugetier erweitert. Die wenigen domestizierten Säugetierarten wurden also relativ schnell unter Hunderten anderer, bei denen man die Zähmungsversuche aufgeben mußte, entdeckt.

Warum schlugen die Zähmungsversuche bei den meisten Tierarten fehl? Sucht man die Antwort, so erkennt man, daß Wildtiere eine ganze Reihe besonderer Eigenschaften besitzen müssen, wenn die Domestikation Erfolg haben soll. Erstens muß es sich in der Regel um Herdentiere handeln. Die rangniedrigen Tiere einer Herde haben instinktiv unterwürfige Verhaltensweisen, die sie ranghöheren gegenüber zeigen und die auf Menschen übertragbar sind. Asiatische Mufflons (die Vorfahren des Hausschafs) legen ein solches Verhalten an den Tag, nicht jedoch das nordamerikanische Dickhornschaf; dieser gewichtige Unterschied hielt die Indianer davon ab, letzteres zu domestizieren. Mit Ausnahme von Katzen und Frettchen gelang es niemals, Tiere zu domestizieren, die nicht in Gemeinschaften leben.

Zweitens erweisen sich Gazellen und viele Hirsch- und Antilopenarten, die beim leisesten Zeichen von Gefahr die Flucht ergreifen, als zu nervös, um sie als Haustiere zu halten. Daß die Domestikation der Hirsche mißlang, ist besonders verblüffend, da es nur wenige andere Wildtiere gibt, mit denen der Mensch über zig Tausende von Jahren in so enger Beziehung lebte. Sie wurden zwar intensiv gejagt und oft gezähmt, aber von allen 41 Hirscharten der Welt hatte allein die Domestikation des Rentiers Erfolg. Territorialverhalten, Fluchtreflexe oder beides schlossen die anderen 40 Arten als Kandidaten aus. Nur das Rentier besaß den notwendigen Gleichmut gegenüber Störenfrieden und erwies sich als Herdentier ohne ausgeprägte Revieransprüche.

Schließlich bedeutet Domestikation auch, daß sich die Tiere in der Gefangenschaft vermehren. Zoodirektoren stellen oft betrübt fest, daß sich die ansonsten fügsamen, gesunden Insassen weigern, in Käfigen den Paarungsakt zu vollziehen. Wer von uns Menschen würde denn unter den Blicken anderer einem möglichen Partner ausgiebig den Hof machen und mit ihm ins Bett steigen? Bei vielen Tierarten verhält es sich nicht anders.

An diesem Problem scheiterten auch intensive Bemühungen zur Domestikation einer Reihe potentiell sehr wertvoller Tierarten. So stammt die kostbarste Wolle der Welt vom Vikunja, einer in den Anden beheimateten kleinen Kamelart. Doch weder den Inkas noch modernen Viehzüchtern gelang es, das Vikunja zu domestizieren, und noch immer kommt man nur durch Einfangen freilebender Vikunjas in den Besitz der Wolle. Viele Potentaten, von den assyrischen Königen bis zu indischen Maharadschas des 19. Jahrhunderts, hielten sich Geparden, die schnellsten Landsäugetiere der Welt, die sie zähmten und für die Jagd abrichteten. Jeder Gepard mußte jedoch eigens in der Natur gefangen werden, und nicht einmal in Zoos gelang bis in die sechziger Jahre die Züchtung.

Zusammen machen es diese Gründe verständlicher, warum es den Eurasiern gelang, die klassischen fünf Haustiere zu domestizieren, aber keine weiteren eng verwandten Arten, und warum die

Amerikaner nicht Bison, Nabelschwein, Tapir, Bergschaf oder Schneeziege domestizierten. Der militärische Nutzen des Pferdes ist ein besonders gutes Beispiel dafür, welch scheinbar geringfügigen Unterschiede der einen Art hohes Lob bringen und die andere nutzlos erscheinen lassen. Pferde gehören zur Ordnung der Unpaarhufer, den Huftieren mit ungerader Zehenzahl, in der sie mit Tapiren und Nashörnern zusammengefaßt werden. Von den 17 heute noch lebenden Arten von Unpaarhufern wurde keine der vier Tapirarten und keine der fünf Nashornarten je domestiziert, und auch bei fünf der acht wilden Pferdearten gelang die Domestikation nicht. Afrikaner oder Indianer auf Nashörnern oder Tapiren hätten die europäischen Eindringlinge sicher niedergewalzt, aber dazu sollte es nicht kommen.

Ein sechster Verwandter des Pferdes, der Afrikanische Wildesel, war ein Vorfahr des Hauesels, der sich als prächtiges Lasttier erwies, aber als Schlachtroß nicht taugte. Der siebte Pferdeverwandte, der Persische Halbesel, diente vermutlich ab 3000 v. Chr. mehrere Jahrhunderte lang als Zugtier, er wird jedoch in allen Schilderungen mit Adjektiven wie »übellaunig«, »reizbar«, »unnahbar«, »unveränderbar« und »von Natur aus eigensinnig« versehen. Dem Bösewicht mußte ständig ein Maulkorb angelegt werden, da er sonst jeden biß, der sich ihm näherte. Als um 2300 v. Chr. das domestizierte Pferd den Mittleren Osten erreichte, landete der Persische Halbesel auf dem Schrotthaufen der gescheiterten Domestikationsversuche.

Pferde revolutionierten die Kriegführung wie kein anderes Tier in der Geschichte, nicht einmal Elefanten und Kamele. Ihre Domestikation war es vermutlich, die schon bald zur Expansion der ersten indogermanischen Sprachen führte, die sich nach und nach über einen großen Teil der Welt ausbreiten sollten. Vor Streitwagen gespannt, wurden Pferde ein paar tausend Jahre später die unaufhaltbaren Sherman-Tanks der Antike. Nach der Erfindung von Sattel und Steigbügeln konnte Attila der Hunnenkönig Teile des Römischen Reiches verwüsten, Dschingis-Khan eroberte zu Pferde ein Reich, das sich von Rußland bis China erstreckte, und in Westafrika entstanden Militärkönigreiche. Ein paar Dutzend Pferde und ein paar hundert Spanier verhalfen Cortés und Pizarro zum

Sieg über die beiden bevölkerungsreichsten und am höchsten entwickelten Staaten der Neuen Welt, das Azteken- und das Inkareich.
Mit erfolglosen Attacken der polnischen Kavallerie gegen Hitlers
einfallende Armeen ging schließlich im September 1939 nach 6000
Jahren die Ära der militärischen Bedeutung des am meisten gepries-
senen aller Haustiere zu Ende.

Tragischerweise waren Verwandte der Pferde, auf denen Cortes
und Pizarro geritten kamen, einst in der Neuen Welt heimisch gewesen. Hätten sie überlebt, wären die Konquistadoren womöglich
von Montezumas und Atahualpas eigener Kavallerie geschlagen
worden. Doch wie es das Schicksal wollte, waren Amerikas Pferde
schon lange ausgestorben, zusammen mit 80 bis 90 Prozent der
größeren Säugetierarten Amerikas und Australiens. Es geschah um
die Zeit, als die ersten menschlichen Siedler – Vorfahren der heutigen Indianer und australischen Ureinwohner – auf diesen Kontinenten eintrafen. Nord- und Südamerika verloren nicht nur die
Pferde, sondern auch andere potentiell domestizierbare Arten wie
große Kamele, Bodenfaultiere und Elefanten. In Australien verschwanden Riesenkänguruhs, Riesenwombats und die nashornarti-
gen Diprotodonten. Am Ende gab es in Australien und Nordamerika gar keine domestizierbaren Säugetierarten mehr, es sei denn,
die Hunde der Indianer stammten von nordamerikanischen Wölfen
ab. Südamerika blieben nur das Meerschweinchen (das als Nahrung diente), das Alpaka (Wolle) und das Lama (ein Last-, aber
kein Reittier) erhalten.

Domestizierte Säugetiere steuerten deshalb nichts zur Proteinversorgung der australischen und amerikanischen Ureinwohner
bei, außer in den Anden, wo ihr Beitrag jedoch viel geringer war als
in der Alten Welt. Kein in Amerika oder Australien heimisches
Säugetier zog jemals einen Pflug, einen Karren oder Streitwagen,
gab Milch oder trug einen Reiter. Die Zivilisationen der Neuen
Welt schlenderten mit menschlicher Muskelkraft allein dahin, während die Alte Welt mit der Energie von Tieren, Wind und Wasser
voranstürmte.

Es ist noch umstritten, ob das prähistorische Aussterben der
meisten großen amerikanischen und australischen Säugetiere klimatische Ursachen hatte oder auf das Konto der ersten mensch-

lichen Einwanderer ging. Wie dem auch sei, war die fast unaus-
weichliche Folge, daß die Nachfahren jener ersten Siedler über
10 000 Jahre später von Menschen aus Eurasien und Afrika, den
Kontinenten, auf denen die meisten großen Säugetierarten überlebt hatten, unterworfen wurden.

Gilt ähnliches auch für Pflanzen? Einige Parallelen fallen sogleich auf. Wie bei den Tieren erwies sich nur ein kleiner Bruchteil
aller wildwachsenden Pflanzenarten als geeignet, domestiziert zu
werden. So gelang die Domestikation bei Pflanzenarten, die sich
durch Selbstbestäubung befruchten (zum Beispiel Weizen) früher
und leichter als bei Fremdbestäubern (zum Beispiel Roggen). Der
Grund liegt darin, daß die Auswahl und Reinhaltung bei Selbst-
bestäubern leichterfällt, da es nicht ständig zur Vermischung mit
wildwachsenden Verwandten kommt. Ein weiteres Beispiel: Obwohl die Nußfrüchte zahlreicher Eichenarten im prähistorischen
Europa und Nordamerika eine wichtige Rolle als Nahrungsquelle
spielten, wurde nie eine Eiche domestiziert – vielleicht, weil sich
Eichhörnchen als viel geschickter beim Auswählen und Einpflan-
zen der Eicheln erwiesen als der Mensch. Für jede domestizierte
Pflanze, die wir heute noch verwenden, wurden in der Vergangenheit etliche ausprobiert und wieder verworfen. (Welcher heute
lebende Amerikaner hat denn schon mal Sumpfkraut gegessen, das
Indianer im Osten Nordamerikas um 2000 v. Chr. wegen seiner
Samenkörner domestizierten?)

Überlegungen wie diese helfen uns, den langsamen technischen
Fortschritt in Australien zu verstehen. Die relative Armut dieses
Kontinents an Wildpflanzen und -tieren, deren Domestikation
überhaupt in Frage kam, war zweifellos mit dafür verantwortlich,
daß die australischen Ureinwohner den Schritt zur Landwirtschaft
nicht taten. Auf den ersten Blick weniger deutlich sind die Gründe,
warum die Landwirtschaft in Nord- und Südamerika gegenüber
der Alten Welt so weit im Rückstand war. Immerhin wurden ja
viele Nahrungspflanzen, die heute weltweite Bedeutung haben, in
der Neuen Welt domestiziert: Mais, Kartoffeln, Tomaten und Kür-
bisse, um nur einige zu nennen. Zur Lösung dieses Rätsels müssen
wir einen genaueren Blick auf den Mais werfen, die wichtigste An-
baupflanze der Neuen Welt.

Mais ist ein Getreide, das heißt ein Gras mit eßbaren, stärkehaltigen Früchten, die Gersten- und Weizenkörnern ähneln. Die verschiedenen Getreidearten decken heute den größten Teil des Kalorienbedarfs der Menschheit. Zwar hingen alle Zivilisationen vom Getreideanbau ab, aber es wurden je nach Region unterschiedliche Arten domestiziert, zum Beispiel Weizen, Gerste, Hafer und Roggen im Nahen Osten und in Europa, Reis, Fuchsschwanz- und Besenhirse in China und Südostasien, Sorghum, Perl- und Fingerhirse in Afrika südlich der Sahara, jedoch nur Mais in der Neuen Welt. Schon bald nach der Entdeckung Amerikas durch Kolumbus brachten Forschungsreisende Mais mit zurück nach Europa, von wo aus er den Weg in alle Teile der Erde fand. Heute wird Mais an Bedeutung nur noch von Weizen übertroffen, nimmt man die weltweiten Anbauflächen als Maßstab. Warum entwickelten sich aber die auf Mais basierenden indianischen Zivilisationen nicht ebenso schnell wie die der Alten Welt, die Weizen und andere Getreidearten zur Grundlage hatten?

Die Domestikation und der Anbau von Mais bereiteten viel mehr Schwierigkeiten, und das Ergebnis war nicht eben beeindruckend. An dieser Stelle werden alle Leser protestieren, die den Geschmack mit Butter bestrichener, gebackener Maiskolben auch so lieben wie ich. Während meiner ganzen Kindheit freute ich mich Jahr für Jahr auf den Spätsommer, wenn am Straßenrand Stände aufgebaut wurden und ich mir dort die verlockendsten frischen Kolben aussuchen durfte. Mais ist heute in den USA das wichtigste Anbaugewächs mit einem Wert von 22 Milliarden Dollar für die Amerikaner und 50 Milliarden Dollar für die Welt. Doch bevor Sie mich übler Nachrede zeihen, lassen Sie mich erst die Unterschiede zwischen Mais und anderen Getreidearten erläutern.

In der Alten Welt gab es über ein Dutzend wilder Gräser, deren Domestikation und Anbau sich leicht gestalteten. Ihre großen Samenkörner, begünstigt durch die ausgeprägten jahreszeitlichen Klimaunterschiede, führten den angehenden Bauern unübersehbar vor Augen, welchen Wert sie hatten. Sie ließen sich ohne Probleme *en gros* mit der Sichel ernten, mahlen, zum Kochen zubereiten und aussäen. Auf einen weiteren feinen Unterschied hat als erster der Botaniker Hugh Iltis von der University of Wisconsin hingewiesen:

Wir mußten gar nicht erst selbst herausfinden, ob die Körner lager-
fähig waren, da uns Nagetiere im Nahen Osten mit ihren Vorrats-
kammern, in denen sie bis zu 50 Pfund Samenkörner dieser
Wildgräser aufbewahrten, den Beweis abnahmen.

Die Getreidearten der Alten Welt waren schon in freier Natur
ertragreich, und man kann noch heute im Nahen Osten bis zu
1.500 Pfund wilden Weizen je Hektar an Berghängen ernten. Eine
Familie würde mit der Ernte weniger Wochen ein ganzes Jahr auskommen. Noch vor der Domestikation von Weizen und Gerste gab
es in Palästina feste Dörfer, deren Bewohner bereits Sicheln, Mörser und Stößel sowie Lagergruben kannten und von wildwachsen-
dem Getreide lebten.

Die Domestikation von Weizen und Gerste war kein bewußter
Akt. Sie geschah nicht etwa so, daß sich eines Tages ein paar Jäger
und Sammler gemeinsam hinsetzten, das Aussterben des Großwilds bejammerten und über die besten Weizenpflanzen diskutierten, dann die Samen in die Erde pflanzten und so im Jahr darauf zu
Bauern wurden. Der Prozeß, den wir als Domestikation bezeichnen
(die Veränderungen an Wildpflanzen im Zuge ihrer Kultivierung),
war vielmehr ein unbeabsichtigtes Nebenprodukt der Bevorzugung
bestimmter Arten von Wildpflanzen durch Menschen, wodurch
ganz nebenbei die Samen der bevorzugten Pflanzen verbreitet wurden. Bei wildem Getreide wurden naturgemäß großkörnige Arten
mit festen Ähren bevorzugt, deren Körner sich leicht herauslösen
ließen, aber nicht vorzeitig herausfielen. Begünstigt durch diese
unbewußte Selektion durch den Menschen, erforderte es nur wenige Mutationen bis zur Entstehung der großkörnigen, festen Getreidearten, die wir heute domestiziert nennen.

Diese Veränderungen zeichnen sich seit etwa 8000 v. Chr. an
Weizen- und Gerstenüberresten in antiken Dörfern des Nahen
Ostens ab, wie archäologische Funde ergaben. Bald folgten Brot-
weizen und andere brauchbare Varietäten, und man begann mit
der bewußten Aussaat. Aus den Zeiträumen danach tauchten an
den Ausgrabungsstätten immer weniger Überreste von Wildpflanzen auf. Um 6000 v. Chr. hatte sich im Nahen Osten der Anbau
von Kulturpflanzen mit der Viehzucht zu einem vollständigen System der Nahrungserzeugung vereint. Auf Gedeih und Verderb

waren die Menschen nun nicht mehr Jäger und Sammler, sondern Bauern und Viehzüchter auf dem Weg zur Zivilisation.

Vergleichen Sie nun diese relativ geradlinige Entwicklung in der Alten Welt mit den Geschehnissen in der Neuen Welt. In den Gebieten Nord- und Südamerikas, in denen mit der Landwirtschaft begonnen wurde, gab es keine starken jahreszeitlichen Klimaunterschiede wie im Nahen Osten, weshalb es an großkörnigen Gräsern mangelte, die schon in der Natur ertragreich waren. Nordamerikanische und mexikanische Indianer begannen zwar mit der Domestikation mehrerer kleinkörniger Wildgräser, darunter auch einer Gersten- und einer Hirseart, doch diese wurden von Mais und später von europäischen Getreidearten verdrängt. Der Vorfahr des Maises war vielmehr ein mexikanisches Wildgras, das den Vorteil der Großkörnigkeit besaß, jedoch in anderer Hinsicht nicht sehr vielversprechend war: einjährige Teosinte.

Teosintekolben unterscheiden sich im Aussehen so sehr von Maiskolben, daß bis vor kurzem über den genauen Platz der Teosinte unter den Maisvorfahren gestritten wurde, und noch immer sind nicht alle Wissenschaftler überzeugt. Bei keiner anderen Kulturpflanze ging die Domestikation mit so drastischen Veränderungen einher wie bei der Teosinte. An ihren Kolben sitzen nur sechs bis zwölf Körner, und die sind wegen der steinharten Schalen nicht eßbar. Man kann die Halme wie Zuckerrohr kauen, wie es mexikanische Bauern auch jetzt noch tun. Doch niemand verwendet heute die Samenkörner, und nichts spricht dafür, daß es in prähistorischen Zeiten anders war.

Hugh Iltis gelang es, den wichtigsten Schritt auf dem Weg der Teosinte zur Nützlichkeit zu entdecken: eine permanente Geschlechtsumwandlung! Die seitlichen Zweige der Teosinte enden mit dem männlichen Blütenstand, bei Mais dagegen mit dem weiblichen Kolben. Das mag nach einem drastischen Unterschied klingen, es handelt sich aber eigentlich um eine recht einfache, hormongesteuerte Veränderung, deren Auslöser ein Pilz, Virus oder Klimawandel gewesen sein könnte. Nachdem erst einige männliche Blüten begonnen hatten, ihr Geschlecht umzuwandeln, produzierten sie möglicherweise eßbare, freiliegende Körner, die hungrigen Jägern und Sammlern bald auffallen mußten. An frühen archäologischen Fundstätten in Mexiko kamen Überreste winziger Kolben von kaum vier Zentimeter Länge zum Vorschein, die der heutigen Maissorte »Tom Thumb« nicht unähnlich sind.

Mit diesem abrupten Geschlechtswandel war Teosinte (alias Mais) nun endlich auf dem Weg zur Domestikation. Anders als bei den drei Arten aus dem Nahen Osten vergingen jedoch Jahrtausende bis zur Entstehung hochertragreicher Maissorten, die als Ernährungsgrundlage ganzer Dörfer oder Städte dienen konnten. Und selbst dann noch bereitete die Frucht den indianischen Bauern größere Schwierigkeiten als die Getreidearten der Alten Welt den dortigen Bauern. Maiskolben mußten einzeln von Hand geerntet werden statt *en gros* mit der Sichel; die Kolben mußten aus ihrer Hülle geschält werden; die Körner fielen nicht ab, sondern mußten abgeschabt oder -gebissen werden; und zur Aussaat mußten die Körner einzeln in die Erde gepflanzt statt *en gros* ausgestreut werden. Vom Nährwert her blieb das Ergebnis ebenfalls hinter den Getreidearten der Alten Welt zurück: niedrigerer Proteingehalt, Mangel an wichtigen Aminosäuren, kein Vitamin Niacin (dadurch größere Häufigkeit der Mangelkrankheit Pellagra). Durch eine alkalische Behandlung der Ernte wurden diese Mängel wenigstens zum Teil behoben.

Kurzum, die Eigenschaften der Hauptnahrungspflanze der Neuen Welt machten es den Menschen viel schwerer, ihren potentiellen Wert schon in der Natur zu erkennen. Sie erwies sich als weniger leicht domestizierbar und selbst nach der Domestikation als mühevoller zu ernten. Ein großer Teil der Kluft zwischen den Zivilisationen der Alten und Neuen Welt könnte auf diese Besonderheiten einer einzigen Pflanze zurückgehen.

Bis hierher habe ich die Funktion der Geographie, oder besser Biogeographie, in bezug auf lokale Wildtiere und -pflanzen erörtert, die sich zur Domestikation eigneten. Doch noch ein weiterer wichtiger Aspekt der Geographie verdient Beachtung. Sämtliche Zivilisationen waren nicht nur auf Nahrungspflanzen, die sie selbst domestiziert hatten, angewiesen, sondern auch auf Pflanzen, deren Domestikation ganz woanders erfolgt war. Die eher in Nord-Süd-Richtung verlaufende Achse der Neuen Welt erschwerte eine solche

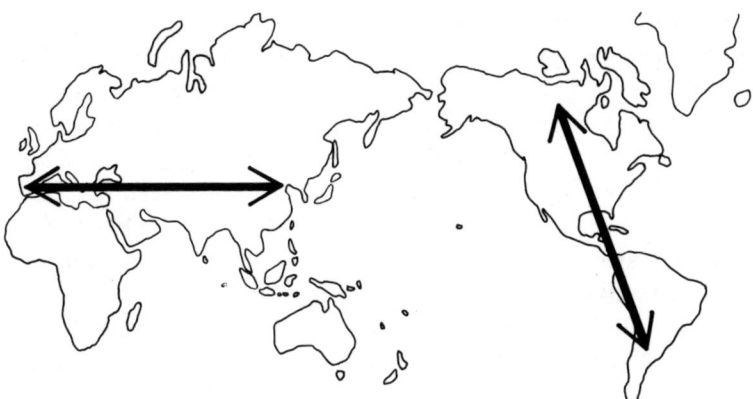

Abb. 6: Achsen der Alten und Neuen Welt

Diffusion von Nahrungspflanzen, während die vorherrschende Ost-West-Achse der Alten Welt sie erleichterte (siehe Abb. 6).

Heute erscheint uns die allgemeine Verbreitung der Pflanzen als so selbstverständlich, daß wir nur selten fragen, woher unsere Nahrung stammt. Eine typische amerikanische oder europäische Mahlzeit besteht zum Beispiel aus Huhn (Ursprung Südostasien) mit Mais (aus Mexiko) oder Kartoffeln (aus den südlichen Anden), gewürzt mit Pfeffer (aus Indien), dazu einem Stück Brot (aus nahöstlichem Weizen) und Butter (von nahöstlichen Rindern) und einer Tasse Kaffee (aus Äthiopien) zum Herunterspülen. Doch die Diffusion gepriesener Pflanzen und Tiere fing nicht erst in der Neuzeit an: Sie geschah seit Jahrtausenden.

Innerhalb einer Klimazone breiten sich Pflanzen und Tiere rasch und mühelos aus, da sie an die dort herrschenden Bedingungen angepaßt sind. Eine Ausbreitung außerhalb dieser Zone erfordert die Entstehung neuer Sorten mit der Fähigkeit zum Überleben unter anderen klimatischen Bedingungen. Ein Blick auf die Karte der Alten Welt in Abb. 6 zeigt, welche Distanzen dort ohne Verlassen der Klimazone zurückgelegt werden konnten. Viele solcher Wanderungen sollten von enormer Bedeutung für das Aufkommen der Landwirtschaft in Gebieten sein, in denen sie noch nicht Fuß gefaßt hatte, oder sie anderswo bereichern. Zwischen China, In-

dien, dem Nahen Osten und Europa konnten sich Arten in beide
Richtungen bewegen, ohne je die gemäßigten Breiten der nördlichen Hemisphäre zu verlassen. In einem in Amerika gern stolz
gesungenen Lied, »America the Beautiful«, ist die Rede von Amerikas weiten Horizonten und seinen gelbbraunen, wogenden Korn-
feldern. In Wirklichkeit hatte die Alte Welt die weitesten Horizonte
der nördlichen Halbkugel: Gelbbraune Felder verwandter Getreidearten erstreckten sich über mehr als 11000 Kilometer von den
Küsten Frankreichs bis zum Ostchinesischen Meer.

Schon die Römer bauten Weizen und Gerste aus dem Nahen
Osten, Pfirsiche und Zitrusfrüchte aus China, Gurken und Sesam
aus Indien, Hanf und Zwiebeln aus Mittelasien, außerdem Hafer
und Mohn aus Europa an. Pferde gelangten vom Nahen Osten bis
nach Westafrika und lösten eine Revolution in der Kriegführung
aus, während Schafe und Rinder den Weg über das Hochland von
Ostafrika bis in den Süden des Kontinents fanden, wo sie Hottentotten, denen es an eigenen Haustieren mangelte, zu Hirten machten. Sorghum und Baumwolle aus Afrika trafen um 2000 v. Chr. in
Indien ein, während Bananen und Yamswurzeln aus dem tropischen Südostasien den Indischen Ozean überquerten und das
Spektrum der Anbaupflanzen im tropischen Afrika erweiterten.

In der Neuen Welt dagegen erstrecken sich zwischen der gemäßigten Zone Nordamerikas und ihrem Gegenstück in den Anden
und im südlichen Teil Südamerikas Tausende von Kilometern tropischer Gebiete, in denen Arten aus den gemäßigten Breiten keine
Überlebenschance haben. Deshalb fanden auch Lama, Alpaka und
Meerschweinchen in prähistorischer Zeit nie den Weg von den Anden nach Nordamerika oder auch nur nach Mexiko, was beide
Gebiete ohne Haustiere zum Transport von Lasten oder als Lieferanten von Wolle oder Fleisch ließ (mit Ausnahme von Hunden, die
mit Mais gemästet wurden). Auch die Kartoffel gelangte von den
Anden nie nach Mexiko oder Nordamerika, während umgekehrt
die Sonnenblume ihr Verbreitungsgebiet in Nordamerika nicht ver-
ließ. Von vielen Anbaupflanzen, die offenbar in prähistorischer Zeit
in beiden Hälften des Doppelkontinents genutzt worden waren, traten später unterschiedliche Sorten oder sogar Unterarten in Nord-
und Südamerika auf, was vermuten läßt, daß sie hier wie dort un-

abhängig voneinander domestiziert worden waren. Das scheint beispielsweise bei Baumwolle, Bohnen, Limabohnen, Chili und Tabak der Fall gewesen zu sein. Dem Mais gelang tatsächlich die Ausbreitung von Mexiko nach Nord- wie auch Südamerika. Doch einfach war das offenbar nicht, vielleicht, weil es so lange dauerte, bis Sorten entstanden, die an andere Breiten angepaßt waren. Erst um 900 n. Chr. – Jahrtausende nach seinem ersten Auftauchen in Mexiko – wurde Mais im Tal des Mississippi zum Hauptnahrungsmittel und verspäteten Auslöser des Aufstiegs jener geheimnisvollen Zivilisation des amerikanischen Mittelwestens, die durch ihre Grabhügel Bekanntheit erlangte (die sogenannten Moundbuilder).

Wären Alte und Neue Welt um 90 Grad um die jeweilige Achse gedreht worden, so hätte die Ausbreitung von Anbaupflanzen und Haustieren in der Alten Welt einen langsameren und in der Neuen Welt einen rascheren Verlauf genommen. Das Tempo der Entstehung und des Aufstiegs von Zivilisationen wäre entsprechend anders gewesen. Wer weiß, ob nicht dieser Unterschied Montezuma oder Atahualpa genügt hätte, auch ohne Pferde in Europa einzumarschieren?

Das unterschiedliche Tempo, in dem sich auf den verschiedenen Kontinenten Zivilisationen entfalteten, war also kein Ergebnis des Zufalls, bedingt vielleicht durch ein paar Genies. Sie waren auch nicht das Ergebnis biologischer Unterschiede, wie sie bei Tieren über den Ausgang von Konkurrenzkämpfen entscheiden – daß also etwa manche Populationen schneller laufen oder Nahrung besser verwerten konnten als andere. Und sie beruhten auch nicht auf Unterschieden im Erfindungsreichtum der Völker, für die es ohnehin keine Beweise gibt. Vielmehr lag die Ursache in Einflüssen der Biogeographie auf die kulturelle Entwicklung. Hätte man die Bewohner Europas und Australiens vor 12 000 Jahren miteinander vertauscht, so wären es die nach Europa verpflanzten ehemaligen australischen Ureinwohner gewesen, die früher oder später Amerika und Australien erobert hätten.

Die Geographie bestimmt die Grundregeln der biologischen wie auch der kulturellen Evolution aller Arten einschließlich des Men-

schen. Ihre Rolle in der modernen Geschichte ist sogar noch
offenkundiger als ihre Bedeutung für das Tempo der Domestikation
von Pflanzen und Tieren. Es ist daher fast komisch, daß die Hälfte
aller amerikanischen Schulkinder nicht einmal weiß, wo Panama
liegt. Alles andere als komisch mutet es an, wenn Politiker die gleiche Unwissenheit zur Schau stellen. Von den vielen unrühmlichen
Beispielen für Tragödien, die auf das Konto geographisch ahnungs-
loser Politiker gehen, will ich nur zwei nennen: die unnatürlichen
Grenzen zwischen afrikanischen Staaten, die im 19. Jahrhundert
von den europäischen Kolonialmächten am grünen Tisch gezogen
wurden und eine schwere Hypothek für die Stabilität mancher heutiger Staaten dieses Kontinents darstellen, und die osteuropäischen
Grenzen, die 1919 im Versailler Vertrag von Politikern festgelegt
wurden, die von dieser Region herzlich wenig verstanden und so
Zündstoff schufen, der mit zum Ausbruch des Zweiten Weltkriegs
beitrug.

   Bis vor wenigen Jahrzehnten war Erdkunde ein Pflichtfach an
amerikanischen Schulen und Colleges. Dann kam der Irrtum auf,
es handele sich um wenig mehr als das Auswendiglernen der Namen von Hauptstädten, und das Fach wurde aus vielen Lehrplänen
gestrichen. Doch ein halbes Jahr Erdkunde in der siebten Klasse ist
nicht genug, um unseren künftigen Politikern die wahre Bedeutung
der Geographie nahezubringen. Auch Faxgeräte und globale Satel-
litenverbindungen können die geographisch bedingten Unterschiede zwischen den Menschen nicht auslöschen. Über lange
Zeiträume gesehen, hat die Geographie in hohem Maße dazu beigetragen, uns zu dem zu machen, was wir sind.

KAPITEL 15

Pferde und Hethiter

»Yksi, kaksi, kolme, neljä, viisi.« – Ich sah dem kleinen Mädchen zu, wie es behutsam seine fünf Murmeln zählte. Daran war nichts Ungewöhnliches, nur war es ein fremder Klang, der da in meine Ohren drang. Fast überall in Europa hätte ich Worte gehört wie *»one, two, three«* im Englischen, *»eins, zwei, drei«* im Deutschen, *»uno, due, tre«* im Italienischen oder *»odin, dwa, tri«* im Russischen. Doch ich verbrachte meinen Urlaub ja in Finnland, wo eine der wenigen nicht-indogermanischen Sprachen Europas gesprochen wird.

Die meisten der heutigen europäischen und viele der in Vorderasien bis hin nach Indien gesprochenen Sprachen weisen eine starke Ähnlichkeit auf (*siehe* Vokabeltabelle auf der nächsten Seite). Auch wenn wir beim Pauken von Französischvokabeln in der Schule stöhnten, ähneln sich die »indogermanischen« Sprachen doch alle untereinander, während sie sich von den übrigen Sprachen der Welt in Wortschatz und Grammatik unterscheiden. Nur 140 der 5000 Sprachen, die heute gesprochen werden, gehören zu dieser Sprachfamilie, doch ihre Bedeutung übertrifft das zahlenmäßige Gewicht bei weitem. Der weltweiten Ausbreitung der Europäer seit 1492 – vor allem der Engländer, Spanier, Portugiesen, Franzosen und Russen – ist es zu verdanken, daß fast die Hälfte der heutigen fünf Milliarden Menschen auf der Erde eine indogermanische Sprache als Muttersprache hat.

Uns mag die Ähnlichkeit zwischen den meisten europäischen Sprachen als ganz natürlich und keiner Erklärung bedürftig erscheinen. Erst wenn wir in Gegenden der Welt mit großer sprachlicher Vielfalt kommen, wird uns klar, wie erstaunlich Europas sprachliche Homogenität ist und wie sie förmlich nach einer Erklärung schreit. Im Hochland von Neuguinea zum Beispiel, wo die

INDOGERMANISCHE UND NICHT-INDOGERMANISCHE VOKABELN

INDOGERMANISCHE SPRACHEN

Englisch	one	two	three	mother	brother	sister
Deutsch	eins	zwei	drei	Mutter	Bruder	Schwester
Französisch	un	deux	trois	mère	frère	sœur
Latein	unus	duo	tres	mater	frater	soror
Russisch	odin	dwa	tri	mat'	brat	sestra
Irisch	oen	do	tri	mathir	brathir	siur
Tocharisch	sas	wu	trey	macer	procer	ser
Litauisch	vienas	du	trys	motina	brolis	seser
Sanskrit	eka	duva	trayas	matar	bhratar	svasar
*UIG**	oynos	dwo	treyes	mater	bhrater	suesor

NICHT-INDOGERMANISCHE SPRACHEN

Finnisch	yksi	kaksi	kolme	äiti	veli	sisar
*Foré**	ka	tara	kakaga	nano	naganto	nanona

* UIG steht für Urindogermanisch, die rekonstruierte Grundsprache der ersten Indogermanen. Foré ist eine Sprache des Hochlands von Neuguinea. Beachten Sie die starke Ähnlichkeit der Wörter bei den indogermanischen Sprachen und die völlige Verschiedenheit bei den nicht-indogermanischen Sprachen.

ersten Außenweltkontakte erst im 20. Jahrhundert erfolgten, wechseln sich nach wenigen Kilometern Sprachen ab, die sich nicht weniger unterscheiden als Chinesisch und Englisch. Einst muß in Eurasien ebenfalls eine große Vielfalt geherrscht haben, die nach und nach dahinschwand, bis schließlich die Sprecher der Grundsprache der indogermanischen Sprachfamilie auf den Plan traten und, einer Dampfwalze gleich, fast alle übrigen europäischen Sprachen vom Erdboden vertilgten.

Von allen Vorgängen, die der modernen Welt ihre einstige sprachliche Vielfalt nahmen, war die indogermanische Expansion der bedeutendste. Auf seine erste Phase, in der sich indogermanische Sprachen über Europa und einen großen Teil Asiens ausbreiteten, folgte ab 1492 eine zweite, in deren Verlauf sie zu allen anderen Kontinenten vordrangen. Wann und wo setzte sich die

Dampfwalze in Bewegung, und woher nahm sie ihren Schwung? Warum wurde Europa nicht etwa von Sprechern einer dem Finnischen oder Assyrischen verwandten Sprache überrollt?

Zwar sind die indogermanischen Sprachen der wichtigste Gegenstand der Sprachgeschichtsforschung, doch auch Archäologie und Geschichte befassen sich mit ihnen. Von den Europäern, die seit 1492 an der zweiten Phase der indogermanischen Expansion beteiligt waren, kennen wir nicht nur Wortschatz und Grammatik, sondern auch die Häfen, von denen ihre Schiffe ausliefen, die Zeitpunkte der Abreise, die Namen der Anführer und die Gründe für ihren Erfolg als Eroberer. Doch will man begreifen, was in der ersten Phase geschah, muß man nach einem Volk suchen, über dessen Sprache und Kultur sich – trotz aller Eroberungen und der Grundsteinlegung für die heute vorherrschenden Kulturen – der Mantel der fernen schriftlosen Vergangenheit gelegt hat. Die Suche gleicht einem Krimirätsel, bei dessen Lösung eine hinter der Geheimwand eines buddhistischen Klosters entdeckte Sprache und eine unerklärlicherweise auf der Leinenhülle einer ägyptischen Mumie erhaltene italische Sprache eine Rolle spielen.

Ich nehme es nicht übel, wenn Sie das indogermanische Rätsel auf den ersten Blick für unlösbar halten. Ist es nicht *per definitionem* unmöglich, die indogermanische Grundsprache zu studieren, wo doch die Schrift zu ihrer Zeit noch nicht erfunden war? Wie würden wir Skelette oder Töpferwaren der ersten Indogermanen, selbst wenn wir sie fänden, überhaupt erkennen? Die Skelette und Keramiken der im Zentrum Europas lebenden heutigen Ungarn sind so typisch europäisch, wie Gulasch ungarisch ist. Archäologen würden bei der Ausgrabung einer ungarischen Stadt in einem späteren Jahrtausend nie darauf kommen, daß die Ungarn eine nicht-indogermanische Sprache sprechen, sofern keine schriftlichen Belege dafür gefunden würden. Selbst wenn es uns auf irgendeine Weise gelänge, Ort und Zeit der ersten Indogermanen zu bestimmen, bliebe fraglich, wie wir daraus ableiten sollten, was ihrer Sprache zu so großem Erfolg verhalf.

Bemerkenswerterweise gelang es Linguisten, Antworten auf diese Fragen aus den Einzelsprachen selbst zu gewinnen. Ich werde erläutern, warum wir so sicher sind, daß ihre heutige Verbreitung

Ausdruck einer einst über Europa und Westasien rollenden sprachlichen Dampfwalze ist. Sodann werde ich versuchen zu beurteilen,
wann und wo die Grundsprache gesprochen wurde und wie es dazu
kam, daß sie einen so großen Teil der Welt erobern konnte.

Woraus können wir schließen, daß die heutigen indogermanischen
Sprachen an die Stelle anderer, inzwischen abhanden gekommener
Sprachen traten? Ich spreche nicht von der zweiten Phase, also den
letzten 500 Jahren, in deren Verlauf Englisch und Spanisch die
meisten einheimischen Sprachen Nord- und Südamerikas und Australiens verdrängten. Diese neuzeitliche Expansion beruhte offensichtlich auf der Überlegenheit, die den Europäern ihre Gewehre,
Krankheitserreger, Eisengeräte und politischen Organisationsformen verschafften. Mir geht es vielmehr um die erste Phase der
Verdrängung älterer europäischer und westasiatischer durch indogermanische Sprachen, die sich noch vor Einführung der Schrift in
jenen Gebieten vollzogen haben muß.

   Die Karte in Abb. 7 zeigt die Verbreitungsgebiete der verblie-
nen indogermanischen Sprachzweige um 1492, kurz bevor die
Spanier mit der Reise des Kolumbus zum Sprung über den Atlan-
tik ansetzten. Drei dieser Sprachzweige sind den meisten Europäern und Amerikanern besonders vertraut: die germanischen Sprachen (Englisch, Deutsch usw.), die romanischen Sprachen
(Französisch, Spanisch usw.) und die slawischen Sprachen (Russisch usw.), die alle aus zwölf bis 16 heute noch lebendigen Einzelsprachen bestehen und von 300 bis 500 Millionen Menschen
gesprochen werden. Der größte Zweig sind jedoch die rund 90 indoiranischen Sprachen mit fast 700 Millionen Sprechern zwischen
Iran und Indien (zu ihnen zählt auch Romani, die Sprache der
Zigeuner). Relativ kleine überlebende Zweige mit zwei bis höchs-
stens zehn Millionen Sprechern sind Griechisch, Albanisch, Armenisch, Baltisch (bestehend aus Litauisch und Lettisch) und
Keltisch (Walisisch, Gälisch usw.). Mindestens zwei weitere
Zweige der indogermanischen Sprachfamilie, Anatolisch und Tocharisch, gingen schon vor langer Zeit unter, sind aber durch
hinterlassene Schriften bekannt, während andere ziemlich spurlos
verschwanden.

SPRACHENKARTE EUROPA UND WESTASIEN

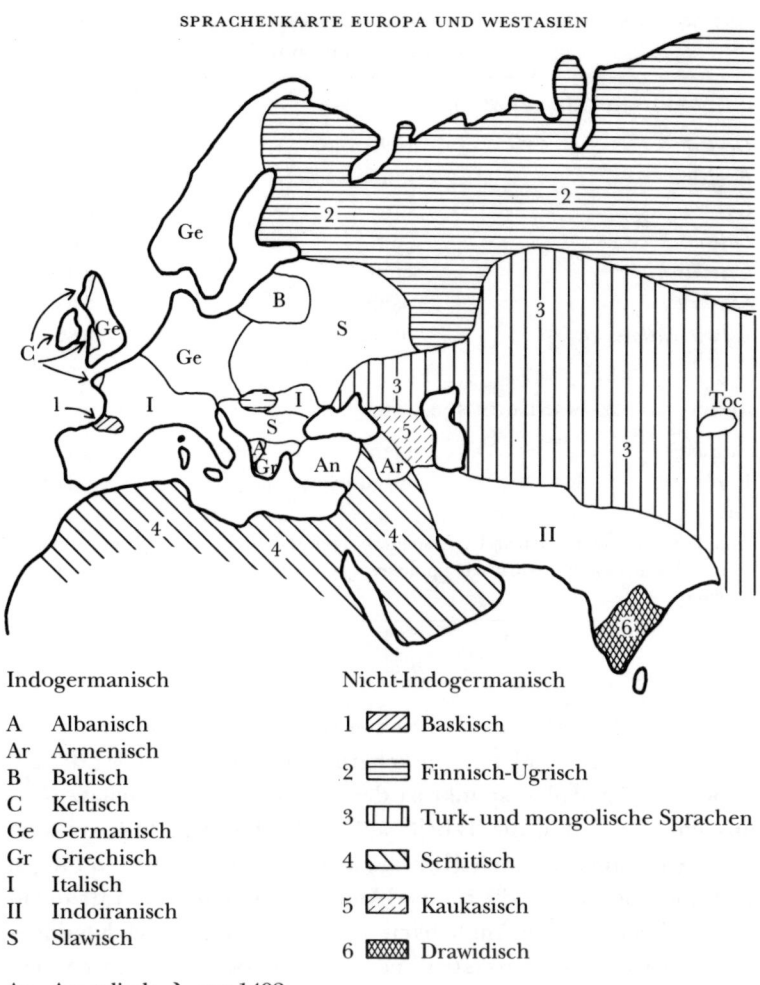

Indogermanisch

A   Albanisch
Ar   Armenisch
B   Baltisch
C   Keltisch
Ge   Germanisch
Gr   Griechisch
I   Italisch
II   Indoiranisch
S   Slawisch

An   Anatolisch ⎫ vor 1492
Toc Tocharisch ⎭ ausgestorben

Nicht-Indogermanisch

1 ▨▨ Baskisch

2 ▤▤ Finnisch-Ugrisch

3 ▥▥ Turk- und mongolische Sprachen

4 ◧◨ Semitisch

5 ▨▨ Kaukasisch

6 ▨▨ Drawidisch

Abb. 7: Die Karte zeigt die Sprachenverbreitung um 1492, kurz vor der Entdeckung der Neuen Welt durch Europäer. Es muß noch andere indogermanische Sprachzweige gegeben haben, die zu diesem Zeitpunkt bereits untergegangen waren. Umfangreiche schriftliche Aufzeichnungen existieren jedoch nur in Sprachen des tocharischen und anatolischen Zweigs (zu letzterem gehörte auch die Sprache der Hethiter), deren Heimatgebiete schon vor 1492 von Sprechern von Turk- und mongolischen Sprachen erobert wurden.

INDOGERMANISCHE UND NICHT-INDOGERMANISCHE VERBINDUNGEN:

SEIN ODER NICHT SEIN

INDOGERMANISCHE SPRACHEN

Deutsch	(ich) bin	(er) ist
Englisch	am	is
Gotisch	im	ist
Lateinisch	sum	est
Griechisch	eimi	esti
Sanskrit	asmi	asti
Altkirchenslawisch	jesmi	jesti

NICHT-INDOGERMANISCHE SPRACHEN

Finnisch	olen	on
Foré	miyuwe	miye

Anm.: Nicht nur der Wortschatz, sondern auch die Verb- und Substantivendun-
gen sind den indogermanischen Sprachen gemeinsam und unterscheiden sie von
anderen.

Und was beweist nun, daß all diese Sprachen untereinander verwandt und von anderen Sprachgruppen verschieden sind? Ein
naheliegender Anhaltspunkt ist der gemeinsame Wortschatz, veranschaulicht durch die Tabelle auf S. 314 und Tausende weiterer
Beispiele. Einen zweiten Hinweis liefern ähnliche Wortendungen
(Flexionsendungen), die zur Verbkonjugation und Substantivdeklination dienen. Diese Ähnlichkeit wird oben anhand der Konjuga-
tion von »sein« in der ersten und dritten Person Singular gezeigt.
Man erkennt solche Übereinstimmungen leichter, wenn man bedenkt, daß sich die gemeinsamen Wortstämme und -endungen
verwandter Sprachen fast nie völlig gleichen. Vielmehr wird ein
bestimmter Laut der einen Sprache oft durch einen anderen Laut
ersetzt. Bekannte Beispiele sind die häufige Äquivalenz des englischen »th« und des deutschen »d« (engl. »thing« = dt. »Ding«,
»thanks« = »danke«) oder des englischen »s« und des spanischen
»es« (engl. »school« = span. »escuela«, »stupid« = »estupido«).

Verglichen mit diesen feinen Unterschieden zwischen den einzelnen indogermanischen Sprachen, sind die Unterschiede in Laut- und Wortbildung zu nicht-indogermanischen Sprachfamilien kraß. So ist mein grauenhafter amerikanischer Akzent, der mir jedesmal peinlich ist, wenn ich in Paris nur den Mund öffne und *»Où est le métro?«* sage, nichts gegen mein völliges Unvermögen, die Schnalzlaute mancher südafrikanischer Sprachen oder die acht Tonhöhen der Sprachen des neuguineischen Seentieflands herauszubringen. Natürlich brachten mir meine neuguineischen Freunde mit Vorliebe solche Vogelnamen bei, die sich nur in der Tonhöhe von einem Wort für Kot unterschieden, um dann ihren Spaß zu haben, wenn ich das nächste Mal einen Dorfbewohner um Informationen über jenen »Vogel« bat.

Ebenso charakteristisch wie die Laute ist die Wortbildung der indogermanischen Sprachen. Substantive und Verben haben bestimmte Endungen, die es beim Erlernen einer neuen Sprache zu büffeln gilt. (Wie viele ehemalige Lateinschüler unter Ihnen können wohl noch *»amo, amas, amat, amamus, amatis, amant«* aufsagen?) Jede Endung enthält mehrere Arten von Information. So gibt das »o« in »amo« Auskunft darüber, daß es sich um die erste Person Singular Präsens Aktiv handelt: Der Liebende bin ich, nicht mein Rivale; ich bin eine Person, nicht zwei; ich bin der Liebe Gebende, nicht der Liebe Empfangende; und ich gebe sie jetzt, nicht gestern. Gott stehe dem Liebenden bei, der bei all dem auch nur einen Fehler macht! Andere Sprachen, wie Türkisch, verwenden dagegen eine Extrasilbe oder ein Phonem für jede dieser Informationen, während wieder andere, zum Beispiel Vietnamesisch, praktisch ganz auf solche Variationen verzichten.

Bei all diesen Ähnlichkeiten zwischen den indogermanischen Sprachen stellt sich die Frage, wie sich überhaupt Unterschiede zwischen ihnen entwickelten. Einen Anhaltspunkt gibt die Tatsache, daß sich jede Sprache, über die für etliche Jahrhunderte schriftliche Aufzeichnungen vorliegen, mit der Zeit sichtlich ändert. So erscheint zeitgenössischen Englischsprechern das Englisch des 18. Jahrhunderts zwar als seltsam, aber absolut verständlich. Wir können Shakespeare (1564–1616) lesen, wenngleich uns Anmerkungen die Bedeutung vieler von ihm gebrauchter Wörter erläutern müssen. Doch altenglische Texte wie das Gedicht *Beowulf* (ca. 700–750 n. Chr.) wirken wie in einer Fremdsprache verfaßt.

Wenn sich Sprecher einer ursprünglich gemeinsamen Sprache in verschiedenen Gebieten ausbreiten und nur begrenzten Kontakt miteinander haben, führen Veränderungen an Wörtern und Aussprache in jedem Gebiet unweigerlich zur Ausbildung von Dialekten, so geschehen in den verschiedenen Teilen der USA in den wenigen Jahrhunderten, seit dort ab 1607 die ersten festen Siedlungen von Engländern errichtet wurden. Nach ein paar weiteren Jahrhunderten verselbständigen sich Dialekte so stark, daß eine gegenseitige Verständigung nicht mehr möglich ist und sie nun als eigene Sprachen gelten. Eines der am besten dokumentierten Beispiele für diesen Prozeß ist die Entstehung der romanischen Sprachen aus dem Lateinischen ab etwa 500 n. Chr. Schriften aus der Zeit ab dem achten Jahrhundert bezeugen, wie sich die Sprachen Frankreichs, Italiens, Spaniens, Portugals und Rumäniens nach und nach vom Lateinischen entfernten – und voneinander.

Die Entstehung der modernen romanischen Sprachen aus dem Lateinischen veranschaulicht, wie sich Gruppen verwandter Sprachen aus einer gemeinsamen Ahnensprache entwickeln. Selbst wenn der Nachwelt keine lateinischen Texte erhalten wären, könnten wir die lateinische Grundsprache zum großen Teil durch Vergleiche zwischen ihren einzelnen Tochtersprachen rekonstruieren. Auf gleiche Weise läßt sich ein Stammbaum aller indogermanischen Sprachzweige rekonstruieren, teils anhand alter Schriften, teils durch Rückschlüsse. In der sprachlichen Evolution spielten also Abstammung und Abzweigung die Hauptrolle, ganz ähnlich, wie es uns Darwin für die biologische Evolution vorführte. In Sprache und Skelettbau unterscheiden sich Engländer und Australier, deren eigenständige Entwicklung mit der Besiedlung Australiens 1788 ihren Anfang nahm, sehr viel weniger voneinander als von den Chinesen, von denen sie sich zig tausend Jahre früher entfernten.

Läßt man ihnen nur genug Zeit, entwickeln sich Sprachen in jedem Teil der Welt immer weiter auseinander, nur gebremst durch Kontakte zwischen benachbarten Völkern. Wohin das führen kann, zeigt eindrucksvoll Neuguinea, das vor der Kolonisierung durch Europäer nie politisch vereint war und wo sich auf einer Fläche so groß wie Texas fast 1000 verschiedene Sprachen entwickelten – darunter Dutzende ohne nachgewiesene Verwandtschaft miteinander oder mit irgendeiner anderen Sprache der Welt. Wird in einem größeren Gebiet die gleiche oder werden dort verwandte Sprachen gesprochen, weiß man deshalb, daß die Uhr der sprachlichen Evolution erst kürzlich neu in Gang gesetzt wurde. Das heißt, es muß sich eine bestimmte Sprache vor noch nicht langer Zeit ausgebreitet, andere Sprachen ausgelöscht und sodann begonnen haben, sich erneut zu differenzieren. Dieser Vorgang erklärt die starken Ähnlichkeiten zwischen den Bantusprachen im südlichen Afrika sowie den austronesischen Sprachen Südostasiens und des Pazifiks.

Wieder liefern die romanischen Sprachen das am gründlichsten dokumentierte Beispiel. Bis etwa 500 v. Chr. war Latein als eine von vielen in Italien gesprochenen Sprachen auf ein kleines Gebiet um Rom beschränkt. Die Expansion Lateinisch sprechender Römer tilgte all diese Sprachen von der italienischen Landkarte und löschte anschließend ganze Zweige der indogermanischen Sprachfamilie in anderen Teilen Europas aus, zum Beispiel die keltischen Festlandssprachen. Diese Schwesterzweige wurden vom Lateinischen so gründlich ersetzt, daß wir nur noch aufgrund vereinzelter Wörter, Namen und Inschriften Kenntnis von ihnen haben. Mit dem Vordringen der Spanier und Portugiesen nach Übersee ab 1492 raubte die ursprünglich von nur ein paar Hunderttausend Römern gesprochene Sprache Hunderten anderer Sprachen ihren angestammten Platz, was dazu führte, daß heute eine halbe Milliarde Menschen eine romanische Muttersprache haben.

Wirkte die indogermanische Sprachfamilie insgesamt ebenso als Dampfwalze, könnte man erwarten, hier und da von ihr hinterlassene Trümmerstücke in Form älterer nicht-indogermanischer Sprachen vorzufinden. Das einzige heute noch lebendige Überbleibsel dieser Art in Westeuropa ist die Sprache der Basken, von der keine Verwandtschaft mit irgendeiner anderen Sprache der Welt bekannt ist. (Die übrigen nicht-indogermanischen Sprachen im heutigen Europa – Ungarisch, Finnisch, Estisch und möglicherweise auch das Lappische – gelangten erst in relativ junger Vergangenheit aus dem Osten nach Europa.) Es gab jedoch vor den Zeiten der Römer andere Sprachen in Europa, von denen genügend Wörter oder Inschriften erhalten geblieben sind, um sie als nicht-indogermanisch zu identifizieren. Die am besten dokumentierte dieser untergegangenen Sprachen ist die rätselhafte etruskische Sprache aus dem italienischen Nordwesten, von der ein Text von 281 Zeilen auf einer Leinenschriftrolle erhalten ist, die auf irgendeine Weise nach Ägypten gelangte und dort als Hülle einer Mumie diente. All solche abhanden gekommenen nicht-indogermanischen Sprachen waren Teile des Trümmerfeldes, das die indogermanische Expansion zurückließ.

Weiterer Sprachschutt wurde von den überlebenden indogermanischen Sprachen selbst aufgenommen. Um zu verstehen, wie Linguisten solche Überbleibsel erkennen, stellen Sie sich bitte vor, Sie wären gerade aus dem Weltall zu Besuch auf der Erde und erhielten drei Bücher in englischer Sprache überreicht, in denen drei Autoren über ihre jeweilige Heimat schrieben: ein Engländer, ein Amerikaner und ein Australier.

Die Sprache und die meisten Wörter würden sich in allen drei Büchern gleichen. Doch beim Vergleich des Buchs über Amerika mit dem über England würden Sie feststellen, daß das über Amerika viele Ortsnamen enthielte, die der gemeinsamen Sprache der drei Bücher offenkundig fremd wären – Namen wie Massachusetts, Winnepesaukee und Mississippi. Das Buch über Australien enthielte weitere Ortsnamen, die der Grundsprache ebenso fremd wären, aber auch nichts mit denen aus Amerika zu tun hätten – zum Beispiel Woonarra, Goondiwindi und Murrumbidgee. Vielleicht kämen Sie darauf, daß englische Einwanderer in Amerika und Australien auf Eingeborene mit eigenen Sprachen trafen, denen sie Ortsnamen und manche Gegenstandsbezeichnung entlehnten. Vielleich könnten Sie sogar ein paar Rückschlüsse über die Wörter und Laute jener unbekannten Eingeborenensprachen ziehen. In der Tat kennen wir die amerikanischen und australischen Sprachen, aus denen diese Wörter entlehnt sind, und könnten deshalb die Richtigkeit Ihrer Schlüsse bestätigen.

Ähnlich stießen Linguisten bei der Analyse mehrerer indogermanischer Sprachen auf Wörter, die offenbar aus inzwischen untergegangenen nicht-indogermanischen Sprachen stammten. So scheint rund ein Sechstel aller griechischen Wörter, deren etymologische Ableitungen wir zurückverfolgen können, nicht-indogermanischen Ursprungs zu sein. Es handelt sich dabei gerade um die Art von Wörtern, von denen man erwarten könnte, daß einfallende Griechen sie aus den Sprachen der Einheimischen entlehnten: Ortsnamen wie Korinth und Olymp, Bezeichnungen für Kulturpflanzen wie Oliven und Wein und die Namen von Göttern und Helden wie Athene und Odysseus. Vielleicht sind diese Wörter das sprachliche Erbe, das Griechenlands prä-indogermanische Bevölkerung den Griechischsprechern, die sie überrannten, hinterließen.

Es gibt also mindestens vier Arten von Indizien dafür, daß die indogermanischen Sprachen das Ergebnis einer antiken Dampfwalze sind: die Stammbaumverwandtschaft der heute noch gesprochenen indogermanischen Sprachen; die wesentlich größere sprachliche Vielfalt in Gebieten wie Neuguinea, die in jüngerer Vergangenheit nicht überrannt wurden; die nicht-indogermanischen Sprachen, die in Europa bis in die Römerzeit oder noch länger lebendig blieben; und schließlich das nicht-indogermanische Erbe in mehreren indogermanischen Sprachen.

Läßt sich bei all diesen Argumenten für eine indogermanische Grundsprache in ferner Vergangenheit wohl auch ein Stück davon rekonstruieren? Zunächst erscheint die Vorstellung, eine längst ausgestorbene Sprache erlernen zu wollen, absurd. Doch ist es Linguisten tatsächlich gelungen, die Grundsprache weitgehend zu rekonstruieren, und zwar durch Analyse der gemeinsamen Wortstämme der einzelnen Tochtersprachen.

Ein Beispiel: Wäre das Wort für »Schaf« in jedem der modernen indogermanischen Sprachzweige völlig anders, so könnten wir nicht folgern, wie es in der Grundsprache gelautet haben muß. Bestünden jedoch Ähnlichkeiten, insbesondere zwischen geographisch so weit voneinander entfernten Zweigen wie Indoiranisch und Keltisch, könnten wir daraus schließen, daß die einzelnen Zweige von der Grundsprache den gleichen Wortstamm übernommen haben. Die Kenntnis der Lautverschiebungen zwischen den Tochtersprachen würde uns sogar die Rekonstruktion der Form des Wortstamms in der Grundsprache ermöglichen.

EIN SCHAF IST EIN SCHAF IST EIN SCHAF

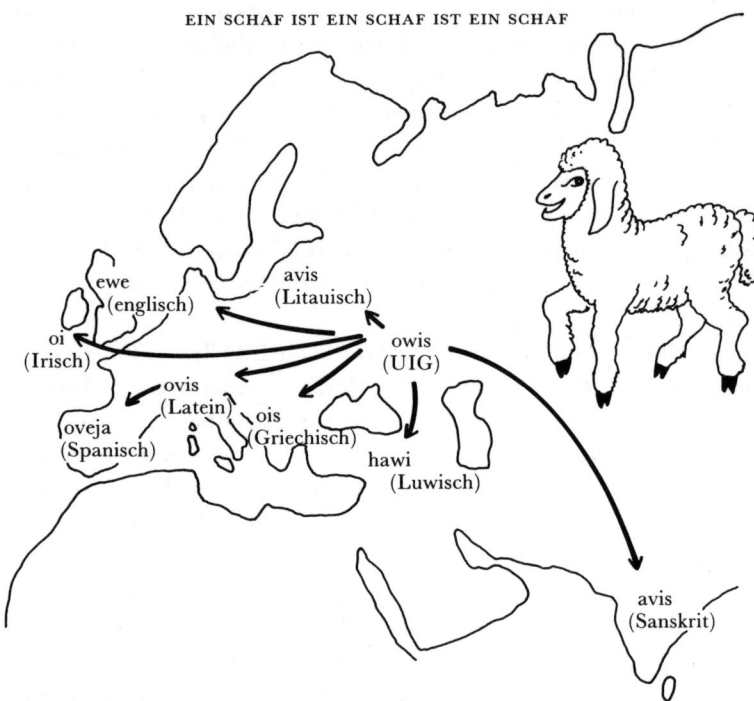

Abb. 8: In vielen modernen sowie in mehreren alten, nur aus überlieferten Schriften bekannten Sprachen sind die Bezeichnungen für »Schaf« recht ähnlich. Es muß sich um Ableitungen von einer Urform handeln, die *owis* gelautet haben dürfte und im Urindogermanischen (UIG), der ungeschriebenen Grundsprache, verwendet wurde.

Wie Abb. 8 zeigt, sind die Bezeichnungen für »Schaf« in vielen indogermanischen Sprachen, von Indien bis Irland, wirklich sehr ähnlich: *avis, hawi, ovis, ois, oi* usw. Das moderne englische Wort »sheep« hat offenbar eine andere Wurzel, doch der ursprüngliche Stamm ist in dem Wort »ewe« (Mutterschaf) erhalten geblieben.*

---

* Im Deutschen verhält es sich ganz ähnlich wie im Englischen: Während »Schaf« wie »sheep« einen anderen Ursprung hat, lebt der urindogermanische Wortstamm in der mundartlichen Bezeichnung »Aue« fort, die ebenfalls die Bedeutung »Mutterschaf« hat und im süddeutschen Raum und in den Alpenländern noch gebraucht wird; Anm. d. Übers.

Unter Berücksichtigung der Lautverschiebungen in den einzelnen indogermanischen Sprachen läßt sich folgern, daß die ursprüngliche Form *owis* gelautet haben muß.

Natürlich beweist ein gemeinsamer Wortstamm in mehreren Tochtersprachen nicht automatisch, daß es sich um ein gemeinsames Erbe der gleichen Grundsprache handeln muß. Es könnten ja auch Wörter erst später von einer Tochtersprache in die andere gelangen. Archäologen, die den Rekonstruktionsbemühungen der Linguisten skeptisch gegenüberstehen, verweisen in diesem Zusammenhang mit Vorliebe auf Wörter wie »Coca-Cola«, die zum Wortschatz vieler heutiger europäischer Sprachen gehören. Ihrer Ansicht nach würden Linguisten das Wort »Coca-Cola« absurderweise auf eine vor Tausenden von Jahren gesprochene Grundsprache zurückführen. In Wirklichkeit ist »Coca-Cola« aber gerade ein Beispiel dafür, wie Linguisten Lehnwörter jüngeren Datums aussortieren: Das Wort ist offenkundig ausländischen Ursprungs (»Coca« stammt aus einer peruanischen Indianersprache, »Cola« aus Westafrika) und weist in den verschiedenen Sprachen nicht die gleichen Lautverschiebungen auf wie bei den alten indogermanischen Wortstämmen (auf Deutsch bleibt »Coca-Cola« schließlich »Coca-Cola« und wird nicht zu *Köcherköhler*).

Mit Hilfe solcher Methoden gelang die Rekonstruktion eines Großteils der Grammatik und von fast 2000 Wortstämmen der urindogermanischen Grundsprache, hier abgekürzt UIG. Das heißt allerdings nicht, daß alle Wörter der modernen indogermanischen Sprachen aus dem UIG stammen: Für die meisten trifft das nicht zu, da sehr viele neu erfunden oder entlehnt wurden (zum Beispiel »Schaf« statt des alten urindogermanischen *owis*). Die überlieferten UIG-Stämme sind in der Regel Wörter für menschliche Universalien, für die es bereits vor Jahrtausenden Bezeichnungen gab: Wörter für Zahlen und Verwandtschaftsbeziehungen (wie in der Übersicht auf S. 314), für Körperteile und -funktionen sowie für alltägliche Objekte oder Konzepte wie »Himmel«, »Nacht«, »Sommer« oder »kalt«. Zu den auf diese Weise rekonstruierten menschlichen Universalien zählen auch so vertraute Handlungen wie »einen fahren lassen«, und zwar mit zwei verschiedenen urindogermanischen Stämmen, je nachdem, ob es laut oder leise geschieht.

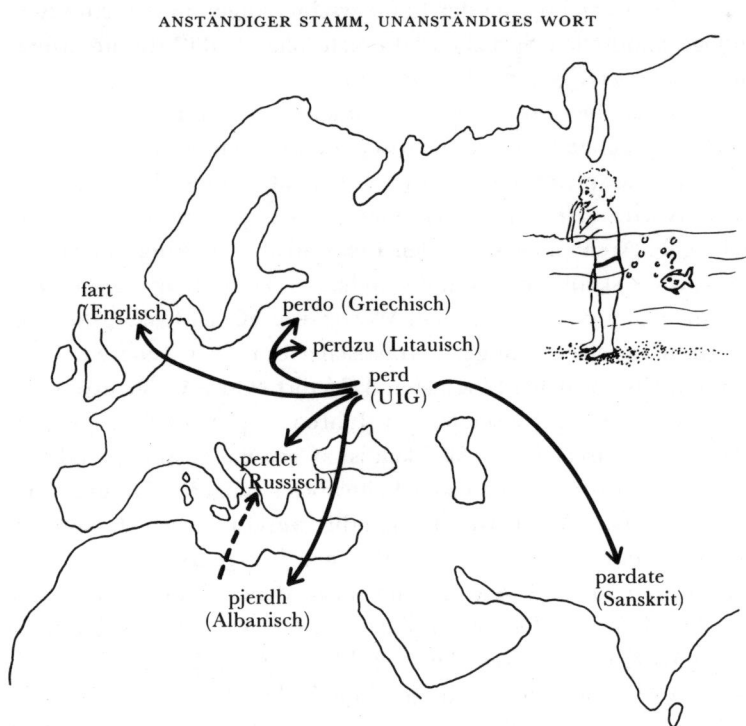

Abb. 9: Wie bei den Wörtern für »Schaf« ähneln sich die Bezeichnungen für »laut furzen« in vielen geschriebenen indogermanischen Sprachen. Dies läßt auf die Urform *perd* in der ungeschriebenen urindogermanischen Grundsprache schließen.

Der Stamm für die laute Variante (UIG *perd*) ergab die Grundlage einer Reihe ähnlicher Wörter in den modernen indogermanischen Sprachen (*perdet, pardate* usw.) – einschließlich »fart« im Englischen und »furzen« im Deutschen (siehe Abb. 9).

Wir haben bisher erfahren, wie Linguisten darangingen, aus geschriebenen Sprachen Indizien für eine ungeschriebene Grundsprache (und Sprachdampfwalze) zu extrahieren. Die naheliegenden nächsten Fragen lauten: Wann wurde UIG gesprochen, wo wurde es gesprochen, und wodurch konnte es so viele andere Sprachen überrollen? Beginnen wir mit dem »Wann«, einer weiteren auf den ersten Blick unmöglichen Frage. Es ist schon schlimm genug, die Wörter einer ungeschriebenen Sprache folgern zu müssen, doch wie um Himmels willen sollen wir auch noch bestimmen, wann sie gesprochen wurden?

Wir können zunächst wenigstens die Möglichkeiten eingrenzen, indem wir die ältesten schriftlichen Beispiele indogermanischer Sprachen analysieren. Lange Zeit waren das iranische Texte aus der Zeit um 1000 bis 800 v. Chr. sowie Sanskritschriften, die wahrscheinlich um 1200 bis 1000 v. Chr. verfaßt, aber erst später niedergeschrieben worden waren. Texte aus einem mesopotamischen Königreich namens Mitanni, die in einer nicht-indogermanischen Sprache verfaßt wurden, jedoch einige offenbar aus einer mit dem Sanskrit verwandten Sprache entlehnte Wörter enthielten, beweisen, daß es schon mindestens um 1500 v. Chr. sanskritähnliche Sprachen gab.

Der nächste Durchbruch erfolgte Ende des 19. Jahrhunderts, als eine umfangreiche Sammlung ägyptischer Diplomatenbriefe aus der Antike entdeckt wurde. Die meisten waren in einer semitischen Sprache verfaßt, doch zwei in einer unbekannten Sprache blieben ein Rätsel, bis bei Ausgrabungen in der Türkei Tausende von Schreibtafeln mit der gleichen Sprache zum Vorschein kamen. Wie sich herausstellte, handelte es sich bei diesem Fund um das Archiv eines Königreichs, das zwischen 1650 und 1200 v. Chr. in Blüte stand und heute mit seinem biblischen Namen als Hethiterreich bezeichnet wird.

Im Jahre 1917 wurde die Fachwelt von der Entdeckung überrascht, daß die hethitische Sprache nach ihrer Entschlüsselung einem vorher unbekannten, sehr eigenständigen und archaischen, inzwischen untergegangenen Zweig der indogermanischen Sprachfamilie zugeordnet werden mußte, dem Anatolischen. Eine Reihe offensichtlich dem Hethitischen ähnlicher Namen, die in Briefen assyrischer Händler in einer Handelsniederlassung nahe der späteren hethitischen Hauptstadt auftauchten, führen uns bei unserer Suche fast zurück bis ins Jahr 1900 v. Chr. Hierbei handelt es sich um das älteste direkte Indiz für die Existenz einer indogermanischen Sprache.

Man wußte also 1917, daß es um 1900 bzw. 1500 v. Chr. bereits

Eroberer der Welt

zwei indogermanische Zweige – Anatolisch und Indoiranisch – gegeben hatte. Auf einen dritten frühen Zweig stieß man 1952, als dem jungen britischen Experten für Kryptographie Michael Ventris der Nachweis gelang, daß es sich bei den sogenannten Linear-B-Schriften aus Griechenland und Kreta, die sich einer Entschlüsselung seit ihrer Entdeckung um 1900 stets verweigert hatten, um eine Frühform des Griechischen handelte. Die Linear-B-Schreibtafeln stammen aus der Zeit um 1300 v. Chr. Doch die Sprache der Hethiter, das Sanskrit und das frühe Griechisch unterscheiden sich sehr stark voneinander, auf jeden Fall stärker als das heutige Französisch und Spanisch, wobei der Beginn der Auseinanderentwicklung der letztgenannten Sprachen über tausend Jahre zurückliegt. Das läßt vermuten, daß sich die drei Sprachzweige Hethitisch, Sanskrit und Griechisch bereits 2500 v. Chr. oder noch früher vom Urindogermanischen getrennt hatten.

Welcher Zeitraum läßt sich aber an den Unterschieden zwischen diesen Zweigen ablesen? Wie erhalten wir einen Eichfaktor, der die »prozentuale Differenz zwischen Sprachen« in »verstrichene Zeit seit Beginn der getrennten Entwicklung« konvertiert? Manche Linguisten greifen dazu auf das Tempo der Wortveränderung in historisch dokumentierten Schriftsprachen zurück, zum Beispiel auf die Veränderungen vom Angelsächsischen über das Mittelenglische bis zum modernen Englisch. Diese Berechnungen, die zu den Methoden einer Glottochronologie (oder Sprachchronologie) genannten Wissenschaft zählen, ergeben als Daumenregel, daß Sprachen in tausend Jahren zirka 20 Prozent ihres Grundwortschatzes erneuern.

Die meisten Wissenschaftler lehnen glottochronologische Berechnungen mit der Begründung ab, das Tempo der Wortveränderungen hänge zwangsläufig von sozialen Gegebenheiten und den Wörtern selbst ab. Die gleichen Wissenschaftler sind allerdings in der Regel bereit, grobe Schätzungen vorzunehmen. In beiden Fällen kommt gewöhnlich als Ergebnis heraus, daß sich die urindogermanische Sprache um 3000 v. Chr. aufzuteilen begann – mit Sicherheit jedenfalls nicht später als um 2500 v. Chr. und nicht früher als um 5000 v. Chr.

Es gibt noch eine weitere, völlig andere Herangehensweise an das Problem der Datierung – die Wissenschaft der linguistischen Paläontologie. So wie sich Paläontologen um Aufschluß über die Vergangenheit bemühen, indem sie nach im Boden vergrabenen Relikten suchen, versuchen es linguistische Paläontologen mit der Suche nach Relikten, die in Sprachen vergraben sind.

Damit Sie verstehen, wie das funktioniert, erinnere ich daran, daß fast 2000 Wörter des urindogermanischen Wortschatzes rekonstruiert worden sind. Es überrascht nicht, daß sich darunter Wörter wie »Bruder« und »Himmel« befinden, die es vom Beginn der menschlichen Sprachentwicklung an gegeben haben muß. Doch es sollte im Urindogermanischen kein Wort für »Gewehr« geben, da dessen Erfindung erst um 1300 n. Chr. erfolgte, also lange, nachdem sich UIG-Sprecher bereits geographisch ausgebreitet und zum Beispiel in der Türkei und in Indien völlig verschiedene Sprachen entwickelt hatten. Und so werden denn auch für den Begriff »Gewehr« in verschiedenen indogermanischen Sprachen ganz unterschiedliche Wortstämme benutzt: *gun* im Englischen, *fusil* im Französischen, *ruzhyo* im Russischen usw. Der Grund liegt auf der Hand: Die verschiedenen Sprachen konnten unmöglich den gleichen Stamm aus dem Urindogermanischen übernehmen, so daß jede von ihnen nach Erfindung des Gewehrs ein neues Wort dafür schöpfen oder entlehnen mußte.

Dieses Beispiel veranlaßt uns dazu, eine Reihe von Erfindungen mit bekanntem Zeitpunkt zu betrachten und herauszufinden, welche von ihnen rekonstruierte Namen in UIG haben und welche nicht. Alles, was – wie das Gewehr – nach dem Beginn des Zerfalls der einheitlichen urindogermanischen Sprache erfunden wurde, sollte demnach keinen rekonstruierten Namen haben. Alles, was – wie Bruder – vor dem Zerfall erfunden wurde oder bereits bekannt war, könnte einen solchen Namen haben. (Das *muß* es jedoch nicht, da eine Vielzahl von UIG-Wörtern sicher untergangen ist. Uns sind die UIG-Wörter für »Auge« und »Augenbraue« bekannt, nicht aber für »Augenlid«, obwohl UIG-Sprecher sicher auch Augenlider hatten).

Die vielleicht frühesten bedeutenden Erfindungen *ohne* UIG-Bezeichnungen sind die Streitwagen, die zwischen 2000 und 1500 v. Chr. weite Verbreitung erlangten, und das Eisen, dessen Gebrauch zwischen 1200 und 1000 v. Chr. zu großer Bedeutung aufstieg. Das Fehlen von UIG-Bezeichnungen für diese relativ späten Erfindungen verwundert nicht, da uns ja die Eigenständigkeit des Hethitischen bereits davon überzeugt hatte, daß die urindogermanische Sprache schon lange vor 2000 v. Chr. ihre Einheitlichkeit verloren hatte. Zu den relativ frühen Neuerungen, die UIG-Bezeichnungen besitzen, gehören die Wörter für »Schaf« und »Ziege« (erstmals um 8000 v. Chr. domestiziert), für Rindvieh, mit separaten Bezeichnungen für Kühe und Ochsen (um 6400 v. Chr. domestiziert), für das Pferd (um 4000 v. Chr. domestiziert) und für den Pflug, dessen Erfindung zeitlich in etwa mit der Domestikation des Pferdes zusammenfiel. Die jüngste datierbare Erfindung mit einer UIG-Bezeichnung ist das Rad (um 3300 v. Chr).

Selbst ohne weitere Indizien würde die linguistische Paläontologie deshalb den Zerfall einer einheitlichen urindogermanischen Sprache vor 2000 v. Chr., aber nach 3300 v. Chr. vermuten. Dies stimmt gut mit dem aus der Extrapolation der Unterschiede zwischen dem Hethitischen, Griechischen und Sanskrit in die Vergangenheit gezogenen Schluß überein. Bei der Suche nach den Spuren der ersten Indogermanen sollten wir uns auf die archäologischen Funde aus dem Zeitraum zwischen 2500 und 5000 v. Chr. konzentrieren, vielleicht besonders auf die Zeit etwas vor 3000 v. Chr.

Nachdem die Frage nach dem »Wann« einigermaßen geklärt ist, wollen wir nun fragen, *wo* UIG gesprochen wurde. Unter Linguisten herrscht seit jeher Uneinigkeit über die Heimat der urindogermanischen Sprache. Alle möglichen Gebiete sind schon genannt worden, vom Nordpol bis Indien und von der Atlantik- bis zur Pazifikküste Eurasiens. Wie der Archäologe J. P. Mallory bemerkte, lautet die Frage deshalb nicht: »Wo lokalisiert die Wissenschaft das indogermanische Ursprungsland?«, sondern: »Wo lokalisiert sie es *momentan?*«

Um die Schwere des Problems zu begreifen, empfiehlt sich zunächst ein Blick auf die Landkarte (Abb. 7, S. 317). Im Jahre 1492 waren die meisten überlebenden indogermanischen Sprachzweige praktisch auf Westeuropa beschränkt, und nur das Verbreitungsgebiet des indoiranischen Zweigs reichte weiter nach Osten als bis zum Kaspischen Meer. Westeuropa wäre als UIG-Heimat also sicher die wirtschaftlichste Lösung, das heißt, man müßte in dem Fall die geringsten Bevölkerungsbewegungen annehmen.

Doch leider wurde im Jahr 1900 eine »neue«, wenngleich lange ausgestorbene indogermanische Sprache an einem in dreifacher Hinsicht unwahrscheinlichen Ort entdeckt. Erstens kam die Sprache (Tocharisch, wie sie heute genannt wird) in einer hinter einer Mauer verborgenen Geheimkammer in einem buddhistischen Höhlenkloster zum Vorschein. In der Kammer befand sich eine Bibliothek mit antiken Dokumenten in der fremden Sprache, verfaßt von buddhistischen Missionaren und Kaufleuten zwischen 600 und 800 n. Chr. Zweitens lag das Kloster in Ost-Turkestan, weiter östlich als die Gebiete aller übrigen Sprecher indogermanischer Sprachen und rund eineinhalbtausend Kilometer vom nächstgelegenen indogermanischen Sprachgebiet entfernt. Und drittens gehörte Tocharisch nicht zu den indoiranischen Sprachen, dem geographisch am ehesten benachbarten indogermanischen Sprachzweig, sondern möglicherweise zu Zweigen, die in Europa selbst, also Tausende von Kilometern weiter westlich, verbreitet waren. Das ist ungefähr so, als fänden wir plötzlich Beweise dafür, daß die Sprache der frühmittelalterlichen Bewohner Schottlands mit dem Chinesischen verwandt ist.

Natürlich gelangten die Tocharer nicht per Hubschrauber nach Ost-Turkestan, sondern zu Fuß oder mit Pferden, und wir müssen annehmen, daß es in Mittelasien einst noch viele andere indogermanische Sprachen gab, die nicht das Glück ereilte, der Nachwelt in Form geheimer Dokumente erhalten zu bleiben. Eine moderne Sprachenkarte Eurasiens (siehe Abb. 7) verdeutlicht, was dem Tocharischen und all den anderen untergegangenen indogermanischen Sprachen Mittelasiens widerfahren sein muß. Diese gesamte Region wird heute von Sprechern mongolischer oder von Turksprachen bewohnt, Nachfahren jener Horden, die das Gebiet mindestens seit der Zeit der Hunnen bis zur Ära Dschingis-Khans überrannten. Historiker streiten, ob die Heere Dschingis-Khans 2,4 oder nur 1,6 Millionen Menschen abschlachteten, als Harat in ihre Hände fiel, doch einig sind sie sich darüber, daß die Sprachenkarte Asiens durch solche Ereignisse verwandelt wurde. Hingegen wurden die meisten der indogermanischen Sprachen, von deren Verschwinden in Europa wir wissen – wie die keltischen Sprachen der Widersacher Cäsars in Gallien –, durch andere indogermanische Sprachen ersetzt. Der in Europa befindliche Schwerpunkt der indogermanischen Sprachen, wie er sich 1492 ausnahm, war in Wirklichkeit das künstliche Produkt eines sprachlichen Massensterbens in Asien in nicht allzu ferner Vergangenheit. Falls die Heimat des Urindogermanischen tatsächlich einen geographisch zentralen Platz in dem Gebiet einnahm, das um 600 n. Chr. zum Reich der indogermanischen Sprachen werden sollte und von Irland bis Ost-Turkestan reichte, dann läge diese Heimat in den Steppen Rußlands nördlich vom Kaukasus und nicht in Westeuropa.

So wie uns die Sprachen selbst Hinweise über den Zeitpunkt des Zerfalls der einheitlichen urindogermanischen Sprache gaben, enthalten sie auch Hinweise zur geographischen Lage ihrer Heimat. Einer besteht darin, daß das Indogermanische von allen Sprachfamilien die engsten Beziehungen zur finnisch-ugrischen Familie aufweist, die Finnisch und andere im Waldgürtel Nordrußlands beheimatete Sprachen umfaßt (siehe Abb. 7). Es ist sicher richtig, daß die Ähnlichkeiten zwischen finnisch-ugrischen und indogermanischen Sprachen weitaus schwächer sind als beispielsweise zwischen Deutsch und Englisch, was darauf beruht, daß die englische Sprache erst vor 1500 Jahren vom Nordwesten Deutschlands aus nach England kam. Die Ähnlichkeiten sind auch viel schwächer als zwischen dem germanischen und slawischen Sprachzweig der indogermanischen Sprachfamilie, die sich vermutlich vor mehreren tausend Jahren trennten. Vielmehr lassen die Gemeinsamkeiten auf eine viel ältere Verwandtschaft zwischen den Sprechern des Urindogermanischen und Urfinnisch-Ugrischen schließen. Und weil Finnisch-Ugrisch aus den Wäldern Nordrußlands stammt, liegt der Schluß nahe, daß die Heimat des Urindogermanischen in der russischen Steppe südlich der Wälder lag. Wäre es andererseits viel weiter im Süden entstanden (zum Beispiel in der Türkei), dürfte das Indogermanische die größte Ähnlichkeit mit den alten semitischen Sprachen des Nahen Ostens aufgewiesen haben.

Einen zweiten Hinweis auf die Heimat des Urindogermanischen liefern nicht-indogermanische Vokabeln, die als sprachliche Relikte

Eingang in eine ganze Reihe indogermanischer Sprachen fanden. Ich erwähnte bereits, daß solche Relikte besonders im Griechischen vorkommen, sie sind aber auch im Hethitischen, Irischen und Sanskrit zahlreich. Das läßt darauf schließen, daß jene Gebiete einst von Nicht-Indogermanen besiedelt waren und später von einer indogermanischen Invasion heimgesucht wurden. Trifft dies zu, so war die Heimat des Urindogermanischen weder Irland noch Indien (wovon heute ohnehin kaum noch jemand spricht), aber auch nicht Griechenland oder die Türkei (was noch gelegentlich behauptet wird).

Umgekehrt weist von allen modernen indogermanischen Sprachen das Litauische heute die größte Ähnlichkeit mit dem Urindogermanischen auf. Die frühesten überlieferten litauischen Schriften aus der Zeit um 1500 n. Chr. enthalten einen ebenso hohen Anteil von UIG-Wortstämmen wie fast 3000 Jahre ältere Sanskritschriften. Der Konservatismus des Litauischen läßt vermuten, daß diese Sprache weniger störenden Einflüssen nicht-indogermanischer Sprachen unterlag und ihr Verbreitungsgebiet möglicherweise in der Nachbarschaft der Heimat des Urindogermanischen blieb. Litauisch und andere baltische Sprachen waren früher weiter in Rußland verbreitet, bis Goten und Slawen die Balten in ihre heutige geschrumpfte Domäne zurückdrängten. Auch dieser Gedankengang führt also zu der Annahme, daß die Heimat des Urindogermanischen in Rußland lag.

Ein dritter Hinweis ergibt sich aus dem rekonstruierten UIG-Wortschatz. Wir hatten ja bereits gesehen, daß es bei der Datierung des Urindogermanischen hilfreich ist zu untersuchen, welche Wörter für bereits um 4000 v. Chr. vertraute Dinge Eingang in die Sprache fanden, nicht aber für Dinge, die bis 2000 v. Chr. unbekannt waren. Ob sich nun aus dem Wortschatz auch ableiten läßt, wo UIG gesprochen wurde? UIG enthält zum Beispiel ein Wort für Schnee (*snoighwos*), was auf eine Lage in den gemäßigten Breiten und nicht in den Tropen hinweist. Von den zahlreichen Wildtieren und -pflanzen mit UIG-Bezeichnungen (wie *mus* für Maus) sind die meisten in der gemäßigten Zone Eurasiens heimisch, was uns hilft, die geographische Breite, nicht jedoch Länge der Heimat des Urindogermanischen zu bestimmen.

Den wichtigsten Hinweis liefert der urindogermanische Wortschatz meiner Ansicht nach jedoch nicht mit dem, was er enthält, sondern mit dem, was ihm fehlt, nämlich Bezeichnungen für zahlreiche Kulturpflanzen. Wir können davon ausgehen, daß UIG-Sprecher in bestimmtem Maße auch Ackerbau trieben, da sie Wörter für Pflug und Sichel hatten. Doch nur ein einziges Wort für ein nicht näher bekanntes Getreide hat überlebt. Demgegenüber gibt es in der rekonstruierten Urbantusprache Afrikas und in der uraustronesischen Sprache Südostasiens zahlreiche Bezeichnungen für Kulturpflanzen, und das, obwohl Uraustronesisch vor noch längerer Zeit gesprochen wurde als UIG, so daß die modernen austronesischen Sprachen mehr Zeit zum Verlieren dieser alten Wörter hatten als die modernen indogermanischen Sprachen. Dennoch enthalten die heutigen austronesischen Sprachen eine viel größere Zahl alter Namen für Kulturpflanzen. UIG-Sprecher kannten somit wahrscheinlich weniger Anbaupflanzen, so daß ihre Nachfahren erst Bezeichnungen entlehnen oder erfinden mußten, als sie in Gegenden vordrangen, in denen die Landwirtschaft eine größere Rolle spielte.

Dieser Schluß stellt uns vor ein doppeltes Rätsel. Erstens hatte sich der Ackerbau um 3500 v. Chr. in fast ganz Europa und im größten Teil Asiens durchgesetzt. Das schränkt die möglichen Heimatgebiete des Urindogermanischen stark ein; es muß sich um ein seltsames Gebiet gehandelt haben, in dem die Landwirtschaft offenbar nicht so wichtig war. Zweitens stellt sich die Frage, was UIG-Sprecher zu ihrer Expansion befähigt haben sollte. Ein Hauptgrund für die Ausbreitung der Bantu- und Austronesischsprecher lag darin, daß die ersten Sprecher dieser Sprachfamilien Bauern waren, die in Gebiete vordrangen, die noch von Jägern und Sammlern besiedelt wurden, die sie in der Folge zahlenmäßig überflügelten oder gewaltsam unterwarfen. Daß UIG-Sprecher im Frühstadium der Landwirtschaft in ein bäuerliches Europa eingefallen sein sollen, widerspricht jeder geschichtlichen Erfahrung. Deshalb können wir die Frage nach dem »Wo« des indogermanischen Ursprungs nicht beantworten, bevor wir nicht die schwierigste aller Fragen geklärt haben: warum?

In Europa spielten sich kurz vor Anbruch des Schriftzeitalters nicht nur eine, sondern gleich zwei wirtschaftliche Revolutionen ab, und die waren von solcher Tragweite, daß beide eine sprachliche Dampfwalze hätten in Bewegung setzen können. Die erste bestand im Aufkommen von Ackerbau und Viehzucht, deren Ursprung um 8000 v. Chr. im Nahen Osten lag und die um 6500 v. Chr. den Sprung von der Türkei nach Griechenland machten, um sich dann nach Norden und Westen bis Skandinavian und zu den Britischen Inseln auszubreiten. Ackerbau und Viehzucht ermöglichten ein starkes Anwachsen der Bevölkerung gegenüber dem Jäger- und Sammlertum. Colin Renfrew, Professor für Archäologie an der Universität Cambridge in England, schrieb kürzlich ein interessantes Buch, in dem er zu dem Schluß kommt, jene Bauern aus der Türkei seien die UIG-Sprecher gewesen, die die indogermanischen Sprachen nach Europa brachten.

Meine erste Reaktion nach der Lektüre war: »Ja natürlich, da muß er recht haben!« Die Landwirtschaft *mußte* in Europa sprachliche Umwälzungen hervorrufen, ebenso wie in Afrika und Asien. Und das ist besonders deshalb wahrscheinlich, weil diese ersten Bauern den größten Beitrag zu den Genen der heutigen Europäer leisteten, wie Genetiker nachgewiesen haben.

Doch Renfrews Theorie ignoriert bzw. verwirft sämtliche linguistischen Indizien. Bauern erreichten Europa Jahrtausende vor dem geschätzten Datum der Ankunft der urindogermanischen Sprache. Die ersten Bauern waren im Gegensatz zu den UIG-Sprechern nicht im Besitz von Innovationen wie Pflug, Rad und Hauspferd. UIG zeichnet sich durch eine verblüffende Armut an Wörtern für die Kulturpflanzen aus, die das Definitionsmerkmal der ersten Bauern waren. Das Hethitische, die älteste bekannte indogermanische Sprache der Türkei, steht dem reinen UIG auch nicht am nächsten, wie man nach Renfrews Theorie, die ja die Türkei in den Mittelpunkt stellt, meinen könnte, sondern weist vielmehr unter den indogermanischen Sprachen die stärksten Abweichungen und den geringsten gemeinsamen Wortschatz auf. Renfrews Theorie beruht auf einem einfachen Syllogismus: Die Landwirtschaft setzte wahrscheinlich eine Dampfwalze in Bewegung, die UIG-Dampfwalze braucht einen Grund, ergo war die Landwirtschaft dieser

Grund. Alles andere spricht hingegen dafür, daß mit der Landwirtschaft statt dessen jene älteren, vom Urindogermanischen überrannten Sprachen, wie Etruskisch und Baskisch, nach Europa
kamen.

Doch um 5000 bis 3000 v. Chr. – zur rechten Zeit, wenn es um
den Ursprung des Indogermanischen geht – fand eine zweite wirtschaftliche Revolution in Eurasien statt. Diese spätere Revolution
fiel mit den Anfängen der Metallurgie zusammen und beinhaltete
eine starke Ausweitung der Haustiernutzung, in deren Verlauf
Haustiere nicht mehr nur als Spender von Fleisch und Häuten oder
Fellen dienten (wie Wildtiere in den Jahrmillionen davor), sondern
auch zu neuen Zwecken wie Melken, Wollschur, Ziehen von Pflügen und Fuhrwerken sowie als Reittiere. Diese Revolution schlug
sich im UIG-Wortschatz reichhaltig nieder, und zwar in Form von
Wörtern für »Joch« und »Pflug«, »Milch« und »Butter«, »Wolle«
und »Weben« sowie einer Fülle von Bezeichnungen für die einzelnen Teile der neuen Fuhrwerke (»Rad«, »Achse«, »Deichsel«,
»Geschirr«, »Nabe« usw.).

Die wirtschaftliche Bedeutung dieser Revolution lag im Zuwachs
an Bevölkerung und Macht, der weit über das hinausging, was
Ackerbau und Viehzucht allein ermöglicht hatten. So lieferte eine
Kuh nach Einführung der Milchwirtschaft im Laufe der Zeit viel
mehr Kalorien als zuvor ihr Fleisch allein. Das Pflügen erlaubte
Bauern die Bestellung einer viel größeren Anbaufläche, als sie mit
Hacke oder Grabstock hätten bearbeiten können. Und dank der
von Tieren gezogenen Fuhrwerke konnten wesentlich größere Flächen genutzt und die Anbaufrüchte dennoch zur Verarbeitung
zurück ins Heimatdorf geschafft werden.

Bei manchen dieser Neuerungen läßt sich der Entstehungsort
nur schwer bestimmen, da die Ausbreitung so rasch erfolgte. So
waren Fuhrwerke mit Rädern, um 3000 v. Chr. noch gänzlich unbekannt, wenige Jahrhunderte später fast überall in Europa und im
Mittleren Osten anzutreffen. Zum Glück gelang es jedoch, den Ursprung einer ganz entscheidenden Neuerung zu identifizieren: der
Domestikation des Pferdes. Kurz vor diesem Ereignis kamen Wild-
pferde im Mittleren Osten und in Südeuropa überhaupt nicht vor,
in Nordeuropa nur in geringer Zahl und lediglich in den Steppen

Rußlands und weiter östlich in großen Herden. Die ersten Indizien für die Domestikation des Pferdes stammen aus der Sredny-Stog-Kultur um 4000 v. Chr., in der Steppe nördlich des Schwarzen Meeres angesiedelt, wo der Archäologe David Anthony an Pferdezähnen Spuren entdeckte, die auf Zaumzeug zum Reiten schließen lassen.

Überall auf der Welt, wo das Hauspferd eingeführt wurde, brachte es dem Menschen enorme Vorteile. Zum erstenmal in der Evolution unserer Spezies konnten Menschen schneller über Land reisen, als ihre eigenen Beine sie zu tragen vermochten. Der Tempogewinn erleichterte es Jägern, ihre Beute zur Strecke zu bringen, und Hirten, ihre Schaf- und Rinderherden in größeren Gebieten zusammenzuhalten. Und was vielleicht das Wichtigste war: Krieger konnten nun Überraschungsangriffe gegen weit entfernt lebende Feinde vortragen und sich wieder zurückziehen, ohne daß den Angegriffenen Zeit zur Gegenwehr blieb. Überall auf der Welt löste das Pferd eine Revolution in der Kriegführung aus und versetzte Pferdebesitzer in die Lage, ihren Nachbarvölkern Angst und Schrecken einzujagen. Das stereotype Bild von den Prärieindianern als furchterregenden berittenen Kriegern entstand in Wirklichkeit erst zwischen 1660 und 1770. Da Pferde aus Europa den amerikanischen Westen früher erreichten als andere europäische Güter und die Europäer selbst, können wir sicher sein, daß es das Pferd allein war, das die Gesellschaften der Prärieindianer transformierte.

Aus archäologischen Funden geht hervor, daß das Hauspferd in ähnlicher Weise schon viel früher, nämlich um 4000 v. Chr., die Kulturen der russischen Steppe transformiert hatte. Die Nutzung des offenen Graslandes gestaltete sich schwierig, bis Pferde da waren, um das Problem der Überwindung größerer Entfernungen zu lösen. Die Inbesitznahme dieser Landschaft durch den Menschen vollzog sich seit der Domestikation des Pferdes rascher und beschleunigte sich nach der Erfindung des Ochsenfuhrwerks um 3300 v. Chr. geradezu explosionsartig. Die Wirtschaftsweise, die sich in der Steppe herausbildete, beruhte auf einer Kombination von Schafen und Rindern als Lieferanten von Fleisch, Milch und Wolle sowie Pferden und Fuhrwerken für den Transport, ergänzt durch etwas Ackerbau.

MÖGLICHE AUSBREITUNGSWEGE DER INDOGERMANISCHEN
SPRACHE

Abb. 10: Die Heimat der urindogermanischen Grundsprache (UIG) lag wahrscheinlich in der russischen Steppe nördlich des Schwarzen Meeres und östlich
des Dnjepr.

Es gibt keine Hinweise auf intensiv betriebene Landwirtschaft
und die Anlage von Lebensmittelvorräten in jenen frühen Steppen-
siedlungen, ganz im Gegensatz zu anderen europäischen und mittelöstlichen Fundstätten aus der gleichen Epoche. Die Steppenbe-
wohner kannten keine größeren Dauersiedlungen und waren
offenbar hochmobil – wiederum im Gegensatz zu den Dörfern mit
Reihen aus Hunderten zweistöckiger Häuser, wie sie in Südosteuropa zur gleichen Zeit anzutreffen waren. Den Mangel an Architek-
tur machten die Reiter in militärischer Hinsicht mehr als wett, wie
ihre mit Unmengen von Dolchen und anderen Waffen, manchmal
sogar mit Wagen und Pferdeskeletten gefüllten, Männern vorbehal-
tenen Gräber beweisen.

Rußlands Dnjepr (siehe Abb. 10) bildete deshalb eine jähe kulturelle Grenze zwischen wohlbewaffneten Reitervölkern im Osten und wohlhabenden bäuerlichen Siedlungen mit prall gefüllten Getreidespeichern im Westen. Diese geographische Nachbarschaft von Wölfen und Schafen mußte Unheil heraufbeschwören. Nach Erfindung des Rades breiteten sich die Reitervölker innerhalb relativ kurzer Zeit Tausende von Kilometern ostwärts in die Steppen Mittelasiens aus, wie Funde belegen (siehe Landkarte). Die Vorfahren der Tocharer könnten ein Produkt dieser Expansion gewesen sein. Das Vorrücken der Steppenvölker in westlicher Richtung war begleitet von dem Zusammenschluß der im Grenzbereich gelegenen europäischen Bauerndörfer zu riesigen Wehrsiedlungen, dem nachfolgenden Zerfall dieser Gesellschaften und dem Auftauchen der charakteristischen Steppengräber bis hin nach Ungarn.

Von den Neuerungen, die hinter dem gewaltigen Aufbruch in der Steppe standen, geht einzig die Domestikation des Pferdes nachweislich auf das Konto der Steppenvölker. Mag sein, daß sie auch Fuhrwerke, Milchwirtschaft und Wolleverarbeitung unabhängig von den Kulturen des Mittleren Ostens erfanden, doch Schafe, Rinder, Metallurgie und wahrscheinlich auch den Pflug übernahmen sie entweder aus dem Mittleren Osten oder aus Europa. Es gab also keine »Geheimwaffe«, die allein für das Vordringen der Reitervölker verantwortlich war. Vielmehr waren sie die ersten, die mit der Domestikation des Pferdes und insbesondere auch mit der Einführung der Intensivlandwirtschaft nach der Invasion Südosteuropas das wirtschaftliche und militärische Bündel schnürten, das die Welt für die nächsten 5000 Jahre beherrschen sollte. Ihr Erfolg beruhte somit, wie bei der 1492 beginnenden zweiten Phase der europäischen Expansion, auf einem biogeographischen Zufall. Dieser wollte es, daß jene Völker drei entscheidende Merkmale vereinten: große Herden von Wildpferden in ihrer Heimat, offene Steppen und die Nähe zu mittelöstlichen und europäischen Zivilisationszentren.

Wie die Archäologin Marija Gimbutas von der *University of California* in Los Angeles schrieb, passen die russischen Steppenvölker, die im 4. Jahrtausend v. Chr. westlich des Uralgebirges lebten, recht gut in unser postuliertes Bild der Urindogermanen. Sie lebten zur richtigen Zeit. Ihre Kultur besaß die wichtigen für das Urindogermanische rekonstruierten wirtschaftlichen Elemente (wie Rad und Pferd), nicht jedoch die fehlenden (wie Streitwagen und zahlreiche Bezeichnungen für Kulturpflanzen). Und sie lebten am richtigen Ort: in der gemäßigten Zone, südlich der finnisch-ugrischen Völker und nahe der späteren Heimat der Litauer und anderer Balten.

Doch wenn alles so gut zusammenpaßt, warum bleibt die Steppentheorie des indogermanischen Ursprungs dann so umstritten? Es gäbe wohl keine Kontroverse, wäre es den Archäologen gelungen, eine zügige Expansion der Steppenkultur um 3000 v. Chr. von Südrußland bis Irland nachzuweisen. Aber die gab es nicht. Auf Funde, die auf die einfallenden Reitervölker selbst schließen lassen, stieß man nie weiter westlich als in Ungarn. Statt dessen entstand um 3000 v. Chr. und in der Zeit danach eine verblüffende Vielzahl anderer Kulturen in Europa, die nach ihren jeweils charakteristischen Gegenständen bezeichnet wurden (zum Beispiel die Streitaxtkulturen). Diese neuen westeuropäischen Kulturen verbanden Kennzeichen der Steppe, wie Pferde und Militarismus, mit alten westeuropäischen Traditionen, vor allem der seßhaften Landwirtschaft. Aufgrund dieser Tatsachen verwerfen viele Archäologen die Steppenhypothese insgesamt und betrachten die neuen westeuropäischen Kulturen als eigenständige lokale Entwicklungen.

Es gibt jedoch eine einfache Begründung dafür, daß sich die Steppenkultur nicht in intakter Form bis nach Irland ausbreiten konnte. Die Steppe selbst erreichte in der ungarischen Tiefebene ihre westliche Grenze. Hier machten auch alle später nach Europa einfallenden Steppenvölker halt, zum Beispiel die Mongolen. Ein weiteres Vordringen nach Westen hätte eine Anpassung an die Waldlandschaft Westeuropas erfordert – durch Übernahme der Intensivlandwirtschaft oder durch Unterwerfung bestehender europäischer Kulturen und Vermischung mit ihren Angehörigen. Die meisten der Gene der daraus resultierenden Mischlingsgesellschaften könnten die Gene des alten Europa gewesen sein.

Wenn es so war, daß Steppenvölker ihre urindogermanische Muttersprache in Südosteuropa bis nach Ungarn gewaltsam einführten, dann waren es die daraus resultierenden indogermanischen Tochterkulturen, nicht die ursprüngliche Steppenkultur selbst, die weitere Ableger im übrigen Europa hervorbrachten. Archäologische Funde deuten darauf hin, daß solche »Enkelkulturen« zwischen 3000 und 1500 v. Chr. in ganz Europa und im Osten bis nach Indien aufkeimten. Eine ganze Reihe nicht-indogermanischer Sprachen hielten sich lange genug, um wenigstens schriftliche Zeugnisse zu hinterlassen (wie das Etruskische), und Baskisch wird ja heute noch gesprochen. Wir müssen uns die indogermanische Dampfwalze also nicht als eine einzige Welle vorstellen, die Eurasien überrollte, sondern als lange Kette von Ereignissen, die sich über einen Zeitraum von 5000 Jahren abspielten.

Betrachten wir zum Vergleich, wie es zur heutigen Vorherrschaft der indogermanischen Sprachen in Nord- und Südamerika kam. Es gibt Aufzeichnungen in Hülle und Fülle, die beweisen, daß Invasionen von Sprechern indogermanischer Sprachen aus Europa die Ursache waren. Jene europäischen Einwanderer überrannten Amerika jedoch nicht in einem Schritt, und so fanden Archäologen auch nicht in der gesamten Neuen Welt des 16. Jahrhunderts Überreste einer unverändert übernommenen europäischen Kultur. Denn diese war im Grenzgebiet der ins Indianerland vorrückenden weißen Siedler kaum von Nutzen. Die Kultur der Einwanderer stellte vielmehr eine stark abgewandelte oder sogar Mischform dar, die indogermanische Sprachen und viele europäische Technologien (zum Beispiel Gewehre und Eisen) mit indianischen Kulturpflanzen und (vor allem in Mittel- und Südamerika) indianischen Genen vereinte. In etlichen Gebieten der Neuen Welt dauerte es viele Jahrhunderte, bis sich indogermanische Sprache und Wirtschaftsweise durchsetzten. Die Arktis wurde sogar erst in diesem Jahrhundert in Besitz genommen, und weite Teile des Amazonasgebiets werden erst heute von den Nachfahren der europäischen Einwanderer erreicht, während die peruanischen und bolivischen Anden aller Voraussicht nach noch lange in indianischem Besitz bleiben werden.

Stellen Sie sich vor, ein Archäologe würde irgendwann in der Zukunft nach Vernichtung aller schriftlichen Aufzeichnungen und dem Untergang der indogermanischen Sprachen in Europa – zu Ausgrabungsarbeiten nach Brasilien fahren. Er wird entdecken, daß Gegenstände europäischer Herkunft um 1530 plötzlich an den Küsten Brasiliens auftauchten, danach aber nur sehr langsam ins Amazonasgebiet vordrangen. Bei den Menschen, denen der Archäologe in Amazonien begegnen wird, handelt es sich um ein buntes genetisches Gemisch aus Indianern, Schwarzen, Europäern und Japanern, die miteinander Portugiesisch reden. Es ist kaum anzunehmen, daß der Forscher zu der Erkenntnis gelangen wird, daß das Portugiesische von fremden Eindringlingen ins Land gebracht wurde.

Auch nach der Expansion des Urindogermanischen im vierten Jahrtausend v. Chr. prägten neue Etappen im Zusammenspiel von Pferden, Steppenvölkern und indogermanischen Sprachen die Geschichte Eurasiens. Die Pferdetechnologie der Urindogermanen war primitiv und umfaßte wahrscheinlich nicht viel mehr als Strickzügel und die Kunst des sattellosen Reitens. Jahrtausendelang stieg von da an der militärische Wert des Pferdes dank Erfindungen, die von Metallkandaren und pferdegezogenen Streitwagen um 2000 v. Chr. bis zu den Hufeisen, Steigbügeln und Satteln der späteren Reitertruppen reichten. Die meisten dieser Neuerungen hatten ihren Ursprung zwar nicht in der Steppe, doch es waren deren Bewohner, die am meisten von ihnen profitierten, da sie stets mehr Weideland und deshalb auch mehr Pferde besaßen.

Im Zuge der Weiterentwicklung der Pferdetechnologie fielen immer wieder Steppenvölker in Europa ein, von denen die Hunnen, Türken und Mongolen nur die bekanntesten waren. Sie errichteten eine Folge riesiger, kurzlebiger Reiche, die sich von den weiten Steppen bis nach Osteuropa erstreckten. Doch nie wieder sollte es diesen Völkern gelingen, Westeuropa ihre Sprache aufzuzwingen. Den größten Vorteil besaßen sie am Anfang, als urindogermanische Reiter auf ungesattelten Pferden in ein Europa ohne domestizierte Pferde einfielen.

Es gab noch einen weiteren Unterschied zwischen diesen späteren, schriftlich belegten Invasionen und der früheren Invasion der Urindogermanen, über die uns Aufzeichnungen fehlen. Bei den späteren Eindringlingen handelte es sich nicht mehr um Sprecher indogermanischer Sprachen aus der westlichen Steppenregion, sondern um Sprecher von mongolischen und Turksprachen aus dem östlichen Bereich der Steppen. Das Schicksal wollte es, daß ausgerechnet Pferde im 11. Jahrhundert n. Chr. türkischen Stämmen aus Mittelasien die Möglichkeit gaben, in das Land der ersten geschriebenen indogermanischen Sprache, des Hethitischen, einzudringen, so daß die wichtigste Innovation der ersten Indogermanen gegen ihre eigenen Nachfahren gewendet wurde. Türken sind genetisch weitgehend Europäer, sprachlich jedoch Nicht-Indogermanen. Ähnlich war Ungarn nach einer Invasion aus dem Osten im Jahre 896 n. Chr. zwar in den Genen seiner Bevölkerung nach wie vor weitgehend europäisch, jedoch in der Sprache finnischugrisch. Die Türkei und Ungarn sind Beispiele dafür, wie eine kleine Invasionsstreitmacht aus berittenen Steppenbewohnern einer europäischen Gesellschaft ihre Sprache aufzwingen konnte – so, wie es im größeren Stil auch im übrigen Europa geschah.

Gleich, welches ihre Sprache war, blieben die Siege der Steppenvölker angesichts des technologischen Fortschritts in Westeuropa nach und nach aus. Das Ende kam dann relativ schnell. Im Jahre 1241 hatten die Mongolen das größte Steppenimperium errichtet, das die Welt je gesehen hatte und das von Ungarn bis nach China reichte. Doch ab etwa 1500 n. Chr. begannen die indogermanischsprachigen Russen, von Westen in die Steppen vorzurücken. Der zaristische Imperialismus brauchte nur wenige Jahrhunderte, um die Steppenreiter, die Europa und China über 5000 Jahre lang in Angst und Schrecken versetzt hatten, zu unterwerfen. Heute teilen sich Rußland und China die Steppenregionen, und nur die Mongolei erinnert noch an die einstige Unabhängigkeit der Steppenvölker.

Viel rassistischer Humbug ist über die vermeintliche Überlegenheit der indogermanischen Völker geschrieben worden. In der Nazi-Propaganda war von einer reinen Arierrasse die Rede. In Wirklichkeit waren die Indogermanen seit der Expansion des Urindogermanischen vor 5000 Jahren niemals vereint, und sogar die UIG-Sprecher selbst gehörten vielleicht mehreren verwandten Kulturen an. Einige der erbittertsten Kämpfe der letzten Jahrtausende wurden zwischen indogermanischen Gruppen geführt und einige der schlimmsten Greuel von ihnen untereinander verübt. Die Sprachen, in denen sich Juden, Zigeuner und Slawen verständigten, waren genauso indogermanisch wie die ihrer Nazi-Peiniger, die sie vernichten wollten. Es war purer Zufall, daß sich die Sprecher des Urindogermanischen zur rechten Zeit am rechten Ort befanden, um ein Bündel nützlicher Technologien zu schnüren. Dadurch kam es dazu, daß heute die halbe Weltbevölkerung Ableger ihrer Sprache spricht.

Eine urindogermanische Fabel

Owis Ekwoosque

Gwrreei owis, quesyo wlhnaa ne eest, ekwoons espeket, oinom ghe gwrrum woghom weghontm, oinomque megam bhorom, oinomque ghmmenm ooku bherontm.

Owis nu ekwomos ewewquet: »Keer aghnutoi moi ekwoons agontm nerm widntei.«

Ekwoos tu ewewquont: »Kludhi, owei, keer ghe aghnutoi nsmei widntmos: neer, potis, owioom r wlhnaam sebhi gwhermom westrom qurnneuti. Neghi owioom wlhnaa esti.«

Tod kekluwoos owis agrom ebhuget.

[Das] Schaf und [die] Pferde

Auf [einem] Berg sah [ein] Schaf, das keine Wolle hatte, Pferde, [von denen] eines [einen] Wagen zog, eines [eine] schwere Last trug und eines [einen] Mann geschwind trug.

[Das] Schaf sprach zu [den] Pferden: »Mein Herz schmerzt mich beim Anblick von [einem] Mann, der Pferde antreibt.«

[Die] Pferde sprachen: »Hör zu, Schaf, unsere Herzen schmerzen uns, wenn wir [dies] sehen: [Ein] Mann, der Herr, macht aus [der] Wolle von [dem] Schaf warme Kleidung für sich selbst. Und [das] Schaf hat keine Wolle.«

Nachdem es das gehört hatte, floh [das] Schaf in [die] Ebene.

Die obige Fabel in rekonstruiertem Urindogermanisch, die Ihnen einen Eindruck vermitteln soll, wie diese Sprache geklungen haben mag, wurde vor über hundert Jahren von dem Linguisten August Schleicher erfunden. Die hier abgedruckte revidierte Fassung beruht auf der von W. P. Lchmann und L. Zgusta 1979 unter Berücksichtigung des seit Schleichers Tagen gewachsenen Verständnisses des Urindogermanischen veröffentlichten Fassung. Sie wurde hier leicht verändert, um sie für Nicht-Linguisten besser verständlich zu machen, wobei ich mich auf den Rat von Jaan Puhvel gestützt habe.

Die Sätze mögen zwar auf den ersten Blick fremd erscheinen, doch bei näherem Hinsehen erweisen sich viele Wörter als vertraut, da die Wortstämme die gleichen sind wie im Deutschen oder Lateinischen. So bedeutet *owis* »Schaf« (vgl. »Aue«), *wlhnaa* »Wolle«, *ekwoos* »Pferd« (vgl. lateinisch *equus*), *ghmmenm* »Mensch« (vgl. »human«, lateinisch *hominem*) und *que* »und« (wie im Lateinischen). *Mega* bedeutet »groß« (vgl. »Megalopolis«), *keer* »Herz« (vgl. »Kardiologie«) und *widntei* und *widntmos* »sehe« bzw. »sehen« (vgl. »Video«). Der UIG-Text weist keine bestimmten und unbestimmten Artikel auf, die Verben stehen am Ende.

Diese Textprobe verdeutlicht, wie die Sprache der Urindogermanen nach Ansicht von Linguisten geklungen hat, aber natürlich kann sie nur einen ungefähren Eindruck vermitteln. Bedenken Sie, daß das Indogermanische niemals geschrieben wurde, daß Wissenschaftler über die Einzelheiten seiner Rekonstruktion unterschiedlicher Meinung sind und daß die Fabel selbst ausgedacht ist.

KAPITEL 16

In Schwarzweiß

Während der Geburtstag einer Nation fast überall Anlaß zum Feiern ist, hatten die Australier 1988, im 200. Jahr nach dem Beginn der Besiedlung ihres Kontinents, ganz besonderen Grund dazu. Nur selten hatten Neusiedler mit so großen Schwierigkeiten zu kämpfen wie jene, die 1788 an der Stelle, wo heute Sydney liegt, an Land gingen. Australien war damals noch Terra Incognita: Die Neuankömmlinge hatten keine Vorstellung davon, was sie erwartete und wie sie überleben sollten. Von ihrer Heimat trennte sie eine achtmonatige Seereise, auf der sie fast 25 000 Kilometer zurückgelegt hatten. Zweieinhalb hungrige Jahre vergingen, bis Schiffe aus England neue Vorräte brachten. Viele der Siedler waren Sträflinge, die das 18. Jahrhundert bereits von seiner brutalsten Seite kennengelernt hatten. Trotz dieses harten Anfangs überlebten die Siedler, schufen sich bescheidenen Wohlstand, füllten einen ganzen Kontinent, errichteten eine Demokratie und prägten einen eigenen Nationalcharakter. Da ist es kein Wunder, daß die Australier mit besonderem Stolz auf die Gründung ihrer Nation zurückblickten.

Doch die Fröhlichkeit der Feiern wurde durch Proteste getrübt. Die weißen Siedler waren nicht die ersten Australier gewesen. Bereits vor 50 000 Jahren wurde Australien von den Vorfahren derjenigen besiedelt, die heute gemeinhin als Aborigines – in Australien selbst auch als »blacks« – bezeichnet werden. Im Laufe der englischen Besiedlung starben die meisten dieser Ureinwohner durch die Hand der Siedler oder aus anderen Gründen, was einige ihrer Nachfahren 200 Jahre später zum Protestieren statt zum Feiern veranlaßte. Denn bei den Feierlichkeiten ging es ja im Grunde darum, wie Australien weiß wurde. Dagegen werde ich am Anfang dieses Kapitels schildern, wie Australien aufhörte, schwarz zu sein, und wie beherzt die englischen Siedler Genozid verübten.

Damit sich weiße Australier nicht auf den Schlips getreten fühlen, sollte ich vielleicht klarstellen, daß ich ihre Vorväter nicht beschuldige, einzigartige Schrecklichkeiten begangen zu haben. Vielmehr beschäftige ich mich mit der Auslöschung der Aborigines gerade deshalb, weil daran ganz und gar nichts Einzigartiges war: Es handelt sich nur um ein gründlich dokumentiertes Beispiel für ein Phänomen, dessen Häufigkeit von wenigen zur Kenntnis genommen wird. Während die meisten von uns mit dem Wort »Genozid« wahrscheinlich als erstes die Massenmorde in den nationalsozialistischen Vernichtungslagern verbinden, stellten diese zahlenmäßig noch nicht einmal den größten Genozid unseres Jahrhunderts dar. Die Tasmanier und Hunderte anderer Völker waren die modernen Zielscheiben erfolgreicher kleinerer Ausrottungskampagnen. Zahlreiche Völker in der ganzen Welt sind die potentiellen nächsten Opfer. Doch Genozid ist ein so trauriges Kapitel, daß wir am liebsten gar nicht damit konfrontiert werden oder doch wenigstens glauben möchten, daß nette Menschen damit nichts zu tun haben, sondern nur Bösewichte wie die Nazis. Doch unser selbstverhängtes Denkverbot bleibt nicht ohne Folgen: Wenig wurde getan, um den zahlreichen Völkermorden seit dem Zweiten Weltkrieg Einhalt zu gebieten, und wir sind auch kaum darüber informiert, wo das nächste Gemetzel stattfinden könnte. Neben der Zerstörung der Umwelt stellt unser Hang zum Genozid, gepaart mit Atomwaffen, heute die größte Gefahr für das Überleben der Menschheit dar und droht allen Fortschritt über Nacht umzukehren.

Trotz des zunehmenden Interesses von Psychologen, Biologen und Laien bleiben grundlegende Fragen zum Thema Genozid umstritten. Töten Tiere regelmäßig Angehörige der eigenen Art, oder ist das eine menschliche Erfindung ohne Parallele im Tierreich? War Genozid in der Geschichte der Menschheit eine seltene Abweichung von der Normalität oder war er häufig genug, um ihn neben Kunst und Sprache zu den typisch menschlichen Merkmalen zu zählen? Ist er auf dem Vormarsch, da moderne Waffen Genozid auf Knopfdruck ermöglichen und dadurch instinktive psychologische Hemmschwellen herabsetzen? Warum haben so viele Fälle so wenig Aufmerksamkeit erregt? Sind Menschen, die

an Genozid mitwirken, abnorme Individuen, oder handelt es sich
um normale Menschen, die nur in außergewöhnliche Situationen
geraten sind?

Um Genozid zu verstehen, müssen wir biologische, ethische und
psychologische Erkenntnisse und Argumente berücksichtigen.
Folglich werden wir zu Beginn unserer Erkundung dieses Phänomens seine biologische Geschichte von unseren Vorfahren im Tierreich bis ins 20. Jahrhundert verfolgen. Nachdem wir die Frage
gestellt haben, wie die Mörder ihr Tun mit ethischen Grundsätzen
in Einklang brachten, können wir die psychologischen Auswirkungen auf Täter, überlebende Opfer und Zeugen untersuchen. Doch
bevor wir nach Antworten auf diese Fragen suchen, wollen wir mit
einem typischen Beispiel für viele andere Völkermorde beginnen:
der Ausrottung der Tasmanier.

Tasmanien ist eine gebirgige Insel von der Größe Irlands, gut 300
Kilometer vor der Südostküste Australiens gelegen. Zur Zeit der
Entdeckung durch Europäer im Jahre 1642 lebten dort etwa 5000
mit den Aborigines des australischen Festlands verwandte Jäger
und Sammler, deren Entwicklungsstand in technischer Hinsicht
vielleicht der niedrigste von allen Völkern der Neuzeit war. Die
Tasmanier stellten nur ganz wenige Arten primitiver Werkzeuge
aus Stein und Holz her. Wie die Aborigines kannten sie weder Me-
tallwerkzeuge, Keramik, Ackerbau und Viehzucht noch Pfeil und
Bogen. Doch anders als die Festlandbewohner besaßen sie auch
keine Bumerange, Hunde und Netze, und sie verstanden sich auch
weder auf die Kunst des Nähens noch auf die Entfachung von
Feuer.

Da die Tasmanier keine Boote hatten, sondern nur Flöße, mit
denen sie kurze Entfernungen zurücklegen konnten, war ihr Kontakt zu anderen Menschen abgerissen, seit der Anstieg des Meeresspiegels Tasmanien vor 10 000 Jahren von Australien abgeschnitten
hatte. Hunderte von Generationen lang auf ihr kleines Universum
beschränkt, hatten sie die längste Isolation in der modernen Geschichte der Menschheit durchlebt. Als schließlich die weißen
Kolonisten aus Australien diesen Zustand beendeten, gab es auf
der Erde wohl kein zweites Paar von Völkern, die schlechtere Vor-

aussetzungen für ein gegenseitiges Verständnis mitbrachten als Tasmanier und Weiße.

Die tragische Kollision dieser beiden Völker führte fast gleich nach Ankunft britischer Robbenfänger und Siedler um 1800 zum Konflikt. Weiße verschleppten tasmanische Kinder als Arbeitskräfte, entführten Frauen als Gattinnen, verstümmelten oder töteten die Männer, drangen in Jagdgebiete ein und taten alles, um die Tasmanier von ihrem Land zu vertreiben. Sehr bald schon drehte sich der Konflikt damit um *Lebensraum*, einen der häufigsten Gründe für Genozid in der Geschichte der Menschheit. Aufgrund der Entführungen bestand die Eingeborenenbevölkerung von Nordost-Tasmanien im November 1830 nur noch aus 72 erwachsenen Männern, drei erwachsenen Frauen und keinem einzigen Kind. Ein Schafhirte erschoß 19 Tasmanier mit einem Gewehr, das er mit Nägeln geladen hatte. Vier andere Schafhirten überfielen eine Gruppe Eingeborener aus dem Hinterhalt, töteten 30 und warfen die Leichen einen Abhang hinunter, der heute den Namen Victory Hill trägt.

Natürlich übten die Tasmanier auch Vergeltung, was die Weißen mit noch mehr Gewalt erwiderten. Um der Eskalation Einhalt zu gebieten, ordnete Gouverneur Arthur 1828 an, daß alle Tasmanier den bereits von Europäern besiedelten Teil ihrer Insel verlassen mußten. Um diese Anordnung durchzusetzen, wurden Gruppen von Sträflingen, angeführt von Polizisten, zur Jagd auf Tasmanier ausgesandt (sogenannte »roving parties«). Nach Verhängung des Kriegsrechts im November 1828 erhielten die Soldaten die Erlaubnis, auf jeden Tasmanier zu feuern, den sie in den besiedelten Gebieten antrafen. Als nächstes wurde ein Kopfgeld in Höhe von fünf Pfund für jeden lebend gefangenen Erwachsenen und zwei Pfund pro Kind ausgesetzt. Die »Schwarzenjagd«, wie man wegen der Dunkelhäutigkeit der Tasmanier sagte, wurde zum großen Geschäft, an dem sich neben staatlichen auch private Jagdkommandos beteiligten. Zur gleichen Zeit wurde eine Kommission unter Leitung von William Broughton, dem anglikanischen Erzdiakon von Australien, eingesetzt, um Empfehlungen für eine Eingeborenenpolitik zu erarbeiten. Nach Diskussionen darüber, ob man die Tasmanier fangen und als Sklaven verkaufen, sie vergiften oder ihnen Fallen stellen oder sie mit Hunden jagen solle, entschied sich die Kommission für die Beibehaltung der Kopfgeldregelung und empfahl den Einsatz berittener Polizeikräfte.

Im Jahre 1830 wurde ein bemerkenswerter Missionar namens George Augustus Robinson für die Aufgabe angeheuert, die überlebenden Tasmanier zu finden und zur 50 Kilometer entfernten Flinders-Insel zu bringen. Robinson war überzeugt, zum Wohle der Tasmanier zu handeln. Er erhielt 300 Pfund Vorschuß und 700 Pfund nach Ausführung seines Auftrags. Unter wirklichen Mühen und Gefahren und mit Unterstützung einer mutigen Eingeborenen namens Truganini gelang es ihm, die verbliebenen Tasmanier zusammenzubringen – anfangs freiwillig mit dem Hinweis darauf, es würde sie ein noch schlimmeres Schicksal erwarten, wenn sie nicht aufgäben, doch später auch unter Gewaltanwendung. Viele von Robinsons Gefangenen starben auf dem Weg nach Flinders. Nur etwa 200 kamen an, die letzten Überlebenden der einstigen Population von 5000 Tasmaniern.

Robinson war entschlossen, diese auf Flinders zu zivilisieren und Christen aus ihnen zu machen. Die von ihm geleitete Ansiedlung glich einem Gefängnis, an einem windigen Ort mit wenig Süßwasser gelegen. Kinder wurden von ihren Eltern getrennt, um die Arbeit des »Zivilisierens« leichter zu machen. Der strikt reglementierte Tagesablauf umfaßte Bibellektüre, Singen von Kirchenliedern und Inspektion von Betten und Eßgeschirr auf Sauberkeit. Die karge Gefängniskost hatte jedoch Unterernährung zu Folge, die zusammen mit Krankheiten zum Tod vieler Eingeborener führte. Neugeborene überlebten selten länger als ein paar Wochen. Die Regierung kürzte zudem die finanziellen Mittel in der Hoffnung, die Eingeborenen würden aussterben. Im Jahre 1869 waren nur noch Truganini sowie eine weitere Frau und ein Mann am Leben.

Diese letzten drei Tasmanier erregten das Interesse von Wissenschaftlern, die glaubten, hier ein Zwischenglied zwischen Mensch und Affe gefunden zu haben. Als der letzte männliche Tasmanier, ein gewisser William Lanner, 1969 gestorben war, wetteiferten zwei Ärzteteams unter Leitung von Dr. George Stokell von der *Royal Society of Tasmania* und Dr. W. L. Crowther vom *Royal College of Sur-*

Das Foto zeigt William Lanner, den letzten Tasmanier.
Foto von Wooley, aus der Sammlung des Tasmanian Museum and Art
Gallery.

geons darum, Lanners Leichnam abwechselnd zu exhumieren und
wieder zu begraben, wobei einzelne Körperteile abgeschnitten und
gegenseitig entwendet wurden. Dr. Crowther nahm sich den Kopf,
Dr. Stokell die Hände und Füße und jemand anders Ohren und
Nase als Souvenirs. Lanners Haut verarbeitete Dr. Stokell zu einem
Tabakbeutel.
   Vor ihrem Tod im Jahre 1876 hatte Truganini, die letzte Tasma-
nierin, schreckliche Angst, ihrem Leichnam könne eine ähnliche

Das Foto zeigt Truganini, die letzte Tasmanierin.
Foto von Wooley, aus der Sammlung des Tasmanian Museum and Art Gallery.

Verstümmelung widerfahren, und bat um eine Seebestattung –
doch vergebens. Wie sie befürchtet hatte, ließ die *Royal Society* ihr
Skelett ausgraben und stellte es im *Tasmanian Museum* bis 1947 öffentlich zur Schau. In jenem Jahr gab das Museum schließlich
Beschwerden über diese Geschmacklosigkeit nach und transferierte
Truganinis Skelett in einen Raum, zu dem nur Wissenschaftler Zutritt hatten. Doch auch dagegen gab es Proteste. Im Jahre 1976 –
genau ein Jahrhundert nach Truganinis Tod – wurde ihr Skelett
gegen den Willen der Museumsleitung eingeäschert und die Asche
ins Meer gestreut, wie sie es gewünscht hatte.

Die Tasmanier waren zwar wenige an der Zahl, ihre Ausrottung
hatte jedoch für Australien große Bedeutung, da Tasmanien die
erste Kolonie des Kontinents war, die ihr Eingeborenenproblem
gelöst hatte und dabei einer »Endlösung« am nächsten gekommen
war. Offenbar war man mit Erfolg alle Eingeborenen losgewor-
den. (In Wirklichkeit hatten Kinder tasmanischer Frauen und
weißer Robbenfänger überlebt, deren Nachfahren für die tasmanische Regierung heute einen wunden Punkt darstellen.) Viele
weiße Festlandaustralier waren auf die tasmanische Lösung
wegen ihrer Gründlichkeit neidisch und wollten sie nachahmen,
doch hatten sie auch eine Lehre aus den dort gemachten Erfahrungen gezogen. Die Ausrottung der Tasmanier war nämlich in
besiedelten Gebieten vor den Augen der Presse geschehen und
hatte manch negativen Kommentar hervorgerufen. Deshalb
wurde die Ausrottung der sehr viel zahlreicheren Festland-
Aborigines im Grenzland, weit von den städtischen Zentren entfernt, in die Tat umgesetzt.

Nach dem Vorbild der tasmanischen »roving parties« setzten die
Regierungen des Festlands als Instrument dieser Politik eine Abteilung der berittenen Polizei ein, die als Eingeborenenpolizei bezeichnet wurde und deren Taktik darin bestand, Aborigines aufzuspüren
und zu töten oder zu vertreiben. Eine typische Strategie war die
nächtliche Umzingelung eines Lagers, der im Morgengrauen ein
Angriff folgte, bei dem Schußwaffen gegen die Bewohner eingesetzt
wurden. Weiße Siedler bedienten sich auch häufig vergifteter Nahrung, um Aborigines umzubringen. Eine weitere verbreitete Praxis
bestand in Razzien, bei denen Aborigines gefangengenommen und

am Hals zusammengekettet wurden, woraufhin sie den Marsch in Gefangenenlager antreten mußten. Der britische Schriftsteller Anthony Trollope traf die im 19. Jahrhundert vorherrschende britische Einstellung gegenüber den Aborigines, als er schrieb: »Über die Schwarzen von Australien dürfen wir gewiß sagen, daß sie abtreten müssen. Alle Beteiligten sollten darauf hinwirken, ihnen dabei unnötige Qualen zu ersparen.«

Solche Praktiken gab es in Australien bis weit ins 20. Jahrhundert. Im Jahre 1928 richtete die Polizei bei Alice Springs ein Massaker an, bei dem 31 Aborigines ums Leben kamen. Das australische Parlament weigerte sich jedoch, auch nur einen Bericht über diesen Vorfall entgegenzunehmen, und statt der Polizisten wurden zwei überlebende Aborigines wegen Mordes vor Gericht gestellt. Halsketten wurden noch bis in die zweite Hälfte dieses Jahrhunderts benutzt und 1958 sogar vom Polizeichef West-Australiens als angeblich human verteidigt, als er Reportern des *Melbourne Herald* versicherte, Aborigines-Häftlinge hätten es lieber, wenn man ihnen Ketten anlegte.

Die Zahl der Festland-Ureinwohner war zu groß, um sie ganz auszurotten wie die Tasmanier. Doch immerhin schrumpfte ihre Population von 300 000 bei der Ankunft der ersten britischen Kolonisten im Jahre 1788 auf 60 000 bei der Volkszählung im Jahre 1921.

Heute bestehen große Unterschiede in den Ansichten weißer Australier über ihre Vergangenheit. Während die Regierung und viele Bürger zunehmend Symphatie für das Schicksal der Aborigines bekunden, leugnen andere jede Verantwortung für den verübten Genozid. So wurde 1982 in *The Bulletin*, Australiens führendem Nachrichtenmagazin, ein Brief einer gewissen Patricia Cobern abgedruckt, die entrüstet die Ausrottung der Tasmanier durch weiße Siedler leugnete. In Wirklichkeit, so Miss Cobern, seien die Siedler friedliebende Menschen von hoher Moral gewesen, die Tasmanier dagegen hinterhältig, mordgierig, kriegslüstern, schmutzig, gefräßig, von Ungeziefer befallen und von Syphilis entstellt. Außerdem hätten sie schlecht für ihre Kinder gesorgt, nie gebadet und abstoßende Ehesitten praktiziert. All das plus ein Todeswunsch und das Fehlen eines religiösen Glaubens habe zu ihrem Aussterben geführt, und daß es nach jahrtausendelanger Existenz ausgerechnet während eines Konflikts mit den Siedlern dazu kam, sei nur Zufall gewesen. Massaker hätten nur Tasmanier an Siedlern verübt, nicht umgekehrt. Außerdem hätten sich die Siedler nur zur Selbstverteidigung bewaffnet, kannten sich mit Schußwaffen gar nicht aus und erschossen nie mehr als 41 Tasmanier auf einmal.

Um den Fall der Tasmanier und der australischen Aborigines in die richtige Perspektive zu rücken, habe ich auf den Karten (Abb. S. 356, 358 f.) für drei verschiedene Zeiträume Massenmorde aufgeführt, die als Genozid bezeichnet worden sind. Es stellt sich die nicht leicht zu beantwortende Frage nach der Definition dieses Begriffs. Vom Wortursprung her bedeutet Genozid etwa soviel wie »Gruppenmord«: Die griechische Wurzel *genos* steht für Rasse, die lateinische Wurzel *-zid* für Mord (wie in Suizid, Infantizid). Die Auswahl der Opfer muß nach der Zugehörigkeit zu einer bestimmten Gruppe erfolgen, unabhängig davon, ob das einzelne Individuum etwas getan hat, um die Täter zu provozieren. Das bestimmende Gruppenmerkmal kann die Rasse (Ermordung schwarzer Tasmanier durch weiße Australier), Staatszugehörigkeit (Ermordung polnischer Offiziere im Massaker von Katyn 1940 durch ebenfalls weiße Slawen, nämlich Russen), ethnische Zugehörigkeit (gegenseitiges Abschlachten der Hutu und Tutsi in Ruanda und Burundi in den sechziger und siebziger Jahren), Religion (Moslems und Christen im Libanon in den letzten Jahrzehnten) oder politische Überzeugung (Massenmord der Roten Khmer an ihren kambodschanischen Landsleuten zwischen 1975 und 1979) sein.

Der Kollektivmord ist zwar ein Grundmerkmal des Genozids, es läßt sich aber darüber streiten, wie eng man die Definition fassen soll. Der Begriff »Genozid« wird oft auf so unterschiedliche Sachverhalte angewandt, daß er an Bedeutung einbüßt und wir schon nicht mehr so recht hinhören mögen. Selbst wenn man ihn nur noch auf großangelegten Massenmord anwendet, sind nicht alle Zweideutigkeiten ausgeräumt.

Wie viele Tote muß es geben, um von Genozid und nicht mehr von Mord zu sprechen? Auf diese Frage gibt es keine klare

GENOZID, 1492–1900

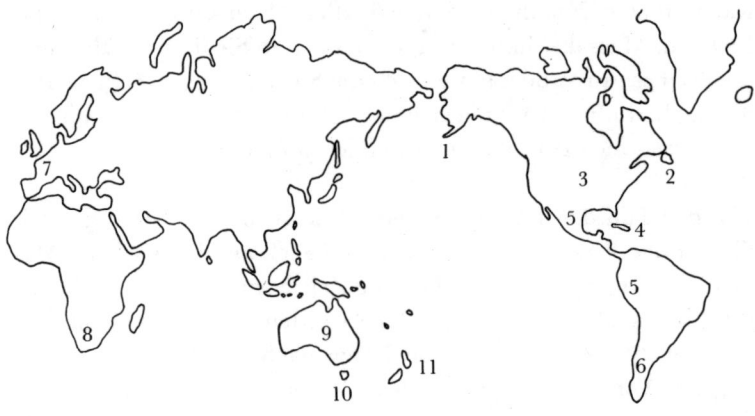

Tote	Opfer	Täter	Ort	Zeit
1. xx	Aleuten	Russen	Aleuten-Inseln	1745–70
2. x	Beothuk-Indianer	Franzosen, Micmacs	Neufundland	1497–1829
3. xxxx	Indianer	Amerikaner	USA	1620–1890
4. xxxx	Karibik-Indianer	Spanier	Westindien	1492–1600
5. xxxx	Indianer	Spanier	Mittel- und Südamerika	1498–1824
6. xx	Araukaner	Argentinier	Argentinien	um 1870
7. xx	Protestanten	Katholiken	Frankreich	1572
8. xx	Buschmänner, Hottentotten	Buren	Südafrika	1652–1795
9. xxx	Aborigines	Australier	Australien	1788–1928
10. x	Tasmanier	Australier	Tasmanien	1800–1876
11. x	Morioris	Maoris	Chatham-Inseln	1835

x = weniger als 10000; xx = 10000 und mehr; xxx = 100000 und mehr;
xxxx = 1000000 und mehr

Antwort. Die Australier töteten alle 5000 Tasmanier, amerikanische Siedler die letzten 20 Susquehanna-Indianer im Jahre 1763.
Bedeutet die kleine Zahl der Opfer im letzteren Fall, daß trotz der
Vollständigkeit der Ausrottung nicht von Genozid gesprochen werden kann?

Muß Genozid von Regierungen verübt werden, oder zählt auch das, was Zivilisten tun? Der Soziologe Irving Horowitz wollte private Akte getrennt betrachtet wissen und definierte Genozid als »strukturelle, systematische Vernichtung Unschuldiger durch einen staatlichen bürokratischen Apparat«. Zwischen »rein« staatlichem Morden (Stalins Liquidation der politischen Opposition) und »rein« privatem Morden (Anheuerung professioneller Indianerkiller durch brasilianische Großgrundbesitzer) gibt es jedoch fließende Übergänge. In Amerika wurden die Indianer gleichermaßen Opfer von Zivilisten und der US-Armee, und in Nord-Nigeria wurden Ibos sowohl von aufgebrachten Menschenmengen als auch von Soldaten umgebracht. Im Jahre 1835 gelang es dem neuseeländischen Maori-Stamm der Te Ati Awa, ein Schiff in seine Gewalt zu bringen, es mit Vorräten zu beladen, eine Invasion der Chatham-Inseln durchzuführen, 300 der dort lebenden Morioris (Angehörige eines anderen polynesischen Stammes) zu ermorden, die übrigen zu versklaven und die Inseln so in ihren Besitz zu bringen. Nach der Definition von Horowitz handelte es sich hier wie bei vielen anderen wohlgeplanten Ausrottungen eines Stammes durch einen anderen nicht um Genozid, weil keine staatliche Bürokratie im Spiel war.

Ist das massenhafte Sterben von Menschen infolge brutalen Handelns ohne explizite Tötungsabsicht ebenfalls als Genozid zu bezeichnen oder nicht? Wohlgeplante Genozide waren beispielsweise die Ermordung von Tasmaniern durch Australier, von Armeniern durch Türken während des Ersten Weltkrieges und natürlich die von den Nazis im Zweiten Weltkrieg verübten Greueltaten. Doch es gab auch ganz andere Fälle. Als die Choctaw-, Cherokee- und Creek-Indianer um 1830 gezwungen wurden, aus dem Südosten der USA in Gebiete westlich des Mississippi umzusiedeln, war es nicht Präsident Andrew Jacksons erklärte Absicht, daß viele Indianer unterwegs sterben sollten, doch er tat auch nichts für ihr Überleben. Die große Zahl von Todesopfern war die unweigerliche Folge von Zwangsmärschen im kalten Winter mit wenig oder keiner Nahrung und Bekleidung.

Eine ungewöhnlich offene Erklärung über die Bedeutung von Absichten gab der Verteidigungsminister von Paraguay ab, als sei-

GENOZID, 1900–1950

Tote	Opfer	Täter	Ort	Zeit
1. xxxxx	Juden, Zigeuner, Polen, Russen	Nazis	Europa unter deutscher Besatzung	1939–45
2. xxx	Serben	Kroaten	Jugoslawien	1941–45
3. xx	Polnische Offiziere	Russen	Katyn	1940
4. xx	Juden	Ukrainer	Ukraine	1917–20
5. xxxxx	Politische Gegner	Russen	Rußland	1929–39
6. xxx	Ethnische Minderheiten	Russen	Rußland	1943–46
7. xxxx	Armenier	Türken	Armenien	1915
8. xx	Hereros	Deutsche	Südwestafrika	1904
9. xxx	Hindus, Moslems	Moslems, Hindus	Indien, Pakistan	1947

xx = 10 000 und mehr; xxx = 100 000 und mehr; xxxx = 1 000 000 und mehr; xxxxx = 10 000 000 und mehr

ner Regierung Komplizenschaft bei der Ausrottung der Guayaki-Indianer vorgeworfen wurde, die man versklavt und gefoltert, ohne Nahrung und Medizin gelassen und brutal abgeschlachtet hatte. Der Minister erwiderte ganz einfach, daß hinter der Vernichtung der Guayaki keine Absicht gestanden habe: »Obwohl es Opfer und Täter gibt, fehlt das dritte erforderliche Element, um vom Verbre-

GENOZID, 1950—1990

Tote	Opfer	Täter	Ort	Zeit
1. xx	Indianer	Brasilianer	Brasilien	1957–68
2. x	Aché-Indianer	Paraguayer	Paraguay	70er Jahre
3. xx	Argentinische Zivilisten	Argentinische Armee	Argentinien	1976–83
4. xx	Moslems, Christen	Christen, Moslems	Libanon	1975–90
5. x	Ibos	Nord-Nigerianer	Nigeria	1966
6. xx	Oppositionelle	Diktator	Äquatorial-Guinea	1977–79
7. x	Oppositionelle	Kaiser Bokassa	Zentralafrikanische Republik	1978–79
8. xxx	Südsudanesen	Nordsudanesen	Sudan	1955–72
9. xxx	Ugander	Idi Amin	Uganda	1971–79
10. xx	Tutsi	Hutu	Ruanda	1962–63
11. xxx	Hutu	Tutsi	Burundi	1972–73
12. x	Araber	Schwarze	Sansibar	1964
13. x	Tamilen, Singhalesen	Singhalesen, Tamilen	Sri Lanka	1985
14. xxxx	Bengalen	Pakistanische Armee	Bangladesch	1971
15. xxxx	Kambodschaner	Rote Khmer	Kambodscha	1975–79
16. xxx	Kommunisten und Chinesen	Indonesier	Indonesien	1965–67
17. xx	Timoresen	Indonesier	Ost-Timor	1975–76

x = weniger als 10 000; xx = 10 000 und mehr; xxx = 100 000 und mehr;
xxxx = 1 000 000 und mehr

chen des Genozids zu sprechen, die ›Absicht‹. Da keine Absicht
vorliegt, kann auch nicht von ›Genozid‹ die Rede sein.« Mit ähnlicher Begründung wies Brasiliens ständiger UNO-Vertreter die
gegen Brasilien gerichteten Vorwürfe, Genozid an den Amazonasindianern zu verüben, zurück: ». . . Es fehlte der böse Wille bzw. die
Motivation, die bei Genozid vorliegen muß. Die fraglichen Verbrechen wurden aus rein wirtschaftlichen Gründen begangen, und die
Täter handelten ausschließlich, um das Land ihrer Opfer in Besitz
nehmen zu können.«

Manche Massenmorde, wie der nationalsozialistische an Juden
und Zigeunern, waren unprovoziert. Das Blutbad war keine Vergeltung für etwa zuvor von den Opfern verübte Morde. In vielen
anderen Fällen ist ein Massaker jedoch nur der Höhepunkt einer
Serie von Morden und Gegenmorden. Wird eine Provokation mit
massiver Vergeltung beantwortet, die in keinem Verhältnis zur Provokation steht, wie entscheiden wir dann, wann aus »bloßer«
Vergeltung Genozid wird? In der algerischen Stadt Sétif entwickelten sich im Mai 1945 aus Feiern zum Ende des Zweiten Weltkriegs
Rassenunruhen, bei denen 103 Franzosen von Algeriern getötet
wurden. Die brutale französische Reaktion bestand aus Luftan-
griffen auf 44 Dörfer, der Beschießung mehrerer Küstenstädte
durch einen Kreuzer, Vergeltungsmassaker durch zivile Kom-
mandos und wahllos auf Algerier schießende Soldaten. Nach
französischen Angaben belief sich die Zahl der algerischen Toten
auf 1.500, nach algerischen auf 50 000. Die Interpretationen dieses
Ereignisses deckten sich ebensowenig wie die Schätzungen der
Totenzahl: Für die Franzosen handelte es sich um die Nieder-
schlagung einer Revolte, für die Algerier um ein Massaker mit
Genozidcharakter.

Ebenso viele Schwierigkeiten wie die Definition von Genozid bereitet die Einteilung nach der Motivation. Auch wenn mehrere Motive
zugleich im Spiel sein können, lassen sich doch vier grundlegende
Typen unterscheiden. Bei den ersten beiden besteht ein realer In-
teressenkonflikt um Land oder ›Macht‹, der zuweilen in den Deck-
mantel einer Ideologie gehüllt wird. Bei den anderen beiden Typen
ist ein solcher Konflikt sehr untergeordnet, und die Motivation

speist sich weit überwiegend aus ideologischen oder psychologischen Quellen.

Das vielleicht häufigste Motiv für Genozid ergibt sich, wenn ein militärisch überlegenes Volk versucht, einem schwächeren das Land zu nehmen, dabei aber auf Widerstand stößt. Zu den unzähligen Fällen dieser Art zählt nicht nur die Ermordung der Tasmanier und australischen Aborigines durch weiße Australier, sondern auch die Ermordung von Indianern durch weiße Amerikaner, von Araukanern durch Argentinier und von Buschmännern und Hottentotten durch die Buren in Südafrika.

Ein weiteres häufiges Motiv resultiert aus einem langandauernden Machtkampf in einer pluralistischen Gesellschaft, der darin gipfelt, daß eine Gruppe eine Endlösung in der Tötung der anderen sucht. Beispiele für Fälle mit zwei ethnischen Gruppen sind die Tötung von Tutsi in Ruanda durch Hutu 1962–1963, von Hutu in Burundi durch Tutsi 1972–1973, von Serben durch Kroaten im Zweiten Weltkrieg, von Kroaten durch Serben bei Kriegsende – und erneut beim Auseinanderbrechen Jugoslawiens – und von Arabern in Sansibar durch Schwarze 1964. Doch Täter und Opfer können auch der gleichen ethnischen Gruppe angehören und sich nur in ihrer Weltanschauung unterscheiden. Das war beim größten bekannten Genozid der Geschichte der Fall, der im Zeitraum 1929–1939 etwa 20 Millionen und zwischen 1917 und 1959 sogar 66 Millionen Opfer gefordert haben dürfte – der von den russischen Kommunisten verübte Genozid an ihren politischen Gegnern, von denen viele ethnische Russen waren. Politische Massenmorde von ebenfalls erschreckendem Ausmaß sind die »Säuberungen« der Roten Khmer, denen in den siebziger Jahren über eine Million Kambodschaner zum Opfer fielen, und die Abschlachtung Hunderttausender Kommunisten in Indonesien zwischen 1965 und 1967.

Bei den zwei genannten Genozid-Motiven lassen sich die Opfer als erhebliches Hindernis für den Zugriff der Täter auf Land oder Macht beschreiben. Im entgegengesetzten Extremfall wird eine hilflose Minderheit Opfer einer Mehrheit, die sie für erlittene Frustrationen zum Sündenbock macht. Juden wurden im 14. Jahrhundert von Christen als Sündenböcke für die Beulenpest umgebracht, von Russen Anfang des 20. Jahrhunderts für die politischen Probleme des Landes, von Ukrainern nach dem Ersten Weltkrieg für die bolschewistische Gefahr und von den Nazis im Zweiten Weltkrieg für Deutschlands Niederlage im Ersten Weltkrieg. Als die US-Kavallerie 1890 bei Wounded Knee mehrere Hundert Sioux-Indianer mit Maschinengewehren niedermähte, nahmen die Soldaten verspätete Rache für den vernichtenden Gegenangriff der Sioux auf General Custers Streitmacht in der Schlacht am Little Big Horn 14 Jahre zuvor. Auf dem Höhepunkt des russischen Leidens unter der deutschen Invasion ordnete Stalin 1943–1944 die Ermordung bzw. Deportation von sechs ethnischen Minderheiten an, die als Sündenböcke dienten, der Balkaren, Tschetschenen, Krimtataren, Inguschen, Kalmücken und Karatschaier.

Rassische und religiöse Verfolgungen bilden die letzte Kategorie von Motiven. Ich behaupte zwar nicht, ein Kenner der Mentalität des Nationalsozialismus zu sein, vermute aber, daß die Ausrottung der Zigeuner durch die Nazis aus relativ »reiner« rassischer Motivation erfolgte, während bei der Judenvernichtung zu den religiösen und rassischen Motiven auch die Suche nach Sündenböcken kam. Die Liste religiös motivierter Massaker ist fast endlos. Beispiele sind das Blutbad an der gesamten moslemischen und jüdischen Bevölkerung Jerusalems während des Ersten Kreuzzuges, als die Stadt 1099 endlich fiel, und das von französischen Katholiken in der Bartholomäusnacht im Jahre 1572 an den Hugenotten verübte Massaker. Rassische und religiöse Motive waren natürlich auch oft im Spiel, wenn Genozid durch den Kampf um Land oder Macht provoziert wurde oder dadurch, daß eine Minderheit als Sündenbock angesehen wurde.

Selbst unter Berücksichtigung all dieser Meinungsverschiedenheiten über Definitionen und Motive bleiben noch genügend Fälle von Genozid übrig. Wir wollen nun untersuchen, wann in der Geschichte unserer Spezies oder davor dieses Phänomen seinen Anfang nahm.

Stimmt es, wie so oft behauptet, daß der Mensch das einzige Tier ist, das Angehörige der eigenen Art tötet? Der berühmte Biologe Konrad Lorenz zum Beispiel schrieb in seinem Buch *Zur Naturge-*

schichte der Aggression, die aggressiven Triebe von Tieren würden durch instinktive Hemmungen so weit in Schach gehalten, daß es nicht zur Tötung von Artgenossen komme. Im Laufe der menschlichen Geschichte sei dieses Gleichgewicht jedoch durch die Erfindung von Waffen zerstört worden, so daß unsere genetisch festgelegten Hemmungen nicht mehr ausgereicht hätten, um die neu erworbene Tötungskapazität einzudämmen. Diese Auffassung vom Menschen als einzigartigem Mörder und Außenseiter der Evolution machten sich auch Arthur Koestler und viele andere bekannte Schriftsteller zu eigen.

Doch Untersuchungen haben in den letzten Jahrzehnten ergeben, daß die Tötung von Artgenossen bei vielen, wenn auch natürlich nicht bei allen Tierarten vorkommt. Die Massakrierung eines Nachbarindividuums oder einer Nachbarhorde mag für ein Tier vorteilhaft sein, wenn es auf diese Weise Territorium, Nahrung oder Weibchen in seinen Besitz bringen kann. Doch Überfälle bergen auch für den Angreifer Gefahr. Vielen Tierarten mangelt es an den physischen Voraussetzungen zum Töten von Artgenossen, und von denen, die darüber verfügen, machen nicht alle Gebrauch davon. Es mag geschmacklos erscheinen, eine Kosten-Nutzen-Analyse des Mordens vorzunehmen. Doch gerade sie kann uns verstehen helfen, warum dieses Verhalten offenbar nur für bestimmte Tierarten charakteristisch ist.

Bei Arten, deren Mitglieder als Einzelgänger leben, handelt es sich notwendigerweise um die Tötung eines Individuums durch ein anderes. Bei gesellig lebenden Fleischfressern wie Löwen, Wölfen, Hyänen oder Ameisen hingegen kann Mord die Form koordinierter Überfälle einer Gruppe auf Mitglieder einer anderen haben – also von Massenmorden bzw. »Kriegen«. Die Form der Kriegführung unterscheidet sich von Art zu Art. Manchmal schonen Männchen das Leben der Weibchen der Nachbargruppe und paaren sich mit ihnen, töten die Jungen und verjagen (Languren) oder töten (Löwen) die Männchen, oder es werden sowohl Männchen als auch Weibchen getötet (Wölfe). Als Beispiel soll uns zunächst Hans Kruuks Bericht über einen Kampf zwischen zwei Hyänenrudeln im Ngorongoro-Krater von Tansania dienen:

»Rund ein Dutzend der Scratching-Rock-Hyänen schnappten

sich jedoch eines der Mungi-Männchen und bissen es überall, wo
sie nur konnten – vor allem in den Bauch, die Füße und die Ohren.
Das Opfer war völlig bedeckt von den Angreifern, die es etwa zehn
Minuten lang traktierten … Es wurde buchstäblich auseinander-
gerissen, und als ich die Verletzungen später genauer untersuchte,
sah es so aus, als seien die Ohren, Füße und Hoden abgebissen,
während eine Verletzung der Wirbelsäule eine Lähmung bewirkt
hatte. An den Hinterbeinen und am Bauch klafften tiefe Wunden,
und überall waren unter der Haut Blutungen zu erkennen.«

Von besonderem Interesse für das Verständnis der Wurzeln unseres
genozidalen Verhaltens ist das Verhalten zweier unserer drei nächsten Verwandten, der Gorillas und der gewöhnlichen Schimpansen.
Noch vor zwei Jahrzehnten waren sich die Biologen darin einig,
daß unsere Fähigkeit, Werkzeuge zu gebrauchen und kollektive
Pläne zu schmieden, den Menschen weit häufiger zum Mörder werden ließen als Menschenaffen, falls diese überhaupt je Artgenossen
töteten. Neuere Beobachtungen des Verhaltens von Menschenaffen
lassen jedoch darauf schließen, daß ein Gorilla oder ein gewöhnlicher Schimpanse mit mindestens der gleichen Wahrscheinlichkeit
Opfer eines Mordes wird wie ein Mensch. So kämpfen Gorillas um
den Besitz ihrer Harems, wobei der Sieger oft die Jungen des Ver-
lierers sowie diesen selbst tötet. Solche Kämpfe gehören zu den
häufigsten Todesursachen von Gorillajungen und erwachsenen
Männchen. Eine typische Gorillamutter verliert auf diese Weise im
Laufe ihres Lebens mindestens ein Junges. Umgekehrt sterben 38
Prozent der Gorillajungen durch solche Auseinandersetzungen.
    Besonders lehrreich, da ausführlich dokumentiert, war die Aus-
rottung einer der von Jane Goodall untersuchten Schimpansenhorden durch eine Nachbarhorde zwischen 1974 und 1977. Ende 1973
waren beide noch weitgehend ebenbürtig: Die im Norden lebende
Kasakela-Horde hatte acht erwachsene Männchen und ein Revier
von 15 Quadratkilometer Größe, während die Kahama-Horde mit
sechs erwachsenen Männchen ein zehn Quadratkilometer großes
Revier im Süden bewohnte. Das erste fatale Ereignis spielte sich im
Januar 1974 ab, als sechs erwachsene Kasakela-Männchen, ein
heranwachsendes Männchen und ein erwachsenes Weibchen die

Jungen zurückließen und nach Süden aufbrachen. Nachdem sie Schimpansenrufe aus der Richtung, in die sie zogen, vernommen hatten, bewegten sie sich lautlos und noch schnelleren Schrittes vorwärts, bis sie das Kahama-Männchen Godi überrumpelten. Eines der Kasakela-Männchen zog den fliehenden Godi zu Boden, setzte sich auf seinen Kopf und hielt seine Beine fest, während die anderen ihr Opfer zehn Minuten lang schlugen und bissen. Bevor die Angreifer sich zurückzogen, warf noch einer einen großen Stein auf Godi. Der konnte zwar nach dem Überfall noch stehen, war aber schwer verletzt und blutete aus vielen Wunden. Er wurde nie wieder gesehen und erlag vermutlich seinen Verletzungen.

Im Monat darauf zogen drei Kasakela-Männchen und ein Weibchen erneut gen Süden und griffen das Kahama-Männchen Dé an, das bereits von einem früheren Angriff oder einer Krankheit geschwächt war. Die Angreifer zogen Dé von einem Baum herunter, trampelten auf ihm herum, bissen und schlugen ihn und rissen ihm Stücke von seiner Haut ab. Ein gerade läufiges Kahama-Weibchen, das sich bei Dé befand, wurde gezwungen, mit den Angreifern nach Norden zurückzukehren. Zwei Monate später wurde Dé noch lebend gesehen, allerdings in sehr abgemagertem Zustand. Sein Rückgrat und Becken standen hervor, mehrere Fingernägel und ein Teil einer Zehe fehlten, und sein Hodensack war auf ein Fünftel der normalen Größe geschrumpft. Danach wurde er nicht mehr gesehen.

Im Februar 1975 spürten fünf erwachsene und ein heranwachsendes Kasakela-Männchen das schon betagte Kahama-Männchen Goliath auf und überfielen es. 18 Minuten lang schlugen, bissen und traten sie es, trampelten auf ihm herum, hoben es hoch und ließen es wieder fallen, schleiften es über die Erde und drehten ihm das Bein um. Als sie fertig waren, konnte Goliath nicht mehr aufrecht sitzen. Auch er wurde danach nicht wieder gesehen.

Während sich die bisher geschilderten Angriffe gegen Kahama-Männchen richteten, wurde im September 1975 auch ein Kahama-Weibchen namens Madam Bee tödlich verletzt, nachdem es während des Vorjahres mindestens vier Angriffe lebend überstanden hatte. Der Überfall wurde von vier erwachsenen Kasakela-Männchen verübt, ein heranwachsendes Männchen und vier Kasakela-Weibchen (darunter auch Madam Bees gekidnappte Tochter) schauten zu. Die Angreifer schlugen auf Madam Bee ein, schleiften sie über den Boden, trampelten auf ihr herum, hoben sie auf, schleuderten sie wieder zu Boden und ließen sie einen Abhang herunterpurzeln. Fünf Tage später war sie tot.

Im Mai 1977 töteten fünf Kasakela-Männchen das Kahama-Männchen Charlie, doch es wurden keine Einzelheiten des Kampfes beobachtet. Im November 1977 fingen sechs Kasakela-Männchen das Kahama-Männchen Sniff und schlugen, bissen und zogen es an den Füßen, wobei ihm ein Bein gebrochen wurde. Charlie war am nächsten Tag noch am Leben, wurde dann aber nicht wieder gesehen.

Von den verbliebenen Kahama-Schimpansen verschwanden zwei erwachsene Männchen und zwei erwachsene Weibchen aus ungeklärten Gründen, während sich zwei junge Weibchen der Kasakela-Horde anschlossen, die daraufhin das ehemalige Kahama-Revier in Besitz nahm. Doch 1979 begann die aus mindestens neun erwachsenen Männchen bestehende, weiter südlich lebende Kalande-Horde, auf Kasakela-Gebiet vorzudringen, was vermutlich das Verschwinden bzw. die Verletzungen mehrerer Kasakela-Schimpansen erklärt. Von ähnlichen Kämpfen zwischen Horden wurde auch in der einzigen anderen Langzeitfeldstudie an gewöhnlichen Schimpansen berichtet, jedoch nicht in Langzeitstudien an Zwergschimpansen.

Mißt man die Taten dieser mordlustigen gewöhnlichen Schimpansen mit menschlichen Maßstäben, überrascht deren Ineffizienz. Obwohl stets Gruppen aus drei bis sechs Angreifern über ein Einzeltier herfielen, es binnen kurzer Zeit wehrlos machten und den Angriff zehn bis zwanzig Minuten oder noch länger fortsetzten, war das Opfer am Ende immer noch am Leben. Es gelang den Angreifern allerdings, dafür zu sorgen, daß es bewegungsunfähig war, was dann oft den Tod nach sich zog. Der Ablauf war in der Regel so, daß das Opfer sich zunächst duckte und versuchte, seinen Kopf zu schützen, dann aber jeden Widerstand aufgab, woraufhin die Gewaltanwendung so lange andauerte, bis es sich nicht mehr regte. In dieser Hinsicht unterscheiden sich die Kämpfe zwischen Horden

von den weniger brutalen, die innerhalb der Horden an der Tagesordnung sind. Die Ineffizienz der Schimpansen beim Töten rührt
daher, daß sie keine Waffen gebrauchen. Es ist jedoch erstaunlich,
daß sie nicht gelernt haben, ein Opfer durch Erwürgen umzubringen, wozu sie physisch durchaus in der Lage wären.

Nach unseren Maßstäben sind nicht nur die einzelnen Morde
ineffizient, sondern auch der Verlauf des Schimpansengenozids insgesamt. Seit der ersten Ermordung eines Kahama-Schimpansen
bis zum Untergang der Horde verstrichen drei Jahre und zehn Monate, und in allen Fällen wurden Einzeltiere getötet, nie mehrere
Kahama-Schimpansen auf einmal. Demgegenüber löschten australische Siedler oft eine ganze Gruppe von Aborigines in einer
einzigen Attacke im Morgengrauen aus. Zum Teil ist die Ineffizienz
der Schimpansen wiederum Ausdruck des fehlenden Waffenge-
brauchs. Da sie sich in ihrer fehlenden Bewaffnung alle gleichen,
können Tötungsabsichten nur verwirklicht werden, wenn mehrere
Angreifer ein einzelnes Opfer überwältigen, während die australischen Siedler den Vorteil hatten, Gewehre gegen unbewaffnete
Aborigines einsetzen und etliche auf einmal erschießen zu können.
Zudem sind Schimpansen dem Menschen natürlich auch in ihren
geistigen Fähigkeiten und somit in der strategischen Planung unterlegen. Offenbar sind sie nicht in der Lage, einen Nachtangriff
oder einen koordinierten Überfall durch mehrere kleinere Gruppen
zu planen.

Auf ihren Mordzügen bekunden Schimpansen jedoch durchaus
absichtsvolles Handeln und einfache Planung. Die Kahama-
Morde waren das Ergebnis eines direkten, raschen, lautlosen und
von Nervösität gekennzeichneten Vordringens von Kasakela-
Gruppen auf Kahama-Gebiet, wo sie auf Bäume kletterten und
fast eine Stunde lang lauschend verharrten, bis sie schließlich auf
einen Kahama-Schimpansen zurannten, den sie aufgespürt
hatten. Schimpansen haben mit dem Menschen auch die Fremdenfeindlichkeit gemein. Sie erkennen Mitglieder anderer Horden
und verhalten sich ihnen gegenüber völlig anders als zu Mitgliedern der eigenen Horde.

Kurzum, von allen menschlichen Besonderheiten – Kunst, Sprache, Drogenmißbrauch und so weiter – läßt sich Genozid am

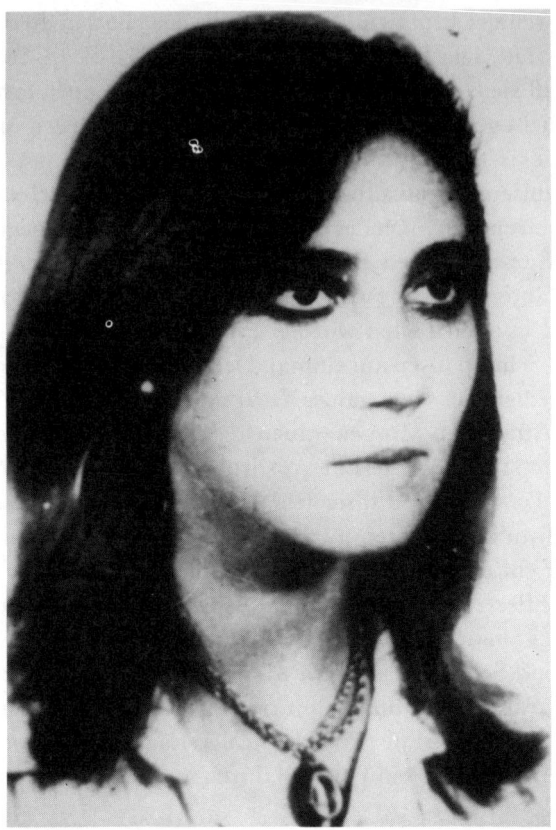

Liliana Carmen Pereyra Azzarri (Alter 21 Jahre), Fall 195 der argentinischen
desaparecidos, über deren Verbleib Menschenrechtsgruppen Nachforschungen
angestellt haben. Im fünften Monat schwanger, wurde die junge Frau 1977
entführt. In einem Folterzentrum (Militärakademie ESMA) hielt man sie bis
zur Geburt ihres Sohnes im Februar 1978 am Leben und ermordete sie dann
durch einen Kopfschuß aus einer Schrotflinte, abgegeben aus nächster Nähe.
Ihr Skelett entdeckte man 1985 auf einem Friedhof in Mar de Plata, auf dem
auch andere *desaparecidos* begraben sind. Der Sohn der Ermordeten bleibt verschwunden – vielleicht wurde er von einem Ehepaar aus Militärkreisen adoptiert. Die Behandlung dieser jungen Frau veranschaulicht den Begriff der Ehre,
wie er von der ehemaligen argentinischen Junta so oft zur Rechtfertigung ihrer
Taten zitiert wurde. Ich danke den Abuelas de Plaza de Mayo für die Erlaubnis, das Foto abzudrucken.

geradlinigsten von tierischen Vorläufern ableiten. Wir wissen nun, daß gewöhnliche Schimpansen Morde planen und ausführen, Nachbarhorden ausrotten, Krieg um Territorium führen und Weibchen kidnappen. Gäbe man Schimpansen Speere und Unterricht in deren Gebrauch, würde sich ihre Effizienz im Töten sicher bald unserer eigenen nähern. Das Verhalten der Schimpansen läßt darauf schließen, daß einer der Hauptgründe für das typisch menschliche Merkmal des gemeinschaftlichen Zusammenlebens die Verteidigung gegen andere Gemeinschaften war, insbesondere seit wir Waffen besitzen und unser Gehirn groß genug ist, um Überfälle zu planen. Falls diese Argumentation zutrifft, könnte die traditionell von Anthropologen gesetzte Betonung auf das Jägertum des Menschen als Triebkraft unserer Evolution am Ende doch seine Berechtigung haben – nur mit dem Unterschied, daß wir selbst, nicht etwa Mammute, unsere eigene Beute und zugleich der Feind waren, der uns zum Leben in Gruppen zwang.

Die beim Menschen häufigsten Formen von Genozid haben beide Vorläufer im Tierreich: Die unterschiedslose Tötung von Männern und Frauen deckt sich mit dem Vorgehen von gewöhnlichen Schimpansen und Wölfen, während die Tötung von Männern bei gleichzeitiger Verschonung von Frauen mit dem Verhalten von Gorillas und Löwen übereinstimmt. Beispiellos selbst im Tierreich ist hingegen das, was die argentinischen Militärs zwischen 1976 und 1983 taten, als über 10 000 politische Gegner und deren Familien, die *desaparecidos* (Verschwundenen), umgebracht wurden. Unter den Opfern waren wie üblich Männer, nichtschwangere Frauen und sogar Kinder von gerade erst drei oder vier Jahren, die vor der Ermordung oft noch gefoltert wurden. Doch Argentiniens Soldaten fügten dem tierischen Verhaltensrepertoire überdies ein neues Element hinzu, indem sie sich auf die Tötung schwangerer Frauen spezialisierten, die nach ihrer Verhaftung bis zur Entbindung am Leben gehalten und erst dann durch Kopfschuß ermordet wurden, so daß die Neugeborenen zur Adoption durch kinderlose Eltern aus den Rängen des Militärs zur Verfügung standen.

Wenn unsere Neigung zum Umbringen von Artgenossen also schon nicht einzigartig im Tierreich ist, könnte sie dann nicht doch

eine Ausgeburt der modernen Zivilisation sein? Entrüstet über die
Zerstörung »primitiver« durch »hochentwickelte« Gesellschaften,
neigen viele Schriftsteller zur Idealisierung der Opfer als edle
Wilde, die von friedliebendem Charakter seien bzw. nur dann und
wann einen Mord begingen, aber keine Massaker anrichteten.
Erich Fromm hielt die Kriegführung von Jäger- und Sammlergesellschaften für charakteristischerweise unblutig. Gewiß waren
manche dieser Völker (zum Beispiel Pygmäen und Eskimos) weniger kriegerisch als andere (Neuguineer, Prärie- und Amazonas-
indianer). Selbst die kriegerischen Völker, so wird behauptet,
praktizieren aber eine ritualisierte Form der Kriegführung und
stellen den Kampf bereits ein, wenn nur wenige Feinde gefallen
sind. Diese Idealisierung deckt sich ganz und gar nicht mit meinen
Erfahrungen im Hochland von Neuguinea, dessen Bewohnern oft
eine beschränkte bzw. ritualisierte Kriegführung zugeschrieben
wird. Zwar waren die meisten Kämpfe in Neuguinea relativ harmlos und forderten keine oder nur wenige Tote, doch es kam auch
vor, daß eine Gruppe unter einer anderen ein Blutbad anrichtete.
Wie andere Völker auch versuchten Neuguineer, ihre Nachbarn zu
vertreiben oder zu töten, wenn es ihnen vorteilhaft, gefahrlos oder
überlebenswichtig erschien.

Wenn wir frühe Zivilisationen betrachten, die bereits im Besitz
einer Schrift waren, so belegen Aufzeichnungen, wie häufig Genozid vorkam. Die Kriege der Griechen und Trojaner, Römer und
Karthager sowie der Assyrer und Babylonier und Perser hatten alle
das eine Ziel: die Abschlachtung der Besiegten ohne Ansehen des
Geschlechts oder doch die Tötung der Männer und Entführung der
Frauen in die Sklaverei. Jeder kennt die biblische Schilderung vom
Einsturz der Mauern von Jericho beim Ertönen von Josuas Trom-
peten. Seltener erfährt man, was dann passierte. Josua folgte
nämlich dem Gebot des Herrn und ließ die Bewohner von Jericho
abschlachten, ebenso wie die von Ai, Makkadeh, Libnah, Hebron,
Debir und vielen anderen Städten. Das wurde als so normal angesehen, daß jedem Blutbad im Buch Josua nur ein einziger Satz
gewidmet wurde, so als ob ausgedrückt werden sollte, ja natürlich
ließ er alle Bewohner umbringen, was dachten Sie denn? Die einzige Stelle, an der mehr Worte gemacht wurden, war das Blutbad in

Jericho, wo Josua allerdings etwas Ungewöhnliches tat: Er ließ genau eine Familie am Leben (da sie seinen Boten Hilfe gewährt hatte).

Auf ähnliche Episoden stoßen wir in Berichten über die Kriege der Kreuzfahrer, pazifischer Inselbewohner und vieler anderer Gruppen. Natürlich folgte nicht auf jede vernichtende Niederlage in jedem Krieg die wahllose Abschlachtung der Besiegten. Doch dieses Resultat oder eine abgeschwächte Version davon, wie die Tötung der Männer und Versklavung der Frauen, war so häufig, daß man nicht von seltenen Abweichungen sprechen kann, wenn es um die Natur des Menschen geht. Seit 1950 gab es fast 20 Fälle, in denen man von Genozid sprechen muß, darunter zwei mit über einer Million Opfern (Bangladesch 1971, Kambodscha Ende der siebziger Jahre) und vier weitere mit über 100 000 Opfern (Sudan und Indonesien in den sechziger Jahren, Burundi und Uganda in den siebziger Jahren) (siehe Karte auf S. 359).

Genozid ist somit seit Jahrmillionen Bestandteil des Menschheitserbes. Wie steht es angesichts dieser langen Geschichte um die Einzigartigkeit des Genozids im 20. Jahrhundert? Es läßt sich kaum bezweifeln, daß Stalin und Hitler neue Rekorde aufstellten, was die Zahl der Opfer angeht, da sie gegenüber Massenmördern früherer Jahrhunderte drei Vorteile besaßen: eine größere Siedlungsdichte der Opfer, verbesserte Kommunikationswege, was deren Zusammentreibung erleichterte, und verbesserte Technologien zur Anrichtung der Massaker. Ich will ein weiteres Beispiel dafür nennen, wie Technik Genozid Vorschub leisten kann. Die Salomon-Insulaner von Roviana Lagoon im Südwestpazifik waren berüchtigt für ihre Kopfjagden, durch die sie ganze Nachbarinseln entvölkerten. Wie mir Freunde vor Ort erklärten, erlebten diese Jagden ihren Höhepunkt jedoch erst, nachdem im 19. Jahrhundert Stahläxte die Salomon-Inseln erreicht hatten. Einen Menschen mit einer Steinaxt zu enthaupten ist nämlich eine schwierige Angelegenheit, bei der das Axtblatt schnell stumpf wird und erst mühsam wieder geschärft werden muß.

Eine viel umstrittenere Frage ist die, ob der heutige Stand der Technik den Genozid auch psychologisch leichter macht, wie Konrad Lorenz meint. Er argumentiert etwa so: Im Zuge unserer

Entwicklung vom Affen zum Menschen waren wir immer stärker darauf angewiesen, Tiere zur Nahrungsbeschaffung zu töten. Wir lebten jedoch zugleich in Gemeinschaften aus immer mehr Individuen, deren Kooperation unbedingt erforderlich war. Diese Gemeinschaften konnten nur Bestand haben, wenn wir starke Hemmungen in Bezug auf die Tötung von Mitmenschen entwickelten. Während des größten Teils unserer Evolutionsgeschichte wirkten unsere Waffen nur aus nächster Nähe, so daß die Hemmung ausreichte, einen Menschen nicht zu töten, dem wir ins Gesicht blickten. Moderne Waffen umgehen dies jedoch, indem sie es möglich machen, auf Knopfdruck zu töten, ohne überhaupt das Gesicht der Opfer wahrzunehmen. Auf diese Weise schuf die Technik die Voraussetzungen für die Weiße-Kragen-Genozide von Auschwitz und Treblinka, Hiroshima und Dresden.

Ich bin nicht sicher, ob dieses psychologische Element wirklich viel zur heutigen Leichtigkeit des Genozids beigetragen hat. Denn Genozid scheint früher mindestens ebenso *häufig* gewesen zu sein wie heute, wenngleich die Zahl der Opfer aus praktischen Gründen begrenzt war. Um das Phänomen gründlicher zu verstehen, müssen wir das Wann und Wieviel hinter uns lassen und nach den moralischen Grundlagen des Mordens fragen.

Daß der Drang zu morden die meiste Zeit durch unser moralisches Gewissen im Zaum gehalten wird, ist offensichtlich. Die interessante Frage lautet, wodurch er entfesselt wird.

Heute wissen wir, auch wenn wir die Völker der Welt vielleicht weiterhin in »uns« und »die anderen« einteilen, daß es tausenderlei »andere« gibt, die sich alle von uns und voneinander in Sprache, Aussehen und Gewohnheiten unterscheiden. Man braucht darüber keine Worte zu verlieren, da jeder diese Tatsache aus Büchern und dem Fernsehen kennt und die meisten von uns auf Reisen sogar Erfahrungen aus erster Hand sammeln konnten. Es fällt schwer, sich in den Geisteszustand zurückzuversetzen, der während des größten Teils der menschlichen Geschichte vorherrschend war (siehe Kapitel 13). Ebenso wie Schimpansen, Gorillas und gesellig lebende Fleischfresser lebten wir in Gruppen mit jeweils eigenen Revieren. Die Welt war damals viel kleiner und simpler als heute.

Es gab nur wenige bekannte Arten von »anderen«, nämlich die unmittelbaren Nachbarn.

In Neuguinea zum Beispiel war es bis in die jüngste Vergangenheit üblich, daß zwischen den Stämmen abwechselnd Krieg geführt und paktiert wurde. Man begab sich wohl gelegentlich ins Nachbartal zu einem Besuch in Freundschaft (was nie ganz ohne Gefahr war) oder in kriegerischer Absicht, doch die Aussicht, mehrere Täler nacheinander friedlich durchqueren zu können, war fast gleich Null. Die strengen Verhaltensregeln für die eigene Gruppe galten nicht für »die anderen«, jene Feinde von nebenan, von denen man kaum mehr als eine blasse Vorstellung hatte. Als ich in Neuguinea von Tal zu Tal wanderte, warnten mich Menschen, die selbst Kannibalen waren und noch vor einem Jahrzehnt in der Steinzeit gelebt hatten, regelmäßig vor den unsagbar primitiven, abscheulichen und kannibalistischen Sitten der Menschen, denen ich im nächsten Tal begegnen würde. Selbst die Banden Al Capones im Chicago des 20. Jahrhunderts machten es sich zur Regel, Killer von auswärts anzuheuern, die das Gefühl haben konnten, einen der »anderen« und nicht der »eigenen Jungs« zu töten.

Die Schriften der alten Griechen belegen eine Fortsetzung dieses stammeszeitlichen Territorialdenkens. Die bekannte Welt war größer und vielfältiger geworden, doch »wir« Griechen wurden immer noch von »den anderen«, sprich den Barbaren, unterschieden. Das Wort »Barbaren« kommt vom griechischen *barbaroi*, das nichts anderes bedeutet als nichtgriechische Ausländer. Ägypter und Perser, von der kulturellen Entwicklung den Griechen nicht unterlegen, waren ebenfalls *barbaroi*. Es galt nicht als vorbildlich, alle Menschen gleich zu behandeln, sondern man sollte vielmehr seine Freunde belohnen und seine Feinde bestrafen. Als der athenische Schriftsteller Xenophon den von ihm bewunderten Feldherrn Kyros einmal in höchsten Tönen preisen wollte, schilderte er, wie Kyros seine Freunde für ihm erwiesene Dienste stets großzügig belohnte und strenge Vergeltung für die Missetaten seiner Feinde übte (zum Beispiel durch Ausstechen der Augen und Abschlagen der Hände).

Wie die Hyänen des Mungi- und Scratching-Rock-Rudels praktizierte der Mensch ein Verhalten, das auf einer Doppelmoral basierte: Einerseits gab es starke Hemmungen, ein Mitglied der eigenen Gruppe zu töten, und andererseits grünes Licht, »die anderen« zu töten, wenn das gefahrlos möglich war. Genozid war im Rahmen dieser Zweiteilung akzeptabel, ob man die Dichotomie nun als ehemaligen tierischen Instinkt ansieht oder als einzigartig menschlich. In der Kindheit erwerben wir alle auch heute noch dichotome Kriterien für die Respektierung bzw. Verachtung anderer. Ich erinnere mich gut an eine Szene auf dem Flughafen von Goroka im Hochland von Neuguinea. Meine Feldassistenten vom Stamm der Tudawhe standen etwas linkisch in ihren zerrissenen Hemden barfüßig neben mir, als ein unrasierter, ungewaschener Weißer mit starkem australischen Akzent und zerknittertem, tief ins Gesicht gezogenem Hut auf uns zukam. Noch bevor er begonnen hatte, die Tudawhes als »schwarze Tagediebe, die es auch in hundert Jahren nicht schaffen werden, dieses Land zu regieren« zu beschimpfen, dachte ich im stillen, »blöder Aussie, geh doch nach Hause zu deinen verdammten Schafen.« Da war sie, die Blaupause für Genozid. Ich blickte auf den Australier herab und er auf die Tudawhes, und alles wegen sekundenschnell aufgenommener kollektiver Merkmale.

Im Laufe der Zeit wurde diese uralte Strategie der Dichotomisierung eine immer unakzeptablere Grundlage für einen Moralkodex. Statt dessen begann man, wenigstens ein Lippenbekenntnis zu einem universellen Moralkodex und somit zur Gleichbehandlung aller Völker abzulegen. Genozid steht dazu in direktem Gegensatz.

Trotz dieses Konflikts konnten sich viele neuzeitliche Völkermörder unverhohlen für ihre Taten auf die Brust klopfen. Als Argentiniens General Julio Argentino Roca die Besiedlung der Pampas durch Weiße einleitete, indem er die araukanischen Indianer gnadenlos ausrotten ließ, wurde er 1880 von einer begeisterten und dankbaren argentinischen Nation zum Präsidenten gewählt. Wie werden die Völkermörder unserer Zeit aber mit dem Konflikt zwischen ihren Taten und universellen Moralvorstellungen fertig? Sie greifen auf eine von drei Arten von Rationalisierungen zurück, die alle nur Varianten der gleichen simplen psychologischen Strategie sind: »Schuld sind die Opfer!«

Erstens halten die meisten Menschen Notwehr für gerecht und vertretbar. Bei diesem Begriff handelt es sich um eine sehr praktische, dehnbare Rationalisierung, da »die anderen« immer zu einem Verhalten provoziert werden können, das dann Notwehr rechtfertigt. So lieferten die Tasmanier den weißen Kolonisten durch die Tötung von ungefähr 183 Siedlern während eines Zeitraums von 34 Jahren den Vorwand für ihre fatale Reaktion, während sie selbst durch eine weit größere Zahl von Verstümmelungen, Entführungen, Vergewaltigungen und Morden provoziert worden waren. Selbst Hitler berief sich auf die Pflicht zur Verteidigung des Vaterlandes, als er den Zweiten Weltkrieg vom Zaun brach, und machte sich sogar die Mühe, einen polnischen Angriff auf einen deutschen Grenzposten vorzutäuschen.

Die zweite klassische Rechtfertigung für die unmenschliche Behandlung »anderer«, einschließlich deren Ausrottung, ist die eigene Zugehörigkeit zur »richtigen« Religionsgemeinschaft, Rasse oder politischen Glaubensgemeinschaft bzw. die vermeintliche Verkörperung des Fortschritts oder einer höheren Kulturstufe. Als ich 1962 in München studierte, wollten mir ein paar unbelehrbare Nazis allen Ernstes weismachen, daß die Deutschen in Rußland einmarschieren mußten, da die Russen ja den Kommunismus eingeführt hatten. Meine 15 Feldassistenten in den neuguineischen Fakfak-Bergen sahen in meinen Augen zwar alle ziemlich gleich aus, doch nach und nach erklärten sie mir, wer von ihnen Moslem war und wer Christ und warum erstere (bzw. letztere) Menschen zweiter Klasse seien. Es gibt eine nahezu universelle Hierarchie der Verachtung, nach der alphabetisierte Völker mit fortgeschrittener Metallurgie (zum Beispiel weiße Kolonialisten in Afrika) auf Hirtenvölker (zum Beispiel Tutsi, Hottentotten) herabblicken, die ihrerseits auf Bauern (wie Hutu) herabsehen, die sich wiederum Nomaden oder Jägern und Sammlern (zum Beispiel Pygmäen, Buschmännern) überlegen fühlen.

Drittens und letztens werden Tiere moralisch anders bewertet als Menschen, weshalb moderne Völkermörder ihre Opfer gern mit Tieren auf eine Stufe stellten, um ihr Verbrechen zu rechtfertigen. Die Nazis sprachen vom »jüdischen Bazillus«; die in Algerien lebenden Franzosen bezeichneten die dortigen Moslems als *ratons*

(Ratten); »zivilisierte« Paraguayer nannten die Jäger und Sammler
vom Stamm der Aché »tollwütige Ratten«; die Buren nannten Afrikaner schlicht *bobbejaan* (Paviane); und für gebildete Nordnigeria-
ner waren die Ibos nur »Ungeziefer«. Unsere Sprache ist reich an
Tiernamen, die als Schimpfworte gebraucht werden: Du Schwein
(Affe, Hund, Ochse, Ratte, Sau).

Die australischen Kolonisten bedienten sich aller drei dieser Rationalisierungen, um die Ausrottung der Tasmanier zu rechtfertigen. Einen noch präziseren Einblick in den Ablauf des Rationali-
sierungsprozesses liefert die nahezu vollständige Ausrottung der
Indianer. Amerikanischen Kindern werden dazu ungefähr folgende
Einstellungen vermittelt:

Zunächst einmal wird um die indianische Tragödie nicht viel
Aufhebens gemacht – jedenfalls nicht annähernd soviel wie beispielsweise um den Völkermord in Europa während des Zweiten
Weltkriegs. Als große nationale Tragödie gilt statt dessen der Amerikanische Bürgerkrieg des 19. Jahrhunderts. Der Konflikt zwischen Weißen und Indianern wird dagegen als Sache der fernen
Vergangenheit angesehen und mit militärischen Ausdrücken beschrieben (Schlacht von Wounded Knee, Eroberung des Westens
usw.). Nach vorherrschender Auffassung waren die Indianer ge-
walttätige Gesellen, die auch untereinander oft Kriege führten und
Meister im Legen von Hinterhalten und im Begehen von Verrat
waren. Ihre Barbarei war berüchtigt, vor allem die typisch indianischen Sitten der Marterung von Gefangenen und der Skalpierung
von Feinden. Die wenigen Indianer, die es gab, hätten vor allem
von der Büffeljagd gelebt. Die Indianerpopulation der USA wird
für die Zeit um 1492 traditionell auf eine Million geschätzt. Diese
Zahl ist im Vergleich zur heutigen US-Bevölkerung von 250 Millionen so verschwindend gering, daß sofort einleuchtet, warum die
Weißen von diesem quasi leeren Kontinent Besitz ergreifen mußten. Viele Indianer seien an Pocken und anderen Krankheiten
gestorben. Auf diesen Einstellungen beruhte die Indianerpolitik
der angesehensten US-Präsidenten seit George Washington (siehe
Zitate am Ende dieses Kapitels).

Den historischen Fakten sprechen diese Rationalisierungen
jedoch Hohn. Der Gebrauch militärischer Ausdrücke erweckt den

Eindruck, es habe sich um erklärte Kriege gehandelt, geführt von erwachsenen männlichen Kämpfern. In Wirklichkeit bestand die Taktik der Weißen in der Regel aus Überraschungsangriffen (oft von Zivilisten verübt) auf Dörfer oder Lager, bei denen Indianer ungeachtet von Alter und Geschlecht getötet wurden. Während des ersten Jahrhunderts der weißen Besiedlung wurden sogar Skalpprämien an Indianertöter gezahlt, die daraus so etwas wie einen Beruf machten. Zeitgenössische europäische Gesellschaften waren mindestens ebenso kriegerisch und gewalttätig wie die der Indianer, man denke nur an die Häufigkeit von Aufständen, Klassenkämpfen, Ausbrüchen unkontrollierter Gewalt, die brutale Behandlung von Verbrechern und die Führung von Kriegen auch gegen die Zivilbevölkerung. Gefoltert wurde in Europa nicht minder grausam (ich erinnere an Streckbrett und Vierteilung, Scheiterhaufen und Daumenschrauben). Über die Zahl der in Nordamerika lebenden Indianer vor der Zeit des Erstkontakts gehen die Ansichten zwar weit auseinander, plausible neuere Schätzungen belaufen sich jedoch auf 18 Millionen – eine Zahl, die von den weißen Siedlern auf dem Gebiet der heutigen USA erst um 1840 erreicht wurde. Zwar waren manche Indianer halbnomadische Jäger, die keine Landwirtschaft betrieben, doch die meisten lebten als seßhafte Bauern in dörflichen Gemeinschaften. Krankheiten mögen in der Tat für den Tod der meisten Indianer verantwortlich gewesen sein, doch manche Epidemien wurden absichtlich von Weißen ausgelöst, und auch danach blieben noch genügend Indianer übrig, die mit direkteren Methoden ins Jenseits befördert wurden. Erst 1916 starb der letzte »wilde« Indianer der USA (der Yahi namens Ishi), und die keineswegs reuevollen Memoiren der Mörder seines Stammes wurden noch 1923 gedruckt und veröffentlicht.

Kurzum, der Konflikt zwischen Weißen und Indianern wurde von den Amerikanern fälschlich zu einer Auseinandersetzung zwischen berittenen erwachsenen Kriegern männlichen Geschlechts hochstilisiert, ausgefochten zwischen der US-Kavallerie und Cowboys auf der einen Seite und kämpferischen nomadischen Büffeljägern auf der anderen. Der Wirklichkeit kommt es näher, wenn man den Konflikt als Auslöschung einer Rasse bäuerlicher Zivilisten

Ishi, der letzte überlebende Indianer vom Yahi-Stamm in Nordkalifornien. Das Foto zeigt ihn ausgehungert und verängstigt am 29. August 1911, als er aus 41jährigem Versteck in einer entlegenen Schlucht auftauchte. Die meisten Angehörigen seines Stammes wurden zwischen 1853 und 1870 von weißen Siedlern umgebracht. 17 Überlebende des letzten Massakers zogen 1870 in ein Versteck in der Wildnis, wo sie ihr Leben als Jäger und Sammler fortsetzten. Im November 1908, als nur noch vier übrig waren, stießen Landvermesser zufällig auf ihr Lager und stahlen sämtliche Werkzeuge, Kleidungsstücke und Nahrungsvorräte für den Winter, was den Tod von drei der Yahis (Ishis Mutter, seine Schwester und ein alter Mann) zur Folge hatte. Ishi verbrachte drei weitere Jahre allein in der Wildnis, bis er es so nicht mehr ertragen konnte und sich in die weiße Zivilisation begab, damit rechnend, daß man ihn lynchen würde. Es kam allerdings anders, und er wurde Angestellter des Museums der *University of California* in San Francisco, wo er 1916 an Tuberkulose starb. Das Foto stammt aus dem Archiv des Lowie-Museums für Anthropologie der *University of California* in Berkeley.

durch eine andere charakterisiert. Noch heute geraten wir Amerikaner in Empörung, wenn wir an die Verluste im Kampf um die Alamo (ca. 200 Tote), auf dem Schlachtschiff U. S. S. *Maine* (260 Tote) und in Pearl Harbor (ca. 2.200 Tote) zurückdenken, jene Vorfälle, die uns dazu brachten, dem Krieg gegen Mexiko, dem Spanisch-Amerikanischen Krieg und dem Eintritt in den Zweiten Weltkrieg zuzustimmen. Doch diese Verluste sind nichts gegen die, welche die Indianer durch uns erlitten. Bei kritischer Betrachtung müssen wir erkennen, daß wir es wie so viele moderne Völker fertigbrachten, Genozid mit unseren Moralvorstellungen in Einklang zu bringen. Der Schlüssel lag darin, Notwehr und höhere Prinzipien geltend zu machen und die Opfer als wilde Tiere anzusehen.

Unsere Fälschung der amerikanischen Geschichte beruht auf jenem Aspekt des Genozids, der für seine Verhinderung besonders wichtig ist – den psychologischen Auswirkungen auf Täter, Opfer und Außenstehende. Am rätselhaftesten ist hierbei der Effekt auf letztere, oder besser dessen Ausbleiben. Im ersten Moment möchte man meinen, daß kein Schrecken die Aufmerksamkeit der Öffentlichkeit stärker erregt als die absichtliche, kollektive, brutale Tötung einer großen Zahl von Menschen. In der Realität findet Genozid jedoch außerhalb der betroffenen Länder nur manchmal ein Echo und wird noch seltener durch Interventionen von außen gestoppt. Wer schenkte denn schon der Abschlachtung der Araber auf Sansibar 1964 oder der der Aché-Indianer in Paraguay in den siebziger Jahren viel Beachtung?

Vergleichen Sie das Ausbleiben einer Reaktion auf diese und all die anderen Fälle von Genozid, die sich in den letzten Jahrzehnten abspielten, einmal mit unserer heftigen Reaktion auf die beiden einzigen Fälle von Genozid in der jüngeren Geschichte, die in unserer Vorstellung lebendig geblieben sind: den Genozid der Nazis an den Juden und den weniger bekannten Genozid der Türken an den Armeniern. Diese Fälle unterscheiden sich in drei wesentlichen Punkten vom Genozid der Art, wie wir ihn ignorieren: Die Opfer waren Weiße und somit Objekte unserer Identifikation; die Täter waren unsere Kriegsgegner, die wir entsprechend als Inbegriff des

Bösen haßten (speziell die Nazis); und schließlich gibt es in den USA überlebende Zeugen des Grauens, die sich alle Mühe geben, die Erinnerung wachzuhalten. Es bedarf somit einer besonderen Konstellation von Umständen, um die Aufmerksamkeit der Außenwelt darauf zu lenken, daß irgendwo in der Welt ein Genozid stattfindet.

Die befremdliche Passivität Außenstehender wird durch die Untätigkeit von Regierungen, deren Handeln ja nur Ausdruck der kollektiven Psychologie ist, veranschaulicht. Die UNO verabschiedete zwar 1948 eine Konvention, in der Genozid zum Verbrechen erklärt wurde, es wurden aber nie ernsthafte Schritte unternommen, dieses Verbrechen zu verhindern, zu stoppen oder zu ahnden, obgleich genügend Anklagen gegen gerade stattfindende Genozide in Bangladesch, Burundi, Kambodscha, Paraguay und Uganda vorgetragen wurden. Auf dem Höhepunkt von Idi Amins Terror in Uganda bestand die einzige Reaktion des UNO-Generalsekretärs auf eine entsprechende Beschwerde darin, den Diktator selbst aufzufordern, der Sache nachzugehen. Die USA gehören übrigens nicht einmal zu den Ländern, die die UNO-Konvention über Genozid ratifiziert haben.

Liegt das verblüffende Ausbleiben von Reaktionen etwa daran, daß wir über Genozide nichts wußten oder erfahren konnten, als sie gerade stattfanden? Gewiß nicht, da in den sechziger und siebziger Jahren vielfach ausführlich darüber berichtet wurde, zum Beispiel im Falle von Bangladesch, Brasilien, Burundi, Kambodscha, Ost-Timor, Äquatorial-Guinea, Indonesien, Libanon, Paraguay, Ruanda, Sudan, Uganda und Sansibar. (In Bangladesch und Kambodscha betrug die Zahl der Opfer jeweils über eine Million.) So erhob der brasilianische Staat 1968 Anklage gegen 134 der 700 Angestellten seiner Behörde für den Schutz der Indianer wegen ihrer Mitwirkung an der Ausrottung von Indianerstämmen im Amazonasgebiet. Zu den Verbrechen, die in dem 5115 Seiten starken Figueiredo-Report von Brasiliens Generalstaatsanwalt detailliert aufgelistet und auf einer Pressekonferenz des brasilianischen Innenministers verkündet wurden, zählten unter anderem: Ermordung von Indianern durch Dynamit, Maschinengewehrfeuer, mit Arsen vergifteten Zucker und absichtlich verbreitete Krankheiten wie Pocken, Grippe, Tuberkulose und Masern; Entführung und Versklavung von Indianerkindern; Anheuerung professioneller Indianerkiller durch Landerschließungsgesellschaften. Über den Figueiredo-Report war auch in der amerikanischen und europäischen Presse zu lesen, doch blieben nennenswerte Reaktionen aus.

Man könnte also folgern, daß sich die meisten von uns für an anderen verübtes Unrecht schlichtweg nicht interessieren oder meinen, es würde sie nichts angehen. Das erklärt sicher manches, aber nicht alles. Viele Menschen werden sehr leidenschaftlich, wenn es um bestimmte Ungerechtigkeiten wie die Apartheid in Südafrika geht, warum also nicht auch beim Thema Genozid? Diese Frage richteten voller Verbitterung Hutu-Opfer der Tutsi in Burundi, wo 1972 zwischen 80 000 und 200 000 Hutu umgebracht wurden, an die Organisation für Afrikanische Einheit.

»Die Apartheid der Tutsi wird mit größerer Härte durchgesetzt als die Apartheid in Südafrika. Sie hat ein unmenschlicheres Antlitz als der portugiesische Kolonialismus. Außer Hitlers Nationalsozialismus gibt es nichts Vergleichbares in der Menschheitsgeschichte. Und die Völker Afrikas hüllen sich in Schweigen. Afrikanische Staatsoberhäupter empfangen den Henker Micombero [Präsident von Burundi, ein Tutsi] und reichen ihm brüderlich die Hand. Verehrte Staatsoberhäupter, wenn Sie schon den Völkern Namibias, Simbabwes, Angolas und Mosambiks helfen wollen, sich von ihren weißen Unterdrückern zu befreien, haben Sie kein Recht zuzulassen, daß Afrikaner von anderen Afrikanern umgebracht werden. . . . Wollen Sie Ihre Stimme etwa erst erheben, wenn alle Hutu in Burundi ausgerottet sind?«

Um das Ausbleiben von Reaktionen Außenstehender zu verstehen, müssen wir wissen, wie überlebende Opfer reagieren. Psychiater, die sich mit Zeugen von Genozid, zum Beispiel Überlebenden von Auschwitz, befaßt haben, sprechen von einem psychologischen Abstumpfungseffekt. Die meisten von uns haben schon einmal den tiefen, lange anhaltenden Schmerz erfahren, der uns trifft, wenn ein enger Freund oder Verwandter eines natürlichen Todes stirbt, ohne daß wir dabei waren. Wir können uns jedoch kaum die Vervielfachung der Intensität dieses Schmerzes vorstellen, wenn jemand gezwungen ist, die extrem brutale Ermordung vieler Freunde und Verwandter aus nächster Nähe mitzuerleben. Für die Überlebenden liegt nach solchen Erfahrungen das bisherige Glaubenssystem, nach dem eine derartige Barbarei verboten war, in Trümmern; übrig bleibt ein Gefühl, daß man wohl in der Tat wertlos sein muß, daß einem solche Grausamkeit zugemutet wurde, und ein Gefühl der Schuld, weil man am Leben blieb, während andere starben. Ebenso wie starke körperliche Schmerzen führen auch intensive psychische Schmerzen zu einer Betäubung – anders wäre ein Überleben und der Erhalt der geistigen Gesundheit unmöglich. Ich persönlich habe diese Reaktion an zwei Verwandten erfahren, die zwei Jahre Auschwitz überlebten und noch Jahrzehnte später nicht weinen konnten.

Was die Reaktionen der Täter angeht, so mögen jene, deren Wertesystem zwischen »uns« und den »anderen« unterscheidet, Stolz empfinden; jene hingegen, die mit einem universellen Moralkodex aufgewachsen sind, teilen oft die Abstumpfung ihrer Opfer, verstärkt durch die aufgeladene Schuld. Hunderttausende von Amerikanern, die im Vietnamkrieg waren, litten unter dieser Abstumpfung. Selbst die Nachfahren von an Genozid Beteiligten – also Menschen ohne eigene Mitverantwortung – empfinden nicht selten eine kollektive Schuld, quasi als Spiegelbild der für Genozid typischen kollektiven Brandmarkung der Opfer. Um die Schuldgefühle zu vermindern, schreiben die Nachfahren oft die Geschichte neu. Ich denke zum Beispiel an die Reaktion moderner Amerikaner oder an die von Miss Cobern und vielen ihrer australischen Landsleute.

Wir verstehen jetzt also besser, warum Reaktionen Außenstehender auf Genozid häufig ausbleiben. Genozid löst schwere und dauerhafte psychologische Schäden bei Opfern und Tätern aus, die ihn unmittelbar erleben. Doch er hinterläßt auch tiefe Narben bei denen, die nur indirekt davon erfahren, wie den Kindern der Überlebenden von Auschwitz oder den Psychotherapeuten, welche die Überlebenden und Veteranen des Vietnamkrieges behandeln. Oft sehen sich Therapeuten, die darin ausgebildet sind, sich menschliches Elend anzuhören, außerstande, den schrecklichen Erinnerungen von Menschen zu lauschen, die so oder so mit Genozid in Berührung kamen. Wenn schon bezahlte Profis solche Probleme haben, wer kann dann dem Normalbürger einen Vorwurf machen, wenn er nichts davon hören möchte?

Lesen Sie die Reaktion von Robert Jay Lifton, einem amerikanischen Psychiater, der schon viel Erfahrung mit Überlebenden von Extremsituationen gesammelt hatte, bevor er Gespräche mit Überlebenden des Atombombenabwurfs auf Hiroshima führte:

»Ich hatte es jetzt also statt mit ›dem Atombombenproblem‹ mit den brutalen Einzelheiten der wirklichen Erlebnisse von Menschen zu tun, die mir gegenübersaßen. Ich stellte fest, daß ich am Anfang nach jedem dieser Gespräche zutiefst schockiert und seelisch erschöpft war. Doch schon sehr bald – nach nur wenigen Tagen – änderte sich meine Reaktion. Ich hörte mir die Schilderungen der gleichen Schreckenserlebnisse an, doch ihre Wirkung auf mich war schwächer geworden. Diese Erfahrung war eine unvergeßliche Demonstration des psychologischen Effekts, der für jeden Aspekt der Berührung mit Atombomben typisch ist.«

Welche Genozide müssen wir wohl in Zukunft noch vom *Homo sapiens* erwarten? Genügend Gründe für Pessimismus liegen auf der Hand. Eine ganze Zahl von Orten auf der Welt scheint reif dafür: Südafrika, Nordirland, Sri Lanka, das frühere Jugoslawien, viele Teile der ehemaligen Sowjetunion und der Nahe Osten, um nur einige zu nennen. Totalitäre Regime mit der Entschlossenheit, Genozid zu verüben, sind davon wohl kaum abzuhalten. Moderne Waffen gestatten es, eine immer größere Zahl von Opfern umzubringen, Mord mit Schlips und Kragen zu begehen und sogar die Menschheit als ganze ins Jenseits zu befördern.

Zugleich sehe ich aber Gründe für vorsichtigen Optimismus, dafür, daß die Zukunft weniger mörderisch sein wird als die Vergangenheit. In vielen Staaten leben heute Menschen unterschiedlicher Rasse oder Religion zusammen, zwar nicht überall mit dem gleichen Maß an sozialer Gerechtigkeit, aber wenigstens ohne daß es zu offenem Massenmord kommt – zum Beispiel in der Schweiz, in

384 Eroberer der Welt

Belgien, in Papua-Neuguinea, auf den Fidschi-Inseln und selbst in den USA nach Ishis Zeiten. Mehrere versuchte Genozide wurden durch Maßnahmen oder erwartete Reaktionen von dritter Seite erfolgreich gestoppt, in ihrem Umfang vermindert oder gar verhindert. Selbst die Judenvernichtung durch die Nazis, die wir als effizientesten und unaufhaltbarsten aller Genozide ansehen, wurde in Dänemark, Bulgarien und allen anderen besetzten Ländern, in denen das Oberhaupt der vorherrschenden Religionsgemeinschaft von Anfang an gegen die Judendeportation öffentlich Stellung bezog, vereitelt. Ein weiteres Hoffnungszeichen besteht darin, daß uns Tourismus, Fernsehen und Photographie in die Lage versetzen, andere Menschen, die viele tausend Kilometer von uns entfernt leben, als menschliche Wesen genau wie wir anzusehen. So sehr wir die Technik des 20. Jahrhunderts verfluchen mögen, so sehr verwischt sie auch den Unterschied zwischen »uns« und den »anderen«, der Genozid erst ermöglicht. Während das Anrichten von Massakern an »anderen« in der Welt vor der Zeit der Erstkontakte als sozial akzeptabel oder gar bewundernswert galt, läßt es sich heute aufgrund des internationalen Kulturaustauschs und der permanenten Verbreitung von Wissen über entfernt lebende Völker immer schwerer rechtfertigen.

Dennoch wird die Gefahr erneuter Genozide so lange fortbestehen, wie wir uns weigern, dieses Phänomen zu begreifen, und so lange wir uns einreden, daß nur abartig veranlagte Menschen zu so etwas imstande sind. Es ist zugegeben schwer, bei der Lektüre von Berichten über Genozid keine Gänsehaut zu bekommen. Man kann sich kaum vorstellen, wie wir selbst und andere nette Leute aus dem Bekanntenkreis dazu kommen sollten, hilflosen Menschen ins Gesicht zu schauen und sie umzubringen. Am nächsten kam ich dem Verständnis, als mir jemand, den ich lange kannte, von einem Massaker berichtete, das er mitverübt hatte.

Kariniga ist ein sanftmütiger Angehöriger des Tudawhe-Stammes, mit dem ich in Neuguinea zusammenarbeitete. Wir haben lebensgefährliche Situationen gemeinsam bestanden, Ängste und Triumphe geteilt, und ich schätze und bewundere ihn. Eines Abends, ich kannte Kariniga schon fünf Jahre, berichtete er mir von einer Episode aus seiner Jugend. Seit vielen Jahren hatte damals ein Konflikt zwischen den Tudawhes und einem benachbarten Dorf der Daribi geschwelt. Für mich ähneln sich Tudawhe und Daribi sehr stark, doch in den Augen Karinigas waren Angehörige des Daribi-Stammes unsagbar scheußliche Wesen. Durch eine Serie von Hinterhalten gelang es den Daribi, viele Tudawhe umzubringen, darunter auch Karinigas Vater. Das ging so lange so weiter, bis die überlebenden Tudawhe in große Verzweiflung gerieten. Eines Nachts umzingelten alle verbliebenen Tudawhe-Männer das Daribi-Dorf und steckten im Morgengrauen die Hütten in Brand. Als die Daribi schlaftrunken aus ihren brennenden Hütten stolperten, wurden sie mit Speeren durchbohrt. Einige konnten in den Wald fliehen und sich dort verstecken, doch die Tudawhes verfolgten und töteten die meisten von ihnen in den folgenden Wochen. Die Einführung der australischen Verwaltung beendete die Jagd, bevor Kariniga den Mörder seines Vaters erwischen konnte.

An die Einzelheiten dieses Abends denke ich oft mit Grauen zurück – das Glühen in Karinigas Augen, als er mir von dem Massaker im Morgengrauen berichtete; jene äußerst befriedigenden Augenblicke, als er seinen Speer in die Brust eines der Mörder seines Volkes rammen konnte; und seine Tränen vor Wut und Enttäuschung über das Entwischen des Mörders seines Vaters, den er immer noch eines Tages zu vergiften trachtete. An jenem Abend glaubte ich, verstanden zu haben, wie sich ein netter Mensch in einen Massenmörder hatte verwandeln können. Das Potential zum Genozid, das die Umstände in Kariniga wachriefen, steckt in jedem von uns. Durch das Anschwellen der Weltbevölkerung werden die Konflikte zwischen den Gesellschaften und in ihrem Inneren noch verschärft, so daß die Menschen künftig noch mehr Anlaß haben werden, sich gegenseitig umzubringen, wozu ihnen gleichzeitig ein immer wirksameres Arsenal von Waffen zur Verfügung steht. Berichte aus erster Hand über Genozid gehen an die Grenze des Erträglichen. Doch wenn wir uns weiter abwenden und uns weigern, dieses Phänomen zu verstehen, stellt sich nur die Frage, wann wir selbst an der Reihe sind, als Opfer oder als Täter.

Die Indianerpolitik einiger berühmter Amerikaner

Präsident George Washington: »Unmittelbare Ziele sind die völlige Zerstörung und Verwüstung ihrer Siedlungen. Besonders wichtig wird es sein, ihre Feldfrüchte in der Erde zu vernichten und die Felder unbestellbar zu machen.«

Benjamin Franklin: »So es die Vorsehung will, diese Wilden auszumerzen, um Raum für die wahren Besteller der Erde zu schaffen, ist es nicht unwahrscheinlich, daß Rum das dazu ausersehene Mittel ist.«

Präsident Thomas Jefferson: »Diese unglückselige Rasse, für deren Rettung und Zivilisation wir soviel Mühen auf uns nahmen, hat durch ihre plötzliche Untreue und gräßliche Barbarei genug verbrochen, um ihre Auslöschung zu rechtfertigen, und harrt nun unseres Beschlusses über ihr Schicksal.«

Präsident John Quincy Adams: »Welches Recht hat schon der Jägersmann an dem Wald von tausend Meilen, durch den ihn der Zufall auf der Suche nach Beute streifen ließ?«

Präsident James Monroe: »Die Lebensweise des Wilden bzw. Jägers erfordert mehr Land, als mit dem Fortschritt und den berechtigten Ansprüchen des zivilisierten Lebens vereinbar ist ... und hat diesem zu weichen.«

Präsident Andrew Jackson: »Sie besitzen weder die Intelligenz und den Fleiß noch die sittlichen Bräuche und den Wunsch nach Verbesserung als Voraussetzung für einen positiven Wandel ihrer Lage. Da sie nun mitten unter den Angehörigen einer überlegenen Rasse weilen, ohne aber die Ursachen ihrer Unterlegenheit zu erkennen geschweige denn nach Abhilfe zu trachten, müssen sie zwangsläufig der Macht der Umstände weichen und bald verschwinden.«

Justizminister John Marshall: »Die Indianerstämme in diesem Land waren Wilde, deren Hauptbeschäftigung im Führen von Kriegen bestand und die sich ihre Nahrung im Wald beschafften … Das Gesetz, welches das Verhältnis zwischen Eroberern und Eroberten regelt und generell auch regeln sollte, war auf ein unter solchen Umständen lebendes Volk nicht anwendbar. Die Entdeckung [Amerikas durch Europäer] begründete einen Alleinanspruch darauf, das indianische Besitzrecht durch Kauf oder Eroberung aufzuheben.«

Präsident William Henry Harrison: »Soll etwa einer der schönsten Teile des Erdballs im Naturzustand verharren, als Schlupfwinkel von ein paar erbärmlichen Wilden, wo ihn doch offenbar der Schöpfer dazu auserkoren hat, einem großen Volk als Lebensraum zu dienen und zu einem Ort der Zivilisation zu werden?«

Präsident Theodore Roosevelt: »Die Siedler und Pioniere hatten im Grunde das Recht auf ihrer Seite; dieser großartige Kontinent konnte auf Dauer kein Reservat für schmutzige Wilde bleiben.«

General Philip Sheridan: »Die einzigen guten Indianer, die ich je sah, waren tote Indianer.«

TEIL V

Umkehrung des Fortschritts über Nacht

Unsere Spezies steht heute auf dem Höhepunkt ihrer zahlenmäßigen und geographischen Verbreitung, ihrer Macht und ihres Anteils an der Produktivität der Erde, die sie sich aneignet. Das ist die gute Nachricht. Die schlechte lautet, daß wir dabei sind, alles Erreichte sehr viel schneller wieder rückgängig zu machen, als wir es schufen. Unsere Macht droht uns selbst zu vernichten. Wir wissen noch nicht, ob wir uns mit einem Schlag in die Luft jagen werden oder ob unser Ende langsamer eintreten wird, als Folge einer Kombination aus Treibhauseffekt, Umweltverschmutzung, der Zerstörung natürlicher Lebensräume, der wachsenden Zahl hungriger Mäuler bei gleichzeitiger Abnahme der Nahrungsressourcen sowie der Ausrottung der Pflanzen- und Tierarten, die unsere Lebensgrundlage bilden. Zogen diese drohenden Wolken wirklich erst seit der Industriellen Revolution auf, wie oft angenommen wird?

Einem verbreiteten Glauben zufolge leben die verschiedenen Arten von Natur aus im Gleichgewicht miteinander und im Einklang mit der Umwelt. Weder rotten Raubtiere ihre Beute aus noch vernichten Pflanzenfresser ihre Lebensgrundlage durch Überweidung. Aus dieser Sicht ist der Mensch der große Außenseiter. Träfe dies zu, könnten wir von der Natur nichts lernen.

Richtig ist daran, daß Arten unter natürlichen Bedingungen nicht so rasch aussterben, wie wir sie heute ausrotten, sieht man von seltenen Ereignissen ab. Ein solches Ereignis war das möglicherweise durch den Einschlag eines Asteroiden verursachte Massensterben vor 65 Millionen Jahren, das dem Zeitalter der Dinosaurier ein Ende setzte. Da sich die Artenzahl im Zuge der Evolution nur sehr langsam vermehrt, muß natürlich auch das Aussterben langsam erfolgen, da es sonst ja schon lange keine Arten mehr geben würde. Anders ausgedrückt verschwinden die empfindlicheren Arten schnell wieder, während die in der Natur überlebenden die robusteren darstellen.

Demnach gibt es eine ganze Reihe lehrreicher Beispiele dafür, daß Arten andere Arten ausrotteten. In fast allen bekannten Fällen waren zwei Voraussetzungen gegeben. Erstens handelte es sich um Arten, die in eine neue Umwelt vordrangen, in der sie vorher nicht vertreten waren und wo sie auf Beutepopulationen stießen, die der von ihnen verkörperten Gefahr arglos gegenüberstanden. Wenn sich nach einiger Zeit der Staub gelegt und sich ein neues ökologisches Gleichgewicht eingestellt hatte, waren manche der alteingesessenen Arten von der Bildfläche verschwunden. Zweitens erwiesen sich die an solchen Ausrottungen beteiligten Räuber als fähig, sich von vielen verschiedenen Arten von Beutetieren und nicht nur von einer einzigen zu ernähren. Nach Ausrottung einer Art ist somit jederzeit ein Wechsel zu einer anderen möglich.

Zum Artensterben kommt es oft, wenn Exemplare einer Spezies von Menschen gewollt oder ungewollt in einen neuen Teil der Erde mitgebracht werden. Ratten, Katzen, Ziegen, Schweine, Ameisen und sogar Schlangen sind hierfür Beispiele. So gelangte während des Zweiten Weltkriegs eine auf den Salomon-Inseln heimische Baumschlange unbemerkt per Schiff oder Flugzeug auf die bis dahin schlangenfreie Pazifikinsel Guam. Inzwischen hat dieser Räuber bereits die meisten dortigen Waldvogelarten ganz oder fast ausgerottet, da sie keine Gelegenheit zur Entwicklung von Abwehrmechanismen gegen Schlangen hatten. Letzteren droht jedoch keine Gefahr, auch wenn sie ihre Vogelbeute praktisch vollkommen vernichtet haben, können sie sich doch auf Fledermäuse, Ratten, Eidechsen und andere Kost umstellen. Ein weiteres Beispiel sind die von Menschen in Australien eingeführten Katzen und Füchse, welche die kleinen Beuteltiere und Ratten dort weitgehend vernichtet haben, ohne das eigene Überleben zu gefährden, da ja noch genügend Kaninchen und andere Arten potentieller Beutetiere vorhanden sind.

Der Mensch liefert das beste Beispiel für ein derart flexibles Raubtier. Unser Speiseplan ist extrem breit gefächert – von Schnecken und Seetang bis hin zu Walen, Pilzen und Erdbeeren. Wenn wir uns am Bestand einiger Arten zu ausgiebig bedient und diese ausgerottet haben, wechseln wir einfach zu anderen. Eine Welle des Artensterbens folgte jedesmal, wenn der Mensch einen zuvor noch nicht besiedelten Teil der Erde betrat. Der Dodo, dessen Name zum Synonym für Ausrottung wurde, lebte einst auf der Insel Mauritius, deren Land- und Süßwasservogelarten nach der Entdeckung der Insel im Jahre 1507 zur Hälfte ausstarben. Bei den Dodos handelte es sich um große, eßbare, flugunfähige Vögel, die für hungrige Seeleute leichte Beute waren. Massenhaft starben auch Hawaiis Vogelarten nach der Entdeckung der Insel durch Polynesier vor 1500 Jahren aus, ähnlich wie eine Anzahl großer amerikanischer Säugetierarten nach der Einwanderung der Vorfahren der Indianer vor 11 000 Jahren. Wellen des Artensterbens begleiteten auch grundlegende Verbesserungen der Jagdtechnologie in Regionen, die schon lange von Menschen besiedelt waren. So überlebten wilde Populationen der bildschönen arabischen Oryx-Antilope im Nahen Osten eine Million Jahre lang das Gejagtwerden durch den Menschen, um dann 1972 der Feuerkraft moderner Flinten zum Opfer zu fallen.

Unser Hang, einzelne Arten auszurotten und dann zu anderen überzugehen, hat zahlreiche Vorläufer im Tierreich. Kommt es auch vor, daß eine Tierpopulation ihre gesamte Ernährungsgrundlage vernichtet und auf diese Weise ausstirbt? Ein solcher Ausgang ist ungewöhnlich, da der Bestand von Tierarten durch viele Faktoren geregelt wird, die automatisch die Geburtenraten senken bzw. die Sterberaten ansteigen lassen, wenn die Populationsdichte groß ist, und umgekehrt, wenn sie klein ist. So nimmt bei großer Populationsdichte die Sterblichkeit aufgrund externer Faktoren wie natürlicher Feinde, Krankheiten, Parasiten und Nahrungsknappheit in der Regel zu. Als weiterer Faktor kommen Reaktionen der betroffenen Tiere in Betracht, zum Beispiel Tötung der Jungen, Aufschub der Fortpflanzung und verstärkte Aggression. Solche Reaktionen senken für gewöhnlich nebst externen Faktoren die Populationsgröße und vermindern den Druck auf die Nahrungsressourcen, bevor diese erschöpft sind.

Es ist aber auch schon vorgekommen, daß sich einzelne Tierpopulationen geradezu um die eigene Existenz fraßen. Ein Beispiel dafür ist die Nachkommenschaft jener 29 Rentiere, die 1944 auf die Insel Saint Matthew im Beringmeer gebracht wurden. Bis 1957 hatte sich ihre Zahl auf 1.350 fast verfünfzigfacht, bis 1963 vervierfachte sie sich noch einmal auf 6000. Rentiere ernähren sich jedoch von langsam wachsenden Flechten, die auf der Insel keine Gelegenheit hatten, sich vom Grasen zu erholen, da die Rentiere anders als auf dem Festland keinen Ort hatten, zu dem sie periodische Wanderungen unternehmen konnten. Im strengen Winter 1963/1964 verhungerten alle Tiere bis auf 41 Weibchen und ein steriles Männchen, die auf der von Kadavern übersäten Insel ebenfalls zum Untergang verurteilt waren. Ein ähnliches Beispiel war die Ansiedlung von Kaninchen auf der Insel Lisianski westlich von Hawaii Anfang dieses Jahrhunderts. Innerhalb nur eines Jahrzehnts waren sie dort ausgestorben und ließen eine ihres Pflanzenkleides entblößte Insel zurück.

In diesen und ähnlichen Fällen von ökologischem Suizid ging es immer um Populationen, die plötzlich dem Einfluß jener Faktoren entzogen waren, die normalerweise ihre Größe regulieren. Kaninchen und Rentiere haben unter normalen Bedingungen natürliche Feinde. Zudem unternehmen Rentiere auf dem Festland großräumige Wanderungen, wodurch der Vegetation in den beweideten Gebieten eine Regeneration ermöglicht wird. Doch auf den Inseln Lisianski und St. Matthew lebten weder natürliche Feinde von Kaninchen oder Rentieren noch war eine Migration möglich, so daß die Tiere unkontrolliert fressen und sich vermehren konnten.

Bei genauerem Nachdenken wird klar, daß sich die Spezies Mensch nicht minder erfolgreich der Wirkung jener Faktoren entzogen hat, die unsere Bevölkerungsgröße einst in Schach hielten. Unsere natürlichen Feinde spielen schon lange keine nennenswerte Rolle mehr. Die Medizin des 20. Jahrhunderts hat die Sterblichkeit aufgrund von Infektionskrankheiten erheblich reduziert. Und schließlich wurden auch einige frühere Verhaltenstechniken zur Bevölkerungseindämmung sozial geächtet, wie Kindesmord, chronische Kriegführung und sexuelle Abstinenz. Die Weltbevölkerung verdoppelt sich zur Zeit im Rhythmus von etwa 35 Jahren. Das ist zwar langsamer als bei den Rentieren auf St. Matthew, und die Insel Erde ist ja auch nicht nur größer als die Insel St. Matthew, sondern bietet auch elastischere Ressourcen als Flechten (wenngleich andere, wie zum Beispiel Öl, weniger elastisch sind). Doch der grundlegende Schluß bleibt der gleiche: Keine Population kann ewig wachsen.

Die mißliche ökologische Situation, in der die Menschheit heute steckt, hat also durchaus Vorläufer im Tierreich. Wie viele andere im Hinblick auf die Nahrung flexible Raubtiere rotten wir bei der Kolonisierung neuer Regionen oder nach Erwerb neuer zerstörerischer Fähigkeiten einige Arten von Beutetieren aus. Wie manche jäh von ehemaligen Wachstumsbeschränkungen befreite Tierpopulationen setzen wir das eigene Überleben durch Vernichtung unserer Ressourcenbasis aufs Spiel. Stimmt es, daß wir uns bis zur industriellen Revolution in einem Zustand relativen ökologischen Gleichgewichts befanden und erst danach begannen, Arten in großem Stil auszurotten und die Natur zu überfordern? Um diese Rousseausche Vorstellung geht es in den drei Kapiteln von Teil V.

Kapitel 17 beschäftigt sich mit dem verbreiteten Glauben an ein Goldenes Zeitalter in ferner Vergangenheit, in dem vermeintlich edle Wilde in Harmonie mit der Natur lebten. In Wirklichkeit war jedoch jede bedeutende Ausweitung des menschlichen Lebensraums während der letzten 10 000 Jahre und womöglich schon viel früher von massenhaftem Artensterben begleitet. Die direkte Beteiligung des Menschen wird an den beiden jüngsten Expansionen am deutlichsten – der Ausbreitung der Europäer über den Erdball seit 1492 und davor der Inbesitznahme von Inseln durch Polynesier und Madagassen. Ältere Eroberungen, wie die erste Besiedlung des amerikanischen Kontinents und Australiens, waren ebenfalls vom Aussterben unzähliger Arten begleitet. Allerdings erschwert die verstrichene Zeit Schlüsse über Ursache und Wirkung.

Das Goldene Zeitalter stand mithin immer wieder auch im Zeichen massenhaften Artensterbens. Es ist zwar nicht bekannt, daß sich je eine größere menschliche Population durch Überbeanspruchung der eigenen Ernährungsgrundlage um die Existenz brachte, doch war dies bei einer Reihe von Populationen auf kleineren Inseln tatsächlich der Fall, während zahlreiche größere Populationen durch Überstrapazierung der eigenen Ressourcen zumindest den wirtschaftlichen Kollaps selbst herbeiführten. Die besten Beispiele liefern isolierte Kulturen wie die Zivilisationen der Osterinsulaner

und der Anasazi. Umweltfaktoren spielten auch bei den großen
Wandlungen der westlichen Zivilisation eine entscheidende Rolle,
so beim Zusammenbruch der nahöstlichen, dann der griechischen
und später römischen Hegemonialreiche. Der selbstzerstörerische
Mißbrauch unserer Umwelt ist demnach keineswegs eine neuzeitliche Erfindung, sondern war schon immer eine wichtige Triebkraft
der Geschichte.

Kapitel 18 geht ausführlicher auf die umfangreichsten, drama-
tischsten und umstrittensten Massenausrottungen des »Goldenen
Zeitalters« ein. Vor rund 11 000 Jahren starben die meisten Großsäugetiere Nord- und Südamerikas aus. Ungefähr aus der gleichen
Zeit stammen die ersten unwiderlegbaren Beweise für eine menschliche Besiedelung des amerikanischen Doppelkontinents durch die
Vorfahren der Indianer. Es handelte sich um die größte Ausweitung des menschlichen Lebensraums, seit der *Homo erectus* vor einer
Million Jahren in Afrika aufbrach, um Europa und Asien zu besie-
deln. Das zeitliche Zusammentreffen der ersten Amerikaner und
der letzten amerikanischen Großsäuger, das Fehlen von Massenausrottungen an anderen Orten zur gleichen Zeit sowie das Vorliegen von Beweisen dafür, daß einige dieser heute ausgestorbenen
Tiere tatsächlich gejagt wurden, gaben Anlaß zur sogenannten
»Blitzkriegs-Hypothese«. Danach traf die erste Welle menschlicher
Jäger, während sie sich vermehrten und von Kanada bis Patagonien ausbreiteten, auf große Tiere, die noch nie zuvor Menschen
gesehen hatten, und rotteten diese im Laufe ihres Vorrückens aus.
Die Kritiker dieser Theorie sind jedoch mindestens so zahlreich wie
die Befürworter. In Kapitel 18 wird das Für und Wider erörtert.

Im letzten Kapitel wird versucht, eine ungefähre Vorstellung von
der Zahl der bereits ausgerotteten Arten zu bekommen. Den Anfang machen die am besten gesicherten Zahlen: jene Arten, deren
Ausrottung in der Neuzeit erfolgte, gut dokumentiert ist und bei
denen die Suche nach Überlebenden gründlich genug war, um keinen Zweifel zu lassen, daß es keine mehr gibt. Weiter geht es mit
Schätzungen für drei weniger gesicherte Kategorien: Arten, von
denen seit längerer Zeit keine lebenden Exemplare mehr gesichtet
wurden und die ausstarben, bevor es überhaupt jemand bemerkte,
dann die modernen Arten, die vor ihrem Aussterben noch nicht

einmal »entdeckt« und mit Namen versehen wurden, und schließlich jene, die vom Menschen noch vor dem Aufstieg der modernen
Wissenschaft ausgerottet wurden. Vor diesem Hintergrund können
wir uns ein Bild von den Hauptmechanismen machen, die bei der
Ausrottung von Arten durch den Menschen am Werk sind, und es
läßt sich die Zahl der Arten schätzen, die wir wahrscheinlich innerhalb der Lebensspanne meiner Söhne noch ausrotten werden, wenn
alles so weiterläuft wie bisher.

KAPITEL 17

Das goldene Zeitalter, das es nie gab

Jeder Teil dieser Erde ist meinem Volk heilig, jede glitzernde Tannenna-
del, jeder sandige Strand, jeder Nebel in den dunklen Wäldern, jede
Lichtung, jedes summende Insekt ist heilig, in den Gedanken und Erfahrungen meines Volkes ... Der weiße Mann ... ist ein Fremder, der
kommt in der Nacht und nimmt von der Erde, was immer er braucht. Die
Erde ist sein Bruder nicht, sondern Feind ... Fahrt fort, Euer Bett zu
verseuchen, und eines Nachts werdet Ihr im eigenen Abfall ersticken.

Aus einem Brief des Duwanish-Häuptlings Seattle an den amerikanischen Präsidenten Franklin Pierce, geschrieben im Jahre 1855

Betroffen angesichts des Ausmaßes der Zerstörung, die Industriegesellschaften auf der Welt anrichten, sehen viele Umweltschützer
in der Vergangenheit ein Goldenes Zeitalter. Als die Europäer mit
der Besiedlung Amerikas begannen, waren Luft und Wasser dort
noch rein, die Landschaft grün, und durch die Prärie zogen riesige
Büffelherden. Heute atmen wir Smog, sorgen uns um Gift im Trinkwasser, betonieren die Landschaft zu und bekommen nur selten ein
größeres wildlebendes Tier zu Gesicht. Und noch Schlimmeres ist
zu erwarten. Wenn meine Söhne das Rentenalter erreichen, wird
die Hälfte aller Arten ausgestorben, die Luft radioaktiv und das
Meer von Öl verschmutzt sein.

Zwei einfache Gründe haben sicher eine wichtige Rolle bei all-
dem gespielt. Erstens besitzt die moderne Technik ein viel größeres
Potential zur Verwüstung der Umwelt als die Steinäxte der fernen
Vergangenheit, und zweitens leben heute mehr Menschen auf un-
serem Planeten als je zuvor. Vielleicht spielte aber auch ein dritter
Faktor eine Rolle: ein genereller Wandel der Einstellungen. Anders

als moderne Stadtbewohner gehen wenigstens manche der vorindustriellen Völker – wie die Duwanish-Indianer, deren Häuptling
oben zitiert wurde – mit ihrer Umwelt wie mit einem kostbaren Gut
um. Es gibt eine Vielzahl von Berichten darüber, wie Umweltschutz in solchen Gesellschaften konkret praktiziert wird. Ein
Angehöriger eines neuguineischen Stammes sagte mir einmal: »Es
ist bei uns Sitte, daß ein Jäger, der an einem Tag eine Taube in
einer Richtung vom Dorf aus erlegt, eine Woche warten muß, bevor
er wieder auf Taubenjagd gehen darf, und sich dazu obendrein in
die andere Richtung zu begeben hat.« Wir beginnen gerade erst zu
begreifen, wie raffiniert viele solcher Methoden sogenannter »primitiver« Völker sind. So haben wohlmeinende ausländische Experten große Teile Afrikas in Wüste verwandelt, in denen viele
Jahrtausende lang Hirtennomaden gelebt und durch alljährliche
Wanderungen dafür gesorgt hatten, daß es nie zur Überbeanspruchung der Vegetationsdecke kam.

Die Nostalgie, die ich bis vor kurzem mit vielen anderen, die
gegen die Umweltzerstörung kämpfen, teilte, ist Ausdruck der Neigung des Menschen, die Vergangenheit in vielerlei Hinsicht als
Goldenes Zeitalter zu verklären. Ein prominenter Vertreter dieser
Sichtweise war der französische Moralphilosoph Jean-Jacques
Rousseau, der im 18. Jahrhundert lebte und in seinem Werk »Über
den Ursprung der Ungleichheit unter den Menschen« unserer Degeneration vom Goldenen Zeitalter bis zur nach seiner Ansicht
erbärmlichen Gegenwart nachspürte. Als die europäischen Entdekkungsreisenden des 18. Jahrhunderts auf vorindustrielle Völker wie
Polynesier und Indianer stießen, wurden diese in den Erzählungen
in europäischen Salons als »edle Wilde« idealisiert, die noch in
einer goldenen Zeit lebten und denen die Geißeln der Zivilisation,
wie religiöse Intoleranz, politische Tyrannei und soziale Ungleichheit, fremd waren.

Noch heute werden das antike Griechenland und Rom von vielen
als Goldenes Zeitalter der westlichen Zivilisation angesehen. Paradoxerweise hielten Griechen und Römer sich selbst ebenfalls für
degenerierte Nachfahren eines Goldenen Zeitalters. Ich entsinne
mich noch der Zeilen des römischen Dichters Ovid, die ich im Lateinunterricht auswendig lernen mußte: »*Aurea prima sata est aetas,*

quae vindice nullo ...« (»Erst war das Goldene Zeitalter, als die Menschen aus freiem Willen ehrlich und rechtschaffen waren ...«) Diesen Tugenden stellte Ovid die grassierende Niedertracht und Kriegslüsternheit seiner Epoche gegenüber. Ich zweifle nicht daran, daß die Menschen, die in der radioaktiven Brühe des 22. Jahrhunderts noch am Leben sind, ebenso nostalgisch über unser Zeitalter schreiben werden, das ihnen als vergleichsweise sorgenfrei erscheinen wird.

Bei der großen Zahl derer, die an ein Goldenes Zeitalter glauben, ist es kein Wunder, daß jüngste Entdeckungen von Archäologen und Paläontologen einen Schock auslösten. Heute steht fest, daß vorindustrielle Gesellschaften jahrtausendelang Arten ausrotteten, Lebensräume zerstörten und ihre eigene Existenzgrundlage untergruben. Zu den am besten erforschten Beispielen zählen Polynesier und Indianer, also gerade jene Völker, deren Verhalten besonders oft als vorbildlich dargestellt wird. Es braucht nicht erwähnt zu werden, daß diese revisionistische Ansicht nicht nur in akademischen Zirkeln, sondern auch bei normalen Bürgern in Hawaii, Neuseeland und anderen Regionen mit großem polynesischen oder indianischen Bevölkerungsanteil heftig umstritten ist. Handelt es sich bei den neuen »Entdeckungen« nicht um ein weiteres Beispiel rassistischer Pseudowissenschaft, mit der Weiße versuchen, die Entrechtung und Vertreibung farbiger Völker zu rechtfertigen? Wie lassen sich die Entdeckungen mit all den Erkenntnissen über umweltfreundliche Praktiken moderner vorindustrieller Völker vereinbaren? Könnten sie uns, falls sie seriös sind, als Fallbeispiele dienen, um das Schicksal vorherzusagen, das uns unsere eigene Umweltpraxis bescheren wird? Und könnten die jüngsten Erkenntnisse gar den rätselhaften Untergang antiker Zivilisationen aufklären, zum Beispiel der Osterinsel- oder Maya-Kultur?

Bevor wir diese kontroversen Fragen beantworten können, müssen wir uns zunächst ein Bild von den neuen Erkenntnissen verschaffen, die der Annahme eines Goldenen Zeitalters der Harmonie von Mensch und Natur entgegenstehen. Ich will mit früheren Wogen der Ausrottung beginnen und dann auf die Zerstörung natürlicher Lebensräume in der Vergangenheit eingehen.

Als Anfang des 19. Jahrhunderts die ersten britischen Siedler auf Neuseeland eintrafen, fanden sie dort mit Ausnahme von Fledermäusen keine Landsäugetiere vor. Das war nicht überraschend, da die Insel viel zu weit vom australischen Festland entfernt liegt, um von flugunfähigen Säugetieren erreicht worden zu sein. Jedoch förderten die Pflüge der Kolonisten statt dessen die Skelette und Eierschalen großer Vögel an den Tag, die damals bereits ausgestorben waren, aber in der Erinnerung der Maori (der polynesischen Erstbesiedler Neuseelands) unter der Bezeichnung *Moas* fortlebten. Vollständig erhaltene Skelette, von denen einige recht jung zu sein scheinen und noch Hautreste und Federn aufweisen, vermitteln ein anschauliches Bild vom Aussehen der Moas: Es waren straußenähnliche Vögel, die in rund einem Dutzend Arten vorkamen, von denen die kleinsten »nur« einen Meter groß und 20 Kilo schwer wurden, während die größten drei Meter erreichten und bis zu 250 Kilo wogen. Über ihre Nahrungsgewohnheiten gibt der Inhalt gefundener Mägen Aufschluß, der aus kleinen Zweigen und Pflanzen vielerlei Arten bestand. Die Moas waren somit das neuseeländische Pendant großer pflanzenfressender Säugetiere wie Hirsche und Antilopen.

Waren dies auch die bekanntesten unter den ausgestorbenen Vogelarten Neuseelands, so konnten anhand von Knochenfossilien noch viele weitere identifiziert werden, wobei insgesamt mindestens 28 Arten vor dem Eintreffen der Europäer verschwunden waren. Neben den Moas waren darunter eine ganze Reihe großer, flugunfähiger Vögel, zum Beispiel eine große Ente, ein riesiges Wasserhuhn und eine überdimensionale Gans. Diese hatten sich aus normalen Vögeln entwickelt, die nach Neuseeland geflogen waren und dort, in einer Umwelt ohne natürliche Feinde, im Laufe der Evolution ihre aufwendige Flügelmuskulatur verloren hatten. Andere ausgestorbene Vögel, wie ein Pelikan, ein Schwan, ein Riesenrabe und ein Riesenadler, hatten ihre Flugfähigkeit behalten.

Mit seinem Gewicht von bis zu 15 Kilo war der Riesenadler zu Lebzeiten bei weitem der größte und mächtigste Raubvogel der Welt, neben dem die größte heutige Greifvogelart, die Harpyie des tropischen Amerika, schmächtig erscheinen würde. Der neuseeländische Adler wäre der einzige natürliche Feind der Moas gewesen.

Obgleich manche von ihnen fast zwangzigmal schwerer waren als der Adler, hätte dieser sie doch mit einem Angriff auf ihre langen Beine, gefolgt von einem vernichtenden Schlag gegen den Kopf und den langen Hals, zur Strecke bringen können. Der Kadaver hätte für etliche Tage Futter geboten, wie der einer Giraffe dem Löwenrudel. Ein Indiz dafür, daß die Adler tatsächlich so vorgegangen sein könnten, ist das Fehlen des Kopfes an zahlreichen gefundenen Moa-Skeletten.

Bisher war nur von den größeren der ausgestorbenen Tiere die Rede. Fossilienjäger entdeckten aber auch die Skelette kleiner Tiere von der Größe von Mäusen und Ratten. Zu den am Boden lebenden Kleintieren zählten mindestens drei Arten flugunfähiger bzw. nur bedingt flugtauglicher Singvögel, mehrere Frösche, Riesenschnekken, viele riesengrillenartige Insekten mit dem doppelten Gewicht von Mäusen sowie mausähnliche Fledermäuse mit der seltsamen Angewohnheit, die Flügel zusammenzurollen und zu rennen. Manche dieser Kleintiere waren zur Zeit der Ankunft der Europäer bereits ausgestorben. Andere lebten nur noch auf kleinen vorgelagerten Inseln, waren jedoch früher auf dem neuseeländischen Festland sehr verbreitet gewesen, wie Knochenfunde beweisen. Zusammengenommen hätten all diese inzwischen ausgestorbenen Arten, welche die Evolution in dieser abgelegenen Region hervorgebracht hatte, Neuseeland mit dem ökologischen Äquivalent jener flugunfähigen Säugetiere des Festlands ausgestattet, die nie eintrafen: Moas statt Hirschen, flugunfähigen Gänsen und Wasserhühnern statt Kaninchen, großen Grillen, Fledermäusen und kleinen Singvögeln statt Mäusen und Riesenadlern statt Leoparden.

Fossilienfunde und biochemische Untersuchungen ergeben, daß die Vorfahren der Moas vor Millionen von Jahren nach Neuseeland gekommen waren. Es stellt sich die Frage, wann und warum die Moas nach so langer Zeit ausstarben. Welche Katastrophe könnte so vielen so unterschiedlichen Arten wie Grillen, Adlern, Enten und Moas zugleich zum Verhängnis geworden sein? Und vor allem, waren all diese merkwürdigen Geschöpfe noch am Leben, als die Vorfahren der Maoris um 1000 n. Chr. eintrafen?

Als ich Neuseeland 1966 zum erstenmal besuchte, lautete die offizielle Meinung, daß die Moas aufgrund eines Klimawandels ausgestorben seien und daß etwaige Moaarten, die beim Eintreffen der ersten Maoris noch lebten, zumindest kurz vor dem Aussterben standen. Für die Neuseeländer stand unumstößlich fest, daß die Maoris vorbildliche Naturschützer waren und die Moas nicht ausgerottet haben konnten. Auch heute besteht kein Zweifel daran, daß die Maoris ebenso wie die anderen Polynesier Steinwerkzeuge benutzten, hauptsächlich von Ackerbau und Fischfang lebten und nicht das Zerstörungspotential moderner Industriegesellschaften besaßen. Man nahm an, daß die Maoris allenfalls Populationen, die bereits am Rande des Aussterbens standen, den Gnadenstoß versetzten. Drei Arten von Entdeckungen haben dieses Glaubensgebäude jedoch zum Einsturz gebracht.

Erstens war Neuseeland während der letzten Eiszeit, die vor rund 10 000 Jahren zu Ende ging, mit Gletschern oder kalter Tundra bedeckt. Seitdem ist das neuseeländische Klima viel freundlicher geworden. Die Temperaturen sind gestiegen, und herrliche Wälder haben sich ausgebreitet. Die letzten Moas starben mit gut gefülltem Magen unter klimatischen Bedingungen, wie es seit Zehntausenden von Jahren keine besseren gegeben hatte.

Zweitens beweisen mit Hilfe der Radiokarbonmethode datierte Vogelskelette aus alten, ebenfalls datierten Maoristätten, daß alle Moaarten noch im Überfluß vertreten waren, als die ersten Maoris an Land gingen. Das gleiche gilt für die ausgestorbenen Gänse, Enten, Schwäne, Adler und sonstigen Vögel, die wir nur von Fossilien kennen. Innerhalb weniger Jahrhunderte waren die Moas und die meisten anderen Vogelarten ausgestorben. Es müßte schon ein unglaublicher Zufall gewesen sein, wenn jedes Exemplar von mehreren Dutzend Arten, die Neuseeland Millionen Jahre lang bewohnt hatten, sich gerade den Moment der Ankunft des Menschen aussuchten, um wie auf Kommando tot umzufallen.

Und schließlich gibt es mehr als hundert zum Teil sehr große archäologische Fundstätten, an denen Maoris Unmengen von Moas zerschnitten, in Tonöfen zubereiteten und wegwarfen, was übrigblieb. Das Fleisch wurde verschmaust, aus der Haut Kleidung gemacht, Knochen wurden zu Angelhaken und Schmuck verarbeitet, und die Eier wurden ausgeblasen, um als Wasserbehälter zu dienen. Im 19. Jahrhundert wurden ganze Wagenladungen

von Moaskeletten von diesen Fundorten abtransportiert. Die Zahl
der Moaskelette an den bekannten Maoristätten wird auf 100 000
bis 500 000 geschätzt, also das Zehnfache der Zahl von Moas, die
zu irgendeinem Zeitpunkt auf Neuseeland gelebt haben dürften.
Das bedeutet, daß viele Generationen von Maoris die Moas abschlachteten.

Somit steht fest, daß die Maoris die Ausrotter der Moas waren.
Dies geschah wenigstens zum Teil, indem sie sie töteten, zum Teil,
indem sie Eier aus den Nestern stahlen, und zum Teil wahrscheinlich auch durch Abholzung der Wälder, die den Moas als Lebensraum dienten. Wer schon einmal die zerklüfteten Berge Neuseelands durchwandert hat, mag hier skeptisch werden. Man denke
nur an die Reiseposter neuseeländischer Fjordlandschaften mit ihren 3000 Meter tiefen, steilwandigen Schluchten, ihrer enormen
Niederschlagsmenge und den kalten Wintern. Selbst heute gelingt
es professionell vorgehenden Jägern trotz Ausrüstung mit Tele-
skopgewehren und Hubschraubern nicht so recht, den Hirschbe-
stand in diesen Bergen unter Kontrolle zu halten. Wie sollten da ein
paar Tausend Maoris auf Neuseelands Südinsel und der Stewart-
Insel, bewaffnet mit Steinäxten und Keulen und zu Fuß marschie-
rend, die letzten Moas zur Strecke gebracht haben?

Es gab zwischen Hirschen und Moas einen entscheidenden Unterschied. Erstere hatten Zehntausende von Generationen lang
gelernt, beim Herannahen von Menschen die Flucht zu ergreifen,
während Moas bis zur Ankunft der Maoris nie einen Menschen
erblickt hatten. Ähnlich wie heute die Tierarten der Galapagos-
Inseln waren die Moas wahrscheinlich zahm genug, um einen
Menschen auf Keulenweite herankommen zu lassen. Im Unterschied zu Hirschen war die Fortpflanzungsrate der Moas möglicherweise so niedrig, daß eine Handvoll Jäger, die alle paar Jahre
ein Tal aufsuchten, mehr von ihnen zur Strecke bringen konnten,
als neue heranwuchsen. Genau das geschieht jedenfalls in der Gegenwart mit dem größten noch lebenden neuguineischen Säugetier,
einem in den abgelegenen Bewani Mountains beheimateten Baumkänguruh. In von Menschen besiedelten Gebieten sind Baumkänguruhs unglaublich scheue, auf Bäumen lebende Nachttiere, deren
Jagd sehr viel schwieriger ist als einst die Jagd auf Moas. Trotz

alledem und obwohl nur eine geringe Zahl von Menschen in den
Bewani Mountains lebt, genügte die kumulative Wirkung gelegent-
licher Jagden – ein Besuch pro Tal alle paar Jahre –, um das
Baumkänguruh an den Rand des Aussterbens zu bringen. In Anbetracht dessen kann ich mir sehr gut vorstellen, wie es den Moas
ergangen sein muß.

Nicht nur Moas, sondern auch all die anderen ausgestorbenen
Vogelarten Neuseelands waren noch am Leben, als die Maoris an
Land gingen. Die meisten waren ein paar hundert Jahre später
verschwunden. Die größeren unter ihnen – Schwan und Pelikan,
flugunfähige Gans und Wasserhuhn – wurden gewiß als Nahrung
gejagt. Den Riesenadler dürften die Maoris hingegen in Notwehr
getötet haben. Was glauben Sie, was wohl geschah, als der auf zwei-
beinige, zwischen einem und drei Metern große Beutetiere spezia-
lisierte Adler die ersten 1,70 Meter großen Maoris zu Gesicht
bekam? Selbst heute wird gelegentlich davon berichtet, daß für die
Jagd abgerichtete mandschurische Adler ihre Dresseure töten; dabei sind die mandschurischen Adler Zwerge im Vergleich zu den
neuseeländischen Riesen, die bestens darauf vorbereitet waren,
Menschen anzugreifen.

Doch sicher erklärt weder Notwehr noch die Jagd zum Zweck
der Erbeutung von Nahrung das rasche Verschwinden von Neuseelands eigentümlichen Grillen, Schnecken, Zaunkönigen und Fledermäusen. Warum wurden so viele dieser Arten in ihrem gesamten Verbreitungsgebiet oder überall bis auf ein paar Inseln vor der
Küste ausgerottet?

Die Rodung der Wälder könnte manches erklären, doch der
Hauptgrund bestand darin, daß die Maoris, möglicherweise unbe-
absichtigt, einen weiteren Jäger mitbrachten – die Ratte! So wie die
Moas dem Menschen wehrlos ausgeliefert waren, da sie im Laufe
der Evolution keine Bekanntschaft mit ihm gemacht hatten, standen die kleinen Inselbewohner den Ratten wehrlos gegenüber. Wir
wissen, daß die von Europäern verbreiteten Rattenarten eine bedeutende Rolle bei der neuzeitlichen Ausrottung vieler Vogelarten
auf Hawaii und anderen zuvor rattenfreien Meeresinseln spielten.
Als beispielsweise 1962 endlich auch die Big South Cape Insel vor
Neuseeland von Ratten erreicht wurde, wüteten diese dort so sehr,

daß die Populationen von acht Vogelarten und einer Fledermausart binnen drei Jahren ausgerottet bzw. stark dezimiert waren. Das ist auch der Grund, warum so viele neuseeländische Arten heute nur noch auf rattenfreien Inseln vorkommen, den einzigen Orten, an denen sie überleben konnten, als die Rattenflut in Begleitung der Maoris das neuseeländische Festland überschwemmte.

Bei ihrer Landung fanden die Maoris eine intakte Tierwelt vor, deren Geschöpfe so fremdartig waren, daß wir sie für Ausgeburten der Phantasie eines Science-fiction-Autors halten würden, gäbe es keine Beweise ihrer Existenz in Form von Fossilien. Die Szene muß etwa so gewesen sein, wie wir sie bei einem Besuch auf einem anderen belebten Planeten erblicken würden. Innerhalb eines kurzen Zeitraums fiel ein großer Teil der Artengemeinschaft einem biologischen Holocaust zum Opfer. Ein weiterer Teil verschwand in einem zweiten Holocaust nach Ankunft der Europäer. Als Ergebnis hat Neuseeland heute nur noch rund die Hälfte der Vogelarten, welche die Maoris bei ihrer Ankunft begrüßten, wobei von den überlebenden heute viele entweder an der Schwelle des Aussterbens stehen oder auf bestimmte, von eingeführten Säugetieren weitgehend verschonte Inseln beschränkt sind. Wenige Jahrhunderte genügten also, um der Millionen von Jahren langen Geschichte der Moas ein Ende zu setzen.

Nicht nur auf Neuseeland, sondern auch auf allen anderen entlegenen Pazifikinseln fanden Archäologen in den letzten Jahren in Polynesien an den Stätten der ersten Siedler Skelette vieler inzwischen ausgestorbener Vögel, was auf einen Zusammenhang zwischen dem Aussterben von Vogelarten und der Besiedlung durch den Menschen hindeutet. Den Paläontologen Storrs Olson und Helen James von der amerikanischen *Smithsonian Institution* gelang es, auf jeder der Hauptinseln von Hawaii fossile Vogelarten zu identifizieren, die während der polynesischen Besiedlung, die um 500 n. Chr. begann, verschwunden waren. Darunter waren nicht nur kleine, mit noch lebenden Arten verwandte Zuckervögel, sondern auch seltsame flugunfähige Gänse und Ibisse ohne überlebende nahe Verwandte. Das Aussterben der hawaiischen Vögel nach Beginn der Besiedlung durch Europäer ist zwar weithin bekannt, doch von dieser früheren Welle des Artensterbens wußte man nichts, bevor Olton und James 1982 mit der Veröffentlichung ihrer Entdeckungen begannen. Heute sind nicht weniger als 50 Vogelarten bekannt, die schon vor der Ankunft Kapitän Cooks auf Hawaii ausgestorben waren – das entspricht fast einem Zehntel der auf dem nordamerikanischen Festland brütenden Vögel.

Das heißt nicht etwa, daß all diese hawaiischen Vogelarten von Jägern ausgerottet wurden. Wohl dürften Gänse ebenso wie die Moas durch Überjagen ausgestorben sein, doch kleinere Singvogelarten sind vermutlich eher den von den ersten Hawaiianern mitgebrachten Ratten oder der Waldrodung für landwirtschaftliche Zwecke zum Opfer gefallen. Ein ähnlicher Zusammenhang zwischen dem Aussterben von Vögeln und der Besiedlung durch Polynesier fand man auf Tahiti, Fidschi, Tonga, Neukaledonien, den Chatham-Inseln, den Cook-Inseln, den Salomon-Inseln und im Bismarckarchipel.

Eine besonders interessante Kollision von Vögeln und Polynesiern ereignete sich auf der extrem abgelegenen Henderson-Insel, die etwa 200 Kilometer östlich der Pitcairn-Insel aus dem Pazifik ragt. Letztere ist ja ebenfalls für ihre geographische Isolation bekannt. (Pitcairn ist so abgelegen, daß die Meuterer von der *Bounty* des Kapitän Bligh dort 18 Jahre lang Zuflucht fanden, bevor die Insel wiederentdeckt wurde.) Henderson ist eine völlig zerfurchte, von Dschungel bedeckte Koralleninsel, deren Eignung für die Landwirtschaft gleich null ist. Entsprechend hat sich dort niemand niedergelassen, seit Europäer die Insel 1606 erstmals erblickten. Henderson wird oft als einer der ursprünglichsten, von Menschen völlig unberührten Lebensräume angeführt.

Groß war deshalb die Überraschung, als Olson und sein Kollege David Steadman vor einiger Zeit die Skelette zweier großer Taubenarten, einer kleineren Taubenart und dreier Seevögelarten identifizierten, die auf Henderson irgendwann vor 500 bis 800 Jahren ausgestorben waren. Die gleichen sechs Arten oder enge Verwandte von ihnen waren bereits an archäologischen Fundstätten auf mehreren bewohnten polynesischen Inseln gefunden worden, auf denen klar war, wie sich die Ausrottung durch Menschen zugetragen haben könnte. Das Rätsel, wie Vögel auch auf einer unbesiedelten, scheinbar unbewohnbaren Insel wie Henderson von Menschen ausgerottet worden sein könnten, wurde durch die Entdeckung ehemaliger polynesischer Siedlungen mit Hunderten von Gebrauchsgegenständen, die bewiesen, daß auf der Insel mehrere hundert Jahre lang Polynesier gewohnt hatten, gelöst. Neben den Skeletten der sechs auf Henderson ausgerotteten Vogelarten fand man an den gleichen Orten die Skelette anderer, überlebender Vogelarten sowie eine große Zahl von Fischen.

Jene frühen polynesischen Bewohner Hendersons lebten offenbar hauptsächlich von Tauben, Seevögeln und Fischen, bis sie die Vogelpopulationen weitgehend dezimiert und sich somit um ihre Nahrungsgrundlage gebracht hatten, mit der Folge, daß sie entweder verhungern oder die Insel verlassen mußten. Es gibt im Pazifik mindestens elf weitere mysteriöse Inseln wie Henderson, die zur Zeit der Entdeckung durch Europäer unbewohnt waren, aber archäologische Anzeichen für eine frühere polynesische Besiedlung aufweisen. Manche von ihnen waren jahrhundertelang bewohnt, bevor ihre menschliche Population ausstarb oder über das Meer verschwand. In allen Fällen handelt es sich um kleine oder in anderer Hinsicht für die Landwirtschaft kaum geeignete Inseln, weshalb die Bewohner in hohem Maße auf Vögel und andere Tiere angewiesen waren. In Anbetracht der Fülle von Beweisen für eine Überausbeutung wilder Tierpopulationen durch frühe polynesische Bewohner dürften neben Henderson auch die anderen genannten Inseln Friedhöfe menschlicher Populationen darstellen, die ihre eigene Lebensgrundlage zerstört hatten.

Um nicht den Eindruck zu erwecken, die Polynesier seien als vorindustrielle Artenvernichter etwas Besonderes gewesen, machen wir jetzt einen Sprung auf die andere Seite des Globus nach Madagaskar, der viertgrößten Insel der Welt, die vor Afrika im Indischen Ozean liegt. Als portugiesische Entdeckungsreisende um 1500 n. Chr. dort aufkreuzten, fanden sie Madagaskar bereits von Menschen bewohnt vor, die wir heute Madagassen nennen. Aus geographischer Sicht hätte man erwartet, daß ihre Sprache mit den nur 300 Kilometer entfernt an der Küste Mosambiks gesprochenen afrikanischen Sprachen verwandt sein müßte. Doch erstaunlicher-

weise gehört sie zu einer Sprachfamilie der indonesischen Insel
Kalimantan auf der gegenüberliegenden Seite des Indischen Ozeans, Tausende von Kilometern im Nordosten. Die äußere Erscheinung der Madagassen reicht von typisch indonesisch bis typisch
ostafrikanisch. Beides erklärt sich dadurch, daß die Madagassen
vor 1000 bis 2000 Jahren im Gefolge indonesischer Händler eintrafen, die entlang der Küste des Indischen Ozeans nach Indien und
schließlich bis Ostafrika vordrangen. Auf Madagaskar errichteten
sie eine Gesellschaft, die auf der Zucht von Rindern, Ziegen und
Schweinen sowie auf Ackerbau und Fischfang basierte und durch
moslemische Händler in Kontakt mit Ostafrika stand.

Nicht weniger interessant als Madagaskars menschliche Bewohner
sind die Wildtiere, die dort vorkommen – und jene, die wir vermissen. Während auf dem nahen afrikanischen Festland eine Vielzahl
von Arten großer, auffälliger Tiere, die am Boden leben und tagaktiv sind, in riesiger Zahl vorkommen – wie Antilopen, Strauße,
Zebras, Paviane und Löwen, jene Anziehungspunkte des Tourismus in Ostafrika –, gibt und gab es in den letzten Jahrhunderten
keine diesen auch nur entfernt äquivalenten Tiere auf Madagaskar.
Dafür sorgten die 300 Kilometer Wasser, welche die Insel von
Afrika trennen, in gleicher Weise, wie das Meer verhinderte, daß
Australiens Beuteltiere nach Neuseeland gelangten. Statt dessen
leben auf Madagaskar zwei Dutzend Arten kleiner, affenartiger Primaten mit der Bezeichnung Lemuren, die höchstens zehn Kilo
wiegen, in Bäumen leben und in der Hauptsache nachtaktiv sind.
Daneben gibt es verschiedene Arten von Nagetieren, Fledermäusen, Insektenfressern und Verwandten des Mungos, doch auch von
diesen bringt es keiner auf mehr als zwölf Kilo Gewicht.

   Die Strände Madagaskars sind jedoch übersät mit Beweisen für
die einstige Existenz riesiger Vögel in Form unzähliger fußballgroßer Eierschalen. Nach und nach kamen neben den Skeletten der
Vögel, die diese Eier gelegt hatten, auch die einer stattlichen Zahl
verschwundener Großsäugetiere und Reptilien zum Vorschein. Bei
den Eierlegern handelte es sich um ein halbes Dutzend Arten flugunfähiger Vögel, die bis zu drei Meter groß und bis zu 500 Kilo
schwer waren, worin sie Moas und Straußen ähnelten. Sie waren

aber von mächtigerer Statur und werden deshalb als Elefantenvögel bezeichnet. Bei den Reptilien handelte es sich um zwei Arten von Riesenlandschildkröten mit Schilden von etwa einem Meter Länge, die, nach der Zahl der gefundenen Skelette zu urteilen, einmal sehr verbreitet gewesen sein müssen. Vielfältiger als Vögel und Reptilien war das Dutzend Arten von Lemuren, die alle mindestens so groß waren wie die größten überlebenden Lemurenarten und in manchen Fällen so groß wie Gorillas. Der geringe Augendurchmesser in den gefundenen Schädeln läßt vermuten, daß alle bzw. die meisten der ausgestorbenen Lemuren tag- und nicht nachtaktiv waren. Manche von ihnen lebten offenbar wie Paviane am Boden, während andere wie Orang-Utans und Koalabären in Bäumen turnten.

Als wäre all dies noch nicht genug, fand man auf Madagaskar auch Knochen eines ausgestorbenen »Zwerg«-Flußpferds von »nur« der Größe einer Kuh, eines Erdferkels und eines großen mungoverwandten Fleischfressers von der Gestalt eines Pumas, nur mit kürzeren Beinen. Nimmt man all diese ausgestorbenen Tiere zusammen, besaß Madagaskar einst die funktionalen Äquivalente jenes Großwilds, das Touristen heute in den afrikanischen Tierreservaten so fasziniert – ähnlich wie Neuseeland mit seinen Moas und anderen seltsamen Vogelarten. Die Landschildkröten, Elefantenvögel und Zwergflußpferde hätten als Pflanzenfresser den Platz von Antilopen und Zebras eingenommen, die Lemuren den der Paviane und großen Menschenaffen, und der mungoverwandte Fleischfresser hätte als Ersatz für einen Leoparden oder kleinen Löwen fungiert.

Was geschah nun mit all diesen großen, heute ausgestorbenen Säugetieren, Reptilien und Vögeln? Man kann davon ausgehen, daß wenigstens einige noch am Leben waren, als die ersten Madagassen eintrafen, die Eierschalen von Elefantenvögeln als Wasserbehälter benutzten und Knochen von Zwergflußpferden und anderen Tierarten auf Müllhaufen warfen. Zudem fand man Knochen all der anderen ausgestorbenen Arten an nur wenige tausend Jahre alten Fundstätten. Da sie zu jenem Zeitpunkt bereits eine jahrmillionenlange Geschichte hatten, ist kaum anzunehmen, daß sie aus weiser Voraussicht gerade im letzten Moment vor dem Auftauchen hungriger Menschen ihr Leben aushauchten. Vielmehr dürften einige Arten in entlegenen Teilen Madagaskars sogar noch bis zur Ankunft der Europäer überlebt haben, was zum Beispiel daraus zu entnehmen ist, daß im 17. Jahrhundert der französische Gouverneur Flacourt Berichte über ein Tier erwähnte, die auf den gorillagroßen Lemuren schließen lassen. Elefantenvögel mag es noch lange genug gegeben haben, um arabischen Händlern im Indischen Ozean zu Gesicht zu kommen, woraus möglicherweise die Beschreibung des Rok (eines Riesenvogels) im Märchen von Sindbad dem Seefahrer hervorging.

Von Madagaskars verschwundenem Großwild wurden mit Sicherheit manche und wahrscheinlich sogar alle Arten von den frühen Madagassen ausgerottet. Warum die Elefantenvögel ausstarben, ist leicht zu verstehen, lieferten ihre Eierschalen doch höchst praktische Kanister. Auch wenn die Madagassen Hirten und Fischer waren und keine Großwildjäger, gaben die anderen Großtiere doch leichte Beute ab, da sie noch nie Menschen erblickt hatten. Wahrscheinlich waren sie wie Neuseelands Moas so zahm wie antarktische Pinguine und andere Geschöpfe, deren Evolution in Abwesenheit des Menschen erfolgt war. Ein hungriger Madagasse konnte direkt auf diese zahmen Tiere zugehen, sie mit einer Keule erschlagen und sich so eine schnelle Mahlzeit verschaffen. Darin dürfte der Grund liegen, warum die leicht zu entdeckenden, leicht zu fangenden Lemuren, deren Größe den Aufwand lohnte – nämlich die großen, tagaktiven, terrestrischen Arten – alle ausstarben, während die kleineren, nachtaktiven, in Bäumen wohnenden überlebten.

Ungewollt töteten die Madagassen jedoch wahrscheinlich noch viel mehr Großwild als durch die Jagd. Zur Waldrodung und zur Förderung des Graswachstums im Jahresrhythmus gelegte Brände zerstörten Lebensräume, auf welche die Tiere angewiesen waren. Weidende Rinder und Ziegen trugen das ihre zur Veränderung von Lebensräumen bei und waren darüber hinaus direkte Nahrungskonkurrenten weidender Landschildkröten und Elefantenvögel. Eingeführte Hunde und Schweine machten Jagd auf am Boden lebende Tiere, deren Junge und Eier. Als die Portugiesen Madagaskar erreichten, waren von dem einst so häufigen Elefantenvogel nur

noch Eierschalen an den Stränden, Skelette im Erdreich und vage
Erinnerungen an Roks übriggeblieben.

Madagaskar und Polynesien liefern nur besonders gut dokumentierte Beispiele für die Wellen des Artensterbens, die sich wahrscheinlich auf allen größeren, schon vor der Ausbreitung der
Europäer in den letzten 500 Jahren von Menschen besiedelten Inseln abspielten. Wie auf Neuseeland und Madagaskar gab es auf
allen diesen Inseln, wo die Evolution des Lebens in Abwesenheit
des Menschen erfolgte, einzigartige Großwildarten, die moderne
Zoologen nie lebend zu Gesicht bekamen. Mittelmeerinseln wie
Kreta und Zypern beheimateten Zwergflußpferde und Riesen-
schildkröten (wie Madagaskar) ebenso wie Zwergelefanten und
Zwerghirsche. Auf den Westindischen Inseln verschwanden Affen,
Bodenfaultiere, ein bärengroßes Nagetier und Eulen verschiedener
Größe von normal bis riesig. Es erscheint mehr als denkbar, daß
diese großen Vögel, Säugetiere und Schildkröten ebenfalls den ersten mediterranen Völkern bzw. Indianern, die den Weg zu ihnen
fanden, weichen mußten. Auf allen Meeresinseln zusammen starben wohl mehrere tausend Arten aus, zu denen neben Vögeln auch
Säugetiere, Eidechsen, Frösche, Schnecken und selbst größere Insekten zählten. Olsen beschreibt dieses insulare Artensterben als
»eine der abruptesten« und gründlichsten biologischen Katastrophen der Geschichte«. Daß Menschen dafür die Ursache waren,
werden wir allerdings erst dann sicher wissen, wenn die Knochen
der letzten Tiere und die Überreste der ersten Menschen noch auf
weiteren Inseln exakt datiert worden sind, so wie in Polynesien und
Madagaskar.

Neben diesen vorindustriellen insularen Ausrottungswellen
könnten zahlreiche Arten in fernerer Vergangenheit auch Opfer
festländischer Ausrottungswellen geworden sein. Vor rund 11000
Jahren, ungefähr zur gleichen Zeit, als die Vorfahren der Indianer
in der Neuen Welt eintrafen, starben die meisten größeren Säugetierarten in ganz Nord- und Südamerika aus, darunter so unterschiedliche Arten wie Löwen, Pferde, Riesengürteltiere, Mammute
und Säbelzahnkatzen. Es wird seit langem heftig darüber gestritten, ob diese Großsäugetiere von indianischen Jägern erledigt

wurden oder ob sie nur zufällig zur gleichen Zeit den Folgen eines
Klimawandels erlagen. Ich erläutere im nächsten Kapitel, warum
nach meiner Ansicht die Jäger die Ursache waren. Es ist jedoch viel
schwerer, Zeitpunkte und Ursachen von Ereignissen nachzuweisen, die sich vor rund 11 000 Jahren abspielten, als von Ereignissen
der jüngeren Vergangenheit, wie der Kollision von Maoris und
Moas in den letzten tausend Jahren. Ähnlich verlor auch Australien innerhalb der letzten 50 000 Jahre die meisten seiner Großsäu-
gerarten *und* wurde von den Vorfahren der heutigen Aborigines
besiedelt, doch wir wissen noch nicht, ob das eine das andere verursachte. Mit ziemlich großer Sicherheit wissen wir mithin erst,
daß die ersten auf Inseln eintreffenden vorindustriellen Völker unter den dort angetroffenen Arten schwere Verwüstungen anrichteten; ob dies auch auf dem Festland geschah, bedarf noch weiterer
Untersuchungen.

Nach all diesen Erkenntnissen darüber, daß das Goldene Zeitalter
durch die Ausrottung von Arten getrübt war, wollen wir uns jetzt
mit der Zerstörung von Lebensräumen beschäftigen. Drei extreme
Beispiele, die Archäologen Rätsel aufgeben, sind die riesigen Stein-
büsten der Osterinsel, die verlassenen *Pueblos* im amerikanischen
Südwesten und die Ruinen von Petra.

Eine geheimnisvolle Aura hat die Osterinsel stets umgeben, seit
sie und ihre polynesischen Bewohner 1722 von dem Niederländer
Jakob Roggeveen »entdeckt« wurden. Mit ihrer Lage 3600 Kilometer westlich von Chile im Pazifischen Ozean übertrifft die Osterinsel selbst Henderson in puncto Abgelegenheit. Hunderte bis zu 85
Tonnen schwerer, bis zu 12 Meter hoher Büsten wurden aus vulka-
nischen Steinbrüchen gehauen, mehrere Kilometer weit transportiert, aufgerichtet und auf Sockel gestellt, und das alles von
Menschen, die weder Metall noch das Rad kannten und als einzige
Energiequelle Muskelkraft besaßen. Weitere Büsten blieben unvoll-
endet in den Steinbrüchen oder liegen fertig, aber verlassen, in dem
Gebiet zwischen den Steinbrüchen und den Sockeln. Der heutige
Anblick vermittelt den Eindruck, Steinhauer und Transportmann-
schaften hätten plötzlich alles stehen und liegen lassen und seien
fortgegangen, eine unheimliche Stille hinter sich zurücklassend.

Bei Roggeveens Ankunft standen noch viele der Büsten, wenngleich auch keine neuen mehr gehauen wurden. Bis 1840 hatten die Osterinsulaner dann selbst alle Büsten von den Sockeln gekippt. Doch wie waren solche gewaltigen Büsten überhaupt transportiert und aufgestellt worden, warum kippte man sie später um und warum war die Schaffung neuer eingestellt worden?

Die erste dieser Fragen fand eine Antwort, als lebende Osterinsulaner Thor Heyerdahl vorführten, wie ihre Vorfahren Baumstämme als Rollen zum Transport der Büsten und als Hebel bei ihrer Aufrichtung verwendet hatten. Die anderen Fragen wurden durch spätere archäologische und paläontologische Untersuchungen beantwortet, welche die schauerliche Geschichte der Osterinsel ans Licht brachten. Als Polynesier um 400 n. Chr. mit der Besiedlung der Osterinsel begannen, war diese noch von Wald bedeckt, der nach und nach gerodet wurde, damit Gärten angelegt und Baumstämme für den Bau von Kanus und die Aufrichtung von Büsten gewonnen werden konnten. Um 1500 n. Chr. war die Bevölkerung auf 7000 angewachsen (das entspricht mehr als 50 Einwohnern pro Quadratkilometer), und es waren etwa tausend Büsten gehauen und mindestens 324 aufgestellt worden. Doch im Zuge dieser Entwicklung war der Wald so gründlich vernichtet worden, daß am Ende kein einziger Baum mehr stand.

Eine unmittelbare Folge dieser hausgemachten Ökokatastrophe bestand darin, daß die Insulaner keine Baumstämme mehr für den Transport und die Aufrichtung der Büsten besaßen, so daß deren Anfertigung zum Erliegen kam. Doch die Entwaldung hatte noch zwei weitere Konsequenzen, die indirekt zur Hungersnot führten, und zwar zum einen zunehmende Bodenerosion mit der Folge sinkender Ernteerträge und zum anderen die Verringerung des zum Kanubau verfügbaren Holzes mit der Folge, daß weniger Fisch und somit Protein angelandet werden konnte. Unter diesen geänderten Bedingungen war die Bevölkerung jetzt für die Insel zu groß, und die Gesellschaft der Osterinsel brach in einem Holocaust von vernichtenden Kriegen und Kannibalismus zusammen. Eine Kriegerkaste übernahm die Macht. Speerspitzen, in Unmengen hergestellt, lagen nun überall in der Landschaft. Die Besiegten wurden verspeist oder versklavt. Rivalisierende Klans stürzten die Büsten der jeweils anderen Gruppe um. Und viele Menschen nahmen Zuflucht in Höhlen. So verkam die einst überreich gesegnete Insel mit einer der erstaunlichsten Kulturen der Welt zu dem, was sie heute ist: ein karges, mit gefallenen Büsten übersätes Grasland, das weniger als ein Drittel seiner einstigen Bevölkerung ernährt.

Unser zweites Beispiel der Zerstörung natürlicher Lebensräume vor Anbruch des Industriezeitalters handelt vom Untergang einer der hochentwickeltsten Indianerkulturen Nordamerikas. Als spanische Entdecker in den Südwesten der heutigen USA vordrangen, stießen sie auf riesige, vielstöckige Wohneinheiten (*Pueblos*), die unbewohnt inmitten baumloser Wüste standen. Mit 650 Räumen in fünf Stockwerken, einer Länge von 204 Metern und einer Breite von 96 Metern war beispielsweise das Pueblo vom *Chaco Canyon National Monument* in New Mexico eines der größten in Nordamerika je errichteten Gebäude, das erst Ende des 19. Jahrhunderts von modernen Wolkenkratzern übertroffen wurde. In der Gegend lebende Navajo-Indianer kennen die verschwundenen Baumeister nur noch als »Anasazi«, was soviel heißt wie »die Alten«.

Archäologen fanden später heraus, daß mit dem Bau der Chaco-Pueblos kurz nach 900 n. Chr. begonnen wurde und daß seine Bewohner im 12. Jahrhundert ausgezogen waren. Warum hatten die Anasazi ihre Stadt aber ausgerechnet in diesem Ödland errichtet? Woher hatten sie Brennholz bzw. die fast fünf Meter langen hölzernen Deckenbalken (200 000 Stück!) genommen? Und warum gaben sie dann auf, was sie mit so großer Mühe erbaut hatten?

Aus herkömmlicher Sicht war die Aufgabe von Chaco Canyon Folge einer Dürre, was an die Auffassung erinnert, Madagaskars Elefantenvögel und Neuseelands Moas seien aufgrund eines natürlichen Klimawandels ausgestorben. Eine ganz andere Interpretation ergibt sich jedoch aus der Arbeit der Paläobotaniker Julio Betancourt, Thomas Van Devender und ihrer Kollegen, die mit Hilfe einer raffinierten Technik die Veränderungen entschlüsselten, die sich in der Vegetation des Chaco im Laufe der Zeit abgespielt hatten. Den Kern ihrer Untersuchungsmethode bildeten Packratten, kleine Nagetiere, die Pflanzenteile und andere zusammengetragene Substanzen an geschützten Stellen in kleinen Haufen aufbewahren, die gewöhnlich nach 50 oder 100 Jahren aufgegeben werden, unter den klimatischen Bedingungen der Wüste jedoch gut erhalten bleiben. Noch Jahrhunderte später lassen sich die Pflanzen identifizieren und mit Hilfe der Radiokarbonmethode datieren. Dadurch ist jeder Haufen eine Art Zeitkapsel der lokalen Vegetation.

Mit ihrer Methode gelang es Betancourt und Van Devender, folgenden Hergang zu rekonstruieren: Zur Zeit ihrer Errichtung waren die Chaco-Pueblos nicht von karger Wüste umgeben, sondern von aufgelockertem Waldland; auch ein Kiefernwald stand in der Nähe. Diese Entdeckung löste auf einen Schlag das Rätsel der Herkunft von Brenn- und Bauholz und klärte den scheinbaren Widerspruch, daß inmitten einer Wüste eine hochentwickelte Zivilisation entstanden sein sollte. Nach und nach wurden die Waldbestände jedoch abgeholzt, so daß nur baumloses Ödland zurückblieb, wie wir es heute kennen. Die Indianer mußten über 15 Kilometer marschieren, um Brennholz aufzutreiben, und über 40 Kilometer, um Kiefernstämme zu finden. Als die Kiefernwälder ganz abgeschlagen waren, legten sie ein umfangreiches Straßennetz an, um Fichten und Föhren von über 80 Kilometer entfernten Berghängen allein mit Muskelkraft herbeizuschaffen. Die Anasazi hatten zudem Methoden ausgeklügelt, in trockener Umgebung Landwirtschaft zu betreiben, indem sie Bewässerungssysteme anlegten und das vorhandene Wasser in Talböden zusammenführten. Während die Entwaldung zu immer stärkerer Erosion und zunehmendem Oberflächenablauf des Wassers führte und die Bewässerungskanäle sich immer tiefer in den Boden gruben, sank der Wasserspiegel schließlich unter die Höhe der Felder, so daß die weitere Bewässerung ohne Pumpen unmöglich wurde. Während also Dürre einen gewissen Beitrag zur Aufgabe des Chaco Canyon durch die Anasazi geleistet haben mag, war eine selbstverursachte Ökokatastrophe mindestens auch ein wichtiger Faktor.

Unser letztes Beispiel für die Zerstörung natürlicher Lebensräume in vorindustrieller Zeit wirft ein Licht auf die geographische Verlagerung der Machtzentren antiker westlicher Zivilisationen. Wie Sie sicher wissen, lag das früheste Zentrum von Macht und Innovation im Nahen Osten, der Ursprungsregion einer großen Zahl entscheidender Neuerungen – Landwirtschaft, Domestikation von Tieren, Schrift, Staatenbildung, Streitwagen usw. Die bedeutendsten Reiche waren die der Assyrer, Babylonier und Perser, zuweilen auch der Ägypter und Türken; immer jedoch lagen sie im Nahen Osten oder angrenzenden Regionen. Mit dem Sieg Alexanders des Großen über das Persische Reich verlagerte sich die Macht westwärts, erst nach Griechenland, dann nach Rom und später nach West- und Nordeuropa. Wie kam es, daß der Nahe Osten, Griechenland und Rom Zug um Zug die Vorherrschaft einbüßten? (Die derzeitige Bedeutung des Nahen Ostens, die ja allein auf dem Öl beruht, unterstreicht nur die heutige Schwäche dieser Region in anderer Hinsicht.) Warum zählen zu den modernen Supermächten die USA und Rußland, Deutschland und England, Japan und China, nicht aber Griechenland und Persien?

Die geographische Machtverschiebung war zu umfangreich und nachhaltig, um Sache des Zufalls gewesen sein zu können. Einer plausiblen Hypothese zufolge zerstörte jedes dieser antiken Zivilisationszentren die eigene natürliche Existenzgrundlage. Der Nahe Osten und der Mittelmeerraum waren nicht schon immer so erosionsgeschädigte Landschaften wie heute. In der Antike war ein Großteil dieses Gebietes ein reiches Mosaik aus bewaldeten Hügeln und fruchtbaren Tälern. Jahrtausendelange Abholzung, Überweidung, Erosion und Versandung der Täler verwandelten dieses Kernland der westlichen Zivilisation in jene relativ trockene, karge, unfruchtbare Landschaft, die dort heute vorherrscht. Archäologische Untersuchungen ergaben, daß im antiken Griechenland auf Phasen der Bevölkerungszunahme mehrmals ein abrupter Rückgang der Bevölkerungszahl und die Aufgabe von Siedlungen folgte. In den Wachstumsphasen wurde die Landschaft anfangs durch Dämme und terrassierte Berghänge geschützt, bis die Abholzung der Wälder, die Rodung steiler Berghänge durch Bauern, die Überweidung durch zu große Viehherden und die Feldbestellung in zu kurzen Abständen für das Ökosystem zuviel wurden. Das Ergebnis war jedesmal eine massive Erosion der Berge, die Überflutung der Täler und der Zusammenbruch örtlicher Gemeinwesen. Einer dieser Fälle ereignete sich gleichzeitig mit dem rätselhaften Untergang

der berühmten mykenischen Kultur, der Griechenland für Jahrhunderte in ein dunkles Zeitalter zurückwarf, und war womöglich
dessen Ursache.

Die Annahme von Umweltzerstörungen durch antike Zivilisationen beruht auf zeitgenössischen Schilderungen und archäologischen Funden, doch ein paar Photoserien wären aussagekräftiger
als alles andere. Besäßen wir Schnappschüsse der gleichen griechischen Berghänge, aufgenommen in Abständen von 1000 Jahren, so
könnten wir Pflanzenarten identifizieren, die Vegetationsdecke ver-
messen und den Wechsel von Wald zu ziegenresistentem Strauch-
werk genau nachvollziehen. Auf die Weise ließe sich das Ausmaß
der Umweltzerstörung quantitativ erfassen.

Wieder erweisen sich kleine Tiere als unsere Helfer. Im Nahen
Osten gab es zwar keine Packratten, dafür aber kaninchengroße,
murmeltierartige Tiere mit der Bezeichnung Klippschliefer, die
ähnliche Haufen anlegen wie Packratten. (Erstaunlicherweise sind
Elefanten wahrscheinlich die nächsten lebenden Verwandten der
Klippschliefer.) Drei Wissenschaftler aus Arizona – Patricia Fall,
Cynthia Lindquist und Steven Falconer – untersuchten in Jorda-
niens berühmter verschollener Stadt Petra, die das Paradox der
westlichen Zivilisation der Antike versinnbildlicht, Klippschlieferhaufen. Besonders bekannt ist Petra heute bei Fans von Steven
Spielberg und George Lucas, in deren Film *Indiana Jones und der
letzte Kreuzzug* Sean Connery und Harrison Ford auf der Suche nach
dem Heiligen Gral in Petras faszinierenden Felsgruften und Tem-
peln inmitten der Wüste zu sehen sind. Jeder, der diese Szenen
betrachtet, muß sich fragen, wie eine so reiche Stadt in einer so
trostlosen Landschaft entstehen und existieren konnte. Unweit von
Petra gab es sogar schon vor 9000 Jahren ein neolithisches Dorf,
und Ackerbau und Viehzucht traten nicht viel später auf den Plan.
Als Hauptstadt des nabatäischen Königreiches gelangte Petra, ein
Zentrum des Handels zwischen Europa, Arabien und dem Orient,
zu voller Blüte. Unter römischer und später byzantinischer Herr-
schaft wurde die Stadt noch größer und reicher. Dennoch wurde
Petra aufgegeben und fiel so gründlich in Vergessenheit, daß die
Ruinen erst 1812 wiederentdeckt wurden. Was waren die
Gründe?

In jedem der Klippschlieferhaufen in Petra fand man Überreste
von bis zu 100 Pflanzenarten, woraus die Verhältnisse zu Lebzeiten
der Haufenanleger durch Vergleichen der damaligen Pollenanteile
mit denen in heutigen Lebensräumen abgeleitet werden konnten.
Auf diese Weise wurde folgender Verlauf des Niedergangs von Petras Umwelt rekonstruiert:

Petra liegt in einem Gebiet mit trockenem mediterranem Klima,
das sich nicht sehr von dem in den bewaldeten Bergen hinter meinem Haus in Los Angeles unterscheidet. Die ursprüngliche Vegeta-
tionsform dürfte ein von Eichen und Pistazien beherrschtes
Waldland gewesen sein. Als die Zeiten von Rom und Byzanz an-
brachen, waren die meisten Bäume bereits gefällt, und die Umgebung trug den Charakter einer offenen Steppenlandschaft, was
darin Ausdruck fand, daß nur 18 Prozent der Pollen aus den Klippschlieferhaufen von Bäumen stammten, der Rest von niedrigwach-
senden Pflanzen (zum Vergleich: Der Baumanteil beträgt in
heutigen Wäldern am Mittelmeer 40 bis 85 Prozent und in Baum-
steppen 18 Prozent). Bis 900 n. Chr., also ein paar hundert Jahre
nach dem Ende byzantinischer Herrschaft über die Region, in der
Petra liegt, waren zwei Drittel der verbliebenen Bäume verschwunden. Selbst Sträucher, Kräuter und Gräser waren auf dem Rück-
zug, so daß sich die Landschaft allmählich in jene Wüste verwan-
delte, die wir heute kennen. Den noch verbliebenen Bäumen fehlen
oft die unteren Äste, oder sie wachsen vereinzelt an steilen, vor
Ziegen sicheren Klippen oder in eingezäunten Gehölzen.

Vergleicht man diese aus Klippschlieferhaufen gewonnenen Informationen mit archäologischen Erkenntnissen und Angaben aus
der Literatur, kommt man zu folgender Interpretation: Die Haupt-
triebkräfte hinter der Entwaldung waren seit der Jungsteinzeit bis
zur Römerzeit die Rodung von Land für den Ackerbau, das Weiden
von Schafen und Ziegen, die Brennholzsuche und der Hausbau.
Schon jungsteinzeitliche Häuser wurden nicht nur von massivem
Holzwerk getragen, sondern es wurden darüber hinaus bis zu 13
Tonnen Brennholz pro Haus für die Herstellung des Mörtels für
Wände und Boden verbraucht. Durch die spätere Bevölkerungsex-
plosion beschleunigte sich das Tempo der Waldzerstörung und
Überweidung noch weiter. Umfangreiche Netze von Kanälen,

Rohrleitungen und Zisternen wurden benötigt, um Wasser für die Obstgärten und die Stadt selbst zu sammeln und zu speichern.

Nach dem Zusammenbruch der byzantinischen Herrschaft wurden die Obstgärten aufgegeben, und die Bevölkerungszahl ging schlagartig zurück. Doch die Überforderung der Umwelt dauerte an, da die verbliebenen Einwohner nun zu intensiver Weidewirtschaft übergingen. Die unersättlichen Ziegen begannen, sich ihren Weg durch Sträucher, Kräuter und Gräser zu bahnen. Die ottomanischen Herrscher dezimierten die restlichen Waldbestände vor dem Ersten Weltkrieg, um das zum Bau der Hedschasbahn benötigte Holz zu erlangen. Wie viele Kinogänger erschauerte auch ich bei der Szene, als arabische Freischärler unter ihrem Anführer Lawrence von Arabien (Peter O'Toole) diese Bahnlinie in die Luft jagten. Was wir dabei nicht erkannten, war, daß wir gerade, auf Breitleinwand und in Technicolor, Zeugen des letzten Akts der Zerstörung der Wälder von Petra geworden waren.

Der trostlose Anblick der Landschaft rund um Petra versinnbildlicht das, was auch in den übrigen Gebieten geschah, die wir als Wiege der westlichen Zivilisation bezeichnen. Die heutige Umgebung von Petra wäre ebensowenig in der Lage, eine Stadt zu ernähren, die einst die Haupthandelsrouten beherrschte, wie die Umgebung von Persepolis die Hauptstadt einer Supermacht wie des einstigen Persischen Reiches ernähren könnte. Die Ruinen dieser Städte wie auch der von Athen und Rom erinnern als steinerne Zeugen an Staaten, die sich der eigenen Existenzgrundlage beraubten. Es waren aber nicht nur westliche Zivilisationen, die ökologischen Selbstmord begingen. Der Untergang der Zivilisation der alten Mayas in Mittelamerika und der Harappakultur im Industal sind weitere Fälle, in denen ein von der Umwelt nicht mehr verkraftetes Bevölkerungswachstum offensichtlich zur Ökokatastrophe führte. Während im Geschichtsunterricht oft von Königen und barbarischen Eindringlingen die Rede ist, dürften Entwaldung und Erosion im Endeffekt den größeren Einfluß auf den Fortgang der Geschichte genommen haben.

Dies sind nur einige der neueren Entdeckungen, die ein vermeintliches Goldenes Zeitalter des Umweltschutzes mehr und mehr wie eine Legende anmuten lassen. Ich möchte jetzt auf die anfangs aufgeworfenen umfassenderen Fragestellungen zurückkommen. Wie lassen sich erstens diese Erkenntnisse über Umweltzerstörung mit Berichten über die von zahlreichen vorindustriellen Völkern bekannten umweltschonenden Praktiken in Einklang bringen? Offenbar sind ja auch weder alle Arten ausgerottet noch alle Lebensräume zerstört worden, so daß das Goldene Zeitalter nicht ganz so finster gewesen sein kann.

Ich schlage folgende Lösung dieses scheinbaren Widerspruchs vor: Es stimmt, daß egalitäre Gesellschaften mit langer Geschichte zur Entwicklung umweltschonender Praktiken neigen, da sie viel Zeit zum Vertrautwerden mit ihrer lokalen Umwelt und zur Erkenntnis der eigenen Interessenlage hatten. Zerstörungen werden hingegen dort angerichtet, wo Menschen plötzlich eine unbekannte Umwelt in Besitz nehmen (wie die ersten Maoris und Osterinsulaner) oder wenn Menschen immer weiter und tiefer in Neuland vordringen (wie die ersten Indianer in Amerika), so daß sie nach Verwüstung einer Region einfach die Grenze weiter vorschieben können, oder wenn Menschen in den Besitz einer neuen Technologie geraten, deren Zerstörungskraft sie nicht recht begreifen, da sie noch nicht genügend Zeit dazu hatten (wie heutige Neuguineer, die Taubenpopulationen mit Schrotflinten dezimieren). Groß ist die Wahrscheinlichkeit schwerer Umweltschäden auch in zentralistischen Staatsgebilden, in denen der meiste Reichtum in den Händen von Herrschern konzentriert ist, die keine Fühlung mit der Umwelt haben. Manche Arten und Lebensräume sind zudem besonders anfällig – zum Beispiel flugunfähige Vögel, die wie Moas und Elefantenvögel noch nie Menschen gesehen hatten, bzw. jene trockenen, empfindlichen Landschaften, in denen die westliche Zivilisation und die der Anasazi entstand.

Lassen sich zweitens aus diesen neueren archäologischen Entdeckungen praktische Schlüsse ableiten? Die Archäologie wird häufig als akademische Disziplin ohne gesellschaftliche Relevanz angesehen, die als erste betroffen ist, wenn das Geld mal wieder knapp wird. Doch in Wirklichkeit stellt die archäologische Forschung eines der nützlichsten Hilfsmittel staatlicher Planer dar. Überall auf der Welt werden Entwicklungen in Gang gesetzt, die irreversiblen Schaden anrichten können. Und im Grunde handelt es sich meist nur um mächtigere Versionen von Ideen, die in der Vergangenheit schon erprobt worden sind. Welches Land kann es sich schon leisten, in fünf Gebieten jeweils unterschiedliche Entwicklungen zu inszenieren, um dann zu sehen, welche vier auf der Strecke bleiben? Langfristig kommt es uns viel billiger zu stehen, wenn wir Archäologen damit beauftragen herauszufinden, was beim letzten Mal geschah, als wenn wir die gleichen Fehler wiederholen.

Ich will nur ein Beispiel nennen. Im amerikanischen Südwesten gibt es über 250 000 Quadratkilometer Pinien- und Lärchenwälder, die heute verstärkt zur Brennholzgewinnung genutzt werden. Leider verfügt der US Forest Service über wenig Daten zur Berechnung des Holzschlags, der dem Tempo des Nachwachsens angemessen wäre. Dabei unternahmen die Anasazi ungewollt das gleiche Experiment und verkalkulierten sich, mit der Folge, daß sich das Waldland des Chaco Canyon nach über 800 Jahren noch nicht davon erholt hat. Die Beauftragung von ein paar Archäologen mit der Rekonstruktion des Brennholzverbrauchs der Anasazi wäre sicher billiger als die Begehung des gleichen Fehlers mit der Folge der Zugrunderichtung von 250 000 Quadratkilometern Fläche, die nun in Aussicht steht.

Wenden wir uns nun der schwersten Frage zu. Für Umweltschützer gelten heute Menschen, die Arten ausrotten und Lebensräume zerstören, als Bösewichte. Von den Industriegesellschaften wurde kaum eine Gelegenheit zur Verunglimpfung vorindustrieller Völker ausgelassen, um ihre Tötung und die Inbesitznahme ihres Landes zu rechtfertigen. Handelt es sich nun bei den angeblich neuen Erkenntnissen über Moas und die Vegetation im Chaco Canyon nicht bloß um pseudowissenschaftlichen Rassismus, der im Grunde nur sagen will, daß Maoris und Indianer keine faire Behandlung verdienen, da sie selbst schlecht waren?

Wir müssen uns vergegenwärtigen, daß es für Menschen schon immer schwer war zu erkennen, in welchem Ausmaß biologische Ressourcen auf die Dauer nutzbar sind, ohne sie zu erschöpfen. Ein signifikanter Rückgang läßt sich oft kaum von normalen jährlichen Schwankungen unterscheiden. Noch schwerer ist das Tempo zu be-

stimmen, in welchem neue Ressourcen heranwachsen. Wenn die
Zeichen erst so deutlich sind, daß sie jeder begreift, mag es für die
Rettung von Arten oder Lebensräumen schon zu spät sein. Vorindustrielle Völker, denen die Erhaltung ihrer Ressourcen mißlang,
ist deshalb kein Vorwurf zu machen; vielmehr versagten sie bei der
Lösung eines tatsächlich schwierigen ökologischen Problems. Tra-
gisch war dies vor allem deshalb, weil sie sich selbst der Möglichkeit zur Fortsetzung ihrer Lebensweise beraubten.

Zum Sünder wird nur, wer es hätte besser wissen müssen. So
gesehen bestehen zwei große Unterschiede zwischen uns und den
Anasazi-Indianern des 11. Jahrhunderts – wissenschaftliches Verständnis und die Fähigkeit zum Lesen und Schreiben. Im Gegensatz zu ihnen sind wir in der Lage, die Größe einer Ressourcen-
population in Abhängigkeit vom Nutzungstempo darzustellen und
über Ökokatastrophen der Vergangenheit nachzulesen. Dennoch
geht unsere Generation weiter unbeirrt auf Walfang und rodet tropische Regenwälder, so als wären nie Moas ausgerottet oder Pi-
nien- und Lärchenwälder abgeholzt worden. War die Vergangenheit ein Goldenes Zeitalter der Unwissenheit, so ist die Gegenwart
ein Eisernes Zeitalter vorsätzlicher Blindheit.

Aus dieser Sicht ist es gänzlich unverständlich, wie moderne Gesellschaften den selbstmörderischen Umgang mit der Natur mit
noch mächtigeren Werkzeugen der Zerstörung in den Händen einer
viel größeren Zahl von Menschen fortsetzen. Es ist gerade so, als sei
der gleiche Film nicht schon etliche Male in der Geschichte der
Menschheit gelaufen und als würden wir sein unweigerliches Ende
nicht kennen. Shelleys Gedicht »Ozymandias« weckt die Erinnerung an Persepolis, Tikal und die Osterinsel. Vielleicht wird es
eines Tages bei anderen die Erinnerung an die Ruinen unserer
eigenen Zivilisation wachrufen.

Ein Mann berichtete aus mythischem Land
Zwei Riesenbeine, rumpflos, steingehauen
Stehn in der Wüste. Nahebei im Sand
Zertrümmert, halbversunken, liegt mit rauhen
Lippen voll Hohn ein Antlitz macht-gewöhnt,
Voll Leidenschaften, die bestehn; es sagt:

Der Bildner, der es prägte, wußte dies,
Wes Herz und Hand sie speiste und verhöhnt.

Und auf dem Sockel eingemeißelt lies:
»Ich bin Ozymandias, Herr der Herrn.
Schaut, was ich schuf, Ihr Mächtigen, und verzagt!«
Nichts bleibt. Um den Verfall her riesengroß
Des mächtigen Steinwracks öd und grenzenlos.
Dehnt sich die leere Wüste nah und fern.*

* Shelley, Percy Busshe: Gedichte. Deutsch von Alexander von Bernus, Walter
Schmiele (u.a.), Schneider, Heidelberg 1958.

KAPITEL 18

Blitzkrieg und Thanksgiving
in der Neuen Welt

In den USA sind zwei Nationalfeiertage, *Columbus Day* und *Thanksgiving Day*, der Erinnerung an dramatische Augenblicke bei der »Entdeckung« der Neuen Welt durch Europäer gewidmet. Mit keinem einzigen Feiertag wird hingegen der sehr viel früheren, wirklichen Entdeckung durch Indianer gedacht. Archäologische Funde lassen jedoch darauf schließen, daß jene frühere Entdeckung die Abenteuer des Christoph Kolumbus und der Pilgerväter an Dramatik weit übertraf. Innerhalb von vielleicht nicht mehr als tausend Jahren, nachdem ein Weg über eine arktische Eisverbindung gefunden und die heutige Grenze zwischen den USA und Kanada überschritten war, drangen die Indianer bis zur Südspitze Patagoniens vor und besiedelten zwei fruchtbare neue Kontinente. Dieser Vormarsch nach Süden stellte die gewaltigste geographische Expansion in der Geschichte des *Homo sapiens* dar. Nichts auch nur annähernd Vergleichbares kann sich auf unserem Planeten je wiederholen.

Ein trauriges Geschehen begleitete das Vorrücken der Indianer gen Süden. Bei ihrer Ankunft wimmelte es in Amerika von heute ausgestorbenen Großsäugetieren. Es gab elefantenartige Mammute und Mastodonten, bis zu drei Tonnen schwere Bodenfaultiere, gürteltierartige Glyptodonten von bis zu einer Tonne Gewicht, bärengroße Biber und Säbelzahnkatzen sowie amerikanische Löwen, Geparden, Kamele, Pferde und viele andere Arten. Hätten diese überlebt, könnten die Besucher des Yellowstone-Nationalparks heute neben Bären und Büffeln auch Mammute und Löwen bestaunen. Die Frage, was beim Zusammentreffen von Jägern und jenen Wildtieren geschah, ist unter Archäologen und Paläontologen noch immer sehr umstritten. Mir erscheint die Hypothese am plausibelsten, daß es zu einem Blitzkrieg kam, in dessen Verlauf das Wild binnen kurzer Zeit ausgerottet wurde – vielleicht dauerte es nur

zehn Jahre an jedem einzelnen Ort. Trifft dies zu, so handelte es
sich um die geballteste Ausrottung von Großtieren, seit der Einschlag eines Asteroiden vor 65 Millionen Jahren das Ende der
Dinosaurier herbeiführte (wie man annimmt). Es wäre zudem der
erste einer Serie von Blitzkriegen gewesen, die das Bild der ökologischen Unschuld des Menschen in einem vermeintlichen Goldenen Zeitalter trüben und seither zu unseren typischen Merkmalen
zählen.

Diese dramatische Konfrontation war das Finale eines langen
Schauspiels, das davon handelte, daß sich der Mensch von seinem
Ursprungszentrum in Afrika aufmachte und alle anderen bewohnbaren Kontinente in Besitz nahm. Unsere afrikanischen Urahnen
breiteten sich vor rund einer Million Jahren nach Asien und Europa und vor rund 50 000 Jahren von Asien nach Australien aus, so
daß Nord- und Südamerika die letzten bewohnbaren Kontinente
waren, auf die noch kein *Homo sapiens* seinen Fuß gesetzt hatte.

Von Kanada bis Feuerland ähneln sich die Indianer in der äußeren Erscheinung heute stärker als auf irgendeinem anderen Kontinent, was daher rührt, daß ihre Vorfahren erst vor relativ kurzer
Zeit dort eintrafen und noch nicht genügend Zeit hatten, starke
genetische Unterschiede auszubilden. Selbst bevor Archäologen
Belege dafür fanden, war klar, daß die ersten Indianer aus Asien
stammen mußten, da ihre Nachfahren eine starke Ähnlichkeit mit
asiatischen Mongoliden aufweisen. Zahlreiche neuere Erkenntnisse
der Genetik und Anthropologie haben aus dieser Annahme Gewißheit werden lassen. Ein kurzer Blick auf die Landkarte zeigt, daß
die bei weitem leichteste Route von Asien nach Amerika über die
Beringstraße führt, die Sibirien von Alaska trennt. Die letzte Landbrücke existierte dort (mit wenigen kurzen Unterbrechungen) etwa
in dem Zeitraum vor 25 000 bis 10 000 Jahren.

Zur Kolonisierung der Neuen Welt bedurfte es jedoch mehr als
einer Landbrücke – es mußte auch Menschen auf der sibirischen
Seite geben. Aufgrund ihres rauhen Klimas wurde die sibirische
Arktis erst relativ spät in der Geschichte der Menschheit besiedelt.
Ihre Bewohner müssen aus den kalten gemäßigten Zonen Asiens
oder Osteuropas gekommen sein; es könnte sich beispielsweise um

jene steinzeitlichen Jäger gehandelt haben, die im Gebiet der heutigen Ukraine lebten und ihre Häuser aus fein säuberlich aufeinandergeschichteten Mammutknochen bauten. Vor mindestens 20 000 Jahren gab es auch in der sibirischen Arktis Mammutjäger, und vor etwa 12 000 Jahren tauchten Steinwerkzeuge, die denen der sibirischen Jäger glichen, auch in Alaska auf, wie archäologische Funde belegen.

Nach Durchquerung Sibiriens und Überwindung der Beringstraße trennte die eiszeitlichen Jäger noch ein weiteres Hindernis von ihren künftigen Jagdgründen in Amerika: Eine riesige Eiskappe, wie wir sie heute von Grönland kennen, bedeckte Kanada von Ost nach West. In größerem zeitlichen Abstand öffnete sich ein schmaler eisfreier Nord-Süd-Korridor gleich östlich der Rocky Mountains. Einer davon schloß sich vor rund 20 000 Jahren, doch offenbar hatten in Alaska noch keine Menschen darauf gewartet, ihn als Durchgang zu benutzen. Als sich der Korridor jedoch vor rund 12 000 Jahren ein weiteres Mal öffnete, müssen die Jäger bereits in den Startlöchern gesessen haben, denn ihre Steinwerkzeuge tauchten bald darauf nicht nur am Südrand des Korridors in der Nähe von Edmonton (Provinz Alberta) auf, sondern auch an anderen Stellen südlich der Eiskappe. Zu diesem Zeitpunkt kam es zur Begegnung der Neuankömmlinge mit Amerikas Elefanten und anderem Großwild, und das Drama nahm seinen Lauf.

Archäologen bezeichnen diese ersten Einwanderer und Vorfahren der Indianer als Clovis-Menschen, da ihre Steinwerkzeuge erstmals an einer Ausgrabungsstelle bei der Stadt Clovis in New Mexico unweit der texanischen Grenze identifiziert wurden. Clovis-Werkzeuge oder solche, die ihnen ähneln, wurden jedoch in allen Bundesstaaten der USA zwischen Kanada und Mexiko gefunden. Vance Haynes, ein Archäologe von der *University of Arizona*, beschreibt die Werkzeuge als denen der früheren osteuropäischen und sibirischen Mammutjäger sehr ähnlich, weist aber auf einen auffälligen Unterschied hin: Die flachen, steinernen Speerspitzen waren auf beiden Seiten mit einer Längsfurche ausgekehlt, was die Befestigung der Spitze am Schaft erleichterte. Unklar ist jedoch, ob die ausgekehlten Projektilspitzen für Speere, Spieße oder Lanzen dienten. Wie dem auch sei, wurden sie mit solcher Wucht in die

Leiber von Großsäugetieren befördert, daß sie manchmal in zwei Teile zerbrachen oder Knochen durchschlugen. Bei ausgegrabenen Mammut- und Büffelskeletten fand man Clovis-Spitzen im Brustkorb; ein Mammut in Südarizona war mit nicht weniger als acht Spitzen zur Strecke gebracht worden. An freigelegten Clovis-Stätten waren Mammute bei weitem die häufigste Beute (nach der Zahl der Knochen zu urteilen). Doch unter den Opfern befanden sich auch Büffel, Mastodonten, Tapire, Kamele, Pferde und Bären.

Zu den verblüffenden Erkenntnissen über die Clovis-Menschen gehört auch das Tempo ihrer Ausbreitung. Sämtliche Clovis-Stätten in den USA, deren Datierung mit den modernsten Radiokarbontechniken erfolgte, waren nur wenige Jahrhunderte lang bewohnt, und zwar in der Zeit vor etwas über 11 000 Jahren. Selbst am Südzipfel Patagoniens wurde eine menschliche Siedlung auf die Zeit vor etwa 10 500 Jahren datiert. Innerhalb von rund tausend Jahren nach Durchquerung des eisfreien Korridors hatten sich Menschen somit in Ost-West- und Nord-Süd-Richtung in der gesamten Neuen Welt ausgebreitet.

Nicht weniger verblüffend ist die rasche Transformation der Clovis-Kultur. Vor rund 11 000 Jahren wurden die Clovis-Projektile abrupt durch kleinere, feiner gearbeitete Projektile ersetzt, die nach dem Ort Folsom in New Mexico, in dessen Nähe man sie zuerst entdeckte, benannt wurden. Folsom-Projektile fand man oft bei den Knochen eines ausgestorbenen Breithornbüffels, nie aber bei den von den Clovis-Jägern bevorzugten Mammuten.

Vielleicht lag der Grund dafür, daß die Folsom-Jäger von Mammuts zu Büffeln übergingen, einfach darin, daß es keine Mammute mehr gab. Und auch keine Mastodonten, Kamele, Pferde, Riesenbodenfaultiere und mehrere Dutzend andere Arten von Großsäugetieren. Alles in allem verlor Nordamerika um diese Zeit ganze 73 Prozent und Südamerika sogar 80 Prozent seiner Großsäugetierarten. Viele Paläontologen sehen in den Clovis-Jägern nicht die Urheber dieser Welle des Aussterbens in Amerika, da keine Beweise für ein massenhaftes Abschlachten von Großtieren vorliegen – es gibt nur die fossilen Knochen von ein paar Kadavern hier und da. Vielmehr lag die Ursache nach Ansicht dieser Wissenschaftler in den klimatischen und lebensräumlichen Veränderungen am

Ende der Eiszeit, also genau in der Zeit, als die Clovis-Jäger eintrafen. Diese Argumentation ist mir aus mehreren Gründen unverständlich. Eisfreie Lebensräume für Säugetiere wurden doch größer statt kleiner, als sich die Gletscher zurückzogen und Wäldern und Graslandschaften Platz machten. Außerdem hatten amerikanische Säugetiere bereits das Ende von mindestens 22 vorhergehenden Eiszeiten überstanden, ohne daß es zu einer solchen Welle des Aussterbens gekommen war. Und schließlich starben in Europa und Asien viel weniger Arten aus, als die Gletscher dort etwa zur gleichen Zeit abschmolzen.

Bei einem Klimawandel als Ursache wären gegenteilige Auswirkungen auf Arten zu erwarten gewesen, die ein heißes beziehungsweise kaltes Klima bevorzugen. Doch statt dessen bezeugen Fossilien aus dem Grand Canyon, die mit Hilfe der Radiokarbonmethode datiert wurden, daß die Harrington-Bergziege und das Shasta-Bodenfaultier beide im Abstand von nur ein- oder zweihundert Jahren vor etwas über 11 000 Jahren ausstarben, obwohl die Bergziege aus einer kalten und das Faultier aus einer heißen Region stammte. Bis kurz vor seinem plötzlichen Aussterben war das Faultier stark verbreitet. In den in Höhlen im Südwesten der USA sehr gut erhaltenen, softballgroßen Dungkugeln dieser Art konnten Botaniker Überreste der Pflanzen identifizieren, von denen sich die letzten Faultiere ernährt hatten. Dabei handelte es sich um verschiedene Malvenarten, die noch heute in der Umgebung dieser Höhlen wachsen. Es ist schon höchst verdächtig, daß die wohlgenährten Faultiere *und* die Ziegen des Grand Canyon gleich nach Ankunft der Clovis-Jäger in Arizona verschwanden. Nicht selten wurden Mörder aufgrund weniger hieb- und stichfester Beweise an den Galgen gebracht. Sollte es wirklich das Klima gewesen sein, das den Faultieren den Todesstoß versetzte, so müßten wir diesen vermeintlich dummen Viechern eine unerwartet hohe Intelligenz bescheinigen, da sie die Leistung vollbrachten, alle wie auf Kommando im richtigen Moment tot umzufallen, um Wissenschaftler des 20. Jahrhunderts zu der falschen Annahme zu verleiten, die Clovis-Jäger seien der Grund ihres Aussterbens gewesen.

Eine plausiblere Erklärung dieses zeitlichen Zusammentreffens geht davon aus, daß es sich tatsächlich um Ursache und Wirkung handelte. Der Geowissenschaftler Paul Martin von der *University of Arizona* beschreibt das dramatische Ergebnis des Zusammentreffens von Jägern und Elefanten als »Blitzkrieg«. Nach seiner Ansicht florierten und vermehrten sich die ersten Jäger, die bei Edmonton aus dem eisfreien Korridor hervorkamen, da sie überreiche Bestände zahmer, leicht zu erlegender Großsäugetiere vorfanden. Waren diese in einer Gegend ausgerottet, schwärmten die Jäger und ihr Nachwuchs einfach in neue Richtungen mit noch reichen Wildbeständen aus, wobei sich mit der Siedlungsgrenze auch die Grenze der Ausrottung von Säugetierpopulationen vorschob. Als sie schließlich die Südspitze Südamerikas erreichten, waren die meisten großen Säugetierarten der Neuen Welt ausgerottet.

Martins Theorie löste heftige Kritik aus, die sich im wesentlichen auf vier Punkte bezieht. Konnte sich eine Gruppe von 100 Jägern, die bei Edmonton zum Vorschein kamen, schnell genug vermehren, um innerhalb von tausend Jahren eine ganze Hemisphäre zu bevölkern? Konnten sie sich schnell genug ausbreiten, um im gleichen Zeitraum die fast 13 000 Kilometer Entfernung von Edmonton nach Patagonien zurückzulegen? Waren die Clovis-Jäger wirklich die ersten Menschen in der Neuen Welt? Und konnten steinzeitliche Jäger 100 Millionen Großsäugetiere tatsächlich so effizient zur Strecke bringen, daß keines überlebte, ohne eine nennenswerte Menge fossiler Spuren zu hinterlassen?

Nehmen wir als erstes die Frage nach der Fortpflanzungsgeschwindigkeit. Selbst in den ergiebigsten Jagdgründen zählen neuzeitliche Jäger- und Sammlerpopulationen nur etwa eine Person pro Quadratmeile. Somit hätte die Jäger- und Sammlerbevölkerung bei Besiedlung der gesamten westlichen Hemisphäre höchstens zehn Millionen betragen, da sich die Fläche der Neuen Welt unter Abzug Kanadas und anderer zu Clovis-Zeiten von Gletschern bedeckter Regionen auf rund zehn Millionen Quadratmeilen beläuft. In bekannten Fällen der Inbesitznahme von Neuland durch Siedler (zum Beispiel, als die Meuterer von der *Bounty* auf der Pitcairn-Insel landeten) betrug das Bevölkerungswachstum bis zu 3,4 Prozent im Jahr. Bei dieser Wachstumsrate, die vier überlebenden Kindern pro Elternpaar und einem mittleren Generationenabstand von 20 Jahren entspricht, würden aus 100 Jägern in nur 340 Jahren zehn Millionen werden. Es dürfte somit für die Clovis-Jäger ein leichtes gewesen sein, sich innerhalb von tausend Jahren auf zehn Millionen zu vermehren.

Konnte es den Nachfahren der Pioniere von Edmonton gelingen, innerhalb eines Jahrtausends die Südspitze von Südamerika zu erreichen? Gerade gemessen beträgt die Entfernung etwas weniger als 13 000 Kilometer, so daß im Schnitt 13 Kilometer im Jahr zurückzulegen gewesen wären. Das ist nun wirklich kein Problem. Jeder halbwegs gesunde Jäger hätte das Jahrespensum an einem einzigen Tag erfüllen und es sich die übrigen 364 Tage am gleichen Ort bequem machen können. Oft läßt sich durch spezifische Merkmale der Steinbruch identifizieren, aus dem ein Clovis-Werkzeug stammte, und wir wissen dadurch, daß einzelne Werkzeuge Entfernungen von bis zu 320 Kilometer zurücklegten. Von manchen der Zulu-Wanderungen des 19. Jahrhunderts im südlichen Afrika wissen wir, daß in nur 50 Jahren an die 5000 Kilometer zusammenkamen.

Waren die Clovis-Jäger die ersten Menschen, die sich südlich der kanadischen Eisdecke ausbreiteten? Diese unter Archäologen höchst umstrittene Frage wirft größere Probleme auf als die anderen. Dafür sprechen zwangsläufig nur Negativindizien. Es gibt nirgendwo in der Neuen Welt südlich der ehemaligen kanadischen Eisdecke eindeutige menschliche Überreste oder Gebrauchsgegenstände mit unumstrittener Datierung auf die Zeit vor den Clovis-Jägern. Das heißt nicht, daß es nicht Dutzende *behaupteter* Fundstätten mit menschlichen Spuren aus älterer Zeit gibt, doch an alle oder jedenfalls fast alle knüpfen sich ernste Zweifel, die sich darauf beziehen, ob das für die Radiokarbondatierung verwendete Material vielleicht mit älterem Kohlenstoff kontaminiert war, ob das datierte Material wirklich zu menschlichen Überresten gehörte oder ob die vermeintlich von Menschenhand gefertigten Werkzeuge nicht in Wahrheit durch natürliche Einflüsse geformte Steine waren. Die beiden noch am ehesten überzeugenden Ausgrabungsstätten mit angeblich älteren Funden sind Meadowcroft Rock Shelter in Pennsylvania, laut Datierung etwa 16 000 Jahre alt, und die Fundstätte bei Monte Verde in Chile, die mindestens 13 000 Jahre alt sein soll. Berichten zufolge weist die chilenische Fundstätte eine große Vielfalt erstaunlich gut erhaltener menschlicher Gebrauchsgegenstände auf, doch steht eine detaillierte Veröffentlichung der Ergebnisse noch aus, so daß eine endgültige Beurteilung noch nicht möglich ist. Im Falle von Meadowcroft wird noch gestritten, ob die mit der Radiokarbonmethode ermittelte Datierung fehlerhaft war, was vor allem daraus abzuleiten ist, daß die an der Fundstätte identifizierten Pflanzen- und Tierarten dort eigentlich erst viel später als vor 16 000 Jahren vorgekommen sein dürften.

Demgegenüber sind die von den Clovis-Menschen hinterlassenen Spuren unbestreitbar; sie kommen in allen Bundesstaaten der USA mit Ausnahme Alaskas und Hawaiis vor und werden von Archäologen allgemein anerkannt. Die Spuren der viel früheren Besiedlung der anderen bewohnbaren Kontinente durch Menschen eines primitiveren Schlages sind ebenfalls eindeutig und allgemein anerkannt. An allen Fundstätten zeigt sich das gleiche Bild: Über einer Schicht mit Clovis-Gegenständen und den Knochen zahlreicher ausgestorbener Großsäugetierarten findet man eine jüngere Schicht mit Folsom-Gegenständen, die mit Ausnahme von Büffelskeletten keine Knochen einer einzigen ausgestorbenen Säugetierart aufweist, und gleich unter der Clovis-Schicht die Spuren aus weiter zurückliegenden Jahrtausenden mit milden Klimaverhältnissen, darin eine Fülle von Knochen ausgestorbener Großsäugetiere, jedoch nichts, was auf Menschen hindeutet. Wie sollte es möglich sein, daß Menschen die Neue Welt vor den Clovis-Jägern besiedelten und *nicht* die gewohnte Vielfalt an Spuren hinterließen, die Archäologen klare Schlüsse ziehen lassen, wie Steinwerkzeuge, Feuerstellen, bewohnte Höhlen und ab und zu ein Skelett, alles mit eindeutiger Radiokarbondatierung? Wie soll es Prä-Clovis-Menschen gegeben haben, die trotz der günstigen Lebensbedingungen an den Clovis-Stätten keine Spuren ihrer Gegenwart zurückließen? Wie sollen Menschen von Alaska nach Pennsylvania oder Chile gelangt sein, ohne in dem Raum dazwischen deutliche Spuren zu hinterlassen? Ich halte es aus diesen Gründen für plausibler, daß mit den für Meadowcroft und Monte Verde genannten Daten etwas nicht stimmt. Der Schluß, daß die Clovis-Jäger die ersten Menschen in der Neuen Welt waren, ergibt dagegen für mich Sinn.

Ein weiterer heiß umstrittener Teil von Martins Blitzkriegshypothese betrifft die angebliche Überjagung und Ausrottung von Großsäugetieren. Wir können uns heute kaum vorstellen, wie es steinzeitliche Jäger fertiggebracht haben sollen, einen Mammut zu töten, geschweige denn alle. Doch selbst wenn sie Mammute in großer Zahl abschlachten *konnten*, warum sollten sie das *wollen*? Und wo sind die ganzen Skelette geblieben?

Wenn man im Museum unter einem Mammutskelett steht, kommt einem der Gedanke, einen dieser mit Stoßzähnen bewehrten Riesen mit einem Speer, noch dazu mit Steinspitze, anzugreifen, ziemlich selbstmörderisch vor. Doch auch heutige Afrikaner und Asiaten mit nicht minder einfacher Bewaffnung töten Elefanten, wobei oft in Gruppen gejagt wird, Hinterhalte und Brände gelegt werden, zuweilen aber auch einzelne Jäger einen Elefanten nur mit einem Speer oder Giftpfeil zur Strecke bringen. Verglichen mit den Mammutjägern zu Clovis-Zeiten, den Erben einer jahrtausendealten Tradition der Jagd mit Steinwerkzeugen, müssen sich diese Elefantenjäger unserer Tage als Amateure bezeichnen lassen. Museumskünstler stellen steinzeitliche Jäger gern als nackte Rohlinge dar, die einem wutentbrannt heranbrausenden Mammut todesmutig Steine entgegenschleudern, wobei ein oder zwei bereits zertrampelt am Boden liegen. Das ist absurd. Wenn bei einer typischen Mammutjagd Menschen umgekommen wären, so hätten die Mammute die Jäger ausgerottet und nicht umgekehrt. Ein realistischeres Bild würde warm gekleidete Profis zeigen, die einen in einem engen Flußbett gestellten, zu Tode erschrockenen Mammut aus sicherer Entfernung mit Speeren erledigen.

Bedenken Sie auch, daß die Großsäugetiere der Neuen Welt wahrscheinlich vor Ankunft der Clovis-Jäger noch nie Menschen gesehen hatten, sofern es stimmt, daß diese die ersten Ankömmlinge in der Neuen Welt waren. Von der Antarktis und den Galapagos-Inseln kennen wir das zahme Verhalten von Tieren, deren Evolution in Abwesenheit des Menschen erfolgte. Als ich in Neuguinea die entlegene, von Menschen unbesiedelte Foja-Bergregion besuchte, stellte ich fest, daß die großen Baumkänguruhs dort so zahm waren, daß ich mich ihnen bis auf ein paar Schritte nähern konnte. Vermutlich waren die Großsäugetiere der Neuen Welt ge-

nauso arglos und wurden getötet, bevor sie Zeit hatten, die Furcht
vor Menschen zu erlernen.

Konnten die Clovis-Jäger die Mammute schnell genug getötet haben, um sie ganz auszurotten? Nehmen wir wieder an, daß eine
Quadratmeile im Durchschnitt 2,5 Jäger und Sammler und (wie im
Fall heutiger Elefanten in Afrika) einen Mammut ernährt und daß
ein Viertel der Clovis-Bevölkerung aus erwachsenen Männern bestand, von denen jeder alle zwei Monate einen Mammut tötete. Das
ergibt sechs getötete Mammute auf vier Quadratmeilen im Jahr, so
daß den Mammuten weniger als ein Jahr Zeit blieb, um ihren Bestand durch Fortpflanzung dennoch konstant zu halten. Von Elefanten wissen wir jedoch, daß sie sich nur langsam fortpflanzen und
mehr als 20 Jahre für die Reproduktion ihres Bestandes benötigen,
und nur wenige Arten von Großsäugetieren bringen dies schneller
als in drei Jahren zuwege. Es ist durchaus plausibel, daß die Clovis-
Jäger nur ein Jahr brauchten, um die Großsäugetiere an einem Ort
auszurotten, und dann zum nächsten weiterzogen. Beim Versuch,
dafür Hinweise zu finden, suchen Archäologen nach Stecknadeln in
einem fossilen Heuhaufen: nach den Knochen der innerhalb einer
kurzen Zeitspanne erlegten Mammute inmitten der Knochen all
jener, die im Laufe Hunderttausender von Jahren auf natürliche
Weise starben. Da ist es kein Wunder, daß so wenige Mammutka-
daver mit Clovis-Speerspitzen zwischen den Rippen gefunden wurden.

Aber was konnte einen Clovis-Jäger überhaupt dazu veranlas-
sen, alle zwei Monate einen Mammut zu töten, wenn ein 5000
Pfund schweres Exemplar eine Ausbeute von 2500 Pfund Fleisch
ergab, von dem sich der Jäger, seine Frau und zwei Kinder bei
einem Verbrauch von zehn Pfund am Tage zwei Monate ernähren
konnten? Zehn Pfund mag nach enormer Gefräßigkeit klingen,
doch in Wirklichkeit kommt diese Menge der täglichen Fleischra-
tion pro Person im Gebiet der sich nach Westen vorschiebenden
Grenze der USA im letzten Jahrhundert recht nahe. Und dabei
nehme ich noch an, daß alle 2500 Pfund Mammutfleisch tatsächlich verspeist wurden. Doch um es zwei Monate aufzubewahren,
hätte man das Fleisch trocknen müssen. Würden Sie sich die Mühe

machen, eine Tonne Fleisch zu trocknen, wenn Sie nur hingehen und einen frischen Mammut zu töten brauchten? Vance Haynes stellte dazu fest, daß die von den Clovis-Jägern getöteten Mammute nur zum Teil geschlachtet waren, was auf eine sehr verschwenderische und wählerische Verwendung von Fleisch durch jene inmitten eines Wildüberflusses lebenden Menschen schließen läßt. Wahrscheinlich diente die Jagd gar nicht nur der Erbeutung von Fleisch, sondern auch der Gewinnung von Elfenbein und Häuten oder der Demonstration von Männlichkeit. Ähnlich wurden in der Neuzeit Robben und Wale wegen ihres Öls und ihrer Felle gejagt, während man das Fleisch verrotten ließ. In neuguineischen Fischerdörfern sah ich oft die Kadaver von großen Haien, die nur wegen ihrer Flossen getötet worden waren, um daraus die berühmte Suppe herzustellen.

Nur zu vertraut sind uns die Blitzkriege, durch die Europäer in der Neuzeit Büffel, Wale, Robben und viele andere Großtierarten beinahe ausrotteten. Neuere archäologische Entdeckungen auf Inseln haben gezeigt, daß solche Blitzkriege auch in früheren Zeiten jedesmal das Ergebnis waren, wenn Jägervölker in eine Gegend vorstießen, deren Tierwelt nicht an Menschen gewöhnt war. Da also das Zusammentreffen von Menschen und arglosen Großtieren stets mit einer Ausrottungswelle endete, wie könnte es da anders gewesen sein, als Clovis-Jäger in die Neue Welt eindrangen?

All dies hatten die ersten Jäger, die bei Edmonton ankamen, sicher nicht vorhergesehen. Es muß ein dramatischer Augenblick gewesen sein, als sie plötzlich, nach Verlassen eines übervölkerten, überjagten Alaskas und nach Durchquerung des eisfreien Korridors Herden zahmer Mammute, Kamele und anderer Wildtiere erblickten. Vor ihnen breitete sich bis zum Horizont die Prärie aus. Im Gegensatz zu Kolumbus und den Pilgervätern müssen sie nach einer Zeit der Erkundung erkannt haben, daß keine Menschenseele in dem Land wohnte, das vor ihnen lag, und daß sie die wahrhaft ersten Ankömmlinge in einem fruchtbaren Land waren. Jene Edmonton-Pilger hatten ebenfalls guten Grund zum Feiern eines *Thanksgiving Day*.

KAPITEL 19

Die zweite Wolke

Vor unserer Generation brauchte sich niemand darum zu sorgen, ob es für die nächste Generation ein Überleben und einen Planeten, auf dem zu leben sich lohnt, geben würde. Wir sind die ersten, die sich solche Fragen nach der Zukunft unserer Kinder stellen müssen. Einen großen Teil unserer Zeit verbringen wir damit, unserem Nachwuchs beizubringen, wie er später für sich sorgen und mit anderen Menschen gut auskommen kann. Immer öfter fragen wir uns nun, ob all das vielleicht vergebliche Mühe ist.

Den Grund für diese Sorgen liefern zwei dunkle Wolken, die über uns schweben – Wolken mit ähnlichen potentiellen Folgen, wenngleich wir sie recht unterschiedlich betrachten. Die erste, die Gefahr eines atomaren Holocausts, zeigte sich erstmals in der Wolke über Hiroshima. Niemand bestreitet, daß diese Gefahr real ist, da riesige atomare Waffenarsenale angehäuft wurden und Politiker sich in der Vergangenheit immer wieder verkalkulierten. Niemand bestreitet ferner, daß ein atomarer Holocaust schlimme Folgen für uns hätte und vielleicht sogar die ganze Menschheit vernichten würde. Diese Gefahr spielt im politischen Weltgeschehen der Gegenwart eine zentrale Rolle. Uneinigkeit herrscht nur in bezug auf den Umgang mit dem Problem – ob wir beispielsweise eine vollständige oder teilweise atomare Abrüstung, ein atomares Gleichgewicht oder atomare Überlegenheit anstreben sollten.

Die zweite Wolke ist die Gefahr einer globalen Umweltkatastrophe, für die ein vieldiskutierter Grund das allmähliche Aussterben der meisten Arten sein könnte. Im Gegensatz zur Frage des atomaren Holocausts herrscht völlige Uneinigkeit darüber, ob die Gefahr eines massenhaften Artensterbens real ist und inwieweit wir davon betroffen wären, wenn es dazu käme. Eine in diesem Zusammenhang oft erwähnte Schätzung besagt, daß durch das Wirken des Menschen in den letzten Jahrhunderten rund ein Prozent aller Vogelarten ausgestorben sind. In der Debatte um diese Zahl steht auf der einen Seite jene große Gruppe aus vor allem Wirtschaftswissenschaftlern und Industriellen, aber auch einigen Biologen und vielen Laien, die meinen, der Verlust von einem Prozent wäre, selbst wenn er der Realität entspräche, ohne weiteres zu verkraften. Vertreter dieser Auffassung argumentieren jedoch, daß ein Prozent noch eine krasse *Über*treibung darstelle, daß die meisten Arten für uns überflüssig seien und uns nicht einmal Schaden erwüchse, wenn zehnmal so viele Arten verlorengingen. Auf der anderen Seite stehen die vielen im Umweltschutz engagierten Biologen und eine wachsende Zahl von Mitgliedern verschiedener Umweltinitiativen, die davon ausgehen, daß es sich bei der Ein-Prozent-Schätzung um eine krasse *Unter*treibung handelt und daß ein massenhaftes Artensterben die menschliche Lebensqualität nachhaltig beeinträchtigen oder gar ein Überleben unmöglich machen würde. Offenbar macht es einen großen Unterschied für unsere Kinder, welcher dieser beiden Standpunkte der Wahrheit näherkommt.

Die Gefahren eines atomaren Holocausts und einer globalen Umweltkatastrophe sind die beiden wirklich drängenden Probleme, denen die Menschheit heute gegenübersteht. Im Vergleich dazu verblaßt sogar die Bedeutung von Krebs, AIDS und ungesunder Ernährung, denen wir soviel Aufmerksamkeit schenken, da diese Probleme keine Gefahren für das Überleben der Menschheit insgesamt darstellen. Sollte es gelingen, Atom- und Umweltkatastrophen zu verhindern, werden wir noch jede Menge Zeit dafür haben, vergleichsweise »Bagatellen« wie Krebs zu besiegen. Mißlingt jedoch die Abwendung dieser beiden Hauptgefahren, ist uns auch mit einem Sieg über den Krebs nicht gedient.

Wie viele Arten hat der Mensch schon in den Abgrund gedrängt? Wie viele werden es wohl innerhalb der Lebensspanne unserer Kinder noch sein? Und was macht das überhaupt? Welchen Beitrag leistet denn der Zaunkönig zum Bruttosozialprodukt? Ist es nicht das Schicksal jeder Art, früher oder später auszusterben? Handelt es sich bei der an die Wand gemalten Krise des Artensterbens um ein hysterisches Hirngespinst, eine reale Gefahr für die Zukunft oder um einen erwiesenen Vorgang, der bereits in vollem Gang ist?

Um realistische Schätzungen zu erhalten, müssen wir drei Schritte tun. Erstens wollen wir herausfinden, wie viele Arten in der Neuzeit (hier definiert als Zeitraum ab 1600) ausgestorben sind. Zweitens werden wir schätzen, wie viele schon vor 1600 ausstarben. In einem dritten Schritt wollen wir versuchen vorherzusagen, wie viele Arten innerhalb unserer Lebensspanne und der unserer Kinder wahrscheinlich noch aussterben werden. Zu guter Letzt stellen wir uns die Frage, welchen Unterschied das eigentlich für uns macht.

Der erste Schritt, die Ermittlung der Zahl seit Anbruch der Neuzeit ausgestorbener Arten, erscheint zunächst leicht. Man nehme sich eine Gruppe von Pflanzen- oder Tierarten vor, ermittle in einem Katalog die Gesamtzahl der Arten, streiche diejenigen aus, deren Aussterben nach 1600 bekannt ist, und zähle sie zusammen. Als hierfür besonders geeignete Artengruppe bieten sich die Vögel an, da sie den Vorteil besitzen, leicht sichtbar und bestimmbar zu sein, und da sie von vielen Interessierten beobachtet werden. Als Resultat weiß man mehr über sie als über irgendeine andere Gruppe von Tieren.

Heute existieren rund 9000 Vogelarten. Nur ein oder zwei unbekannte Arten werden pro Jahr noch entdeckt, so daß praktisch alle lebenden Vögel bereits einen Namen bekommen haben. Die führende Organisation, die sich mit der weltweiten Situation der Vögel befaßt – der Internationale Rat für Vogelschutz (*International Council of Bird Preservation*, ICBP) – spricht von 108 seit 1600 ausgestorbenen Vogelarten, wobei noch viele Unterarten hinzukommen. Fast immer war der Mensch in der einen oder anderen Weise der Grund – aber dazu später mehr. Die Zahl 108 entspricht dem oben erwähnten einen Prozent der insgesamt 9000 Vogelarten.

Bevor wir dies jedoch als letztes Wort gelten lassen, wollen wir erst einmal sehen, wie diese Zahl zustande kommt. Der ICBP führt eine Art erst dann als ausgestorben, wenn nach dem betreffenden Vogel in Gebieten, in denen er zuvor lebte, eine Suchaktion durchgeführt wurde und man ihn dort viele Jahre nicht mehr antraf. In etlichen Fällen wurde das Schrumpfen einer Population bis auf einen kleinen Restbestand beobachtet, dessen Schicksal dann bis zum bitteren Ende verfolgt wurde. Bei der zuletzt in den USA ausgestorbenen Unterart handelt es sich um eine Unterart der Strandammer, die in Sumpfgebieten nahe der Ortschaft Titusville in Florida vorkam. Als die Zerstörung ihres natürlichen Lebensraumes zu einem Populationsrückgang führte, wurden die wenigen überlebenden Exemplare von Mitarbeitern von Naturschutzorganisationen beringt, so daß jedes identifiziert werden konnte. Als nur noch sechs übrig waren, brachte man sie in einen Zoo, in dessen Schutz sie sich wieder vermehren sollten. Doch leider starb ein Vogel nach dem anderen, der letzte am 16. Juni 1987.

Es besteht somit kein Zweifel daran, daß diese Unterart der Strandammer ausgestorben ist. Das gleiche gilt auch für die vielen anderen Unterarten und die 108 als ausgestorben geführten Vogelarten. Bei den in Nordamerika seit der Besiedlung durch die Europäer als ausgestorben geltenden Arten handelt es sich um den Riesenalk (1844), die Brillenscharbe (1852), die Labradorente (1875), den Carolinasittich (1914) und die Wandertaube (1914), wobei in Klammern jeweils das Jahr steht, in dem das letzte Exemplar der jeweiligen Art starb. Der Riesenalk war früher auch in Europa heimisch, aber daneben verzeichnet die Liste keine seit 1600 ausgestorbenen europäischen Vogelarten, wenngleich manche in Europa verschwanden, aber auf anderen Kontinenten überlebten.

Was ist aber mit all den anderen Vogelarten, welche die rigorosen Kriterien des ICBP nicht erfüllen? Können wir sicher sein, daß es sie noch gibt? Für die meisten nordamerikanischen und europäischen Vögel ist diese Frage zu bejahen. Hunderttausende fanatischer Vogelbeobachter überwachen alljährlich sämtliche Vogelarten auf diesen beiden Kontinenten. Je seltener die Art, desto fanatischer die Suche. Keine nordamerikanische oder europäische Vogelart könnte deshalb unbemerkt dahinscheiden. Zur Zeit gibt es in Nordamerika nur eine Vogelart, über deren Existenz Unklarheit besteht. Es handelt sich um den Gelbstirn-Waldsänger, der zuletzt 1977 definitiv gesichtet wurde, für den der ICBP jedoch die Hoffnung aufgrund jüngerer, wenngleich unbestätigter Beobachtungen noch nicht aufgegeben hat. Die Zahl der seit 1600 ausgestorbenen nordamerikanischen Vogelarten beträgt deshalb mit Sicherheit

nicht weniger als fünf und nicht mehr als sechs. Abgesehen vom
Gelbstirn-Waldsänger läßt sich jede Art einer von zwei Kategorien
zuordnen, und zwar »definitiv ausgestorben« oder »definitiv existent«. Entsprechend handelt es sich bei der Zahl der seit 1600
ausgestorbenen europäischen Vogelarten mit Sicherheit um eine –
nicht zwei und auch nicht null, sondern genau eine.

Folglich besitzen wir eine exakte, unzweideutige Antwort auf die
Frage nach der Zahl der seit 1600 ausgestorbenen nordamerikanischen und europäischen Vogelarten. Ließe sich die Zahl für andere
Artengruppen ähnlich präzise bestimmen, wäre der erster Schritt
zur Beurteilung der Debatte über ein mögliches massenhaftes Artensterben schon getan. Leider ist dies weder für andere Gruppen
von Pflanzen und Tieren noch in anderen Teilen der Welt möglich –
am allerwenigsten in den Tropen, wo die überwältigende Mehrheit
aller Arten vorkommt. In den meisten tropischen Ländern gibt es
nur wenige oder gar keine Vogelbeobachter und auch keine jährlichen Bestandsaufnahmen. In vielen tropischen Regionen ist seit
der biologischen Ersterkundung vor etlichen Jahren nie wieder eine
Bestandsaufnahme erfolgt. Der Status vieler tropischer Arten ist
schlicht unbekannt, da seit der Entdeckung niemand sie je wieder-
gesehen bzw. eigens nach ihnen gesucht hat. Von den neuguineischen Vögeln, mit denen ich mich beschäftigt habe, war beispielsweise der Mamberanolederkopf nur aufgrund von 18 Exemplaren
bekannt, die zwischen dem 22. März und 29. April 1939 an einer
Lagune des Idenburg River abgeschossen wurden. Kein Wissenschaftler hat die Lagune danach wieder besucht, so daß wir nichts
über den gegenwärtigen Status dieses Vogels wissen.

Wenigstens wissen wir aber, wo wir nach ihm suchen müßten.
Unser Wissen über viele andere Arten beruht hingegen allein auf
den Exemplaren, die im 19. Jahrhundert von Expeditionen mitgebracht wurden, mit nur vagen Anhaltspunkten über den Ort ihrer
Herkunft, zum Beispiel »Südamerika«. Man versuche einmal, den
Status einer seltenen Art zu klären, wenn nur dieser grobe Ortshin-
weis vorliegt. Der Gesang, das Verhalten und die lebensräumlichen
Präferenzen solcher Arten sind völlig unbekannt. Deshalb wissen
wir weder, wo wir nach ihnen suchen, noch wie wir sie bestimmen
sollten, würden wir sie erblicken oder ihren Gesang hören.

Der Status vieler tropischer Arten kann deshalb weder als »definitiv ausgestorben« noch als »definitiv existent« angegeben werden, sondern lediglich als »unbekannt«. Es ist schlicht dem Zufall überlassen, welche Art die Aufmerksamkeit eines Ornithologen erweckt, Gegenstand einer speziellen Suchaktion wird und so als möglicherweise ausgestorben erkannt wird.

Ich will ein Beipiel schildern. Die im tropischen Pazifik gelegenen Salomoninseln, auf denen ich schon oft und sehr gerne Vögel beobachtet habe, sind vielen Amerikanern und Japanern der älteren Generation als Ort erbitterter Kämpfe während des Zweiten Weltkriegs in Erinnerung. Vom ICBP wird eine einzige salomonische Vogelart, die Salomonentaube, als ausgestorben geführt. Als ich jedoch alle neueren Beobachtungen der 164 bekannten Vogelarten der Salomoninseln in einer Tabelle zusammenfaßte, mußte ich feststellen, daß zwölf dieser 164 Arten seit 1953 nicht mehr beobachtet worden waren. Einige von ihnen sind mit Sicherheit ausgestorben, da sie früher weitverbreitet waren. Wiederholt berichteten mir Inselbewohner, daß Katzen sie ausgerottet hätten.

Die Zahl von zwölf möglicherweise ausgestorbenen Arten von insgesamt 164 klingt vielleicht nicht sehr besorgniserregend. Man muß aber bedenken, daß sich die natürliche Umwelt auf den Salomoninseln in weit besserem Zustand befindet als im größten Teil der Tropen, da es dort relativ wenige Menschen gibt, wenige Vogelarten, keine starke wirtschaftliche Entwicklung und viel unberührten Wald. Ein typisheres Beispiel für die Tropen ist das artenreiche Malaysia, wo der größte Teil der Tieflandwälder bereits der Rodung zum Opfer fiel. Biologische Forschungsreisende hatten in den Waldflüssen dieses Landes 266 Arten von Süßwasserfischen identifiziert. Eine unlängst über vier Jahre durchgeführte Untersuchung fand nur noch 122 dieser 266 Arten vor, also weniger als die Hälfte. Die anderen 144 malaysischen Süßwasserfischarten müssen entweder ausgestorben oder sehr selten geworden sein oder nur noch sehr vereinzelt vorkommen. Und diesen Status erreichten sie, ohne daß es jemand bemerkte.

Das Beispiel Malaysias verdeutlicht recht genau, welchen Druck der Mensch auf die tropische Natur ausübt. Und Fische haben mit allen übrigen Arten außer den Vögeln gemein, daß die Wissenschaft ihren Blick nur sehr unregelmäßig auf sie richtet. Die Schätzung, derzufolge Malaysia bereits die Hälfte seiner Süßwasserfische verloren (oder beinahe verloren) hat, ist deshalb ein geeigneter Anhaltspunkt für den Status von Pflanzen, Wirbellosen und Wirbeltieren mit Ausnahme der Vögel in großen Teilen der Tropen.

Das ist die eine Komplikation, die bei der Bestimmung der Zahl der seit 1600 ausgestorbenen Arten auftritt: Der Status vieler oder sogar der meisten mit Namen versehenen Arten ist überhaupt nicht bekannt. Doch es gibt noch eine weitere Komplikation. Wir haben uns bisher nur mit den bereits entdeckten und klassifizierten (benannten) Arten befaßt. Könnten wohl auch Arten ausgestorben sein, bevor sie überhaupt klassifiziert wurden?

Die Antwort lautet ja, da Hochrechnungen darauf schließen lassen, daß die tatsächliche Zahl der Arten auf der Erde fast 30 Millionen beträgt, von denen jedoch weniger als zwei Millionen klassifiziert worden sind. Ich will nur zwei Beispiele anführen, die Gewißheit geben, daß es vorkommt, daß Arten noch vor ihrer Entdeckung aussterben. Der Botaniker Alwyn Gentry untersuchte die Pflanzenwelt eines entlegenen Bergrückens in Ekuador, wo er auf 38 neue Arten stieß, die nur dort vorkamen. Kurz darauf wurde der Bergrücken abgeholzt, und die neu entdeckten Pflanzen waren damit ausgerottet. Auf Grand Cayman Island in der Karibik entdeckte der Zoologe Fred Thompson zwei neue Landschneckenarten, deren Lebensraum auf einen bewaldeten Kalksteinhügel beschränkt war, der wenige Jahre später vollständig gerodet wurde, um Platz für eine Wohnanlage zu schaffen.

Der Tatsache, daß Gentry und Thompson die beiden Orte zufällig vor der Rodung und nicht danach aufsuchten, ist es zu verdanken, daß wir Namen für diese ausgestorbenen Arten haben. Doch in den meisten Fällen, wenn irgendwo in den Tropen ein Stück Natur zubetoniert wird, geht dem keine biologische Untersuchung vorweg. Auch auf dem Bergrücken in Ekuador muß es Landschnecken gegeben haben, und unzählige Pflanzen- und Schnekkenarten an anderen Orten in den Tropen, die ausgelöscht wurden, bevor wir sie kennenlernen konnten.

Kurzum, das Problem der Bestimmung der Zahl ausgestorbener

neuzeitlicher Arten scheint zunächst einfach zu sein und zu relativ
niedrigen Schätzwerten zu führen – beispielsweise nur fünf oder
sechs ausgestorbene Vogelarten in Nordamerika und Europa. Bei
genauerem Nachdenken ergeben sich jedoch zwei Gründe, warum
es sich bei den veröffentlichten Listen um viel zu niedrige Schätzungen handeln muß. Erstens stehen darin definitionsgemäß nur
benannte Arten, während die meisten Arten (mit Ausnahme
gründlich erforschter Gruppen wie der Vögel) noch namenlos sind.
Zweitens bestehen die veröffentlichten Listen außerhalb Nordamerikas und Europas und mit Ausnahme der Vögel lediglich aus den
wenigen benannten Arten, die zufällig das Interesse von Biologen
erweckten und sich erst dann als ausgestorben erwiesen. Von allen
übrigen Arten mit unbekanntem Status dürften viele ganz oder beinahe ausgestorben sein – beispielsweise rund die Hälfte der malaysischen Süßwasserfische.

Tun wir nun den zweiten Schritt bei der Beurteilung der Debatte
um das massenhafte Artensterben. Bis hierher ging es nur um die
seit 1600, als die wissenschaftliche Klassifizierung begann, ausgerotteten Arten. Diese Ausrottungen fanden statt, weil die menschliche Bevölkerung unseres Planeten immer größer wurde, zuvor
unbesiedelte Gebiete in Besitz nahm und Technologien mit immer
größerer Zerstörungskraft erfand. Kamen diese Faktoren um 1600
ganz plötzlich zur Geltung, nach Jahrmillionen menschlicher Geschichte? Gab es vor 1600 keine Ausrottungen?
    Natürlich kann es so nicht gewesen sein. Bis vor 50 000 Jahren
lebten Menschen nur in Afrika und den wärmeren Regionen Europas und Asiens. Zwischen jenem Zeitpunkt und 1600 n. Chr. kam
es zu einer gewaltigen geographischen Expansion, in deren Verlauf
unsere Spezies vor rund 50 000 Jahren Australien und Neuguinea
erreichte, vor rund 20 000 Jahren Sibirien, vor rund 11 000 Jahren
den größten Teil Nord- und Südamerikas und erst seit 2000 v. Chr.
die meisten abgelegenen Meeresinseln. Damit ging ein gewaltiger
Anstieg unserer Bevölkerung von vielleicht ein paar Millionen vor
50 000 Jahren auf rund eine halbe Milliarde um 1600 einher. Mit
der Verbesserung unserer Jagdtechniken während der letzten
50 000 Jahre, dem Aufkommen polierter Steinwerkzeuge und der

Landwirtschaft in den letzten 10 000 Jahren und der Erfindung von Metallwerkzeugen in den letzten 6000 Jahren wuchs auch die menschliche Zerstörungskraft.

In jedem von Paläontologen erforschten Gebiet der Erde, in das Menschen erstmals innerhalb der letzten 50 000 Jahre vordrangen, fiel ihre Ankunft mit massiven Wellen des Aussterbens prähistorischer Tiere zusammen. Für Madagaskar, Neuseeland, Polynesien und Amerika habe ich dies in den beiden vorangegangenen Kapiteln beschrieben. Seit Bekanntwerden dieser prähistorischen Wellen des Artensterbens streiten Wissenschaftler darüber, ob die Ankunft des Menschen die Ursache war oder ob nur zufällig Menschen gerade eintrafen, als die Tiere klimatischen Veränderungen erlagen. Was die polynesische Inselwelt betrifft, gibt es heute keine ernstzunehmenden Zweifel mehr daran, daß Polynesier in der einen oder anderen Weise für das Artensterben verantwortlich waren. Das Aussterben zahlreicher Vogelarten und die Ankunft von Polynesiern fiel zeitlich ungefähr zusammen, ohne daß größere klimatische Veränderungen eintraten, und zudem fand man die Knochen Tausender gerösteter Moas in polynesischen Öfen. Im Falle Madagaskars spricht das zeitliche Zusammentreffen ebenso für sich. Doch die Gründe früherer Wellen des Artensterbens, vor allem in Australien und Amerika, sind immer noch umstritten.

Wie in Kapitel 18 für Amerika erläutert, erscheinen mir die Beweise, die für eine Rolle des Menschen auch in anderen prähistorischen Fällen sprechen, als geradezu erdrückend. Stets kam es nach Ankunft der ersten Menschen zu einer Welle des Artensterbens, jedoch nicht zur gleichen Zeit in anderen Gebieten mit ähnlichem Klimawechsel und auch nicht bei früheren klimatischen Veränderungen im gleichen Gebiet.

Deshalb glaube ich nicht an das Klima als Ursache. Jeder, der einmal in der Antarktis oder auf den Galapagosinseln war, hat gesehen, wie zahm die dort lebenden, bis vor kurzem nicht an Menschen gewöhnten Tiere sind. Mit dem Photoapparat bewaffnet, kann man sich ihnen noch immer genauso leicht nähern, wie es einst die Jäger konnten. Ich nehme an, daß in anderen Teilen der Welt die ersten eintreffenden Menschen ähnlich leichtes Spiel mit heimischen Mammuten und Moas hatten, während Ratten, die in

444 Umkehrung des Fortschritts über Nacht

ihrem Gefolge kamen, unter den kleinen heimischen Vögeln von Hawaii und anderen Inseln aufräumten.

Doch zur Ausrottung von Arten durch prähistorische Menschen kam es sicher nicht nur in zuvor unbesiedelten Gebieten. Innerhalb der letzten 20 000 Jahre starben auch in den lange von Menschen bewohnten Gebieten zahlreiche Arten aus – in Eurasien das Wollnashorn, der Mammut und der Riesenhirsch, in Afrika der Riesenbüffel, die Riesenkuhantilope und das Riesenpferd. Diese Großtiere könnten Opfer prähistorischer Menschen geworden sein, von denen sie bereits lange gejagt wurden, die jedoch nun in den Besitz besserer Waffen gelangt waren. Eurasiens und Afrikas Großsäugetiere waren mit Menschen durchaus vertraut, verschwanden jedoch aus den gleichen beiden einfachen Gründen, aus denen auch Kaliforniens Grizzlybär und Englands Bären, Wölfe und Biber erst in jüngerer Zeit, nach Jahrtausenden des Gejagtwerdens durch Menschen, ihren Verfolgern erlagen. Diese Gründe waren die ständig wachsende Zahl von Menschen und deren immer bessere Bewaffnung.

Läßt sich die Zahl der Arten, die von prähistorischen Ausrottungswellen betroffen waren, wenigstens ungefähr bestimmen? Noch nie wurde versucht, die Zahl der Pflanzen, Wirbellosen und Eidechsen zu bestimmen, die durch die Zerstörung ihrer Lebensräume in vorgeschichtlicher Zeit ausgerottet wurden. Doch praktisch alle von Paläontologen erforschten Meeresinseln wiesen Spuren erst kürzlich ausgestorbener Vogelarten auf. Eine Extrapolation auf die noch nicht von Paläontologen erforschten Inseln ergibt, daß rund 2000 Vogelarten – ein Fünftel aller vor einigen tausend Jahren lebenden Arten – auf Inseln beschränkt waren und bereits in vorgeschichtlicher Zeit ausgerottet wurden. Diese Zahl beinhaltet keine festländischen Vogelarten, die ebenfalls vor sehr langer Zeit ausgerottet wurden. Von den Gattungen der Großsäugetiere starben bei oder nach Ankunft des Menschen in Nordamerika 73 Prozent, in Südamerika 80 und in Australien 86 Prozent aus.

Als letzten Schritt bei der Beurteilung der Debatte um das massenhafte Artensterben wollen wir einen Blick in die Zukunft tun. Ist der Höhepunkt der vom Menschen ausgelösten Welle des Aussterbens bereits überschritten oder steht das Schlimmste noch bevor? Es gibt mehrere Wege, diese Frage zu beantworten.

Man könnte zum Beispiel einfach annehmen, daß die ausgestorbenen Arten von morgen aus dem Kreis der heute bedrohten Arten stammen werden. Wie viele der noch existierenden Arten haben bereits gefährlich niedrige Populationsgrößen erreicht? Laut Schätzung des ICBP sind mindestens 1666 Vogelarten bedroht oder stehen unmittelbar vor dem Aussterben – fast 20 Prozent aller überlebenden Vögel. Ich sagte »mindestens 1666«, da diese Zahl aus dem gleichen erwähnten Grund eine Unterschätzung darstellt wie die vom ICBP geschätzte Zahl insgesamt ausgestorbener Arten. In beiden Fällen beruht die Schätzung lediglich auf denjenigen Arten, deren Status zufällig die Aufmerksamkeit eines Wissenschaftlers erweckte, statt auf einer Beurteilung des Status sämtlicher Vogelarten.

Ein anderer Weg der Vorhersage der Zukunft geht von einem Verständnis der Mechanismen aus, durch die wir Arten ausrotten. Das vom Menschen verursachte Artensterben dürfte sich so lange weiter beschleunigen, bis sich Weltbevölkerung und Technologie auf hohem Niveau einpendeln, doch momentan zeichnet sich der baldige Eintritt eines solchen Zustands noch nicht ab. Die Weltbevölkerung, die sich von einer halben Milliarde um 1600 auf über fünf Milliarden in der Gegenwart mehr als verzehnfachte, wächst immer noch um fast zwei Prozent im Jahr. Jeder Tag bringt neuen technischen Fortschritt und mit ihm Veränderungen für die Erde und ihre Bewohner. Es lassen sich vier Hauptmechanismen unterscheiden, durch die unsere wachsende Bevölkerung das Aussterben von Arten bedingt: Überjagen, Einführung neuer Arten, die Zerstörung natürlicher Lebensräume und Dominoeffekte. Wir wollen uns nun der Frage zuwenden, ob diese vier Mechanismen bereits einen Zustand der Stabilität erreicht haben.

Überjagen – die Tötung von Tieren in rascherem Tempo als dem ihrer Vermehrung – ist der Hauptmechanismus, durch den Großtiere ausgerottet wurden, vom Mammut bis zum kalifornischen Grizzly. (Letzterer ziert die Flagge meines Heimatstaates, doch viele Kalifornier wissen gar nicht, daß wir unser Wappentier vor

langer Zeit ausrotteten.) Haben wir bereits alle in Frage kommen-
den Großtiere ausgerottet? Offensichtlich nicht. Als der Rückgang
der Walpopulationen nach langem Ringen zu einem internationalen Verbot des kommerziellen Walfangs führte, gab Japan die
Entscheidung bekannt, seine Walfangquote »zu Forschungszwek-
ken« zu verdreifachen. Jeder hat wohl schon Bilder von dem
Gemetzel an afrikanischen Elefanten und Nashörnern gesehen, angerichtet aus Gier nach Elfenbein und dem kostbaren Horn. Bei
anhaltendem Tempo der Dezimierung werden in zehn bis zwanzig
Jahren nicht nur Elefanten und Nashörner, sondern auch die
Populationen der meisten anderen Großsäugetiere Afrikas und
Südostasiens bis auf wenige in Zoos und Wildparks lebende Exem-
plare ausgestorben sein.

Der zweite Ausrottungsmechanismus besteht in der absicht-
lichen oder unabsichtlichen Einführung von Arten in Teile der
Welt, in denen sie vorher nicht heimisch waren. Beispiele solcher
heute in den USA fest ansässiger Arten sind Wanderratten und
Baumwollkapselkäfer. Auch in Europa sind Arten fremden Ursprungs heimisch geworden, wofür die Wanderratte nur ein Beispiel darstellt. Wenn Arten von einer Region in eine andere
verpflanzt werden, rotten sie in ihrer neuen Umgebung oft einige
der Arten aus, denen sie dort erstmals begegnen, indem sie sie als
Beute auffressen oder mit Krankheiten infizieren. Da die Evolution
der jeweiligen Opfer in Abwesenheit ihrer neuen Feinde erfolgt
war, fehlen ihnen geeignete Abwehrmechanismen. So wurde die
amerikanische Kastanie bereits nahezu ausgerottet, und zwar
durch eine Pilzart aus Asien, gegen die asiatische Kastanienbäume
resistent sind. Ähnlich rotteten Ziegen und Ratten eine große Zahl
von Pflanzen- und Vogelarten auf Meeresinseln aus.

Ob wir inzwischen alle nur erdenklichen Plagen überall auf der
Welt verbreitet haben? Offenbar nicht, denn es gibt noch viele Inseln, die frei von Ziegen und Wanderratten sind, und viele Länder
versuchen mit Quarantänevorschriften, Insekten und Krankheits-
erregern den Zugang zu verwehren. Mit hohen Kosten, aber, wie es
scheint, wenig Erfolg versucht das Landwirtschaftsministerium der
USA seit längerem, der Ankunft von Mörderbienen und Fruchtflie-
gen aus dem Mittelmeerraum einen Riegel vorzuschieben. Die

größte neuzeitliche Ausrottungswelle, die auf das Konto eines eingeführten Raubtiers geht, hat jedoch gerade erst begonnen. Tatort
ist der afrikanische Victoriasee, Heimat Hunderter bemerkenswerter Fischarten, die nirgendwo sonst auf der Welt vorkommen. Ein
großer Raubfisch mit der Bezeichnung Nilbarsch, der dort mit der
Absicht ausgesetzt wurde, die Fischereierträge zu erhöhen, ist nun
munter dabei, sich seinen Weg durch die einzigartige Fischwelt des
Victoriasees zu fressen.

Die Zerstörung natürlicher Lebensräume ist die dritte Methode
der Ausrottung. Die meisten Arten leben nur in einem ganz bestimmten Typus von Lebensraum. Wer Sümpfe trockenlegt oder
Wälder rodet, vernichtet die von diesen Ökosystemen abhängigen
Arten mit der gleichen Gewißheit, als wenn er jedes einzelne Exemplar eigenhändig umbringen würde. So starben neun der zehn nur
auf der philippinischen Insel Cebu vorkommenden Vogelarten aus,
als die dortigen Wälder den Sägen der Holzfäller zum Opfer fielen.

Bei der Zerstörung natürlicher Lebensräume steht das Schlimmste noch bevor, da der Angriff auf die tropischen Regenwälder, die
artenreichsten Lebensräume überhaupt, gerade erst richtig beginnt. Der biologische Reichtum der Regenwälder ist hinlänglich
bekannt – über 1500 Käferarten kommen beispielsweise in einer
einzigen Baumart in Panama vor. Obwohl Regenwälder nur sechs
Prozent der Erdoberfläche bedecken, sind rund die Hälfte aller Arten in ihnen beheimatet. In jedem Stück Regenwald leben zahlreiche Spezies, die sonst nirgendwo vorkommen. Ich will hier nur
einige der besonders artenreichen Regenwälder erwähnen, deren
Vernichtung gerade in vollem Gang ist: Die Abholzung von Brasiliens Atlantik- und Malaysias Tieflandwäldern steht bereits kurz
vor dem Abschluß, während die Regenwälder Borneos und der
Philippinen innerhalb der nächsten zwei Jahrzehnte zum größten
Teil verschwinden werden. Gute Chancen, auch Mitte des näch-
stens Jahrhunderts noch in größeren Teilstücken erhalten zu sein,
haben lediglich die tropischen Regenwälder in Zaire und im brasilianischen Amazonasbecken.

Jede Art ist auf andere Arten angewiesen, als Nahrungsquelle
und zur Schaffung ihres Lebensraums. Somit stehen alle Arten in

einem Beziehungsgeflecht, das man mit sich verzweigenden Ketten von Dominosteinen vergleichen kann. So, wie das Umkippen eines Dominosteins in einer Kette auch andere zu Fall bringt, kann die Ausrottung einer Art andere mit ins Verderben reißen, die wieder andere mitreißen und so weiter. Dieser vierte Ausrottungsmechanismus läßt sich als Dominoeffekt beschreiben. Die Natur besteht aus einer so gewaltigen Zahl von Arten, die miteinander auf so komplexe Weise verbunden sind, daß sich praktisch unmöglich vorhersehen läßt, wohin der durch das Aussterben einer Art ausgelöste Dominoeffekt am Ende führen wird.

Ich will dies an einem Beispiel verdeutlichen. Vor 50 Jahren konnte niemand voraussehen, daß das Aussterben großer Raubtiere (Jaguare, Pumas und Harpyen) auf der panamaischen Insel Barro Colorado zum Aussterben kleiner Ameisenvögel und zu drastischen Veränderungen in der Artenzusammensetzung des Waldes auf der Insel führen würde. Doch genau das geschah, weil die großen Räuber vor ihrem Aussterben mittelgroße Räuber wie die kleinen Wildschweine der Art *Tayassu pecari*, Affen und Angehörige einer Art namens *Nasua nasua solitaria* (Verwandte des Waschbären) sowie mittelgroße Samenfresser wie Pacas und Nagetiere der Art *Dasyprocta aguti* gefressen hatten. Durch das Verschwinden der Großräuber kam es zu einer explosionsartigen Vermehrung der mittelgroßen Räuber, die daraufhin die Ameisenvögel und deren Eier restlos verspeisten. Auch die mittelgroßen Samenfresser vermehrten sich rapide und fraßen große, zu Boden gefallene Samen, wodurch die Fortpflanzung von Baumarten mit großen Samen zugunsten der Ausbreitung von Arten mit kleineren Samen unterbunden wurde. Als nächstes wird nun erwartet, daß diese Veränderung in der Waldzusammensetzung eine explosionsartige Zunahme der Populationen von Mäusen und Ratten, die sich von kleinen Samen ernähren, nach sich ziehen wird, und in deren Gefolge eine explosionsartige Vermehrung der Falken, Eulen und Ozelote, den natürlichen Feinden dieser Kleinnager. Das Aussterben dreier seltener Arten von Großräubern führte also zu einer Kette von Veränderungen in der Pflanzen- und Tierwelt der Insel, in deren Verlauf viele weitere Arten ausstarben.

Durch diese vier Mechanismen – Überjagen, Einführung neuer

Arten, Zerstörung natürlicher Lebensräume und Dominoeffekt –
wird bis Mitte des nächsten Jahrhunderts, wenn die Neugeborenen
des Jahrgangs 1990 die Sechzig erreichen, wahrscheinlich über die
Hälfte aller heutigen Arten ausgestorben oder vom Aussterben bedroht sein. Wie andere Väter stelle ich mir oft die Frage, wie ich
meinen jetzt vierjährigen Söhnen die Welt, in der ich aufwuchs und
die sie nie erleben werden, beschreiben soll. Wenn sie ein Alter
erreicht haben, in dem sie mich nach Neuguinea begleiten könnten,
einer der biologischen Schatzkammern unseres Planeten, wo ich in
den letzten 25 Jahren immer wieder gearbeitet habe, wird das östliche Hochland der Insel zum größten Teil entwaldet sein.

Zählt man zu den vom Menschen in der Vergangenheit bereits
verursachten Ausrottungen jene hinzu, die in naher Zukunft noch
hinzukommen werden, so zeichnet sich ab, daß die gegenwärtige
Ausrottungswelle die Folgen des Asteroideneinschlags, der möglicherweise das Zeitalter der Dinosaurier beendete, weit übertrifft.
Säugetiere, Pflanzen und viele andere Typen von Arten überlebten
die Kollision damals nahezu unversehrt, während heute alle Lebewesen betroffen sind, Lilien ebenso wie Löwen. Die Gefahr des
massenhaften Artensterbens ist somit weder Gespenstermalerei
noch eine bloße Gefahr der Zukunft. Vielmehr handelt es sich um
einen Vorgang, der bereits seit 50000 Jahren an Tempo zunimmt
und sich noch während der Lebensspanne unserer Kinder seinem
Ende nähern wird.

Zu guter Letzt wollen wir uns mit zwei Argumenten befassen, die
zwar die Krise des Artensterbens als Realität anerkennen, ihre Bedeutung jedoch bestreiten. Das erste lautet: Ist das Aussterben
nicht ein ganz natürlicher Vorgang? Wenn ja, warum soll man dann
viel Aufhebens um die gegenwärtige Welle des Artensterbens machen?

Die Antwort hierauf lautet, daß die gegenwärtige Rate des vom
Menschen verursachten Artensterbens weit über der natürlichen
Rate liegt. Falls es stimmt, daß die Hälfte der insgesamt 30 Millio-
nen Arten bis Mitte des nächsten Jahrhunderts aussterben werden,
beträgt die gegenwärtige Rate etwa 150000 pro Jahr bzw. 17 pro
Stunde. Die Gesamtzahl von 9000 Vogelarten verringert sich um

mindestens zwei im Jahr, wobei zu beachten ist, daß unter natürlichen Bedingungen weniger als zwei Arten pro Jahrhundert ausstarben, so daß die heutige Rate mindestens 200mal höher ist als
die normale Rate. Wer die Krise des Artensterbens mit der Begründung von der Hand weist, das Aussterben sei ein natürliches
Phänomen, argumentiert etwa so logisch wie jemand, der Genozid
damit zu rechtfertigen sucht, der Tod sei doch das natürliche
Schicksal jedes Menschen.

Das zweite Argument lautet einfach: Was macht es schon? Unsere Sorge gilt unseren Kindern, nicht irgendwelchen Käfern oder
Schnecken. Wen stört es schon, wenn zehn Millionen Käferarten
aussterben? Die Antwort hierauf ist ebenfalls einfach. Wie alle
Pflanzen und Tiere ist auch unsere Spezies in vielerlei Hinsicht auf
andere Arten angewiesen. Sie produzieren den Sauerstoff, den wir
einatmen, absorbieren das Kohlendioxid, das wir ausatmen, zerset-
zen unseren Abfall, dienen uns als Nahrung, erhalten die Fruchtbarkeit unserer Felder und liefern uns Holz und Papier, um nur
einige Beispiele zu nennen.

Könnten wir dann nicht nur diejenigen Arten erhalten, die wir
brauchen, und andere aussterben lassen? Natürlich nicht, denn die
Arten, auf die wir angewiesen sind, brauchen ihrerseits wieder andere Arten. So wie Panamas Ameisenvögel nicht hätten vorhersehen können, daß sie auf Jaguare angewiesen waren, ist die
ökologische Kette von Dominosteinen viel zu komplex, als daß wir
herausfinden könnten, auf welche Steine sich verzichten ließe. Oder
kann mir jemand die folgenden drei Fragen beantworten? Welche
zehn Baumarten sind die größten Zellstofflieferanten der Welt?
Welches sind für jede dieser zehn Arten die zehn Vogelarten, welche
die meisten ihrer Insektenschädlinge vertilgen, und weiter die zehn
Insektenarten, welche die meisten ihrer Blüten bestäuben, und die
zehn Tierarten, welche die meisten ihrer Samen verbreiten? Auf
welche Arten sind wiederum diese zehn Vögel, Insekten und Tiere
angewiesen? Man müßte diese drei Fragen beantworten können,
wenn man Chef einer Holzfirma wäre und vor der Frage stünde,
welche Arten ohne Schaden für den Menschen ruhig aussterben
dürfen.

Falls Sie gerade eine Entscheidung über ein Projekt fällen müs-

sen, das Ihnen eine Million Dollar einbrächte, dabei aber ein paar
Arten vernichten würde, ist die Verlockung gewiß groß, dem sicheren Gewinn den Vorzug vor dem ungewissen Risiko zu geben.
Vergegenwärtigen Sie sich aber folgende Analogie. Angenommen,
jemand böte Ihnen eine Million Dollar für die Erlaubnis, Ihnen 50
Gramm von Ihrem kostbaren Fleisch aus dem Körper zu schneiden, ganz ohne Schmerz. Sie rechnen sich aus, daß 50 Gramm
weniger als einem Tausendstel Ihres Körpergewichts entsprechen,
so daß Ihnen immer noch 999 Tausendstel nachbleiben würden,
was mehr als genug erscheint. Das mag stimmen, wenn die 50
Gramm aus Ihren Fettpölsterchen stammen und von einem quali-
fizierten Chirurgen entfernt werden. Doch was ist, wenn der Chir-
urg die 50 Gramm einfach irgendwo heraushackt, wo er bequem
herankommt, oder wenn er gar nicht weiß, welche Teile lebens-
wichtig sind? Vielleicht müssen Sie dann feststellen, daß in den 50
Gramm ausgerechnet Ihre Harnröhre enthalten ist. Falls Sie planen, den größten Teil Ihres Körpers zu verscherbeln, wie wir es
jetzt mit dem größten Teil der natürlichen Lebensräume unseres
Planeten vorhaben, können Sie sicher sein, daß Ihre Harnröhre
früher oder später dabei sein wird.

Lassen Sie uns abschließend einen Vergleich zwischen den beiden
am Anfang dieses Kapitels erwähnten Wolken ziehen, die über unserer Zukunft hängen. Ein atomarer Holocaust hätte mit Sicherheit
katastrophale Folgen, doch er tritt jetzt nicht ein und wird auch in
Zukunft nicht mit Gewißheit eintreten. Eine Umweltkatastrophe
hätte mit gleicher Sicherheit schreckliche Folgen, doch sie unterscheidet sich darin, daß wir auf dem Weg zu ihr bereits ein gutes
Stück gegangen sind. Sie begann vor Zehntausenden von Jahren,
zeitigt heute mehr Schäden denn je zuvor, nimmt an Tempo sogar
noch zu und wird ihren Höhepunkt in etwa einem Jahrhundert
erreichen, wenn wir keine wirksamen Vorkehrungen treffen. Unklar
ist nur, ob die katastrophalen Folgen unsere Kinder oder Enkel
treffen würden und ob wir uns jetzt dazu durchringen können, die
vielen naheliegenden Gegenmaßnahmen zu ergreifen.

Nichts gelernt und alles vergessen?

Wir wollen zum Schluß noch einmal unseren Aufstieg während der letzten drei Millionen Jahre und die in jüngerer Zeit eingeleitete Umkehrung all unseres Fortschritts Revue passieren lassen.

Die ersten Anzeichen dafür, daß sich unsere Vorfahren in irgendeiner Hinsicht von anderen Tieren unterschieden, waren jene äußerst primitiven Steinwerkzeuge, die vor rund zweieinhalb Millionen Jahren in Afrika auftauchten. Die Menge der gefundenen Werkzeuge aus dieser Zeit läßt darauf schließen, daß sie begannen, in unserem Leben eine wichtige Rolle zu spielen. Von unseren nächsten Verwandten verwenden Zwergschimpansen und Gorillas keine Werkzeuge, während gewöhnliche Schimpansen gelegentlich Ansätze von Werkzeuggebrauch zeigen, jedoch kaum darauf angewiesen sind, um zu überleben.

Doch diese primitiven Werkzeuge bewirkten noch keinen entscheidenden Durchbruch unserer Spezies. Weitere eineinhalb Millionen Jahre blieb unser Lebensraum auf Afrika beschränkt. Erst vor rund einer Million Jahren gelang uns die Ausbreitung in warme Gegenden Europas und Asiens, wodurch wir von allen drei Schimpansenarten die größte Verbreitung erlangten, wenngleich wir in dieser Hinsicht von den Löwen noch um Längen geschlagen wurden. Unsere Werkzeuge verbesserten sich unendlich langsam, von extrem primitiv zu sehr primitiv. Vor 100 000 Jahren hatten wenigstens die menschlichen Bewohner Europas und Westasiens, die Neandertaler, den Gebrauch des Feuers erlernt, doch in anderer Hinsicht waren wir nach wie vor nichts weiter als eine Säugetierart unter vielen. Von Kunst, Landwirtschaft oder höherer Technik gab es noch keine Spur. Niemand weiß, ob wir damals schon die Sprache besaßen, von Drogen abhängig waren oder unsere merkwürdigen sexuellen Gewohnheiten und unseren einzigartigen Lebenszyklus entwickelt hatten, doch bekannt ist, daß Neandertaler selten älter als 40 Jahre wurden und somit vielleicht noch kein weibliches Klimakterium kannten.

Deutliche Hinweise auf einen »großen Sprung vorwärts« in unserem Verhalten treten in Europa vor rund 40 000 Jahren relativ plötzlich auf, zeitgleich mit der Ankunft des anatomisch modernen *Homo sapiens* aus Afrika, der über den Nahen Osten einwanderte. In jener Zeit begannen wir, Kunstwerke anzufertigen, Werkzeuge auf komplexere Weise zu gebrauchen und uns von Ort zu Ort kulturell unterschiedlich zu entwickeln. Diese sprunghafte Änderung in unserem Verhalten hatte ihren Ursprung zweifellos außerhalb Europas, doch muß die Entwicklung rasch erfolgt sein, denn die vor 100 000 Jahren im südlichen Afrika lebenden modernen *Homo sapiens*-Populationen waren, nach den Funden in ihren Höhlen zu urteilen, noch immer nicht viel mehr als bessere Schimpansen. Was auch immer den Entwicklungssprung ausgelöst haben mag, kann davon nur ein winziger Bruchteil unseres Erbmaterials betroffen gewesen sein, da wir uns von Schimpansen auch heute in nur 1,6 Prozent unserer Gene unterscheiden, und diese Unterschiede hatten sich zum größten Teil bereits sehr viel früher herausgebildet. Meine Vermutung ist die, daß die Vervollkommnung unseres Stimmapparats als Voraussetzung der Sprachentstehung den Ausschlag gab.

In der Regel betrachten wir die Cro-Magnons als die ersten Träger unserer edelsten Züge, doch wiesen sie auch schon zwei Eigenschaften auf, in denen unsere heutigen Probleme wurzeln: den Hang, sich massenhaft gegenseitig umzubringen, und den Hang zur Umweltzerstörung. Doch selbst aus der Zeit vor dem Auftauchen der Cro-Magnons gibt es Zeugnisse für Mord und Kannibalismus in Form fossiler menschlicher Schädel, die von scharfen Objekten durchbohrt und zwecks Hirnentnahme aufgebrochen worden waren. Die Plötzlichkeit des Verschwindens der Neandertaler nach der Ankunft der Cro-Magnons deutet darauf hin, daß Genozid nun in eine effizientere Phase getreten war. Unsere Effizienz bei der Zerstörung der eigenen Lebensgrundlage wird durch das Aussterben fast sämtlicher großer Tiere in Australien nach der Besiedlung dieses Kontinents vor rund 50 000 Jahren sowie einer Reihe großer eurasischer und afrikanischer Säugetiere im Zuge der

Verbesserung unserer Jagdtechnologie belegt. Falls die Saat der Selbstzerstörung auch in anderen Sonnensystemen so eng mit dem Aufstieg von Zivilisationen verknüpft war, ist leicht zu verstehen, warum uns der Besuch von fliegenden Untertassen bisher erspart blieb.

Am Ende der letzten Eiszeit vor rund 10 000 Jahren beschleunigte sich das Tempo unseres Aufstiegs. Wir nahmen Nord- und Südamerika in Besitz, was mit einem möglicherweise von uns verursachten massenhaften Aussterben großer Säugetiere einherging. Bald darauf trat die Landwirtschaft auf den Plan. Ein paar tausend Jahre später wurden die ersten schriftlichen Texte verfaßt, die von da an das Tempo unserer Erfindungen dokumentierten. Sie zeigen auch, daß wir bereits von Drogen abhängig waren und daß Genozid nicht nur an der Tagesordnung war, sondern sogar mit Bewunderung belohnt wurde. Die Zerstörung natürlicher Lebensräume begann, viele Gesellschaften zu unterminieren, und die ersten polynesischen und madagassischen Siedler verursachten blitzkriegartige Massenausrottungen von Arten. Ab 1492 n. Chr. ermöglichen uns die schriftlichen Dokumente der in alle Welt ausschwärmenden Europäer ein genaues Nachvollziehen unseres Aufstiegs und Falls.

Innerhalb der letzten paar Jahrzehnte haben wir die Mittel entwickelt, um Funksignale zu fremden Sternen zu senden, aber auch die, uns über Nacht in die Luft zu jagen. Doch selbst wenn es nicht zu diesem schnellen Ende kommt, beschleunigt sich doch die Ausbeutung der Produktivität unseres Planeten durch den Menschen sowie die Ausrottung von Arten und die Zerstörung der Umwelt in einem solchen Maße, daß es so nicht einmal die nächsten hundert Jahre weitergehen kann. Es ließe sich einwenden, daß keine klaren Anzeichen dafür zu erkennen sind, daß der Höhepunkt unserer Geschichte schon bald erreicht ist. Doch die Anzeichen sind deutlich, wenn man sie genau genug anschaut und dann extrapoliert. Hunger, Umweltverschmutzung und Vernichtungstechnologien sind auf dem Vormarsch, während Anbauflächen, die Nahrungsvorräte der Ozeane und andere Erzeugnisse der Natur ebenso im Schwinden begriffen sind wie die Fähigkeit der Umwelt, steigende Mengen unseres Abfalls zu absorbieren. Das Konkurrieren von im-

mer mehr Menschen um immer weniger Ressourcen kann nicht
ohne gravierende Folgen bleiben.

Was wird also geschehen?

Es gibt viele Gründe für Pessimismus. Selbst wenn alle heute
lebenden Menschen morgen tot umfielen, würden die Schäden, die
wir unserer Umwelt bereits zugefügt haben, dafür sorgen, daß der
Verfall noch Jahrzehnte weiterginge. Unzählige Arten gehören
schon jetzt zu den »lebenden Toten«, mit so niedrigen Populationen, daß eine Erholung unmöglich ist. Trotz unseres selbstzerstöre-
rischen Verhaltens in der Vergangenheit, aus dem wir hätten lernen
können, bestreiten viele, die es besser wissen müßten, daß eine Begrenzung unserer Bevölkerungszahl notwendig ist, und setzen die
Angriffe auf unsere Umwelt ungebremst fort. Andere schließen sich
aus egoistischem Profitinteresse oder aus purer Unwissenheit an.
Eine noch größere Zahl von Menschen ist zu sehr mit dem Kampf
ums Überleben beschäftigt, um es sich überhaupt leisten zu können, die Folgen des eigenen Handelns abzuwägen. All dies läßt
fürchten, daß der Zug bereits unaufhaltsam auf den Abgrund zu-
rollt, daß auch wir bereits zu den lebenden Toten gehören und
unsere Zukunft so düster wie die der beiden anderen Schimpansen
sein wird.

Ein Satz des holländischen Entdeckungsreisenden Professor Arthur Wichmann, den dieser 1912 in einem anderen Zusammenhang
schrieb, trifft diesen Pessimismus haargenau. Wichmann hatte
zehn Jahre seines Lebens dem Verfassen einer monumentalen drei-
bändigen Abhandlung über die Geschichte der Entdeckung und
Erforschung Neuguineas gewidmet. Auf 1198 Seiten wertete er jede
Informationsquelle über Neuguinea, derer er habhaft werden
konnte, aus, von den frühesten Berichten, die nach Indonesien sik-
kerten, bis zu den großen Expeditionen des 19. und frühen 20. Jahrhunderts. Ernüchterung stellte sich bei ihm ein, als er erkannte,
daß die verschiedenen Forschungsreisenden nacheinander immer
die gleichen Dummheiten begangen hatten: Sie prahlten mit Leistungen, die keine waren, weigerten sich, verhängnisvolle Mißge-
schicke einzugestehen, ignorierten die Erfahrungen früherer Forscher, wiederholten alte Fehler und stolperten dadurch unnötig in
Leid und Tod. Im Rückblick auf diese lange Geschichte prophe-

zeite Wichmann, künftige Forschungsreisende würden sicher wieder die gleichen Fehler machen. Der bittere Schlußsatz seines Werkes lautete: »Nichts gelernt und alles vergessen!«

Trotz all der erwähnten Gründe, die ein ähnliches Licht auf das Schicksal der Menschheit werfen, halte ich unsere Lage nicht für ausweglos. Wir schaffen unsere Probleme ganz allein und haben es deshalb in unserer Macht, sie zu lösen. Mag auch unsere Sprache, Kunst und Landwirtschaft nicht so einzigartig sein, wie wir meist denken, unterscheiden wir uns doch von allen Tieren darin, daß wir aus den Erfahrungen von Artgenossen an entfernten Orten oder in ferner Vergangenheit lernen können. Grund zur Hoffnung sehe ich zum Beispiel darin, daß eine ganze Reihe realistischer, breit diskutierter Strategien zur Vermeidung der Katastrophe erdacht wurden, wie die Eindämmung des Bevölkerungswachstums, die Erhaltung natürlicher Lebensräume und der Schutz der Umwelt auf vielfältige Weise. Zahlreiche Regierungen praktizieren bereits in manchen Fällen einige dieser naheliegenden Maßnahmen.

So wächst das Umweltbewußtsein der Bevölkerung und auch der politische Einfluß ökologisch orientierter Bewegungen. Nicht jede Schlacht wird heute mehr von den Verfechtern eines blindwütigen Wirtschaftswachstums gewonnen, und nicht immer gewinnen kurzsichtige ökonomische Argumente die Oberhand. In vielen Ländern konnte die Geburtenrate in den letzten Jahren gesenkt werden. Genozid geschieht zwar nach wie vor, doch die Ausbreitung der modernen Kommunikationstechnologie besitzt wenigstens das Potential, unsere alte Fremdenfeindlichkeit zu verringern und es uns schwerer zu machen, die Angehörigen fremder Völker als von uns völlig verschiedene »Untermenschen« abzustempeln. Ich war sieben Jahre alt, als die Atombomben über Hiroshima und Nagasaki abgeworfen wurden, und kann mich deshalb gut an das Gefühl der unmittelbaren Gefahr eines atomaren Holocausts erinnern, das danach mehrere Jahrzehnte lang in uns war. Doch inzwischen sind fast 50 Jahre vergangen, ohne daß es zu einem erneuten Einsatz von Atomwaffen gekommen ist. Die Gefahr atomarer Verwüstung scheint heute geringer als zu irgendeinem Zeitpunkt seit dem 9. August 1945.

Meine Einstellung ist durch die Erfahrungen geprägt, die ich seit 1979 als Berater der indonesischen Regierung beim Aufbau eines Systems von Naturreservaten im indonesischen Teil Neuguineas (Provinz Irian Jaya) sammeln konnte. Indonesien bietet auf den ersten Blick nicht viel Hoffnung auf Erfolg bei der Erhaltung schrumpfender natürlicher Lebensräume. Vielmehr treten die Probleme tropischer Länder der Dritten Welt hier in akuter Form an den Tag. Mit über 180 Millionen Einwohnern hat Indonesien die fünftgrößte Bevölkerung der Welt und zählt zu den ärmeren Ländern. Das Bevölkerungswachstum verläuft rapide, was sich zum Beispiel daran zeigt, daß fast die Hälfte der Indonesier jünger ist als 15 Jahre. Einige besonders dicht besiedelte Provinzen exportieren ihren Bevölkerungsüberschuß zu den dünner besiedelten (zum Beispiel nach Irian Jaya). Weder erfreut sich die Beobachtung von Vögeln großer Beliebtheit noch gibt es einheimische Umweltschutzbewegungen mit großer Mitgliederzahl. Die Regierungsform ist nicht demokratisch im westlichen Sinne, Korruption gilt als verbreitetes Übel. Und die Abholzung der unberührten Regenwälder wird in ihrer Bedeutung als Devisenquelle nur von der Öl- und Erdgasförderung übertroffen.

Aus all diesen Gründen würde man nicht erwarten, daß die Erhaltung von Arten und natürlichen Lebensräumen in Indonesien eine ernsthafte Priorität darstellt. Als ich zum erstenmal nach Irian Jaya flog, hatte ich insgeheim Zweifel, ob am Ende meiner Arbeit ein wirksames Umweltschutzprogramm stehen würde. Zum Glück erwies sich dieser Pessimismus als falsch. Dank der aktiven Rolle einer Gruppe von Indonesiern, die von der Bedeutung des Umweltschutzes überzeugt waren, besitzt Irian Jaya heute Ansätze eines Systems von Naturreservaten, deren Fläche nicht weniger als 20 Prozent der Provinz beträgt. Und diese Reservate existieren nicht etwa bloß auf dem Papier. Im Laufe meiner Tätigkeit stieß ich des öfteren angenehm überrascht auf Sägewerke, die stillgelegt worden waren, weil sie im Konflikt mit Naturreservaten standen, und begegnete immer wieder Parkaufsehern auf Patrouillengängen. All diese Maßnahmen wurzelten nicht in idealistischen Einstellungen, sondern im nüchtern kalkulierten nationalen Eigeninteresse. Wenn aber Indonesien zu solchen Schritten fähig ist, sind es auch andere

Länder, in denen vergleichbare Hindernisse den Umweltschutz blockieren, und natürlich auch die viel reicheren Länder mit ihren starken Umweltschutzbewegungen.

Wir brauchen keine neuen Technologien zu erfinden, um unsere Probleme zu lösen. Wir brauchen nur mehr Regierungen, die viel mehr der naheliegenden Dinge tun, die manche Regierungen bereits in einigen Fällen unternehmen. Es ist auch nicht richtig, daß der Durchschnittsbürger keinen Einfluß hat. In vielen Fällen trugen Bürgerinitiativen in den letzten Jahren dazu bei, bedrohte Arten vor dem Aussterben zu bewahren – ich spreche zum Beispiel vom kommerziellen Walfang, der Pelzjagd auf Großkatzen und dem Import in freier Wildbahn gefangener Schimpansen, um nur ein paar Beispiele zu nennen. Gerade in diesem Bereich kann jedermann auch mit einer kleinen Spende große Wirkung erzielen, da die Umweltschutzorganisationen an chronischem Geldmangel leiden. So beträgt der jährliche Gesamtetat für *alle* vom *World Wildlife Fund* weltweit geförderten Projekte zum Schutz von Primaten nur ein paar hunderttausend Dollar. Tausend Dollar mehr bedeuten schon ein zusätzliches Projekt für eine bedrohte Affen-, Menschenaffen- oder Lemurenart, die sonst vielleicht unbeachtet bliebe.

Trotz all der ernsten Probleme und der ungewissen Zukunftsaussichten bin ich daher vorsichtig optimistisch. Selbst der bittere Schlußsatz in Wichmanns Buch erwies sich als falsch: Seitdem zogen nämlich die Erforscher Neuguineas sehr wohl Lehren aus der Vergangenheit und vermieden die verhängnisvollen Fehler ihrer Vorgänger. Ein angemesseneres Motto für unsere Zukunft als das Wichmannsche findet man in den Memoiren des Staatsmannes Otto von Bismarck. Als sich dieser am Ende seines langen Lebens Gedanken über die Welt um ihn her machte, hatte er ebenfalls Grund zur Bitterkeit. Mit seinem scharfen Intellekt war er während der Jahrzehnte seines Wirkens im Zentrum der europäischen Politik Zeuge einer Kette unnötig wiederholter Fehler geworden, die nicht weniger kraß waren als die bei der Erforschung Neuguineas. Dennoch hielt es Bismarck für lohnend, Memoiren zu verfassen, darin Lehren aus der Geschichte zu ziehen und sein Werk mit dieser Widmung zu versehen: »Den Söhnen und Enkeln

zum Verständnis der Vergangenheit und zur Lehre für die Zukunft«.

In diesem Sinne möchte ich dieses Buch meinen Söhnen und
ihrer Generation widmen. Wenn wir nur genug aus der Vergangenheit lernen, kann das Antlitz unserer Zukunft doch noch freundlicher sein als bei den anderen beiden Schimpansen.

Danksagungen

Es ist mir ein Vergnügen, die Beiträge zahlreicher Personen zu diesem Buch zu würdigen. Von meinen Eltern und den Lehrern an der *Roxbury Latin School* wurde ich darin gefördert, vielen Interessen gleichzeitig nachzugehen. Wie sehr ich all meinen Freunden und Bekannten in Neuguinea zu Dank verpflichtet bin, ist schon daraus zu ersehen, wie oft ich auf ihre Erfahrungen zurückgreife. Ebenso großen Dank schulde ich meinen vielen akademischen Freunden und Berufskollegen, die mir geduldig die Feinheiten ihrer Fächer erläuterten und die Rohfassungen meiner Texte mit mir besprachen. Frühere Versionen der meisten Kapitel erschienen bereits als Artikel in den Zeitschriften *Discover* und *Natural History*. Ich hatte das Glück, daß mir John Brockman als Agent, als Redakteure und Lektoren Leon Jaroff, Fred Golden, Gil Rogin, Paul Hoffman und Marc Zabludoff von *Discover*, Alan Ternes und Ellen Goldensohn von *Natural History*, Thomas Miller vom Verlag Harper Collins Publishers, Neil Belton von Hutchinson Radius Publishers und nicht zuletzt meine Frau Marie Cohen mit Rat und Tat zur Seite standen.

Literaturempfehlungen

Die nachfolgenden Literaturempfehlungen sind für Leser bestimmt, die sich weiter in die Materie vertiefen möchten. Neben wichtigen Büchern und Aufsätzen habe ich insbesondere neuere Quellen aufgeführt, in denen die ältere Literatur ausführlich dokumentiert ist. Bei Zeitschriftentiteln ist jeweils die Ausgabe mit angegeben, gefolgt von den Seitenzahlen und dem Veröffentlichungsjahr in Klammern.

KAPITEL 1
Die Geschichte von den drei Schimpansen

Die Literatur über die Ableitung von Verwandtschaftsbeziehungen zwischen Menschen und anderen Primaten mit Hilfe der DNS-Uhr besteht aus Fachartikeln in wissenschaftlichen Zeitschriften. Sibley und Ahlquist legen die Ergebnisse ihrer Studien in drei Artikeln dar: C. G. Sibley und J. E. Ahlquist, »The phylogeny of the hominoid primates, as indicated by DNA-DNA hybridization«, *Journal of Molecular Evolution* 20, S. 2–15 (1984), »DNA hybridization evidence of hominoid phylogeny: results from an expanded data set«, *Journal of Molecular Evolution* 26, S. 99–121 (1987), und C. G. Sibley, J. A. Comstock und J. E. Ahlquist, »DNA hybridization evidence of hominoid phylogeny: a reanalysis of the data«, *Journal of Molecular Evolution* 30, S. 202–36 (1990). Sibleys und Ahlquists zahlreiche Studien über die Verwandtschaftsbeziehungen zwischen Vögeln unter Anwendung der gleichen DNS-Methoden werden in zwei Aufsätzen zusammengefaßt: C. G. Sibley und J. E. Ahlquist, »The phylogeny and classification of birds based on the data of DNA-DNA hybridization«, enthalten in dem von R. F. Johnston herausgegebenen Buch *Current Ornithology*, Vol. 1, S. 245–92 (Plenum, New York, 1983), und C. G. Sibley, J. E. Ahlquist und B. L. Monroe, »A classification of the living birds of the world based on DNA-DNA hybridization studies«, *Auk* 105, S. 409–23 (1988).

Zu ähnlichen Schlußfolgerungen über die Verwandtschaftsbeziehungen zwischen Menschen und Primaten führten DNS-Vergleiche mit Hilfe einer anderen Methode (der sogenannten Tetraethylammonium-Chlorid-Methode im Unterschied zu der von Sibley und Ahlquist angewandten Hydroxyapatit-Methode). Die Ergebnisse beschrieben A. Caccone und J. R. Powell in »DNA divergence among hominoids«, *Evolution* 43, S. 925–42 (1989). In einem anderen Aufsatz erklären dieselben Autoren, wie sich die prozentuale Übereinstimmung zwischen der DNS zweier Lebewesen aus den gemischten DNS-Schmelzpunkten errechnen läßt: A. Caccone, R. DeSalle und J. R. Powell, »Calibration of the changing thermal stability of DNA duplexes and degree of base pair mismatch«, *Journal of Molecular Evolution* 27, S. 212–16 (1988).

In den obengenannten Aufsätzen wird das gesamte Erbmaterial (DNS) von zwei Arten mit Hilfe gemischter Schmelzpunkte verglichen, um eine einzige Maßzahl zur Beschreibung der insgesamt vorhandenen Ähnlichkeit zu erhalten. Alternativ besteht eine sehr viel aufwendigere Methode, die aber auch viel detailliertere Angaben über ein winziges Bruchstück der DNS beider Arten liefert, darin, die tatsächliche Folge der molekularen Einheiten, aus denen sich der jeweilige DNS-Abschnitt zusammensetzt, zu bestimmen. In den nachfolgend aufgeführten vier Untersuchungen aus ein und demselben Labor wurde diese Methode auf die Verwandtschaftsbeziehungen zwischen Menschen und Primaten angewendet: M. M. Miyamoto et al., »Phylogenetic relations of humans and African apes from DNA sequence in the Ψ-globin region«, *Science* 238, S. 369–73 (1987), M. M. Miyamoto et al., »Molecular systematics of higher primates: genealogical relations and classification«, *Proceedings of the National Academy of Sciences* 85, S. 7627–31 (1988), M. Goodman et al., »Molecular phylogeny of the family of apes and humans«, *Genome* 31, S. 316–35 (1989), und M. Goodman et al., »Primate evolution at the DNA level and a classification of hominoids«, *Journal of Molecular Evolution* 30, S. 260–66 (1990). Das gleiche Prinzip wird auf die Verwandtschaftsbeziehungen unter den Maulbrüterfischen des Victoriasees angewandt, und zwar in A. Meyer et al., »Monophyletic origin of Lake Victoria chichlid fishes suggested by mitochondrial DNA sequences«, *Nature* 347, S. 550–53 (1990).

Zwei Aufsätze, in denen die DNS-Uhr im allgemeinen und ihre Anwendung auf die Verwandtschaftsbeziehungen zwischen Menschen und Primaten durch Sibley und Ahlquist im besonderen scharf kritisiert werden, sind: J. Marks, C. W. Schmidt und V. M. Sarich, »DNA hybridization as a guide to phylogeny: relationships of the Hominoidea«, *Journal of Human Evolution* 17, S. 769–86 (1988), und V. M. Sarich, C. W. Schmidt und J. Marks, »DNA hybridization as a guide to phylogeny: a critical analysis«, *Cladistics* 5, S. 3–32 (1989). Meiner Ansicht nach wurde die Kritik von Marks, Schmidt und Sarich hinreichend beantwortet. Die gute Übereinstimmung zwischen den Schlußfolgerungen über die Verwandtschaftsbeziehungen zwischen Menschen und Primaten auf der Basis der DNS-Uhr nach Messungen von Sibley und Ahlquist sowie nach Messungen von Caccone und Powell sowie auf der Basis der DNS-Sequenzanalyse bestätigt überdies die Richtigkeit dieser Folgerungen.

Weitere Aufsätze über die DNS-Uhr stehen in zwei Ausgaben des *Journal of Molecular Evolution*, Nr. 3 und 5 in Vol. 30 (1990), in denen auch einige der oben erwähnten Aufsätze zu finden sind.

KAPITEL 2
Der große Sprung nach vorn

Unter den zahlreichen Büchern, die sich ausführlich mit der menschlichen Evolution auseinandersetzen, gefiel mir besonders das jüngst erschienene von Richard Klein, *The Human Career* (University of Chicago Press, Chicago, 1989). Weniger theoretisch, dafür aber gut illustriert sind die Bücher von Roger Lewin, *In the Age of Mankind* (Smithsonian Books, Washington DC, 1988), und Brian Fagan, *The Journey from Eden* (Thames and Hudson, New York, 1990). Zwei Bücher mit Aufsätzen zahlreicher Autoren über die jüngere Evolutionsgeschichte des Menschen sind die der Herausgebergespanne Fred H. Smith und Frank Spencer, *The Origins of Modern Humans* (Liss, New York, 1984), und Paul Mellars und Chris Stringer, *The Human Revolution: Behavioural and Biological Perspectives on the Origins of Modern Humans* (Edinburgh University Press, Edinburgh, 1989). Hier eine Auswahl neuerer Artikel über die Datierung und Geographie der menschlichen Evolution: C. B. Stringer und P. Andrews, »Genetic and fossil evidence for the origin of modern humans«, *Science* 239, S. 1263–68 (1988), H. Valladas et al., »Thermoluminescence dating of Mousterian ›proto-Cro-Magnon‹ remains from Israel and the origin of modern man«, *Nature* 331, S. 614–16 (1988), C. B. Stringer et al., »ESR dates for the hominid burial site of Es Skhul in Israel«, *Nature* 338, S. 756–58 (1989), J. L. Bischoff et al., »Abrupt Mousterian-Aurignacian boundaries at c. 40 ka bp: accelerator ^{14}C dates from l'Arbreda Cave (Catalunya, Spain)«, *Journal of Archaeological Science* 16, S. 563–76 (1989), V. Cabrera-Valdes und J. Bischoff, »Accelerator ^{14}C dates for Early Upper Paleolithic (Basal Aurignacian) at El Castillo Cave (Spain)«, *Journal of Archaeological Science* 16, S. 577–84 (1989), E. L. Simons, »Human origins«, *Science* 245, S. 1343–50 (1989), und R. Grün et al., »ESR dating evidence for early modern humans at Border Cave in South Africa«, *Nature* 344, S. 537–539 (1990).

Die folgenden drei Bücher enthalten viele schöne Illustrationen eiszeitlicher Kunst: Randall White, *Dark Caves, Bright Visions* (American Museum of Natural History, New York, 1986), Mario Ruspolo, *Lascaux: the Final Photographs* (Abrams, New York, 1987), und Paul G. Bahn und Jean Vertut, *Images of the Ice Age* (Facts on File, New York, 1988).

Matthew H. Nitecki und Doris V. Nitecki, *The Evolution of Human Hunting* (Plenum Press, New York, 1986), legen zu dem Thema eine Reihe von Aufsätzen verschiedener Autoren vor.

Mit der Frage, ob die Neandertaler ihre Toten wirklich begruben, beschäftigt sich ein Artikel von R. H. Gargett, »Grave shortcomings: the evidence for Neanderthal burial«, abgedruckt mit Erwiderungen in *Current Anthropology* 30, S. 157–90 (1989).

Drei Quellen, die einen Zugang zur Literatur über die verwandten Fragen der Anatomie des menschlichen Stimmapparats und des Sprachvermögens der Neandertaler eröffnen, sind: Philip Lieberman, *The Biology and Evolution of Lan-*

guage (Harvard University Press, Cambridge, 1984), E. S. Crelin, *The Human Vocal Tract* (Vantage Press, New York, 1987), und ein Artikel von Arensburg et al., »A Middle Palaeolithic human hyoid bone«, *Nature* 338, 758–60 (1989).

KAPITEL 3

Die Evolution der menschlichen Sexualität

KAPITEL 4

Die Wissenschaft vom Ehebruch

Wer sich für einen evolutionstheoretischen Ansatz zur Erklärung von Verhalten generell (einschließlich des Fortpflanzungsverhaltens) interessiert, sollte unbedingt die beiden folgenden Bücher lesen: E. O. Wilson, *Biologie als Schicksal: die soziobiologischen Grundlagen menschlichen Verhaltens* (Ullstein, Frankfurt, 1980), und John Alcock, *Animal Behavior*, 4. Auflage (Sinauer, Sunderland, 1989).

Zur Evolution des Sexualverhaltens gibt es eine ganze Reihe hervorragender Bücher: Donald Symons, *The Evolution of Human Sexuality* (Oxford University Press, Oxford, 1979), R. D. Alexander, *Darwinism and Human Affairs* (University of Washington Press, Seattle, 1979), Napoleon A. Chagnon und William Irons, *Evolutionary Biology and Human Social Behavior* (Duxbury Press, North Scituate, Massachusetts, 1979), Tim Halliday, *Sexual Strategies* (University of Chicago Press, Chicago, 1980), Glenn Hausfater und Sarah Hrdy, *Infanticide* (Aldine, Hawthorne, New York, 1980), Sarah Hrdy, *The Woman that Never Evolved* (Harvard University Press, Cambridge, 1981), Nancy Tanner, *On Becoming Human* (Cambridge University Press, New York, 1981), Frances Dahlberg, *Woman the Gatherer* (Yale University Press, New Haven, 1981), Martin Daly und Margo Wilson, *Sex, Evolution, and Behavior* (Willard Grant Press, Boston, 1983), Bettyann Kevles, *Females of the Species* (Harvard University Press, Cambridge, 1986), und Hanny Lightfoot-Klein, *Prisoners of Ritual: an Odyssey into Female Genital Circumcision in Africa* (Harrington Park Press, Binghamton, 1989).

Die folgenden Bücher beschäftigen sich speziell mit der Fortpflanzungsbiologie der Primaten: C. E. Graham, *Reproductive Biology of the Great Apes* (Academic Press, New York, 1981), B. B. Smuts et al., *Primate Societies* (University of Chicago Press, Chicago, 1986), Jane Goodall, *Wilde Schimpansen: Verhaltensforschung am Gombe-Strom* (Rowohlt, Reinbek bei Hamburg, 1991), Toshisada Nishida, *The Chimpanzees of the Mahale Mountains, Sexual and Life History Strategies* (University of Tokyo Press, 1990), und Takayoshi Kano, *The Last Ape: Pygmy Chimpanzee Behavior and Ecology* (Stanford University Press, Stanford, 1991).

Von den Artikeln über die Evolution der Sexualphysiologie und des Sexualverhaltens möchte ich an dieser Stelle nennen: R. V. Short, »The evolution of human reproduction«, *Proceedings of the Royal Society (London)*, Serie B 195, S. 3–24 (1976), R. V. Short, »Sexual selection and its component parts, somatic and genetical selection, as illustrated by man and the great apes«, *Advances in the Study of Behavior* 9, S. 131–58 (1979), N. Burley, »The evolution of concealed ovulation«, *American Naturalist* 114, S. 835–58 (1979), A. H. Harcourt et al., »Testis weight, body weight, and breeding system in primates«, *Nature* 293, S. 55–57 (1981), R. D. Martin und R. M. May, »Outward signs of breeding«, *Nature* 293, S. 7–9 (1981), M. Daly und M. I. Wilson, »Whom are newborn babies said to resemble?«, *Ethology and Sociobiology* 3, S. 69–78 (1982), M. Daly, M. Wilson und S. J. Weghorst, »Male sexual jealousy«, *Ethology and Sociobiology* 3, 11–27 (1982), A. F. Dixson, »Observations on the evolution and behavioral significance of ›sexual skin‹ in female primates«, *Advances in the Study of Behavior* 13, S. 63–106 (1983), S. J. Andelman, »Evolution of concealed ovulation in vervet monkeys *(Cercopithecus aethiops)*«, *American Naturalist* 129, S. 785–99 (1987), und P. H. Harvey und R. M. May, »Out for the sperm count«, *Nature* 337, S. 508–9 (1989).

In Kapitel 4 wurden verschiedene Beispiele diskutiert, die zeigen, wie Vögel »außerehelichen« Sex mit anscheinender Monogamie kombinieren. Ausführliche Beschreibungen solcher Studien enthalten die Aufsätze von D. W. Mock, »Display repertoire shifts and extra-marital courtship in herons«, *Behaviour* 69, S. 57–71 (1979), P. Mineau und F. Cooke, »Rape in the lesser snow goose«, *Behaviour* 70, S. 280–91 (1979), D. F. Werschel, »Nesting ecology of the Little Blue Heron: promiscuous behavior«, *Condor* 84, S. 381–84 (1982), M. A. Fitch und G. W. Shuart, »Requirements for a mixed reproductive strategy in avian species«, *American Naturalist* 124, S. 116–26 (1984), und R. Alatalo et al., »Extra-pair copulations and mate guarding in the polyterritorial pied flycatcher, *Ficedula hypoleuca*«, *Behaviour* 101, S. 139–55 (1987).

KAPITEL 5

Wie wir unsere Partnerwahl treffen

Daß dieses Thema zu vielen wissenschaftlichen Untersuchungen Anlaß gab, kann nicht überraschen. Von den Aufsätzen, die sich mit der Partnerwahl beim Menschen beschäftigen, seien hier nur folgende aufgeführt: E. Walster et al., »Importance of physical attractiveness in dating behavior«, *Journal of Personality and Social Psychology* 4, S. 508–16 (1966), J. N. Spuhler, »Assortive mating with respect to physical characteristics«, *Eugenics Quarterly* 15, S. 128–40 (1968), E. Berscheid and K. Dion, »Physical attractiveness and dating choice: a test of the matching hypothesis«, *Journal of Experimental Social Psychology* 7, 173–89 (1971), S. G. Vandenberg, »Assortative mating, or who marries whom?«, *Behavior Genetics* 2, S. 127–57 (1972), G. E. DeYoung und B. Fleischer, »Motivational and personality trait relationships in mate selection«, *Behavior Genetics* 6, S. 1–6 (1976), E. Crognier, »Assortative mating for physical features in an African population from Chad«, *Journal of Human Evolution* 6, S. 105–114 (1977), P. N. Bentler und M. D. Newcomb, »Longitudinal study of marital success and failure«, *Journal of Consulting and Clinical Psychology* 46, S. 1053–70 (1978), R. C. Johnson et al., »Secular change in degree of assortative mating for ability?«, *Behavior Genetics* 10, S. 1–8 (1980), W. E. Nance et al., »A model for the analysis of mate selection in the marriages of twins«, *Acta Geneticae Medicae Gemellologiae* 29, S. 91–101 (1980), D. Thiessen und B. Gregg, »Human assortative mating and genetic equilibrium: an evolutionary perspective«, *Ethology and Sociobiology* 1, S. 111–40 (1980), D. M. Buss, »Human mate selection«, *American Scientist* 73, S. 47–51 (1985), A. C. Heath und L. J. Eaves, »Resolving the effects of phenotype and social background on mate selection«, *Behavior Genetics* 15, S. 75–90 (1985), und A. C. Heath et al., »No decline in assortative mating for educational level«, *Behavior Genetics* 15, S. 349–69 (1985). Wichtig ist in diesem Zusammenhang auch das Buch von B. I. Murstein, *Who Will Marry Whom? Theories and Research in Marital Choice* (Springer, New York, 1976).

Die Literatur zum Thema Partnerwahl bei Tieren ist mindestens ebenso umfangreich wie über die Partnerwahl beim Menschen. Als Einstieg eignet sich besonders das Buch von Patrick Bateson, *Mate Choice* (Cambridge University Press, Cambridge, 1983). Batesons eigene Untersuchungen an japanischen Wachteln sind in Kapitel 11 zusammengefaßt, außerdem in seinen Aufsätzen »Sexual imprinting and optimal outbreeding«, *Nature* 273, S. 659–60 (1978) und »Preferences for cousins in Japanese quail«, *Nature* 295, S. 236–37 (1982). Untersuchungen an Mäusen und Ratten, die eine Präferenz für den Duft ihrer Mütter oder Väter entwickeln, werden beschrieben von T. J. Fillion und E. M. Blass, »Infantile experience with suckling odors determines adult sexual behavior in male rats«, *Science* 231, S. 729–31 (1986), und von B. D. Udine und E. Alleva, »Early experience and sexual preferences in rodents«, S. 311–27 im oben erwähnten Buch von Patrick Bateson.

Andere wichtige Aufsätze zu diesem Thema finden Sie unter Kapitel 3, 4, 6 und 11.

KAPITEL 6

Sexuelle Selektion und der Ursprung der menschlichen Rassen

Darwins klassische Darstellung ist immer noch eine gute Einführung in die natürliche Selektion: Charles Darwin, *Über die Entstehung der Arten durch natürliche Zuchtwahl oder die Erhaltung der begünstigten Rassen im Kampfe um's Dasein* (Wissenschaftliche Buchgesellschaft, Darmstadt, 1988). Einen hervorragenden neueren Überblick gibt Ernst Mayr, *Artbegriff und Evolution* (Parey, Hamburg/Berlin, 1967).

Carleton S. Coon beschreibt in drei Büchern die geographische Variation beim Menschen, vergleicht sie mit der geographischen Variation des Klimas und unternimmt den Versuch, sie mit der natürlichen Selektion zu erklären. Die Titel lauten *The Origin of Races* (Knopf, New York, 1962), *The Living Races of Man* (Knopf, New York, 1965) und *Racial Adaptations* (Nelson-Hall, Chicago, 1982). Drei andere wichtige Bücher hierzu sind die von Stanley M. Garn, *Human Races*, 2. Auflage (Thomas Springfield, Illinois, 1965) (darin vor allem

Kapitel 5), K. F. Dyer, *The Biology of Racial Integration* (Scientechnica, Bristol, 1974) (darin vor allem Kapitel 2 und 3), und A. S. Boughey, *Man and the Environment*, 2. Auflage (Macmillan, New York, 1975).

Interpretationen der geographischen Variation der menschlichen Hautfarbe mit Hilfe der natürlichen Selektion wurden vorgelegt von W. F. Loomis, »Skinpigment regulation of vitamin-D biosynthesis in man«, *Science* 157, S. 501–6 (1967), Vernon Riley, *Pigmentation* (Appleton-Century-Crofts, New York, 1972) (darin vor allem Kapitel 2), R. F. Branda und J. W. Eaton, »Skin color and nutrient photolysis: an evolutionary hypothesis«, *Science* 201, S. 625–26 (1978), P. J. Byard, »Quantitative genetics of human skin color«, *Yearbook of Physical Anthropology* 24, S. 123–37 (1981), und W. J. Hamilton iii, *Life's Color Code* (McGraw-Hill, New York, 1983). Mit der geographischen Variation des Menschen als Reaktion auf kaltes Klima befassen sich G. M. Brown und J. Page. »The effect of chronic exposure to cold on temperature and blood flow of the hand«, *Journal of Applied Physiology* 5, S. 221–27 (1952), und T. Adams und B. G. Covino, »Racial variations to a standardized cold stress«, *Journal of Applied Physiology* 12, S. 9–12 (1958).

Wie bei der natürlichen Selektion bietet Darwins eigene Darstellung auch eine gute Einführung in das Thema sexuelle Selektion: Charles Darwin, *Die Abstammung des Menschen und die geschlechtliche Zuchtwahl* (Schweizerbart, Stuttgart, 1871–72). Die unter Kapitel 5 zum Thema Partnerwahl bei Tieren aufgeführten Quellen sind auch für dieses Kapitel relevant. In dem Artikel »Female choice selects for extreme tail length in a widowbird«, *Nature* 299, S. 818–20 (1982), schildert Malte Andersson, wie in seinem Experiment weibliche Hahnschweifwidas auf Männchen mit künstlich verkürztem bzw. verlängertem Schwanzgefieder reagierten. Drei Aufsätze über die Partnerwahl bei weißen, bläulichen oder rosafarbenen Schneegänsen sind: F. Cooke und C. M. McNally, »Male selection and colour preferences in Lesser Snow Geese«, *Behaviour* 53, S. 151–70 (1975), F. Cooke et al., »Assortative mating in Lesser Snow Geese (*Anser caerulescens*)«, *Behavior Genetics* 6, S. 127–40 (1976), und F. Cooke und J. C. Davies, »Assortative mating, mate choice, and reproductive fitness in Snow Geese«, S. 279–95 in *Mate Choice*, dem bereits aufgeführten Buch von Patrick Bateson.

KAPITEL 7

Warum müssen wir alt werden und sterben?

Der klassische Aufsatz von George Williams, in dem dieser eine Evolutionstheorie des Alterns präsentierte, war »Pleiotropy, natural selection, and the evolution of senescence«, *Evolution* 11, S. 398–411 (1957). Andere Aufsätze zu diesem Thema aus evolutionstheoretischer Sicht stammen von G. Bell, »Evolutionary and non-evolutionary theories of senescence«, *American Naturalist* 124, S. 600–3 (1984), E. Beutler, »Planned obsolescence in humans and in other biosystems«, *Perspectives in Biology and Medicine* 29, S. 175–79 (1986), R. J. Goss, »Why mammals don't regenerate – or do they?«, *News in Physiological Sciences* 2, S. 112–15 (1987), L. D. Mueller, »Evolution of accelerated senescence in laboratory populations of *Drosophila*«, *Proceedings of the National Academy of Sciences* 84, S. 1974–77 (1987), und T. B. Kirkwood, »The nature and causes of ageing«, S. 193–206 in dem Buch von D. Evered und J. Whelan (Hrsg.), *Research and the Ageing Population* (John Wiley, Chichester, 1988).

Zwei Bücher, die den physiologischen (unmittelbaren) Ansatz in der Altersforschung vertreten, sind die von R. L. Walford, *The Immunologic Theory of Ageing* (Munksgaard, Kopenhagen, 1969), und MacFarlane Burnett, *Intrinsic Mutagenesis: A Genetic Approach to Ageing* (John Wiley, New York, 1974).

Die folgenden Aufsätze seien beispielhaft für die Literatur über biologische Reparatur und Erneuerung genannt: R. W. Young, »Biological renewal: applications to the eye«, *Transactions of the Opthalmological Societies of the United Kingdom* 102, S. 42–75 (1982), A. Bernstein et al., »Genetic damage, mutation, and the evolution of sex«, *Science* 229, S. 1277–81 (1985), J. F. Dice, »Molecular determinants of protein-half lives in eukaryotic cells«, *Federation of American Societies for Experimental Biology Journal* 1, S. 349–57 (1987), P. C. Hanawalt, »On the role of DNA damage and repair processes in ageing: evidence for and against«, S. 183–98 in dem Buch von H. R. Warner et al. (Hrsg.), *Modern Biological Theories of Ageing* (Raven Press, New York, 1987), und M. Radman und R. Wagner, »The high fidelity of DNA duplication«, *Scientific American*, S. 40–46 (August 1988).

Alle Leser werden sich über die alterungsbedingten Veränderungen im eigenen Körper bewußt sein. Für drei organische Funktionen werden diese grausamen Tatsachen in drei Aufsätzen detailliert beschrieben: R. L. Doty et al., »Smell identification ability: changes with age«, *Science* 226, S. 1441–43 (1984), J. Menken et al., »Age and infertility«, *Science* 233, S. 1389–94 (1986), und R. Katzman, »Normal ageing and the brain«, *News in Physiological Sciences* 3, S. 197–200 (1988).

Das Zitat von Sherlock Holmes stammt aus: Doyle, Sir Arthur Conan, *Sämtliche Sherlock Holmes Stories*, hrsg. von Nino Erné (Mosaik-Verlag, Hamburg, 1967). Wer meint, der von Conan Doyle geschilderte Versuch der Selbstverjüngung mit Hormonspritzen wäre nur eine Ausgeburt seiner Fantasie, kann bei David Hamilton nachlesen, wie es tatsächlich versucht wurde, *The Monkey Gland Affair* (Chatto and Windus, London, 1986).

KAPITEL 8

Brücken zur menschlichen Sprache

Das Buch *How Monkeys See the World* (University of Chicago Press, Chicago, 1990) von Dorothy Cheney und Robert Seyfarth ist nicht nur eine gut lesbare Darstellung der lautlichen Kommunikation der Grünen Meerkatzen, sondern überdies eine gute Einführung in die tierische Kommunikation und ihre Sicht der Welt.

Derek Bickerton legte seine Untersuchungen zum Thema Kreolisierung und seine Ansichten über den Ursprung der menschlichen Sprache in zwei Büchern und mehreren Aufsätzen dar. Die Bücher heißen *Roots of Language* (Karoma Press, Ann Arbor, 1981) und *Language and Species* (University of Chicago Press, Chicago, 1990), die Aufsätze »Creole languages«, in *Scientific American* 249, Nr. 1, S. 116–22 (1983), »The language bioprogram hypothesis«, in *Behavioral and Brain Sciences* 7, S. 173–221 (1984), und »Creole languages and the bioprogram«, in *Linguistics: the Cambridge Survey* 2, S. 267–84, hrsg. von F. J. Newmeyer (Cambridge University Press, Cambridge, 1988). Der zweite und dritte Artikel enthalten Darstellungen anderer Autoren mit oft abweichender Meinung.

Eine etwas ältere Abhandlung zu diesem Thema ist *Pidgin and Creole Languages* von Robert A. Hall, Jr. (Cornell University Press, Ithaca, 1966). Die beste Einführung in das Neomelanesische bietet *The Jacaranda Diary and Grammar of Melanesian Pidgin* von F. Mihalic (Jacaranda Press, Milton, Queensland, 1971).

Von den vielen einflußreichen Büchern Noam Chomskys über Sprache möchte ich hier nur zwei nennen: *Language and Mind* (Harcourt Brace, New York, 1968) und *Knowledge of Language: Its Nature, Origin, and Use* (Praeger, New York, 1985).

Die folgenden Hinweise beziehen sich auf Themen, die in Kapitel 8 nur kurz angesprochen wurden; sie dürften aber ebenfalls von Interesse sein. Susan Curtiss' Buch *Genie: a Psycholinguistic Study of a Modern-Day »Wild Child«* (Academic Press, New York, 1977) ist zugleich eine Schilderung einer sehr bewegenden menschlichen Tragödie und eine eingehende Studie über ein Kind, das durch die Pathologie seiner Eltern bis zum Alter von 13 Jahren von normaler menschlicher Sprache und dem Kontakt zu anderen isoliert war. Neuere Darstellungen von Versuchen, gefangenen Menschenaffen eine sprachähnliche Verständigung beizubringen, finden sich bei: Carolyn Ristau und Donald Robbins, »Language and the great apes: a critical review«, in *Advances in the Study of Behavior*, Vol. XII, S. 141–255, hrsg. von J. S. Rosenblatt et al. (Academic Press, New York, 1982), E. S. Savage-Rumbaugh, *Ape Language: From Conditioned Response to Symbol* (Columbia University Press, 1986), und E. S. Savage-Rumbaugh et al., »Symbols: their communicative use, comprehension, and combination by bonobos (*Pan paniscus*)«, in *Advances in Infant Research*, Vol. VI, S. 221–78, hrsg. von Carolyn Rovee-Collier und Lewis Lipsitt (Ablex Publishing Corporation, Norwood, New Jersey, 1990). Einen Einstieg in die umfangreiche Literatur über frühkindlichen Spracherwerb bieten folgende Aufsätze und Bücher: Melissa Bowerman, »Language Development« in *Handbook of Cross-cultural Psychology: Developmental Psychology*, Vol IV, S. 93–185, hrsg. von Harvey Triandis und Alastair Heron (Allyn and Bacon, Boston, 1981), Eric Wanner und Lila Gleitman, *Language Acquisition: the State of the Art* (Cambridge University Press, Cambridge, 1982), Dan Slobin, *The Crosslinguistic Study of Language Acquisition*, Vol. I und II (Lawrence Erlbaum Associates, Hillsdale, New Jersey, 1985), und Frank S. Kessel, *The Development of Language and Language Researchers: Essays in Honor of Roger Brown* (Lawrence Erlbaum Associates, Hillsdale, New Jersey, 1988).

KAPITEL 9

Wie die Kunst im Tierreich entsprang

Eine ausführliche Beschreibung der Elefantenkunst mit Photos von Meister und Werk enthält das Buch von David Gucwa und James Ehmann, *To Whom it May Concern: An Investigation of the Art of Elephants* (Norton, New York, 1985). Eine ähnliche Darstellung der Kunst bei Menschenaffen gibt Desmond Morris, *The Biology of Art* (Knopf, New York, 1962). Mit tierischer Kunst beschäftigt sich auch Thomas Sebeok, *The Play of Musement* (Indiana University Press, Bloomington, 1981).

Zwei schön illustrierte Bücher über Laubenvögel und Paradiesvögel mit Photos von Lauben sind die von E. T. Gilliard, *Birds of Paradise and Bower Birds* (Natural History Press, Garden City, New York, 1969), und von W. T. Cooper und J. M. Forshaw, *The Birds of Paradise and Bower Birds* (Collins, Sydney, 1977). Eine theoretischere Darstellung gibt mein Aufsatz »Biology of birds of paradise and bowerbirds«, *Annual Reviews of Ecology and Systematics* 17, S. 17–37 (1986). Von mir stammen auch zwei Aufsätze über die Laubenvögelart mit den schönsten Lauben: »Bower building and decoration by the bowerbird *Amblyornis inornatus*«, *Ethology* 7, S. 177–204 (1987), und »Experimental study of bower decoration by the bowerbird *Amblyornis inornatus*, using colored poker chips«, *American Naturalist* 131, S. 631–53 (1988). Gerald Borgia schildert in einem Aufsatz, wie er mit Experimenten nachweisen konnte, daß Laubenvögel-Weibchen tatsächlich Wert auf die Dekoration der Lauben legen: »Bower quality, number of decorations and mating success of male satin bowerbirds (*Ptilonorhynchus violaceus*): an experimental analysis«, *Animal Behaviour* 33, S. 266–71 (1985). Paradiesvögel mit ähnlichen Gewohnheiten beschreiben S. G. und M. A. Pruett-Jones, »The use of court objects by Lawes' Parotia«, *Condor* 90, S. 538–45 (1988).

KAPITEL 10

Das zweischneidige Schwert der Landwirtschaft

Die gesundheitlichen Folgen der Aufgabe der Jagd zugunsten der Landwirtschaft werden ausführlich in dem von Mark Cohen und George Armelagos herausgegebenen Buch *Paleopathology at the Origins of Agriculture* (Academic Press, Orlando, 1984) sowie in *The Paleolithic Prescription* (Harper and Row, New York, 1988) von S. Boyd Eaton, Marjorie Shostak und Melvin Konner behandelt. Eine umfassende Darstellung der Jäger und Sammler der Welt gibt das von Richard B. Lee und Irven DeVore herausgegebene Buch *Man the Hunter* (Aldine, Chicago, 1968). Schilderungen der Arbeitsabläufe bei Jägern und Sammlern und Vergleiche mit denen von Bauern sind im selben Buch sowie in dem von Richard Lee, *The !Kung San* (Cambridge University Press, Cambridge, 1979) und in den folgenden Aufsätzen zu finden: K. Hawkes et al., »Aché at the settlement: contrasts between farming and foraging«, *Human Ecology* 15, S. 133–61 (1987), K. Hawkes et al., »Hardworking Hadza grandmothers«, S. 341–66 in *Comparative Socioecology of Mammals and Man*, hrsg. von V. Standen und R. Foley (London, Blackwell, 1987), und in K. Hill und A. M. Hurtado, »Hunter-gatherers of the New World«, *American Scientist* 77, S. 437–43 (1989). Die langsame Ausbreitung der Landwirtschaft in Europa beschreiben Albert J. Ammerman und L. L. Cavalli-Sforza in *The Neolithic Transition and the Genetics of Populations in Europe* (Princeton University Press, Princeton, 1984).

KAPITEL 11

Warum wir rauchen, trinken und giftige Substanzen einnehmen

Amotz Zahavi erläutert seine Handikap-Theorie in zwei Aufsätzen, »Mate selection – a selection for a handicap«, *Journal of Theoretical Biology* 53, S. 205–14 (1975), und »The cost of honesty (further remarks on the handicap principle)«, *Journal of Theoretical Biology* 67, S. 603–5 (1977). Zwei andere bekannte Modelle des Partnerwahlverhaltens von Tieren wurden von R. A. Fisher in seinem Buch *The Genetical Theory of Natural Selection* (Clarendon Press, Oxford, 1930) und von A. Kodric-Brown und J. H. Brown in dem Aufsatz »Truth in advertising: the kinds of traits favoured by sexual selection«, *American Naturalist* 14, S. 309–23 (1984), entwickelt. Melvin Konner befaßt sich aus anderer Perspektive in dem Kapitel »Why the reckless survive« seines Buchs mit gleichem Titel (Viking, New York, 1990) mit gefahrvollen menschlichen Verhaltensmustern. Über Einläufe bei indianischen Völkern berichten Peter Furst und Michael Coe in ihrem Aufsatz über die Entdeckung der Maya-Vasen, »Ritual enemas«, *Natural History Magazine* 86, S. 88–91 (März 1977), sowie Johannes Wilbert in seinem Buch *Tobacco and Shamanism in South America* (Yale University Press, New Haven, 1987) und Justin Kerr in seinem zweibändigen *Maya Vase Book* (Kerr Associates, New York, 1989 und 1990) mit Illustrationen von Maya-Vasen und detaillierten Analysen einer der Vasen auf S. 349–61 von Band II. Relevant sind in diesem Zusammenhang auch mehrere der bereits unter Kapitel 5 und 6 aufgeführten Quellenhinweise zum Thema sexuelle Selektion und Partnerwahl.

KAPITEL 12
Allein in einem überfüllten Universum

Bahnbrechende Berechnungen mit dem Ergebnis, daß es außerirdische intelligente Lebewesen geben muß, wurden von I. S. Shklovskii und Carl Sagan durchgeführt, *Intelligent Life in the Universe* (Holden-Day, San Francisco, 1966). Argumente pro und kontra und was es für uns bedeuten würde, wenn wir im All auf Lebewesen stießen, sind Thema des Buchs *Extraterrestrials: Science and Alien Intelligence*, hrsg. von E. Regis, Jr. (Cambridge University Press, Cambridge, Mass., 1985).

KAPITEL 13
Die letzten Erstkontakte

Bob Conollys und Robin Andersons Buch *First Contact* (Viking Penguin, New York, 1987) beschreibt den Erstkontakt im Hochland von Neuguinea aus der Sicht der Weißen und Neuguineer, die sich dort begegneten. Das Zitat auf Seite 290 ist diesem Buch entnommen. Andere ergreifende Schilderungen des Erstkontakts und des Zustands davor findet man in Don Richardsons Buch *Peace Child* (Regal Books, Ventura, 1974) für das Volk der Sawi im Südwesten Neuguineas und in Napoleon A. Chagnons Buch *Yanomamo, The Fierce People*, 3. Auflage (Holt, Rinehart und Winston, New York, 1983) für die Yanomamo-Indianer von Venezuela und Brasilien. Eine klare Schilderung der Geschichte der Erforschung Neuguineas gibt Gavin Souter, *New Guinea: The Last Unknown* (Angus and Robertson, London, 1963). Die Anführer der dritten Archbold-Expedition beschreiben ihren Eintritt in das Grand Valley des Balim River in dem Bericht von Richard Archbold et al., »Results of the Archbold Expeditions, Nr. 41, Summary of the 1938–1939 New Guinea expedition«, *Bulletin of the American Museum of Natural History* 79, S. 197–288 (1942). Zwei Schilderungen früherer Entdecker, die versuchten, die Gebirge Neuguineas zu überqueren, stammen von A. F. R. Wollaston, *Pygmies and Papuans* (Smith Elder, London, 1912), und A. S. Meek, *A Naturalist in a Cannibal Land* (Fisher Unwin, London, 1913).

KAPITEL 14
Zufällige Eroberer

Mit dem Zusammenhang zwischen der Domestikation von Pflanzen und Tieren und der Entwicklung der Zivilisation beschäftigen sich unter anderem die Bücher von C. D. Darlington, *Die Entwicklung des Menschen und der Gesellschaft* (Econ, Düsseldorf/Wien, 1971), Peter J. Ucko und G. W. Dimbleby, *The Do-*

mestication and Exploitation of Plants and Animals (Aldine, Chicago, 1969), Erich Isaac, *Geography of Domestication* (Prentice-Hall, Englewood Cliffs, New Jersey, 1970), und David R. Harris und Gordon C. Hillman, *Foraging and Farming* (Unwin Hyman, London, 1989).

Um die Domestikation von Tieren geht es auch in S. Bokonyi, *History of Domestic Mammals in Central and Eastern Europe* (Akadémiai Kiadó, Budapest, 1974), S. J. M. Davis und F. R. Valla, »Evidence for domestication of the dog 12 000 years ago in the Natufian of Israel«, *Nature* 276, S. 608–10 (1978), Juliet Clutton-Brock, »Man-made dogs«, *Science* 197, S. 1340–42 (1977), und *Domesticated Animals from Early Times* (British Museum of Natural History, London, 1981), Andrew Sherrat, »Plough and pastoralism: aspects of the secondary products revolution«, S. 261–305 in: Ian Hodder et al., (Hrsg.), *Pattern of the Past* (Cambridge University Press, Cambridge, 1981), Stanley J. Olson, *Origins of the Domestic Dog* (University of Arizona Press, Tucson, 1985), E. S. Wing, »Domestication of Andean mammals«, S. 246–64 in *High Altitude Tropical Biogeography*, hrsg. von F. Vuilleumier und M. Monasterio (Oxford University Press, New York, New Haven, 1987), Dennis C. Turner und Patrick Bateson, *The Domestic Cat: The Biology of its Behaviour* (Cambridge University Press, Cambridge, 1988), und Wolf Herre und Manfred Rohrs, *Haustiere – zoologisch gesehen*, 2. Auflage (Fischer, Stuttgart, 1990).

Die Domestikation des Pferdes und ihre Bedeutung sind die speziellen Themen der Bücher von Frank G. Row, *The Indian and the Horse* (University of Oklahoma Press, Norman, 1955), Robin Law, *The Horse in West African History* (Oxford University Press, Oxford, 1980), und Matthew J. Kust, *Man and Horse in History* (Plutarch Press, Alexandria, Virginia, 1983). Von der Entwicklung von Fuhrwerken einschließlich der Streitwagen handeln die Bücher von M. A. Littauer und J. H. Crouwel, *Wheeled Vehicles and Ridden Animals in the Ancient Near East* (Brill, Leiden, 1979), und Stuart Piggot, *The Earliest Wheeled Transport* (Thames and Hudson, London, 1983). Edward Shaughnessy schildert die Ankunft des Pferdes und des Streitwagens in China in dem Aufsatz »Historical perspectives on the introduction of the chariot into China«, *Harvard Journal of Asiatic Studies 48*, S. 189–237 (1988).

Einen allgemeinen Überblick über die Domestikation von Pflanzen geben Kent V. Flannery, »The origins of agriculture«, *Annual Review of Anthropology* 2, S. 271–310 (1973), Charles B. Heiser Jr., *Seed to Civilization*, 2. Auflage (Freeman, San Francisco, 1981), und *Of Plants and Peoples* (University of Oklahoma Press, Norton, 1985), David Rindos, *The Origins of Agriculture: an Evolutionary Perspective* (Academic Press, New York, 1984), und Hugh H. Iltis, »Maize evolution and agricultural origins«, S. 195–213 in *Grass Systematics and Evolution*, hrsg. von T. R. Soderstrom et al. (Smithsonian Institution Press, Washington DC, 1987). Dieser und andere Aufsätze von Iltis enthalten anregende Ideen über die unterschiedlichen Schwierigkeiten bei der Domestikation von Getreidepflanzen in der Alten und Neuen Welt.

Speziell mit der Pflanzendomestikation in der Alten Welt beschäftigen sich Jane Renfre, *Palaeoethnobotany* (Columbia University Press, New York, 1973), und Daniel Zohary und Maria Hopf, *Domestication of Plants in the Old World* (Clarendon Press, Oxford, 1988). Entsprechende Darstellungen für die Neue Welt finden sich bei Richard S. MacNeish, »The food-gathering and incipient agricultural stage of prehistoric Middle America«, S. 413–26 im *Handbook of Middle American Indians*, hrsg. von Robert Wauchope und Robert C. West, Vol. I: *Natural Environment and Early Cultures* (University of Texas Press, Austin, 1964), P. C. Mangelsdorf et al., »Origins of agriculture in Middle America«, S. 427–45 in dem Buch von Wauchope und West, D. Urgent, »The potato«, *Science* 170, S. 1161–66 (1970), C. B. Heiser Jr., »Origins of some cultivated New World plants«, *Annual Reviews of Ecology and Systematics* 10, S. 309–26 (1979), H. H. Iltis, »From teosinte to maize: the catastrophic sexual dismutation«, *Science* 222, S. 886–94 (1983), William F. Keegan, *Emergent Horticultural Economies of the Eastern Woodlands* (Southern Illinois University, Carbondale, 1987), und B. D. Smith, »Origins of agriculture in eastern North America«, *Science* 246, S. 1566–71 (1989). Drei bahnbrechende Bücher weisen auf die asymmetrische interkontinentale Ausbreitung von Krankheiten, Schädlingen und Unkrautpflanzen hin: William H. McNeill, *Plagues and Peoples* (Anchor Press, Garden City, New York, 1976), und Alfred W. Crosby, *The Columbian Exchange: Biological and Cultural Consequences of 1492* (Greenwood Press, Westport, 1973), und *Ecological Imperialism: The Biological Expansion of Europe, 900–1900* (Cambridge University Press, Cambridge, 1986).

KAPITEL 15

Pferde und Hethiter

Zwei kenntnisreiche neuere Bücher, die sich mit der indogermanischen Frage auseinandersetzen, sind die von Colin Renfrew, *Archaeology and Language* (Jonathan Cape, London, 1987), und J. P. Mallory, *In Search of the Indo-Europeans* (Thames and Hudson, London, 1989). Aus den von mir erläuterten Gründen stimme ich mit Mallorys Schlußfolgerungen bezüglich der ungefähren zeitlichen und geographischen Lokalisierung der urindogermanischen Ursprünge überein, während mir Renfrews Schlüsse als nicht richtig erscheinen.

Ein nützliches, wenngleich älteres Buch zu diesem Thema ist das von George Cardona et al. (Hrsg.): *Indo-European and Indo-Europeans* (University of Pennsylvania Press, Philadelphia, 1970). Eine Zeitschrift mit dem Titel *The Journal of Indo-European Studies* ist die wichtigste Fundgrube für Fachveröffentlichungen in diesem Wissenschaftsbereich.

Den Standpunkt, der mir ebenso wie Mallory überzeugend erscheint, bekommt von Marija Gimbutas Schützenhilfe, die darüber vier Bücher geschrieben hat: *Die Balten: Geschichte eines Volkes im Ostseeraum* (Herbig, München, 1983), *The Slavs* (Thames and Hudson, London, 1971), *The Goddesses and Gods of*

Old Europe (Thames and Hudson, London, 1982) und *The Language of the Goddess* (Harper and Row, New York, 1989). Eine Darstellung ihrer Arbeit gab Gimbutas auch in mehreren Kapiteln des oben aufgeführten Buchs von Cardona et al., in den unten zitierten Büchern von Polomé und von Bernhard und Kandler-Pálsson sowie im *Journal of Indo-European Studies* 1, S. 1–20 und 163–214 (1973), 5, S. 277–338 (1977), 8, S. 273–315 (1980), und 13, S. 185–201 (1985).

Über frühe indogermanische Völker selbst wurden folgende Bücher geschrieben: Emile Benveniste, *Indo-European Language and Society* (Faber and Faber, London, 1973), Edgar Polomé, *The Indo-Europeans in the Fourth and Third Millena* (Karoma, Ann Arbor, 1982), Wolfram Bernhard und Anneliese Kandler-Pálsson, *Ethnogenese europäischer Völker* (Fischer, Stuttgart, 1986), und Wolfram Nagel, »Indogermanen und Alter Orient: Rückblick und Ausblick auf den Stand des Indogermanenproblems«, *Mitteilungen der Deutschen Orient-Gesellschaft zu Berlin* 119, S. 157–213 (1987). Und über die Sprachen: Henrik Birnbaum und Jaan Puhvel, *Ancient Indo-European Dialects* (University of California Press, Berkeley, 1966), W. B. Lockwood, *Indo-European Philology* (Hutchinson, London, 1969), Norman Bird, *The Distribution of Indo-European Root Morphemes* (Harrassowitz, Wiesbaden, 1982), und Philip Baldi, *An Introduction to the Indo-European Languages* (Southern Illinois University Press, Carbondale, 1983). Paul Friedrichs Buch *Proto-Indo-European Trees* (University of Chicago Press, Chicago, 1970) stützt sich im Bemühen um die Ableitung des indogermanischen Ursprungslandes auf Baumnamen.

W. P. Lehmann und L. Zgusta diskutieren eine rekonstruierte urindogermanische Textprobe in ihrem Kapitel »Schleicher's tale after a century«, S. 455–66 in *Studies in Diachronic, Synchronic, and Typological Linguistics*, hrsg. von Béla Brogyanyi (Benjamins, Amsterdam, 1979).

Die unter Kapitel 14 aufgeführten Angaben über die Domestikation und Bedeutung des Pferdes sind auch für die Rolle des Pferdes im Zuge der indogermanischen Expansion von Bedeutung. Aufsätze speziell zu diesem Thema stammen von David Anthony, »The ›Kurgan culture‹, Indo-European origins and the domestication of the horse: a reconsideration«, *Current Anthropology* 27, S. 291–313 (1986), und von David Anthony und Dorcas Brown, »The origins of horseback riding«, *Antiquity* 65, S. 22–38 (1991).

KAPITEL 16

In Schwarzweiß

Die folgenden drei Bücher enthalten Bestandsaufnahmen zum Thema Genozid: Irving Horowitz, *Genocide: State Power and Mass Murder* (Transaction Books, New Brunswick, 1976), Leo Kuper, *The Pity of it All* (Gerald Duckworth, London, 1977), und Leo Kuper, *Genocide: Its Political Use in the 20th Century* (Yale University Press, New Haven, 1981). Der Psychiater Robert J. Lifton veröffentlichte Untersuchungen der psychologischen Auswirkungen von Genozid auf

Täter und Überlebende, unter anderem in *Death in Life: Survivors of Hiroshima* (Random House, New York, 1967) und *The Broken Connection* (Simon and Schuster, New York, 1979).

Mit der Ausrottung der Tasmanier und anderer australischer Eingeborenengruppen beschäftigen sich N. J. B. Plomley, *Friendly Mission: The Tasmanian Journals and Papers of George Augustus Robinson 1892–1834* (Tasmanian Historical Research Association, Hobart, 1966), C. D. Rowley, *The Destruction of Aboriginal Society*, Vol. I (Australian National University Press, Canberra, 1970), und Lyndall Ryan, *The Aboriginal Tasmanians* (University of Queensland Press, St. Lucia, 1981). Der Brief von Patricia Cobern, in dem sie empört die Ausrottung der Tasmanier durch weiße Australier leugnet, wurde im Anhang zu dem Buch von J. Peter White und James F. O'Connell, *A Prehistory of Australia, New Guinea, and Sahul* (Academic Press, New York, 1982), abgedruckt.

Zu den vielen Veröffentlichungen, in denen die Ausrottung der Indianer durch weiße Siedler detailliert dargestellt wird, zählen auch die von Wilcomb E. Washburn, »The moral and legal justification for dispossessing the Indians«, S. 15–32 in *Seventeenth Century America*, hrsg. von James Morton Smith (University of North Carolina Press, Chapel Hill, 1959), Alvin M. Josephy Jr., *The American Heritage Book of Indians* (Simon and Schuster, New York, 1961), Howard Peckham und Charles Gibson, *Attitudes of Colonial Powers Towards the American Indian* (University of Utah Press, Salt Lake City, 1969), Francis Jennings, *The Invasion of America: Indians, Colonialism, and the Cant of Conquest* (University of North Carolina Press, Chapel Hill, 1975), Wilcomb E. Washburn, *The Indian in America* (Harper and Row, New York, 1975), Arrell Morgan Gibson, *The American Indian, Prehistory to the Present* (Heath, Lexington, Massachusetts, 1980), und Wilbur H. Jacobs, *Dispossessing the American Indian* (University of Oklahoma Press, Norman, 1985), Die Ausrottung der Yahi-Indianer und das Überleben von Ishi sind der Gegenstand von Theodora Kroebers klassischem Werk *Ishi in Two Worlds: A Biography of the Last Wild Indian in North America* (University of California Press, Berkeley, 1961). Die Ausrottung von Brasiliens Amazonasindianern behandelt Sheldon Davis in *Victims of the Miracle* (Cambridge University Press, Cambridge, 1977).

Um den Genozid unter Stalin geht es in mehreren Büchern von Robert Conquest, unter anderem *The Harvest of Sorrow* (Oxford University Press, New York, 1986).

Mit Mord und Massenmord an Tieren durch Artgenossen beschäftigen sich E. O. Wilson, *Biologie als Schicksal: die soziobiologischen Grundlagen menschlichen Verhaltens* (Ullstein, Frankfurt, 1980), Cynthia Moss, *Portraits in the Wild*, 2. Auflage (University of Chicago Press, Chicago, 1982), und Jane Goodall, *Wilde Schimpansen: Verhaltensforschung am Gombe-Strom* (Rowohlt, Reinbek bei Hamburg, 1991). Die von mir angeführte Schilderung eines Mordes unter Hyänen stammt aus dem Buch von Hans Kruuk mit dem Titel *Spotted Hyena: a Study of Predation and Social Behavior* (University of Chicago Press, Chicago, 1972).

KAPITEL 17
Das Goldene Zeitalter, das es nie gab

Der vollständige Text des Briefs von Häuptling Seattle an Präsident Franklin ist nachzulesen in *Seattle. Wir sind ein Teil der Erde* (Walter Verlag, Olten und Freiburg i. Brsg., 1982).

Die Ausrottung von Tierarten im ausgehenden Pleistozän und zu Beginn der Jetztzeit behandelt ausführlich das Buch von Paul Martin und Richard Klein (Hrsg.), *Quaternary Extinctions* (University of Arizona Press, Tucson, 1984). Zur Geschichte der Entwaldung siehe John Perlins Buch *A Forest Journey* (Norton, New York, 1989).

Eine detaillierte Darstellung von Neuseelands Pflanzen- und Tierwelt, seiner Geologie und seines Klimas gibt das Buch von G. Kuschel (Hrsg.), *Biogeography and Ecology in New Zealand* (Junk, V. T. Hague, 1975). Auf Neuseeland bezogene Beispiele für die Ausrottung von Arten sind in den Kapiteln 32–34 des oben erwähnten Buchs von Martin und Klein zusammengefaßt. Moas sind das Thema einer Beilage des *New Zealand Journal of Ecology*, Vol. xii (1989); siehe insbesondere die Aufsätze von Richard Holdaway auf S. 11–25 und von Ian Atkinson und R. M. Greenwood auf S. 67–96. Weitere wichtige Aufsätze zum Thema Moas stammen von G. Caughley, »The colonization of New Zealand by the Polynesians«, *Journal of the Royal Society of New Zealand* 18, S. 245–70 (1988), und von A. Anderson, »Mechanics of overkill in the extinction of New Zealand moas«, *Journal of Archaeological Science* 16, S. 137–151 (1989).

Beispiele der Ausrottung in Madagaskar und auf Hawaii werden in Kapitel 26 bzw. 35 des oben erwähnten Buchs von Martin und Klein dargestellt. Die Geschichte der Henderson-Insel erzählen David Steadman und Storrs Olson, »Bird remains from an archaeological site on Henderson Island, South Pacific: man-caused extinctions on an ›uninhabited‹ island«, *Proceedings of the National Academy of Sciences* 82, S. 6191–95 (1985). Für Darstellungen über die Artenausrottung in Amerika siehe die Angaben unter Kapitel 18.

Über das schauerliche Ende der Zivilisation der Osterinsel berichtet Patrick V. Kirch in *The Evolution of the Polynesian Chiefdoms* (Cambridge University Press, Cambridge, 1984). Die Entwaldung der Osterinsel rekonstruierten J. Flenley, »Stratigraphic evidence of environmental change on Easter Island«, *Asian Perspectives* 22, S. 33–40 (1979), und J. Flenley und S. King, »Late Quaternary pollen records from Easter Island«, *Nature* 307, S. 47–50 (1984).

Darstellungen über den Aufstieg und Fall der Anasazi-Siedlungen im Chaco Canyon geben J. L. Betancourt und T. R. Van Devender, »Holocene vegetation in Chaco Canyon, New Mexico«, *Science* 214, S. 656–58 (1981), M. L. Samuels und J. L. Betancourt, »Modeling the long-term effects of fuelwood harvests on pinyon-juniper woodlands«, *Environmental Management* 6, S. 505–15 (1982), J. L. Betancourt et al., »Prehistoric long-distance transport of construction beams, Chaco Canyon, New Mexico«, *American Antiquity* 51, S. 370–75 (1986),

Kendrick Frazier, *People of Chaco: A Canyon and its Culture* (Norton, New York, 1986), und Alden C. Hayes et al., *Archaeological Surveys of Chaco Canyon* (University of New Mexico Press, Albuquerque, 1987).

Alles über Packrattenhaufen findet man in dem Buch *Packrat Middens* von Julio Bentancourt, Thomas Van Devender und Paul Martin (University of Arizona Press, Tucson, 1990). Kapitel 19 ist der Analyse der Klippschlieferhaufen von Petra gewidmet.

Dem möglichen Zusammenhang von Umweltzerstörung und dem Niedergang der griechischen Zivilisation wird nachgegangen von: K. O. Pope und T. H. Van Andel, »Late Quaternary civilization and soil formation in the southern Argolid: its history, causes and archaeological implications«, *Journal of Archaeological Science* 11, S. 281–306 (1984), T. H. van Andel et al., »Five thousand years of land use and abuse in the southern Argolid«, *Hesperia* 55, S. 103–28 (1986), und C. Runnels und T. H. van Andel, »The evolution of settlement in the southern Argolid, Greece: an economic explanation«, *Hesperia* 56, S. 303–34 (1987).

Zu den Büchern über den Aufstieg und Fall der Maya-Kultur zählen die von T. Patrick Culbert, *The Classic Maya Collapse* (University of New Mexico Press, Albuquerque, 1973), Michael D. Coe, *The Maya*, 3. Auflage (Thames and Hudson, London, 1984), Sylvanus G. Morley et al., *The Ancient Maya*, 4. Auflage (Stanford University Press, Stanford, 1983), Charles Gallenkamp, *Maya: The Riddle and Rediscovery of a Lost Civilization*, 3. überarbeitete Auflage (Viking Penguin, New York, 1985), und Linda Schele und David Freidel, *A Forest of Kings* (William Morrow, New York, 1990).

Eine vergleichende Darstellung des Untergangs von Zivilisationen gibt der von Norman Yoffee und George L. Cowgill herausgegebene Band *The Collapse of Ancient States and Civilizations* (University of Arizona Press, Tucson, 1988).

KAPITEL 18
Blitzkrieg und Thanksgiving in der Neuen Welt

Eine gute Grundlage und zahlreiche Verweise auf die sowohl umfangreiche wie auch kontroverse Literatur über den Zusammenhang zwischen der Besiedlung durch den Menschen und die Ausrottung von Großtieren in der Neuen Welt vermitteln folgende drei Bücher: Paul Martin und Richard Klein, siehe unter Kapitel 17, Brian Fagan, *The Great Journey* (Thames and Hudson, New York, 1987), und Ronald C. Carlisle (Hrsg.), *Americans Before Columbus: Ice-Age Origins* (Ethnology Monographs Nr. 12, Department of Anthropology, University of Pittsburgh, 1988).

Die Blitzkrieg-Hypothese formulierte Paul Martin in seinem Aufsatz »The Discovery of America«, *Science* 179, S. 969–74 (1973). Ein mathematisches Modell dafür entwickelten J. E. Mosimann und Martin in »Simulating overkill by Paleoindians«, *American Scientist* 63, S. 304–13 (1975).

und ihre Ursprünge veröffentlichte, zählt auch ein Kapitel auf S. 345–53 des unter Kapitel 17 erwähnten Buchs von Martin und Klein sowie ferner: »Fluted projectile points: their age and dispersion«, *Science* 145, S. 1408–13 (1961), »The Clovis culture«, *Canadian Journal of Anthropology* 1, S. 115–21 (1980), und »Clovis origin update«, *The Kiva* 52, S. 83–93 (1987).

Um das gleichzeitige Aussterben des Shasta-Faultiers und der Harrington-Bergziege geht es bei J. I. Mead et al., »Extinction of Harrington's mountain goat«, *Proceedings of the National Academy of Sciences* 83, S. 836–39 (1986). Mit den behaupteten älteren Einwanderern als den Clovis-Jägern setzen sich kritisch auseinander: Roger Owen in dem Kapitel »The Americas: the case against an Ice-Age human population«, S. 517–63 in *The Origins of Modern Humans*, hrsg. von Fred H. Smith und Frank Spencer (Liss, New York, 1984), Dena Dincauze, »An archaeo-logical evaluation of the case for pre-Clovis occupations«, in *Advances in World Archaeology* 3, S. 275–323 (1984), und Thomas Lynch, »Glacial-age man in South America? A critical review«, in *American Antiquity* 55, S. 12–36 (1990). Argumente für die Datierung der menschlichen Siedlungen vom Meadowcroft Rockshelter vor die Clovis-Zeit präsentiert James Adovasio in »Meadowcroft Rockshelter, 1973–1977: a synopsis«, S. 97–131 in J. E. Ericson et al., *Peopling of the New World* (Los Altos, Kalifornien, 1982), und in »Who are those guys?: some biased thoughts on the initial peopling of the New World«, S. 45–61 in *Americans Before Columbus: Ice-Age Origins*, hrsg. von Ronald C. Carlisle, siehe oben. Der erste von mehreren geplanten Bänden mit einer detaillierten Beschreibung der Fundstätte von Monte Verde stammt von T. D. Dillehay, *Monte Verde: A Late Pleistocene Settlement in Chile*, Vol. I: *Palaeoenvironment and Site Contexts* (Smithsonian Institution Press, Washington DC, 1989).

Die vierteljährlich erscheinende Zeitschrift *Mammoth Trumpet*, erhältlich vom Center for the Study of the First Americans (495 College Avenue, Orono, Maine 04 473), informiert über den jeweils neuesten Stand der Diskussion um die ersten Amerikaner und letzten Mammute.

KAPITEL 19

Die zweite Wolke

Detaillierte Aufstellungen ausgestorbener und bedrohter Arten enthalten die Roten Listen des Internationalen Naturschutzverbandes IUCN (in Deutschland: Bund für Umwelt und Naturschutz, BUND). Verschiedene Pflanzen- und Tiergruppen werden in separaten Bänden behandelt, und neuerdings erscheinen auch getrennte Veröffentlichungen für die verschiedenen Kontinente. Für Vögel wurden entsprechende Aufstellungen vom Internationalen Rat für Vogelschutz (ICBP) herausgegeben. Warren B. King (Hrsg.), *Endangered Birds of the World: The ICBP Red Data Book* (Smithsonian Institution Press, Washington DC, 1981), und N. J. Collar und P. Andrew, *Birds to Watch: The ICBP World Checklist of Threatened Birds* (ICBP, Cambridge, 1988).

Eine Zusammenfassung und Analyse der neuzeitlichen und eiszeitlichen Wellen des Artensterbens enthält mein Aufsatz »Historic extinctions: a Rosetta Stone for understanding prehistoric extinctions«, S. 824–62 in *Quaternary Extinctions* von Martin und Klein, siehe unter Kapitel 17. Mit dem Problem des unbemerkten Artensterbens setze ich mich in meinem Aufsatz »Extant unless proven extinct?« in *Conservation Biology* 1, S. 77–79 (1987), auseinander. Um eine Schätzung der Gesamtzahl lebender Arten bemüht sich Terry Erwin in seinem Aufsatz »Tropical forests: their richness in Coleoptera and other arthropod species«, *The Coleopterists' Bulletin* 36, S. 74–75 (1982).

Weitere Literaturangaben zum Thema Artensterben im Pleistozän und in der frühen Jetztzeit finden sich bei den Angaben zu Kapitel 17 und 18. Mit der Ausrottung von Inselvögeln beschäftigt sich überdies Storrs Olson in seinem Aufsatz »Extinction on islands: man as a catastrophe«, S. 50–53 in *Conservation for the Twenty-first Century*, hrsg. von David Western und Mary Pearl (Oxford University Press, New York, 1989). Ian Atkinsons Aufsatz auf S. 54–75 des gleichen Buchs, »Introduced animals and extinctions«, schildert die von Ratten und anderen Plagen angerichteten Verheerungen.

EPILOG

Nichts gelernt und alles vergessen?

Zahlreiche hervorragende Bücher setzen sich mit der Gegenwart und Zukunft des Artensterbens sowie den anderen Krisen, mit denen es die Menschheit heute zu tun hat, auseinander, mit ihren Ursachen und den möglichen Wegen zu ihrer Überwindung. Ich will einige davon nennen:

John J. Berger, *Restoring the Earth: How Americans are Working to Renew our Damaged Environment* (Knopf, New York, 1985); Hrsg.: *Environmental Restoration: Science and Strategies for Restoring the Earth* (Island Press, Washington DC, 1990).

John Cairns Jr., *Rehabilitating Damaged Ecosystems* (CRC Press, Boca Raton, Florida, 1988); mit K. L. Dickson und E. E. Herricks, *Recovery and Restoration of Damaged Ecosystems* (University Press of Virginia, Charlottesville, 1977).

Anne und Paul Ehrlich, *Der lautlose Tod: Das Aussterben der Pflanzen und Tiere* (Krüger, Frankfurt, 1983), *Earth* (Franklin Watts, New York, 1987), *The Population Explosion* (Simon and Schuster, New York, 1990), *Healing Earth* (Addison Wesley, New York, 1991).

Paul Ehrlich et al., *Die nukleare Nacht: Die langfristigen klimatischen und biologischen Auswirkungen von Atomkriegen* (Kiepenheuer & Witsch, Köln, 1985).

D. Furguson und N. Furguson, *Sacred Cows at the Public Trough* (Maverick Publications, Bend, Oregon, 1983).

Suzanne Head und Robert Heinzman (Hrsg.), *Lessons of the Rainforest* (Sierra Club Books, San Francisco, 1990).

Jeffrey A. McNeely, *Economics and Biological Diversity* (International Union for the Conservation of Nature, Gland, 1988); Jeffrey A. McNeely et al., *Conserv-*

ing the World's Biological Diversity (International Union for the Conservation of Nature, Gland, 1990).

Norman Myers, *Conversion of Tropical Moist Forests* (National Academy of Sciences, Washington DC, 1980); *Gaia: Der Öko-Atlas unserer Erde* (Fischer, Frankfurt, 1985); *The Primary Source* (Norton, New York, 1985).

Michael Oppenheimer und Robert Boyle, *Dead Heat: the Race against the Greenhouse Effect* (Basic Books, New York, 1990).

Walter V. Reid und Kenton R. Miller, *Keeping Options Alive: the Scientific Basis for Conserving Biodiversity* (World Resources Institute, Washington DC, 1989).

Sharon L. Roan, *Ozone Crisis: the Fifteen-Year Evolution of a Sudden Global Emergency* (Wiley, New York, 1989).

Robin Russell Jones and Tom Wigley (Hrsg.), *Ozone Depletion: Health and Environmental Consequences* (Wiley, New York, 1989).

Steven H. Schneider, *Global Warming: Are We Entering the Greenhouse Century?*, 2. Auflage (Sierra Club Books, San Francisco, 1990).

Michael E. Soulé (Hrsg.), *Conservation Biology: the Science of Scarcity and Diversity* (Sinauer, Sunderland, Massachusetts, 1986).

John Terborgh, *Where Have All the Birds Gone?* (Princeton University Press, Princeton, 1990).

E. O. Wilson, *Biophilia* (Harvard University Press, Cambridge, Massachusetts, 1984); Hrsg., *Biodiversity* (National Academy Press, Washington DC, 1988).

Mancher Leser ist vielleicht auch an Vorschlägen interessiert, wie er selbst daran mitwirken kann, die Gefahr eines baldigen Aussterbens des *Homo sapiens* zu verringern. Wie bereits erwähnt, kann jeder eine Menge tun, ob er sich nun politisch engagiert oder auch nur mit kleinen Spenden die Arbeit der Umweltschutzorganisationen unterstützt. Es folgen die Namen und Anschriften einiger der bekannteren und größeren Organisationen, die allerdings nur eine Auswahl der vielen Initiativen darstellen, die Ihre Unterstützung verdienen:

Arbeitsgemeinschaft ökologischer Forschungsinstitute
Alexanderstr. 17, 53111 Bonn, Tel. (02 28) 63 01 29

Ärzte für die Verhütung des Atomkrieges e. V.
Körtestr. 10, 10967 Berlin, Tel. (0 30) 6 93 02 44

Bund für Natur und Umwelt e. V.
Eichendorffstr. 16, 10115 Berlin, Tel. (0 30) 2 82 68 94

Bund für Umwelt und Naturschutz Deutschland e. V.
Im Rheingarten 7, 53225 Bonn, Tel. (02 28) 4 00 97-0

Bundesverband Bürgerinitiativen Umweltschutz e. V.
Prinz-Albert-Str. 43, 53113 Bonn, Tel. (02 28) 21 40 32

484 Literaturempfehlungen

Deutsche Gesellschaft für Umwelterziehung e. V.
Frauenthal 25, 20149 Hamburg, Tel. (0 40) 4 10 69 21

Deutscher Naturschutzring
Bundesverband für Umweltschutz e. V.
Am Michaelshof 8–10, 53177 Bonn, Tel. (02 28) 35 90 05

Gesellschaft für bedrohte Völker e. V.
Düstere Str. 20a, 37073 Göttingen, Tel. (05 51) 4 99 06-0

Greenpeace e. V.
Vorsetzen 53, 20459 Hamburg, Tel. (0 40) 3 11 86-0

Grüne Liga e. V.
Friedrichstr. 165, 10117 Berlin, Tel. (0 30) 2 29 92 71

Naturschutzbund Deutschland e. V.
Herbert-Rabius-Str. 36, 53225 Bonn, Tel. (02 28) 9 75 61-0

Öko-Institut e. V.
Binzengrün 34a, 79114 Freiburg, Tel. (07 61) 47 30 31

Pestizid Aktions-Netzwerk e. V.
Gaußstr. 17, 22765 Hamburg, Tel. (0 40) 39 39 78

Rettet den Regenwald e. V.
Pöseldorfer Weg 17, 20148 Hamburg, Tel. (0 40) 4 10 38 04

Robin Wood e. V.
Erlenstr. 34–36, 28199 Bremen, Tel. (04 21) 50 04 05

Umweltstiftung WWF – Deutschland
(World Wide Fund for Nature)
Hedderichstr. 110, 60596 Frankfurt a. M., Tel. (0 69) 60 50 03-0

Namen- und Sachregister